Gestaltungsmerkmale und Typen von Übungsaufgaben aus der Analysis I

Felix Wlassak

Gestaltungsmerkmale und Typen von Übungsaufgaben aus der Analysis I

Ergebnisse einer deskriptiven Studie

Springer Spektrum

Felix Wlassak
Universität Leipzig
Leipzig, Deutschland

Dissertation der Universität Leipzig, Fakultät für Mathematik und Informatik, 2025
Tag der Verteidigung: 09. April 2025
Erstgutachterin: Prof. Dr. Silvia Schöneburg-Lehnert
Zweitgutachter: Prof. Dr. Michael Liebendörfer

ISBN 978-3-658-50117-4 ISBN 978-3-658-50118-1 (eBook)
https://doi.org/10.1007/978-3-658-50118-1

Die Deutsche Nationalbibliothek verzeichnet diese Publikation in der Deutschen Nationalbibliografie; detaillierte bibliografische Daten sind im Internet über https://portal.dnb.de abrufbar.

Planung/Lektorat: Karina Kowatsch
Springer Spektrum ist ein Imprint der eingetragenen Gesellschaft Springer Fachmedien Wiesbaden GmbH und ist ein Teil von Springer Nature.
Die Anschrift der Gesellschaft ist: Abraham-Lincoln-Str. 46, 65189 Wiesbaden, Germany

So here I am above palm trees so straight and tall.
You are smaller, getting smaller.
But I still see you.

(Jimmy Eat World, Goodbye Sky Harbor)

Für Christa Wlassak

Geleitwort

Der Übergang zwischen Schule und Hochschule ist in den mathematikhaltigen Studiengängen mit großen Hürden sowohl kognitiver als auch motivationaler Art verbunden, wie die hohen Studienabbruchquoten, aber auch eine zunehmende Anzahl an Forschungsarbeiten zu dieser Problemstellung in den letzten Jahren belegen. Die dabei von Studierenden wahrgenommene Diskontinuität zwischen Schul- und Hochschulmathematik hat vielfältige Ursachen, lässt sich aber vor allem auf Veränderungen im Charakter der Mathematik sowie im Lehren und Lernen von Mathematik zurückführen. Den Aufgaben als Kern des schulischen Mathematikunterrichts und der mathematischen Hochschullehre kommt dabei eine besondere Rolle zu. Trotz dieser Relevanz gibt es bislang im Hochschulkontext nur wenige empirische Studien zum Status quo von Übungsaufgaben, die meisten Arbeiten fokussieren die Erarbeitung und Evaluation spezifischer, oft innovativer Lehransätze, oder beleuchten sehr partikuläre Aspekte der mathematischen Hochschullehre. Eine genauere Beschreibung der Gestaltungsmerkmale von Übungsaufgaben und damit einhergehend ihrer Komplexität würde es jedoch ermöglichen die angesprochenen Hürden stärker zu verorten. Genau hier setzt die Arbeit von Herrn Wlassak zur deskriptiven Untersuchung von Analysis I – Übungsaufgaben an. Dabei verfolgt sie das Anliegen, Aufgaben sowohl hinsichtlich ihrer Rolle als zentrale Elemente der Lehre zu beschreiben als auch hinsichtlich ihrer Gestaltung und Rolle im Lehr-Lern-Prozess zu verstehen.

Herr Wlassak leistet mit seiner Arbeit einen außerordentlichen Beitrag im Bereich der hochschuldidaktischen Forschung, da es zum einen bis dato nur wenige und auf kleine Stichproben begrenzte empirische Arbeiten zu Gestaltungsmerkmalen von Übungsaufgaben gibt und zum anderen seine Arbeit dazu beiträgt, dass der aktuelle Forschungsstand der besonderen Bedeutung von Übungsaufgaben insbesondere für die grundständige Mathematiklehre mit ihrer Rückwirkung auf hochschuldidaktische Fragestellungen künftig gerecht wird.

Neben einer kurzen Darstellung der Symptomatik der Übergangsschwierigkeiten zwischen Schule und Hochschule, welche die Aktualität und Brisanz des Themas hervorhebt, erfolgen präzise, für die Arbeit grundlegende und relevante, Betrachtungen zu Zielen und Charakteristika von Schul-und Hochschulmathematik und deren Abgrenzung voneinander sowie eine Präzisierung des Aufgabenbegriffs mit den zentralen Bestandteilen der Oberflächen- und Tiefenstruktur. Insgesamt sticht die Auseinandersetzung mit den theoretischen Grundlagen aufgrund einer allgemeinen Breite einerseits und einer Tiefgründigkeit in den einzelnen Aspekten andererseits im Vergleich zu anderen Arbeiten hervor. Herr Wlassak versteht es die vielfältigen Quellen zu dieser Thematik mit Blick auf die Zielstellung der Arbeit zu bündeln, miteinander in Beziehung zu setzen und kritisch zu reflektieren.

Der empirische Teil der Arbeit umfasst die theoriegeleitete Entwicklung eines Kategoriensystems als Basis für die Analyse eines umfangreiches Datensatzes von Übungsaufgaben der Analysis I an verschiedenen Hochschulen. Dieses von Herr Wlassak exzellent hergeleitete und kohärent beschriebene Kategoriensystem besticht zum einen durch seinen Umfang und seine Detailliertheit. Zum anderen zeichnet es sich dadurch aus, dass hier kognitionspsychologische, mathematikdidaktische und inhaltliche Merkmale gemeinsam betrachtet werden. Auf der Basis eines für die Arbeit entwickelten idealisierten Modells zur Bearbeitung von Übungsaufgaben unter Zugrundelegung des Konzepts der Wissenseinheiten sowie vielfältigen Quellen und einschlägigen Studien erarbeitet Herr Wlassak detailliert und wohlbegründet verschiedene (Gestaltungs-)Merkmale einer Aufgabe und deren mögliche Ausprägungen und unterscheidet dabei zwischen Oberflächen- und Tiefenstrukturmerkmalen. Herr Wlassak schafft damit ein Instrument, das sowohl in der künftigen Forschung als auch in der Lehre eine wesentliche Grundlage darstellt. Der Umfang der Untersuchung (309 Übungsserien von 24 Lehrenden) mit den dafür angefertigten Expertenlösungen ist beeindruckend und so in diesem Kontext bisher einmalig.

Die anschließende Auswertung der Daten erfolgt zweischrittig, wobei der Fokus im ersten Teil auf den isolierten Ergebnissen bzw. Auswertungen der einzelnen Gestaltungsmerkmale liegt. Aus den Ergebnissen zu den Oberflächenmerkmalen gelingt es Herrn Wlassak überzeugend ein charakteristisches Aufgabenprofil für die Analysis I-Übungsaufgaben zu zeichnen und insbesondere die Verteilungen der Tiefenstrukturmerkmale verschiedener Lehrender ermöglichen einen guten Rückschluss über unterschiedliche Gestaltungen von Übungsaufgaben. Im zweiten Auswertungsteil werden die Ergebnisse der Tiefenstrukturmerkmale verdichtet und 4 Aufgabentypen für Analysis I-Übungsaufgaben mit Hilfe einer Clusteranalyse konstruiert. Diese teils aufwendige und stets stringente sowie konsequente Analyse liefert so einen Datenschatz, welcher durch seine beeindruckende Breite und überzeugende Tiefe Ergebnisse liefert, die einen nachhaltigen Einfluss auf den hochschuldidaktischen Diskurs der nächsten Jahre versprechen. Eine abschließende Zusammenfassung und Diskussion der Ergebnisse erfolgt mit Blick auf den Charakter der Hochschulmathematik mit besonderem Fokus auf die Analysis I, liefert Erklärungsansätze für die Hürden in der Studieneingangsphase und zeigt Möglichkeiten auf, wie diesen begegnet werden kann.

Herrn Wlassak ist mit der Arbeit ein wichtiger und grundlegender Beitrag zur hochschuldidaktischen Forschung, insbesondere in der Studieneingangsphase, gelungen. Die Arbeit besticht durch ihre inhaltliche Güte sowohl auf fachlicher als auch fachdidaktischer Ebene und überzeugt durch eine prägnante Darstellung der Ergebnisse. Auf diese Weise eröffnet sie eine neue und wichtige Sicht auf wesentliche Aspekte der Hochschulausbildung im Fach Mathematik, insbesondere der Analysisausbildung.

Silvia Schöneburg-Lehnert

Leipzig
d. 28.09.2025

Danksagung Eine solche Arbeit kann nur durch das Zusammenwirken vieler günstiger Umstände entstehen. Diese wurden durch verschiedene Personen geschaffen, die mich vor und während der Zeit der Promotion begleitet haben. Bei euch bzw. Ihnen möchte ich mich bedanken.

Der erste und wichtigste Dank geht an Prof. Dr. Silvia Schöneburg-Lehnert, die mich über die gesamte Entstehungsgeschichte meiner Dissertation begleitet hat. Bei der Themenfindung gab sie mir den Freiraum, ein Thema zu bearbeiten, welches mich wirklich interessierte, und die Formulierung des Texts unterstützte sie stets mit kritisch-konstruktiven Anmerkungen. Vielen Dank, dass ich Teil der Arbeitsgruppe Didaktik der Mathematik der Universität Leipzig sein durfte!

Weiterhin möchte ich dem bzw. der anonymen Zweitgutachter:in für die Begutachtung dieses umfangreichen Texts danken.

Auf verschiedenen Konferenzen und Tagungen konnte ich dank meiner Doktormutter Teilergebnisse meiner Forschung vorstellen. Dabei erhielt ich wertvolle Anregungen und Ratschläge, die in die letztliche Erstellung des Texts eingeflossen sind. Danken möchte ich daher Prof. Dr. Anke Lindmeier, Prof. Dr. Stefanie Rach und ganz besonders Prof. Dr. Michael Liebendörfer.

Ebenso fruchtbar für das Gelingen dieser Arbeit waren die Kommentare, die ich im Forschungskolloquium der Abteilung Didaktik der Mathematik der Universität Leipzig erhielt. Daher bedanke ich mich bei Lea Dasenbrock, Dr. Susanne Dögnitz, Nico Friese, Steffen Hintze, Dr. Thomas Krohn, Jennifer Rothe, Timo Senfleben, Dr. Emese Vargyas und Holger Wuschke, wobei aufgrund ihrer quantitativen Ausrichtung Dr. Susanne Dögnitz und Jennifer Rothe besonders hervorzuheben sind.

Zur Datenerhebung und Erstellung der Musterlösungen trugen eine Menge studentischer Hilfskräfte und wissenschaftlicher Mitarbeitender bzw. Lehrkräfte für besondere Aufgaben an der Universität Leipzig bei. Ein Dank geht an alle beteiligten Personen, speziell an Kai Lanzendorf, der die finale Formatierung der Texte erheblich unterstützte sowie an Asib Kamalsada und Christopher Penndorf, deren Programm die Eingabe der Daten enorm beschleunigte.

Für das Korrekturlesen der Arbeit sei Dr. Jörg Lehnert, Ina Wlassak und Pauline Wolf gedankt. Es ist nicht selbstverständlich, dies „einfach so“ gewissenhaft zu erledigen!

Meiner Familie, speziell meinen Eltern Ina und Rainer Wlassak, sowie meiner Freundin Pauline Wolf möchte ich danken, dass sie mich auch in schwierigen Zeiten immer unterstützt und Lösungen statt Probleme gesucht haben. Danke, dass ich mich immer auf euch verlassen kann!

Schließlich möchte ich mich bei zwei Personen bedanken, die zwar nicht direkt an dieser Arbeit beteiligt waren, wohl aber dafür sorgten, dass sich meine Interessen so entwickelten, dass ich dieses Projekt in dieser Form bearbeiten konnte. Zunächst ist Dank an meinen Großvater Günter Wlassak auszusprechen, welcher spätestens ab der Sekundarstufe II meine Motivation für die Schulmathematik positiv beeinflusste, was ein wichtiger Grund für mein Lehramtsstudium war. Außerdem möchte ich mich bei Prof. Dr. Jürgen Stückrad bedanken, dessen klar strukturierte Vorlesungen und anspruchsvolle, aber bewältigbare Übungsaufgaben mein Interesse an der Hochschulmathematik im Allgemeinen und Übungsaufgaben im Speziellen nachhaltig beeinflusst haben.

Interessenkonflikt Der/die Autor*in hat keine für den Inhalt dieses Manuskripts relevanten Interessenkonflikte.

Inhaltsverzeichnis

Abbildungsverzeichnis

Tabellenverzeichnis

1 Einleitung und erkenntnisleitende Fragen

> Nun entfernt sich aber der akademische Lehrstoff von dem, was der spätere Beruf der Studierenden unmittelbar beansprucht, in keinem Fache so weit, wie in der Mathematik (Pasch, 1894, S. 4).

Die Diskrepanz zwischen Mathematik, wie sie an der Hochschule gelehrt wird und wie sie von Mathematiker:innen, die außerhalb der Forschung arbeiten, genutzt wird, ist enorm. Entsprechendes gilt insbesondere für (künftige) Lehrer:innen und daher auch für die Mathematik an Schule und Hochschule. Es ist aber fraglich, wie diese Unterschiede empirisch sichtbar gemacht werden können. Der Ansatz der vorliegenden Arbeit ist es, die Aufgaben des akademischen Lehrstoffes als spezielle Lehr-Lern-Materialien in den Fokus zu nehmen und ihren Charakter genauer zu untersuchen. Da das Erlernen von Mathematik und das Lösen von Aufgaben eng miteinander verwoben sind, scheint dieser Ansatz gewinnbringend.

Sowohl von einer Außen- (Gebauer, 2013, S. 63) als auch einer Innenperspektive (Granzer und Walther, 2008, S. 8) gilt die Mathematik in der Schule als „Aufgabenfach". Die Motivation mathematischer Begriffe und Verfahren, das Üben des Umgangs mit diesen – sei es zu Hause oder im Unterricht – sowie Leistungsüberprüfungen werden durch Aufgaben moderiert. Auch empirisch zeigt sich die Bedeutung von Aufgaben in der Mathematik. So wurde festgestellt, dass international über 80 % der Unterrichtszeit mit der Besprechung bzw. Bearbeitung von Aufgaben verbracht wird (Pauli und Reusser, 2006, S. 781). Auf quantitativer Seite stellt dies ein homogenes Ergebnis dar. Hinsichtlich der Qualität der Aufgaben wurden allerdings Unterschiede zwischen verschiedenen Ländern ermittelt: Während im deutschen Mathematikunterricht Aufgaben dominieren, die eher algorithmische

F. Wlassak, *Gestaltungsmerkmale und Typen von Übungsaufgaben aus der Analysis I*, https://doi.org/10.1007/978-3-658-50118-1_1

Lösungswege verlangen, finden sich z. B. im japanischen Mathematikunterricht verstärkt offenere Aufgaben, für die kein naheliegender Lösungsweg vorliegt (Adleff et al., 2023, S. 379; Drüke-Noe, 2014, S. 219; Neubrand, 2002, S. 338). Entsprechend nehmen in Japan die Betrachtung mehrerer Lösungswege und die für komplexe Aufgaben nötige vertikale Vernetzung mathematischer Begriffe einen größeren Raum ein, wohingegen in Deutschland eher nur Ergebnisse und Fehler besprochen werden (Bauer, 2022; Neubrand, 2002, S. 344 und S. 348). Die Aufgabenqualität wirkt daher auf den Unterrichtsverlauf und hat somit Einfluss auf die Unterrichtsqualität.[1] Gerade weil die Unterrichtsforschung noch weit davon entfernt ist, eine optimale Orchestrierung von Aufgaben zu empfehlen (Klieme, 2019, S. 405), aber die dargelegte Bedeutung von Aufgaben im Lernprozess vorliegt, besteht Bedarf, den Status quo der Aufgabenqualität zu beschreiben, um potentielle Missstände zu identifizieren, was für die Schulmathematik bereits Gegenstand verschiedener Studien war.

Auch im Studium mathematikhaltiger Fächer spielen Aufgaben eine große Rolle, denn Studierende verbringen sehr viel Zeit mit dem Lösen von Aufgaben. Die Bearbeitung der Aufgaben rückt aus Lehrveranstaltungen in das Selbststudium und es treten weniger Aufgaben als an der Schule auf, häufig nur vier pro Woche und Vorlesung (Stenzel, 2023, S. 71–72). Die Relevanz von Aufgaben sinkt aber in der tertiären Bildung nicht, denn sowohl die Fach- als auch die Hochschuldidaktik Mathematik weisen Aufgaben an den jeweiligen Institutionen eine konstitutive Funktion für den Lernprozess zu (Blömeke et al., 2006; Bruder, 2000b; Göller, 2016; Lenné, 1969; Weber und Lindmeier, 2020b). Mathematiklernen und das Bearbeiten von Aufgaben bleiben daher auch an der Hochschule eng miteinander verbunden. Diese theoretische Erkenntnis wird beispielsweise durch die empirisch rekonstruierten Wahrnehmungen von Studierenden gestützt, die in Aufgaben sowohl ein wichtiges Instrument zum Erzeugen von Verständnis mathematischer Inhalte als auch zur Strukturierung des Selbststudiums erkennen (Rach und Heinze, 2013, S. 139). Weiterhin wird der Lernerfolg auch an der Hochschule über Klausuren, d. h. daran, inwieweit Lernende in der Lage sind, in kurzer Zeit eine gegebene Menge von Aufgaben zu lösen, ermittelt. Im Laufe des Semesters stehen Studierenden wöchentlich abzugebende Aufgaben zur Verfügung, um sich hierauf vorzubereiten (und um überhaupt die Zulassung zur Klausur zu erreichen). Häufig werden diese Aufgaben als *Übungsaufgaben* bezeichnet (Paul et al., 2020, S. 7), wobei diese Bezeichnung schnell zu Enttäuschungen führen kann, wenn man sie im Sinne des Einübens von Routinen versteht, denn nur ein geringer Anteil von Studierenden kann die Mehrzahl dieser Aufgaben wirklich selbstständig lösen, der Rest schreibt sie stattdessen ab

[1] Unterrichtsqualität wird dabei pragmatisch als Kultur der Inhalte und des Lernens verstanden (Krummheuer, 1997, S. 10).

(Liebendörfer und Göller, 2016a; Liebendörfer und Göller, 2016b; Rach, 2014).[2] Dementsprechend sind qualitative Diskrepanzen der mathematischen Aufgabenkultur zwischen Schule und Hochschule zu erwarten, wobei die Hochschulseite weniger, aber dafür komplexere Aufgaben bereitstellt.

Trotz der Relevanz von Aufgaben an der Hochschule und der bedenklichen Abschreibeproblematik bei Übungsaufgaben gibt es bislang kaum empirische Forschung zu Übungsaufgaben. Zwar liegen einige Veröffentlichungen im Bereich der Entwicklungsforschung vor, speziell zu Schnittstellenaufgaben[3] für Lehramtsstudierende (Bauer, 2013; Bauer 2015; Bauer 2018; Eichler und Isaev, 2022; Hoffmann und Biehler, 2022). Der Status quo zu Übungsaufgaben, d. h. deren Gestaltung in aktuellen Lehrveranstaltungen, ist bislang aber nur wenig erforscht (Weber und Lindmeier, 2020b; Wlassak und Schöneburg-Lehnert, 2022). Dies überrascht, da die vielfältigen Veränderungen am Übergang Schule-Hochschule, wie z. B. ein größerer Fokus auf den Theorieaufbau und das Beweisen, eine geringere Anwendungsorientierung oder ein Wandel in der Organisation der Lehre, tiefgreifende Implikationen für die gestellten Aufgaben erwarten lassen und diese wiederum einflussreich für fachliche Lernprozesse, aber auch Interesse und Motivation der Studierenden sein können.

Neben diesen objektiven Kriterien sind die subjektiven Eindrücke, die im eigenen Studium und in der eigenen Lehrtätigkeit sowohl in der regulären Lehre als auch in Unterstützungsprogrammen gesammelt werden konnten, diejenigen, die das Feld der Übungsaufgaben besonders spannend machen.[4] Im eigenen Studium erlebte man – wenigstens in den ersten Wochen – das Bearbeiten von Übungsaufgaben als sehr frustrierend. Das erfolgreiche Bearbeiten gelang nur mit enormem Zeitaufwand und es war nicht wirklich klar, inwiefern das Lösen von Übungsaufgaben beim Erkenntnisgewinn unterstützen sollte. Später, als Tutor und Korrekteur, konnte Ähnliches bei Studierenden beobachtet werden, wobei die wahrgenommene Anzahl von Abbrüchen schon im Verlauf des ersten Semesters dafür spricht, dass kognitive Überforderung mit bzw. mangelndes Interesse an Inhalten der Übungsaufgaben und Vorlesungen Studierende früh abschrecken, das Studium weiterzuverfolgen. Dies betrifft nicht nur Studienanfänger:innen mit ungünstigen Lernvoraussetzungen, sondern auch Studierende, die in der Schule erfolgreich waren und dort mit guten bis

[2] Der Terminus *Übungsaufgabe* wird in dieser Arbeit trotzdem genutzt, da er üblich im Sprachgebrauch von Lehrenden und Lernenden ist.

[3] Bei Schnittstellenaufgaben handelt es sich um Aufgaben, die explizit Bezüge zwischen schulischer Mathematik und universitärer Mathematik herstellen (Bauer, 2013, S. 40).

[4] Im Folgenden werden die eigenen Erfahrungen des Autors sowie die in Gesprächen mit anderen Lehrenden erworbenen Eindrücke berichtet. Auch wenn dies nur anekdotische Berichte sind, waren sie prägend für die Motivation der Arbeit.

sehr guten Noten bewertet wurden (vgl. auch Geisler, 2020, S. 146). Es konnte jedoch auch beobachtet werden, dass ein Großteil der Studierenden, die sehr viel Zeit in das eigenständige Bearbeiten von Übungsaufgaben investierten, das Studium eher nicht abbrachen. Gerade diese Gruppe von Studierenden berichtete spätestens ab dem zweiten Semester auch einen Mehrwert der gestellten Aufgaben für den eigenen Lernprozess (vgl. auch Weber-Koppitz, 2023, S. 148).

Zusätzlich zur Bedeutung der Aufgaben für Studierende standen Aufgaben auch auf Seiten der Lehrenden im Fokus. In Besprechungen zu Lehrveranstaltungen ging es fast ausschließlich um die Übungsaufgaben; sie wurden aber vorrangig aus einer fachlichen Perspektive diskutiert. Welche (Lern-)Ziele mit spezifischen Aufgaben verknüpft waren oder warum spezifische Inhalte (nicht) thematisiert wurden, wurde nicht explizit erwähnt. Überhaupt wurde eher pauschal über „die Aufgaben" als homogenes Konstrukt gesprochen, ohne näher deren Art zu charakterisieren. Die einzige regelmäßig getroffene Unterscheidung geschah zwischen „Rechenaufgaben" und „Beweisaufgaben", wobei prognostiziert wurde, dass erstere eher einfach seien und letztere wohl eher selten von Studienanfänger:innen gelöst werden würden. Gerade bzgl. der Lösungsquoten der Übungsaufgaben traten aber nicht nur erhebliche Unterschiede zwischen verschiedenen Arten von Aufgaben auf, sondern vor allem auch zwischen den Lehrenden. Teilweise erreichten nahezu alle Studierenden, die regelmäßig Aufgaben abgaben, die Klausurzulassung. In anderen Jahren gab es schnell Beschwerden über subjektiv als zu schwierig wahrgenommene Aufgaben und ein größerer Teil der Studierenden erreichte die Prüfungszulassung nicht. Die Bestehensquoten der Klausuren am Ende des Semesters unterschieden sich ebenso erheblich.[5] Naheliegend ist daher eine unterschiedliche Komplexität der gestellten Aufgaben bei verschiedenen Lehrenden.

Es stellt sich demnach so dar, dass genauere Beschreibungskategorien für Übungsaufgaben sowie vergleichende Untersuchungen der Aufgaben verschiedener Dozierender fehlen, um diese Phänomene empirisch zu erfassen. Dies lässt auf Forschungsbedarf in Bezug auf die Beschreibung der Gestaltungsmerkmale von Übungsaufgaben schließen. Eine präzise Beschreibung der Komplexität von Übungsaufgaben (bzw. auch Klausuraufgaben) sowie deren inhaltliche Klassifikation wäre wünschenswert, um kognitive und motivationale Hürden am Übergang Schule-Hochschule genauer verorten zu können (Göller, 2020; Liebendörfer, 2018; Rach, 2014). Inwieweit Unterschiede zwischen Lehrenden nur ein anekdotisches Phänomen darstellen oder tatsächlich differierende Aufgabenkulturen bei verschiedenen Lehrenden auftreten, sollte zusätzlich geprüft werden. Es ergeben sich somit

[5] Hierfür sprechen auch die lokal stärker variierenden Abbruchquoten (vgl. 2.1). Zum Vergleich von Lösungsquoten der Übungsaufgaben gibt es bisher keine Arbeiten.

folgende Fragen, die erkenntnisleitend auf die Erstellung dieser Arbeit wirken und durch diese beantwortet werden sollen:

- Welche Aufgabenmerkmale eignen sich, um die Aufgabenkultur der universitären Mathematik zu beschreiben und inwieweit sind Unterschiede zur Schulmathematik feststellbar?
- Gibt es charakteristische Typen von Aufgaben der Hochschulmathematik, die eine feinere Darstellung kognitiver Anforderungen ermöglichen als die bloße Trennung zwischen Rechen- und Beweisaufgaben?
- Inwieweit besteht eine homogene Aufgabenkultur an der Hochschule bzw. inwiefern sind Unterschiede bei den gestellten Aufgaben verschiedener Lehrender festzustellen?

Mit der Beantwortung der aufgeworfenen Fragen wird eine Forschungslücke im Bereich der Hochschuldidaktik geschlossen, da bislang empirische Untersuchungen zu Aufgabenmerkmalen von Übungsaufgaben rar sind und nur an kleineren Stichproben mit vorrangig aus dem Schulkontext entwickelten Instrumenten durchgeführt wurden (Weber und Lindmeier, 2020b; Wlassak und Schöneburg-Lehnert, 2022). Im Rahmen dieser Arbeit sollen diese bestehenden, deskriptiven Ergebnisse an einer größeren Stichprobe repliziert und ergänzt werden. Neue Erkenntnisse sollen vor allem in Bezug auf die inhaltliche Klassifikation, die Ausdifferenzierung der Tätigkeiten „Rechnen" und „Beweisen" sowie die Generierung hochschulspezifischer Aufgabentypen erzielt werden. Letzteres ermöglicht es, über Übungsaufgaben nicht mehr als homogene Gesamtheit zu sprechen oder nur zwischen „Rechen-" und „Beweisaufgaben" zu unterscheiden, sondern empirisch fundierte Beschreibungskategorien zu nutzen. Dafür soll ein Instrument entwickelt werden, mit dem auch Lehrende ihre Übungsaufgaben selbst vergleichend einschätzen können, da durch die Beschreibung einer größeren Stichprobe von Übungsaufgaben Bezüge zu „durchschnittlichen Übungsaufgaben" hergestellt werden können.

Vor der Erstellung eines Klassifikationsinstruments werden dafür im theoretischen Teil der Arbeit zunächst Symptome des Übergangs Schule-Hochschule im Fach Mathematik erläutert, die insbesondere die Dringlichkeit der Problematik darstellen sollen. Daran schließt sich die Diskussion charakteristischer Merkmale der Schul- bzw. Hochschulmathematik an, welche zur Auswahl relevanter Kategorien zur Beschreibung von Aufgaben in der Studieneingangsphase dient. In der Folge wird die Organisation der Module der Studieneingangsphase mit einem besonderen Fokus auf Übungsaufgaben diskutiert. Im ersten Studienjahr sind Studierende meist mit Lehrveranstaltungen zur Linearen Algebra und Analysis konfrontiert, zu denen sie jeweils Übungsaufgaben lösen müssen. Für diese Arbeit wird ein Fokus auf die

Analysis gelegt, da es sich um das Gebiet handelt, aus welchem die Studierenden theoretisch die meisten Vorkenntnisse aus der Schule mitbringen sollten (KMK, 2012a, S. 24) und daher Probleme weniger auf neue Inhalte zurückgeführt werden können. Inwieweit überhaupt inhaltliche Unterschiede zwischen Schul- und Hochschulanalysis zu erwarten sind, wird ebenfalls besprochen. Der theoretische Teil der Arbeit endet mit der Diskussion eines für den praktischen Teil der Arbeit nutzbaren Aufgabenbegriffs, welcher zwischen direkt an der Aufgabenstellung ablesbaren Merkmalen (Oberflächenmerkmale) und Merkmalen, für die zugehörige Lösungen erforderlich sind (Tiefenstrukturmerkmale), unterscheidet sowie der Aufarbeitung des Forschungsstands zur Gestaltung von Mathematikaufgaben an Schule und Hochschule.

Im praktischen Teil werden die verwendeten Instrumente vorgestellt und für die Zwecke dieser Arbeit operationalisiert. Das Klassifikationsinstrument besteht aus selbst entwickelten Kategorien, nutzt aber auch etablierte Instrumente aus verwandten Arbeiten. So entsteht ein umfangreiches Klassifikationsschema, welches inhaltliche, komplexitätsgenerierende und allgemeine Gestaltungsmerkmale vereint. Im Anschluss werden der Datensatz der Untersuchung sowie das methodische Vorgehen dieser Arbeit beschrieben. Dabei unterscheidet sich der hier verwendete Ansatz von verwandten Arbeiten, da nicht nur Aufgabenstellungen, sondern auch zugehörige Lösungen untersucht werden, um Ergebnisse präziser erfassen zu können. Sowohl der Prozess der Erstellung dieser Lösungen als auch der Klassifikationsprozess werden abgebildet. Schließlich werden die Ergebnisse der Arbeit in Bezug auf die Verteilungen der einzelnen Aufgabenmerkmale allgemein sowie im Vergleich zwischen verschiedenen Lehrenden vorgestellt. Zusammengeführt werden diese Ergebnisse über eine Clusteranalyse, welche Typen von Aufgaben generiert, die charakteristisch für Übungsaufgaben im ersten Semester der Analysis scheinen.

Im abschließenden Interpretationsteil der Arbeit werden die Ergebnisse schlussendlich in Bezug auf den theoretischen Teil der Arbeit diskutiert und Limitationen der Arbeit sowie Implikationen für Lehre und Forschung im Bereich der Übungsaufgaben besprochen. Da erzielte Ergebnisse nur auf der Ebene der Übungsaufgaben bestehen und keine Bezüge zu tatsächlichen Lösungen von Studierenden oder Intentionen der Lehrenden aufgegriffen werden, können und sollen dabei keine normativen Forderungen an die Umgestaltung universitärer Aufgabenkultur aufgestellt werden. Vielmehr zeigt sich, dass es „die" Aufgabenkultur an der Universität nur bei oberflächlicher Betrachtung zu geben scheint und es größer angelegter Vergleichsstudien (nicht nur auf der Ebene von Übungsaufgaben) bedarf, um Kriterien zu extrahieren, die eine Wertung der Aufgabenkulturen verschiedener Dozierender zulassen würden.

2 Der Übergang zwischen Schule und Hochschule in der Mathematik

Wenn Absolvent:innen sich nach dem Ende der Schulzeit für ein Studium der Mathematik entscheiden, erleben sie oberflächlich betrachtet eine Form von Kontinuität, denn sie kennen Mathematik bereits als Schulfach. Für andere Studiengänge wie z. B. Jura oder Medizin gibt es hingegen kein korrespondierendes Fach in der Schule (Horndasch, 2011, S. 72). Nichtsdestotrotz gestaltet sich der Übergang zwischen Schule und Hochschule gerade in der Mathematik besonders schwierig, denn es zeigen sich vergleichsweise hohe Abbruch- und Schwundquoten (Heublein et al., 2022) und affektiv-motivationale Merkmale von Studienanfänger:innen entwickeln sich ungünstig. Im folgenden Kapitel soll die Symptomatik der Übergangsschwierigkeiten zwischen Schul- und Hochschulmathematik zunächst kurz dargestellt werden (vgl. 2.1), bevor über die charakterisierende Beschreibung von Schul- und Hochschulmathematik die Diskrepanz zwischen schulischem und universitärem Vorgehen beschrieben wird (vgl. 2.2). Entsprechend der Ziele dieser Arbeit wird auf der Hochschulseite ein Fokus auf die Studieneingangsphase und speziell das erste Semester gelegt. Die Klassifizierung von Übungsaufgaben kann darauf aufbauend an den Stellen ansetzen, bei denen aus der Theorie erhebliche Unterschiede zu erwarten sind, um zu prüfen, ob sich diese tatsächlich in den zu bewältigenden Anforderungen an Studierende im ersten Semester niederschlagen. Das Kapitel schließt daher mit einer Zusammenfassung, die die zentralen, erwartbaren Unterschiede zwischen Mathematikaufgaben an Schule und Hochschule beleuchtet (vgl. 2.3).

2.1 Symptome der Übergangsproblematik

Nach dem Erlangen der allgemeinen Hochschulreife stehen viele junge Erwachsene vor der Entscheidung, eine Berufsausbildung oder ein Hochschulstudium zu absolvieren. Im Verlauf des 20. Jahrhunderts und im frühen 21. Jahrhundert hat sich hier

F. Wlassak, *Gestaltungsmerkmale und Typen von Übungsaufgaben aus der Analysis I*, https://doi.org/10.1007/978-3-658-50118-1_2

ein klarer Trend hin zum Studium abgezeichnet. Betrug die Studienanfängerquote[1] zu Beginn der 1950er Jahre noch weniger als 5 % (Merkator und Teichler, 2010, S. 11), so waren es im Jahr 2000 schon 33,3 % (Destatis, 2024). Seit 2011 sind die Schwankungen bei der Studienanfängerquote relativ gering, sodass sie in den letzten 13 Jahren zwischen 55,5 % und 58,5 % lag (ebd.). Die Aufnahme eines Studiums ist somit mehr und mehr zur Regel geworden, das bloße Erhöhen der Quote von Studienanfänger:innen kann aber den zunehmenden Bedarf an hochqualifizierten Fachkräften allein nicht decken. So fordert die Europäische Union, dass mindestens 40 % eines Geburtsjahrgangs mit einem universitären oder gleichwertigen Abschluss dem Arbeitsmarkt zur Verfügung stehen sollen (Europäische Kommission, 2014, S. 29). Tatsächlich liegt die Gesamtquote für Erwerbstätige in Deutschland im Jahr 2021 nur bei 33,8 % (Kerst et al., 2023, S. 4), was nahelegt, dass das von der Europäischen Union ausgegebene Ziel auch aufgrund von Studienabbrüchen in Deutschland verfehlt wird.[2] Zusätzlich ist diese Quote deutlich geringer als in Ländern wie Belgien, Schweden oder der Schweiz.

Um die Forderung der Europäischen Union erfüllen zu können, wird eine Verringerung des Anteils derjenigen Personen angestrebt, der sich zwar für ein Studium (erst-)immatrikuliert, die Hochschule jedoch ohne Abschluss verlässt. Diese Personen werden auch als Studienabbrecher:innen bezeichnet und ihr Anteil an allen Studienanfänger:innen über die Studienabbruchquote quantifiziert.[3] In Deutschland beträgt die Studienabbruchquote über alle Bachelorstudiengänge an Universitäten 35 % (Heublein et al., 2022). Diese globale Quote hat allerdings eine geringe Aussagekraft, denn Studienabbruchquoten unterscheiden sich erheblich nach Fächergruppen. So brechen beispielsweise nur 21 % der Studierenden aus rechts-, wirtschafts- oder sozialwissenschaftlichen Studiengängen ihr Studium ab, während es in der Fächergruppe Mathematik/Naturwissenschaften 50 % sind (ebd., S. 5). Dies stellt die höchste Studienabbruchquote aller Fächergruppen der Bachelorstudiengänge dar. Speziell in der Mathematik beträgt diese Zahl 54 % (Heublein und Schmelzer, 2018, S. 7), was die Virulenz der Übergangsproblematik unterstreicht.[4] Betrachtet

[1] Die Studienanfängerquote ist der Anteil der Bevölkerung eines Geburtsjahres, die ein Studium beginnen (Destatis, 2024; Hägglund und Lörz, 2020, S. 67). Die Quoten werden dabei für einzelne Geburtsjahrgänge berechnet, in dem die Anfängerzahlen absolut bestimmt werden und mit den Zensusdaten der altersgleichen Bevölkerung (19–21 Jahre) abgeglichen werden.

[2] Seit 2008 liegt die Studienanfängerquote über 40 %. Seit 2011 liegt sie sogar über 55 %.

[3] Studienfachwechsler:innen, die einen ersten berufsqualifizierenden Hochschulabschluss erlangen, werden in der konsensuellen Definition von Studienabbruch nicht als Studienabbrecher:innen bezeichnet vgl. (Heublein und Wolter, 2011, S. 216).

[4] Man beachte hierfür auch die später in diesem Abschnitt folgenden Ausführungen zum frühen Studienabbruch.

man ergänzend die Studienerfolgsquote, d. h. den Anteil der Studierenden, der sich in ein Mathematikstudium immatrikuliert und dieses erfolgreich abschließt, zeigt sich mit 20–30 % (Dieter, 2012; Dieter und Törner, 2012; Zimmermann et al., 2007) eine bedenklich niedrige Zahl.

Dies bildet auf der Ebene des Individuums Schwierigkeiten mit dem Studium der Mathematik ab, aber stellt positiv gedeutet eine gewinnbringende Neuorientierung dar. Auf gesellschaftlicher Ebene sind diese vielen Abbrüche problematisch, da sie hohe Investitionen in Personen bedeuten, die anschließend dem Arbeitsmarkt nicht als akademisch gebildete Fachkräfte zur Verfügung stehen (Neugebauer et al., 2019, S. 1019). Dass die Abbruchquote in mathematikhaltigen Fächern am höchsten ist, stellt ein quantitatives Symptom der Übergangsproblematik dar.

Zusätzlich können qualitative Besonderheiten das Bild zum Übergang Schule-Hochschule in der Mathematik ergänzen. So werden als Abbruchgründe in der Fächergruppe Mathematik/Naturwissenschaften am häufigsten Leistungsprobleme und mangelnde Studienmotivation genannt (Heublein et al., 2010, S. 23; Heublein et al., 2017, S. 25). Im Lehramt Mathematik zeigen sich ähnliche Abbruchmotive, wobei in der Literatur eine wenig belastbare Verbindung zum Studienfach Mathematik berichtet wird. Zur Mathematik an der Hochschule entwickeln Lehramtsstudierende keine „affektiv unterstützte positive Beziehung" (Pieper-Seier, 2002, S. 396). Dies zeigt sich auch darin, dass sie von ihren zwei Fächern meist das von der Mathematik verschiedene bevorzugen (ebd.). Zusätzlich schätzen sie die Hochschulmathematik als wenig relevant für den späteren Beruf ein und es werden mehr Bezüge zur Schulmathematik im Studium gefordert Büdenbender Kuklinski, 2021, S. 343). Vor allem den fachmathematischen Teil des Studiums schätzen Lehramtsstudierende als sehr negativ ein (Mischau und Blunck, 2006, S. 49). Affektiv-motivationale Abbruchgründe treten aber nicht unbedingt isoliert von Leistungsproblemen auf. In der Mathematik erleben Fach- und Lehramtsstudierende leistungsbezogene Misserfolge, was dann für einen Motivationsabfall sorgt. Vermutet wird, dass dieses Phänomen schon in den ersten vier Wochen nach Studienbeginn eintritt (Liebendörfer, 2018, S. 309).

Hierfür sprechen auch die empirischen Ergebnisse zum Zeitpunkt des Abbruchs: Studienabbruch in dieser Fächergruppe geschieht tendenziell eher früh im Studienverlauf. Versteht man frühen Studienabbruch als Abbruch im Laufe der ersten drei Semester, so brechen über alle Fächergruppen 23 % der Studienabbrecher früh ihr Studium ab, wohingegen es in der Fächergruppe Mathematik/Naturwissenschaften 40 % sind (Gold, 1988). Lokal werden Abbruch- und Fachwechselquoten von über 30 % bereits im ersten Studienjahr berichtet (Ahrenholtz und Ruf, 2014, S. 86). Eine weitere Differenzierung zeigt, dass ein großer Teil der Studienabbrüche in der Mathematik bis zur Mitte des ersten Semesters erfolgt. In einer Studie von Geisler

(2020, S. 146) betraf dies an einer einzelnen Universität 111 von insgesamt 155 Studienabbrecher:innen. Bemerkenswert ist, dass ein Abbruch im späteren Studienverlauf viel seltener auftritt. So beträgt die Studienabbruchquote im Master 16 % und ist die niedrigste aller Fächergruppen (Heublein et al., 2022, S. 10).

Das Ausmaß und die Qualität der Studienabbruchproblematik sprechen für eine erhebliche Hürde *am Übergang* zwischen Schule und Hochschule in der Mathematik. Erwartbar ist eine qualitative Änderung des Gegenstands Mathematik, die zu Leistungs- und Motivationsproblemen führt. Vor allem sehr frühe Abbrüche im Laufe des ersten Semesters noch vor Klausuren hängen vermutlich mit den gestellten, anspruchsvollen Übungsaufgaben zusammen (Geisler et al., 2019, S. 88; Glaesser et al., 2021, S. 142; Liebendörfer, 2018, S. 323–324), da diese Studierenden semesterbegleitend eher negative Rückmeldungen zum individuellen Leistungsstand geben. Bevor diese Aufgaben genauer beschrieben werden können, sollen im Folgenden zunächst Schul- und Hochschulmathematik begrifflich festgelegt werden, bevor deren Charakteristika beschrieben werden können, was als Ausgangspunkt für die Untersuchung von Übungsaufgaben dient.

2.2 Schul- und Hochschulmathematik im Vergleich

Bislang wurden die Begriffe Schul- und Hochschulmathematik intuitiv verwendet, unter der Annahme, dass es sich um verschiedene Formen von Mathematik handelt, die Lernenden an den Institutionen Schule bzw. Hochschule begegnen. Diese gedachte Unterscheidung zwischen „Universitätswissenschaft und Schulunterricht" (Stäckel, 1905, S. 609) ist dabei keineswegs neu. Schon über 100 Jahre spricht man von einer Kluft, die zwischen den beiden Polen aufbricht (ebd.). Neben Fachstudierenden betrifft sie auch Studierende des (vor allem gymnasialen) Lehramts Mathematik in ihrer Bildungsbiographie. Felix Klein beschreibt die Problematik folgendermaßen:

> Der junge Student sieht sich am Beginn seines Studiums vor Probleme gestellt, die ihn in keinem Punkte mehr an die Dinge erinnern, mit denen er sich auf der Schule beschäftigt hat; natürlich vergißt er daher alle diese Sachen rasch und gründlich. Tritt er aber nach Absolvierung des Studiums ins Lehramt hinüber, so soll er plötzlich eben diese herkömmliche Elementarmathematik schulmäßig unterrichten; da er diese Aufgabe kaum selbständig mit seiner Hochschulmathematik in Zusammenhang bringen kann, so wird er in den meisten Fällen recht bald die althergebrachte Unterrichtstradition aufnehmen, und das Hochschulstudium bleibt ihm nur eine mehr oder minder angenehme Erinnerung, die auf seinen Unterricht keinen Einfluß hat (Klein, 1908, S. 1).

Gymnasiale Lehramtsstudierende erleben so eine *doppelte* Diskontinuität, d. h. den Sprung von der Elementarmathematik der Schule hin zur an der Hochschule vermittelten Mathematik und zurück, wohingegen Fachstudierende diesen Bruch nur einmal erleben. Die Trennlinie bildet jeweils die Institution, an der sich die Lernenden bzw. später dann Lehrenden befinden. Auch in neueren Betrachtungen wird der Übergang ähnlich verortet. So verstehen Büchter und Henn (2015, S. 20) als Schulmathematik „die Auswahl der fachlichen Gegenstände, Betrachtungen und Arbeitsweisen, die für den Mathematikunterricht vorgesehen sind, zusammen mit den Begründungszusammenhängen und Zielsetzungen bei ihrer Auswahl". Ebenso finden sich Beschreibungen der Schulmathematik, die sie allein durch ihre normativ spezifizierten Ziele charakterisiert (Dörfler und McLone, 1986, S. 63). An dieser Darstellung wird bereits deutlich, dass die Beschreibung der Schulmathematik nicht allein auf dem inhaltlichen Bereich fußt, sondern ein spezifischer Umgang mit mathematischen Gegenständen intendiert ist, der von außen durch die im jeweiligen Bildungsgang festgelegten Ziele beeinflusst wird. Zusätzlich ist zu berücksichtigen, dass das, was für „den Mathematikunterricht" vorgesehen ist, nicht unbedingt homogen ist. So unterscheiden sich Arbeits- und Herangehensweisen zum Beispiel danach, ob die betrachtete Institution eine Grund- oder weiterführende Schule ist. Ebenso lassen sich erhebliche Unterschiede zwischen weiterführenden Schulen, auch nur innerhalb des Gymnasiums, erwarten (Weber, 2012, S. 182). Um die Bandbreite des Begriffs Schulmathematik etwas zu begrenzen und diesen entsprechend der Ziele dieser Arbeit nutzen zu können, soll als Schulmathematik im Folgenden nur noch jene Mathematik verstanden werden, wie sie in den Sekundarstufen I und II behandelt wird. Dieses Vorgehen folgt dem üblichen Verständnis hochschuldidaktischer Arbeiten in der Mathematik (Geisler, 2020; Göller, 2020; Neubrand, 2014; Rach, 2014). Fokussiert wird vor allem die Mathematik am Gymnasium, da es den am weitesten verbreiteten Zugangsweg in ein Studium darstellt und so die Vorerfahrungen der meisten Studienanfänger:innen prägt (Merkator und Teichler, 2010, S. 40; Nickel und Thiele, 2024, S. 5).

Für die Mathematik, wie sie an der Hochschule in einem Mathematik- oder gymnasialen Lehramtsstudium[5] vermittelt wird, gibt es eine Reihe unterschiedlicher Bezeichnungen, dazu gehören „Universitätsmathematik" (Neubrand, 2014), „Hochschulmathematik" (Liebendörfer, 2018) oder „akademische Mathematik" (Fischer

[5] Für das Lehramt Mathematik für Grund- und Oberschulen oder ingenieur- bzw. betriebswissenschaftliche Studiengänge gibt es zwar auch fachmathematische Studieninhalte; allerdings unterscheidet sich deren Charakter vom reinen Fachstudium unter anderem durch einen Fokus auf Anwendungen und Berechnungen und eine geringere Rolle des Beweisens (Kortemeyer und Biehler, 2017; Wolf, 2017). Die folgenden Ausführungen beschränken sich entsprechend, wenn nicht anders erwähnt, auf das Mathematik- bzw. gymnasiale Lehramtsstudium.

et al., 2009). Die neue Institution stellt bei diesen Begriffen immer die Abgrenzung zur Schulmathematik dar. So wird als akademische Mathematik „die Mathematik als Lerngegenstand, wie sie an der Hochschule präsentiert wird" (ebd., S. 245) verstanden und analog Hochschulmathematik als „die an Hochschulen für Fachstudierende und damit oft auch Gymnasiallehramtsstudierenden gelehrte Mathematik bezeichne[t]" (Liebendörfer, 2018, S. 5). In dieser Arbeit soll der Begriff Hochschulmathematik verwendet werden, da der Begriff „Universitätsmathematik" im allgemeinen Verständnis Fachhochschulen von der Betrachtung ausgrenzt (auch wenn sie nicht im Fokus der Arbeit stehen) und Begriffe wie akademische oder auch wissenschaftliche Mathematik trotz des beschriebenen Verständnisses eine gewisse Nähe zur Mathematik, wie sie in aktueller mathematischer Forschung betrieben wird, suggerieren, ohne dass dies für diese Arbeit explizit von Bedeutung ist, da (Fach-)Studierende höchstens zum Ende des Studiums entsprechende Erfahrungen machen. Hochschulmathematik soll vielmehr als spezieller Lerngegenstand, mit dem sich Studierende vor allem zu Beginn des Studiums auseinandersetzen, verstanden werden. Soll die Einschränkung auf diesen Lerngegenstand und die Studiengänge Mathematik bzw. gymnasiales Lehramt aufgehoben werden, wird von tertiärer bzw. höherer Mathematik gesprochen.

Wie in 2.1 dargestellt, bestehen mit dem Lerngegenstand Hochschulmathematik erhebliche Probleme auf Seiten der Lernenden. Um zu verstehen, wie es zu den Schwierigkeiten kommt, soll im Folgenden zunächst der idealtypische fachlich-epistemologische Charakter der Schulmathematik dargestellt werden. Damit können später Brüche zwischen Schul- und Hochschulmathematik herausgearbeitet werden, um somit relevante Beschreibungskategorien für Übungsaufgaben zu extrahieren.

2.2.1 Ziele und Charakter der Schulmathematik

Um den Charakter der Schulmathematik präzise fassen zu können, ist das komplexe System der Zielstellungen für die Schulmathematik von Bedeutung, da dieses eine zentrale Steuerungswirkung auf den Mathematikunterricht hat. Daher werden im Folgenden zunächst allgemeine Ziele für den Mathematikunterricht betrachtet. Im Anschluss wird der fachlich-epistemologische Charakter der Schulmathematik diskutiert, wobei die Begriffsgenese, die Rolle von Anwendungen, die Orientierung an Kalkülen, die Rolle des Beweisens und die Rolle der Fachsprache einzeln besprochen werden.

2.2.1.1 Ziele der Schulmathematik

Die Ziele des Mathematikunterrichts am Gymnasium werden von den allgemeinen Bildungszielen des Gymnasiums beeinflusst. Zu diesen Zielen gehört eine „[v]ertiefte Allgemeinbildung [...], Wissenschaftspropädeutik und Sicherung von Studierfähigkeit" (KMK, 1995, S. 8; KMK, 2024, S. 5). Die Umsetzung dieser Ziele wird in verschiedenen Lehrplänen der Bundesländer gefordert (ISB, 2024; SMK, 2021, S. VII). Die beiden letztgenannten allgemeinen Bildungsziele erscheinen für diese Arbeit von besonderer Bedeutung, da sie eine gewisse Anschlussfähigkeit der Schulmathematik an die Hochschulmathematik implizieren, die aber nur teilweise geleistet werden kann.

So sollte Wissenschaftspropädeutik selbst in der gymnasialen Oberstufe nicht als wissenschaftliches Arbeiten oder Vorwegnehmen von Studieninhalten verstanden werden (Rolfes et al., 2020, S. 398), stattdessen kann nur eine Einführung in Denk- und Arbeitsweisen der jeweiligen Bezugswissenschaft erfolgen (Hahn, 2013). Zusätzlich wird gefordert, den (begrenzten) Wahrheitsanspruch und Konstruktcharakter des Wissenschaftszweigs zu verdeutlichen, um Metawissen über die Wissenschaft zu gewinnen (Krause, 2014, S. 23). Das so erworbene Wissen kann dann nicht nur bei der Aufnahme eines Studiums genutzt werden, sondern allgemeiner zur Teilhabe an einer Wissensgesellschaft befähigen (Huber, 2009; Kirchner, 2020, S. 7–8).

Die Sicherung von Studierfähigkeit stellt eine komplexe Aufgabe dar, da neben kognitiven Fähigkeiten motivationale, ethische und soziale Faktoren angelegt werden sollen (KMK, 1995; Rolfes et al., 2020, S. 398). Mit dieser umfangreichen Menge an Fähigkeiten sollen Absolvent:innen des Gymnasiums dazu befähigt werden, ein Studium zu beginnen und erfolgreich abzuschließen. Wie bereits besprochen, gelingt Letzteres einem Großteil von Studierenden in der Mathematik nicht (vgl. 2.1). Eine Ursache hierfür ist möglicherweise die subtile Änderung der Formulierung der Bildungsziele des Gymnasiums: So wird statt von der Sicherung der Studierfähigkeit nur noch von „allgemeine[r] Studierfähigkeit" (KMK, 2024, S. 5) gesprochen. Das Sichern einer fachspezifischen Studierfähigkeit, speziell für ein Mathematik- oder gymnasiales Lehramtsstudium, wird nicht mehr gefordert.

Was eine (vertiefte) Allgemeinbildung speziell für die Gestaltung des Mathematikunterrichts bedeuten kann, hat Winter (1996) in Form von drei Grunderfahrungen präzisiert. Er fordert, dass der Mathematikunterricht dazu befähigen soll:

> (1) Erscheinungen der Welt um uns, die uns alle angehen oder angehen sollten aus Natur, Gesellschaft und Kultur, in einer spezifischen Art wahrzunehmen und zu verstehen,

(2) mathematische Gegenstände und Sachverhalte, repräsentiert in Sprache, Symbolen, Bildern und Formeln, als geistige Schöpfungen, als eine deduktiv geordnete Welt eigener Art kennen zu lernen und zu begreifen,

(3) in der Auseinandersetzung mit Aufgaben Problemlösefähigkeiten, die über die Mathematik hinaus gehen, (heuristische Fähigkeiten) zu erwerben (Winter, 1996, S. 37).

Schüler:innen sollen durch die erste Grunderfahrung in die Lage versetzt werden, Bezüge zwischen realer Welt und Mathematik herzustellen, um so die Welt besser zu verstehen. Dies kann auch die Nutzung von Mathematik in anderen Wissenschaftsdisziplinen vorbereiten und verdeutlicht den Charakter von Mathematik als Hilfswissenschaft (Rach, 2014, S. 38). Die zweite Grunderfahrung fokussiert sich auf den Charakter der Mathematik als deduktive Wissenschaft. Speziell im Mathematikunterricht bedeutet das, dass Schüler:innen mathematische Begriffe kennenlernen sollen, Argumentationen nachvollziehen oder selbst logische Argumentationen unter Nutzung der Fachsprache führen können. Mit der dritten Grunderfahrung ist der Erwerb von Problemlösefähigkeiten verbunden, daher sollen Schüler:innen lernen, auch in unbekannten Kontexten mathematische Verfahren sinnvoll zu nutzen. Gerade dies ist in enger Verbindung an das Lösen anspruchsvoller Aufgaben geknüpft (Pólya, 2010, S. 238).

Die Konkretisierung dieser allgemeinen Ziele[6] erfolgt in den Lehrplänen. Vor dem Jahr 2000 formulierten diese Pläne vor allem die zu unterrichtenden Inhalte und wurden in Folge des unbefriedigenden Abschneidens Deutschlands in den Large-Scale-Studien TIMSS (Baumert, 1997, 2000) und PISA (Klieme, 2000) kritisiert. In Bezugnahme auf Winter wurde vor allem die einseitige Betonung der zweiten Grunderfahrung zu Lasten der beiden anderen bemängelt (Borneleit et al., 2001, S. 78–79). Als Reaktion auf die Kritik und das Abschneiden des deutschen Bildungssystems in den Large-Scale-Studien wurde eine zentrale Steuerung des Mathematikunterrichts angestrebt, welche Umsetzung in den Bildungsstandards fand (KMK, 2003; KMK, 2012a; KMK, 2022).[7] Mit der Einführung der Bildungsstandards geht eine Verschiebung der Unterrichtsziele von inhaltlichem Wissen hin zu Kompetenzen einher. Im Gegensatz zu inhaltlichem Wissen, welches isoliert abgefragt werden kann, sind Kompetenzen funktional, d. h. anforderungs- und situationsbezogen. Der in den Bildungsstandards genutzte Kompetenzbegriff geht auf Weinert zurück, der Kompetenzen versteht als

[6] Dies umfasst die Grunderfahrungen und die allgemeinen Bildungsziele des Gymnasiums.

[7] Im Jahr 2022 sind neue Bildungsstandards für den ersten bzw. mittleren Schulabschluss erschienen KMK, 2022. Die Änderungen sind jedoch vor allem inhaltliche Konkretisierungen, sodass die Ausführungen auch für diese neuen Dokumente gelten.

> die bei Individuen verfügbaren oder durch sie erlernbaren kognitiven Fähigkeiten und Fertigkeiten, um bestimmte Probleme zu lösen, sowie die damit verbundenen motivationalen, volitionalen und sozialen Bereitschaften und Fähigkeiten, um die Problemlösungen in variablen Situationen erfolgreich und verantwortungsvoll nutzen zu können (Weinert, 2001, S. 27–28).

Kompetenzen sind somit umfassender als inhaltliches Wissen. In den Bildungsstandards finden sich prozessbezogene Kompetenzen, die alle Grunderfahrungen nach Winter abdecken. So lässt sich die Kompetenz „Mathematisch Modellieren" vorrangig der ersten Grunderfahrung zuordnen, „Probleme mathematisch lösen" der dritten Grunderfahrung. Die zweite Grunderfahrung ist in mehreren prozessbezogenen Kompetenzen enthalten, z. B. in „Mathematisch Argumentieren", „Mathematisch Kommunizieren" oder „Mit mathematischen Objekten arbeiten". Die Betonung des Problemlösens und Modellierens kann als Berücksichtigung der Kritik von Borneleit und Kollegen (2001) und als Reaktion auf die Ergebnisse von PISA und TIMSS verstanden werden.

Der Mathematikunterricht am Gymnasium steht im Spannungsfeld der Ziele Wissenschaftspropädeutik, Sicherung allgemeiner Studierfähigkeit und vertiefte Allgemeinbildung. Durch die Einführung der Bildungsstandards hat sich das Verständnis des Begriffs Allgemeinbildung von der Inhaltsvermittlung hin zum Erwerb von Kompetenzen gewandelt. Der Fokus wandert entsprechend von den Inhalten (Input), die Schüler:innen gelehrt werden sollen, zu den Fähigkeiten und Fertigkeiten, über die sie am Ende eines Bildungsgangs (Output) verfügen sollen. Wie genau der Weg zum Erreichen dieser Lernziele gestaltet wird, soll im Folgenden dargestellt werden.

2.2.1.2 Fehlende Axiomatik und Begriffsgenese in der Schulmathematik

Um zu verstehen, was die Schulmathematik ausmacht, ist zunächst zu klären, was sie vom wissenschaftlichen Ansatz in der Mathematik unterscheidet. In erster Linie ist der Ausgangspunkt der Schulmathematik kein Axiomensystem, sondern üblicherweise die Anschauung. Dies geht so weit, „dass die Mehrzahl der Abiturientinnen und Abiturienten nie etwas von Axiomen gehört hat" (Vollrath und Roth, 2012, S. 26). Für dieses Vorgehen gibt es pädagogische Gründe (Jahnke und Ufer, 2015, S. 351): Einerseits können die Versuche in den 1960er Jahren, die Mathematik in der Schule axiomatisch zu fundieren[8], als gescheitert gelten (Loos et al., 2022, S. 433). Die Ursachen dafür sind neben lernpsychologischen Argumenten im „zu langsamen" Aufbau zu finden. Werden Mengen(-operationen), logische Aussa-

[8] Diese werden auch als *new math* bezeichnet (Kilpatrick, 2012).

gen und Rechenoperationen ausführlich behandelt, können Dreisatz, Gleichungen lösen oder geometrische Konstruktionen erst (zu) spät erlernt werden. Andererseits ist die axiomatische Methode mit den Zielen des modernen Mathematikunterrichts (vgl. 2.2.1.1) nur bedingt vereinbar. Axiomatik spielt in alltäglichen Konversationen oder Wissenschaftsbereichen außerhalb der Mathematik kaum eine Rolle und trägt so nicht zur Allgemeinbildung oder allgemeinen Studierfähigkeit bei.

Daher werden Begriffe in der Schulmathematik vorrangig aus Alltagserfahrungen motiviert (Hefendehl-Hebeker, 2016, S. 15). Den geometrischen Körper Würfel lernen Schüler:innen als physisch manifestiertes Objekt unter anderem bei Brettspielen in ihrer Lebenswelt kennen. Er stellt als schulmathematischer Gegenstand eine Idealisierung des zugehörigen materiellen Objekts dar. Als Konsequenz der ersten Winterschen Grunderfahrung werden entsprechende vorstellungsgebundene Einführungen von Begriffen bis in die Sekundarstufe II gefordert (KMK, 2012a, S. 20). Die Ableitung einer Funktion soll beispielsweise in der Schule über mittlere Änderungsraten motiviert (Greefrath et al., 2016, S. 148) und anhand von physikalischen Beispielen wie der Durchschnittsgeschwindigkeit eingeführt werden. Diese Begriffsbildung aus solchen empirischen Erfahrungen ist induktiv (Dreher et al., 2018, S. 334; Freudenthal, 1973b, S. 317), was im Gegensatz zur formal-deduktiven Begriffsbildung einen gewissen Interpretationsspielraum bei der Nutzung von Begriffen zulässt. Genauer treten alltags- bzw. umgangssprachliche, fachmathematische und auf spezielle Anwendungen bezogene Bedeutungsebenen eines Begriffs parallel im Schulunterricht auf, nicht zuletzt um Alltagswissen der Schüler:innen für ein besseres Verständnis der mathematischen Inhalte nutzbar zu machen (Fischer et al., 2009, S. 247). Dies impliziert häufig eine intuitive, anstatt einer hochgradig präzisen Nutzung von Begriffen in der Schule, was der Schulmathematik eher den Charakter einer Naturwissenschaft gibt (Witzke, 2012, S. 951).

2.2.1.3 Die Rolle von Anwendungen in der Schulmathematik

Dementsprechend ergibt sich eine Anwendungsorientierung der Schulmathematik, die es Schüler:innen ermöglichen soll, Mathematik als Werkzeug zur Lösung realitätsbezogener Probleme aus verschiedenen Kontexten erkennen und nutzen zu können (KMK, 2003, S. 7; KMK, 2022, S. 6; Reiss und Hammer, 2013, S. 14; Winter, 1996, S. 35). Ein solch instrumenteller Charakter (Rach und Heinze, 2011, S. 10; Rach und Heinze, 2013, S. 126) der Schulmathematik wird verstärkt durch fachdidaktische Entwicklungen in den letzten beiden Jahrzehnten. Rufe nach mehr Anwendungen in der Schule lassen sich zwar zu verschiedenen Zeitpunkten identifizieren (Blum, 1985, S. 196; Richter, 1898, S. III), als Konsequenz der unbefriedigenden PISA-Ergebnisse intensivierten sich jedoch Forderungen, realitätsbezogene Aufgaben mehr zu wichten (siehe 2.2.1.1). Dies soll durch den Einsatz von

Modellierungsaufgaben geschehen, die den im Alltag und Berufsleben geforderten Transfer mathematischer Inhalte üben (Schukajlow, 2011, S. 28). Als lernpsychologischer Effekt ist zusätzlich zu erwarten, dass das Veranschaulichen und Anwenden mathematischer Begriffe in verschiedenen situierten Zusammenhängen zu besseren Verständnisleistungen führt (Fischer et al., 2009, S. 247). So ermöglichen Anwendungen in der Schulmathematik als Schnittstellen zwischen Mathematik und realer Welt neben der Vernetzung verschiedener Fähigkeiten und Fertigkeiten auch aufzuzeigen, dass für die Lösung realitätsnaher Probleme weiteres Handwerkzeug benötigt wird (Büchter und Henn, 2015, S. 21). Realitätsnahe Modellierungsaufgaben können daher das Fortschreiten des Lehrstoffes motivieren. Inwiefern diese positiven Intentionen umgesetzt werden, ist fraglich, vor allem wenn Anwendungskontexte nicht aus der Lebenswirklichkeit der Schüler:innen stammen (Rellensmann und Schukajlow, 2016a; Rellensmann und Schukajlow, 2016b).

Trotz der beschriebenen Potentiale anwendungsorientierter Aufgaben wird die Entwicklung zu einer Fokussierung dieser Aufgaben in der Schulmathematik kritisch beobachtet. Eine allzu starke Orientierung an Anwendungen kann zu Lasten des systematischen Aufbaus der Schulmathematik gehen, wenn diese mit dem Entfernen von komplexeren Inhalten aus dem Curriculum korrespondiert. Der Mehrwert von Modellierungsaufgaben erscheint außerdem zweifelhaft, wenn deren didaktische Reduktion so weit erfolgt, dass intendierte Ergebnisse nicht mehr zur Realität passen oder es an fachlicher Tiefe mangelt. Beanstandet wird Entsprechendes sowohl von Fachdidaktik (Kaenders und Weiss, 2017, S. 83; Neubrand, 2014, S. 145) als auch Fachwissenschaft (Bach et al., 2018, S. 23; Baumann, 2011, S. 17–20; Kühnel et al., 2015, S. 107).

2.2.1.4 Orientierung an (Rechen-)Verfahren in der Schulmathematik

Neben situierten (Modellierungs-)Aufgaben machen auch kontextfreie Aufgaben die Schulmathematik aus. Vor allem Aufgaben, „bei denen eine eindeutige Lösung gesucht ist und der Schüler ein ihm bekanntes, allgemeines Rechenverfahren anwenden kann" (Kollosche, 2015, S. 196) – kurz: Rechenaufgaben – dominieren den Mathematikunterricht. Unter anderem muss in der Schule mit gemeinen Brüchen gerechnet oder es müssen Nullstellen quadratischer Funktionen ohne Hilfsmittel bestimmt werden und man nutzt den Satz des Pythagoras, um fehlende Seitenlängen in einem rechtwinkligen Dreieck zu erhalten. Diese und ähnliche Techniken stellen zentrale Betätigungsfelder dar. In der Schulmathematik werden rechnerische Methoden bzw. das Manipulieren von Symbolen akzentuiert, um gewisse Klassen von Aufgaben lösen zu können (Tall, 1997, S. 1). Positiv interpretiert kann dies als Kennenlernen und Wertschätzen des Systems Mathematik im Sinne der zweiten Winterschen Grunderfahrung gelten.

Im Extremfall degeneriert aber die Orientierung an Aufgaben eines gewissen Typs zur reinen „Aufgabendidaktik“: der Präsentation einer Lösungstechnik mit anschließender längerer Einübungsphase dieser Technik und abschließender Kontrolle (vgl. Lenné, 1969, S. 51). Problematisch ist hieran vor allem, wenn Techniken nur noch vor- und anschließend ausgeführt werden – ein Unterrichtsmuster, welches zu mangelndem inhaltlichen Verständnis führt und eine tragfähige Vernetzung von zugrundeliegenden Begriffen erschwert (Prediger, 2009a, S. 222–223; Prediger, 2009b, S. 170; Weigand, 2015, S. 261). Ein konstruktiver, kumulativer Wissensaufbau bei Schüler:innen erscheint so kaum möglich (Borneleit et al., 2001, S. 76). Es sei angemerkt, dass diese Kritik am Mathematikunterricht nicht neu ist. So stellte Toeplitz schon 1928 in Bezug auf die Behandlung der Analysis in der Schule fest, dass

> in der Infinitesimalrechnung der Schulen die formale Seite der Sache [überwiegt], die Rechentechnik des Differenzierens und Integrierens, um ein kurzes Wort zu gebrauchen: der Kalkül. Dieser Kalkül ist ein ungemein bequemer Unterrichtsgegenstand für die Schule […]. Die Frage ist nur, ob für die allgemeine Bildung, die die Schule erteilen will, in diesem Kalkül irgendein Wert gelegen ist, ein methodischer Wert, der das Niveau fördert (Toeplitz, 1928, S. 13–14).

Durch eine reine, sukzessive Behandlung von Rechentechniken mangelt es häufig an Vernetzungen (Henn und Kaiser, 2001, S. 370), vor allem verschiedener mathematischer Stoffgebiete (Blum und Wiegand, 1998). Flexibel anwendbares Wissen kann daher kaum entstehen und die Schulmathematik erscheint ihren Absolvent:innen (schlimmstenfalls) als unzusammenhängende Sammlung von Kalkülen und Algorithmen. Um diesen Problemen entgegenzuwirken, wurden die im Rahmen der Schulmathematik zu erwerbenden Kompetenzen Anfang der 2000er Jahre stärker in Richtung von Argumentieren, Problemlösen und Modellieren gesteuert. Gerade in Bezug auf die im Mathematikstudium relevanten Kompetenzen des Argumentierens bzw. Beweisens[9] ist die Umsetzung aber fraglich.

2.2.1.5 Beweisen in der Schulmathematik

Mathematik als Wissenschaft ist eine beweisende Disziplin, jedoch spielt das Beweisen in der Schule eine untergeordnete Rolle (Bauer und Büchter, 2018, S. 200; Meyer und Prediger, 2009, S. 1). Umstände, die den Beweis in der Wissenschaft Mathe-

[9] Auch im Hinblick auf das Problemlösen und Modellieren zeigt der Forschungsstand teilweise Defizite bei der Implementierung auf (vgl. 5.4.1).

matik zum natürlichen Erkenntnissicherungsinstrument machen, entsprechen nicht den Charakteristika der Schulmathematik. Mathematik in der Schule orientiert sich stärker an den Lernenden als der Fachsystematik und ihre Begriffe generiert sie aus wahrnehmbaren Phänomenen (vgl. 2.2.1.2). Dementsprechend fehlt eine globale axiomatische Basis als Ausgangspunkt zum Führen von Beweisen (Ufer et al., 2009, S. 31). Inwiefern Wissensbestandteile abgesichert und nutzbar sind, bleibt häufig implizit (Fischer et al., 2009, S. 250) oder ist Änderungen unterworfen.

Im Sinne eines lokalen Ordnens (Freudenthal, 1973a, S. 142) können in der Schule anschaulich einsichtige Aussagen zunächst als wahr angenommen werden und später wieder als beweisbedürftige Vermutungen gelten (Stylianides, 2007, S. 296). Der epistemische Status lokaler Axiome ist daher kontextgebunden und lokale Axiome ermöglichen Beweise nur im Rahmen eines klar abgegrenzten Inhaltsbereichs. Ein globales Ordnen der Schulmathematik anhand deduktiver Beweise verbietet sich (Jahnke und Ufer, 2015, S. 333), da einerseits kein verbindliches Axiomensystem vorliegt und andererseits auch der Anspruch des Gymnasiums, eine vertiefte Allgemeinbildung zu vermitteln (vgl. 2.2.1.1), einer übermäßigen Wichtung von formalen Beweisen widerspricht. So spielt das Beweisen außerhalb der Mathematik – von einigen wenigen Disziplinen wie z. B. der theoretischen Informatik oder der theoretischen Physik abgesehen – keine Rolle (Reiss und Ufer, 2009, S. 156).

Vor allem durch sprachliche Restriktionen heben sich Beweise von anderen Formen der alltäglichen Kommunikation ab. So müssen bei Vermutungen alle Bedingungen für deren Gültigkeit explizit formuliert werden, um sie beweisbar zu machen. Dies steht im Gegensatz zu Allaussagen in der Bildungssprache oder Anwendungskontexten, die häufig noch Ausnahmen zulassen (Jahnke, 2007, S. 82; Jahnke, 2008, S. 364). Auch der hohe Anspruch an die logische Kohärenz eines Beweises unterscheidet sich von üblichen fachsprachlichen bzw. bildungssprachlichen Konventionen. Schließlich sind aus lerntheoretischer Perspektive der konstruktive Wissensaufbau von Schüler:innen in einem aktiven, kumulativen Entwicklungsprozess und das Voranstellen eines fertigen Axiomensystems nicht kompatibel (Borneleit et al., 2001; Freudenthal, 1973a, S. 142; Neubrand, 2014, S. 142). Statt nur fertige Mathematik vorzustellen, sollte der Erkenntnisprozess, der zu den Konzepten geführt hat, nachvollziehbar gemacht werden. Ein auf formal-deduktive Beweise verengter Beweisbegriff ist für die Schule daher nicht tragfähig.

Stattdessen wird im schulischen Kontext der weiter interpretierbare Begriff des „mathematischen Argumentierens“ genutzt (KMK, 2003; KMK, 2012a; KMK, 2022). Argumentieren ist per se keine mathematische Tätigkeit. Beim Argumentieren wird versucht, ein Individuum oder eine Gruppe von Personen mit einer mehr oder weniger geordneten Reihe von Argumenten vom Wahrheitsgehalt einer Aussage zu überzeugen (Aberdein, 2009, S. 1; Balacheff, 1999, S. 3; Duval, 1999, S. 1; Harel, 2001, S. 191). Das Überzeugen von der Gültigkeit der Vermutung kann sich insbesondere auch auf das argumentierende Individuum selbst beziehen. Inwiefern Argumente überzeugen können, hängt vom sozialen, kulturellen und historischen Kontext ab (Sørensen et al., 2019, S. 835). Argumentieren muss daher als eine diskursive Aktivität verstanden werden. Etwas enger betrachtet kann das Argumentieren als von den Regeln eines sozialen Kontexts normierte Tätigkeit aufgefasst werden, die sich auf das Untersuchen und Prüfen von Vermutungen richtet (Reiss und Ufer, 2009, S. 157). Stammen Vermutungen und/oder Argumente aus der Mathematik, wird zur Abgrenzung vom alltäglichen Argumentieren der Begriff „mathematisches Argumentieren" genutzt (Brunner, 2014, S. 30).[10] Im Rahmen dieser Arbeit wird das Beweisen dann als eine besonders strengen Regeln unterliegende Form des Argumentierens verstanden.[11]

Schulische Argumentationen sind im Allgemeinen weniger streng als Beweise im wissenschaftlichen mathematischen Diskurs (Heinze, 2004, S. 150; Heinze und Reiss, 2003, S. 2; Meyer und Prediger, 2009, S. 5; Nagel und Reiss, 2016, S. 301; Vollrath, 1980, S. 28). In einer Systematisierung bzgl. des Formalisierungsgrads zulässiger Argumente (vgl. Abbildung 2.1) beschreibt Brunner (2014, S. 30–31) vier charakteristische Erscheinungsformen: alltagsbezogenes Argumentieren, Argumentieren mit mathematischen Mitteln, logisches Argumentieren mit mathematischen Mitteln und formal-deduktives Beweisen.

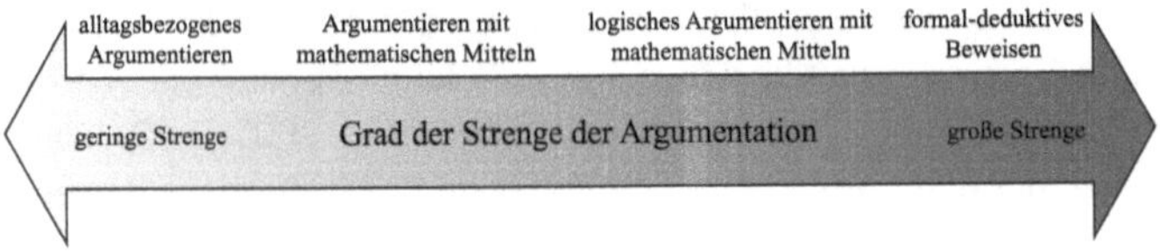

Abbildung 2.1 Spektrum argumentativer Tätigkeiten in der Schulmathematik nach Brunner (2014)

Alltagsbezogenes Argumentieren bezieht sich auf die Regeln des jeweiligen Kontextes und ist nur lose oder nicht an mathematische Konventionen gebunden. Ein Beispiel ist das Berufen auf Autoritäten. Eine Argumentation mit mathematischen

[10] Wenn nicht ausdrücklich anders erwähnt, soll im Folgenden mit dem Begriff des Argumentierens stets ein mathematisches Argumentieren gemeint sein.

[11] Sowohl strukturelle als auch funktionale Parallelen beider Begriffe sprechen für eine solche inkludierende Begriffshierarchie. Für eine tiefgreifende Analyse der Relation beider Begriffe sei auf Pedemonte (2007) verwiesen.

Mitteln basiert auf mathematischem Wissen, bezieht aber Regeln des logischen Schließens nicht mit ein. Unter anderem sind Argumentationen am Beispiel hierfür typisch. Das logische Argumentieren mit mathematischen Mitteln ist streng in dem Sinne, dass alle Schlüsse auf Basis logischer Regeln erfolgen; nichtformale Mittel, wie enaktive oder ikonische Darstellungen, sind jedoch zulässig. Argumentationen aus der euklidischen Geometrie, die Eigenschaften der zugehörigen speziellen Beweisfigur ausnutzen, fallen in diese Kategorie. Der formal-deduktive Beweis erfolgt rein auf symbolsprachlicher Ebene. Die meisten Beweise der Hochschulmathematik können in diese Kategorie eingeordnet werden (Kempen, 2019).

Welche Formen der Argumentation in der Schule zulässig sind, hängt von der kognitiven Entwicklung der Lernenden ab. Nehmen Fähigkeiten von Schüler:innen zu, nähern sich das Niveau und der Charakter mathematischer Begründungen im Laufe der Schulzeit denen der Hochschule an (Nagel und Reiss, 2016, S. 309). In der Grundschule sind beispielsweise noch materialgestützte, alltagsnahe Argumentationen über geometrische Objekte zulässig (Argumentation mit mathematischen Mitteln), wohingegen in der Sekundarstufe I die Argumentationen, wie z. B. Konstruktionsbeweise, auf Basis logischer Schlüsse mithilfe von Skizzen erfolgen (logisches Argumentieren mit mathematischen Mitteln). Im Rahmen der Sekundarstufe II findet teilweise eine Annäherung an formal-deduktive Beweise statt, z. B. wenn Eigenschaften geometrischer Objekte aus der Perspektive der analytischen Geometrie auf Relationen beschreibender Koordinaten zurückgeführt werden. Die Schule ermöglicht insgesamt aber höchstens einen Ausblick auf formal-deduktives Beweisen (Meyer und Prediger, 2009, S. 2), da selbst in höheren Klassenstufen inhaltlich-anschauliche Argumente zugänglich bleiben (Ufer und Kramer, 2015, S. 85). Bei der Wahl einer angemessenen Begründungsform stehen nicht mathematische Strenge und Formalisierung, sondern die Orientierung am Verständnis der Schüler:innen im Vordergrund. Hanna (1997, S. 183) fordert diesbezüglich: „In the classroom one need provide not absolute rigour, but enough rigour to achieve understanding and to convince“. Beweise in der Schule zeigen daher mit eingeschränkten formalen Mitteln, dass man Aussagen in der Mathematik begründen kann, verzichten aber auf analytische Strenge und haben so einen wissenschafts*propädeutischen* Charakter.

Trotz der beschriebenen Breite zulässiger Argumentationsmodi innerhalb der Schulmathematik und einer Vielzahl vorliegender, didaktisch orientierter, Beweiskonzepte (Biehler und Kempen, 2016), die Alternativen zu formalen Beweisen verkörpern, stellen Beweisen bzw. Argumentieren in der Schule eher selten erforderliche Tätigkeiten dar. Vorerfahrungen in Bezug auf das eigenständige Beweisen lassen sich bei Schüler:innen daher kaum finden (Hock et al., 2016, S. 183; Hoffkamp et al., 2016, S. 298). Weiterhin ist hinsichtlich behandelter Beweise eine thematische Fokussierung festzustellen. Die der Schulmathematik zugeordneten Beweise entstammen fast ausnahmslos der Geometrie (Hock et al., 2016, S. 194; Müller-Hill, 2014, S. 91; für den englischsprachigen Raum: Hanna und Barbeau, 2010, S. 90; Harel und Sowder, 1998, S. 234; Moore, 1994, S. 249; Stylianides, 2007, S. 289), nicht zuletzt, da dieses Teilgebiet unmittelbar an die inhaltlich-anschauliche Begriffsbildung der Schule anknüpft (vgl. 2.2.1.2). Die insgesamt geringe Bedeutung von Beweisen in der Schule ist problematisch. Sie ist ein Grund für auftretende Schwierigkeiten hinsichtlich der Tätigkeit des Beweisens zunächst in der Schule (Healy und Hoyles, 1998, S. 6), die sich weiter negativ auf die Bildungsbiographie auswirken kann, wenn ein Studium der Mathematik aufgenommen wird.

2.2.1.6 Fachsprache in der Schulmathematik

Beim Beweisen ist die korrekte Nutzung der Fachsprache von Bedeutung. Sie spielt aber auch für Lernprozesse in der Mathematik im Allgemeinen eine wichtige Rolle (Bednorz, 2021, S. 11). Einerseits kann die Fachsprache selbst als Lerngegenstand aufgefasst werden, andererseits ist sie Lernmedium und macht mathematische Inhalte erst zugänglich (Meyer, 2012, S. 2). Aus linguistischer Perspektive handelt es sich nicht um eine völlig neue Sprache, da sie an der Alltagssprache anknüpft. Mathematische Fachsprache zeichnet sich aber durch verschiedene Besonderheiten aus.

Auf Wortebene findet man z. B. Begriffe, die in der Mathematik mit einer vergleichbaren Bedeutung zur Alltagssprache auftreten (z. B. spitzer Winkel, stetig) und Begriffe, die in der Alltagssprache auftauchen, deren alltags- und fachsprachliche Bedeutung allerdings divergiert (z. B. differenzieren, integrieren) (Hußmann, 2017, S. 60; Maier, 2004, S. 154). Zusätzlich nutzt die Fachsprache Begriffe, die in der Alltagssprache nicht genutzt werden (z. B. Primzahl, Peripheriewinkel). Um Fachbegriffe mit entsprechenden mentalen Bildern zu unterlegen, werden ggf. parallel existierende alltags- und fachsprachliche Bedeutungsebenen im Rahmen der Schulmathematik nicht unbedingt klar getrennt (Fischer et al., 2009, S. 247).

Auf Satzebene lassen sich Definitionen und Aussagen unterscheiden. Definitionen legen Begriffe fest, indem sie (bereits definierte) Oberbegriffe zur Einordnung nutzen. Durch Definitionen werden Begriffe dekontextualisiert, indem nicht Einzelfälle betrachtet werden, sondern Verallgemeinerungen Basis einer deduktiven

Begriffsverwendung sind (Bednorz, 2021, S. 34; vgl. auch Maier und Schweiger, 1999).[12] Eine Spezifizierung erfolgt, indem notwendige und hinreichende Eigenschaften expliziert werden, die den Begriff präzise festlegen. Es wird auf die Minimalität der Menge definierender Eigenschaften geachtet; ableitbare Eigenschaften werden in Definitionen meist nicht genannt. Mathematische Aussagen stellen Beziehungen zwischen Begriffen her. Sie sind so formuliert, dass sie genau einen Wahrheitswert aufweisen, sie daher potentiell beweisbar bzw. falsifizierbar sind. Die im Mathematikunterricht verwendeten Aussagen beinhalten sowohl verbal- als auch formelsprachliche Elemente. Ein Beispiel ist die Darbietung (vgl. Abbildung 2.2) des Satzes des Pythagoras aus einem Schullehrbuch in Sachsen für das Gymnasium.

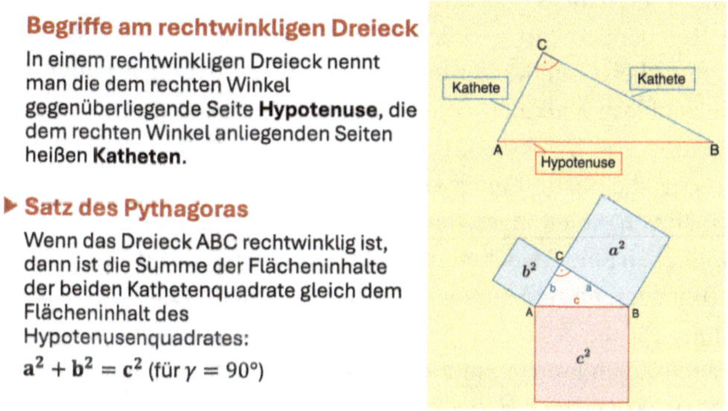
Begriffe am rechtwinkligen Dreieck

In einem rechtwinkligen Dreieck nennt man die dem rechten Winkel gegenüberliegende Seite **Hypotenuse**, die dem rechten Winkel anliegenden Seiten heißen **Katheten**.

▶ **Satz des Pythagoras**

Wenn das Dreieck ABC rechtwinklig ist, dann ist die Summe der Flächeninhalte der beiden Kathetenquadrate gleich dem Flächeninhalt des Hypotenusenquadrates:

$a^2 + b^2 = c^2$ (für $\gamma = 90°$)

Abbildung 2.2 Beispiel für die Darstellung des Satzes des Pythagoras in einem schulischen Lehrbuch (Lösche und Suhr, 2023, S. 91)

Auffällig an der Wiedergabe des Satzes ist die simultane Verwendung ikonischer und symbolischer Darstellungen, die im Sinne einer Lernendenorientierung zu einer besseren Verständlichkeit führen soll. Zusätzlich kann eine Redundanz zwischen Wort- und Formelsprache festgestellt werden, da unter Nutzung der (im Lehrbuch vorher eingeführten) Konventionen die Aussagen in beiden Varianten nahezu identisch sind.

Das Beispiel zeigt ein weiteres Charakteristikum mathematischer Fachsprache: Symbole können Objekte und Relationen substituieren (Hußmann, 2017, S. 60). So

[12] Es werden, dem Prinzip des lokalen Ordnens (Freudenthal, 1973a, S. 142) folgend, nicht alle Begriffe der Schulmathematik definiert. Grundbegriffe, bei denen man „mit dem bloßen Auge sieht, was sie bedeuten“ (ebd.), werden auf Basis der Anschauung genutzt (vgl. auch 2.2.1.5).

werden die Seitenlängen des Dreiecks mit den Symbolen a, b und c referenziert und die Gleichheitsrelation über die Angabe $c^2 = a^2 + b^2$ dargestellt. Solche symbolischen Darstellungen weisen im Vergleich zur Verbalsprache eine höhere Bedeutungsdichte auf (Maier, 2004, S. 159). Um Schüler:innen hiermit nicht zu überfordern, werden in der Schulmathematik häufig ergänzende verbalsprachliche Explikationen oder wie im Beispiel grafische Elemente genutzt, statt rein formale Darstellungen einzusetzen (ebd., S. 163). Ein syntaktisch korrekter Umgang mit Symbolen stellt nichtsdestotrotz ein wichtiges Lernziel in der Schule dar, da dies erst einen formal-operativen Umgang mit den in der Schulmathematik betrachteten Objekten ermöglicht (Hußmann, 2017, S. 61) und für das Lösen verschiedener Aufgabenklassen oder von Problemen sowie zum Modellieren realer Situationen vorausgesetzt werden muss (vgl. 2.2.1.3 und 2.2.1.4). Da die Fachsprache zusätzlich selbst einen Teil der deduktiv geordneten Welt der Mathematik darstellt, stehen alle drei der Winterschen Grunderfahrungen in enger Verbindung mit ihr (vgl. 2.2.1.1).

Eine Vielzahl von Kalkülen der Schulmathematik beruht auf der regelgeleiteten Manipulation von Symbolen. Exemplarisch können die Grundrechenarten für gemeine Brüche, die Bestimmung von Wahrscheinlichkeiten mittels Pfadregeln und das Bestimmen von Ableitungen mit Ableitungsregeln genannt werden. Diese Verfahren ermöglichen eine Berechnung von Ergebnissen, ohne dass zwingend die den Symbolen zugewiesene Bedeutung mitgedacht werden muss. Dies kann als kognitive Entlastung für die Schüler:innen aufgefasst werden. In einer weiten Deutung können so auch Zeichnungen unter dem Symbolbegriff subsumiert werden, wobei diese ebenso zur kognitiven Entlastung beitragen, indem sie Überlegungen gebündelt darstellen und als anschauliche Grundlage für Argumentationen dienen können (Meyer und Tiedemann, 2017, S. 23). Der angemessene Umgang mit ikonischen Darstellungen ist daher ein substanzielles Element der Nutzung von Fachsprache im Mathematikunterricht.

2.2.2 Ziele und Charakter der Hochschulmathematik

In der Literatur lassen sich zwei Sichtweisen auf die Relation zwischen Schul- und Hochschulmathematik identifizieren:

- eine separierende Sichtweise, die Schul- und Hochschulmathematik als getrennte Fächer auffasst, die nur aufgrund der ähnlich klingenden Begrifflichkeiten gemeinsam betrachtet werden (vgl. dafür z. B. die Interpretation von Tall (2008) in Lorbeer und Reiss (2010, S. 90).

- eine diskontinuierliche Sichtweise, die Hochschulmathematik als an die Schulmathematik anknüpfende Disziplin auffasst, welche aber auf inhaltlicher und organisatorischer Ebene substanzielle Unterschiede zur Schulmathematik erkennen lässt (Mariotti und Pedemonte, 2019, S. 759–760; Nagel und Reiss, 2016, S. 301; Reichersdorfer et al., 2014, S. 38).

Für diese Arbeit erscheint die diskontinuierliche Perspektive gewinnbringender, da einerseits der Fokus auf der Analysis liegt, d. h. einem Teilgebiet, welches in Schule und Hochschule inhaltliche Überschneidungen aufweist (vgl. Kapitel 3). Spies und Witzke (2014, S. 1147) sprechen diesbezüglich von einer „Nahtstellendisziplin". Andererseits zeigt eine Reanalyse der Daten verschiedener empirischer Studien (Rach und Ufer, 2020), dass in der Schule erworbene Fähigkeiten und Fertigkeiten Erfolg in der Studieneingangsphase bedingen. Lehrende weisen dabei insbesondere den rechnerisch-prozeduralen Fertigkeiten einen großen Stellenwert zu (Neumann et al., 2017). Die Schulmathematik ist somit nicht völlig isoliert von der Hochschulmathematik, sondern stellt relevante Vorkenntnisse bereit, die ein erfolgreiches Studium begünstigen. Auf der Ebene der Aufgaben ist daher zu erwarten, dass diese auch schulisches Vorwissen verlangen, vor allem im rechnerischen Bereich.

Schul- und Hochschulmathematik sollten daher nicht als verschiedene Wissenschaftsdisziplinen aufgefasst werden. Vielmehr ist der Umgang mit und die Vermittlung von Inhalten an der Hochschule im Fach Mathematik eine Weiterentwicklung des Schulfachs. Aufgrund der Diskrepanzen zwischen beiden Institutionen kann aber nicht von einer bloßen Weiterführung gesprochen werden. Um dies zu untermauern sowie für die Aufgabenkategorisierung relevante Charakteristika bereitzustellen, werden analog zum vorherigen Abschnitt Ziele und Charakter der Hochschulmathematik besprochen.

2.2.2.1 Ziele der Hochschulmathematik

Mit der Wahl eines Studiums erfolgt eine mehr oder minder spezifische Entscheidung für den späteren Beruf (Liebau, 1981, S. 417). Während Studiengänge wie (Tier-)Medizin, Pharmazie, Architektur oder Maschinenbau mit einem relativ klar umrissenen Berufsbild verbunden sind, gilt dies für andere Studienfächer wie Germanistik, Anglistik oder Geschichtswissenschaften nicht (Banscherus, 2019, S. 385). Mathematik fällt ebenso in die zweite Fächergruppe. Wurden noch bis etwa zur Mitte des 20. Jahrhunderts Mathematiker:innen fast ausschließlich als Gymnasiallehrer:innen ausgebildet, eröffnen sich heutzutage für Mathematikabsolvent:innen mannigfaltige Berufsperspektiven in der Industrie oder im Dienstleistungsbereich (Hilgert und Hilgert, 2021, S. 215). Dass Mathematiker:innen weit einsetzbar sind, zeigt folgendes Zitat: „The job of "mathematician" is not obvious, visible or well defined. It encompasses a wide range of careers that are related through the tools, techniques and ideas of mathematics“ (Petocz et al., 2007, S. 440). Verbindendes Element potentieller Berufe ist, dass ähnliche mathematische Methoden angewendet werden, welche allerdings nicht primär an den Anforderungen zukünftiger Arbeitgeber ausgerichtet, sondern auf die Wissenschaft Mathematik und deren Charakteristika bezogen sind. Ziegler (2016, S. 396) beschreibt in diesem Zusammenhang die heutigen Mathematikabsolvent:innen als Generalist:innen, deren Fähigkeiten und Lernpotentiale vielfältig sind. Auf Basis dieser breiten Einsetzbarkeit von Mathematiker:innen ergeben sich auch nur relativ allgemeine Ziele, die für das Studium formuliert werden.

Wichtigstes Ziel der Studieneingangsphase ist es, Studierende in die formal-axiomatische Mathematik einzuführen und dafür relevante Argumentationskompetenzen zu vermitteln (Schaper und Rach, 2021, S. 470). Die Rahmenordnung des Diplomstudiengangs Mathematik fordert beispielsweise explizit, dass Studierende im Grundstudium[13] „präzises Argumentieren“, die „mathematische Fachmethodik“ und die „Fähigkeit zum Problemlösen“ (KMK, 2002, S. 31) auf Basis eines „soliden Wissens“ (ebd., S. 36) erwerben. So umfasst das präzise Argumentieren die Fähigkeit, selbstständig formale mathematische Beweise zu verfassen, wobei die präzise Natur der Beweise sich aus der axiomatischen Methode ergibt (vgl. 2.2.2.2). Zur mathematischen Fachmethodik gehört, dass Studierende rezeptiv und produktiv mit der Fachsprache umgehen lernen, die Stellung von Axiomen, Definitionen und Sätzen in der Theoriebildung unterscheiden und ebenso Algorithmen und Kalküle einsetzen können und sich deren jeweiliger Grenzen bewusst sind. Die Fähigkeit zum Problemlösen zielt auf das Lösen komplexer, mathematischer Beweisprobleme ab (Rach, 2014, S. 41) und erfordert insbesondere, dass neues, flexibel abrufbares und vernetzbares Wissen – im Gegensatz zu einer isolierten „Anhäufung von Faktenwissen“ (KMK, 2002, S. 31) – an der Hochschule erworben wird.

Ähnliche Ziele beinhaltet die Stellungnahme der DMV (1979) zum gymnasialen Lehramtsstudium.[14] So sollen Lehramtskandidat:innen eine „solide und umfassende fachwissenschaftliche Ausbildung“ (DMV, 1979) erfahren, in der immer wieder die „Arbeit an der Lösung von Problemen“ (ebd.) auftritt. Weiterhin sollen sich die Studierenden „gründlich mit Arbeitsweisen [der Mathematik] vertraut machen“ (ebd.), was neben dem Beweisen auch das Anwenden von „Techniken und Algorith-

[13] Dies meint die ersten vier Semester im Diplomstudiengang. Man beachte, dass mittlerweile an fast allen Universitäten Bachelor- und Masterstudiengänge für Mathematik eingerichtet worden sind. Zentrale Steuerungsdokumente gibt es für diese jedoch nicht (vgl. 3.1.2).

[14] Berichtet werden hier nur die Ziele der fachlichen Ausbildung in der Mathematik. Ziele des fachdidaktischen oder erziehungswissenschaftlich-pädagogischen Teils eines Lehramtsstudiums sind im Rahmen dieser Arbeit weniger von Bedeutung.

men“ (ebd.) bzw. der „einschlägigen Rechentechniken“ (ebd.) subsumiert. Auch in einer jüngeren, gemeinsamen Stellungnahme von DMV, GDM und MNU[15] für das gymnasiale Lehramtsstudium (2007, S. 147) lassen sich wiederum vergleichbare Zielstellungen finden. Am Ende der fachlichen Ausbildung sollen die Studierenden Folgendes erreicht haben:

> 1. ein Verständnis der Vielfältigkeit von Mathematik, ihrer Gegenstände und geistigen Werkzeuge
>
> 2. die exemplarisch gewonnene Einsicht in den Nutzen der Vernetzung von Ideen und Methoden aus unterschiedlichen mathematischen Gegenstandsbereichen
>
> 3. den Erwerb von Kompetenzen im Umgang mit mathematischen Werkzeugen in einem angemessenen Umfang und auf einem angemessenen Standard (Beispiele: Begriffe bilden, Definitionen formulieren, Beweise führen sowie Modelle erstellen, beurteilen und nutzen)
>
> 4. die Fähigkeit zur Reflexion der Adäquatheit des Einsatzes mathematischer Werkzeuge (ebd., S. 148, Hervorhebungen im Original).

Neben der Tatsache, dass die fachlichen Ziele im Lehramtsstudium auf einem niedrigeren Niveau gefordert werden (angemessener Standard in Bezug auf das Beweisen für das Lehramtsstudium im Gegensatz zum Erlernen des präzisen Argumentierens im Fachstudium) lässt sich feststellen, dass insbesondere auch überfachliche Ziele durch die fachliche Ausbildung erreicht werden sollen. Dies betrifft Kenntnis über die Vielfältigkeit bzw. breiten Einsatzmöglichkeiten mathematischer Methoden einerseits und andererseits auch Grenzen mathematischer Werkzeuge, wie sie im ersten und vierten Ziel angesprochen werden.

Lokal werden die allgemeinen Zielsetzungen durch Studienordnungen bzw. Modulhandbücher konkretisiert. Aufgrund der großen Zahl von Universitäten, an denen Mathematik bzw. gymnasiales Lehramt Mathematik studiert werden kann Gildehaus et al., 2021, ist es nur möglich, beispielhaft auf weitere formulierte Ziele einzugehen. Dafür werden die Studienordnungen und die Beschreibung des Moduls Analysis I an den beiden Hochschulen Ludwig-Maximilians-Universität München und Universität Leipzig analysiert. Diese wurden ausgewählt, da deren Mathematikfakultäten, gemessen an der Zahl der Studierenden, zu den vierzig größten in Deutschland gehören (vgl. auch 8.1), es sich bei der zweiten Institution um die Heimatinstitution des Autors handelt und weil bei der Betrachtung der Ziele der Schulmathematik auch der bayrische und sächsische Lehrplan genutzt wurden.

[15] Die Gesellschaften sind die Deutsche Mathematiker-Vereinigung, die Gesellschaft für Didaktik der Mathematik und der Verband zur Förderung des MINT-Unterrichts.

Die in der Studienordnung der LMU München für den Bachelorstudiengang Mathematik formulierten Ziele sind weitgehend kongruent mit den von der KMK ausgegebenen Zielen. So sollen Studierende die „grundlegendsten mathematischen Methoden und Fertigkeiten“ (LMU München, 2021, S. 4) erwerben und zusätzlich das präzise Führen von Beweisen sowie die Fachsprache der Mathematik erlernen. Ergänzt werden diese allgemeinen Ziele von Schlüsselqualifikationen, die für ein späteres Berufsleben relevant sind. Hierzu gehören u. a. Recherchefähigkeiten, vernetztes Denken, Team- und Kommunikationsfähigkeit, Sprach- und EDV-Kenntnisse. Es muss aber bezweifelt werden, ob diese allein durch die mathematischen Module erworben werden.[16] Betrachtet man die Ziele, die im Modul „Analysis einer Veränderlichen“ erreicht werden sollen (LMU München, 2022, S. 6 und S. 8), umfassen diese nur die Kenntnis der grundlegenden Fragestellungen und Methoden der Analysis, die als Grundlage für weitere Veranstaltungen genutzt werden können und Kompetenzen in Bezug auf logische Beweisführung, mathematische Ausdrucksweise und mathematisch-wissenschaftliches Denken. Ziele, die über Kenntnisse innerhalb der Mathematik hinausgehen, werden hingegen nicht erwähnt.

Für den Bachelor Mathematik in Leipzig werden als Ziele formuliert, dass „die Studierenden, auf der Grundlage von fundierten mathematischen Kenntnissen, Abstraktionsvermögen, Fähigkeiten zum Erkennen von Analogien und Grundmustern, abstrakte[n] Problemlösekompetenzen sowie Grundkenntnisse[n] in der Programmierung“ (Universität Leipzig, 2024b, S. 106) erwerben. Speziell durch das Modul Analysis I, welches Fachstudierende zusammen mit Studierenden des gymnasialen Lehramts belegen, sollen grundlegende Begriffe der Analysis definiert, der axiomatische Aufbau der Mathematik erklärt, Beweisprinzipien gekannt und angewendet werden können (Universität Leipzig, 2024a, S. 1). Vergleicht man dies mit älteren Ordnungen, nach denen ein „Vertrautmachen mit grundlegenden analytischen Begriffsbildungen und dem deduktiven Aufbau der Mathematik“ sowie eine „Einführung in mathematische Beweistechniken“ (Universität Leipzig, 2017, S. 3) erfolgen soll, sind nur marginale Unterschiede festzustellen. Die Ziele innerhalb des Moduls sind damit analog zu denen der LMU München. In der Studienordnung werden allerdings außer den Programmierkenntnissen keine weiteren außermathematischen Ziele genannt.

Als Essenz der betrachteten Forderungen lässt sich festhalten, dass die mathematischen Module der Studieneingangsphase

[16] Zwar können z. B. Team- und Kommunikationsfähigkeiten durch die Arbeit an Übungsaufgaben in Gruppen gestärkt werden, EDV-Kenntnisse spielen hingegen in Modulen wie Analysis I oder Lineare Algebra I eine untergeordnete Rolle.

1. in den formal-axiomatischen Umgang mit Mathematik einführen sollen,
2. der Vertiefung prozessbezogener mathematischer Kompetenzen (vor allem: Beweisen und Problemlösen) dienen,
3. vernetztes Wissen über mathematische Gegenstände vermitteln sollen,
4. eine kritisch-reflektierte Haltung zu Mathematik induzieren sollen.

Da die Zielsetzungen der KMK für das Fachstudium und die Forderungen an das gymnasiale Lehramtsstudium weitgehend deckungsgleich sind (vgl. auch Rach, 2014, S. 42), ist zu vermuten, dass sich das Lehrangebot für diese Studiengänge ebenfalls kaum unterscheidet, was die Bündelung der vermittelten Mathematik unter dem Terminus Hochschulmathematik nochmals bekräftigt (vgl. 2.2). Dies bildet sich auch auf der organisatorischen Ebene ab, denn an mehr als drei Vierteln der deutschen Universitäten (78,9 %) besuchen Studierende dieser Studiengänge Einführungsvorlesungen in Linearer Algebra und/oder Analysis gemeinsam im ersten Semester (Gildehaus et al., 2021, S. 29).[17] Im Folgenden wird daher bei der Beschreibung der Charakteristika der Mathematik an der Hochschule auch nicht zwischen den beiden Studiengängen differenziert.

2.2.2.2 Axiomatik und Begriffsbildung in der Hochschulmathematik

Im Gegensatz zum teilweise empirischen Charakter der Schulmathematik (vgl. 2.2.1.2) ist die Hochschulmathematik eine formale Wissenschaft im Sinne Hilberts.[18] Der Formalismus fasst Mathematik als ein Spiel mit Zeichen auf, die keine inhärente Bedeutung tragen (Ernest, 1985, S. 606; Gabbay, 2010, S. 220). Mathematische Objekte werden durch Zeichen dargestellt, die nach gewissen, festgelegten Regeln manipuliert werden können (Dubinsky, 2000, S. 212). Diese Manipulationen sind als rein syntaktische Manöver zu verstehen.

Eine produktive Nutzung des formalistischen Paradigmas erfordert die Angabe der nutzbaren Symbole, Normen, nach denen sinnvolle Verknüpfungen von Zeichen gebildet werden können, sowie einen Mechanismus, der es ermöglicht, den Wahrheitsgehalt gebildeter Aussagen zu überprüfen (Neumann, 1931, S. 118). Eine mathematische Aussage kann dann als syntaktisch korrekt gebildete Zeichenkette verstanden werden, die genau einen Wahrheitswert – „wahr" oder „falsch" – hat. Die-

[17] Andere Varianten, wie z. B. ein getrenntes Studium für das Lehramt (8,8 %) oder der Fall, dass kein Fachstudium Mathematik, aber ein gymnasialer Lehramtsstudiengang angeboten wird (1,8 %), treten deutlich seltener auf (Gildehaus et al., 2021, S. 29).

[18] Das bedeutet, Hochschulmathematik zeichnet sich vorrangig durch die Manipulation von Formeln aus. Hilbert wird als zentraler Vertreter dieser mathematischen Philosophie ausgemacht, wobei dies durchaus kontrovers diskutiert wird (Tapp, 2013, S. 115–116).

ser Wahrheitswert ist allerdings nicht absolut, sondern relativ zu den verwendeten Grundannahmen. In der Tradition Hilberts beschreibt diese Menge aller Grundannahmen ein Axiomensystem, welches ohne weitere inhaltliche Begründung angegeben wird (Blum-Barkmin, 2022, S. 24). Zusammen mit den Prinzipien der Logik stellt es das Regelwerk einer formalisierten mathematischen Theorie dar.

Die Wahl eines Axiomensystems ist keineswegs eindeutig, denn Axiome können „als Hypothesen betrachtet werden, die im Prinzip problemlos veränderbar sind" (Heintz, 2000, S. 77). Im Rahmen eines sozialen Aushandlungsprozesses einigt sich die mathematische Community auf diese. In der Hochschulmathematik wird so meist, wenigstens implizit, das Zermelo-Fraenkel-Axiomensystem genutzt (Friedrichsdorf und Prestel, 2013, S. 94), welches eine Grundlegung der Mathematik auf Basis mengentheoretischer Konstruktionen ermöglicht (Prediger, 2002a, S. 98). In der Lehre wird das Axiomensystem selten thematisiert, teilweise nicht einmal angesprochen. So wird in vielen Lehrbüchern zur Linearen Algebra oder Analysis (Behrends, 2009; Beutelspacher, 2014; Fischer und Springborn, 2020; Forster, 2016; Heuser, 2003; Königsberger, 2004) das Zermelo-Fraenkel-Axiomensystem nicht aufgegriffen, stattdessen erfolgt die Präsentation der Inhalte direkt in einem Definition-Theorem-Proof-Schema (Thurston, 1994, S. 161–162). Nach diesem Schema wird zunächst durch formale Definitionen das mathematische Objekt konstruiert, anschließend werden Aussagen über Eigenschaften oder Relationen des Objekts zu anderen Objekten in Sätzen formuliert und diese schließlich durch formale Beweise verifiziert. Vor allem beim Beweisen muss auf den Einsatz von Wissen, außerhalb bekannter mathematischer Aussagen, verzichtet werden. Dieser neue Erkenntnisgewinnungsprozess steht im Kontrast zur Begriffsbildung an der Schule (vgl. 2.2.1.2).

Die für Studienanfänger:innen noch gewohnte ontologische Bindung mathematischer Inhalte wird so mit dem Übertritt an die Hochschule gekappt (Witzke, 2014) und die resultierenden Begriffe verlieren ihren, auf die umgebende Welt bezogenen, Abbildcharakter. Sie beschreiben daher nicht mehr die empirisch-gegenständliche Welt, sondern werden durch formale Definitionen konstituiert (Tall, 1991b, S. 20). Dementsprechend stellt nicht mehr die sinnlich wahrnehmbare Welt mathematische Objekte bereit, stattdessen konstituieren Axiome und formale Definitionen diese (Liebendörfer, 2018, S. 24). Ein solches Vorgehen ermöglicht durch die präzise und abstrakte Natur die Beschreibung begrifflicher Unterschiede, die empirisch nicht zugänglich sind. Um dies zu gewährleisten, ist ein kleinschrittiger, deduktiver Begriffsaufbau nötig. Die Abgrenzung der im ersten Semester eingeführten Begriffe abzählbar und überabzählbar erfordert z. B. den Begriff der Mächtigkeit einer Menge und die Definition der natürlichen Zahlen. Für die Mächtigkeit einer Menge ist wiederum der Mengenbegriff und der Begriff der bijektiven Abbildung grundlegend.

Der Abbildungsbegriff wird üblicherweise auf Relationen zurückgeführt, welche wiederum auf Mengenoperationen basieren.

Studierende erleben so relativ schnell den Aufbau eines Theoriegebäudes, welches sich durch eine Vielzahl neuer, aus der Schule unbekannter Begriffe, sowie die Verschachtelungstiefe der thematisierten Begriffe auszeichnet (Grünwald et al., 2004, S. 290). Für Studierende zieht dies kognitive Herausforderungen nach sich, denn um mit definierten Begriffen hinsichtlich des formalen Paradigmas der Hochschulmathematik umgehen zu können, sind neben der bloßen Kenntnis der Definition auch ein Repertoire an Beispielen und Gegenbeispielen sowie Vorstellungen der Begriffe und Verknüpfungen dieser untereinander von Nöten (Liebendörfer, 2018, S. 8). In der Literatur wird die Dualität zwischen Vorstellungsebene und formaler Definition über die Trennung von *concept image* und *concept definition* (Klinger, 2019; Tall und Vinner, 1981; Vinner, 1997) abgebildet. Besonders anspruchsvoll erscheint der Begriffserwerb an der Hochschule an den Stellen, an denen der Aufbau eines tragfähigen *concept images* – aufgrund einer fehlenden Anbindung der Begriffe an die gegenständliche Welt – nur mit innermathematischen Beispielen erfolgen kann. Dies ist zum Beispiel für den beschriebenen Begriff der Überabzählbarkeit der Fall. Klassische Repräsentanten dieses Begriffs sind die reellen oder komplexen Zahlen, eine alltägliche Entsprechung, gerade auch in Abgrenzung zur Abzählbarkeit, gibt es nicht. Die Menge der Begriffe, deren Erwerb in diesem Sinne fordernd ist, wächst im Laufe des ersten Semesters schnell.[19] In Lehrveranstaltungen wird der Begriffserwerb bedingt unterstützt, da abseits der Definition illustrierende Beispiele oder die Relationen verschiedener Begriffe aufgrund geringer Zeit nur eingeschränkt thematisiert werden (Bauer und Hefendehl-Hebeker, 2019, S. 2–3). Ebenso wird die Entstehungsgeschichte von Definitionen, die häufig vielfältige Zwischenstationen und Schwierigkeiten im Aushandlungsprozess umfasst (Hischer, 2021, S. 152), kaum diskutiert. Mathematik an der Hochschule wird hingegen vielfach als fertiges Produkt präsentiert (Reichersdorfer et al., 2014, S. 61–62), der Prozesscharakter der Wissenschaft Mathematik muss von den Studierenden eigenständig erschlossen werden. Problematisch erscheint dies vor allem, wenn die Grundlagen der Wissensgenerierung und -sicherung, das zugrundeliegende Axiomensystem und logische Schlussregeln, die für das Schärfen eines Wahrheitsbegriffs relevant sind, nicht explizit zur Sprache kommen. Der Mehrwert des formal-deduktiven Vorgehens und die Notwendigkeit des Beweises als Instrument zur Erkenntnissicherung werden so vielen Studierenden im Laufe des ersten Semes-

[19] Für die Analysis I können z. B. gleichmäßige oder Lipschitz-Stetigkeit, gleichmäßige Konvergenz von Funktionenfolgen oder das uneigentliche Integral genannt werden. In der Linearen Algebra I betrifft es z. B. Gruppen, Ringe, Körper, Basiswechsel oder Diagonalisierbarkeit.

ters noch nicht klar (Gueudet und Pepin, 2018, S. 71; Liebendörfer und Ostsieker, 2014, S. 461).

2.2.2.3 Anwendungen in der Hochschulmathematik

Hinsichtlich der Bedeutung von Anwendungen in der Mathematik kann ein Bruch zwischen den beiden Institutionen Schule und Hochschule konstatiert werden. Anwendungen im Sinne von außermathematischen Problemstellungen bzw. Modellen sind für die Begriffsgenese in der Hochschulmathematik nachrangig (Fischer et al., 2009, S. 246; vgl. 2.2.2.2). Entsprechend ergibt sich ein Fokus der Hochschulmathematik auf innermathematische Fragestellungen, den Studierende als Bruch zur Schule wahrnehmen können und der an Praxisbezügen interessierte Studierende demotivieren kann (Liebendörfer, 2018, S. 259; Wolf, 2021, S. 153). So stellt sich zum Beispiel die Existenz mathematischer Objekte mit gegebenen Eigenschaften als eine typische Frage der Hochschulmathematik dar, die nur in Bezug auf ein formales Axiomensystem zu beantworten ist. Antworten können nichtkonstruktiver Natur sein, indem beispielsweise aus der Nichtexistenz eines Objekts Widersprüche folgen (Krapf, 2020, S. 34). Für einen Existenzbeweis muss das jeweilige Objekt daher ggf. nicht einmal explizit angegeben werden. In der Schulmathematik treten solche Existenzfragen eher nicht auf, da die betrachteten Gegenstände Entsprechungen oder ihren Ursprung in der physischen Realität haben und ihr Vorkommen empirisch wahrgenommen werden kann (Kortemeyer und Frühbis-Krüger, 2021, S. 36–37; Reichersdorfer et al., 2014, S. 41). Bezüge zur umgebenden Realität sind in der Hochschulmathematik hingegen nicht evidenzgenerierend. So stellt sich die Mathematik zu Studienbeginn als kaum anwendungsorientiert dar.

Außen- und Innenperspektive sind diesbezüglich aber nicht vollkommen kongruent. Lehrende der Hochschulmathematik betonen teilweise die Bedeutung von Anwendungen. Eine Befragung von Thomas und Klymchuk (2012, S. 289) konnte zeigen, dass 92 % der Universitätsdozierenden es als wichtig erachten, Anwendungen in die Lehre zu integrieren. Es kann vermutet werden, dass die dabei untersuchte erste tertiäre Mathematikveranstaltung *calculus* in Neuseeland deutlich mehr an außermathematischen Anwendungen orientiert ist, als die korrespondierende Analysis im deutschsprachigen Raum. Anwendungsbeispiele dienen hier zwar der Einführung oder Illustration von Begriffen, kommen aber im Vergleich zu innermathematischem Theorieaufbau selten vor (Bauer et al., 2020, S. 132). Wenn in der Lehre am Übergang Schule-Hochschule der Begriff Anwendung verwendet wird, kommt eher eine andere Bedeutungsfacette zum Tragen: Anwendung im Sinne einer innermathematischen Begriffsvernetzung und -entwicklung (ebd.; vgl. 2.2.2.1). Ein solches Verständnis zeigt sich auch in verschiedenen Lehrbüchern zur eindimensionalen Analysis. Forster (2016, S. 205) führt beispielsweise das Integral als „neben der Differentiation wichtigste Anwendung des Grenzwertbegriffs" ein. In seinem Lehrbuch beweist Königsberger (2004, S. 92) den Fundamentalsatz der Algebra als Anwendung des Satzes vom Minimum und Maximum stetiger Funktionen und berechnet die Fläche des Einheitskreises als Anwendung der Integralrechnung (ebd., S. 206). Problemstellungen aus Alltags-, Berufs- oder nichtmathematischen Wissenschaftskontexten finden sich in den einschlägigen Lehrbüchern hingegen kaum und es kann vermutet werden, dass dies gleichermaßen für die Lehr-Lernmaterialien, insbesondere auch die Übungsaufgaben an der Hochschule, gilt.[20] Konzepte für die Integration von Anwendungskontexten für Begriffe der Hochschulmathematik liegen aber durchaus vor (Leviatan, 2008, S. 111), was für die These spricht, dass Lehrende sich im deutschsprachigen Raum mehr oder weniger bewusst dagegen entscheiden, diese auf der Ebene von Aufgaben zu nutzen und stattdessen rechnerische bzw. Beweisaufgaben stellen.

2.2.2.4 Bedeutung von Rechenverfahren in der Hochschulmathematik

In der didaktischen Literatur zur Hochschulmathematik sind routinemäßig abrufbare Schemata, wie sie in Rechenaufgaben vorkommen, seltener Gegenstand der Diskussion (Wlassak und Schöneburg-Lehnert, 2022, S. 182). Bei solchen Schemata kann zwischen *Kalkülen* und *Algorithmen* unterschieden werden. Kalküle stellen Sammlungen von Regeln dar, die beschreiben, wie mit einer spezifischen Menge von mathematischen Objekten umgegangen werden kann (Dörfler, 2013, S. 77–78). Sie lassen im Allgemeinen in jedem Schritt Entscheidungen offen und garantieren nicht a priori die Lösung eines Problems. Im Gegensatz dazu ist ein Algorithmus „eine endliche Folge von eindeutig bestimmten Elementaranweisungen, die den Lösungsweg eines Problems exakt und vollständig beschreiben" (Ziegenbalg, 2015, S. 307). Algorithmen liefern, wenn sie in einer zulässigen Situation Anwendung finden, immer eine Lösung eines Problems. Für Kalküle *und* Algorithmen werden in dieser Arbeit verschiedene Oberbegriffe wie (Rechen-)Verfahren, Techniken oder Schemata synonym genutzt.

Für die tertiäre Mathematik unterscheidet Tall (1997, S. 1) zwei gegensätzliche Ausprägungen in Bezug auf die Bedeutung von Verfahren: *technische* und *formale* Mathematik. Technische Mathematik, die komplexe Rechentechniken in Anwendungskontexten behandelt und daher Algorithmen und Kalküle betont, wird eher in Fächern wie Ingenieurs-, Wirtschaftswissenschaften oder Elektrotechnik genutzt

[20] Eines der wenigen Beispiele mit außermathematischem Anwendungsbezug in einem Lehrbuch (Königsberger, 2004, S. 148–149) stellt das Brechungsgesetz dar, welches als Extremwertproblem hergeleitet wird.

(Kortemeyer, 2019, S. 4–16; Wolf, 2017, S. 22). Formale Mathematik, wie sie im gymnasialen Lehramtsstudium oder Fachstudium Mathematik auftritt, betrachtet eher den systematischen, axiomatischen Theorieaufbau (Fischer et al., 2009, S. 248; Rach und Heinze, 2013, S. 125). Diese dichotome Einteilung kann zu dem naiven Schluss führen, dass die formale Mathematik betrieben werden kann, ohne auf Algorithmen und Kalküle zurückzugreifen. Gerade wenn Lehrende fordern, Studierende sollten „alles vergessen, was sie in der Schule gelernt haben“ (vgl. z. B. Behrends, 2009; Neubrand, 2014), bestärkt das die Interpretation, Rechenfähigkeiten bzw. prozedurale Kenntnisse, die in der Schule noch im Fokus standen (vgl. 2.2.1.4), seien für ein Studium der Mathematik überflüssig. Dabei kommt gerade die Lehre der Hochschulmathematik in der Studieneingangsphase nicht ohne Vorkenntnisse bzw. das Vermitteln von technisch-rechnerischen Elementen aus (Rach und Ufer, 2020, S. 394; Wlassak und Schöneburg-Lehnert, 2022, S. 161)). So benötigt eine Vielzahl von Aufgaben aus der Linearen Algebra und der Analysis rechnerisch-schematisierbare Lösungsansätze (Ableitinger, 2013, S. 219), wie Tabelle 2.1 entnommen werden kann.

Tabelle 2.1 Beispiele für rechnerische Verfahren aus Stoffgebieten der Studieneingangsphase

Stoffgebiet	Verfahren
Lineare Algebra	• Lösen linearer Gleichungssysteme mit Gauß-Algorithmus
	• Lineare Unabhängigkeit im $\mathbb{R}^n$ oder $\mathbb{C}^n$ untersuchen
	• Aufstellen von Abbildungsmatrizen
	• Berechnung der Determinante von Matrizen
	• Diagonalisieren von Matrizen
Analysis	• Rechnen mit komplexen Zahlen
	• Grenzwerte von Folgen mit Grenzwertsätzen bestimmen
	• Konvergenzradius einer Potenzreihe bestimmen
	• Mit Ableitungsregeln Ableitungen berechnen
	• Mit Integrationstechniken Stammfunktionen berechnen

Die benannten Techniken haben in der Schule erworbene Fertigkeiten als Voraussetzung und benötigen oftmals mehrere Einzelschritte. So müssen Studierende, um die Substitutionsregel bei der Integration nutzen zu können, in der Lage sein, Funktionen abzuleiten (ggf. unter Einsatz von Ableitungsregeln) und elementare Stammfunktionen kennen. Je nach Gestalt des Integranden kann zusätzlich der Umgang mit Brüchen, Potenzen bzw. Logarithmen gefordert sein. Ob eine Substitution überhaupt zielführend ist und welcher Term dafür substituiert werden muss, kann nicht unbedingt direkt am Integranden abgelesen werden. Integrationsmethoden sind keine Algorithmen und garantieren daher nicht, dass eine Stammfunktion gefunden wird. Teilweise müssen „Tricks“, d. h. gewisse Termumformungen, die nur in spezifischen Konstellationen zielführend nutzbar sind, eingesetzt werden, um überhaupt zu erkennen, dass eine Technik in Frage kommt. So erfordert beispielsweise die Bestimmung der Stammfunktion der natürlichen Logarithmusfunktion das Einfügen einer „Eins“ im Integranden, damit eine Produktfunktion vorliegt, für die die Regel der partiellen Integration eingesetzt wird. Die Techniken der Hochschulmathematik lassen sich daher größtenteils nicht mechanisch abarbeiten, sondern erfordern die flexible Nutzung verschiedener Fertigkeiten (Dörfler, 2014, S. 6).

Abstrakte mathematische Begriffe sind rechnerischen Verfahren dagegen oft kaum zugänglich (Tall, 1991a, S. 1). Erst wenn diese konkret werden, d. h., Beispiele oder Spezialfälle betrachtet werden, erscheinen prozedurale Vorgehensweisen adäquat (Stender, 2022, S. 386). Inwiefern eine Konkretisierung in der Lehre auftritt, liegt im Ermessen der Lehrperson. Eine Vorlesung zur Linearen Algebra könnte schwerpunktmäßig anhand von Matrizen und linearen Gleichungssystemen gestaltet werden, was den Einsatz von Kalkülen bzw. Algorithmen begünstigt. Möglich ist aber auch, dass eine Vorbereitung auf die strukturmathematisch orientierten fortgeschrittenen Algebraveranstaltungen fokussiert, eine Fülle an abstrakten Begriffen behandelt wird und eine Konkretisierung kaum erfolgt (Hefendehl-Hebeker, 2013, S. 4). Analoge Überlegungen lassen sich für die Analysisvorlesungen anstellen (vgl. hierfür Tabelle 2.1 und Abbildung 2.3). Lehrveranstaltungen, die auf schematisches Rechnen vollkommen verzichten, sind allerdings kaum denkbar (Rach et al., 2014, S. 211; (Weber und Lindmeier, 2020b, S. 269). Denn insbesondere Aufgaben, wie sie in den Klausuren am Ende des Semesters gestellt werden, umfassen eher Rechenalgorithmen (Grieser, 2014, S. 89; Kaenders et al., 2015, S. 150; Thurston, 1994, S. 166). Hier berücksichtigen Lehrende wohl auch, dass Studierende Beweisaufgaben anspruchsvoller finden als rechnerische Aufgaben (Brandell et al., 2008, S. 46; vgl. auch Kapitel 1). Dies zeigt eine Kontinuität zwischen Schul- und Hoch-

$$\begin{aligned}\int \ln x\,dx = \int 1\cdot \ln x\,dx &\overset{\text{partielle Integration}}{=} x\cdot \ln x - \int x\cdot \frac{1}{x}\,dx\\ &= x\cdot \ln x - x\\ &= x\cdot(\ln x - 1) + c, c\in\mathbb{R}.\end{aligned}$$

Abbildung 2.3 Aufgabenbeispiel zur partiellen Integration

schulmathematik, da rechnerische Fertigkeiten nicht völlig an Relevanz verlieren (Rach et al., 2014, S. 211). Rechnerische Aufgaben stellen daher vermutlich auch im Laufe des Semesters einen wichtigen Lerngegenstand dar. Es ist durch die schulischen Vorerfahrungen zu erwarten, dass das Reproduzieren bekannter Algorithmen Studienanfänger:innen besonders leicht fallen sollte, wohingegen das Nutzen oder Finden von Rechentricks anspruchsvoller ist.

2.2.2.5 Beweisen in der Hochschulmathematik

Ein noch höherer Stellenwert ist für Beweisaufgaben zu vermuten. Während Beweise in der Schule höchstens einen Hilfscharakter aufweisen (Büdenbender-Kuklinski, 2021, S. 40; Stylianides, 2007, S. 289; vgl. 2.2.1.5), sind sie zentrales Element der Hochschulmathematik (Gueudet, 2008, S. 243; Kempen, 2019, S. 3). In Lehrveranstaltungen getroffene Aussagen werden nahezu ausnahmslos in diesen bewiesen (Kümmerer, 2013, S. 147) oder die Beweise in Übungsaufgaben ausgelagert.[21]

Für Studierende stellt es eine Herausforderung dar, sich an die Beweisbedürftigkeit von Aussagen im Rahmen des formalen Paradigmas zu gewöhnen (Kirsten, 2021, S. 45). Probleme treten insbesondere dann auf, wenn aus der Schule verinnerlichtes Wissen bzw. anschaulich einsichtige Hypothesen an der Institution Hochschule durch Beweise abgesichert werden müssen (Alcock und Simpson, 2002, S. 34; Jahnke und Ufer, 2015, S. 342; Mariotti und Pedemonte, 2019, S. 762; Nardi, 2008, S. 79). Die Aussage „$1 > 0$“ über reelle Zahlen ist aus schulischen Vorkenntnissen bekannt sowie unter Zuhilfenahme der Anschauung klar, wohingegen sie in der Studieneingangsphase einen umfangreichen Beweis erfordert, der die Aussage auf die Axiome der reellen Zahlen zurückführt. Für Studierende ergibt sich die Frage nach der Sinnhaftigkeit der axiomatisch-formalen Fundierung, da diese mit einem (scheinbar) verlangsamten inhaltlichen Voranschreiten einhergeht. Außerdem ist der Mehrwert, im Vergleich zur an der Anschauung orientierten Schulmathematik, nicht unmittelbar einsichtig. Daher wird gefordert, ein axiomatisch-formales Vorgehen nicht nur zu praktizieren, sondern dessen Vorzüge und Potentiale zu explizieren (Biehler und Kempen, 2014, S. 124; Jahnke, 2010, S. 57).

Für die Lehre des Beweisens an der Hochschule wird im Einklang mit dieser Forderung kritisiert, dass eine Fokussierung auf die „fertige Theorie“ vorliegt, die zu Lasten individuellen Verstehens geht (Apel, 2022, S. 5; Beutelspacher et al., 2011,

---

[21] Die Ausnahmen umfassen Aussagen, deren Beweise entweder technisch sehr komplex und umfangreich sind oder solche, für die die Mittel, um einen Beweis zu führen, noch nicht zur Verfügung stehen. Ein typisches Beispiel hierfür stellt der Fundamentalsatz der Algebra dar, der nicht allein mit algebraischen Mitteln bewiesen werden kann. In der Analysis wird manchmal der Satz über implizite Funktionen aufgrund des sehr umfangreichen Beweises nur angegeben und nicht bewiesen.

S. 17; Rach, 2014, S. 48). Die Prozesse, die zur Gewinnung der Theorie geführt haben, werden kaum thematisiert. In Bezug auf das Beweisen kann so der Eindruck entstehen, man entdecke einen Beweis ohne Umwege, Fehler oder Nutzung nichtformaler Darstellungen (Dreyfus, 1991, S. 27), was wiederum die Misskonzeption nahelegt, dass das Führen eines Beweises immer einer genialen Idee oder eines besonderen Einfalls bedarf. Für einen Großteil der Beweise der Studieneingangsphase entspricht dies aber nicht der Realität (Frischemeyer et al., 2016, S. 231; Jakob et al., 2022, S. 641).

Beim Beweisen stehen heuristische Phasen zur Ideenfindung, in denen Zeichnungen angefertigt, verschiedene Beweisideen ausprobiert, Vermutungen aufgestellt und verworfen oder Beispiele betrachtet werden, im Zentrum des Beweisprozesses. Das letztliche Abfassen eines Beweises stellt dann nur einen Schritt unter vielen im Beweisprozess dar. Der Beweisprozess von Expert:innen (vgl. Abbildung 2.4) kann daher als mehrphasiger Prozess beschrieben werden.

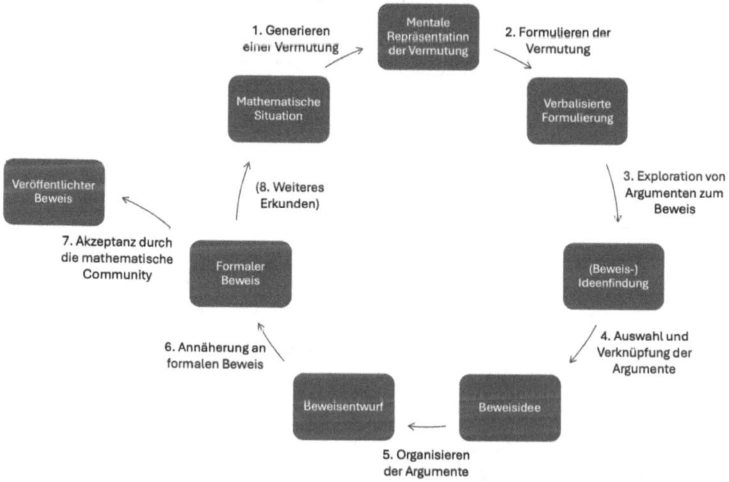

Abbildung 2.4 Beweisprozess von Expert:innen nach Boero (1999) und Reiss und Ufer (2009)

Das Modell umfasst sowohl heuristisch-induktive Phasen (vor allem 1, 3 und 4) als auch deduktive Phasen (vor allem 2, 5 und 6), die allerdings nichtlinear auftreten (Boero, 1999). In den induktiven Phasen können die Grenzen einer Vermutung durch das Betrachten von Spezialfällen ausgelotet werden, Argumente und deren Beziehungen untersucht sowie verschiedene Beweisideen entstehen und ggf. verworfen werden. Vorrangig aktivieren Mathematiker:innen hier mentale Bilder der studierten mathematischen Objekte und rekurrieren nicht ausschließlich auf die axiomatische Rahmentheorie (Reiss und Ufer, 2009, S. 163). In den deduktiven Phasen verfassen Mathematiker:innen, entsprechend üblicher Konventionen, wie z. B. genaues Formulieren aller Voraussetzungen und ausschließliches Nutzen bereits definierter Begriffe, eine Vermutung. Der eigentliche Beweis der Vermutung ist dann das Produkt von Überarbeitungszyklen, die eine bestmögliche Passung zwischen intuitiv gewonnener Organisation von Argumenten und axiomatisch-deduktiver Methode herstellen sollen.

Eine perfekte Passung in Form einer logischen Ableitung wird in der Praxis kaum erreicht. So tragen logische Ableitungen als endliche Kette von Formeln, die nur durch Anwendung logischer oder syntaktischer Regeln verknüpft sind, keine inhärente Bedeutung (Rav, 1999, S. 11; vgl. 2.2.2.2). Das Ziel eines Beweises – eine soziale Gruppe (üblicherweise Expert:innen) zu überzeugen – kann so kaum erreicht werden: „For the present, formal proofs are out of reach and mostly irrelevant: we have good human processes for checking mathematical validity“ (Thurston, 1994, S. 161). Die finale, schriftlich abgefasste Version eines Beweises darf daher noch Lücken aufweisen; um Akzeptanz zu erreichen, müssen die Leser:innen nur davon überzeugt werden, dass der vorliegende Beweis im Prinzip formalisiert werden kann (Biehler und Kempen, 2016, S. 145). Dies erscheint auch bei Übungsaufgaben von Bedeutung, da hier Studierende jeweils „nur“ die korrigierende Person von der Korrektheit überzeugen müssen.

Um das Idealbild des formalen Beweises von den in der Praxis der Mathematik üblichen weniger strengen Beweisformen abzugrenzen, wird in dieser Arbeit der Terminus *semiformaler Beweis* (Reid und Knipping, 2010, S. 9) genutzt. Diese Bezeichnung betont einerseits den geringeren Grad an Formalisierung im Vergleich zu formalen Beweisen (Bauer et al., 2021, S. 314; Kirsten, 2021, S. 9). Andererseits wird die potentielle Formalisierbarkeit der Argumentationen deutlich. Ein stärkerer Fokus der Hochschulmathematik auf semiformale Beweise statt logische Ableitungen kann hinsichtlich der zugeschriebenen Funktionen des Beweises begründet werden. Primär lassen sich eine Verifikations- und eine Erklärungsfunktion identifizieren (Hanna, 2000, S. 8). So können formale Beweise den Wahrheitswert einer Aussage zwar in Relation zum verwendeten Axiomensystem sicherstellen, die Form allein ohne inhaltliche Bezüge vermag aber Mathematiker:innen nicht zu überzeugen (Hanna, 1990, S. 8). Ebenso kann der Rekurs auf mathematische Logik allein keinen erklärenden Charakter haben, da der Detailgrad eines formalen Beweises die zugrundeliegenden Ideen eher verbirgt (ebd., S. 12). Zusätzlich zur Verifikations- und Erklärungsfunktion vermögen Beweise, Wissen zu systematisieren, neue Resultate zu entdecken sowie Erkenntnisse zu kommunizieren (De Villiers, 1990, S. 18). Der Verzicht auf inhaltliche Deutungen in logischen Ableitungen erschwert sowohl Systematisierung als auch Kommunikation von Wissen. Da der Aufbau formaler Beweise einen ständigen Rückbezug auf das Axiomensystem erfordert, wird der Zusammenhang zu anderen relevanten Erkenntnissen oder der Mehrwert der neuen Methoden für weitere Probleme teilweise nicht sichtbar (Hanna und Barbeau, 2010, S. 86). Formale Ableitungen sind auch für die Kommunikation von Resultaten ineffektiv. Sie erreichen schnell eine Länge, die selbst bei elementaren Aussagen, Lesbarkeit und Verständlichkeit beeinträchtigt (Wittmann, 2018, S. 22).[22]

Das Idealbild des Beweises fasst diesen als Mittel auf, universelle Akzeptanz für eine Erkenntnis zu erreichen (Nickel, 2019, S. 845). Dass Beweise vollständig objektiv prüfbar sind bzw. soziale und psychologische Variablen bzgl. der Beweisakzeptanz ausgeblendet werden können, ist in der Praxis eine Illusion (Hanna, 1990, S. 6). Semiformale Beweise lassen sich schon aufgrund bestehender Lücken nicht maschinell überprüfen und müssen daher von der mathematischen Community anerkannt werden. Manin (1981, S. 104) formuliert dies als: „A proof only becomes a proof after the social act of "accepting it as a proof". Für die Produktion von Beweisen müssen Studierende in der Studieneingangsphase daher neben inhaltlichem Wissen auch soziale Normen bzw. Standards verinnerlichen, die in der mathematischen Community verankert sind. Aus anthropologischer Perspektive ist dies als „Übergangsritual" (Clark und Lovric, 2008, S. 29) zu verstehen, in welchem das Individuum bisher erfolgreiche Vorgehensweisen (z. B. rechnerische Ansätze; vgl. 2.2.1.4, Orientierung an umgebender physischer Realität; vgl. 2.2.1.2 und 2.2.1.3) zugunsten wissenschaftlicher Standards aufgeben muss. Um in der mathematischen Community aufgenommen werden zu können, bedarf es daher einer Enkulturation im Rahmen der Studieneingangsphase (Quarfoot und Rabin, 2021, S. 490).

Dies umfasst einen Wandel von einem empirisch-narrativen Stil in mathematischen Texten hin zu einer exakten Verwendung von Fachsprache an der Hochschule (Reiss und Nagel, 2017, S. 445). Insbesondere bleibt die Vorstellungsebene bei Beweisen an der Hochschule implizit. Mentale Bilder können und sollen (Selden und Selden, 2013, S. 238; Weber und Alcock, 2004, S. 210–211) zwar zur Ideenfindung eingesetzt werden, deren Spuren im fertigen Beweis jedoch unsichtbar bleiben. Definitionen stellen den Ausgangspunkt für Beweise und das logische Gerüst ihrer Struktur dar (Moore, 1994, S. 258; Moore, 2016, S. 247). Nur bereits bewiesene Aussagen oder durch Definitionen gegebene Eigenschaften dürfen als Wissensba-

[22] Der Beweis der Aussage „1 + 1 = 2" hat in Form einer formalen Ableitung eine Länge von mehreren hundert Seiten (Davis und Hersh, 1996, S. 140).

sis eines Beweises genutzt werden (Tall, 1994, S. 9; Tall, 2008, S. 19). Beweise prosaisch zu formulieren ist zulässig, wenn Ideen so besser kommuniziert werden können (Lee, 2019, S. 1). Trotzdem sollte auf die prinzipielle Formalisierbarkeit der Argumentation geachtet werden. Die Strenge in Beweisen ist dabei keine absolute Norm, sondern ein Referenzpunkt, der weitgehend berücksichtigt werden sollte (Bender und Jahnke, 1992, S. 261). Schließlich thematisieren Beweise kaum organisatorische Elemente wie strukturelle Beschreibungen oder Erläuterungen, warum eine Beweisidee bzw. ein spezifisches Argument genutzt wird (Selden und Selden, 2013, S. 238–239).

Die beschriebenen Standards für Beweise in der wissenschaftlichen Mathematik haben den Charakter soziomathematischer Normen. Sie zielen auf die normativen Aspekte ab, die für das *mathematische* Handeln der Akteur:innen relevant sind und unterscheiden sich daher von sozialen Normen, die nicht fachspezifisch sind (Yackel und Cobb, 1996, S. 461). In Bezug auf die Produktion und Rezeption von Beweisen stellt der Erwerb und die angemessene Anwendung solcher Standards ein relevantes Ziel der Studieneingangsphase dar (Weber, 2008, S. 432). So müssen Studierende Beweise aus Vorlesungen, Übungen oder Lehrbüchern nachvollziehen und validieren sowie eigene Beweise mit den soziomathematischen Normen der Studieneingangsphase abgleichen. Es konnte gezeigt werden, dass Akzeptanzkriterien für Beweise bei Studierenden der ersten Semester und Schüler:innen deklarativ abrufbar sind, die Anwendung auf vorliegende Beweise aber mit Schwierigkeiten verbunden ist (Sommerhoff und Ufer, 2019, S. 727). Schon die Entscheidung, ob ein Beweis ein vorliegendes Theorem verifiziert oder nicht, kann ohne weitere Anstöße nur knapp die Hälfte der Studierenden korrekt treffen (Selden und Selden, 2003, S. 23). Problematisch ist dabei schon die a priori Einteilung der Beweise in richtige und falsche Argumentationen, da diese der sozialen Natur der Beweisvalidierung keine Rechnung trägt. Heinze (2009, S. 108) konnte diesbezüglich zeigen, dass Mathematiker:innen bei einem Beweis aus ihrem jeweiligen Expertisegebiet eher nur die Schlüsselargumente prüfen. Die Urteile, ob ein Beweis für eine Aussage hinreichend ist oder nicht, divergieren somit schon zwischen Expert:innen. Daher ist zu vermuten, dass auch Lehrende in der Studieneingangsphase unterschiedliche Normen für die Bewertung studentischer Produkte festlegen und die soziomathematischen Normen der Hochschulmathematik keinen rein institutionellen Charakter haben, sondern individuell von Lehrpersonen gesetzt werden. Weber (2008, S. 439) konnte dies für elementare Beweise aus der Zahlentheorie belegen und Inglis und Kolleg:innen (2013, S. 276) reproduzieren das Ergebnis anhand eines Beweises aus der Analysis. Zusätzlich konnte festgestellt werden, dass der Status des Verfassers Einfluss auf die Akzeptanz einer Argumentation hat. Expert:innen sind eher bereit, einen Beweis zu akzeptieren, wenn er von Expert:innen verfasst wurde (Thurston,

1994, S. 175). Bei vermeintlich studentischen Beweisprodukten zweifeln sie die Validität eher an und achten stärker darauf, dass nur im jeweiligen Kontext bekannte Aussagen genutzt werden (Weber, 2008, S. 448).

Dieses Phänomen begründet sich durch die unterschiedlichen Charakteristika im Laufe des individuellen mathematischen Werdegangs. Tao (2013) hat hierzu ein Modell (vgl. Abbildung 2.5) entworfen, welches drei Stufen der mathematischen Ausbildung umfasst: die *pre-rigorous stage*, die *rigorous stage* und die *post-rigorous stage*.

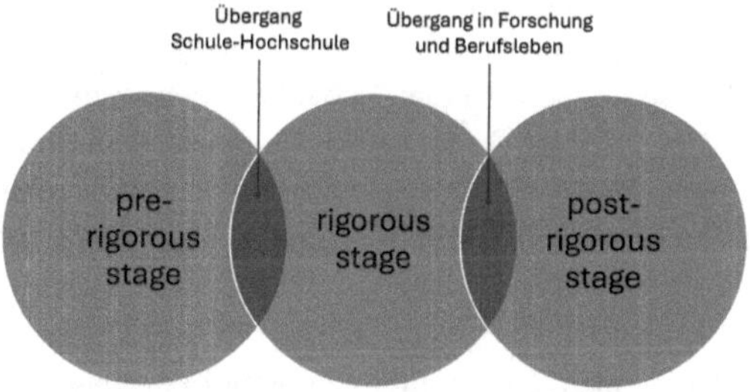

Abbildung 2.5 Stufen in der mathematischen Ausbildung nach Tao (2013)

Die *pre-rigorous stage* ist durch einen informell-intuitiven Umgang mit Mathematik geprägt, der eher auf Berechnungen und Anwendungen als einem strengen Theorieaufbau basiert. Im Wesentlichen erstreckt sich diese Phase über die gesamte Schulmathematik. Die *rigorous stage* zeichnet sich durch einen präzisen und formal-deduktiven Umgang mit Mathematik aus, wobei die Theorie im Fokus steht. Die Semantik der verwendeten Objekte rückt zugunsten abstrakter symbolischer Manipulationen in den Hintergrund. Diese Phase ist in etwa in die ersten zwei Jahre des Mathematikstudiums zu verorten (Gueudet, 2008, S. 238). In der *post-rigorous stage* werden individuelle Intuitionen aus der ersten Phase mit den formalen Konzepten aus der zweiten Phase abgeglichen und geschärft. Im Mittelpunkt stehen jetzt wieder Anwendungen[23] und „das große Ganze". Die prinzipielle Formalisierbarkeit von Argumentationen wird dabei angenommen. Diese Phase beginnt in den letzten Jahren des Mathematikstudiums.

In dieser Arbeit sind die Charakteristika der *rigorous stage* von Bedeutung, welche für Studierende Hürden in Bezug auf das Beweisen in der Studieneingangsphase

[23] Für eine Einordnung des Begriffs Anwendung für die Hochschulmathematik sei auf 2.2.1.3 verwiesen.

ergeben. Im Gegensatz zu vielen rechnerischen Prozeduren in der Schule verlangen Beweise mehrere Entscheidungen, die teilweise eine kreative Nutzung von Wissen erfordern (Heinze et al., 2008; Weber und Alcock, 2004, S. 231). Studierende haben in der Schule häufig Vorstellungen und Intuitionen zu den verwendeten Objekten in ihr *concept image* aufgenommen und konnten im Schulkontext auf dessen Basis argumentieren. Für die Hochschulmathematik und insbesondere die Studieneingangsphase sind aber Beweise entscheidend, die auf formalen Definitionen basieren Moore, 2016, S. 247). Es zeigt sich, dass dies Studierenden besondere Probleme bereitet. Verschiedene empirische Studien (Dickerson und Pitman, 2012; Edwards und Ward, 2004; Vinner, 1977) zeigen, dass Studierende den epistemischen Status von Definitionen und Sätzen nicht trennen können. So vermuten einige Studierende, dass Theoreme zu Definitionen werden, sobald sie bewiesen sind (Edwards und Ward, 2004) bzw. versuchen sie grundsätzlich, gegebene Definitionen zu beweisen (Dickerson und Pitman, 2012, S. 190). Moore (1994, S. 251) identifiziert weitere Ursachen, die für Schwierigkeiten bei der studentischen Beweiskonstruktion verantwortlich sind:

1. Die Studierenden kennen die Definitionen nicht bzw. können sie nicht formulieren.
2. Die Studierenden haben kaum ein intuitives Verständnis der Konzepte.
3. Die *concept images* der Studierenden sind unpassend für die Beweise.
4. Die Studierenden können und/oder wollen keine eigenen Beispiele entwickeln.
5. Die Studierenden können Definitionen nicht nutzen, um Beweise zu strukturieren.
6. Die Studierenden haben Probleme, Fach- und Formelsprache zu verstehen und zu nutzen.
7. Die Studierenden wissen nicht, wie sie den Beweis beginnen sollen.

Auffällig ist die Relation der Hürden zu Definitionen; alle Schwierigkeiten bis auf den sechsten Punkt lassen sich direkt oder indirekt auf Probleme im Umgang mit Definitionen zurückführen (Dickerson und Pitman, 2016, S. 1). Neben Wissensproblemen (Punkt 1) können Studierende Definitionen weder als Strukturierungshilfe (Punkt 5) noch als Ausgangspunkt zur Ideenfindung für Beweise (Punkt 7) nutzen. Zusätzlich liegt entweder kein (Punkt 2) oder kein zur formalen *concept definition* passendes *concept image* vor (Punkt 3). Der Einsatz adäquater Instanziierungen einer Definition (Punkt 4) ist für Studierende ebenfalls problematisch. Insgesamt kann festgestellt werden, dass Studierende in der Studieneingangsphase große Probleme haben, mit Definitionen in Beweisen gewinnbringend umzugehen (Vinner, 1977, S. 20). Speziell für diese Arbeit folgt daraus, dass Aufgaben nicht nur danach klassifiziert werden sollten, ob ein Beweis einer Aussage verlangt wird, sondern auch, inwiefern der Rückgriff auf formale Definitionen zur Lösung erforderlich ist.

Das Zusammenspiel aus dem geringen Raum, den (semi-)formale Argumentationen in der Schule einnehmen, sowie die plötzliche Änderung der mathematischen Umwelt hin zu einer formalen, beweisenden Mathematik sorgt für einen „Kulturschock“, den Studierende am Übergang Schule-Hochschule erleben. Defizite hinsichtlich der Beweisfähigkeiten können so nicht graduell abgebaut werden. Für eine Vielzahl von Studierenden ergeben sich Probleme, Beweise zu konstruieren, die es erfordern, formale Definitionen zu nutzen und verschiedene Argumente zu verknüpfen (Frischemeyer et al., 2016, S. 231; Geisler, 2020, S. 62). Weniger Schwierigkeiten treten bei Argumentationen auf, die technische Natur haben bzw. verfahrensbasierte Ansätze zulassen (Nagel und Reiss, 2016, S. 322). Vergleichsweise hohe Lösungsquoten können mit einem stärkeren Fokus der Schulmathematik auf technisch-rechnerische Aufgaben begründet werden (vgl. 2.2.1.4). Dies geht so weit, dass einige Studienanfänger:innen die Vorstellung mitbringen, „dass nur die Berechnungs- und Umformungstechniken in der Mathematik wichtig seien“ (Grünwald et al., 2004, S. 286). Während dies einerseits als ungünstige Lernvoraussetzung für das Beweisen aufgefasst werden kann, impliziert es auch eine positive Deutung: Die Hürde, Beweise zu formulieren, die auf Termumformungen und Rechenregeln basieren, ist für Studienanfänger:innen geringer. Daraus folgt einerseits, dass eine deutlich verringerte Komplexität von Aufgaben vorliegt, die allein auf entsprechenden Mitteln basieren, andererseits Beweisaufgaben dann besonders anspruchsvoll sind, wenn solche Techniken wenig oder gar nicht eingesetzt werden können.

2.2.2.6 Fachsprache in der Hochschulmathematik

Für die Entwicklung rezeptiver und produktiver Fähigkeiten in Bezug auf das Beweisen, aber auch Rechentechniken, ist der Umgang mit der mathematischen Fachsprache entscheidend. Die Repräsentation durch Wort- bzw. Symbolsprache macht abstrakte mathematische Gegenstände im formalistischen Paradigma überhaupt erst zugänglich. Diese treten, wenn überhaupt, nur in angenäherter Form in der umgebenden Welt auf. Ihre sprachliche Darstellung hat daher eine doppelte Funktion: mathematische Wirklichkeit beschreiben und konstruieren (Hefendehl-Hebeker, 2004, S. 145). Die Fachsprache der Hochschulmathematik basiert vorrangig auf Mengenschreibweisen, logischen Symbolen sowie Fachbegriffen und erlaubt mit geringem Mitteleinsatz die Konstruktion komplexer Begriffsgebäude (Spalt, 2022, S. 152; vgl. 2.2.2.2). Studierende verfügen zwar über relevante Vorkenntnisse aus der Schule; allerdings weicht die Fachsprache der Hochschulmathematik derart stark von der Sprache der Schulmathematik ab, dass es zu Beginn des Studiums praktisch nötig wird, eine neue Fremdsprache zu lernen (Hefendehl-

Hebeker, 2016, S. 20). Erschwerend kommt hinzu, dass parallel auch die inhaltliche Bedeutung neuer Begriffe erlernt werden muss, welche sich oftmals nicht aus der alltagssprachlichen Bedeutung erschließen lässt (Hilgert, 2016, S. 697; vgl. 2.2.2.2). Begriffsdefinitionen der Hochschulmathematik nutzen eine Mischung aus Wort- und Symbolsprache, wobei Unschärfen hier nahezu nie auftreten (Liebendörfer, 2018, S. 12). Ein exaktes Definieren mathematischer Begriffe ist nötig, um Wahrheitswerte von Aussagen eindeutig zu bestimmen und dies durch Beweise intersubjektiv nachvollziehbar zu machen (Meyer und Tiedemann, 2017, S. 22).

Während in der Schule hierfür noch weitgehend eine durch Fachbegriffe durchsetzte Wortsprache ausreicht, ist die Fachsprache an der Hochschule durch eine höhere Symboldichte sowie einen sehr geringen Anteil nichtformaler Darstellungsmittel gekennzeichnet (Ebner et al., 2016, S. 155; Hefendehl-Hebeker, 2016, S. 18). Die in Wortsprache formulierten Textteile haben oft den Charakter diskursiver Routinen (Lisiecka-Czop, 2022, S. 38), welche in Bezug auf charakteristische mathematische Handlungen (z. B. Definieren oder Beweisen) genutzt werden. Für Definitionen nutzt man vorgeprägte Formulierungen wie „... heißt ..., wenn gilt ..." oder „Man setzt ...". Bei Beweisen treten Sequenzen wie „ohne Beschränkung der Allgemeingültigkeit wählt man ..." oder „somit folgt ..." auf (Eisenreich, 1998, S. 1223). Für das Beweisen ist die Kenntnis und sinnhafte Verwendung solcher Schematismen der Wortsprache relevant. Zusätzlich stellt der flexible Umgang mit der Symbolsprache selbst ein wichtiges Lernziel der Studieneingangsphase dar (vgl. 2.2.2.1).

Gerade in den ersten Wochen des Studiums werden Studierende mit einer Vielzahl, teilweise aus der Schule unbekannter, Zeichen verschiedener Zeichensysteme konfrontiert. Unter anderem bedient sich die Hochschulmathematik wie auch die Schulmathematik lateinischer und griechischer Buchstaben. An der Hochschule kommen hebräische und altdeutsche Buchstaben hinzu und man nutzt neue mathematikspezifische Zeichen wie Existenz- oder Allquantor (Liebendörfer, 2018, S. 12). Durch Indizierung, Höherstellung, Klammersetzung oder den flächenhaften Aufbau von Symbolen (z. B. bei Matrizen) können nahezu beliebig neue verwendbare Zeichen erstellt werden (Maier und Schweiger, 1999, S. 29). Die Symbole syntaktisch korrekt zu nutzen, stellt eine Herausforderung dar, da hier teils mehrere Regeln bzw. Konventionen gleichzeitig zu berücksichtigen sind. Beim Summenzeichen bedeutet das, Start- und Endwert der Summation als ganze Zahlen festzulegen sowie die Laufvariable und einen von der Laufvariable abhängigen Term anzugeben. Konvention der Notation ist, als tiefgestellten Index am Summenzeichen den Startwert und die Laufvariable gleichzusetzen und die obere Grenze als hochgestellten Index anzufügen. Der von der Laufvariable abhängige Term wird unmittelbar hinter dem Summenzeichen notiert. Es konnte gezeigt werden, dass vor allem das Enkodieren von Summen mit dem Summenzeichen der Mehrzahl der Studierenden nicht gelingt (Larsen et al., 2022, S. 246).

Neben syntaktischen Regeln existieren ästhetische Regeln für die Symbolsprache, die häufig implizit bleiben und auch eine geringere normative Strahlkraft aufweisen (Maier und Schweiger, 1999, S. 31). Beispielhaft können terminologische Konventionen aufgezählt werden:

1. Bezeichnungen für gewisse Objekte werden kontinuierlich genutzt: ε und δ stehen für „beliebig kleine" positive reelle Zahlen.
2. Relationen zwischen Objekten werden durch ähnliche Bezeichnungen abgebildet: $v_1, v_2, ..., v_n$ oder $w_1, w_2, ..., w_n$ kennzeichnen Vektoren, wobei der zugehörige Vektorraum mit V oder W bezeichnet wird.
3. Vergleichbare Konzepte werden mit einem korrespondierenden Zeichen aus einem anderen Zeichensystem dargestellt: $\frac{df}{dx}$ kennzeichnet die Ableitung einer Funktion f (in einer Veränderlichen); $\frac{\partial f}{\partial x}$ beschreibt die partielle Ableitung einer Funktion f (in mehreren Veränderlichen) nach der Variable x. Summen werden mit einem $\sum$ (griechisches S) bezeichnet; das Integralzeichen $\int$ ist ein stilisiertes S.

Solche Konventionen haben den Vorteil, das Wiedererkennen bekannter Objekte durch gleiche Bezeichnungen zu erleichtern, das Gedächtnis zu entlasten sowie Zusammenhänge stärker herauszuarbeiten. Weiterhin lassen sie sich als Ausdruck „des Strebens der Mathematiker nach Konsens und Kohärenz größtmöglichen Ausmaßes" (Wille, 2005, S. 6; vgl. auch Behrends, 2008, S. 202) interpretieren. So können Mathematiker:innen Formeln in einem mathematischen Text korrekt deuten, d. h., die referenzierten Objekte erkennen, auch wenn der Text in einer unbekannten Sprache verfasst ist (Hußmann, 2017, S. 60; Maier und Schweiger, 1999, S. 19). Insgesamt wird der Informationstransport durch eine konventionalisierte Symbolsprache begünstigt.

Eine gewisse Kontinuität in der Symbolsprache der Schul- und Hochschulmathematik ist zwar hinsichtlich der Terminologie, beispielsweise bei Funktionsgleichungen oder Ableitungen, zu konstatieren; die Symbolsprache an der Hochschule zeigt sich jedoch insgesamt komplexer. So wird die symbolische Verknüpfung oder Quantifizierung von Aussagen in der Schule eher nicht thematisiert (Iannone und Nardi, 2007, S. 2303). Dementsprechend begegnen einer Vielzahl von Studierenden die Quantoren „es existiert ein" bzw. „für alle" erstmalig zu Beginn des Studiums. Bereits im ersten Semester einer Analysisvorlesung sehen sie sich dann bei der Definition der Konvergenz einer Zahlenfolge oder der Stetigkeit einer reellwertigen Funktion einer Veränderlichen mit symbolischen Ausdrücken konfrontiert, die

Quantoren in verschachtelter Form nutzen. Die übliche Konvergenzdefinition hat in rein symbolischer Schreibweise folgende Gestalt:

$$\exists a \in \mathbb{R} \, \forall \varepsilon > 0 \, \exists N(\varepsilon) \in \mathbb{N} \, \forall n \geq N(\varepsilon) : |a_n - a| < \varepsilon.$$

Die Übersetzung in natürliche Sprache hat die Form (Heuser, 2003, S. 144):

Es gibt eine reelle Zahl a, sodass es für jede positive reelle Zahl ε einen Index $N(\varepsilon)$ gibt, sodass für alle Indizes n, die größer gleich $N(\varepsilon)$ sind, gilt, dass der Abstand von a_n zu a kleiner als ε ist.

An diesem Beispiel wird deutlich, dass die Symbolsprache eine noch höhere „Informationsdichte auf kleinem Raum" (Hefendehl-Hebeker, 2016, S. 19; vgl. auch Spalt, 2022, S. 151) aufweist als die Fachsprache in Wortform. Dies ermöglicht durch syntaktische Manipulationen das Abbilden von minimalen Bedeutungsunterschieden, was in der natürlichen Fachsprache schwer und in der Alltagssprache fast nicht umsetzbar ist (Hilgert, 2016, S. 697; Maier und Schweiger, 1999, S. 50; vgl. 2.2.2.2). Ein solches Potential kann aber auch als Risiko und Fehlerquelle für Studierende gedeutet werden, da geringe syntaktische Änderungen an symbolischen Ausdrücken beträchtliche semantische Konsequenzen nach sich ziehen. Eine Vertauschung des zweiten und dritten Quantors[24] in der symbolischen Definition der Folgenkonvergenz sorgt z. B. dafür, dass nicht mehr konvergente Folgen, sondern beschränkte Folgen beschrieben werden. Um die Symbolsprache sinnvoll einzusetzen, müssen sich Studienanfänger:innen daher der Semantik verwendeter Symbolketten stets bewusst sein. Dafür sind mentale Übersetzungen in natürliche Sprache sowie das Abgleichen mit speziellen Repräsentanten relevant. Insbesondere komplexe Formeln in natürliche Sprache zu übersetzen, ist für Lernende und professionelle Mathematiker:innen eine anspruchsvolle Aufgabe (Maier und Schweiger, 1999, S. 20).

Vorteile der Nutzung der Symbolsprache für die Mathematik zeigen sich bei speziellen Routinen oder Beweisverfahren der Hochschulmathematik (Pepin, 2014, S. 71). Im Rahmen von Induktionsbeweisen mit dem Summenzeichen müssen Studierende beispielsweise im Induktionsschritt Summen so umschreiben, dass der letzte Summationsterm isoliert wird, um die Induktionsvoraussetzung nutzbar zu machen. Teilweise verschiebt sich danach der kognitive Anspruch auf vergleichsweise wenig komplexe Termumformungen (Lithner, 2011, S. 294; Tall, 1996, S. 305). Das Nutzen von Symbolen kann auch komplexe semantische Umformungen durch syntaktische Manöver ersetzen. Wenn man beispielsweise versucht, die Konvergenzdefinition für Folgen zu verneinen, werden Vorteile der Symbolsprache

[24] $N(\varepsilon)$ würde natürlich mit N ersetzt werden.

unmittelbar ersichtlich. Während in der Symbolsprache ein zweischrittiges Routineverfahren (1. Wechselseitiges Ersetzen von $\forall$ und $\exists$, 2. Verneinung der letzten Teilaussage) zur Negation genutzt werden kann, gestaltet sich die Verneinung der in Worten gegebenen Definition anspruchsvoll.

Insgesamt ist daher auf der fachsprachlichen Ebene der Aufgaben ein Fokus auf symbolische Darstellungen zu vermuten, die allerdings mit verbalsprachlichen Elementen untersetzt werden. Ikonische Darstellungen sind hingegen kaum zu erwarten. In Bezug auf die Komplexität der gestellten Beweisaufgaben ist zu erwarten, dass der bewusste und flexible Einsatz der Symbolsprache, insbesondere bei der Kommunikation eigener Ideen, die keine Reproduktionen darstellen, für Probleme sorgt.

2.3 Zusammenfassung im Kontext der 3-Welten-Theorie nach Tall

In diesem Kapitel wurden Schul- und Hochschulmathematik kontrastierend gegenübergestellt. Mit der 3-Welten-Theorie von David Tall (Tall, 2002; Tall, 2004; Tall, 2008, Tall, 2013) liegt hierfür ein Ansatz vor, der sowohl individuelle Entwicklungsunterschiede zwischen Lernenden als auch die verschiedenen Stadien des Mathematiklernens kognitionspsychologisch zu erklären versucht (Hänisch, 2011, S. 17). Für die Zwecke dieser Arbeit ist Letzteres entscheidend, da dies eine zusammenfassende Deutung der bisher identifizierten Charakteristika von Schul- und Hochschulmathematik ermöglicht.

Tall (2002, S. 95) benennt drei Welten des Mathematiklernens, wobei jede Welt verschiedene Operationen mit mathematischen Objekten zulässt, was unterschiedliche Standards hinsichtlich der Erkenntnisgewinnung und -sicherung impliziert. Mathematische Gegenstände gehören per se nicht zu einer der drei Welten, sondern können in jeder der Welten betrachtet werden. Die drei Welten ermöglichen so eine Beschreibung des mathematischen Denkens in Phasen, von vorschulischen Erfahrungen bis hin zur mathematischen Forschung (Tall, 2004, S. 281; Tall, 2008, S. 23). Insbesondere kann der Bruch zwischen der Schul- und der Hochschulmathematik als Übergang zwischen Talls Welten betrachtet werden (vgl. Abbildung 2.6).

Die konzeptuell-eingebettete Welt ist eng verbunden mit der sinnlichen Wahrnehmung, motorischen Handlungen sowie Gedankenexperimenten (Tall, 2008, S. 5. Kinder kommen zuerst mit dieser mathematischen Welt in Berührung (Hänisch, 2011, S. 19) und sammeln Erfahrungen durch die sensomotorische Auseinandersetzung mit realweltlichen Objekten und generieren auf dieser Basis mentale Prototypen. Erste Idealisierungen von mentalen Repräsentationen können schon in dieser

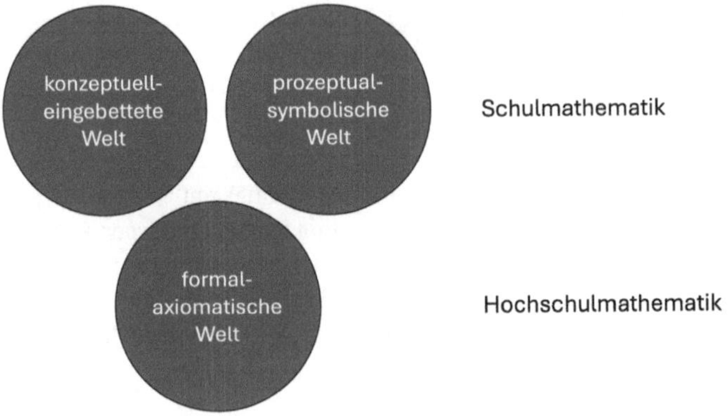

Abbildung 2.6 Die Drei-Welten-Theorie nach Tall (2008)

Welt erfolgen, wie z. B. dass ein Viereck auch nach Drehung ein Viereck bleibt. Der Fokus liegt in der eingebetteten Welt auf der Anschauung und so gehen anschauliche Vorstellungen häufig noch in die mathematischen Konzepte mit ein, weshalb in dieser Welt Begriffe stark von der individuellen Wahrnehmung abhängen (Tall, 2013, S. 133).

Die prozeptual-symbolische Welt knüpft an die eingebettete Welt an und fokussiert zusätzlich auf Operationen mit mathematischen Objekten statt nur auf die Objekte (Tall, 2002, S. 96). Die Operationen haben ihren Ursprung im Umgang mit physischen Objekten, die z. B. gezählt, zusammengelegt, gruppiert oder zerlegt werden können. In der prozeptual-symbolischen Welt entwickeln sich symbolische Darstellungen dieser Operationen; den genannten Beispielen entsprechen Zahlbegriff, Addition, Multiplikation oder Division. Namensgebend für diese Welt sind Darstellungen, die gleichsam als Prozess und als Konzept gedeutet werden. Beispielsweise lässt sich der Ausdruck $5 + 4$ sowohl als fortgesetztes Zählen prozessual oder als Summe konzeptuell deuten (Gray und Tall, 1994, S. 120). Die duale Bedeutung der Darstellungen zusammen mit der Fähigkeit, zwischen beiden Ebenen flexibel wechseln zu können, bezeichnet Tall (2008, S. 5) als *procept*. *Procepts* sind die Grundlage verschiedener Berechnungen und symbolischer Manipulationen in der Arithmetik, Algebra und Analysis (Tall, 2004, S. 285). In der Schule gewinnt die prozeptual-symbolische Welt im Laufe der Sekundarstufe immer mehr an Bedeutung. Auch wenn die eingebettete Welt immer noch zur Veranschaulichung genutzt wird, sind Manipulationen mit *procepts* die Argumentationsgrundlage der fortgeschrittenen Schulmathematik.

Die formal-axiomatische Welt basiert auf Axiomen, Definitionen und formalen Beweisen. Der Hauptunterschied zu den ersten beiden Welten ist, dass sich Definitionen von Objekten nicht mehr als Beschreibungen sinnlich wahrnehmbarer Objekte oder Operationen ergeben. Stattdessen konstituieren abstrakt formulierte Eigenschaften die Definition eines Gegenstands (Tall, 2004, S. 285; Tall, 2008, S. 5). Das Primat des Objekts wird durch das Primat der Eigenschaft abgelöst; Objekte existieren erst dann, wenn sie die vorher definierten Eigenschaften erfüllen. Definitionen in der formal-axiomatischen Welt sind sehr allgemein gehalten, um deduktiv Spezialfälle ableiten zu können (Hänisch, 2011, S. 20). Beweise kommen somit ohne inhaltsbezogene oder anschauungsgebundene Argumente aus und stützen sich nur auf Axiome und Definitionen. Die dritte Welt tritt in individuellen Bildungsbiographien frühestens in der Hochschulmathematik auf. Für Studierende der Mathematik stellt sich der Übergang zwischen Schule und Hochschule als Wechsel von den ersten beiden Welten hin zu formal-axiomatischen Welt dar (Tall, 2008, S. 9–10).

In ihrem Lernprozess setzen sich Lernende mit den gleichen mathematischen Objekten mehrfach auseinander; allerdings auch in den unterschiedlichen Welten Talls. Für Personen, die ein Studium der Mathematik aufnehmen, bedeutet das keine bloße Wiederholung der Inhalte, sondern einen neuen Umgang, der auf den Charakteristika der formal-axiomatischen Welt fußt. Die Schulmathematik hingegen basiert auf der eingebetteten bzw. prozeptual-symbolischen Welt.

In der Schulmathematik hat die eingebettete Welt vor allem eine Bedeutung in Bezug auf die Motivation der betrachteten Gegenstände. Ursprung der Objekte sind meist Phänomene oder Erfahrungen aus der umgebenden Welt (vgl. 2.2.1.2), die Begriffsbildung verläuft vom Konkreten zum Abstrakten. Resultierende Definitionen sind als empirische Abstraktionen zu verstehen, die wahrnehmbare Gegenstände idealisiert beschreiben. Ausgangspunkt für Argumentationen ist daher die Anschauung, was sich z. B. deutlich in der euklidischen Geometrie der Schulmathematik zeigt. Beweisfiguren dienen hier als Veranschaulichung und Argumentationsgrundlage gleichermaßen. Ein verstärktes Interesse an Anwendungen in der Schulmathematik ergibt sich neben normativen Forderungen (vgl. 2.2.1.1) auch aus der Bedeutung der eingebetteten Welt, da diese die Deutung der realen Welt mit mathematischen Mitteln fokussiert. Die Distanz zwischen Begriffsursprung und außermathematischer Fragestellung ist für die Schulmathematik daher eher gering.

Im Verlauf der Sekundarstufe erhalten symbolische Darstellungen ein immer größeres Gewicht, sowohl für Berechnungen als auch in Definitionen (vgl. 2.2.1.4 und 2.2.1.6). Die prozeptual-symbolische Welt liefert über Rechenregeln und symbolische Manipulationen die notwendigen Instrumente. Ein häufiger Kritikpunkt ist, dass der Fokus dabei auf dem bloßen Anwenden von Verfahren liegt, was sich mittels der 3-Welten-Theorie als eine unzureichende Entwicklung von *procepts* deuten lässt (Tall, 2008, S. 12). Statt einen flexiblen Wechsel zwischen Prozess- und Konzeptebene zu erreichen, können einige Lernende Symbole nur so weit nutzen, wie sie in algorithmischen Verfahren benötigt werden. Ein Beispiel hierfür ist, wenn Schüler:innen zwar die Ableitung einer Funktion unter Nutzung der entsprechenden Ableitungsregeln berechnen können, aber nicht in der Lage sind, die Ableitung an einer Stelle inhaltlich zu deuten.

Die zweite Welt ermöglicht auch Argumentationen, die von Prototypen unabhängig sind. Algebraische Umformungen liefern beispielsweise eine Möglichkeit, auch in der Schulmathematik allgemeine Aussagen zu beweisen. Dabei müssen aber – meist implizite – Konventionen genutzt werden, die noch vom Ursprung der Objekte aus der ersten Welt herrühren (Tall, 2002, S. 103). Trotz einer potentiell breiten Argumentationsbasis durch die erste und zweite Welt spielen Argumentationen und Beweise in der Schulmathematik eine untergeordnete Rolle (vgl. 2.2.1.5).

Dies steht der Hochschulmathematik diametral entgegen. Semiformale Beweise sind hier das zentrale Instrument der Erkenntnisgewinnung (vgl. 2.2.2.5). Studienanfänger:innen haben aus der Schule diesbezüglich kaum Vorerfahrungen, da die Schulmathematik die formal-axiomatische Welt der Hochschule nicht tangiert. Im Gegensatz zur zweiten Welt, die sich noch weitgehend natürlich aus der ersten Welt ergibt (Hänisch, 2011, S. 21), ist die axiomatische Herangehensweise ein größerer Bruch. Als besonders problematisch gestalten sich Beweise für Studierende, die auf formalen Definitionen beruhen, weil diese nicht mehr wahrnehmbare Objekte beschreiben, sondern sich die Existenz der Objekte erst durch das Erfüllen definitorisch festgelegter Eigenschaften ergibt. Weniger Schwierigkeiten treten auf, wenn Beweise auf Termumformungen oder rechnerischen Überlegungen basieren (vgl. 2.2.2.5). Dahingehend stellt die prozeptual-symbolische Seite der Schulmathematik relevantes Vorwissen bereit. Realitätsbezogene Fragestellungen treten hingegen eher nicht auf (vgl. 2.2.2.3), da die Distanz zwischen umgebender Welt und der formal-axiomatischen Welt der Hochschulmathematik zu groß ist und sich entsprechende Fragestellungen nicht natürlich ergeben.

Neben der Erläuterung einer Vielzahl von Unterschieden zwischen Schul- und Hochschulmathematik können durch das 3-Welten-Konzept auch Anknüpfungspunkte identifiziert werden. Betrachtet man die verschiedenen Verfahren, die auch in der Hochschulmathematik einen nicht zu vernachlässigenden Anteil haben (vgl. 2.2.2.4), so bieten diese eine Möglichkeit, zumindest auf einer symbolischen Ebene mit der Mathematik an der Hochschule umzugehen. Das Berechnen von Grenzwerten mit Grenzwertsätzen, Ableitungen mit Ableitungsregeln oder Integralen mittels Integrationstechniken erfolgt mithilfe von Regeln, die nicht zwingend das Durchdringen der zugrundeliegenden formalen Beweise oder Definitionen erfordern. Gerade hier sind die fachsprachlichen Darstellungen der Schule bzw. der

Hochschule (vgl. 2.2.1.6 und 2.2.2.6) so nah beieinander, dass für Studierende noch Erfolgserlebnisse möglich sind, auch wenn ihnen der Übergang zum formal-axiomatischen Denken schwerfällt.

Speziell auf Übungsaufgaben bezogen, ergibt sich aus den bisherigen Betrachtungen eine Reihe vermuteter Charakteristika:

- großer Anteil semiformaler Beweise
- sehr geringer Anteil realitätsbezogener Aufgaben
- geringe Bedeutung algorithmisch lösbarer Aufgaben, aber substanzieller Teil an Aufgaben, die eine Nutzung von Verfahren der Hochschulmathematik fordern
- nahezu ausschließliche Darstellungen auf symbolischer bzw. verbaler Ebene
- komplexe Natur, da vernetztes Wissen genutzt werden muss
- divergierende Aufgabenkultur[25] zwischen verschiedenen Lehrenden.

Nachdem mit diesem Kapitel der idealtypische Charakter der Hochschulmathematik vorgestellt und von der Schulmathematik allgemein abgegrenzt wurde, stellt sich die Frage, wie sich dies im Gebiet der Analysis konkretisiert. Im Folgenden sollen daher die Bedeutung verschiedener analytischer Begriffe im schulischen und universitären Curriculum verglichen werden, um hieraus Hypothesen für die thematische Fokussierung der Übungsaufgaben zu generieren. Dies kann helfen, Brüche neben der epistemologischen Ebene auch auf der inhaltlichen Ebene abzubilden.

[25] Dieser Begriff wird in 5.3 genauer erläutert.

3 Analysis an Schule und Hochschule

Während der Fokus der Charakterisierung von Schul- und Hochschulmathematik bislang auf der Erkenntnisgewinnung sowie der Bedeutung spezifischer Tätigkeiten lag, wurde die curriculare Seite weitgehend ausgeblendet. Für die Übergangsproblematik ist es aus fach- und hochschuldidaktischer Perspektive jedoch wichtig, allgemeine Beobachtungen anhand mathematischer Begriffe, Verfahren und Vorgehensweisen zu konkretisieren. In besonderem Maße gilt dies für Inhalte, die sowohl in der Schule als auch an der Hochschule thematisiert werden und somit einem Wandel im zulässigen Umgang (vgl. 2.2.2) unterliegen. Am Beispiel der Analysis lassen sich solche Brüche – aber auch Kontinuitäten – prototypisch darstellen (Bauer und Partheil, 2008, S. 86–87; Roos, 2020, S. 67). Allgemeiner formuliert: „[T]he passage from calculus to analysis is paradigmatic of the entrance to "higher mathematics"" (Gueudet et al., 2016, S. 20).

So fallen die Schulanalysis der Sekundarstufe II sowie die reelle Analysis an der Hochschule beide in die Übergangsperiode und es gibt größere inhaltliche Überschneidungen zwischen ihnen (Bauer, 2013, S. 41; Liebendörfer, 2018, S. 20), was nahelegt, die Analysis in der Schule als elementarisiertes, aber universitätsnahes Inhaltsgebiet aufzufassen (vom Hofe et al., 2015, S. 167).[1] Ob die Nähe zwischen schulischer und universitärer Analysis eine Erleichterung für Studierende darstellt, wird bezweifelt, denn

[1] Dies kann aber nur für den deutschsprachigen Raum konstatiert werden. In den USA finden sich analytische Inhalte häufig erst in Collegekursen, wobei diese dann eher rechenlastig und anwendungsorientiert sind und somit eher den Charakteristika der Schulmathematik entsprechen (Tucker, 1999). Entsprechende Kurse tragen häufig den Titel *calculus*. Mit den deutschsprachigen Einführungskursen vergleichbar sind Lehrveranstaltungen für Mathematikstudierende an Universitäten, welche oft den Titel *(real) analysis* tragen.

F. Wlassak, *Gestaltungsmerkmale und Typen von Übungsaufgaben aus der Analysis I*, https://doi.org/10.1007/978-3-658-50118-1_3

> manchmal ist der Übergang von der Schule zur Universität, in diese Vorlesung über Differential- und Integralrechnung, ein Schock, der sich nur schwer überwinden läßt. Aller Erfahrung nach sind das Erlebnis der Differential- und Integralrechnung in den ersten beiden Semestern und seine geistige Verarbeitung ausschlaggebend für die mathematische Zukunft des Studenten (Hirzebruch, 1974, S. 451).[2]

Zu erwarten sind daher neben den unterschiedlichen Charakteristika der Mathematik an beiden Institutionen (vgl. Kapitel 2) auch inhaltliche Diskontinuitäten in der Analysis, insbesondere auf der Ebene der Übungsaufgaben. Um diesbezüglich Hypothesen aufstellen zu können, sollen die behandelten analytischen Themen an beiden Institutionen identifiziert und anschließend exemplarisch verglichen werden. Hierfür erfolgt zunächst eine Eingrenzung des Begriffs Analysis.

3.1 Analysis als mathematisches Teilgebiet

Die Analysis ist zusammen mit der Geometrie, der Stochastik, der Numerik und der Algebra eines der wichtigsten Teilgebiete der modernen Mathematik (Winkler, 2011, S. 60–61). In einem engen Verständnis könnte man Analysis mit der Differential- und Integralrechnung gleichsetzen, wie sie von Newton und Leibniz entwickelt wurde (Sonar, 2016, S. 3). Für die vorliegende Arbeit ist diese Auffassung allerdings zu eng, da die axiomatische Grundlegung durch mengentheoretische Konstruktionen ausgeblendet und somit nur ein eingeschränktes Bild der modernen Analysis gezeichnet wird. In einem breiteren Verständnis ist Analysis das mathematische Teilgebiet, welches Prozesse der stetigen Veränderung beschreibt und untersucht (ebd., S. 4). Das zentrale Werkzeug dafür ist die Funktion. Moderne Strukturmathematik definiert Funktionen aus mengentheoretischer Sicht als linkstotale, rechtseindeutige Relationen (Meyer, 2021, S. 124) oder in Formeln:

Seien M und N zwei Mengen. Eine Teilmenge $f \subseteq M \times N$ ist eine *Funktion*, wenn für alle $x \in M$ gilt, dass es ein $y \in N$ gibt, mit $(x, y) \in f$ und aus $(x, y) \in f, (x, \hat{y}) \in f$ folgt, dass $y = \hat{y}$.

In der Schule werden Funktionen hingegen eher als spezielle Zuordnungen verstanden, wobei der Zuordnungsbegriff aus dem alltäglichen Verständnis entnommen wird (Greefrath et al., 2016, S. 47; vgl. 2.2.1.2). Analysis beginnt daher nicht zwangsläufig dort, wo Funktionen untersucht werden (Amann und Escher, 2005, S. 5), sondern im schulischen Fall beim Zuordnungsbegriff und an der Hochschule bei den mengentheoretischen Grundlagen, die die beschriebene Definition erfordert.

[2] Die Differential- und Integralrechnung wird heutzutage von einigen Studierenden, z. B. im gymnasialen Lehramt an der Universität Leipzig, erst im 3. und 4. Semester belegt.

An beiden Institutionen stellt sich aufbauend auf dem Funktionsbegriff die Frage „wie man das Änderungsverhalten einer Funktion verstehen, beschreiben und beherrschen kann“ (Heuser, 2003, S. 4). Diese und verwandte Fragestellungen tauchen z. B. im Umgang mit Stetigkeit, Grenzwerten, Differential- und Integralrechnung, Maßen, Folgen, Reihen sowie analytischen Funktionen auf, die übliche Inhalte der Analysis darstellen (Hewitt und Stromberg, 1965, S. V). Im Hochschulkontext untersucht man dabei sowohl reell- als auch komplexwertige Funktionen einer oder mehrerer Veränderlicher, wohingegen man sich in der Schule meist auf reelle Funktionen einer Variablen beschränkt (Bauer, 2017, S. 36). Der Übergang von der eindimensionalen zur mehrdimensionalen reellen Analysis erfolgt an der Hochschule üblicherweise im zweiten Semester der Analysiskurse (Halverscheid, 2015, S. 171; Kümmerer, 2013, S. 137). Da das Erkenntnisinteresse dieser Arbeit auf den Aufgaben aus dem ersten Analysismodul liegt, wird Analysis – wenn nicht ausdrücklich anders erwähnt – nur noch als eindimensionale reelle Analysis verstanden. Dies ermöglicht auch eine bessere Vergleichbarkeit der analytischen Inhalte an beiden Institutionen. Welche Themen speziell die Schulanalysis kennzeichnen, wird im Folgenden dargestellt.

3.1.1 Inhalte der Schulanalysis

Für die Schule ergibt sich die inhaltliche Konkretisierung des Teilgebiets Analysis aus der normativen Steuerung – bundesweit – durch Bildungsstandards (KMK, 2012a; KMK, 2022) sowie lokal durch Lehrpläne. Auf die Besprechung der Lehrpläne wird allerdings verzichtet, da es sich bei ihnen um die länderspezifische Ausgestaltung der Bildungsstandards handelt und eine genaue Auflistung von Inhalten nach Bundesländern für die Ziele dieser Arbeit nicht relevant ist. Weil außerdem Studierende nicht unbedingt in dem Bundesland studieren, in dem sie ihr Abitur erworben haben, erscheinen die Bildungsstandards als Regelstandards für *alle* Abiturient:innen, die relevantere inhaltliche Grundlage.[3] Eine Stichwortsuche in den Bildungsstandards für den ersten und mittleren Schulabschluss (KMK, 2022) nach dem Begriff „Analysis“ liefert keine Ergebnisse. Versteht man allerdings Analysis, wie eben beschrieben, als das mathematische Teilgebiet, in dem mit Funktionen gearbeitet wird, so lassen sich in der Sekundarstufe verschiedene Inhalte identifizieren.

---

[3] Daher basiert auch die Zuordnung von Inhalten zu Sekundarstufe I oder II nur auf den Empfehlungen, die aus den Bildungsstandards resultieren. Auf bundeslandspezifische Abweichungen, wie z. B. dass in Sachsen die Behandlung der Logarithmusfunktion schon in Klasse 10 erfolgt (SMK, 2021, S. 30), wird nicht näher eingegangen.

Aus Tabelle 3.1 lässt sich ablesen, dass in der Sekundarstufe I Funktionen kontextbezogen zu nutzen sind und verschiedene Darstellungsformen von Funktionen thematisiert werden. Behandelte Vertreter des Funktionsbegriffs sind proportionale, antiproportionale, lineare und quadratische Funktionen sowie Exponential- und Sinusfunktion. Die Sekundarstufe II greift diese Funktionstypen wieder auf und setzt sie ein, um quantifizierbare Zusammenhänge mittels Funktionen zu beschreiben. Dabei treten Verkettungen bzw. Verknüpfungen auf. Als neuer Funktionstyp kommt in der Sekundarstufe II die Logarithmusfunktion hinzu. Die weiteren Inhalte der Bildungsstandards für die allgemeine Hochschulreife beziehen sich allesamt auf

Tabelle 3.1 Schulische Inhalte zur Analysis

Stufe	Inhalte
Sekundarstufe I	• Proportionale, antiproportionale, lineare, quadratische, Sinus- und Exponentialfunktionen • Funktionstypen in Sachsituationen anwenden bzw. zu gegebener Funktion eine Sachsituation angeben • Funktionale Zusammenhänge in verschiedenen Repräsentationsformen darstellen
Sekundarstufe II	• ln-Funktion als Stammfunktion von $\frac{1}{x}$ und Umkehrung der e-Funktion nutzen • Berechnung von Grenzwerten bei Integralen und Ableitungen (auf Basis eines propädeutischen Grenzwertbegriffs) • Anstiege von Sekanten und Tangenten am Funktionsgraphen bestimmen • Änderungsraten berechnen und deuten • Von Funktionsgraphen berandete Flächen bestimmen • Bestände aus Änderungsraten rekonstruieren • Volumen von Rotationskörpern bestimmen • In der Sekundarstufe I behandelte Funktionsklassen sowie deren Verknüpfungen und Verkettungen zur Beschreibung und Untersuchung quantifizierbarer Zusammenhänge nutzen • Ableitungen als lokale Änderungsraten oder als Approximationen durch lineare Funktionen deuten • Ableitungsregeln nutzen • Funktionen mittels Stammfunktionen integrieren • Beziehungen zwischen Ableitung und Integral über den Hauptsatz der Differential- und Integralrechnung deuten • Eigenschaften von Funktionen mit Differentialrechnung bestimmen

Differential- und Integralrechnung. Neben dem Berechnen von Ableitungen, Änderungsraten, Stammfunktionen und Flächeninhalten stehen inhaltliche Deutungen zum Ableitungs- bzw. Integralbegriff – vor allem in Sachsituationen – im Fokus der Oberstufe (Greefrath et al., 2016, S. 147–154 und S. 244–254). Die relativ allgemeinen Forderungen der Bildungsstandards spiegeln so zwei typische Charakteristika der Schulmathematik wider: den Fokus auf Rechenverfahren (vgl. 2.2.1.4) und die Bedeutung von Anwendungen (vgl. 2.2.1.3).

3.1.2 Inhalte der Hochschulanalysis

Auf der Hochschulseite liegen keine Dokumente vor, die eine zu den Bildungsstandards vergleichbare Steuerungswirkung haben. Insbesondere gibt es keine aktuellen Stellungnahmen von offizieller Seite (Weber und Lindmeier, 2020b, S. 264). Ältere, relevante Publikationen sind die Rahmenordnung für die Diplomprüfung[4] im Studiengang Mathematik (KMK, 2002) sowie die Stellungnahme der Deutschen Mathematiker-Vereinigung zum gymnasialen Lehramt Mathematik (DMV, 1979), wobei die Ausführungen in letzterem Dokument auch „sinngemäß für die Ausbildung von Diplommathematikern" (ebd., o. S.) und damit für die gesamte Zielgruppe dieser Arbeit gelten. Das erstgenannte Dokument bleibt thematisch vage, sodass Analysis nur als Veranstaltung im Grundstudium benannt wird, ohne diesbezügliche Inhalte zu spezifizieren (KMK, 2002, S. 31). Die Empfehlungen der DMV für die eindimensionale Analysis umfassen die Einführung der reellen Zahlen, jedoch nur so weit, „wie dies für die Analysisvorlesung erforderlich ist" (DMV, 1979, o. S.). Daran knüpft der Grenzwertbegriff an, wobei nicht ausgeführt wird, ob dieser über Folgen oder Funktionen behandelt werden soll. Das vorgeschlagene Minimalprogramm umfasst weiterhin die Differential- und Integralrechnung und am Rande werden noch topologische Grundbegriffe und Pathologien erwähnt, wie z. B. überall stetige und nirgends differenzierbare Funktionen. Dies legt nahe, dass ein Einblick in die Topologie sowie den Stetigkeitsbegriff für Funktionen einer Veränderlichen im ersten Analysissemester gegeben werden soll.

Obwohl die Stellungnahme der DMV über 40 Jahre alt ist, scheint die Auswahl der beschriebenen Inhalte immer noch weitgehend unverändert zu sein. So schlägt ein neueres Best-Practice-Beispiel (Kümmerer, 2013, S. 138–139) in der Konzeption der Vorlesung Analysis zunächst eine naive Konstruktion der reellen Zahlen

[4] Mittlerweile gibt es kaum noch Universitäten mit dem Diplomstudiengang Mathematik, da an nahezu allen Universitäten Bachelor-/Masterstudiengänge für Mathematik eingerichtet worden sind. Es ist aber zu erwarten, dass deren Inhalte vergleichbar sind.

vor.[5] Anschließend wird der Konvergenzbegriff für Folgen unter Zuhilfenahme der topologischen Begriffe Metrik und Norm eingeführt, bevor die reellen Zahlen als Äquivalenzklassen von Cauchyfolgen rationaler Zahlen konstruiert werden. Der weitere thematische Aufbau entspricht „einem der üblichen Schemata: unendliche Reihen, Stetigkeit und einfache Funktionen, Folgen von Funktionen und Potenzreihen, stetige Funktionen auf kompakten Mengen und am Rand, Differentialrechnung einer reellen Veränderlichen etc.“ (Kümmerer, 2013, S. 139). Besonders an dieser Konzeption ist einerseits, der Konstruktion der reellen Zahlen einen solch umfassenden Raum zu geben, andererseits, dass der in der Schule benannte Bereich der Integralrechnung nicht explizit auftaucht (vgl. 3.1.1). Es kann vermutet werden, dass ein Semester nicht genügt, um ausführlich Grundlagen zu behandeln und bis zur Integralrechnung vorzudringen.

Von Bedeutung sind für diese Arbeit aber nicht einzelne Konzeptionen, sondern die übliche Praxis von Lehrenden in Analysisveranstaltungen an der Hochschule. Da über das inhaltliche Vorgehen wenig berichtet wird, werden Lehrbücher (hier: Behrends, 2009; Forster, 2016; Heuser, 2003; Königsberger, 2004)[6] als Grundlage für die Beschreibung der inhaltlichen Praxis genutzt, weil eine erhebliche Steuerungswirkung auf Vorlesungen und Übungsaufgaben angenommen wird (Wlassak, 2022, S. 1393). Dies zeigt sich auch darin, dass sie in großen Teilen analog zum vorgestellten Beispiel vorgehen. So beginnen alle Lehrwerke mit einem oder mehreren Kapiteln zur Konstruktion bzw. zu Eigenschaften der reellen Zahlen und grundlegenden mathematischen Begriffen wie Mengen oder Funktionen. Im Anschluss werden Folgen und Reihen entweder gemeinsam in einem Kapitel z. B. bei Behrends (2009) oder getrennt in mehreren Kapiteln (Forster, 2016; Heuser, 2003; Königsberger, 2004) thematisiert. Der Begriff der Stetigkeit und elementare Funktionen wie Exponential- oder trigonometrische Funktionen schließen sich an.[7] Die zuletzt besprochenen Themen sind Differential- bzw. Integralrechnung. Zusätzlich ist festzustellen, dass topologische Grundlagen nur bei Behrends (2009) ausführlich besprochen werden, aber dafür im ersten Band seiner Lehrbuchreihe auf die Integralrechnung verzichtet wird. Im Buch von Heuser (2003) findet man zumindest die Definition der Metrik, die weitere Darstellung ist aber auch ohne Kenntnis

---

[5] Die Vorlesung geht von den natürlichen Zahlen aus und konstruiert ganze und rationale Zahlen und nimmt die Existenz der reellen Zahlen zunächst naiv an.

[6] Die Bücher von Forster, Königsberger und Heuser liegen in der 12., 6. bzw. 15. Auflage vor, was ihren Charakter als Standardwerke nahelegt. Das Buch von Behrends nimmt im Untertitel in Anspruch, ein „Lernbuch für den sanften Wechsel von der Schule zur Uni“ zu sein und soll stellvertretend für Werke stehen, die die Übergangsproblematik besonders im Blick haben.

[7] Behrends (2009) behandelt elementare Funktionen erst als Teil des Kapitels zur Differentialrechnung.

dieses Begriffs verständlich. Königsberger (2004) und Forster (2016) nutzen die üblichen Abstands- bzw. Distanzfunktionen auf den reellen Zahlen, definieren beispielsweise offene Mengen nicht und nutzen stattdessen nur offene Intervalle reeller Zahlen. Abstrakte Themen aus der Topologie sowie darauf aufbauende Begriffe (z. B. Stetigkeit oder Differenzierbarkeit in metrischen Räumen) scheinen für die eindimensionale Analysis nur insofern relevant zu sein, als dass sie die Grundlagen für mehrdimensionale Konzepte bieten. Ein Aufbau der eindimensionalen Analysis ohne diese Konzepte ist ebenso möglich. Tabelle 3.2 fasst die Inhalte der eindimensionalen Analysis an der Hochschule in der kanonischen Reihenfolge zusammen, wobei aufgrund des optionalen Charakters die Themen der abstrakten Analysis zuletzt genannt werden (vgl. auch Wlassak und Schöneburg-Lehnert, 2022, S. 171).

Inwieweit diese Reihung der Inhalte in der Lehre umgesetzt wird, kann anhand der Modulbeschreibungen verschiedener Universitäten geprüft werden. Diese Modulbeschreibungen konkretisieren lokal die Inhalte des ersten Analysismoduls und dienen als Leitfaden zur inhaltlichen Konzeption der Lehrveranstaltungen. Dabei sollen, entsprechend der Zielgruppe dieser Arbeit, nur Modulbeschreibungen von Vorlesungen zur eindimensionalen reellen Analysis für Fachstudierende

Tabelle 3.2 Kanonische Reihenfolge der Inhalte der eindimensionalen Hochschulanalysis

Nr.	Abschnitt	Genauere inhaltliche Beschreibung
1	Grundlegende mathematische Strukturen	Mengen, Funktionen, reelle Zahlen
2	Folgen	Monotonie, Beschränktheit, Grenzwertbegriff, Konvergenzkriterien
3	Reihen	(Absolute) Konvergenz, Konvergenzkriterien, Potenzreihen, Konvergenzradius
4	Stetigkeit und elementare Funktionen	Stetigkeitsbegriffe, Zwischenwertsatz, Exponential- und trigonometrische Funktionensowie deren Umkehrfunktionen
5	Differentialrechnung	Ableitungsbegriff, Mittelwertsatz, Taylorpolynome und -reihen, Kurvendiskussion
6	Integralrechnung	Riemann-Integral, Integrationstechniken, Hauptsatz der Differential- und Integralrechnung, uneigentliche Integrale
7	Abstrakte Analysis	Metrische und normierte Räume, Konvergenz und Stetigkeit in metrischen bzw. normierten Räumen, verallgemeinerte Ableitungsbegriffe, Funktionenfolgen

bzw. gymnasiales Lehramt betrachtet werden. Exemplarisch werden die Inhalte der jeweiligen Module der Universität Leipzig, der Ludwig-Maximilians-Universität München, der Technischen Universität Darmstadt sowie der Christian-Albrechts-Universität Kiel vorgestellt (vgl. Tabelle 3.3). Bei diesen vier Standorten handelt es sich jeweils um Hochschulen, die, gemessen an der Studierendenzahl der Mathematikfakultät, zu den vierzig größten in Deutschland gehören (vgl. 8.1).[8]

Offenbar entspricht die Auswahl und Reihenfolge der Themen der Universität Leipzig weitgehend der kanonischen Reihenfolge, denn axiomatische Grundlagen lassen sich dem Themenkomplex *Grundlegende mathematische Strukturen* zuordnen. Anzumerken ist aber, dass Potenzreihen und elementare Funktionen, wenn streng nach Modulbeschreibung vorgegangen wird, nach der *Integralrechnung* behandelt werden. In der Modulbeschreibung treten keine Gegenstände der *Abstrakten Analysis* außer der gleichmäßigen Konvergenz (von Funktionenfolgen) auf. Auch für das erste Analysismodul der LMU München sind die Abweichungen von der in Tabelle 3.2 dargelegten kanonischen Reihenfolge der Inhalte eher gering. So werden auch hier erst *Grundlegende mathematische Strukturen* thematisiert, bevor *Folgen* und *Reihen*, *Stetigkeit*, *Differential-* und *Integralrechnung* behandelt werden. Als Besonderheit lässt sich das Fehlen elementarer Funktionen sowie wiederum vieler Inhalte der *Abstrakten Analysis* – bis auf Folgen und Reihen von Funktionen – feststellen. Weiterhin werden analog zur Universität Leipzig Potenzreihen bzw. Folgen und Reihen von Funktionen erst nach der *Integralrechnung* behandelt, was von der Reihenfolge in Tabelle 3.2 abweicht. An der TU Darmstadt sind die in der Modulbeschreibung genannten Inhalte mit dem kanonischen Aufbau der Analysis I ebenso weitgehend kongruent. Bemerkenswert ist die detaillierte Angabe bei Inhalten der *Differential-* bzw. *Integralrechnung*, wie z. B. die Nennung des Mittelwertsatzes. Außerdem sind mit der Kompaktheit und Vollständigkeit auch bisher nicht erwähnte Gegenstände der *Abstrakten Analysis* vertreten. An der CAU Kiel entsprechen die fünf erstgenannten Inhalte den Abschnitten der kanonischen Reihenfolge der Analysis, wobei anzumerken ist, dass *Differentialrechnung* etwas weiter gefasst ist, da unter ihr auch Funktionenfolgen und gleichmäßige Konvergenz subsumiert werden. Topologische Inhalte aus der *Abstrakten Analysis* sind explizit als optional (für die Analysis I) gekennzeichnet. Zudem ist die Modulbeschreibung der CAU Kiel die einzige, die explizit Freiräume der Lehrenden angibt. Sie werden beschrieben als Vertiefungen und Ergänzungen.

Zusammenfassend ist festzuhalten, dass die in Tabelle 3.2 erarbeiteten Inhalte als kanonischer Aufbau der eindimensionalen reellen Analysis verstanden werden

[8] Außerdem wurde versucht, die geographische Breite dieser Universitäten abzubilden, indem je eine Universität aus vier verschiedenen Bundesländern betrachtet wurde.

Tabelle 3.3 Inhalte des Moduls Analysis I an verschiedenen Universitäten (vgl. CAU Kiel, 2024; LMU München, 2022; TU Darmstadt, 2023; Universität Leipzig, 2024a)

Institution	Inhalte des Analysis-I-Moduls
Universität Leipzig	• Axiomatische Grundlagen der Analysis • Konvergenz und Grenzwerte • Reihen reeller und komplexer Zahlen • Stetigkeit und Differenzierbarkeit von Funktionen einer reellen Variablen • Gleichmäßige Konvergenz, Taylorreihe • Integralbegriff, partielle Integration und Substitutionsformel • Potenzreihen • Elementare Funktionen
LMU München	• Grundlagen über natürliche, reelle und komplexe Zahlen • Konvergenz von Folgen und Reihen • Limites und Stetigkeit • Einführung in die Differential- und Integralrechnung einer Variablen • Potenzreihen • Folgen und Reihen von Funktionen
TU Darmstadt	• Reelle und komplexe Zahlen, Vollständigkeit • Konvergenz von Folgen und Reihen • Topologie der reellen Zahlen, Kompaktheit • Funktionsbegriff, Stetige Funktionen, Elementare Funktionen • Differenzierbare Funktionen, Mittelwertsatz • Satz von Taylor • Integralrechnung, Hauptsatz der Differential- und Integralrechnung • Integrationstechniken
CAU Kiel	• Grundlagen • Folgen und Reihen • Stetige Funktionen • Elementar-transzendente Funktionen • Differentialrechnung in einer Veränderlichen, Differenzierbarkeit (enthält insbesondere Funktionenfolgen und -reihen, gleichmäßige Konvergenz) • Grundlagen metrischer Räume (ggf. vorgezogen aus Analysis II) • Potenzreihen und Taylorapproximation (ggf. erst in Analysis II) • Vertiefungen und Ergänzungen

können, da sowohl Lehrbücher als auch Modulbeschreibung in großen Teilen ein ähnliches inhaltliches Vorgehen abbilden. Kleinere Abweichungen in den Modulbeschreibungen treten zwar auf, aber sowohl Reihenfolge als auch Auswahl der Inhalte stimmen weitgehend mit der Erwartung überein, die sich aus Lehrbüchern ergibt. Offen bleibt die Frage, in welchem Umfang die verschiedenen Themen behandelt werden, da die Modulbeschreibungen hierfür keine Empfehlungen liefern, und inwiefern sich Lehrende tatsächlich an die vorgeschlagene Reihenfolge halten. Die Untersuchung der Übungsaufgaben im praktischen Teil dieser Arbeit kann hierfür weitere Erkenntnisse liefern (vgl. auch Wlassak, 2022).

3.2 Inhalte von Schul- und Hochschulanalysis im Vergleich

Betrachtet man die erarbeiteten Inhalte von Schul- und Hochschulanalysis, so fällt einerseits der geringere thematische Umfang auf der schulischen Seite auf (curriculum gap, vgl. Brandell et al., 2008, S. 41). So benennen die Bildungsstandards einige grundlegende Begriffe, wie z. B. den Mengenbegriff, nicht. Ebenso kommen Folgen, Reihen, Stetigkeit sowie topologische Begriffe nicht vor. Entsprechend ist zu vermuten, dass diesbezügliche Vorkenntnisse bei den meisten Studienanfänger:innen gering sind.[9] Nichtsdestotrotz lassen sich thematische Kontinuitäten identifizieren, insbesondere in Bezug auf die Differential- und Integralrechnung. An diesen Stellen wird die Lücke zwischen Schule und Universität kleiner (Bauer et al., 2020, S. 128; Halverscheid, 2015, S. 168; Schwarz und Herrmann, 2015, S. 198), vor allem, wenn ein rechnerischer Umgang mit Ableitungen oder Integralen erforderlich ist. An anderen Stellen ist das Phänomen zu beobachten, dass die gleichen Inhalte behandelt werden, sich jedoch schulischer und universitärer Zugang unterscheiden. Hier sind besondere Schwierigkeiten, gerade in Übungsaufgaben zu erwarten, da Studienanfänger:innen den aus der Schule gewohnten Umgang mit den jeweiligen Objekten verändern müssen (vgl. 2.2.1.2 und 2.2.2.2). Dies soll anhand von drei Beispielen untermauert werden.

Der zentrale Begriff, wenn nicht gar das „Herzstück" der Analysis, ist der Grenzwert (Behrends, 2009, S. 87; Heuser, 2003, S. 5; Steinbauer et al., 2023, S. 3; Weigand, 2016, S. 135), welcher sowohl in der Schule als auch an der Hochschule thematisiert wird. An der Hochschule erfolgt die Einführung des Grenzwerts klassischerweise über Folgen, die zugehörige Definition wurde bereits gegeben (auf

[9] Trotzdem werden Teile dieser Inhalte in manchen Bundesländern, wie z. B. Sachsen, behandelt. Im sächsischen Lehrplan finden sich sowohl der Folgen- als auch der Stetigkeitsbegriff (SMK, 2021).

Seite 46). Diese Definition ist prototypisch für die moderne Strukturmathematik, da sie das Definiendum formal charakterisiert und keinen Spielraum hinsichtlich der Begriffsinterpretation lässt. Mithilfe der formalen Definition kann theoretisch für jede gegebene Folge eindeutig entschieden werden, ob sie konvergent ist oder nicht. Dabei ist zu bemerken, dass es relativ komplex ist, den Grenzwert einer Folge mittels der Definition zu ermitteln und der geführte Konvergenzbeweis nicht der natürlichen Reihenfolge, der in der Definition genannten Größen entspricht (Hefendehl-Hebeker, 2016, S. 22). So muss für den Konvergenznachweis, beispielsweise durch Probieren, ein potentieller Grenzwert a ermittelt werden, bevor man sich ein beliebiges $\varepsilon > 0$ vorgibt, für welches ein $N(\varepsilon)$ bestimmt wird, sodass $|a_n - a| < \varepsilon$ für $n \geq N(\varepsilon)$ gilt. In üblichen Konvergenzbeweisen (z. B. Königsberger, 2004, S. 42) erscheint es so, als ob man das $N(\varepsilon)$ erraten bzw. geschickt gewählt habe – wie es tatsächlich bestimmt wurde, bleibt unsichtbar. Hieran wird die Produktorientierung der Hochschulmathematik im Gegensatz zu einer Prozessorientierung deutlich (vgl. 2.2.2.5). Im Anschluss an die Konvergenzdefinition werden verschiedene Sätze zum Grenzwert bewiesen, wie z. B. die Eindeutigkeit, die Einschließungsregel, oder der Zusammenhang zwischen Konvergenz, Monotonie und Beschränktheit thematisiert (Königsberger, 2004; Forster, 2016). Außermathematische Bezüge lassen sich in diesem Themenbereich nicht finden.

In der Schule liegt der Fokus bei der Betrachtung von Grenzwerten auf dem Aufbau intuitiver Vorstellungen sowie informeller Begriffsrepräsentationen (Rach, 2014, S. 72). So ist der formale Grenzwertbegriff für Folgen zugunsten eines propädeutischen Grenzwertkonzepts gewichen (Törner et al., 2014, S. 555–556), das auf dem „Fließen" von Punkten oder der Bewegung auf gedachten Linien hin zu einem festen Wert basiert (Bedürftig und Basiner, 2022, S. 80). Das Umgehen mit Grenzwerten erfolgt in der Schule daher mit verständnisbasierten Methoden und der Aufbau von Grundvorstellungen, wie der Annäherungs-, Umgebungs- und Objektvorstellung steht im Vordergrund (Greefrath et al., 2016, S. 95–96). Diese sollen im Sinne einer Wissenschaftspropädeutik anschlussfähig an die formale Grenzwertdefinition der Hochschule sein (vgl. 2.2.1.1). Hilfreich für dieses Ziel sind digitale Technologien, da diese einerseits von anspruchsvollen symbolischen Routinen entlasten und andererseits Grenzwertprozesse sowie die zugehörigen graphischen, numerischen und symbolischen Darstellungsformen parallel untersuchbar machen (Greefrath et al., 2016, S. 83; Weigand, 2016, S. 146). So dürfen Grenzwerte in der Schule mit digitalen Hilfsmitteln bestimmt werden, indem man sie beispielsweise anhand des Graphen oder einer Wertetabelle ermittelt bzw. durch ein Computer-Algebra-System auf Knopfdruck berechnet. Auf verbaler Ebene nutzen Schüler:innen dabei Sprechweisen wie „... nähert beliebig gut an ..." oder „... kommt beliebig nahe ...", um das Grenzwertverhalten zu beschreiben (Blum und Törner, 1983, S. 74; Jahner,

1976, S. 284). Weniger geeignet sind Formulierungen der Art „... kommt immer näher ...“, da hier leicht eine Monotonie unterstellt werden könnte. Teilweise wird in neueren Lehrbüchern (vgl. Abbildung 3.1) bewusst eine diesbezügliche didaktische Reduktion getroffen und der Grenzwertbegriff ausschließlich für monotone Folgen besprochen, sodass eine Folge (a_n) mit $a_n = \frac{(-1)^n}{n}$ nicht auf Konvergenz untersucht werden kann.

> Bei einer monoton steigenden, nach oben beschränkten Zahlenfolge nennt man die kleinste obere Schranke **Grenzwert** der Zahlenfolge. Bei einer monoton fallenden, nach unten beschränkten Zahlenfolge nennt man die größte untere Schranke **Grenzwert** der Zahlenfolge.

Abbildung 3.1 Beispiel für eine Konvergenzdefinition aus einem sächsischen Schulbuch (Baum et al., 2015, S. 154)

Beweise im Zusammenhang mit Folgengrenzwerten lassen sich in Schulbüchern, abgesehen von der rechnerisch-prozeduralen Grenzwertbestimmung unter Nutzung der Grenzwertsätze, kaum finden. Anschaulich evidente Tatsachen werden ohne Beweise als lokale Axiome angenommen (vgl. 2.2.1.5). Während z. B. die Eindeutigkeit des Grenzwerts in Lehrbüchern der Hochschulmathematik den Charakter eines beweisbedürftigen Satzes aufweist, stellt sie in der Schule höchstens eine Randnotiz dar. Statt Sätzen und den zugehörigen Beweisen sind situierte Deutungen des Grenzwertbegriffs – wie unter anderem beim Abkühlen von Milch oder dem Wachstum einer Hamsterpopulation – von Bedeutung (vgl. Baum et al., 2015; Griesel et al., 2017).

Neben abweichenden Zugängen ist die Behandlung von Folgen und ihren Grenzwerten in der Hochschulanalysis für einen formal-deduktiven Aufbau der Differential- und Integralrechnung obligatorisch (vgl. 3.1.2). An der Schule hingegen kommen Folgen und ihre Grenzwerte mittlerweile kaum noch vor. In den Bildungsstandards für die allgemeine Hochschulreife (KMK, 2012a) wird der Grenzwertbegriff ausschließlich im Zusammenhang mit Ableitungen und Integralen erwähnt, der Folgenbegriff aber nicht explizit genannt. Die Ausgestaltung der verschiedenen Bundesländer lässt aber größere Unterschiede feststellen: Der sächsische Lehrplan (SMK, 2021, S. 30) fordert in Klasse 10 die Behandlung von Zahlenfolgen und des zugehörigen Grenzwertbegriffs, wohingegen in Thüringen Folgen keine Erwähnung finden (TMBJS, 2018) und in Nordrhein-Westfalen nur Muster in Zahlenfolgen erkannt und beschrieben werden sollen (MSB NRW, 2019, S. 20 und S. 25). Dies trägt der Tatsache Rechnung, dass Folgen und ihre Grenzwerte im Hinblick auf die für die Schule obligatorische Differential- und Integralrechnung zwar relevante, aber keine zwingend notwendigen Vorkenntnisse darstellen (Blum und Kirsch, 1979, S. 8).

Ebenso charakteristisch für die unterschiedliche Bedeutung verschiedener Begriffe an Schule und Hochschule ist die Stetigkeit (Rach, 2014, S. 75). Im Vergleich zur Differential- oder Integralrechnung „zieht [sie] keine ‚praktischen Berechnungen' nach sich" (Fischer, 1976, S. 187). Während mittels Differentialrechnung Extrempunkte bestimmt werden können, die sich beispielsweise zur Modellierung des maximalen Gewinns eines Unternehmens oder der größten Höhe eines Landschaftsprofils eignen, finden sich solche Anwendungen für die Stetigkeit nicht. Außermathematisch benötigt man den Stetigkeitsbegriff nicht, „da fast alle Naturvorgänge, die nicht dem atomaren oder subatomaren Bereich angehören, ohne sprunghafte Veränderung verlaufen" (Blum und Törner, 1983, S. 82). In anderen Worten, (fast) alle für Anwendungen geeigneten Funktionen sind stetig; Stetigkeit als Abgrenzungseigenschaft (Fischer, 1976, S. 187) weist nur eine innermathematische Relevanz auf. Die Anwendungsorientierung der Schulmathematik (vgl. 2.2.1.3) und der Stetigkeitsbegriff scheinen nicht verträglich. Daher wird schon länger empfohlen, Stetigkeit formal höchstens im Leistungskurs zu thematisieren (Blum und Törner, 1983, S. 83). Heutzutage spielt Stetigkeit aber selbst dort kaum noch eine Rolle, weil es an schulüblichen Funktionen mangelt, die nicht stetig sind (Greefrath et al., 2016, S. 140). Wird Stetigkeit in der Schule besprochen, so genügen eher anschaulich-graphische Vorstellungen, wie dass der Graph einer stetigen Funktion eine zusammenhängende Kurve darstellt und man diesen daher ohne Absetzen zeichnen kann (Frischemeyer et al., 2016, S. 231). Diese intuitive Vorstellung von Stetigkeit genügt allerdings nicht, um pathologische Beispiele, wie Funktionen mit rationalem Definitionsbereich oder solche mit einer unendlichen Bogenlänge auf einem endlichen Intervall, auf Stetigkeit zu untersuchen. Da entsprechende Funktionen in praktischen Kontexten jedoch nicht auftauchen, ist eine strenge Stetigkeitsdefinition für die Schule von geringer Bedeutung.

Für die Hochschulanalysis stellt Stetigkeit dagegen ein bedeutsames Thema dar (Merkl, 2023, S. 129). Da der innermathematische Begriffsaufbau an der Hochschule im Vordergrund steht (vgl. 2.2.2.2), machen schon die vielfältigen Bezüge des Stetigkeitsbegriffs zu anderen analytischen Begriffen diesen zu einem relevanten Gegenstand. So ist die Stetigkeit einer Funktion notwendige Voraussetzung für Differenzierbarkeit und hinreichend für Integrierbarkeit. Außerdem kann die Existenz von Maximum und Minimum für stetige reelle Funktionen mit kompaktem Definitionsbereich garantiert werden. Die übliche Stetigkeitsdefinition im ersten Semester umfasst die präzise Beschreibung der Vorstellung, dass kleine Änderungen der Argumente an einer Stelle nur kleine Änderungen der Funktionswerte nach sich ziehen, in formaler Notation ist f in x_0 stetig, wenn

$$\forall \varepsilon > 0 \, \exists \delta(\varepsilon, x_0) : |x - x_0| < \delta \Rightarrow |f(x) - f(x_0)| < \varepsilon.$$

Dieser lokale Stetigkeitsbegriff wird zu einer globalen Funktionseigenschaft, wenn sie an jeder Stelle des Definitionsbereichs erfüllt ist. Die anschauliche Vorstellung von stetigen Funktionen als solche mit einem zusammenhängenden Graphen (Greefrath et al., 2016, S. 141) aus der Schule ist hingegen direkt global. Sollen Studierende die Stetigkeit einer Funktion an einer Stelle prüfen, müssen sie für ein gegebenes x_0 und $\varepsilon > 0$ das zugehörige δ durch eine Abschätzung gewinnen. Graphische Ansätze sind im Gegensatz zur Schule nicht mehr zulässig. Analog zum Konvergenznachweis für Folgen erfordert die formale Prüfung der Stetigkeitsdefinition die Inversion von Bearbeitungsschritten zwischen Erarbeitungsprozess und der Notation der Lösung (Roos, 2020, S. 83).

Letztlich unterscheidet sich auch die Einführung bzw. Motivation von mathematischen Begriffen an Schule und Hochschule. Ein Beispiel hierfür liefern die trigonometrischen Funktionen (Bauer, 2013, S. 42; Salle, 2023). In der Schule werden Sinus und Kosinus als Seitenverhältnisse in rechtwinkligen Dreiecken eingeführt, die zugehörigen Funktionen am Einheitskreis als vom Winkel abhängige Kathetenlängen dargestellt, und daher geometrisch motiviert. An der Hochschule erfolgt die Definition über die komplexe Exponentialfunktion (Forster, 2016, S. 146; Königsberger, 2004, S. 117), indirekt über die Angabe charakterisierender Eigenschaften (Heuser, 2003, S. 274–275) oder über eine Potenzreihendarstellung (Behrends, 2009, S. 305). Der differierende sachlogische Zugang zu den trigonometrischen Funktionen impliziert einen abweichenden erlaubten Umgang mit ihnen an beiden Institutionen. Während die Schulmathematik es zulässt, geometrisch-graphische Mittel zu nutzen, stehen diese für die Hochschulanalysis nicht zur Verfügung. Argumentationen erfordern hier, aufgrund des formal-deduktiven Aufbaus (vgl. 2.2.2.2), zwingend den Rückbezug auf die (nichtgeometrische) Definition. Insbesondere ergibt sich so für Studienanfänger:innen die Problematik, dass Argumentationen, die in der Schule zulässig waren, nun als ungültig angesehen werden, was sich analog auf die Begriffe des Grenzwerts und der Stetigkeit übertragen lässt.

Es wird aus diesen Beispielen deutlich, dass sich die Einführung, der Umgang und die Bedeutung der teilweise wörtlich gleichlautenden mathematischen Begriffe zwischen Schule und Hochschule deutlich unterscheiden. Da die Hochschulmathematik deduktiv aufgebaut ist, haben Diskontinuitäten bei grundlegenden analytischen Begriffen, wie z. B. dem Grenzwertbegriff, Konsequenzen für den Umgang mit aufbauenden Begriffen wie der Differenzierbarkeit oder der Integrierbarkeit. Auch wenn teilweise mit Ableitungen und Integralen äußerlich ähnlich vorgegangen wird, unterscheidet sich das theoretische Fundament, auf dem gearbeitet wird, oftmals erheblich. Daher ist gerade in Bezug auf das Lösen von Aufgaben an der

Hochschule genau zu prüfen, welche Verfahren oder Sätze zum jeweiligen Zeitpunkt zur Verfügung stehen oder ob nur mit der Definition gearbeitet werden kann.

3.3 Zusammenfassung

Analysis stellt eine Schnittstelle zwischen Schul- und Hochschulmathematik dar, da sie sowohl zum Ende der Schulzeit als auch zu Beginn des Mathematikstudiums behandelt wird. Im Verständnis dieser Arbeit umfasst die Analysis aber nicht nur die in der Sekundarstufe II behandelten Inhalte der Differential- und Integralrechnung, sondern auch diejenigen Grundlagen, die für den Umgang mit Funktionen an den jeweiligen Institutionen relevant sind. Um Schul- und Hochschulanalysis gezielt vergleichen zu können, wurde nur die eindimensionale reelle Analysis betrachtet, da an der Schule komplexe Funktionen oder Funktionen mehrerer Veränderlicher keine Rolle spielen (vgl. 3.1).

Betrachtet man die Inhalte der Schulanalysis, so ist ein Fokus auf den Umgang mit einigen speziellen Funktionstypen sowie auf die Differential- und Integralrechnung festzustellen. Außerdem werden die Anwendung dieser Konzepte in Sachsituationen sowie der Aufbau tragfähiger Grundvorstellungen gefordert (vgl. 3.1.1). Für die Analysis an der Hochschule stehen, dem formalen Paradigma entsprechend (vgl. 2.2.2.2), zunächst Grundlagen im Vordergrund, die eine Funktionsdefinition ermöglichen. Der Aufbau der Analysis I konnte über die Analyse eines Best-Practice-Beispiels, klassischer Lehrbücher sowie Modulbeschreibungen rekonstruiert werden und die Reihenfolge der Inhalte lautet: *Grundlegende mathematische Strukturen, Folgen, Reihen, Stetigkeit und elementare Funktionen, Differentialrechnung* und *Integralrechnung*. Ergänzt werden diese Inhalte teilweise mit einem Abschnitt zur *Abstrakten Analysis*, der beispielsweise Topologie oder allgemeine Differenzierbarkeitsbegriffe umfassen kann (vgl. 3.1.2).

Trotz der erheblichen Schnittmengen zwischen Schul- und Hochschulanalysis ist der Umgang mit den Begriffen unterschiedlich, was den Zielen und Charakteristika von Schul- und Hochschulmathematik (vgl. 2.2) entspricht. Am Beispiel der Begriffe *Grenzwert einer Folge*, *Stetigkeit* und *trigonometrische Funktionen* (vgl. 3.2) wurde gezeigt, dass sich deren Einführung, erlaubter Umgang und Bedeutung allgemein zwischen den Institutionen wandeln. Insbesondere der letzte Punkt kann auch empirisch in dieser Arbeit untersucht werden. So ist zu erwarten, dass Grenzwerte von Folgen, Stetigkeit oder die Grundlagen der Analysis in einem substanziellen Teil der Übungsaufgaben vorkommen. Andererseits könnte ein geringer Teil von Aufgaben zur Differential- oder Integralrechnung einen inhaltlichen Bruch zwischen dem Ende der Schulzeit und dem ersten Semester sichtbar machen.

Bevor diese Fragen genauer betrachtet werden können, ist die Rolle der Übungsaufgaben in der Studieneingangsphase zu klären; speziell, wieso sie die Inhalte der Module spiegeln. Nach den bisher besprochenen epistemologischen und inhaltlichen Brüchen zu Beginn eines Mathematikstudiums soll daher im folgenden Kapitel die Organisation der Lehre in der Studieneingangsphase erläutert werden.

Organisation der Module der Studieneingangsphase in der Mathematik

4

In den vorherigen Kapiteln wurden Ziele der Hochschulmathematik allgemein (vgl. 2.2.2.1) und speziell für Inhalte der Analysis (vgl. 3.1.2) besprochen. Das Erreichen dieser Ziele ist in einem instruktivistischen Verständnis des Lernens eng an das „Vorwegdenken“ aller einzelnen Lernschritte durch die Lehrperson geknüpft (Kepser, 2010, S. 205–206). Lehrende gestalten aus dieser Perspektive die Lehrveranstaltungen und -materialien für eine mechanisch-transmissive Wissensübertragung. Für das Vermitteln isolierten Faktenwissens oder eng umrissener Prozeduren erscheint ein solches Vorgehen erfolgversprechend (Riedl, 2019, S. 150), nicht jedoch für die anspruchsvollen Ziele der Studieneingangsphase der Mathematik. Das Verständnis des Lernens von Mathematik an der Hochschule ist somit im Kern konstruktivistisch (Bauer, 2015, S. 139), denn neben Instruktion in Lehrveranstaltungen ist eine intensive selbsttätige Phase für den eigenständigen Wissensaufbau im Selbststudium vorgesehen. Die Studieneingangsphase im Fach Mathematik ist diesbezüglich an deutschen Universitäten weitgehend ähnlich organisiert: Zu den „curricularen Kernbestandteilen“ (Dietz, 2016, S. 132) gehören Vorlesungen und Übungen sowie eine abschließende Klausur (Göller, 2020, S. 11; Kolbe und Liebendörfer, 2024, S. 3). Zusätzlich werden semesterbegleitend Übungsaufgaben gestellt, die Studierende im Selbststudium bearbeiten sollen. Insgesamt stehen für Präsenz- und Selbststudienzeit in einem Modul wie der Analysis I zwischen fünf und zehn Leistungspunkte, d. h. 150 bis 300 Arbeitsstunden, zur Verfügung. Diese verteilen sich bei einem Modul mit zehn Leistungspunkten, welches zwei Vorlesungen und eine Übung pro Woche umfasst, in einem 15-wöchigen Semester etwa im Verhältnis 2:1 zwischen Selbststudium und Lehrveranstaltungen.

In Anlehnung an Fend (2000, S. 57–58) können diese institutionalisierten Lerngelegenheiten als Angebot für die Studierenden interpretiert werden. Aus der Perspektive von Angebots-Nutzungs-Modellen ergibt sich der individuelle Lernerfolg nicht nur aus dem Bereitstellen des Lernangebots, sondern wird maßgeblich durch

F. Wlassak, *Gestaltungsmerkmale und Typen von Übungsaufgaben aus der Analysis I*, https://doi.org/10.1007/978-3-658-50118-1_4

die individuelle Nutzung des Angebots beeinflusst. Obwohl Angebots-Nutzungs-Modelle im Kontext der Schule entwickelt wurden (Fend, 2000; Helmke et al., 2007), wurden diese auch in verschiedenen hochschuldidaktischen Arbeiten zur Charakterisierung bzw. Prädiktion des individuellen Studienerfolgs genutzt (Rach, 2014, S. 116; Rezmer, 2021, S. 10). Der Studienerfolg ergibt sich in der Studieneingangsphase in diesem Verständnis durch das Zusammenspiel der Qualität des Lernangebots und der Angebotsnutzung. Für diese Arbeit ist diese doppelte Struktur bei den Übungsaufgaben von Bedeutung, da diese es nahelegt, Beschreibungskriterien auch unter Berücksichtigung der Vorkenntnisse der Zielgruppe, an die sich die Aufgaben richten, zu entwickeln. Eine mangelnde Kongruenz der Anforderungen des Angebots Übungsaufgaben und der Kompetenzen von Studienanfänger:innen kann zu Problemen führen.

Im Folgenden wird die Angebotsseite der Studieneingangsphase mit ihren typischen Bestandteilen Vorlesung, Übung, Übungsaufgaben und Klausur beschrieben. Dabei muss berücksichtigt werden, dass nur eine idealtypische Darstellung möglich ist. So lässt sich zum einen die Ausgestaltung von Lehrveranstaltungen, die vom fachlichen, hochschul- bzw. fachdidaktischen und vom pädagogischen Wissen und individuellen Vorstellungen der Lehrpersonen abhängig ist (Reiss und Hammer, 2013, S. 16), nicht in der gesamten Breite abbilden.[1] Zum anderen wird das Lehrangebot der Studieneingangsphase zwar hinsichtlich Lehrinnovationen (Ableitinger, 2013; Bauer, 2013; Beutelspacher et al., 2011; Zimmermann et al., 2012a) zur umfassenden „Verbesserung der Hochschullehre" (Zimmermann et al., 2012b, S. 6) an verschiedenen Standorten umgestaltet und die umgestaltete Studieneingangsphase im Anschluss evaluiert. Der Status quo ist dagegen national wie international wenig dokumentiert (Rach et al. 2016, S. 602; Speer et al. 2010, S. 99; Umgelter und Geisler, 2024, S. 7). Aus hochschuldidaktischer Perspektive würden gerade solche Erkenntnisse es ermöglichen, noch präziser Diskrepanzen zwischen Schul- und Hochschulmathematik festzustellen und in der Folge Verbesserungspotential nicht nur durch Innovation, sondern durch Komparation bestehender Ansätze zu identifizieren.

[1] So ist die Rahmenordnung der Mathematikstudiengänge „bewusst so offen konzipiert, dass den einzelnen Hochschulen ausreichend Gestaltungsspielraum für eine individuelle Profilbildung" (KMK, 2002, S. 3) verbleibt. Im vorherigen Kapitel konnte dies auch anhand der Modulbeschreibungen gezeigt werden.

4.1 Vorlesungen

Die klassische Lehrform an Universitäten sind Vorlesungen (Sommerhoff und Weixler, 2019, S. 168; Viirman, 2021, S. 467; Weinberg et al., 2015, S. 203; Wood et al., 2007, S. 907), wobei man unter diesen Lehrveranstaltungen versteht, in denen ein:e Dozent:in (meist ein:e Professor:in oder eine habilitierte Person) Studierende mittels eines Vortrags unterrichtet (Gerhard et al., 2015, S. 15; Viirman, 2021, S. 467). Vorlesungen dauern zwischen 60 und 120 Minuten und werden in der Studieneingangsphase häufig von einer niedrigen dreistelligen Zahl Studierender besucht, vereinzelt finden sich Teilnehmerzahlen im vierstelligen Bereich (Bescherer et al., 2012, S. 93; Wood et al., 2007, S. 907). Mathematikvorlesungen sind methodisch häufig wenig abwechslungsreich, im Allgemeinen herrscht der Vortragsmodus des „chalk talk" vor (Artemeva und Fox, 2011, S. 356, Viirman, 2015, S. 2265). Charakteristisch hierfür ist, dass die Lehrpersonen mathematische Formeln, Texte sowie Skizzen und Diagramme an einer Kreidetafel notieren und dies durch mündliche Kommentare begleiten.[2] Solche Kommentare umfassen das Wiederholen des Geschriebenen, Metakommentare über das Geschriebene (z. B. warum ein gewisses Beweisverfahren gewählt wurde); seltener auch Bezüge zu (Übungs-)Aufgaben, Fragen bzw. anderweitige Interaktionen mit den Studierenden (Artemeva und Fox, 2011, S. 356). Einzelfallstudien (Fukawa-Connelly, 2012, S. 343; Umgelter und Geisler, 2024, S. 19) beschreiben Lehrpersonen in Vorlesungen, die relevante Denkmodi für das Beweisen als Metakommentare formulieren und die Studierenden durch Fragen aktiv in den Beweisprozess miteinbeziehen. Die Aktivierung von Studierenden in Vorlesungen ist daher möglich und wird in Übereinstimmung mit konstruktivistischen Lerntheorien zur Modernisierung des Vorlesungsformats gefordert (Sommerhoff und Weixler, 2019, S. 167).

Tatsächlich beschränkt sich aber eine Vielzahl von Studierenden in der Zeit der Vorlesung selbst nur auf das Mitschreiben der Inhalte von der Tafel (ebd., S. 168; Liebendorfer, 2018, S. 21). Zum Durchdenken des Stoffes bleibt oftmals keine Zeit, sodass auch die Möglichkeit zum Nachfragen ungenutzt bleibt; wohl auch, weil Studierende fürchten, sich durch eine Frage zu blamieren (Spannagel, 2012, S. 254). Umgekehrt konnte gezeigt werden, dass Lehrende in einer Vorlesung bis zu 202 Fragen an das Auditorium stellen (Paoletti et al., 2018, S. 8). Diese Fragen sind aber wenig komplex und beziehen sich nur auf einzelne Fakten oder das Implementieren einfacher Prozeduren, wie z. B. einen symbolischen Ausdruck umzuformen. Außerdem wird bei 80 % der Fragen nach weniger als drei Sekunden Wartezeit

[2] Auch das Nutzen eines Foliensatzes ist möglich, gerade in der Mathematik aber seltener gebräuchlich (Sommerhoff und Weixler, 2019, S. 168).

die Antwort vom Dozierenden vorgegeben (ebd., S. 10). Die aktive Beteiligung der Studierenden an der Vorlesung ist demnach insgesamt als sehr gering einzuschätzen.

Stattdessen werden Inhalte in der Trias aus Definition-Satz-Beweis präsentiert (Alsina, 2001, S. 5; Davis und Hersh, 1996, S. 154; Weber, 2004, S. 116) und durch Beispiele ergänzt, wobei die Erarbeitung hauptsächlich monologisch durch die Lehrenden erfolgt. Solche Lehrveranstaltungen bieten den Studierenden ein Musterbeispiel, wie die mathematische Wissensbildung an der Hochschule abläuft und stellen Erkenntnisse sowie nutzbare Methoden bereit; allerdings geschieht dies nicht auf eine authentische Art und Weise. Vorlesungen stehen schon lange in der Kritik, nur fertige, formale Mathematik vorzustellen und auf Irrwege und Fehler nicht einzugehen, die die Praxis der beweisenden Mathematik abbilden (Dreyfus, 1991, S. 27; Stäckel, 1905, S. 611; vgl. auch 2.2.2.5). Die Prävalenz transmissiv orientierter Vorlesungen ergibt sich aus der großen Stoffmenge, die in einer Vorlesung zu behandeln ist (Johnson et al., 2015, S. 492). Lehrenden gelingt es oftmals nicht, die Inhalte so zu präsentieren, dass Studierende ad hoc Zusammenhänge nachvollziehen können (Alcock, 2017, S. 183; Spannagel, 2012, S. 254), denn im Kontrast zum „idealtypischen Schulunterricht werden die Inhalte [in Vorlesungen] nicht mehr in didaktisch aufbereiteten Lerngelegenheiten sequenziert, sondern allenfalls etwas elementarisiert“ (Rach und Heinze, 2013, S. 127). Beispielsweise erfolgt in mathematischen Vorlesungen meist keine Wiederholung der Inhalte vorheriger Wochen, sondern diese werden im Allgemeinen vorausgesetzt. Für das Nacharbeiten des Vorlesungsstoffs im Selbststudium wird deshalb in der Regel mehr Zeit als für den Besuch der Vorlesungen veranschlagt (Alcock, 2017, S. 220).

Entsprechend dieser vorherrschenden Gestaltungsvarianten von Vorlesungen liegen ambivalente Ergebnisse in Bezug auf das Erreichen von Lernzielen vor. So konnte gezeigt werden, dass Vorlesungen besser geeignet sind, um Faktenwissen zu vermitteln, als andere Lehrformen wie Diskussionen, Einzelarbeit, Projekte oder multimediale Kurse (Bligh, 2000, S. 5). Diesbezüglich lassen sich erhebliche Unterschiede feststellen, je nachdem, ob die Studierenden die Informationen mitschreiben oder nicht: 44 % aller notierten und nur 6 % der nicht notierten Informationen können von Studierenden nach einer Vorlesung aus dem Gedächtnis abgerufen werden (Einstein et al., 1985, S. 525–526). Studentische Mitschriften stimmen dabei in der Mathematik weitgehend mit dem Tafelbild der Dozierenden überein, welches vorrangig aus Definitionen, Sätzen, Beweisen und Beispielen besteht (Fukawa-Connelly et al., 2017, S. 576). Informelle Kommentare, wie z. B. warum ein Beweisverfahren gewählt wurde oder Beschreibungen der Zusammenhänge zwischen den Inhalten, geben Lehrende meist nur mündlich. In den Mitschriften der Studierenden tauchen sie dann nicht auf, was aufgrund der eben beschriebenen Studie vermuten lässt, dass Studierende diese Informationen nicht aufnehmen. Lew und Kollegen

(2016, S. 162) zeigen am Beispiel einer Analysisvorlesung, dass es Studierenden nicht gelingt, die wichtigsten Ideen aus einer Vorlesung zu extrahieren. So hebt der Dozent in ihrer Fallstudie mündlich explizit hervor, dass man zum Beweis der Konvergenz einer Folge die Cauchyfolgeneigenschaft nutzen sollte, wenn kein Kandidat für den potentiellen Limes vorliegt, aber keine:r der Teilnehmenden konnte dies nach der Vorlesung als relevante Erkenntnis wiedergeben. Insgesamt scheinen wichtige, globale Ideen und innermathematische Verknüpfungen in üblichen Vorlesungen nur unzureichend thematisiert (Bergsten, 2007, S. 66). Verständnis im Sinne eines Gesamtüberblicks über die Inhalte der Vorlesungen und deren Zusammenhänge wird so ad hoc nur von sehr wenigen Studierenden erreicht (Alcock, 2017, S. 183), was impliziert, dass Studierende relativ viel Zeit für das Nacharbeiten mathematischer Vorlesungen einplanen müssen.

Insgesamt können daher nur relativ geringe Anforderungen an den Lerneffekt traditioneller Vorlesungen gestellt werden. Aufgrund des geringen Grads an Eigenaktivität können Studierende allein durch die Vorlesung kaum Kompetenzen in Bezug auf das Beweisen oder Problemlösen aufbauen oder den Mehrwert des formal-axiomatischen Vorgehens erkennen. Während Potential für die Vermittlung von Faktenwissen identifiziert werden kann, „sind normal gestaltete Vorlesungen schlechter als andere Veranstaltungsformen dazu geeignet, Studierenden ein Verständnis komplexer Konzepte, anwendbare Fähigkeiten, Einstellungen, fachliches Interesse oder soziale Kompetenzen zu vermitteln“ (Gerhard et al., 2015, S. 15). Gerade das Verständnis komplexer Konzepte und der Erwerb anwendbarer prozessbezogener Kompetenzen stehen aber im Fokus der Studieneingangsphase (vgl. 2.2.2.1). Daher bedarf es Lehrveranstaltungsformen, die Studierenden einen höheren Grad an Selbsttätigkeit ermöglichen.

4.2 Übungen

Der zweite Lehrveranstaltungstyp, die Übung[3], bietet hierfür schon aufgrund organisatorischer Gegebenheiten andere Potentiale als Vorlesungen. Übungen finden wöchentlich statt und werden von wissenschaftlichen Mitarbeiter:innen oder studentischen Hilfskräften geleitet, die Distanz zwischen Lehrenden und Lernenden erscheint geringer. Die Größe der Lerngruppen in Übungen beträgt meist zwischen 20 und 30 Studierenden und ist somit vergleichbar mit dem schulischen Mathema-

[3] In der Literatur werden entsprechende Lehrveranstaltungen auch synonym als Tutorium bezeichnet (Rach et al., 2016, S. 604). Diese Bezeichnung wird hier bewusst vermieden, da Tutorien teilweise auch studentisch geleitete Lehrveranstaltungen bezeichnen, die als Fragestunden für Studierende gedacht sind und zusätzlich zu Vorlesungen und Übungen stattfinden.

tikunterricht. Aufgrund dieser formalen Struktur haben Studierende stärker als in Vorlesungen die Möglichkeit „Fragen zu nicht verstandenen Fachinhalten zu stellen, Inhalte gemeinsam mit Kommilitonen zu erarbeiten, ihre eigenen Lösungen zu reflektieren, usw.“ (Püschl, 2019, S. 8).

Grundlage für die Übungen bieten die Inhalte der Vorlesung, die über die Besprechung oder Bearbeitung von Aufgaben vertieft und gefestigt werden (Jaworski, 2002, S. 77). Es bestehen zwei idealtypische Formate: die *Vorrechenübung* bzw. die *Präsenzaufgabenübung* (Ableitinger und Herrmann, 2013, S. 20–21; Haase et al., 2018, S. 235), die auch in Mischformen auftreten können. In der Vorrechenübung stellen die Studierenden oder die Lehrperson die Lösungen von Hausaufgaben (vgl. 4.3) vor. Hier konnten – insbesondere auch bei Übungen zur gleichen Vorlesung – größere qualitative Unterschiede hinsichtlich der Besprechung der Aufgaben durch Lehrende festgestellt werden (Püschl, 2019, S. 299–319). So orientierten sich die Lehrpersonen teilweise an den Vorkenntnissen der Studierenden und gehen auf häufig aufgetretene Probleme bei der Lösung der Aufgaben oder Strategien zur Lösungsfindung ein. Jedoch sind auch Besprechungsvarianten zu identifizieren, in denen nur Musterlösungen vorgestellt werden und dies ohne Adaption an die Zielgruppe erfolgt. Größere Unterschiede zu einer traditionellen Vorlesung (vgl. 4.1) und somit ergänzende Lerneffekte sind dann aufgrund der geringen Studierendenaktivität kaum zu erwarten. Statt der Lehrperson sind oftmals Studierende zur Präsentation ihrer Lösungen aufgefordert – an einigen Standorten ist dies Teil der Prüfungsvorleistung (Krapf und Liebendörfer, 2021, S. 2). Auch in dieser Besprechungsvariante ist nur ein sehr geringer Teil der Studierenden aktiv, die meisten Studierenden vollziehen bestenfalls die Lösungen ihrer Kommiliton:innen nach. Erfahrungsberichte zeigen, dass Studierende von den Ausführungen ihrer Kommiliton:innen oft nur wenig profitieren (Stampfer und Bargetz, 2015, S. 1152). Grundsätzlich muss hinterfragt werden, inwiefern Studierende von der reinen Rezeption gelöster Aufgaben einen Nutzen haben (Zimmermann, 2012, S. 60) Einerseits nimmt aus pragmatischer Sicht der große Zeitaufwand, der für das Vorrechnen von Aufgaben investiert wird, zu einem gewissen Grad die Möglichkeit, frei Fragen zu stellen und es ist fraglich, inwieweit sich Studierende beteiligen sollen, die Aufgaben nicht oder nur teilweise lösen konnten. Andererseits erfordert das Lernen aus einer konstruktivistischen Perspektive eine hohe Eigenaktivität, die beim Nachvollziehen fremder Lösungswege aber kaum gegeben ist. Vorrechenübungen können für die meisten Lernenden nur ein „seeing how to solve problems“ (Searl, 1979, S. 553) im Gegensatz zum „learning how to solve problems“ (ebd.) erreichen, ein Transfer der so vermittelten Problemlösestrategien kann kaum gelingen (Heinze, 2007, S. 12). Auch Studierende kritisieren die reine Vorrechenübung und wünschen sich stattdessen eine Lehrveranstaltung, „in welche[r] man Zeit hat, Aufgaben zu rechnen“

(Dürr et al., 2015, S. 63). Für Vorrechenübungen gelten aufgrund ihres instruktiven Charakters die gleichen Einschränkungen hinsichtlich der erreichbaren Lernziele wie für Vorlesungen.

Präsenzaufgabenübungen setzen dagegen stärker auf die konstruktive Tätigkeit der Studierenden. Sie sind dadurch gekennzeichnet, dass die Studierenden eigenständig Aufgaben in der Lehrveranstaltungszeit lösen und die Lehrperson bei Fragen und Problemen unterstützend agiert (Webler, 2014, S. 173). Studierende finden sich hierfür meist in Kleingruppen zusammen, was die Interaktion fördert und somit sowohl für soziale (z. B. Vernetzung) als auch kognitive Ziele (z. B. korrekte Verwendung der mündlichen Fachsprache) günstig erscheint. Dem höheren Grad an Eigenaktivität der Studierenden in Präsenzaufgabenübungen wird insbesondere ein höheres Potential für den Erwerb wissens- und handlungsbezogener Lernziele zugeschrieben (Bauer et al., 2023, S. 517–518; Haenze et al., 2013, S. 91–92). Speziell Mathematiker:innen sehen das Lösen von Aufgaben als essentiellen Bestandteil des Studiums. Pólya soll gesagt haben: „Mathematics [...] is not a spectator sport" (zitiert nach Koichu, 2014, S. 125). Er betont damit, dass Verständnis nur bei der *aktiven* Auseinandersetzung mit mathematischen Problemen erworben werden kann. Behrends (2009, S. viii) sieht Parallelen zu praktischen Fertigkeiten: „In der Mathematik ist es nämlich wie beim Geige spielen, Ski fahren, Schnürsenkel binden: Aus Büchern allein kann man es nicht lernen, man muss es selber gemacht haben." Trotz dieser beschriebenen Vorteile und Möglichkeiten von Präsenzaufgabenübungen wird in der Literatur (Biehler et al., 2012, S. 37) in Kongruenz zu den Eindrücken des Autors aber berichtet, dass Lernende in Übungen nur selten aktiv(-iert) werden. Die aktive Auseinandersetzung mit mathematischen Gegenständen, insbesondere das Lösen von Aufgaben, bleibt so weitgehend dem Selbststudium vorbehalten.

4.3 Übungsaufgaben

In den MINT-Fächern spielt das Bearbeiten von Übungsaufgaben eine zentrale Rolle im Selbststudium (Paul et al., 2020, S. 7). Umso verwunderlicher ist es, dass bisher kaum deskriptive Erkenntnisse zur Gestaltung der Übungsaufgaben in der Mathematik vorliegen (Apel, 2022, S. 9). Schupp (2002, S. 12) stellt gar eine „Aufgabenzentriertheit" der Hochschulmathematik fest, die sich in der Organisation der Studieneingangsphase zeigt. Im Gegensatz zu geisteswissenschaftlichen Studiengängen müssen kaum Texte zur Vorbereitung auf die Lehrveranstaltungen gelesen werden, stattdessen erstellen Dozierende der Vorlesungen oder akademische

Assistent:innen wöchentlich Übungszettel.[4] Traditionell umfasst ein Übungszettel vier Aufgaben (Haase et al., 2018, S. 243; Liebendörfer, 2018, S. 22). Zwar erscheint diese Anzahl im Vergleich zum schulischen Mathematikunterricht gering, jedoch ist es die Qualität der Übungsaufgaben, die ihre Bedeutung für das Selbststudium begründet. Die Bezeichnung Übungsaufgaben kann Studienanfänger:innen zunächst den fälschlichen Eindruck vermitteln, dass diese Aufgaben dem Einüben von Routinen und Verfahren (Leuders, 2012, S. 18) dienen. Aufgrund der schulischen Vorerfahrungen mit Aufgaben erwarten Studierende, dass auch Übungsaufgaben der Hochschule in wenigen Schritten und mit einem geringen Zeitaufwand lösbar sind (Frischemeyer et al., 2016, S. 130); allerdings weisen die Übungsaufgaben der Hochschulmathematik einen stärker problemhaltigen Charakter als ihr schulisches Pendant auf (Liebendörfer, 2018, S. 22; Stenzel, 2023, S. 211). So thematisieren Lehrveranstaltungen vor der Bearbeitung kaum den Lösungsweg für die Aufgaben, sodass Studierenden diesen eigenständig aus den präsentierten Inhalten konstruieren müssen. Für viele Studierende stellt dies eine erhebliche Herausforderung dar, weil zusätzlich zum Problemcharakter der Aufgaben ein formaler Umgang mit den Objekten der Hochschulmathematik erforderlich ist (vgl. 2.2.2.2). Dies resultiert in einem hohen zeitlichen Aufwand für die Bearbeitung der Übungsaufgaben (Göller, 2020, S. 4; Hilgert, 2016, S. 698). Insgesamt wenden Studierende im gymnasialen Lehramts- bzw. Fachstudium Mathematik etwa 16 bis 22 Stunden Zeit für das Selbststudium auf (Briedis et al., 2008, S. 50). Bei einer Befragung mit 16 Studierenden der CAU Kiel wurde eine mittlere Bearbeitungszeit von 18 Stunden für die Übungsaufgaben zweier Module berichtet (Tetsch, 2011; zitiert nach Rach, 2014, S. 93); d. h., nahezu die gesamte durchschnittliche Selbststudiumszeit wird für die Aufgaben aufgewendet. Das Lösen der Übungsaufgaben ist somit *die* zentrale Aktivität im Selbststudium (Ableitinger, 2012, S. 90 Schupp, 2002, S. 12; Wlassak und Schöneburg-Lehnert, 2022, S. 164) und an vielfältige Funktionen geknüpft.

Vergleichsweise häufig wird in der Literatur (Göller, 2020; Krapf und Liebendörfer, 2021; Liebendörfer, 2018; Liebendörfer und Göller, 2016b; Rach, 2014) eine pragmatische Funktion der Übungsaufgaben genannt: das Regeln der Zulassung zur abschließenden Klausur. Typischerweise geben die Studierenden die Aufgaben wöchentlich ab und erhalten die Aufgaben eine Woche später in der Übung korrigiert zurück. Die (Vorrechen-)Übung thematisiert dann aufgetretene Fehler in den Lösungen der Studierenden und/oder die Musterlösung der Serien, bei einer Präsenzaufgabenübung nimmt die Übungsaufgabenbesprechung häufig zumindest

---

[4] Mit Übungszetteln ist die Zusammenführung der Aufgaben einer Woche in einem Dokument gemeint. Hierfür existieren verschiedene Synonyme wie (Übungs-)Serie, (Übungs-)Blatt oder Übungen. Die erstgenannten Begriffe werden alle synonym in dieser Arbeit genutzt; der letzte Begriff wird zur Abgrenzung von der Lehrveranstaltung Übung (vgl. 4.2) nicht genutzt.

einen Teil der Lehrveranstaltungszeit ein (vgl. 4.2). Um die Zulassung zur Klausur zu erreichen, müssen die Studierenden einen festgelegten Anteil der maximal vergebenen Punktzahl erzielen. Häufig liegt die Grenze zwischen 40 % und 60 % der Maximalpunktzahl (Liebendörfer und Göller, 2016b, S. 119, wobei die einzelnen Aufgaben oft das gleiche Gewicht bei der Bewertung haben (z. B. immer 4 Punkte pro Aufgabe). Es existieren allerdings auch weitere Modelle für die Zulassung: Statt einer Korrektur wird beispielsweise nur erfasst, ob Aufgaben sinnvoll bearbeitet wurden oder die Studierenden müssen im Laufe des Semesters eine gewisse Anzahl von Aufgaben in den Übungen vorrechnen (Krapf und Liebendörfer, 2021, S. 2).

Die Variante mit wöchentlicher Abgabe und Korrektur ist zwar kostenintensiv – es bedarf ja zusätzlicher Korrekturzeit für die Übungsleiter:innen oder weiterer Hilfskräfte für die Korrektur – hat aber mehrere positive Wirkungen. Über die Korrekturen bekommen alle Studierenden Rückmeldungen zu den eigenen Lösungen und somit zum (Miss-)Erfolg im Selbststudium (Rach, 2014, S. 93). Idealerweise erhalten Studierende individuelles, strategieorientiertes Feedback zu ihren Ausarbeitungen, was für Folgeaufgaben genutzt werden kann (Haenze et al., 2013, S. 93) und somit Lerneffekte aus den Übungsaufgaben verstärkt. Vor allem detaillierte, kriteriale Rückmeldungen können spezifische Verbesserungsbedarfe aufzeigen und dadurch die Enkulturation in der Studieneingangsphase erleichtern (vgl. 2.2.2.5).[5] Insbesondere in Bezug auf das semiformale Beweisen, für welches eine Vielzahl von Studierendenfehlern bekannt ist, erscheint ausführliches Feedback nötig (Biehler et al., 2012, S. 38–39; Carl und Krapf, 2020, S. 53). Neben der Rückmeldefunktion an die Studierenden nützen die Erkenntnisse aus den Korrekturen auch Lehrenden. Übungsleiter:innen können auf typische Fehler in den Bearbeitungen eingehen und Dozierende der Vorlesung jene (Beweis-)Methoden ausführlicher besprechen, die der Lerngruppe Schwierigkeiten bereitet haben. Auch eine Adaption der Übungsblätter an den Leistungsstand der Studierenden oder schwierigkeitsgestufte Wahlmöglichkeiten sind denkbar, jedoch werden diese Möglichkeiten kaum genutzt (Blömeke, 2016, S. 10).

Wohl auch deswegen beklagen Studierende zu anspruchsvolle Übungsaufgaben (Frischemeyer et al., 2013, S. 57; Kempen und Liebendörfer, 2023, S. 98; Lithner, 2011, S. 290). Einerseits lassen sich die hohen Anforderungen in den Aufgaben der Studieneingangsphase negativ als künstliche Erschwerung deuten, die vor allem

[5] Dass dies in der üblichen Lehrpraxis tatsächlich für alle Studierendenbearbeitungen umgesetzt wird, ist schon aus Zeitgründen zu bezweifeln (Haase et al., 2018, S. 136). Außerdem sind erhebliche Unterschiede in Bezug auf die Qualität der Korrektur bei verschiedenen Korrekteur:innen zu erwarten, sodass entsprechendes Potential höchstens im besten Fall umgesetzt werden kann.

leistungsstarke von leistungsschwächeren Studierenden trennen soll (Meyerhöfer, 2018, S. 28–29). Andererseits sehen Lehrende in der Studieneingangsphase Potential im Scheitern und anschließender neuerlicher Auseinandersetzung mit schwierigen Aufgaben. In einem bekannten Leitfaden für die Bearbeitung eines Übungszettels merkt Lehn (2016)[6] an: „Der Lerneffekt [einer Aufgabe] ist um so größer, je schwieriger die Aufgabe ist und je länger Sie zur Lösung gebraucht haben." Um größere Lernerfolge zu erzielen, bedarf es daher für einige Aufgaben „mehrerer Anläufe", die erste Idee führt häufig nicht zum Ziel. Beobachtungen zeigen aber, dass Studierende diese Funktion der Aufgaben nicht erkennen – wohl auch aufgrund der schulischen Vorerfahrungen mit Unterrichts- bzw. Hausaufgaben (Frischemeyer et al., 2016, S. 231). Studierende beharren oft auf den von ihnen mit der Aufgabenstellung verknüpften ersten Ansatz; alternative Handlungsoptionen zu erkennen und auf diese auszuweichen, gelingt recht selten. Schoenfeld (1985, S. 32) bezeichnet ein solches Verhalten als „wild goose chase" und attribuiert es der mangelnden Selbstregulation von Studienanfänger:innen. Ebenso nutzen Studierende kaum heuristische Ansätze wie das Betrachten von (Gegen-)Beispielen oder Skizzen, die Ausgangspunkte für Lösungsideen sein können (vgl. 2.2.2.5). Da in den Lehrveranstaltungen die Entstehungsgeschichten von Beweisen oder Aufgabenlösungen eher nicht thematisiert und zugunsten der formal abgefassten Produkte vernachlässigt werden (vgl. 4.1), mangelt es den Studierenden diesbezüglich an authentischen Vorbildern (Ableitinger, 2013, S. 21). Problemlösekompetenzen und selbstregulative Fähigkeiten zu erwerben, sind daher Funktionen der Übungsaufgaben, welche für Studienanfänger:innen eher schwer erkennbar sind.

Eng verbunden mit dem Problemcharakter von Übungsaufgaben ist ein schnelles Aufgeben von Lösungsversuchen. Wenn Übungsaufgaben nicht schematisch bearbeitbar sind, schreckt dies viele Studierende ab (Liebendörfer und Ostsieker, 2014, S. 456). Vor allem Beweisaufgaben, denen in der Hochschulmathematik ein großer Stellenwert zukommt, sind meist nicht mit einem eingeübten Schema zu lösen, Irrwege sind daher in Lösungsbemühungen die Regel. Ungünstig ist es, wenn Studierende „sich von Fehlschlägen frustrieren lassen und schnell aufgeben. […] Wer Frustrationstoleranz hat, ist besser gerüstet für den Studienalltag, in dem man immer wieder Aufgaben gestellt bekommt, die man in der vorgegebenen Zeit zu lösen, nicht in der Lage ist" (Hilgert, 2020, S. 3). Dass Übungsaufgaben gestellt werden, die für einen Großteil der Studierenden nicht ad hoc lösbar sind, wird von den Lehrenden ebenso einkalkuliert, wie die Tatsache, dass die Studierenden manche

[6] Das Zitat ist am Ende des Abschnitts „Bearbeitungszeitraum oder Bearbeitungszeitpunkt?" zu finden.

Aufgaben überhaupt nicht bewältigen können.[7] Die individuelle Fähigkeit, sich trotz des (auch mehrmaligen) Scheiterns an anspruchsvolle Aufgaben heranzuwagen, wird üblicherweise als Frustrationstoleranz bezeichnet. Präzisiert definiert findet sich der Begriff als mathematische Resilienz, die als nichtkognitives Personenmerkmal verstanden wird, welches eine positive affektive Haltung zur Mathematik beschreibt, die von Selbstvertrauen und Beharrlichkeit geprägt ist und auch beim Auftreten von Schwierigkeiten oder abnehmender Motivation erhalten bleibt (Lee und Johnston-Wilder, 2014, S. 337). Neumann und Kollegen (2020) verknüpfen das Konzept mit Übungsaufgaben. Dafür entwickeln sie einen Fragebogen, der das Verhalten der Studierenden bei aufgabenbezogenen Herausforderungen bzw. Rückschlägen erfasst und bezeichnen das entsprechende Konstrukt als aufgabenbezogene mathematische Resilienz. Diese korreliert positiv mit dem Verbleib im Studiengang und kann daher als den Studienerfolg begünstigendes Personenmerkmal aufgefasst werden (ebd., S. 323). Inwiefern es sich um ein stabiles Merkmal handelt oder ob Veränderungen im Laufe der Studieneingangsphase auftreten, wurde nicht erhoben. Es ist allerdings zu vermuten, dass subjektive Erfolgserlebnisse beim selbstständigen Bearbeiten der Übungsaufgaben einen positiven Einfluss auf die aufgabenbezogene mathematische Resilienz haben (Göller, 2020, S. 383). Insbesondere ist davon auszugehen, dass dann die Bereitschaft steigt, sich länger dem Nacharbeiten der Inhalte der Vorlesung zu widmen.

So stehen Übungsaufgaben in enger Verbindung zu den Inhalten der zugehörigen Vorlesungen. Sie dienen der Anwendung und Vertiefung von Konzepten aus der Vorlesung (Bauer, 2018, S. 204; Zimmermann, 2016, S. 471) und bilden die subjektive inhaltliche Wichtung der Lehrenden ab (Wlassak, 2022, S. 1393) Folglich können nicht alle Inhalte, die in den beiden wöchentlichen Vorlesungen thematisiert werden, auf dem Übungszettel enthalten sein.[8] Teilweise werden die Übungsaufgaben zur Auslagerung von Vorlesungsinhalten genutzt (Liebendörfer, 2018, S. 22), besonders prominent ist das bei Beweisen von Sätzen oder Lemmata, die in den Vorlesungen nicht ausgeführt werden. Außerdem lassen sich Aufgaben identifizieren (z. B. Heuser, 2003, S. 194–195), die mathematische Gegenstände erstmalig definieren und über die dann Aussagen bewiesen werden sollen. In beiden Fällen spart die Vorgehensweise Zeit für die Lehrveranstaltungen, birgt aber das Risiko, dass Studierende, die diese Aufgaben nicht lösen können oder gar nicht bearbeiten, inhaltlich den Vorlesungen noch weniger folgen können. Das eigenverantwortliche

[7] Deshalb liegt die Zulassungsvoraussetzung für die Klausur wohl häufig bei etwa der Hälfte der erreichbaren Maximalpunktzahl.

[8] Das zeigt sich auch an der Fülle von Aufgaben, die in klassischen Lehrbüchern zu Themen enthalten sind, die üblicherweise Gegenstand einer Vorlesungswoche sind (vgl. Forster, 2016; Heuser, 2003).

Aneignen von Wissen scheint ein Ziel dieser Art von Aufgaben. Aufgrund des hohen Anspruchs steht dabei als Ziel nicht der Erwerb von Faktenwissen im Vordergrund, sondern vielmehr die Vernetzung von Wissen (Bauer, 2015, S. 139; Halverscheid, 2015, S. 170) bzw. das Erkennen und Verstehen von Zusammenhängen (Weber und Lindmeier, 2020b, S. 277) und der Erwerb prozessbezogener Kompetenzen, vor allem in Bezug auf das Beweisen.

Die Übungsaufgaben nehmen einen zentralen Stellenwert beim Erwerb von Beweiskompetenzen ein, gerade weil die schulischen Vorerfahrungen gering ausfallen (Göller, 2020, S. 7; Hilgert, 2016, S. 697–698; Weber und Lindmeier, 2020b, S. 277; vgl. auch 2.2.1.5) und Vorlesungen und Übungen klassisch eher instruktionsorientiert gestaltet sind (vgl. 4.1 und 4.2). Den Aufgaben kommt dabei die Rolle einer Lerngelegenheit zu, in der semiformale Beweise eigenständig konstruiert werden müssen, was hohe Anforderungen an das Verständnis der vorkommenden Begriffe bzw. der logisch-deduktiven Kommunikation auf Studierendenseite stellt. Inwiefern durch Übungsaufgaben authentische Beweisprozesse (vgl. 2.2.2.5) initiiert werden, kann bezweifelt werden, da z. B. das Explorieren von Vermutungen in Übungsaufgaben selten gefragt ist (Stenzel, 2017, S. 172; Weber und Lindmeier, 2020b, S. 274). Typischerweise konfrontieren die Aufgaben Studierende mit einer Aussage, für die ein Beweis zu finden ist, ohne dass weitere kontextuelle Informationen (Ableitinger, 2012, S. 90) oder Hinweise für die Beweisführung gegeben sind. Relevante Ausgangspunkte für die Beweisführung liefern Definitionen oder Beweismethoden aus Vorlesungen und Übungen. Zu erkennen, wie diese in die Aufgabenlösung eingehen, ist für Studierende nicht trivial. Da somit häufig nicht klar ist, wie die zu beweisende Aussage als Vermutung zu Stande kommt und wofür sie genutzt werden kann, ist ein wenig motivierender Stil der Übungsaufgaben zu vermuten.

Neben Beweiskompetenzen sind technische Anforderungen für die Übungsblätter von Bedeutung. Bikner-Ahsbach und Schäfer (2013, S. 58) grenzen beispielsweise technische Aufgaben, „bei denen es um die Anwendung bekannter Algorithmen […] geht“, von Beweisaufgaben ab. Technische Anforderungen sind Studienanfänger:innen im Vergleich zum Beweisen aus der Schule eher bekannt und Lehrende setzen einen flexiblen Umgang mit Techniken aus der Schule voraus (Neumann et al., 2017). Während in der Schule aber häufig nur die unmittelbar vorher eingeübten Verfahren anwendet werden oder sich aus dem Kontext unmittelbar erschließen lässt, welches Verfahren in Frage kommt, erfordern die Aufgaben der Hochschulmathematik mehr Entscheidungen (Alcock, 2017, S. 5). Ein Beispiel ist die bereits vorgestellte Aufgabe zum Finden einer Stammfunktion der Logarithmusfunktion (vgl. Abbildung 2.3). Die Aufgabe muss mithilfe der Regel der partiellen Integration gelöst werden, was sich aus der Aufgabenstellung nicht ablesen lässt, da der Integrand kein Produkt darstellt und somit die Voraussetzung der Regel gar nicht erfüllt. Zunächst muss man den Faktor „1" hinzufügen, bevor die Regel der partiellen Integration anwendbar ist. Anschließend muss noch der richtige Faktor als abgeleitete bzw. integrierte Funktion gewählt werden. Für Studierende ergeben sich verschiedene nicht offensichtliche Entscheidungen: Sie müssen

- erkennen, dass partielle Integration für die Lösung der Aufgabe nötig ist,
- den Integranden mittels eines Tricks in ein Produkt umformen,
- den Faktor des entstehenden Produkts so wählen, dass die Regel der partiellen Integration ein elementar zu bestimmendes Integral liefert.

Außerdem müssen sie Kenntnisse aus der Schule über die Stamm- und Ableitungsfunktionen elementarer Funktionen aktivieren (vgl. 3.1.1). Trotz des rechnerischen Vorgehens handelt es sich nicht um eine algorithmisch lösbare Aufgabe. Vielmehr steht das Herstellen der Voraussetzungen für die Anwendung der Technik im Vordergrund. Sollen Studierende daher die „einschlägigen Rechentechniken *beherrschen*" (DMV, 1979, o. S., Hervorhebung FW), kommt den Übungsaufgaben die Rolle zu, dass sie die breite Anwendbarkeit der Techniken aufzeigen und von Studierenden einen flexiblen Umgang mit rechnerischen Elementen verlangen. Dafür sind auch Aufgaben erforderlich, bei denen die Anwendbarkeit der jeweiligen Technik nicht unmittelbar erkannt werden kann. Gelingt die Lösung solcher Aufgaben Studierenden nicht, wenden sie sich häufig an ihre Kommiliton:innen.

So ist die soziale Vernetzung eine (zumindest teilweise) intendierte Funktion von Übungsaufgaben.[9] Studierende bearbeiten und besprechen Aufgaben meist gemeinsam in Lerngruppen (Haak et al., 2021, S. 89). Dies bietet einige Vorteile, wie, dass Studierende ihre Ansätze anderen erklären müssen, gemeinsames Übersetzen von Ideen in die Fachsprache geübt wird, das begründete Auswählen oder Verwerfen von Ansätzen erfolgt und ein gewisser sozialer Druck entsteht, Zeit mit der Lösung der Aufgaben zu verbringen. Einige Lehrende fördern daher explizit das Bilden von Lerngruppen, indem sie gemeinsame Abgaben der Übungsaufgaben zulassen oder fordern. Damit einhergehend erwarten sie häufig, dass alle Gruppenmitglieder in der Lage sein sollen, erstellte Lösungen vorzurechnen (vgl. 4.2). Das soll verhindern, dass Studierende Lerngruppen eher zum Abschreiben der Übungsaufgaben nutzen, als die Vorteile auszuschöpfen.

Die weit verbreitete Abschreibeproblematik steht den berichteten, vielfältigen Funktionen von Übungsaufgaben entgegen. Nur in etwa ein Achtel der Studierenden

[9] Insbesondere kann diese auch für Vorlesungen und Übungen vermutet werden, wobei vor allem Präsenzaufgabenübungen aufgrund ihres Fokus auf das Lösen von Aufgaben für Partner- oder Gruppenarbeiten prädestiniert sind.

(Rach, 2014, S. 199) gibt an, dass sie die Übungsaufgaben größtenteils selbstständig lösen. Diese Studierendengruppe ist gemessen an den Lernvoraussetzungen zu Studienbeginn relativ homogen. Sie weisen eine bessere Abiturnote und eine höhere mathematische Kompetenz auf als diejenigen Studierenden, die Übungsaufgaben nicht eigenständig lösen (ebd., S. 196). Da jedoch meist die korrekte Bearbeitung eines substanziellen Teils der Übungsaufgaben gefordert wird, konfligieren der Wunsch (von Studierenden- und Lehrendenseite) nach eigenständiger Lösung der Aufgaben mit dem sozialen Druck, erfolgreich zu studieren. Sind Studierende mit ihren Aufgaben überfordert, greifen sie auf Kompensationsstrategien wie das Abschreiben von Kommiliton:innen, aus dem Internet oder Büchern zurück. Liebendörfer und Göller (2016, S. 136) konnten ermitteln, dass weniger als 20 % der Studierenden komplett ohne Abschreiben auskommen. Unter Beachtung der Tatsache, dass Studierende, die nicht abschreiben, besser in Klausuren abschneiden (Rach und Heinze, 2013, S. 137), scheinen sich relevante Lernerfolge beim Abschreiben weniger auszuprägen. Dies steht auch im Einklang mit Angebots-Nutzungs-Modellen, da das Abschreiben bei den Übungsaufgaben eine unzureichende Nutzung des Lernangebots darstellt. Es stellt sich die Frage, ob ein gänzlicher Verzicht auf die bewertete Abgabe von Übungsaufgaben angebracht ist, da dieser Studierende im Selbststudium erheblich entlasten würde. Erste Ergebnisse (Krapf und Liebendörfer, 2021, S. 9) legen allerdings nahe, dass allein die verpflichtende Abgabe der Übungsaufgaben, ohne genaue Berücksichtigung der Angebotsnutzung, schon einen positiven Effekt auf den Studienerfolg hat.

Wie Übungsaufgaben in der Praxis wirklich gestaltet sind und weshalb viele Studierende abschreiben, wurde bisher kaum anhand von Aufgabenmerkmalen empirisch untersucht (Weber und Lindmeier, 2020b; Wlassak und Schöneburg-Lehnert, 2022). Es kann aber vermutet werden, dass Gestaltungsmerkmale der Aufgaben sich auf zwei Arten negativ auf die eigenständigen Bearbeitungsquoten der Studierenden auswirken. Einerseits sind der abstrakt-formale Charakter der Hochschulmathematik sowie die kaum vorhandene Einbettung der Übungsaufgaben wenig motivierend für die Arbeit an ihnen. Andererseits zeigen sich die Aufgaben verantwortlich für eine kognitive Überforderung vieler Studierender. Gerade weil mit Aufgaben viele Ziele in der Studieneingangsphase verknüpft sind, erscheint aus hochschuldidaktischer Perspektive die genauere Beschreibung dieser Problematik von Interesse. Übungsaufgaben müssen dabei aber von Aufgaben in Klausuren abgegrenzt werden, da diese sowohl eine andere Funktion als auch einen niedrigeren kognitiven Anspruch haben.

4.4 Klausuren

Klausuren sind national wie international die dominierende Prüfungsform in der Studieneingangsphase der Mathematik (Iannone und Simpson, 2011; Kolbe und Liebendörfer, 2024). Am Ende des Semesters schreiben die Studierenden eine Klausur, die 90–120 Minuten dauert und häufig allein die Modulnote bestimmt. Die Klausur dient somit insbesondere dazu, einzuschätzen, inwiefern Studierende für das weitere Studium relevante Kenntnisse und Fähigkeiten erworben haben. Sie prüfen, inwiefern die Lernziele der Studieneingangsphase erreicht worden sind; neue Lernziele sind mit ihnen nicht verknüpft. Als Assessmentinstrument stehen Klausuren schon länger in der Kritik (Gueudet, 2008, S. 249; Thurston, 1994, S. 166). So wird bemängelt, dass Prüfungsaufgaben von Verantwortlichen in den Modulen selbst konzipiert werden und meist den vorher gestellten Übungsaufgaben stark ähneln. Das Risiko, dass Studierende oberflächliche Lernstrategien, wie das Auswendiglernen der semesterbegleitenden Aufgaben einsetzen, wird als hoch eingeschätzt (Gueudet, 2008, S. 249). So wurde festgestellt, dass Studienanfänger:innen Klausuren eher als Mittel erachten, um das Gedächtnis zu testen, als Verständnis zu prüfen (Iannone und Simpson, 2013).

Die Analyse von Klausuraufgaben bestätigt diesen Eindruck.[10] Bergqvist (2007, S. 367) konnte für schwedische Universitäten einen größeren Anteil an Aufgaben feststellen, der entweder die bloße Wiedergabe von Fakten verlangt, wie z. B. das Angeben einer Definition bzw. eines Satzes aus der Vorlesung, oder dessen Lösung auf einem bekannten Algorithmus basiert. Die zugrundeliegenden Algorithmen wurden im Semester kennengelernt, und für eine korrekte Lösung der Klausuraufgabe sind keine Adaptionen nötig. Die weiteren Aufgaben haben entweder eine global algorithmische Lösung, die aber mindestens einen Schritt beinhaltet, der den Studierenden unbekannt ist, oder fordern das Erstellen einer gänzlich unbekannten Lösung. Für *Calculus*-Klausuren in den USA[11] lassen sich ebenso hauptsächlich niedrige kognitive Anforderungen identifizieren (Tallman et al., 2016, S. 121). Im deutschsprachigen Raum gibt es kaum Studien zu den Anforderungen von Klausuraufgaben. Göller (2017, S. 375) beschreibt den Charakter einer einzelnen Analysis-I-Klausur. In der entsprechenden Klausur konnte man 62 % der Punkte durch Aufgaben erreichen, die Faktenwissen, Entscheidungen auf Basis bekannter Methoden und die routinemäßige Anwendung von Prozeduren verlangen. Beweise spielen im Vergleich dazu eine untergeordnete Rolle. In einer aktuellen Studie (Kolbe und Liebendörfer,

---

[10] Die genauen Ergebnisse der Studien werden in 5.4.2 besprochen.

[11] Man beachte die abweichende Ausrichtung der Veranstaltung von der üblichen Analysis an deutschen Universitäten (vgl. Fußnote 1 und 3.2).

2024, S. 14) zu den vorrangig in Analysis-I-Klausuren geforderten Wissensarten, zeigte sich bei den 49 untersuchten Klausuren ein erheblicher Fokus auf prozedurales bzw. Faktenwissen. So konnten mehr als zwei Drittel der Aufgaben durch die Angabe von Fakten oder die Anwendung von Verfahren, bei denen Konzepte höchstens eine untergeordnete Rolle spielen, gelöst werden. Dies divergiert von den kognitiv anspruchsvollen Zielen, die in der Studieneingangsphase erreicht werden sollen (vgl. 2.2.2.1).

Es lassen sich zwei Gründe identifizieren, wieso sich die Anforderungen von Klausuraufgaben relativ stark von den Zielen der Studieneingangsphase unterscheiden. Einerseits ist ein Großteil der Studierenden nicht in der Lage, eigenständig Beweise zu konstruieren (vgl. 2.2.2.5), insbesondere nicht in kurzer Zeit. Beweisaufgaben, speziell solche, welche das tiefgründige Durchdringen des Stoffs fordern, „gehen also nicht" in Klausuren (Grieser, 2014, S. 89). Um hohe Durchfallquoten zu vermeiden, setzen Dozierende sie in Klausuren kaum ein. Andererseits umgehen Lehrende dadurch auch externen Druck, wie finanzielle Kürzungen, die sich durch leistungsbezogene Abbrüche (vgl. 2.1) und folgend geringere Studierendenzahlen ergeben (Smith und Wood, 2000, S. 131). Schließlich können Klausuren mit einer Vielzahl von prozedural lösbaren Aufgaben leichter konstruiert und korrigiert werden und lassen sich für die Folgejahre vergleichsweise einfach anpassen. Lehrende sparen durch solche Aufgaben daher auch Zeit (Kolbe und Liebendörfer, 2024, S. 17). Die mangelnde Kongruenz zwischen Klausuren und Zielen der Studieneingangsphase sowie die Verortung am Ende des Lernprozesses machen Klausuraufgaben für die vorliegende Studie weniger interessant.

4.5 Zusammenfassung

Die Module der Studieneingangsphase bestehen aus den vier Elementen Vorlesung, Übung, Übungsaufgaben und Klausur. Vorlesungen sind traditionell instruktionsorientiert gestaltet (vgl. 4.1) und binden so Studierende nur in sehr geringem Maße aktiv ein. Übungen bieten hierfür schon aufgrund geringerer Größen der Lerngruppen mehr Potential. In klassischen Vorrechenübungen werden allerdings hauptsächlich die Musterlösungen der Aufgaben besprochen und potentiell aufgetretene Defizite der Studierenden thematisiert, weshalb nur bedingt ein Beitrag zu den anspruchsvollen Zielen des Mathematikstudiums geleistet werden kann. Präsenzaufgabenübungen ermöglichen hingegen, durch den Fokus auf das Lösen von Aufgaben, eine stärkere kognitive Aktivierung der Studierenden. In der Praxis dominieren eher Vorrechenübungen (vgl. 4.2). Die Phase der aktiven Wissenskonstruktion ist daher in das Selbststudium zu verorten, dessen wichtigsten Bestandteil die wöchentlichen Übungsaufgaben darstellen. Mit diesen ist eine Vielzahl von Funktionen verknüpft: das Entwickeln mathematikbezogener Resilienz, das Anwenden und Vertiefen von Inhalten aus der Vorlesung, der Erwerb von Beweis- und Problemlösefähigkeiten, das Erlernen bzw. Festigen von Techniken und die Vernetzung von Studierenden in Lerngruppen (vgl. 4.3). Im Wesentlichen werden damit alle Ziele der Studieneingangsphase, außer ggf. eine kritisch-reflektierte Haltung zur Mathematik einnehmen zu können, mit den Übungsaufgaben verbunden (vgl. 2.2.2.1). Die abschließende Klausur prüft hingegen nur noch den Lernerfolg bei den Studierenden, wobei der Schwerpunkt eher auf Aufgaben liegt, die prozedural lösbar sind oder große Ähnlichkeiten zu den Übungsaufgaben aufweisen (vgl. 4.4). Die zentrale Rolle der Übungsaufgaben für die Module der Studieneingangsphase im Selbststudium und als Schnittstelle zwischen Selbststudium und Lehrveranstaltungen ist in Abbildung 4.1 graphisch dargestellt.

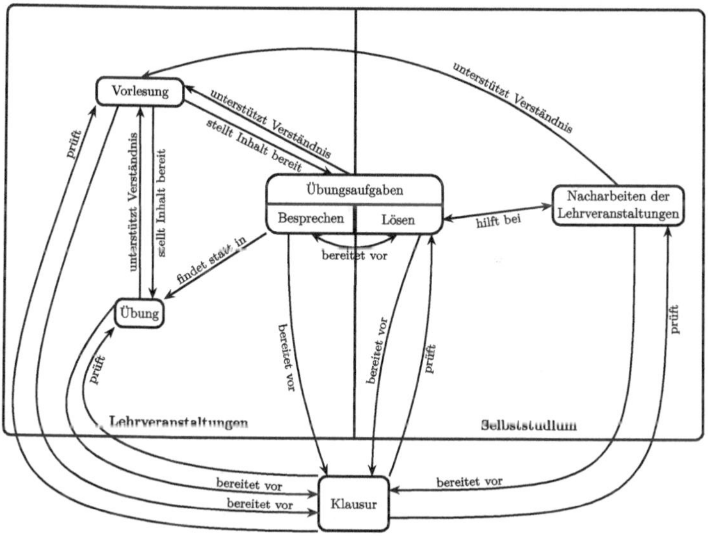

Abbildung 4.1 Bestandteile der Studieneingangsphase und ihre Beziehungen

Beunruhigend scheint die Erkenntnis, dass viele Studierende die Lerngelegenheit der Übungsaufgaben nicht wie intendiert nutzen. Die Mehrheit der Studierenden schreibt die Lösungen der Aufgaben bei Kommiliton:innen oder aus Büchern bzw. dem Internet ab. Unter Nutzung dieser Strategie bleibt ein größerer Lerneffekt häufig aus und vielen Studierenden gelingt es so nicht, die abschließende Klausur zu bestehen. Fraglich ist, welche Gestaltungsmerkmale der Aufgaben dazu beitragen, dass Studierende vergleichsweise selten vollkommen eigenständig Lösungen zu Übungsaufgaben entwickeln. Daher muss der Aufgabenbegriff so präzisiert werden, dass der Begriff Übungsaufgabe für eine Untersuchung zugänglich wird. Im folgenden Kapitel wird dafür zunächst der Aufgabenbegriff aus der (bisher einzig verfügbaren) schulischen Perspektive geklärt und eine tragfähige Definition für Übungsaufgaben gegeben. Anschließend werden empirische Ergebnisse zur Aufgabengestaltung in der Schul- bzw. Hochschulmathematik vorgestellt, an die die vorliegende Arbeit anknüpfen kann.

5 Aufgaben an Schule und Hochschule

Aufgaben spielen eine exponierte Rolle in der Mathematik, was gleichermaßen für das Schulfach (Leuders, 2009, S. 94; Neubrand et al., 2011, S. 115; Reiss und Hammer, 2013, S. 95; Risse und Blomeke, 2008, S. 33; Walther, 1985, S. 28) als auch das Studienfach (vgl. 4.3) gilt. Wenig überraschend ist daher, dass verschiedene Studien den Zustand des Mathematikunterrichts anhand der Merkmale gestellter Aufgaben beschreiben. Über entsprechende Studien kann beispielsweise eine (mangelnde) Kongruenz der Ziele des Mathematikunterrichts und der Aufgabenrealität aufgezeigt werden (Kühn und Drüke-Noe, 2013, S. 923), woraus sich Handlungsempfehlungen für Lehrkräfte oder die Bildungspolitik ableiten lassen. Für die Hochschule erscheint dies insbesondere vor dem Hintergrund einer fehlenden pädagogisch-didaktischen Ausbildung der meisten Lehrenden (Büdenbender-Kuklinski, 2021, S. 42) gewinnbringend, da Potentiale und Defizite hinsichtlich gestellter Aufgaben den Dozierenden möglicherweise nicht bewusst sind. Im deutschsprachigen Raum liegen allerdings relativ wenige Studien vor, die sich explizit mit der Deskription von Aufgaben im Mathematikstudium beschäftigen. Diese umfassen jeweils kleinere Stichproben und konzentrieren sich teilweise nur auf einen Aspekt der Aufgaben. In dieser Arbeit sollen hingegen Ergebnisse mit einer deutlich umfangreicheren Stichprobe und einem ausführlichen, deduktiv erarbeiteten Klassifikationsinstrument produziert werden. Es fehlt jedoch bislang ein tragfähiger Übungsaufgabenbegriff, der anschlussfähig an die Arbeiten aus dem schulischen Bereich ist. Dieser wird in diesem Kapitel erarbeitet.

Dafür wird im ersten Abschnitt (vgl. 5.1) des Kapitels zunächst eine Definition des Aufgabenbegriffs erarbeitet, die für den empirischen Teil der Arbeit tragfähig ist. Im zweiten Abschnitt wird diese Definition erweitert, indem auch funktionale Aspekte miteinbezogen werden (vgl. 5.2), da es so möglich wird, zwischen Übungs- und Klausuraufgaben zu trennen. Im Anschluss (vgl. 5.3) wird der Begriff Aufgabenkultur, der in verwandten Arbeiten (Drüke-Noe, 2014; Leisen, 2006) genutzt

F. Wlassak, *Gestaltungsmerkmale und Typen von Übungsaufgaben aus der Analysis I*, https://doi.org/10.1007/978-3-658-50118-1_5

wird, besprochen und erläutert, wieso er sich für die Untersuchung in dieser Arbeit als zu umfangreich erweist. Stattdessen wird der Begriff des Aufgabenprofils und -typs als Oberbegriff für die gebündelte Beschreibung von Gestaltungsmerkmalen der Übungsaufgaben erarbeitet und in der Folge verwendet. Im letzten Abschnitt dieses Kapitels (vgl. 5.4) sollen Studien zu Aufgaben der Schul- bzw. Hochschulmathematik besprochen werden, da sie einerseits für diese Arbeit relevante Gestaltungsmerkmale bereitstellen, die als Untersuchungsinstrumente genutzt werden können, andererseits, weil sie Hypothesen über die typischen Charakteristika von Übungsaufgaben zulassen.

5.1 Der Begriff Aufgabe

Die Bedeutung von Aufgaben im Mathematikunterricht (Büchter und Leuders, 2016, S. 7; Reiss und Hammer, 2013, S. 95) ergibt sich daraus, dass Aufgaben für alle Phasen des Unterrichts, wie die Begriffseinführung, das Erarbeiten von Zusammenhängen, das Üben, die Vertiefung und Konsolidierung von Inhalten sowie die Leistungsüberprüfung, genutzt werden können. Mit einer stärkeren Ausrichtung des Mathematikunterrichts an prozessbezogenen Kompetenzen (vgl. 2.2.1.1) rücken Tätigkeiten wie das Problemlösen, Beweisen oder Modellieren stärker in den Fokus. Im Mathematikunterricht sind auch diese an das Lösen von Aufgaben gebunden (Hammer und Ufer, 2015, S. 160; Reiss und Hammer, 2013, S. 96), sowohl auf den Erwerb der Kompetenzen bezogen, als auch, was die Überprüfung bzw. Diagnose dieser Kompetenzen betrifft. Ähnliches gilt auch für Aufgaben im Mathematikstudium. Obwohl sie *in* den Vorlesungen weniger relevant sind, stellen sie für Übungen, das Nacharbeiten der Vorlesungen und die Klausuren Steuerungsinstrumente dar, die den Großteil der Lernzeit von Studienanfänger:innen binden (vgl. 4.3). Trotz dieser Bedeutung von (Übungs-)Aufgaben in der Studieneingangsphase gibt es bislang relativ wenig Literatur (Wlassak und Schöneburg-Lehnert, 2022), die sich dem (Übungs-)Aufgabenbegriff aus der Perspektive der Hochschuldidaktik nähert. Im Folgenden soll daher von einer allgemeinen über eine fachdidaktische Sicht, ein für die Hochschulmathematikdidaktik tragfähiger Aufgabenbegriff erarbeitet werden.

5.1.1 Aufgabenbegriff aus der Perspektive der allgemeinen Didaktik und Psychologie

Im Wesentlichen lassen sich zwei Definitionsarten für Aufgaben unterscheiden. In der weitgefassten Definition gelten Aufgaben als „kleinste Elemente“ (Criblez,

2015, S. 28) von Leistungsmessung und Kompetenzorientierung. So stellen Aufgaben vom Individuum eigenständig gestellte oder von außen herangetragene Anforderungen dar (Scholz, 1980, S. 27). Dies ermöglicht, alle *Aufforderungen* oder Angebote zum Denken und Handeln im Unterricht als Aufgaben zu verstehen (Kühn, 2010; Leisen, 2006). Entsprechende Aufträge sind „nicht nur auf Handlungen, die man mit Papier und Bleistift ausführt“ (Schott, 1985, S. 150) begrenzt; Aufgaben können auch mündliche, gestalterische oder praktische Leistungen anregen (Thonhauser, 2008, S. 13). Ein solch breites Verständnis von Aufgaben inkludiert insbesondere mündliche Aufforderungen, mit denen Schüler:innen im Unterrichtsgespräch konfrontiert sind. Zum Beispiel sind dies Fragen, die nach wenigen Sekunden Bedenkzeit beantwortet werden sollen (Kleinknecht, 2019, S. 4). Weiterhin können auch pädagogisch-disziplinarische Äußerungen der Lehrkraft unter dieser Definition subsumiert werden, da sie ebenso Aufforderungen zum (Nach-)Denken und (veränderten) Handeln darstellen. Diese auf das Unterrichtsmanagement bezogenen Aufforderungen sind von inhaltsbezogenen Aufgaben abzugrenzen (Hunkins, 1995, S. 112; Rumann und Tiemann, 2007, S. 136).

Ein engeres Verständnis des Aufgabenbegriffs umfasst nur Aufforderungen mit fachlichem *Inhaltsbezug* und diejenigen Aufträge, die selbstständige Arbeitsphasen von Schüler:innen intendieren (Blömeke et al., 2006, S. 331; Jatzwauk, 2007, S. 13). Hier liegen Aufgaben nur in spezifischen Lernsettings vor und sind nicht allein durch ihren Aufforderungscharakter gegeben. Vielmehr sind sie an einen Inhaltsbereich gebunden, in dem operiert wird (Hunkins, 1995, S. 114). Der Inhaltsbereich kann dabei unterschiedlich umfangreich sein; speziell für die Mathematik könnte es sich um ein sehr begrenztes Gebiet handeln, z. B. die Addition gleichnamiger Brüche oder ein gesamtes mathematisches Teilgebiet wie die Geometrie, aus der mehrere Wissenselemente zum Einsatz kommen. Viele Autor:innen (Andre, 1979; Bruder, 2012; Häußler und Lind, 1998; Schott, 1985) verknüpfen den Aufgabenbegriff explizit mit einer Lernfunktion für das jeweilige Inhaltsgebiet. Je nach Vorwissen der Lernenden unterscheiden sich potentielle Lernergebnisse durch Aufgabenbearbeitungen erheblich (Andre, 1979, S. 281), weshalb der Kontext, in welchem die Aufgabe gestellt wird, bei ihrer Einschätzung berücksichtigt werden sollte.

Vor allem in der Psychologie, aber auch in der Mathematikdidaktik (Bruder, 2003; Gawlick, 2013; Pólya, 2010; Schoenfeld, 1985), wird die engere Sicht auf Aufgaben in Bezug auf die Vorkenntnisse des Aufgabenlösers[1] weiter ausdifferenziert, indem zwischen Problemen und Aufgaben unterschieden wird. Um beide

[1] Wenn über eine unbekannte Person, die sich an der Lösung einer Aufgabe versucht, gesprochen wird, wird im Folgenden der Begriff Aufgabenlöser genutzt. Dies meint Personen aller Geschlechter mit, was auch für den Begriff Aufgabensteller, eine unbekannte Person, die Aufgaben vorgibt, gelten soll.

Begriffe zu definieren, betrachtet Dörner (1979, S. 10) drei Komponenten eines Problems: einen unerwünschten Anfangszustand, einen erwünschten Endzustand sowie eine Barriere zwischen den Zuständen. Der Aufgabenlöser überwindet die Barriere, indem über kognitive Prozesse eine Transformation zwischen Anfangs- und Endzustand initiiert wird (vgl. Abbildung 5.1).

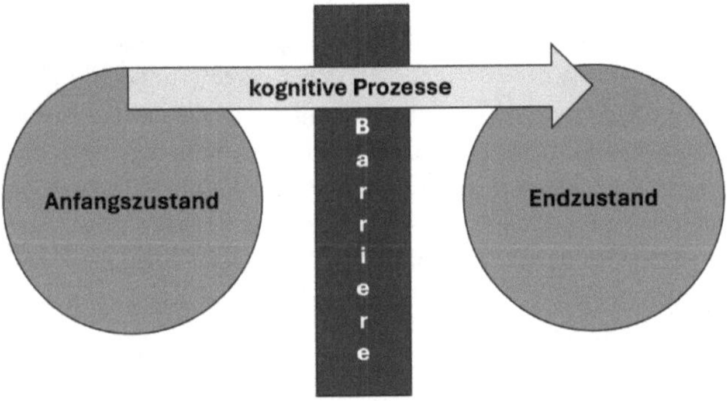

Abbildung 5.1 Komponenten eines Problems nach Dörner (1979)

Kann die nötige Transformation beim Individuum aus dem Gedächtnis abgerufen werden, so handelt es sich um eine Aufgabe. Müssen hingegen bekannte Mittel auf eine unbekannte Art und Weise zur Transformation kombiniert werden oder sind sie dem Aufgabenlöser gänzlich unbekannt, so handelt es sich um ein Problem. Problem und Aufgabenbegriff sind aus dieser Perspektive in Bezug auf einen einzigen Aufgabenlöser disjunkt.[2] Diese disjunkte Perspektive erscheint für die vorliegende Arbeit aus mehreren Gründen ungünstig. Aufforderungen an Schule oder Hochschule richten sich üblicherweise an eine Gruppe von Lernenden (vgl. 4.3), sodass es aufgrund heterogener Vorkenntnisse unwahrscheinlich ist, dass eine für alle Gruppenmitglieder gültige Einteilung als Aufgabe oder Problem möglich ist. Zusätzlich können z. B. mündliche Hinweise der Lehrenden den Problemcharakter einer Aufforderung beeinflussen, die jedoch im Rahmen dieser Arbeit nicht beobachtbar sind. Schließlich lässt das disjunkte Verständnis es nicht zu, einen potentiellen existierenden Graubereich zwischen Problem und Aufgabe abzubilden (Rott, 2015, S. 26).

[2] Im englischsprachigen Raum ist die Trennung zwischen *problem* und *task* weniger klar. Das Verständnis des Begriffs *problem* kann hier von individuell anspruchsvollen Aufgaben bis hin zu Routineaufträgen reichen (Schoenfeld, 1992, S. 337).

Probleme und Aufgaben lassen sich auch in einem hierarchischen Verhältnis betrachten. Aufgaben sind dann „wohldefinierte Probleme, die mindestens eine Lösung haben“ (Häußler und Lind, 1998, S. 3; vgl. auch Reiss und Hammer, 2013, S. 95). Dass die Aufgabenlösung eine für den Aufgabenlöser unbekannte Transformation enthält, wird so zu einem notwendigen Kriterium einer Aufgabe. Vor dem Hintergrund, dass auch rechnerische Verfahren in der Studieneingangsphase thematisiert und eingeübt werden sollen (vgl. 2.2.2.4 und 3.1.2), wären Aufforderungen, die zur Automatisierung von Routinen dienen, keine Aufgaben. Daher ist die Berücksichtigung dieser Perspektive in dieser Arbeit ebenso nicht gewinnbringend.

Stattdessen soll eine umgekehrt hierarchische Nutzung des Aufgabenbegriffs erfolgen. Eine Aufgabe stellt in diesem Verständnis eine „inhaltsbezogene Denk- und Handlungsaufforderung“ (Jatzwauk, 2007, S. 14; Krüger, 2015, S. 23; Kühn, 2010, S. 139) dar, was an die beschriebene enge Interpretation des Aufgabenbegriffs anknüpft. Das individuelle Vorliegen einer Transformation zwischen Anfangs- und Endzustand ist aus dieser Perspektive aber kein Kriterium einer Aufgabe. Liegt diese vor, handelt es sich um eine Routineaufgabe; liegt diese nicht vor, handelt es sich um ein Problem. Der Aufgabenbegriff wird so als ein Oberbegriff für Routineaufgaben und Probleme sowie einen potentiellen Graubereich dazwischen gleichermaßen genutzt (vgl. Abbildung 5.2).

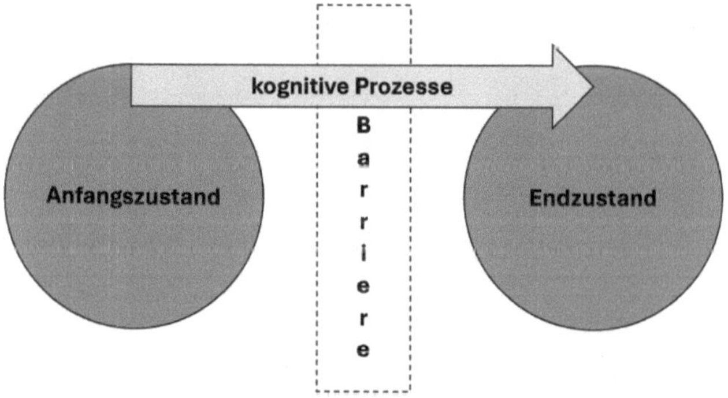

Abbildung 5.2 Aufgaben als Konstrukt mit optionaler Barriere

Neben Inhaltsbezug und Aufforderungscharakter ist die bei Lernenden ausgelöste *Aktivität* das dritte Charakteristikum des Aufgabenbegriffs. Aufgaben werden als Verknüpfung einer Stimulus- mit einer Responsekomponente verstanden (Astleitner, 2008, S. 65; Klauer, 1987, S. 15): Aufgabenstellungen (Stimulus) fordern

Lernende zu inhaltsbezogenen Tätigkeiten auf, resultierende Bearbeitungsprozesse der Lernenden münden in einer Antwort (Response). Wie Antworten aussehen könnten, wird oft nur vage umschrieben, z. B. dadurch, dass Lernende „some response" produzieren (Andre, 1979, S. 281) oder dass „was zur Lösung fehlt" (Girmes, 2014, S. 12). Einfluss auf die Art und Qualität von Lösungen nehmen die Oberflächen- und Tiefenstruktur einer Aufgabe. Unter der Oberflächenstruktur subsumiert man die konkret in der Aufgabenstellung beschriebenen Objekte, die Tiefenstruktur bezieht sich auf die, der Lösung der Aufgabe zugrundeliegenden, mathematischen Prinzipien (Häußler und Lind, 1998, S. 22). Speziell für die Mathematik in der Schule kann ein solches Prinzip in der Tiefenstruktur beispielsweise das Verfahren zur Multiplikation von gemeinen Brüchen umfassen, die Oberflächenstruktur ergibt sich durch die in der Aufgabenstellung gegebenen Zahlenbeispiele und eine mögliche Kontextualisierung. Im Beispiel (vgl. Abbildung 5.3) aus einem Schulbuch wird die Tiefenstruktur durch die Multiplikation von gemeinen Brüchen gegeben, die Oberflächenstruktur ergibt sich aus den Zahlen $\frac{3}{5}$ und $\frac{2}{3}$ sowie dem Kontext „Fläche eines Gartens". Insbesondere gestalten Oberflächen- und Tiefenstruktur zusammen den Inhaltsbezug einer Aufgabe aus.

Abbildung 5.3 Beispiel für die Oberflächen- und Tiefenstruktur einer Aufgabe aus einem schulischen Lehrbuch (Böttcher et al., 2020, S. 28)

Festgehalten werden kann die resultierende Arbeitsdefinition von Aufgaben:

> Aufgaben sind Denk- bzw. Handlungsaufforderungen mit Oberflächen- und Tiefenstruktur. Lernende werden durch sie mit einem spezifischen Inhalt konfrontiert, welcher kognitive Aktivitäten anregt, die in einem Lösungsvorschlag resultieren.

Offenbar ist diese Definition nicht explizit auf die Mathematik bezogen. Bislang können Inhaltsbezüge und das Anregen kognitiver Aktivitäten auch außerhalb der Mathematik auftreten. Eine Ausschärfung erfolgt daher im nächsten Abschnitt durch die Betrachtung des Aufgabenbegriffs für die Mathematik.

5.1.2 Aufgabenbegriff aus der Perspektive der Fachdidaktik Mathematik

Wie beschrieben, stellen Aufgaben für den Mathematikunterricht und das Mathematikstudium typische Elemente dar. Dementsprechend liegt eine Vielzahl fachdidaktischer Positionen zum Aufgabenbegriff vor. Es zeigt sich, dass diese weitgehend verträglich mit der allgemeinen Sicht auf Aufgaben sind. Der Mathematikdidaktiker Walter Doyle (1983, S. 161) fokussiert die Interaktion zwischen Aufgaben und Lernenden sowie die Aktivität der Lernenden und nennt diesbezüglich drei Bausteine von Aufgaben: Produkte, die Lernende erzeugen, dafür verwendete Operationen und die verfügbaren Ressourcen. Offenbar korrespondieren die beschriebenen Produkte mit dem entstandenen Lösungsvorschlag aus der allgemeinen Perspektive auf Aufgaben sowie die Operationen mit den kognitiven Aktivitäten. Zu den verfügbaren Ressourcen zählt Doyle mindestens die Aufgabenstellung, es können aber auch eine Beispielrechnung oder ein Erklärtext zusätzlich gegeben sein. Allgemeiner lässt sich unter den Ressourcen auch das lösungsrelevante Vorwissen subsumieren, was eng an den Begriff der Tiefenstruktur einer Aufgabe anknüpft. Ein expliziter Bezug zur Mathematik ist in diesem Ansatz nicht festzustellen.

Der Aufforderungscharakter von Aufgaben wird in fachdidaktischen Beiträgen häufig explizit mit einer Lernfunktion verknüpft. So lassen sich Aufgaben z. B. als „Aufforderung zum Lernhandeln" (Bruder, 2000a, S. 69; Bruder, 2017, S. 19) verstehen. In diesem Verständnis regen Aufgaben Lernendenaktivitäten an, die auf das Erreichen von festgelegten Lernzielen gerichtet sind. Die Lehrkraft wählt dabei Aufgaben so aus, dass sie auf klar umrissene Aktivitäten abgestimmt sind (Fischer und Malle, 2004, S. 281). Damit die Lernenden durch Aufgaben Lernziele erreichen können, müssen Lernziele, Vorwissen der Lernenden sowie voraussichtliche Aktivitäten zur Lösung der Aufgabe kompatibel sein. Wird diese Beschreibung sehr eng interpretiert, erscheint sie aus zwei Gründen unzureichend: Einerseits werden Aufgaben, die der bloßen Kontrolle von Lernergebnissen dienen, ausgeschlossen (z. B. Klausuraufgaben; vgl. 4.4), andererseits ist der Ansatz wiederum nicht spezifisch für die Mathematik (Christiansen, 2007; Schott, 1985).

Ein fachspezifischer Blick auf den Aufgabenbegriff zeigt sich in der Pythagoras-Studie:

> Aufgaben enthalten eine explizite oder implizite Aufgabenstellung, welche einen unbekannten Aspekt beinhaltet, der durch die Anwendung mathematischer Operationen bzw. mathematischen Denkens bestimmt werden muss. Aufgaben beinhalten im Allgemeinen auch eine Lösung. Korrektur und Besprechung der Lösung sind ebenfalls Bestandteile der Aufgabe (Hugener et al., 2006, S. 67–68).

Diese Beschreibung umfasst, wie die Arbeitsdefinition aus 5.1.1, die drei Elemente Aufforderungscharakter, Inhaltsbezug und Aktivität der Lernenden. Der Aufforderungscharakter ist durch die Aufgabenstellung gegeben, wobei diese nicht unbedingt als Arbeitsauftrag formuliert sein muss, sondern z. B. von den Lernenden selbst aus einem gegebenen Impuls erschlossen werden kann. Der Inhaltsbezug sowie die Lernendenaktivität ist an *mathematisches* Operieren bzw. Denken geknüpft und unterscheidet sich diesbezüglich von den bisher betrachteten Ansätzen. Zusätzlich sind Rückmeldungen an die Lernenden in Form einer Korrektur sowie Besprechung der Lösung Teil einer Aufgabe. Dabei stellen die Autor:innen noch klar, dass es sich bei Letzteren um fakultative Elemente einer Aufgabe handelt (Hugener et al., 2006, S. 68). Es wird hier zumindest implizit der Bezug zur Oberflächen- und Tiefenstruktur von Aufgaben klar: Mathematische Operationen bzw. mathematisches Denken bestimmen die Tiefenstruktur einer Aufgabe, die Aufgabenstellung die Oberflächenstruktur.

Eine ebenso fachspezifische Definition des Konstrukts Mathematikaufgabe ist die folgende:

> Eine (Mathematik)aufgabe umreißt eine (mathematikhaltige) Situation, die Lernende zur (mathematischen) Auseinandersetzung mit dieser Situation anregt (Büchter und Leuders, 2016, S. 12).

In Ergänzung zur vorherigen Definition sind für Mathematikaufgaben nicht mehr nur die Lernendenaktivität und der Inhaltsbezug speziell auf die Mathematik ausgerichtet, sondern zusätzlich ergibt sich die Handlungsaufforderung aus einer mathematikhaltigen Situation. Die Definition ermöglicht es, auch allgemeine Aufgaben zu betrachten, die nicht unbedingt eine *mathematische* Situation vorgeben und bei denen die Auseinandersetzung nicht unbedingt mathematisch sein muss. Mathematikaufgaben regen hingegen mathematische Tätigkeiten an. Der von Büchter und Leuders genutzte Begriff der mathematischen Situation kann zusätzlich so weit gefasst werden, dass unter ihm relevantes Vorwissen sowie zugelassene Hilfsmittel, d. h., die „verfügbaren Ressourcen" (Doyle, 1983, S. 161) bzw. zugrundeliegende Prinzipien – im Sinne einer Tiefenstruktur – mit abgebildet werden. Eine Aufgabe wird somit nicht ausschließlich durch die Aufgabenstellung bzw. ihre Oberflächenstruktur charakterisiert. Zusammengefasst ergibt sich folgende Definition:

> Mathematikaufgaben geben Lernenden eine *mathematikhaltige Situation* in einem abgeschlossenen Inhaltsbereich vor, mit der sie sich mathematisch auseinandersetzen sollen.

Diese Definition wurde gewählt, da sich durch den Begriff *mathematikhaltige Situation* heterogene Anforderungen von Aufgaben abbilden lassen, die gerade im Hochschulkontext von isolierten Rechenverfahren bis zu anspruchsvollen Beweisen reichen können und somit die Breite des Aufgabenbegriffs von Routineaufgabe bis zum anspruchsvollen Problem abgedeckt werden kann. (vgl. 2.2.2.4 und 2.2.2.5). Weil insbesondere zu vermuten ist, dass auch allgemeine Aussagen bewiesen werden, ist hingegen eine Verkürzung von Mathematikaufgaben auf die Auseinandersetzung mit einem Beispiel eines Sachverhalts (Neubrand, 2002, S. 16) für die Hochschulmathematik unangemessen.

Die in diesem Abschnitt gewonnene Definition bildet zusätzlich die Angebots-Nutzungs-Struktur einer Aufgabe ab (Leuders, 2023, S. 494). Das impliziert, dass die vom Aufgabensteller intendierte Nutzung des Angebots Aufgabe von der tatsächlich angeregten Aktivität der Lernenden abweichen kann (Stein et al., 1996, S. 459). Für die Aufgaben der Hochschule zeigt sich dieser Kontrast bei der Abschreibeproblematik (vgl. 4.3): Übungsaufgaben werden gestellt, damit Studierende durch eigenständiges Arbeiten komplexe mathematische Tätigkeiten wie das formal-deduktive Beweisen erlernen, aber ein Großteil der Studierenden greift nicht auf dafür relevante Aktivitäten zurück, sondern schreibt die Lösungen der Aufgaben ab.

5.1.3 Der Umfang einer Aufgabe

Problematisch ist an der generierten Definition, dass nicht geklärt wird, wie zwei Aufgaben voneinander abgegrenzt werden können. Renkl (1991, S. 63) schlägt vor, unter jeder neuen Frage eine Aufgabe zu verstehen. Im Kontext von schriftlichen Arbeitsaufträgen ergibt sich das Problem, dass nicht jede neue Situation, mit der sich Lernende auseinandersetzen sollen, explizit mit einem neuen Arbeitsauftrag bzw. einer neuen Frage einhergeht. Man denke beispielsweise an Aufgabenpäckchen, die sich allesamt auf das Multiplizieren von Brüchen beziehen. Hier ist ein übergeordneter Arbeitsauftrag („Multipliziere die Brüche!") gegeben, der wiederholt mit variierendem Zahlenmaterial durchgeführt werden soll.

Im Kontext von Prüfungsaufgaben wird der Begriff der Operatoraufgabe (Kühn, 2010, S. 139) genutzt, wobei eine Operatoraufgabe eine inhaltsbezogene Denk- und Handlungsaufforderung beschreibt, die genau einen unabhängigen Operator enthält. Für vollständig operationalisierte Aufgabenstellungen, wie sie in zentralen Prüfungsaufgaben vorliegen, handelt es sich um eine praktikable Lösung. Da Übungsaufgaben der Hochschulmathematik nicht operationalisiert sein müssen, kann dieser Ansatz jedoch nicht auf den Hochschulkontext übertragen werden.

Ein fundamental anderes Verständnis der Trennung zweier Aufgaben findet sich bei Stein, Grover und Henningsen (1996, S. 460):

> An activity is not classified as a different or new task unless the underlying mathematical ideas toward which the activity is oriented changes. Thus a lesson is typically divided into two, three or four tasks rather than into many more tasks of shorter duration

Entsprechend handelt es sich erst dann um eine neue Aufgabe, wenn sich die Tiefenstruktur – im Sinne von neuen zu nutzenden Prinzipien – der Aufforderung ändert. Eine Schwäche dieser Auffassung ist, dass nicht näher geklärt wird, inwieweit sich die für das Bearbeiten der Aufgabe zugrundeliegende mathematische Idee ändern muss. Für Übungsaufgaben an der Hochschule ist beispielsweise zu erwarten, dass die Inhalte der vergangenen Woche auf dem Übungsblatt der aktuellen Woche besprochen werden. Umfasst dieses nur Aufgaben zu einem geschlossenen Themenkreis, wie z. B. Konvergenzkriterien für Reihen, könnte eine enge Interpretation des Zitats zum Schluss kommen, dass der Übungszettel nur eine Aufgabe umfasst. Dies würde es kaum zulassen, unterschiedliche kognitive Orientierungen von Aufgaben, z. B. die rechnerische Anwendung eines Kriteriums im Vergleich zu dessen Beweis, zum gleichen Inhalt abzubilden.

Ein weiterer Vorschlag besteht darin, bereits vorgegebene Strukturierungselemente, wie Nummerierungen bzw. Einteilungen in Unteraufgaben zur Identifikation von Aufgaben zu nutzen, wenn zugehörige Lösungsaktivitäten voneinander unabhängig sind (Hugener et al., 2006, S. 68). Das beschriebene Problem der Operatoraufgabe wird hierdurch gelöst. Einzig das Problem von mehreren Arbeitsaufträgen, die im Rahmen eines Strukturierungselements auftreten[3], bleibt bestehen. In dieser Arbeit wird daher eine Aufgabenstellung zu mehreren Aufgaben gewertet, wenn sie eine potentielle Lösung in mehrere, trennbare Teilhandlungen unterteilt. Entsprechend ist die Trennlinie zwischen zwei mathematischen Situationen aus der Aufgabendefinition durch die Anregung zweier unterschiedlicher Lösungsbemühungen gegeben. Insbesondere können so im Gegensatz zum Ansatz von Stein, Grover und Henningsen (1996) Aufgaben, bei denen sich nur die Oberflächenstruktur, aber nicht die Tiefenstruktur ändert, als verschieden aufgefasst werden, was es ermöglicht, Unterschiede in der Komplexität von Aufgaben darzustellen, die sich auf das gleiche mathematische Prinzip beziehen.[4]

5.2 Die funktionale Ebene von Aufgaben

Nachdem geklärt wurde, wie eine Aufgabe definiert werden kann und wie zwischen zwei Aufgaben zu trennen ist, stellt sich die Frage, warum Aufgaben eine so wichtige Rolle für das Mathematiklernen im Allgemeinen und die Mathematikdidaktik im Besonderen spielen. Dies soll anhand der Funktionen von Aufgaben beantwortet werden. Insbesondere ist für die Zwecke dieser Arbeit zu prüfen, inwiefern die Ausführungen zur Schulmathematik auch für die Hochschule gültig sind.

5.2.1 Funktionen von Aufgaben

Die Bedeutung von Aufgaben für das Lernen von Mathematik ergibt sich dadurch, dass sie „flexible, breit einsetzbare und aktiv steuerbare inhaltliche und didaktische Strukturierungselemente“ (Neubrand et al., 2011, S. 116) darstellen. Der Einfluss

[3] Zum Beispiel: *Zeigen Sie, dass f injektiv und surjektiv ist* im Vergleich zu *Zeigen Sie, dass f bijektiv ist.* In der ersten Formulierung lassen sich zwei unabhängige Aufforderungen identifizieren, wohingegen in der zweiten Formulierung nur eine Aufforderung vorliegt.

[4] Für das Beispiel aus der vorherigen Fußnote beziehen sich beide Formulierungen auf die gleiche Tiefenstruktur: die Bijektivität von Funktionen. In der ersten Formulierung ist die Komplexität der Lösung geringer, da ein Teilschritt, das Strukturieren des Nachweises in zwei Teilbeweise, bereits durch die Aufgabenstellung vorweggenommen wird.

von Aufgaben auf Lernende ist entsprechend umfangreich: Aus kognitiver Perspektive haben Aufgabeninhalte signifikante Effekte auf das Lernen, aus kultureller Perspektive schärfen sie den Blick auf das Fach und aus einer pragmatischen Sicht stellt die Auseinandersetzung mit Aufgaben die Hauptaktivität im Unterricht dar (Watson und Ohtani, 2015, S. 3).

Da Aufgaben in institutionalisierten Kontexten überwiegend von Lehrenden an Lernende gestellt werden, beeinflussen sie die Interaktion zwischen diesen beiden Personengruppen. Bromme, Seeger und Steinbring (1990, S. 16) sprechen von „Aufgaben als der Schnittstelle zwischen der Tätigkeit der Lehrer und Schüler." Für Lehrende stellt die Auswahl und Orchestrierung von Aufgaben eine professionelle Anforderung dar, die subjektive Interpretationen normativer Vorgaben sichtbar macht. Lehrkräfte, die transmissive Vorstellungen vom Mathematiklernen haben, stellen z. B. kaum anspruchsvolle Aufgaben, sondern setzen Aufgaben vorrangig zum Einüben erarbeiteter Routinen ein (Dubberke et al., 2008, S. 203), was sich als nachteilig für den Lernerfolg der Schüler:innen erweist. Für Lernende konkretisieren Aufgaben Erwartungen der Lehrperson und dienen der Orientierung, welche Anforderungen von besonderer Relevanz sind. Die genannten Aspekte lassen sich allesamt auf den Hochschulkontext übertragen. Interaktionen zwischen Lehrenden und Studierenden finden häufig nur über gestellte Übungs- und Klausuraufgaben statt (vgl. 4.5). Die inhaltlich unterschiedliche Ausgestaltung von Analysis-I-Aufgaben verschiedener Dozierender bei vergleichbaren normativen Rahmenbedingungen (Wlassak, 2022, S. 1395) legt die Vermutung nahe, dass Anforderungen nicht homogen sind. Aufgaben weisen dabei insbesondere eine an die Lehrperson gebundene Steuerungswirkung auf, denn es ist bekannt, dass Studierende vielfach auf oberflächliche Reproduktionsstrategien vor Klausuren zurückgreifen. Speziell in der Mathematik lernen viele Studierende zur Vorbereitung auf die Abschlussklausur die Lösungen der semesterbegleitenden Übungsaufgaben oder älterer Klausuraufgaben auswendig (Göller, 2020, S. 336–337; Hilgert, 2020, S. 37; Kolter et al., 2018, S. 117; Tall, 1994, S. 11). Daher *konkretisieren und kommunizieren* Aufgaben *Leistungserwartungen* und dies wird von Studierenden auch so wahrgenommen und genutzt.

Der Mathematikunterricht der Schule orientiert sich so stark an Aufgaben, dass sie als Träger mathematischen Wissens gelten (Büchter und Leuders, 2016, S. 118; Krauss et al., 2008, S. 233). Häufig werden mathematische Begriffe in der Schule aus Aufgaben, die einen Bezug zur Realität aufweisen, abstrahiert bzw. über alltägliche Probleme motiviert (vgl. 2.2.1.2). Auch aus konstruktivistischer Perspektive kommt Aufgaben eine besondere Rolle zu, stellen sie doch Gelegenheitsstrukturen dar, die Lernenden eine eigenständige Auseinandersetzung mit mathematischen Inhalten ermöglichen. Aufgaben sind somit „Kristallisationspunkte des selbsttätigen

Lernens" (Neubrand, 2002, S. 2). Die individuelle Bearbeitung von Aufgaben gilt als unverzichtbare Voraussetzung (Reiss und Hammer, 2013, S. 96) für einen erfolgreichen Kompetenzerwerb, sei es auf inhaltlicher oder prozessbezogener Ebene. Durch Aufgaben können sich Lernende entsprechend mit Prozessen und Arbeitsweisen der Mathematik vertraut machen und diese erlernen.

In den Kontext der Hochschulmathematik lässt sich diese Bedeutung für den Wissenserwerb nur bedingt übertragen. Das Wissen strukturiert sich hier in Definitionen, Sätzen und zugehörigen Beweisen sowie Techniken mathematischen Arbeitens (vgl. 4.1). Definitionen, Sätze und deren Beweise werden in der Hochschulmathematik häufig nicht aus Aufgaben erarbeitet, sondern in Vorlesungen bereitgestellt; allerdings finden sich wiederholt Aussagen von Dozierenden der Hochschulmathematik, die betonen, dass das Studium der Hochschulmathematik, insbesondere in Bezug auf das Beweisen, nicht ohne das selbstständige Lösen von Aufgaben erfolgreich sein kann (Bauer und Hefendehl-Hebeker, 2019, S. 26; Hilgert, 2020, S. 39; Lehn, 2016; Riss und Schmidt, 2011, S. 292). Für den Erwerb prozessbezogener Kompetenzen wird Aufgaben daher eine große Bedeutung attestiert. Empirisch zeigen sich auch Hinweise, dass das eigenständige Lösen von Übungsaufgaben mit dem Studienerfolg korreliert (Rach, 2014, S. 213–214). Ob Studierende erfolgreich im Mathematikstudium sind, weil sie Übungsaufgaben selbstständig lösen oder sie überhaupt erst Übungsaufgaben lösen können, weil sie bereits überdurchschnittliche Lernvoraussetzungen aufweisen, ist unzureichend geklärt. Die Ergebnisse einiger Studien (Krapf und Liebendörfer, 2021; Ufer, 2015) legen aber die erste Interpretation und eine wichtige Rolle von Übungsaufgaben für den *Kompetenzerwerb* nahe (vgl. auch 4.3).

Mit der Einführung von Bildungsstandards im Fach Mathematik wurden durch den Unterricht zu erwerbende prozessbezogene Kompetenzen (vgl. 2.2.1.1) festgelegt und ein Fokus auf die Ergebnisse des Unterrichts gelegt (Blum et al., 2006 S. 16). Man erwartete neben besserer Vergleichbarkeit der Bildungssysteme der Länder eine Steigerung der Unterrichtsqualität (ebd.) und insbesondere eine Steigerung der Aufgabenqualität (Müller und Helmke, 2008, S. 41). Da Aufgaben die Aktivität der Lernenden anregen, hängt Aufgabenqualität nicht nur von inhärenten Merkmalen der Aufgabe, sondern auch dem Wissen und den Zielen der Lehrperson über bzw. für den Lernprozess der Lernenden sowie dem Vorwissen und der Motivation der Lernenden ab (Adleff et al., 2023, S. 373). Als wichtigstes inhärentes Qualitätsmerkmal einer Aufgabe gilt das Potential zur kognitiven Aktivierung, welches in allgemein-didaktischen Modellen neben der Unterrichts- bzw. Klassenführung und einem unterstützenden Lernklima als zentrale Determinante für die Unterrichtsqualität anerkannt ist (Klieme, 2006, S. 770; Praetorius et al., 2020, S. 412). Das kognitive Aktivierungspotential ist im Gegensatz zu den beiden anderen Merkmalen von Unterrichtsqualität fachspezifisch und somit für die vorliegende Arbeit von Bedeutung. Aufgaben gelten als kognitiv aktivierend, wenn sie an das „Vorwissen der Lernenden [...] anknüpfen, alle Lernenden [...] auf hohen Niveau zum Denken anregen und [...] Lernprozesse auf die Lernziele ausgerichtet sind.“ (Fauth und Leuders, 2022, S. 5). In diesem Sinne ist nicht jede Aktivität, selbst auf gedanklicher Ebene, mit kognitiver Aktivierung gleichzusetzen. Speziell für Aufgaben muss unterschieden werden zwischen solchen, die zu einer tiefen, aktiven Auseinandersetzung anregen und jenen, die dies nicht oder nur in einem sehr geringen Maße tun. Weiterhin besteht eine Differenz zwischen dem inhärenten kognitiven Aktivierungspotential einer Aufgabe, d. h. den möglichen Prozessen, die Aufgaben anregen können und der erreichten kognitiven Aktivierung, und somit, wie Lernende Aufgaben tatsächlich bearbeiten (Stein et al., 1996, S. 460).

In der Mathematik gelten Aufgaben als kognitiv aktivierend, die die Reflexion mathematischer Begriffe und Situationen erfordern (Fauth und Leuders, 2022, S. 11) und genuin mathematische Tätigkeiten wie das Argumentieren oder Problemlösen anregen (Jordan et al., 2006), S. 15. Das kognitive Aktivierungspotential von Aufgaben, die auf Prozeduren ausgerichtet sind, ist als niedrig zu werten. Insbesondere für die Hochschulmathematik haben kognitiv aktivierende Aufgaben einen großen Stellenwert, da anspruchsvolle Ziele, wie die Befähigung zum eigenständigen formalen Beweisen erreicht werden sollen (vgl. 2.2.2.1). Studierende neigen allerdings dazu, auch Aufgaben mit einem konzeptuellen Fokus prozedural zu lösen (Engelbrecht et al., 2009, S. 937; Liebendörfer und Ostsieker, 2014, S. 458), um so Anforderungen zu vereinfachen. Daher schlägt sich das inhärente Aufgabenpotential nicht unbedingt in Aufgabenbearbeitungen nieder. Nichtsdestotrotz ist die *kognitive Aktivierung* durch Aufgaben an der Hochschule von Bedeutung, gerade weil die Lehrveranstaltungen oftmals nur einen Bruchteil der Studierenden einbeziehen (vgl. 4.1 und 4.2).

5.2.2 Die funktionale Typisierung schulischer Aufgaben

Als Träger mathematischer Inhalte und Auslöser kognitiver Aktivitäten der Lernenden bilden Aufgaben im Unterricht den Ausgangspunkt des Kompetenzerwerbs. Gleichzeitig ermöglichen sie es, zu überprüfen, inwiefern Lernende erfolgreich beim Kompetenzerwerb waren und lassen so Rückschlüsse auf Lern- bzw. Unterrichtserfolg zu. Hinsichtlich dieser beiden Verwendungszwecke unterscheiden viele Autor:innen zwischen Lern- und Leistungsaufgaben (Büchter und Leuders, 2016, S. 10; Leisen, 2006, S. 260; Luthiger, 2012, S. 4–5; Terhart et al., 2009, S. 24). Kritisiert wird allerdings, dass die Trennung zwischen beiden Aufgabenarten artifiziell sei, da einerseits Lernen und Leisten ständige und verflochtene Aktivitäten des Mathematikunterrichts sind und andererseits die potentielle Trennung für viele Aufgaben nicht haltbar ist (Leiss, 2005, zitiert nach Luthiger, 2012, S. 5). So liegen keine Hinweise auf unterschiedliche kognitive Gestaltungsmerkmale bei der Typisierung nach Lern- bzw. Leistungsaufgaben vor, sollen doch Aufgaben zur Leistungsüberprüfung eben jene Fähigkeiten erfordern, die im vorherigen Unterricht eingesetzt und erworben wurden (Biermann et al., 2003, S. 32). Entsprechend ist eine „Zweckumkehr" bei vielen Aufgaben realisierbar: Lernaufgaben lassen sich teilweise auch zur Leistungsüberprüfung einsetzen und Leistungsaufgaben können oftmals zum Lernen genutzt werden.

Aus lernpsychologischer Sicht gibt es trotzdem Argumente für die Trennung zwischen Lern- und Leistungsaufgaben, denn „in einer Leistungssituation bemüht man sich in erster Linie darum, Erfolge zu erzielen und Misserfolge zu vermeiden", wohingegen „es in Lernsituationen darum [geht], Neues zu lernen, Wissenslücken zu schließen oder unklar Gebliebenes besser zu verstehen" (Köster, 2008, S. 4). Entlang dieser Ideen differenzieren allgemeine Didaktik und Fachdidaktik zwischen Lern- und Leistungsaufgaben.[5]

Lernaufgaben beschreiben jene Aufgaben, die die Ausbildung erwünschter Kenntnisse, Fähigkeiten und Fertigkeiten bzw. Interessen und Motive fokussieren (Winter, 2008, S. 117). Sie haben „die Funktion, das Können zu initiieren" sowie „das Können ein erstes Mal hervorzubringen" (Terhart et al., 2009, S. 24). Im Mathematikunterricht bilden Lernaufgaben sowohl die an die Lernenden gestellten Anforderungen ab, als auch Gelegenheiten für Lernende, sich eigenständig mit mathematischen Inhalten auseinanderzusetzen. In diesem Sinne sind Lernaufgaben wieder als „Kristallisationspunkte des selbsttätigen Lernens" (Neubrand, 2002, S. 2) zu verstehen. Da Zeit- und Leistungsdruck sich negativ auf Lernergebnisse auswirken (Rathgeb-Schnierer et al., 2023, S. 135), sollten Lernaufgaben so gestaltet sein, dass Lernende genügend Zeit haben, sich eigenständig Neues zu erschließen und verstehensrelevante Wissensnetze aufzubauen (Leisen, 2006, S. 263). Viele Autor:innen (Abraham und Müller, 2009, S. 5; Büchter und Leuders, 2016, S. 172; Nolte, 2021, S. 10) fordern zusätzlich eine positive Fehlerkultur in Bezug auf Lernaufgaben, d. h., dass Schüler:innen in Lernsituationen Fehler machen dürfen und diese als Lerngelegenheit für die gesamte Lerngruppe wahrgenommen werden. Diskussionen darüber, ob gewisse Lösungswege angemessen sind, oder inwiefern sich Wissensbestandteile

[5] Im Rahmen der funktionalen Typisierung von Aufgaben werden teilweise noch feinere Unterteilungen vorgeschlagen (Girmes, 2003; Köster, 2008). Da aber über Zwecke und Gestaltung von Aufgaben in der Studieneingangsphase vergleichsweise wenig bekannt ist, würden weiterführende Unterscheidungen sich nur unsicher auf den Universitätskontext übertragen lassen.

von einer bekannten auf eine unbekannte Situation übertragen lassen, ergeben sich aus den divergenten Lösungswegen verschiedener Schüler:innen. Diesbezüglich stellen Lernaufgaben eine Schnittstelle der Aktivität und Kommunikation zwischen Lehrenden und Lernenden dar (Bromme et al., 1990, S. 16; Drüke-Noe, 2014, S. 5). Welche Lernaufgaben dabei erfolgversprechend sind, wird durch die curricularen und organisatorischen Bedingungen der jeweiligen Institution (vgl. auch 2.2 und Kapitel 4) sowie das fachdidaktische Vorwissen der Lehrpersonen (Baumert und Kunter, 2011, S. 185) beeinflusst. Zwischen Schule und Hochschule sind daher größere Unterschiede in Bezug auf die gestellten Lernaufgaben zu erwarten.

Im Gegensatz zu Lernaufgaben zielen Leistungsaufgaben auf ein konvergentes Arbeiten ab: „[B]eim Leisten geht es darum, Fehler zu vermeiden" (Büchter und Leuders, 2016, S. 172). Mithilfe von Leistungsaufgaben wird zertifiziert, welches Können im Lernprozess erworben wurde (Terhart et al., 2009, S. 24), weshalb Leistungsaufgaben individuell korrigiert und bewertet sowie die Ergebnisse den Lernenden rückgemeldet werden. Dies kann durch schulinterne bzw. schulexterne Leistungsevaluationen erfolgen. Zu den schulintern gestellten Leistungsaufgaben gehören solche, die in schriftlichen Tests, Klassenarbeiten, Klausuren oder mündlichen Leistungskontrollen auftreten. Sie beziehen sich oftmals direkt auf den vorherigen Unterricht, werden von der unterrichtenden Lehrkraft entwickelt oder zumindest ausgewählt und stellen ein Instrument zur Überprüfung des Unterrichtserfolgs sowie zur Bewertung der Lernenden dar (Köster, 2008, S. 5; Krüger, 2015, S. 30). Für den Mathematikunterricht lassen diese Aufgaben „valide Rückschlüsse auf die Schwerpunkte des Unterrichts" (Brunner et al., 2006, S. 70) zu, da das Einüben prüfungsrelevanter Aufgabentypen einen erheblichen Fokus des schulischen Mathematikunterrichts darstellt. Schulexterne Leistungsaufgaben kommen in zentralen Abschlussprüfungen (wie z. B. dem Abitur) oder in den Testheften von Large-Scale-Untersuchungen (wie z. B. PISA oder TIMSS) vor (Abraham und Müller, 2009, S. 6). Erstere Aufgaben dienen vorrangig der Zertifizierung von Bildungsabschlüssen, letztere dem Bildungsmonitoring und insbesondere dem Vergleich von Bildungssystemen (Sälzer und Reiss, 2016, S. 15).

5.2.3 Die funktionale Typisierung von Aufgaben an der Hochschule

Fraglich ist, inwiefern die aus dem Schulkontext entwickelte dichotome funktionale Typisierung von Aufgaben auf die für den Hochschulkontext üblichen Formen von Aufgaben übertragen werden kann. Im Wesentlichen lassen sich drei Einsatzzwecke für Aufgaben unterscheiden: Aufgaben für Präsenzaufgabenübungen,

Klausuraufgaben und Übungsaufgaben. Die Aufgaben für Präsenzaufgabenübungen zeichnen sich dadurch aus, dass sie von Studierenden allein oder in Kleingruppen in einer Übungsveranstaltung gelöst werden (vgl. 4.2). Die Aufgaben thematisieren die Inhalte der Vorlesungen und bieten Studierenden die Möglichkeit, aktiv die Arbeitsweisen der Hochschulmathematik zu erlernen. Verschiedene Lösungsansätze bergen das Potential, gruppeninterne Diskussionen aufzuwerfen oder im Plenum besprochen zu werden; bei Fragen und Problemen im Lösungsprozess können auch Übungsleiter:innen unterstützen. Eine Korrektur oder Bewertung der erzielten Lösungen erfolgt üblicherweise nicht. Die Aufgaben für Präsenzaufgabenübungen haben daher den Charakter von Lernaufgaben, was sich durch das Ziel des Kompetenzerwerbs, das Potential zur Diskussion verschiedener Lösungswege und eine fehlende Bewertung begründet.

Klausuraufgaben (vgl. 4.4) lassen sich hingegen als intern gestellte Leistungsaufgaben einordnen. Die Klausuren werden von den Dozierenden der Vorlesungen bzw. den Lehrenden der Übungen erstellt.[6] Bei den Aufgaben geht es im Allgemeinen nicht um den Erwerb neuer Kenntnisse, sondern darum, dass die im Semester erlernten Fähigkeiten und Fertigkeiten angewendet werden müssen. Klausuraufgaben werden korrigiert und bewertet und sind oftmals (neben der Zulassung zur Prüfung) das einzige Kriterium für den Modulerfolg. Eine Besprechung der Lösungen erfolgt nicht.[7] Die Klausuraufgaben sind somit nicht als Lerngelegenheit konzipiert und klar als Leistungsaufgaben einzugruppieren.

Eine eindeutige funktionale Typisierung von Übungsaufgaben erscheint in vielen Fällen nicht möglich. Werden sie nicht bewertet, lassen sie sich analog zu den Aufgaben für Präsenzaufgabenübungen als Lernaufgaben einordnen. Da sie jedoch üblicherweise korrigiert und bewertet werden, weil über sie meist die Zulassung zur Klausur geregelt wird (vgl. 4.3), könnte man bewertete Übungsaufgaben als Leistungsaufgaben einordnen. Insbesondere können in diesem Fall von Studierenden nur begrenzt Fehler gemacht werden, weil sonst die Zulassung in Gefahr gerät (vgl. Fußnote 7 im Kapitel 4). Dementgegen steht das Verständnis, dass sich Studierende auch durch bewertete Übungsaufgaben „die in der Vorlesung vorgestellten Inhalte zu eigen machen, Tiefenverständnis aufbauen und Wissen vernetzen sollen" (Bauer, 2015, S. 139). Außerdem werden nach der Bearbeitung die Lösungen und aufgetretene Fehler sowie Fragen zu den Aufgaben in den Übungen thematisiert. In diesem Sinne stellen Übungsaufgaben eine Lerngelegenheit dar. Zusätzlich steht

[6] Extern gestellte Leistungsaufgaben sind für das Studium der Mathematik nicht üblich. In Studiengängen wie Jura oder Medizin oder in einigen Bundesländern im Lehramtsstudium Mathematik treten sie hingegen auf (SMK, 2022, § 89; Trute, 2015, S. 49).

[7] Von Veranstaltungen zur Vorbereitung von Nachklausuren, die sich nicht an alle Studierenden einer Kohorte richten, sei abgesehen.

der umfangreiche Bearbeitungszeitraum von einer Woche eher in der Tradition von Lernaufgaben; Leistungsaufgaben haben vielfach eine deutlich kürzere Bearbeitungszeit. Hinsichtlich des Einsatzzwecks stehen bewertete Übungsaufgaben somit zwischen Lern- und Leistungsaufgaben. Übungsaufgaben, die nicht bewertet werden, haben analog zu Aufgaben in Präsenzaufgabenübungen den Charakter von Lernaufgaben. Die folgende Definition fasst die Charakteristika von Übungsaufgaben nun auch in Bezug auf ihre Funktion zusammen:

Übungsaufgaben geben Studierenden eine mathematische Situation in einem abgeschlossenen Inhaltsbereich vor, mit der sie sich mathematisch auseinandersetzen sollen. Sie sind als Lernaufgaben konzipiert, die im Rahmen eines Moduls von allen Teilnehmenden außerhalb der Lehrveranstaltungen bearbeitet werden sollen. Aufgaben, für die zusätzlich eine Korrektur und Bewertung erfolgt, um die Zulassung zur Abschlussprüfung oder die Vergabe eines Leistungsnachweises zu steuern, werden als bewertete Übungsaufgaben bezeichnet (vgl. auch Wlassak und Schöneburg-Lehnert, 2022, S. 164).

Die doppelte Funktion von bewerteten Übungsaufgaben als Lerngelegenheit und Instrument zur Leistungsbewertung ist kritisch zu sehen (Hascher, 2005, S. 616; Leisen, 2006, S. 260). So wird für den schulischen Mathematikunterricht eine deutliche Trennung von Lernen und Beurteilen empfohlen (Blum, 2001, S. 76) und auch Studierende nehmen bewertete Übungsaufgaben weniger als Chance zum eigenständigen Lernen wahr und achten mehr auf eine gute Bewertung. Vor allem bei Aufgaben, die Studierende nicht unmittelbar lösen können, konfligieren der Wunsch nach einer eigenständigen Bearbeitung und der soziale Druck, die Zulassung zur Klausur zu erreichen, weshalb Studierende auf Kompensationsstrategien wie Abschreiben von Kommiliton:innen, aus Büchern bzw. dem Internet zurückgreifen (vgl. 4.3). Dies gefährdet die Ziele, die mit der eigenständigen Bearbeitung von Übungsaufgaben verbunden sind.

5.3 Der Begriff Aufgabenkultur und seine Zugänglichkeit in Bezug auf Übungsaufgaben

Es liegt nahe, dass diese Probleme aus einem sehr hohen Anspruch der Übungsaufgaben resultieren, der möglicherweise dem Kompetenzerwerb und der kognitiven Aktivierung durch Aufgaben entgegensteht. Den unterschiedlichen Zielen und

Charakteristika von Schul- und Hochschulmathematik (vgl. 2.2) folgend, sind aufgabenbezogene Diskrepanzen zwischen beiden Institutionen zu erwarten. Um solche Unterschiede zu beschreiben, wird meist von einer abweichenden Aufgabenkultur gesprochen. Spätestens seit den PISA- und TIMS-Studien hat sich der Begriff Aufgabenkultur zu einem wichtigen Schlagwort der allgemeinen Didaktik bzw. der Fachdidaktiken entwickelt (Jordan et al., 2006; Krüger, 2015; Kühn, 2010; Leisen, 2001; Linneweber-Lammerskitten, 2012; Luthiger, 2012; Neubrand, 2002).

Insbesondere wird der Begriff in der Fachdidaktik genutzt, um aufgabenbezogene Muster im Fachunterricht zu beschreiben und Unterschiede zwischen verschiedenen Ländern festzustellen. In der TIMSS Video Study wurde der Mathematikunterricht in den USA, in Deutschland und in Japan verglichen. Während in Deutschland und den USA (Hiebert et al., 1999, S. 199) Aufgaben zum Einüben von Routinen dominierten (89,4 % bzw. 95,8 % der Zeit in Einzelarbeitsphasen), gab der japanische Mathematikunterricht häufiger Gelegenheit, Wissen anzuwenden bzw. Probleme zu lösen (zusammen 59,2 %). Die Art und Qualität der gestellten Aufgaben weisen daher länderspezifische Besonderheiten auf, die im Fall von Deutschland von zeitgenössischen, fachdidaktischen Forderungen (Baumert und Lehmann, 1997, S. 36; Blum, 2001, S. 75; Henn und Kaiser, 2001, S. 368; Leuders, 2009, S. 113) abweichen und folglich kritisiert wurden.

Um die Jahrtausendwende mehrten sich daher die Forderungen nach einer „neuen Aufgabenkultur" (von Aufschnaiter und von Aufschnaiter, 2001, S. 409; Bezler, 2002, S. 47–49; Bruder, 2000a, S. 71; Häußler und Lind, 2000, S. 2; Herget, 2001, S. 13; Köster, 2003, S. 5; Leisen, 2001, S. 401), wobei der Begriff Aufgabenkultur in vielen Veröffentlichungen konzeptuell unscharf bleibt bzw. gar nicht theoretisch geklärt wird (Kühn, 2010, S. 111). Hauptsächlich plädieren entsprechende Publikationen für mehr offene, realitätsbezogene Aufgaben und eine Orientierung an zu erwerbenden Kompetenzen und der Vernetzung von Wissen, als an isolierten Techniken, was dann in den Bildungsstandards implementiert wurde (vgl. 2.2.1.1). Diese normative Perspektive offenbart eine enge Wahrnehmung des Terminus Aufgabenkultur, der vorrangig auf den *Kulturgegenstand* Aufgabe abzielt. In diesem Verständnis ergibt sich die Aufgabenkultur als Konsequenz aus der Art und Qualität gestellter Aufgaben in einem Fach. Eine neue Aufgabenkultur entsteht so durch „einen didaktisch phantasievolleren Umgang" (Häußler und Lind, 2000, S. 2) mit Aufgaben, z. B. indem offene Aufgabenformate genutzt oder Aufgaben in adäquate Kontexte eingebettet werden. Die Aufgabensteller und -löser – Lehrkräfte sowie Schüler:innen – sowie deren Aktivitäten, die dem Aufgabenbegriff (vgl. 5.1.1) inhärent sind, werden aus dieser engeren Perspektive weniger beachtet. Da weiterhin nicht klar ist, inwiefern im Hochschulkontext normative Aussagen über die

Gestaltung von Aufgaben getroffen werden können, erscheint dieser Ansatz für diese Arbeit nicht gewinnbringend.

In den Fachdidaktiken und der Erziehungswissenschaft besteht auch ein deskriptiver Blick auf das Konstrukt „Aufgabenkultur“. Anknüpfend an Angebots-Nutzungs -Modelle, umfasst die Aufgabenkultur aus dieser Perspektive nicht nur das Lernangebot „Aufgaben“, sondern zusätzlich die *Art und Weise, wie Lehrende und Lernende mit Aufgaben im Unterricht umgehen.* Letzteres berücksichtigt insbesondere „wie die Lehrkraft die Aufgaben im Unterrichtsverlauf einsetzt und die Aufgabenbearbeitung kommunikativ vorbereitet, begleitet und nachbereitet“ (Kleinknecht, 2011, S. 26). Die Auswahl und Orchestrierung von Aufgaben stellt dabei eine subjektive Rekonstruktion vom traditionellen Aufgabeneinsatz dar (Jordan et al., 2006, S. 11) und kann gleichermaßen als Abbild von Wert- und Wissensbeständen der einzelnen Lehrkraft und deren Verständnis des Lernens mit Aufgaben dienen (Kühn, 2010, S. 111). Rückt man von der Perspektive der Einzelperson ab und betrachtet interindividuelle Übereinstimmungen zu einem gewissen Zeitpunkt, charakterisiert dies die Aufgabenkultur. Aufgabenkultur beschreibt somit „ein verallgemeinertes Konstrukt des Lernens mit ebenso verallgemeinertem Wissen darüber, wie dieses funktioniert“ (Meier, 2019, S. 71).

Es bleibt zu klären, welche Aspekte zur Beschreibung einer Aufgabenkultur beobachtet werden sollten. Von Aufschnaiter und von Aufschnaiter (2001, S. 411) füllen diese Lücke, indem sie aus einer theoretischen Analyse vier beobachtbare Charakteristika der Aufgabenkultur des Physikunterrichts entwickeln:

1. Die Art der Aufgaben,
2. Die Qualität der Aufgaben,
3. Die (horizontale und vertikale) Vernetzung der Aufgaben,
4. Die Einbettung der Aufgaben in das Unterrichtsgeschehen.

Vor allem das letzte Merkmal trägt der Tatsache Rechnung, dass das inhärente Potential einer Aufgabe sich vom realisierten Potential, welches durch unterrichtliche Faktoren beeinflusst wird, unterscheiden kann (Jordan et al., 2008, S. 85). Oder – in anderen Worten – die Aufgabenkultur ergibt sich nicht bloß durch den Kulturgegenstand „Aufgabe“, sondern durch den spezifischen unterrichtlichen Umgang mit Aufgaben. Fraglich ist, inwiefern dieser Ansatz sich auf das Schulfach Mathematik übertragen lässt.

Betrachtet man hierzu die Kritik an der Aufgabenkultur des deutschen Mathematikunterrichts im Nachgang der unzureichenden PISA- bzw. TIMSS-Ergebnisse um die Jahrtausendwende, lässt sich feststellen, dass diese ebenso zwischen Problemen bei den gestellten Aufgaben und deren Einsatz im Unterricht unterscheidet.

Kritisiert wurden die Überbetonung des Einübens von Verfahren durch schematische Kalkülaufgaben (Bruder, 2000a, S. 69) und das damit verbundene Abarbeiten „sinnentleerte[r] Aufgabenplantagen“ (Baptist, 2000, S. 10). Eine solche „Kalkülorientierung“ der Aufgaben im Mathematikunterricht (vgl. 2.2.1.4) wird in vielen Publikationen bemängelt (Baumert und Lehmann, 1997, S. 36; Blum, 2001, S. 75; Henn und Kaiser, 2001, S. 368). Im Zentrum dieser Urteile stehen die *Art und Qualität der Aufgaben* und somit die Kulturgüter selbst. Sie umfassen weiterhin z. B. folgende Aspekte:

- Geschlossene Aufgaben dominieren im Mathematikunterricht (Bruder, 2000a, S. 71; Herget, 2001, S. 15; Leuders, 2009, S. 112–113).
- Schulische Mathematikaufgaben zielen nur auf mathematische Strukturen sowie Verfahren ab und es mangelt an Verbindungen zwischen mathematischer und Alltagswelt (Henn und Kaiser, 2001, S. 370; Kaiser und Maaß, 2006, S. 83; Prenzel, 2001, S. 60).
- Die Komplexität von schulischen Mathematikaufgaben folgt nicht aus komplexen Tätigkeiten wie Modellieren oder Problemlösen, sondern wird „großteils über die Komplexität der involvierten Terme“ (Blum, 2001, S. 75) generiert.

Eng verbunden mit der niedrigen realisierten Komplexität ist eine für die Vernetzung von Wissen ungünstige Choreografie. Kritisiert wurde der Mathematikunterricht für ein „Kleinarbeiten komplexer Anforderungen“ (Klieme et al., 2001, S. 45) bzw. die isolierte Behandlung kleinster „Lernatome“ (Wittmann, 1994, S. 154). Schüler:innen müssten zur Lösung vieler Aufgaben nur das richtige Verfahren auswählen, welches im Unterricht oftmals unmittelbar vorher besprochen wurde. Die Auseinandersetzung mit Aufgaben degeneriert zum Reproduzieren des gleichen Lösungsweges, häufig anhand einer hohen Zahl von Aufgaben gleichen Typs. Aufgaben werden so zum Instrument des Einübens von „Methoden separiert in ihrer fachsystematischen Reihenfolge“ (Henn und Kaiser, 2001, S. 370). Die Kritik an dieser „Aufgabendidaktik“ besteht dabei nicht erst seit der Jahrtausendwende, sondern schon seit den 1960er Jahren (Lenné, 1969, S. 51). Sie bezieht sich gleichsam auf eine mangelhafte *Vernetzung von Aufgaben* sowie eine unzureichende *Einbettung von Aufgaben ins Unterrichtsgeschehen*. Die Fülle der Kritik an der Aufgabenkultur der Schulmathematik um die Jahrtausendwende bildet die Aspekte der Aufgabenkultur nach von Aufschnaiter und von Aufschnaiter (2001) somit in Gänze ab. Insbesondere werden sowohl die Aufgaben als auch der Umgang mit diesen im Unterricht kritisiert.

Überträgt man dies auf Übungsaufgaben an der Hochschule, ergeben sich zwei methodische Stränge, anhand derer ein Vorgehen zur Analyse der universitären

Aufgabenkultur möglich ist. Einerseits können gestellte Aufgaben über rationale bzw. empirische Aufgabenanalysen (Resnick und Ford, 1981 S. 58) hinsichtlich ihrer *Art*, *Qualität* sowie der *Vernetzung von Aufgaben* untersucht werden:

1. Rationale Aufgabenanalysen beschreiben dabei Aufgaben anhand von Merkmalskatalogen auf formaler, inhaltlicher oder didaktischer Ebene (Leuders, 2023, S. 495–497) und ermöglichen es, potentielle kognitive Anforderungen zu klassifizieren. Grundlage solcher Analysen sind die Aufgabenstellungen sowie Musterlösungen, die von einem „idealen" Aufgabenlöser (vgl. 5.1.1) stammen. Daher sind aus rationalen Aufgabenanalysen nur theoretische Schlüsse möglich.
2. Empirische Aufgabenanalysen beziehen tatsächliche Lösungen von Lernenden mit ein. Mit einer empirischen Aufgabenanalyse lassen sich z. B. die Lösungsquoten und Trennschärfe von Aufgaben feststellen (Schlüter, 2009, S. 72–74) oder Schwierigkeiten im Lösungsprozess rekonstruieren. In Bezug auf Übungsaufgaben erscheinen empirische Aufgabenanalysen ungeeignet, da der Bearbeitungszeitraum mit einer Woche lang und wenig kontrollierbar ist. Weiterhin liegen die eigenständigen Lösungsquoten bei Übungsaufgaben in einem so niedrigen Bereich (vgl. 4.3), dass zu erwarten ist, dass abgeschriebene Lösungen die Stichprobe stark verzerren.

Andererseits ließe sich die *Einbettung von Aufgaben in das Unterrichtsgeschehen* anhand von Beobachtungen der universitären Lehrveranstaltungen beschreiben. Für die Besprechung der Lösungen von Übungsaufgaben (Püschl, 2017; Püschl, 2019; Püschl, 2021) oder Abstimmungsaufgaben in Übungen (Bauer et al., 2023) liegen Ergebnisse vor. Da Übungsaufgaben vorrangig als Hausaufgaben gestellt werden, findet ihre Bearbeitung nicht in den Lehrveranstaltungen statt. Eine Untersuchung der Einbettung der Übungsaufgaben in das „Unterrichtsgeschehen" der Hochschulmathematik – über die Besprechung der Lösung hinaus – ist daher nur schwer möglich.

Nichtsdestotrotz sollte der Begriff Aufgabenkultur an der Hochschule neben der *Art* bzw. *Qualität der Aufgaben* sowie der *horizontalen und vertikalen Vernetzung von Aufgaben* auch den *Umgang (von Lehrenden und Studierenden) mit Aufgaben* umfassen, um sowohl an das theoretische Konstrukt Aufgabenkultur aus der Schule anzuknüpfen, als auch empirisch zugänglich zu sein. Unter dem Umgang mit Aufgaben können insbesondere die Auswahl und Orchestrierung von Aufgaben sowie Vor- und Nachbereitung des Aufgabeneinsatzes auf Lehrendenseite (Kleinknecht, 2011, S. 26; Kleinknecht, 2019, S. 5) und Bearbeitungsprozesse auf Studierendenseite subsumiert werden (Liebendörfer und Göller, 2016b, S. 136).

Wie aus den verschiedenen Ansätzen ersichtlich wird, handelt es sich bei der Aufgabenkultur um einen umfangreichen Begriff, der monomethodisch nicht zugänglich ist. Um Art, Qualität und die Vernetzung der Aufgaben ausreichend sicher zu beschreiben, bedarf es einer größeren Stichprobe an *Aufgaben*, die von verschiedenen Lehrenden stammen und mittels rationaler bzw. empirischer Aufgabenanalyse untersucht werden. Soll hingegen der Umgang mit Aufgaben beschrieben werden, müssen die *Akteur:innen* – d. h. Lehrende bzw. Studierende – und deren Interaktion mit Aufgaben in den Fokus rücken. Für die vorliegende Arbeit wird der erste Ansatz unter Einsatz einer rationalen Aufgabenanalyse gewählt, insbesondere weil vergleichsweise wenige Studien im Kontext der Hochschulmathematik vorliegen, die Aufgabenmerkmale beschreiben (vgl. 4.3) und die eben beschriebenen methodischen Probleme mit einer empirischen Aufgabenanalyse von Übungsaufgaben bestehen.

Da sich mit dieser Vorgehensweise nicht alle Aspekte der Aufgabenkultur berücksichtigen lassen, wird der schwächere Begriff des Aufgabenprofils (Krüger, 2015; Scheja, 2019; Stawitz, 2010; Wlassak, 2019; Wlassak und Schöneburg-Lehnert, 2022) genutzt. Ein *Aufgabenprofil* umfasst die Kombination spezifischer Ausprägungen von Gestaltungsmerkmalen einer einzelnen Aufgabe. Entsprechend können Aufgabenprofile nur Aufgaben mit den gleichen Merkmalsverteilungen in den Fokus nehmen. Mehrere Aufgaben mit dem gleichen oder zumindest ähnlichen Aufgabenprofil bilden einen *Aufgabentyp*.[8] Mithilfe der Begriffe Aufgabenprofil bzw. -typ lassen sich die an der Hochschule gestellten Aufgaben über die Ebene der Betrachtung einzelner Gestaltungsmerkmale hinaus beschreiben. Sie ermöglichen dadurch eine detaillierte Beschreibung der Angebotsseite der universitären Aufgabenkultur. Für den schulischen Bereich liegt hierfür schon eine Vielzahl größerer Untersuchungen vor.

5.4 Empirische Studien zu den Merkmalen mathematischer Aufgaben

Der folgende Abschnitt referiert die Befundlage zu Aufgabenmerkmalen in der Mathematik. Da auf der Hochschulseite im deutschsprachigen Raum nur Studien mit kleineren Stichproben vorliegen, werden Studien zur Schulmathematik einbe-

[8] Die Verwendung des Begriffs Aufgabentyp weicht von einer häufig genutzten Terminologie nach Bruder (2000) ab. Ein Aufgabentyp beschreibt dort die Offenheit der Aufgabe bezogen auf Anfangssituation, Lösungsweg bzw. Endsituation (vgl. 7.2.3).

zogen. Dies gibt zusätzlich die Möglichkeit, dort bereits etablierte Instrumente zur Erfassung von Aufgabenmerkmalen im Kontext dieser Arbeit zu nutzen.

5.4.1 Empirische Studien zu Aufgabenmerkmalen der Schulmathematik

In der Literatur sind Studien zu Aufgabenmerkmalen vor allem im Nachgang der PISA- bzw. TIMS-Studien und dem damit verbundenen Interesse des Etablierens einer neuen Aufgabenkultur entstanden (Jordan et al., 2006; Jordan et al., 2008; Neubrand, 2002; Neubrand et al., 2011). Die in 5.3 besprochenen Problemfelder wurden insbesondere durch die Untersuchung von Unterrichts- und Prüfungsaufgaben nachgewiesen. Die Ergebnisse dieser Studien werden in chronologischer Reihenfolge berichtet.

Neubrand (2002) stellt ein insgesamt geringes Potential zur kognitiven Aktivierung für Unterrichtsaufgaben der 5. bis 10. Klasse aus Deutschland (N = 269) fest. So lassen sich mehr als vier von fünf Aufgaben (81,8 %; ebd., S. 242) algorithmisch-prozedural lösen. Bei knapp 10 % der Aufgaben spielen Algorithmen noch insofern eine Rolle, als sowohl algorithmisch-prozedurales Wissen als auch Wissen über die betrachteten Konzepte eingesetzt werden muss.[9] Die Reproduktion bekannter Ansätze genügt bei den meisten schulischen Aufgaben, was sich anhand von zwei Aufgabenmerkmalen ablesen lässt: Bei 92,6 % aller Aufgaben wird die Lösungsidee mindestens implizit durch die Aufgabenstellung vorgegeben und weniger als eine von 20 Aufgaben erfordert die Vernetzung von Wissen in dem Sinne, dass mehrere voneinander unabhängige Konzepte für die Lösung benötigt werden (ebd., S. 242 und S. 269). Dieses Aufgabenprofil ist spezifisch für den deutschen Mathematikunterricht, wie Vergleiche mit anderen Ländern zeigen. So können beispielsweise nur 31,7 % der Aufgaben im japanischen Mathematikunterricht (N = 123) algorithmisch-prozedural gelöst werden (ebd., S. 242). Stattdessen dominieren offene Aufgaben, die auf das Problemlösen abzielen.

Im Rahmen der COACTIV-Studie (Jordan et al., 2006; Jordan et al., 2008; Neubrand et al., 2011) wurde eine große Stichprobe (N = 47573; Jordan et al., 2008, S. 95) von Einstiegs-, Haus- und Klassenarbeitsaufgaben der 9. bzw. 10. Klasse aus den Jahren 2003 und 2004 untersucht, um das kognitive Aktivierungspotential des deutschen Mathematikunterrichts darzustellen. Dafür wurde ein umfangreiches Klassifikationsschema entwickelt, welches eine inhaltliche und curriculare

[9] Eine ausführliche begriffliche Klärung der hier beschriebenen Aufgabenmerkmale erfolgt in Kapitel 7.

Beschreibung der Aufgaben ermöglicht, sowie die Niveaus der für den Lösungsprozess relevanten mathematischen Tätigkeiten beschreibt. Da die inhaltlichen bzw. curricularen Beschreibungen für den Hochschulkontext nicht übertragbar sind, werden sie nicht weiter berichtet.[10] Hinsichtlich des kognitiven Aktivierungspotentials zeichnet die COACTIV-Studie ein ähnlich ernüchterndes Bild wie die Studie von Neubrand (2002). Es zeigt sich, dass „mathematisches Argumentieren im deutschen Mathematikunterricht nahezu gar nicht gefordert zu sein" (Jordan et al., 2008, S. 99) scheint. Auch Tätigkeiten wie das inner- oder außermathematische Modellieren bzw. der Umgang mit mathematischen Texten und Darstellungen werden meist nicht oder nur auf einem niedrigen Niveau gefordert (ebd.).[11] Unterschiede zwischen Einstiegs-, Haus- und Klassenarbeitsaufgaben ließen sich nicht feststellen. Die Autor:innen schließen, dass deutsche Mathematiklehrkräfte „kaum die Möglichkeit [...] nutzen, über den Einsatz geeigneter Aufgaben die Aktivierung mathematischer Kompetenzen von ihren Schülerinnen und Schülern zu fordern und diese dementsprechend zu fördern" (ebd.). Potentiell könnte das COACTIV-Klassifikationsschema unrealistische Anforderungen an Aufgaben im Mathematikunterricht stellen, was aber durch die Beschreibung der Anforderungen der nationalen und internationalen PISA-Aufgaben widerlegt werden konnte. Bei diesen konnten für das Argumentieren, das außermathematische Modellieren sowie den Umgang mit mathematischen Darstellungen bzw. Texten ein deutlich höherer Anspruch ermittelt werden als für die Aufgaben im deutschen Mathematikunterricht (Neubrand et al., 2011, S. 128). Anspruchsvolle Aufgaben sind in Bezug auf das Klassifikationsschema daher durchaus realisierbar. Die Aufgaben des deutschen Mathematikunterrichts zeigten entsprechende Merkmale allerdings nicht. Fraglich bleibt, ob es Aufgabenmerkmale gibt, die schulische Mathematikaufgaben anspruchsvoll machen.

Eine Folgestudie (Drüke-Noe, 2014) widmet sich dieser Frage und erweitert das COACTIV-Klassifikationsschema um die Kategorie des technischen Arbeitens. Technisches Arbeiten subsumiert den Umgang mit Kalkülen, wie z. B. der Bruch- oder Potenzrechnung, zur Lösung einer Aufgabe, welcher bei der Implementation

[10] Inhaltlich wird zwischen den Stoffgebieten Arithmetik, Algebra, Geometrie und Stochastik unterschieden. Analysis, als für diese Arbeit zentrales Stoffgebiet, wird nicht benannt. Die curriculare Wissensstufe einer Aufgabe lässt sich mit dem Klassifikationsschema von COACTIV in die Stufe Grundkenntnisse, einfaches Wissen der Sekundarstufe I oder anspruchsvolles Wissen der Sekundarstufe I einordnen. Bezüge zum Hochschulkontext sind diesbezüglich nicht zu sehen.

[11] Alle Kategorien wurden auf einer vierstufigen Skala von 0 bis 3 geratet. Der Code 0 wurde vergeben, wenn eine Tätigkeit nicht gefordert ist. Die Codes 1 bis 3 wurden bei niedrigen, mittleren bzw. hohen Anforderungen bzgl. der jeweiligen Tätigkeit vergeben.

eines zuvor gewählten Ansatzes zum Tragen kommt (ebd., S. 70). Die Ergebnisse der Reanalyse der Aufgaben aus Klassenarbeiten der gymnasialen 10. Klassen des COACTIV-Datensatzes (N = 3878) zeigen die Dominanz des technischen Arbeitens im Vergleich zu den anderen mathematischen Tätigkeiten. Technisches Arbeiten wird in 86,9 % der Aufgaben auf einem mittleren oder hohen Niveau gefordert, wohingegen außer- und innermathematisches Modellieren, mathematisches Argumentieren sowie der Gebrauch mathematischer Darstellungen allesamt bei weniger als 10 % der Aufgaben auf mittlerem oder hohem Niveau erforderlich sind (ebd., S. 113). Vergleichbare Ergebnisse liefert die Kategorisierung von Aufgaben aus hessischen Klassenarbeiten des Jahres 2009 (N = 1410). In dieser Stichprobe erfordern 81,2 % der Aufgaben technisches Arbeiten auf mittlerem oder hohem Niveau; innermathematisches Modellieren, mathematisches Argumentieren sowie der Gebrauch mathematischer Darstellungen ist für weniger als 10 % der Aufgaben auf diesen Niveaus nötig, jedoch muss für 15,1 % der Aufgaben auf einem mittleren bzw. hohen Niveau außermathematisch modelliert werden (ebd., S. 158). Insgesamt erklärt sich die Komplexität von Mathematikaufgaben vorrangig über das Auftreten von Kalkülen auf unterschiedlichen Niveaus. Es kann aber im Vergleich der Datensätze aus den Jahren 2003/2004 und 2009 eine leichte Verschiebung hin zu mehr Aufgaben, die außermathematisches Modellieren bzw. den Gebrauch mathematischer Darstellungen verlangen, konstatiert werden (ebd., S. 246).

Scheja (2016) berichtet die weitere Entwicklung der Aufgabenmerkmale von Leistungsaufgaben am Beispiel der nordrhein-westfälischen zentralen Abschlussprüfung (ZP-10). Die Stichprobe (N = 1706) umfasst die Prüfungsaufgaben der Schulformen Hauptschule, Realschule, Gesamtschule, Abendrealschule und Gymnasium in den Jahren 2007 bis 2016 (ebd., S. 182).[12] Hinsichtlich der mathematischen Tätigkeiten wurde in dieser Studie auf das von Drüke-Noe (2014) überarbeitete Klassifikationsschema von COACTIV zurückgegriffen. Die Ergebnisse unterscheiden sich deutlich von den vorherigen Studien. So fordern 42,7 % der untersuchten Aufgaben außermathematisches Modellieren auf einem mittleren oder hohen Niveau und rund jede sechste Aufgabe den Umgang mit mathematischen Texten auf einem mittleren Niveau. Der Anspruch in Bezug auf das technische Arbeiten ist in den Prüfungsaufgaben eher niedrig. Nur etwas mehr als ein Drittel der Aufgaben benötigt diese Tätigkeit auf einem mittleren oder hohen Niveau. Der Umgang mit mathematischen Darstellungen wird meist (56,5 %) nur auf einem niedrigen Niveau eingefordert; Aufgaben zum innermathematischen Modellieren (16,2 %)

[12] Für das Gymnasium sind nur Aufgaben aus den Jahren 2007 bis 2010 in der Stichprobe vertreten.

bzw. mathematischen Argumentieren (9,9 %) treten hingegen kaum auf (Scheja, 2016, S. 194).

In einer neueren Studie (Adleff et al., 2023) wurden in Anlehnung an das COACTIV-Klassifikationsschema hessische, sächsische und thüringische Unterrichtsaufgaben (N = 2490) aus den Klassen 5 bis 10 hinsichtlich der zur Lösung relevanten mathematischen Kompetenzen analysiert.[13] Ein Großteil der mathematischen Anforderungen entspringt den drei Kompetenzen *Mathematisch darstellen*, *Mit mathematischen Objekten umgehen* sowie *Mathematisch kommunizieren*. Aufgaben fordern diese Kompetenzen aber nur selten (Mathematisch darstellen: 13,2 %, Mit mathematischen Objekten umgehen: 13,9 %, Mathematisch kommunizieren: 13,8 %) auf einem mittleren oder hohen Niveau. Die Kompetenzen *Mathematisch modellieren*, *Probleme mathematisch lösen* bzw. *Mathematisch argumentieren* kommen in der Stichprobe sehr selten vor. Modellieren ist bei jeder zehnten, Problemlösen bei jeder fünften und Argumentieren nur bei jeder achtundzwanzigsten Aufgabe verlangt, wobei jeweils nahezu alle Anforderungen im niedrigen Bereich der jeweiligen Kompetenz zu verorten sind (ebd., S. 379). Zur Einordnung der Ergebnisse sollte die größere Zielgruppe von Aufgaben berücksichtigt werden; es ist eine niedrigere Komplexität von Aufgaben in der 5. Klasse zu vermuten als zum Ende der Sekundarstufe I. Dementsprechend sind niedrigere durchschnittliche Anforderungen zu erwarten als bei Aufgaben, die sich an die 9. bzw. 10. Klasse richten.

Insgesamt kann eine geringe Komplexität der Aufgaben des deutschen Mathematikunterrichts festgestellt werden. Viele Studien (Adleff et al., 2023; Drüke-Noe, 2014; Jordan et al., 2008; Neubrand, 2002; Neubrand et al., 2011) berichten übereinstimmend, dass Anforderungen von Aufgaben sich vorrangig auf algorithmisches Arbeiten bzw. Kalkülfertigkeiten beziehen. Teilweise werden Abweichungen berichtet, wobei insbesondere Aufgaben zum (außermathematischen) Modellieren im Schulkontext immer häufiger zum Einsatz zu kommen scheinen (Adleff et al., 2023; Drüke-Noe, 2014; Scheja, 2016). Bemerkenswert ist, dass trotz der großen Bedeutung des Beweisens bzw. Argumentierens für das Fach Mathematik (vgl. 2.2.2.5) entsprechende Aufgaben in der Schule kaum eine Rolle spielen. Aufgrund

---

[13] Die untersuchten mathematischen Kompetenzen sind an die Bildungsstandards angelehnt, obwohl sich die Bezeichnungen auch etwas unterscheiden (KMK, 2003; KMK, 2022). Entsprechend wird von den Autor:innen nicht wie in COACTIV zwischen außermathematischem und innermathematischem Modellieren, sondern zwischen Modellieren und Problemlösen unterschieden. Statt technischem Arbeiten wird entsprechend die Bezeichnung Symbole und Operationen und statt des Umgangs mit mathematischen Texten wird Kommunizieren verwendet. Bezüge zu den Kategorien bei Jordan und Kolleg:innen (2006) bzw. Drüke-Noe (2014) sind trotzdem ersichtlich.

des Charakters der Hochschulmathematik sind hierfür größere Differenzen zu den Aufgaben an der Hochschule zu erwarten.

5.4.2 Empirische Studien zu Aufgabenmerkmalen der Hochschulmathematik[14]

5.4.2.1 Deutschsprachiger Raum

Zu den Gestaltungsmerkmalen von Aufgaben der Hochschulmathematik liegen, insbesondere im deutschsprachigen Raum, nur wenige Studien vor. Das Interesse an der Beschreibung von Aufgaben ist erst in den letzten Jahren aufgekommen; erste Studien sind allesamt jünger als zehn Jahre. Die genutzten Datensätze sind im Vergleich zu schulischen Untersuchungen relativ klein und beschränken sich häufig auf die Institution der Autor:innen. Gewonnene Erkenntnisse können daher nicht generalisiert werden. Nichtsdestotrotz können die verwendeten Instrumente genutzt bzw. weiterentwickelt werden und die erzielten Ergebnisse als Hypothesen für Studien mit größeren Datensätzen dienen.

Eine erste Untersuchung von Übungsaufgaben aus zwei Durchläufen der Analysis I an der Universität Duisburg-Essen (N = 155) verortet diese auf einer Skala zwischen Problem und Routineaufgabe (Stenzel, 2017, S. 169–170). In Bezug auf den Schematisierungsgrad werden dafür drei Stufen unterschieden: 1. Direkte Anwendung von Begriffen bzw. Reproduktion gleichartiger Aufgaben oder Beispiele; 2. Lösbarkeit durch Anwendung von Algorithmen, die Studierenden nicht hinreichend bekannt sind; 3. Aufgabe weist mindestens eine Hürde auf, die nicht durch Algorithmen bewältigt werden kann. Dabei ist zu berücksichtigen, dass die Einordnung von den Kenntnissen durchschnittlicher Studierender ausgeht. In Extremfällen ist es daher möglich, dass es Studierende gibt, die die Lösung einer in Stufe 2 oder 3 eingeordneten Aufgabe reproduzieren können. Für die Mehrheit der Studierenden gilt dies jedoch nicht. Die Aufgaben der Studie verteilenh sich zu 32,8 % auf Stufe 1, zu 14,6 % auf Stufe 2 und zu 52,6 % auf Stufe 3. Die Bezeichnung „Probleme“ für Übungsaufgaben (vgl. 4.3) scheint daher für die Mehrheit der gestellten Aufgaben passend.

Eine genauere Differenzierung nach Aufgabentypen entstammt einer Studie von Weber und Lindmeier (2020b). Für die Untersuchung wurde eine Stichprobe (N = 277) von Übungsaufgaben der Vorlesungen Analysis II, Codierungstheorie, Lineare Algebra II und Mathematik für Ingenieure der CAU Kiel betrachtet.

[14] Es ist mitunter schwierig zu beurteilen, ob die Studien aus dem internationalen Raum sich auf Lehrveranstaltungen beziehen, die den Kriterien der Hochschulmathematik (vgl. 2.2.2) genügen. Entsprechende Ergebnisse werden trotzdem berichtet und kritisch eingeordnet.

Dabei wurde zwischen drei Typen mathematischen Arbeitens unterschieden: schematisches innermathematisches Anwenden, außermathematisches Anwenden und Beweisen. Bezüge zu den für die Schule untersuchten Tätigkeiten technisches Arbeiten, (außermathematisches) Modellieren bzw. mathematisches Argumentieren, sind zu erkennen. In der gesamten Stichprobe verteilen sich die Aufgaben zu 47 % auf schematisches innermathematisches Anwenden und zu 53 % auf das Beweisen. Aufgaben zum außermathematischen Anwenden ließen sich in der Stichprobe nicht identifizieren. Die relativ ausgewogene Verteilung zwischen (eher) schematischen bzw. Beweisaufgaben überrascht, wenn man den Charakter der Hochschulmathematik berücksichtigt. Da die Vorlesung Mathematik für Ingenieure II nicht unter den Begriff der Hochschulmathematik (vgl. 2.2) fällt, wurden die Aufgaben dieser Veranstaltung für die Typisierung ausgeschlossen. Neben einer ersten Zuordnung, ob es sich (eher) um schematische innermathematische Anwendungsaufgaben oder Beweisaufgaben handelt, wurde beurteilt, inwiefern Sätze und Definitionen zur Lösung der Aufgabe zum Einsatz kommen müssen. Die Autorinnen (ebd., S. 275) rekonstruieren fünf Aufgabentypen: Skizzen o. Ä. (2 %), Rechenaufgaben (27 %), Beweise mittels Definitionen (10 %), Beweise mittels Rechnung (24 %) und Beweise mittels Sätzen (37 %). Die ersten beiden Aufgabentypen bilden eher kalkülorientierte Aufgaben ab, die letzten drei Beweisaufgaben.[15] Fraglich ist, inwiefern die Ergebnisse einen Vergleich mit den kognitiven Anforderungen schulischer Aufgaben zulassen. Zwar kann festgestellt werden, dass das Beweisen mit einem Anteil von rund 70 % der Aufgaben deutlich häufiger vorkommt als das Argumentieren in der Schule, die weitere Qualität der Anforderung lässt sich hingegen nicht ablesen.

In einer eigenen Arbeit (Wlassak und Schöneburg-Lehnert, 2022) wurde dies berücksichtigt, indem die schulischen Klassifikationsinstrumente von Neubrand (2002) für den Hochschulkontext adaptiert wurden. Als Stichprobe wurden Analysis-I-Aufgaben (N = 530) von vier verschiedenen Universitäten genutzt.[16] Die Aufgaben wurden hinsichtlich der Anzahl der für den Lösungsprozess nötigen Wisseneinheiten, den Wissensarten sowie Wissensformen untersucht. Es zeigte sich, dass der Großteil der Aufgaben (69,3 %) nur durch das Aktivieren mehrerer Wissenseinheiten lösbar ist, die Aufgaben eher konzeptuelles (54,7 %) als prozedurales (45,1 %) bzw. deklaratives Wissen (0,2 %) erfordern und Ansätze bei etwa der Hälfte der Aufgaben nicht aus der Aufgabenstellung abgelesen werden können (49,2 %) (Wlassak und Schöneburg-Lehnert, 2022, S. 177–178). Die Verteilungsunterschiede zwischen

[15] Die Teilstichprobe umfasst noch N = 193 Aufgaben.

[16] Diese Aufgaben sind auch Teil des Datensatzes dieser Arbeit, minimale Abweichungen bei den Anzahlen der Aufgaben sind auf eine erneute Bestimmung von Analyseeinheiten zurückzuführen.

verschiedenen Lehrenden waren in Hinblick auf die ersten beiden Kategorien signifikant.

Für Klausuraufgaben im deutschsprachigen Raum liegt nur die in 4.4 besprochene Studie (Kolbe und Liebendörfer, 2024) vor, die 49 Klausuren von verschiedenen Standorten untersucht. Es wurde ein eher niedriges kognitives Anspruchsniveau festgestellt. So erfordern nur 31 % der Aufgaben (N = 741) ein tieferliegendes Verständnis der beteiligten mathematischen Objekte und entgegen dem idealtypischen Charakter der Hochschulmathematik (vgl. 2.2.2) lassen sich alle bis auf eine der untersuchten Klausuren durch den (vorrangigen) Einsatz von Prozeduren bzw. Faktenwissen bestehen.

Neben den vorgestellten Studien liegen im deutschsprachigen Raum nur wenige eigene Untersuchungen vor, die sich auf einzelne Aufgabenmerkmale fokussieren. So konnte gezeigt werden, dass Realitätsbezüge in Übungsaufgaben (N = 999) praktisch nie auftreten und die meisten Aufgabenstellungen entweder eine zu beweisende Aussage vorgeben oder nur eine binäre Entscheidung des Aufgabenlösers in Bezug auf den Wahrheitsgehalt einer gegebenen Aussage verlangen (Wlassak, 2019). Eine ausführliche Exploration der vorgegebenen Situation ist somit selten nötig. Speziell für Analysisaufgaben (N = 1237) wurden die behandelten Inhalte klassifiziert (Wlassak, 2022). Dabei wurde ein Fokus auf grundlegende mathematische Strukturen und Vorgehensweisen, wie z. B. den Umgang mit Mengen oder Relationen, vollständige Induktion oder den Eigenschaften der reellen Zahlen, festgestellt (43,2 % aller Aufgaben). Aufgaben zur Differential- oder Integralrechnung treten hingegen kaum auf (zusammen 8,9 % aller Aufgaben). Da auch diese beiden Ergebnisse mit relativ kleinen Datensätzen erzielt wurden, ist die Bestätigung dieser Resultate von Bedeutung für diese Arbeit.

Zusammenfassend kann festgestellt werden, dass, trotz der Bedeutung von Aufgaben im Lernprozess von Studienanfänger:innen, die Gestaltungsmerkmale von Übungsaufgaben im deutschsprachigen Raum nur unzureichend sicher beschrieben sind. Zwar kommen alle Studien, die auf den kognitiven Anspruch der Aufgaben fokussieren, übereinstimmend zu dem Schluss, dass die Aufgaben der Hochschule anspruchsvoller als ihr schulisches Pendant sind, jedoch ist der Charakter der Übungsaufgaben an der Hochschule wenig ausdifferenziert. Für Klausuraufgaben wird ein eher niedriges Anspruchsniveau berichtet. Zusätzlich wurden bisher oft nur kleine Stichproben untersucht, die teilweise aus Aufgaben verschiedener Vorlesungen, z. B. Lineare Algebra *und* Analysis, stammen. Erste Vermutungen gehen aber davon aus, dass sich die Aufgabenmerkmale zwischen Analysis und Lineare Algebra unterscheiden (Bergqvist, 2012, S. 386; Stenzel, 2017, S. 178–179), was nahelegt, die Aufgaben einer der beiden Einführungsvorlesungen genauer zu beschreiben. In der vorliegenden Arbeit werden dafür die Aufgaben der Analysis I gewählt, da es sich um eine Vorlesung handelt, die inhaltlich größere Schnittmengen mit der Oberstufenmathematik (vgl. Greefrath et al., 2016 und Kapitel 3) aufweist und somit die Übergangsproblematik gut abbilden kann. Für einen breiten Überblick über bisherige Erkenntnisse sollen im folgenden Abschnitt Ergebnisse internationaler Studien berichtet werden.

5.4.2.2 Internationaler Raum

Im internationalen Raum werden eher die Gestaltungsmerkmale von Klausur- als von Übungsaufgaben beschrieben, was einerseits der fehlenden Pflicht zur Abgabe gestellter Aufgaben (Brown et al., 2005, S. 8), andererseits einer starken Standardisierung der semesterbegleitenden Aufgaben durch Lehrbücher geschuldet ist (Krapf und Liebendörfer, 2021, S. 3; Lithner, 2004, S. 405–406).

Bergqvist (2007) untersucht schwedische Klausuraufgaben des ersten Semesters für Mathematikstudierende in Bezug auf die individuelle Verfügbarkeit von Lösungswegen. Aufgaben mit einem Fokus auf algorithmische bzw. memorierte Ansätze fasst sie unter dem Terminus *imitative reasoning* zusammen; Aufgaben, deren Lösung global durch einen Algorithmus strukturiert wird, aber lokal eine Modifikation erfordert, fallen unter *local creative reasoning*; Aufgaben, die nicht durch Anwendung von Algorithmen oder bekannten Ansätzen lösbar sind, kategorisiert sie unter *global creative reasoning*. Die insgesamt 16 untersuchten Klausuren weisen ein eher niedriges kognitives Anspruchsniveau auf. So lassen sich 69 % der Klausuraufgaben (N = 212) mit *imitative reasoning* lösen, 22 % der Aufgaben erfordern *local creative reasoning* und nur für 9 % aller Aufgaben ist *global creative reasoning* relevant (ebd., S. 367). Insbesondere konnten 15 der 16 untersuchten Klausuren nur durch den Einsatz von *imitative reasoning* bestanden werden.

Ähnliche Ergebnisse zeigen sich im US-amerikanischen Raum (Tallman et al., 2016). Die Autor:innen untersuchten 150 *Calculus*-Klausuren[17] mit einer Adaption der Taxonomie von Anderson und Kolleg:innen (2009) auf relevante kognitive Prozesse. Von den untersuchten Aufgaben (N = 3735) erreichen nur 14,8 % wenigstens die Stufe *understand*, auf welcher Interpretationen oder Erklärungen gegeben werden müssen, die ein Verständnis der zugrundeliegenden mathematischen Konzepte erfordern. Stattdessen genügt es für die meisten Aufgaben, nur Verfahren abzurufen und anzuwenden (78,7 %) oder Fakten wiederzugeben (6,5 %) (Tallman et al., 2016 S. 120). So können über 90 % der untersuchten Klausuren nur mit kognitiven Leistungen dieser beiden Stufen bestanden werden.

[17] Für die Unterscheidung zwischen *calculus* und Analysis sei auf Fußnote 1 im Kapitel 3 auf Seite 53 verwiesen.

Eine der wenigen Arbeiten, die kognitive Anforderungen zwischen schulischen Abschlussprüfungen und Klausuren der Studieneingangsphase[18] kontrastiert, stammt aus dem britischen Raum (Darlington, 2014). Hier wurden drei Gruppen von Aufgaben unterschieden: Aufgaben, bei denen Routineprozesse erforderlich sind (Gruppe A), Aufgaben, für die bekanntes Wissen in unbekannten Kontexten angewendet werden muss (Gruppe B) und Aufgaben, bei denen konzeptuelles Wissen zur Konstruktion anspruchsvoller mathematischer Argumentationen nötig ist (Gruppe C). Die Diskrepanz zwischen schulischen und universitären Aufgaben ist groß: Bei den schulischen Abschlussprüfungen fallen 72,6 % der Aufgaben in Gruppe A, 21,2 % der Aufgaben in Gruppe B und 6,4 % der Aufgaben in Gruppe C (sic!; ebd., S. 222). Bei den universitären Prüfungen in der Analysis liegt der Fokus hingegen auf Aufgaben der Gruppe C, die 58,3 % aller Aufgaben ausmachen, Aufgaben der Gruppe A nehmen einen Anteil von 34,0 % ein und Aufgaben der Gruppe B 7,6 %. Die Ergebnisse dieser Studie zeichnen ein anderes Bild der Hochschulklausuren als die vorherigen, was vermutlich auf den Unterschied zwischen dem eher rechnerisch orientierten *calculus* in den bisher berichteten Studien und der eher formalen *analysis* im britischen Raum zurückzuführen ist. Entsprechend wären im deutschsprachigen Raum Ergebnisse wie bei Darlington (2014) zu erwarten, insbesondere für Übungsaufgaben, denen ein höherer Anspruch attestiert wird als Klausuraufgaben (vgl. 4.3 und 4.4). Zu den Übungsaufgaben gibt es allerdings deutlich weniger Ergebnisse im internationalen Raum.

Eine Arbeit aus den USA (White und Mesa, 2014) beschreibt sowohl die kognitive Orientierung von Hausaufgabenblättern als auch Klausuraufgaben. Die Klassifizierung der Aufgaben erfolgte ähnlich zu Tallman und Kolleg:innen (2016) entlang der überarbeiteten Taxonomie kognitiver Prozesse, wobei die Autor:innen drei Gruppen von Aufgaben unterscheiden: *simple procedures*, *complex procedures* und *rich tasks*. *Simple procedures* beschreiben Aufgaben, die eine reine Wiedergabe von Fakten oder die Anwendung eines einzelnen Verfahrens ohne Verknüpfungen zu weiteren Konzepten erfordern; *complex procedures* umfassen Aufgaben, die entweder solche Verknüpfungen erfordern oder mehrere Verfahren benötigen. Aufgaben, für die Erklärungen oder Interpretationen gegeben bzw. Analysen oder Urteile getroffen werden müssen, fallen unter *rich tasks*. Die untersuchten Aufgaben (N = 4905) verteilen sich zu 53 % auf *simple procedures*, zu 19 % auf *complex procedures* und zu 29 % auf *rich tasks* (sic!; White und Mesa, 2014, S. 684). Bemerkenswert ist der höhere Anteil von *rich tasks* in Klausuraufgaben (49 %), obwohl weniger Ressourcen zur Bearbeitung zur Verfügung stehen. Die Autorinnen sehen das Risiko, dass Studierende im Laufe des Semesters mit wenig komplexen

[18] Die genaue Größe der jeweiligen Stichproben wurde nicht angegeben.

Aufgaben konfrontiert sind und so Anforderungen unterschätzen, bis es in der Klausur zu spät ist (ebd, S. 689). Es konnten hier signifikante Unterschiede zwischen den Verteilungen verschiedener Lehrpersonen festgestellt werden, sowohl in Bezug auf Hausaufgaben als auch auf Klausuraufgaben. Insgesamt überrascht vor allem der niedrige Anspruch der Hausaufgaben, die zu drei Vierteln auf *simple* oder *complex procedures* abzielen. Dabei scheint es sich aber um ein länderspezifisches Muster zu handeln.

In einer qualitativen Analyse der Übungsaufgaben im Mathematikstudium in Frankreich werden hingegen hohe Anforderungen beschrieben (Bloch, 2005). So dominiert der Einsatz von Sätzen die Lösungswege universitärer Aufgaben, wobei häufig erst sichergestellt werden muss, dass ein Satz überhaupt anwendbar ist. Entsprechende „vorbereitende Operationen" erreichen dabei häufig eine derartige Komplexität, dass das eigentliche Ziel der Aufgabe für Studierende leicht in den Hintergrund gerät. Zusätzlich liegen auch die technischen Anforderungen deutlich über denen der Schule (ebd., S. 85).

Insgesamt kann international ein vergleichsweise niedriges Niveau von Anforderungen in Klausuraufgaben konstatiert werden, diese zielen eher auf Prozeduren und die Wiedergabe von Fakten ab. Der Anspruch der Aufgaben hängt allerdings erheblich vom jeweiligen Land ab (Bergqvist, 2007; Darlington, 2014; Tallman et al., 2016). Hinsichtlich semesterbegleitender Aufgaben liegen kaum Ergebnisse vor; die wenigen Befunde weisen sowohl ein eher niedriges (White und Mesa, 2014) als auch ein sehr hohes Anforderungsniveau aus (Bloch, 2005). Entscheidend für den Anspruch der Aufgaben scheint daher die Art der vermittelten Mathematik zu sein. Während rechnerisch orientierte *Calculus*-Kurse eher verfahrensorientiert arbeiten, stellen Analysisvorlesungen zum Beispiel im britischen oder französischen Raum die beweisende Mathematik in den Vordergrund. Die Studieneingangsphase in der Mathematik fällt in die zweite Kategorie, weswegen für die gestellten Übungsaufgaben hohe kognitive Anforderungen erwartbar sind. Erste empirische Ergebnisse (vgl. 5.4.2.1) stützen die These; allerdings liegt bisher keine ausführliche Beschreibung der Aufgabenprofile deutscher Übungsaufgaben vor. Insbesondere fehlen Erkenntnisse zur genauen thematisch-inhaltlichen Gestaltung der Aufgaben sowie zu den Niveaus der zur Lösung von Übungsaufgaben nötigen mathematischen Aktivitäten. Mit der Untersuchung eines umfangreichen Datensatzes von Analysis-I-Übungsaufgaben sollen sowohl diese Lücken geschlossen als auch bereits bestehende Ergebnisse abgesichert werden.

5.5 Zusammenfassung

Aufgaben sind an Schule und Hochschule wichtige Träger von Lernendenaktivitäten. Der (Übungs-)Aufgabenbegriff wird jedoch im Hochschulbereich kaum präzisiert. Da es sich um den Untersuchungsgegenstand dieser Arbeit handelt, setzte sich dieses Kapitel explizit mit der Definition von Aufgaben auseinander. Aus einer allgemein-didaktischen Perspektive sind Aufgaben durch ihren Aufforderungscharakter, einen Inhaltsbezug sowie die bei Lernenden ausgelöste Aktivität gekennzeichnet. Weiterhin weisen sie eine Oberflächen- und eine Tiefenstruktur auf, wobei sich die erstgenannte aus den in der *Aufgabenstellung* beschriebenen Objekten und letztere durch die zur *Lösung* relevanten Prinzipien ergibt (vgl. 5.1.1). Für die vorliegende Arbeit folgt, dass zur Beschreibung des Untersuchungsgegenstands nicht nur Aufgabenstellungen, sondern auch (zumindest gedanklich konstruierte) Lösungen berücksichtigt werden sollten.

Konkretisiert wurde der Aufgabenbegriff durch den fachlichen Bezug zur Mathematik. Eine Mathematikaufgabe zeichnet sich dadurch aus, dass sie durch das Vorgeben einer mathematikhaltigen Situation Bearbeitungsprozesse auslöst, die mathematische Begriffe oder Verfahren einbeziehen. Oberflächen- und Tiefenstruktur sind somit an den Inhaltsbereich Mathematik gebunden (vgl. 5.1.2). Inwiefern dabei zwischen zwei Aufgaben zu trennen ist, wird in der Literatur unterschiedlich behandelt. Teilweise wird eine substanzielle Änderung der Tiefenstruktur gefordert, für andere Autor:innen ist das Auftreten eines neuen Operators ausreichend. Der zweite Ansatz scheint für diese Arbeit gewinnbringend, da zu erwarten ist, dass Aufgaben auf dem gleichen Übungszettel ähnliche oder die gleichen Prinzipien für die Lösung erfordern und mit dem ersten Ansatz deren potentiell verschiedene kognitive Anforderungen nicht abgebildet werden könnten. Zusätzlich wurde berücksichtigt, dass Aufgaben mit nur einem Operator auch mehrere trennbare Aufforderungen enthalten können (vgl. 5.1.3).

Aufgaben weisen an Schule und Hochschule vielfältige Funktionen auf, was ihre Bedeutung nochmals stützt. Für die Aufgaben in der Studieneingangsphase wurden das Kommunizieren und Konkretisieren von Leistungserwartungen von Lehrenden an Studierende, die Lenkung des Kompetenzerwerbs sowie die kognitive Aktivierung der Studierenden als wichtige Funktionen herausgearbeitet (vgl. 5.2.1). In kapitel 4 wurden zwei eng mit den Funktionen der Aufgaben verknüpfte, idealtypische Formen von Aufgaben in den Modulen der Studieneingangsphase erörtert: Übungs- und Klausuraufgaben. Betrachtet man die funktionale Typisierung von Aufgaben, die aus dem schulischen Bereich stammt – eine Trennung zwischen Lern- und Leistungsaufgaben (vgl. 5.2.2) – so könnte aufgrund der großen Zahl von Funktionen, die Übungsaufgaben für das Lernen haben, eine naive, reine Zuordnung der Übungsaufgaben zu den Lernaufgaben erfolgen. Dass sie aber häufig bewertet werden, die Zulassung zur Klausur regeln und so Studierende Fehler vermeiden müssen, spricht gegen diese Zuordnung. Daher wurden Übungsaufgaben zwischen Lern- und Leistungsaufgaben eingeordnet, was eine Definition ermöglicht, die auch die Funktionen von Übungsaufgaben berücksichtigt (vgl. 5.2.3).

Sollen, wie in dieser Arbeit, die Merkmale von Aufgaben beschrieben werden, liegt mit dem Begriff Aufgabenkultur ein diesbezüglich sehr häufig genutzter Begriff vor, der meist nicht genauer beschrieben oder charakterisiert wird. Zur Aufgabenkultur gehören einerseits die Kulturgegenstände, d. h. die Aufgaben selbst, andererseits die Akteur:innen, d. h. Aufgabensteller und Aufgabenlöser und deren Umgang mit den Aufgaben. Der Umfang des Begriffs Aufgabenkultur macht ihn monomethodisch kaum zugänglich. Für die vorliegende Untersuchung wurde deshalb der abgeschwächte Begriff des Aufgabenprofils übernommen, welcher nur die Charakteristika der Aufgabenseite beschreibt (vgl. 5.3).

Im schulischen Bereich liegen hierfür einige Studien aus den letzten 25 Jahren vor, die insgesamt ein relativ niedriges kognitives Anspruchsniveau der Mathematikaufgaben feststellen. So werden schulische Mathematikaufgaben als prozedural orientiert beschrieben, die Hauptaktivität beim Lösen der Aufgaben ist das Anwenden von Kalkülen oder Algorithmen. In den letzten Jahren ist aber eine stärker werdende Bedeutung von Modellierungsaktivitäten in Prüfungs- bzw. Unterrichtsaufgaben zu erkennen. Das Argumentieren spielt in Aufgaben der Schulmathematik hingegen (nahezu) keine Rolle (vgl. 5.4.1). Die wenigen deutschsprachigen Studien zu Merkmalen von Aufgaben der Hochschulmathematik attestieren diesen einen problemhaltigen Charakter und zeigen eine deutlich höhere Bedeutung des Argumentierens und Beweisens. Zusätzlich erhält konzeptuelles Wissen eine größere Wichtung für das Lösen der Aufgaben (vgl. 5.4.2.1). Die Ergebnisse für Übungsaufgaben sind weitgehend kongruent zu den in 2.2.2 beschriebenen Zielen und Charakteristika der Hochschulmathematik. Sie lassen sich für Klausuraufgaben jedoch nicht bestätigen, die wieder einen stärker prozeduralen Charakter aufweisen. Aufgrund der relativ kleinen Stichproben und des geringen Umfangs der verwendeten Instrumente, die teilweise nur ein einzelnes Merkmal der Aufgaben fokussieren, sind die bisher erzielten Ergebnisse nicht generalisierbar bzw. zeichnen sie nur ein eingeschränktes Bild der Übungs- bzw. Klausuraufgaben im deutschsprachigen Raum. Ein Blick in die internationale Literatur zeigt auch stärker divergierende Ergebnisse, teilweise wird ein hohes Anspruchsniveau der Aufgaben berichtet, teilweise ein niedriges. Da sich die Ergebnisse je nach Land unterscheiden, ist zu vermuten, dass – ähnlich wie im schulischen Bereich – länderspezifische Muster für Klausur- und Übungsaufgaben bestehen (vgl. 5.4.2.2). Vermutlich wird dieses bei Analysisaufgaben dadurch beeinflusst, ob die jeweiligen Kurse mit rechenlastigen *Calculus*-Kursen oder beweisfokussierten Analysis-Kursen korrespondieren. Für den deutschsprachigen Raum ist Letzteres zu erwarten.

Nachdem in diesem Kapitel die relevanten Begriffe und der bisherige Forschungsstand aufgearbeitet wurden, soll eine genauere Beschreibung der Übungsaufgabenlandschaft im deutschsprachigen Raum mit dem empirischen Teil der Arbeit erfolgen. Als Leitlinien des folgenden Teils der Arbeit werden dafür im nächsten Kapitel Forschungsfragen vorgestellt, die auf den theoretischen Erkenntnissen der vorherigen Kapitel basieren.

Forschungsfragen 6

Der Forschungsstand zur Studieneingangsphase in der Mathematik ist in Bezug auf die Beschreibung des Lehr-Lern-Angebots bislang unzureichend (Rach et al., 2016, S. 602; Speer et al., 2010, S. 99; Umgelter und Geisler, 2024, S. 7; Weinberg et al., 2015, S. 204). Vor allem Studien, die sich speziell mit dem deutschsprachigen Raum beschäftigen, sind rar. Das gilt nicht nur für die Lehrveranstaltungen, wie Vorlesung und Übung, sondern auch für das Selbststudium. Aus einer konstruktivistischen Lernperspektive gilt ein umfangreiches Selbststudium als unabdinglich für das Erreichen der anspruchsvollen Ziele der Studieneingangsphase, da in der Mathematik die Lehrveranstaltungen traditionell eher instruktionsorientiert und transmissiv gestaltet sind (vgl. Kapitel 4). Eine aktive Auseinandersetzung mit mathematischen Inhalten im Selbststudium erfolgt meist über wöchentliche gestellte, bewertete Übungsaufgaben. Studierende wenden zur Lösung dieser Aufgaben häufig viel Zeit auf, wobei sich der zeitliche Bearbeitungsumfang nicht aus der Fülle der Aufgaben ergibt, sondern durch deren Komplexität (vgl. 4.3). Daher gelingt es einem Großteil der Studierenden nicht, die Aufgaben eigenständig korrekt zu lösen. Es ist naheliegend, dass sich Schwierigkeiten für die Studierenden aus den unterschiedlichen Charakteren der Schul- und Hochschulmathematik ergeben (vgl. 2.2). Waren Lernende in der Schule noch eine Orientierung an rechnerischen Verfahren und Problemstellungen der realen Welt gewohnt, stellt die Hochschule mit dem axiomatisch-deduktiven Ansatz neue Anforderungen. Gerade in der Analysis, die sowohl in der Sekundarstufe II als auch der Studieneingangsphase ein wichtiges Thema darstellt, müssen die Studienanfänger:innen einen veränderten Umgang mit bereits bekannten Begriffen erlernen (vgl. Kapitel 3). Die Übungsaufgaben stellen hierfür *die* zentrale Gelegenheit dar. Eine ausführliche Beschreibung der Gestaltung von Übungsaufgaben, insbesondere mit einer größeren Stichprobe

F. Wlassak, *Gestaltungsmerkmale und Typen von Übungsaufgaben aus der Analysis I*, https://doi.org/10.1007/978-3-658-50118-1_6

und einem umfangreichen Klassifikationsinstrument, liegt trotz der Bedeutung der Übungsaufgaben für das Lernen in der Studieneingangsphase bislang nicht vor (vgl. 5.4.2).

Hingegen liegen umfangreiche Studien vor, die sich mit den Aufgabenmerkmalen schulischer Aufgaben auseinandersetzen (vgl. 5.4.1). Dort verwendete Klassifikationsschemata entstammen dem Schulkontext und lassen sich somit nur bedingt für die Hochschule anwenden. Speziell können Kategorien zum Beweisen bzw. Argumentieren nicht einfach aus dem Schulkontext übertragen werden, da sich die diesbezüglich zu erreichenden Ziele zwischen den Institutionen unterscheiden (vgl. 2.2.1.1 und 2.2.2.1). Während der Erwerb von Beweiskompetenzen zum eigenständigen Erstellen semiformaler Beweise eines der wichtigsten Ziele der Studieneingangsphase darstellt, wird in der Schule mit geringerer Strenge und mit geringerer Häufigkeit argumentiert. Folglich müssen Kategorien zum Beweisen bzw. Argumentieren in Übungsaufgaben stärker bzgl. Anforderungen an das semiformale Beweisen differenzieren als ihr schulisches Pendant. Diese Gedanken lassen sich auch beispielsweise auf das Modellieren bzw. das Nutzen rechnerischer Ansätze in Übungsaufgaben im Vergleich zu schulischen Aufgaben übertragen. Es scheint daher gewinnbringend, vorliegende Instrumente aus dem Schul- bzw. Hochschulkontext für diese Arbeit zur Entwicklung des eigenen Instruments zu analysieren und ggf. zu adaptieren. Dies führt zur folgenden Frage:

Forschungsfrage 1: Welche Merkmale aus Klassifikationsschemata für Aufgaben der Schulmathematik bzw. Untersuchungen zu Übungs- und Klausuraufgaben der Hochschule lassen sich zur Beschreibung der Gestaltung von Übungsaufgaben zur Analysis I nutzen?

Da so ein neues Instrument erstellt wird, stellt sich die Frage, inwieweit es empirische Qualitätsmerkmale erfüllt. Für ein Klassifikationsschema, wie es im Kontext von rationalen Aufgabenanalysen genutzt wird (vgl. 5.3), ergeben sich die Validität bzw. Reliabilität der Untersuchung durch die theoretische Begründung der einzelnen Kriterien und Ausprägungen bzw. des methodischen Vorgehens. Die Objektivität kann jedoch durch ein geeignetes Untersuchungsdesign empirisch untersucht werden. Hierfür sollte bzgl. aller Kategorien ein Teil der Stichprobe – empfohlen werden 10–20 % (Döring und Bortz, 2016, S. 558) – von (mindestens) zwei unabhängigen Personen ausgewertet und anschließend deren Übereinstimmung kontrolliert werden. Es ergibt sich so die Antwort auf die Frage:

Forschungsfrage 2: Inwieweit können Gestaltungsmerkmale von Übungsaufgaben mit dem gewonnenen Klassifikationsschema objektiv beschrieben werden?

Nachdem das Instrument hinsichtlich der Qualitätskriterien quantitativer Forschung geprüft wurde, rückt das hauptsächliche Erkenntnisinteresse dieser Arbeit, die Beschreibung der Merkmale von Übungsaufgaben, in den Vordergrund. Um ein detailliertes Bild der Übungsaufgaben zeichnen zu können, sollten sowohl Oberflächen- als auch Tiefenstrukturmerkmale berücksichtigt werden (vgl. 5.1.2). Oberflächenmerkmale lassen sich direkt an den Aufgabenstellungen ablesen, wohingegen für die Beschreibung der Tiefenstruktur eine für die Institution angemessene Lösung zur Verfügung stehen oder zumindest gedanklich konstruiert werden muss. Die unterschiedlichen Merkmale von Schul- und Hochschulmathematik legen in Bezug auf beide Strukturen erhebliche Diskrepanzen zwischen schulischen und universitären Aufgaben nahe; allerdings sind hinsichtlich der behandelten Inhalte größere Überschneidungen zwischen Schul- und Hochschulmathematik zu erwarten (vgl. Kapitel 3). Es stellen sich die folgenden Fragen:

Forschungsfrage 3: Wie sind Übungsaufgaben in der Analysis I gestaltet?

Forschungsfrage 3.1: Welche Inhalte werden in den Übungsaufgaben der Analysis I thematisiert und wie verteilen sie sich anteilig auf die Übungsaufgaben?

Forschungsfrage 3.2: Inwiefern können Inhalte als kanonischer Stoff der Übungsaufgaben verstanden werden und inwieweit lässt sich die vermutete kanonische Reihenfolge der Inhalte der Analysis I empirisch bestätigen?

Forschungsfrage 3.3: Inwiefern unterscheidet sich die Wichtung der Inhalte in den Übungsaufgaben der Analysis I von der in Kapitel 3 beschriebenen Wichtung der Inhalte in der Schulmathematik?

Forschungsfrage 3.4: Welche Oberflächenstrukturmerkmale sind typisch für die Übungsaufgaben der Hochschulanalysis?

Forschungsfrage 3.5: Inwieweit bildet die beschriebene Oberflächenstruktur den Charakter der Hochschulmathematik ab?

Forschungsfrage 3.6: Welche Tiefenstrukturmerkmale sind typisch für die Übungsaufgaben der Hochschulanalysis?

Forschungsfrage 3.7: Inwieweit bildet die beschriebene Tiefenstruktur den Charakter der Hochschulmathematik ab?
Neben der isolierten Betrachtung einzelner Gestaltungsmerkmale ist die Konstruktion von Aufgabentypen ein Interesse dieser Arbeit. Bisherige Untersuchungen von Übungsaufgaben differenzieren häufig nur zwischen Rechen- und Beweisaufgaben (vgl. 5.4.2.1). Neben der Beschreibung einzelner Merkmale ist es daher wünschenswert, weitere differenziertere Ausprägungen der Typen von Übungsaufgaben, die in der Analysis gestellt werden, zu entwickeln. Diese können die Anforderungen, mit denen Studierende konfrontiert werden, gebündelt beschreiben und insbesondere die potentiellen Diskrepanzen zwischen Aufgaben in einer einzelnen Kategorie fassen. Aufgrund der fehlenden Vorarbeiten hat dieser Teil der Untersuchung explorativen Charakter. Beantwortet werden sollen die folgenden Fragen:

Forschungsfrage 4: Wie lassen sich Aufgabentypen für die Analysis I beschreiben und wie verteilen sich diese im Laufe des Semesters?

Forschungsfrage 4.1: Inwiefern lassen sich Aufgabentypen für die Analysis I bilden und wodurch zeichnen sich diese ggf. aus?

Forschungsfrage 4.2: Wenn es charakteristische Aufgabentypen für die Analysis I gibt: Inwieweit ist eine unterschiedliche Verteilung der Aufgabentypen im Laufe des ersten Semesters festzustellen?
Letztlich lassen theoretische Überlegungen (vgl. 4.3 und 5.3) erwarten, dass die Qualität des Lehrangebots an der Hochschule erheblich vom involvierten Lehrpersonal abhängt. In Bezug auf Übungsaufgaben können sich zum Beispiel durch ein langsameres bzw. schnelleres inhaltliches Fortschreiten der Vorlesung bei verschiedenen Lehrenden differierende Verteilungen der behandelten Inhalte ergeben. Ebenso ist zu erwarten, dass sich die Übungsaufgaben bei verschiedenen Dozierenden bzgl. des durchschnittlichen Anforderungsniveaus unterscheiden. Für Klausuraufgaben gibt es hierfür bereits erste Ergebnisse (vgl. 5.4.2.1 und 5.4.2.2), wohingegen bei den Übungsaufgaben nur eine eigene Vorarbeit (Wlassak und Schöneburg-Lehnert, 2022) vorliegt, die einige wenige Aufgabenmerkmale der Aufgaben verschiedener Lehrender vergleicht und dabei signifikante Unterschiede feststellen konnte. Da hier vor allem die Komplexität der Aufgaben von besonderem Interesse ist, erscheint ein Vergleich der Oberflächenstrukturen weniger interessant. Allgemein ergeben sich daher die folgenden Fragen:

Forschungsfrage 5: Inwiefern unterscheiden sich Aufgaben verschiedener Lehrpersonen?[1]

Forschungsfrage 5.1: Inwieweit unterscheiden sich die Aufgabenmerkmale der Tiefenstruktur je nach Lehrperson?

Forschungsfrage 5.2: Wenn es charakteristische Aufgabentypen in der Hochschulmathematik gibt: Inwieweit gibt es Verteilungsunterschiede hinsichtlich dieser Aufgabentypen je nach Lehrperson?

Um alle Fragen beantworten zu können, muss zunächst ein geeignetes Instrument erstellt werden. Dieses Instrument soll insbesondere mit der in Kapitel 5 entwickelten Definition von Übungsaufgaben kompatibel sein. Da dies impliziert, dass auch Tiefenstrukturmerkmale relevant sind, ist es erforderlich, die Lösungen bzw. Prozesse zum Finden einer Lösung abzubilden. Das folgende Kapitel beschreibt daher ein Modell für den idealisierten Prozess des Lösens einer Aufgabe, bevor Aufgabenmerkmale deduktiv erarbeitet und den Bestandteilen dieses Modells zugeordnet werden.

[1] Prinzipiell sollen die Aufgaben verschiedener Universitäten untersucht werden, so dass man auch die Merkmale der Tiefenstruktur je nach Standort ausweisen könnte. Die Aufgaben werden aber am gleichen Standort in verschiedenen Jahren von verschiedenen Lehrpersonen gestellt. Daher wird immer von der Tiefenstruktur bzw. Verteilung in Bezug auf eine Lehrperson gesprochen. Da die Untersuchung nicht als Längsschnitt angelegt ist, können dabei keine Entwicklungslinien der Lehrpersonen abgebildet werden.

Erstellung des Kategoriensystems 7

Übungsaufgaben stellen eines der vier charakteristischen Elemente der Module der Studieneingangsphase dar (vgl. Kapitel 4). Da es sich bei ihnen um schriftliche Dokumente der jeweiligen Institution handelt, können sie untersucht werden, ohne dass ausführliche Beobachtungen vor Ort durchgeführt werden müssen, wie es bei der Charakterisierung von Vorlesungen oder Übungen der Fall ist (Püschl, 2019; Umgelter und Geisler, 2024). Im Gegensatz zu Klausuraufgaben ist die Menge an Übungsaufgaben in einem Semester bereits relativ umfangreich, was eine aussagekräftige Beschreibung des Charakters von Übungsaufgaben mit den Aufgaben einer moderaten Zahl von Standorten ermöglicht.[2] Dafür liegt mit der wissenschaftlichen Dokumentenanalyse eine Standardmethode vor, die, je nach Fragestellung und Forschungsstand im jeweiligen Gebiet, in zwei verschiedenen Typen auftreten kann:

1. Die qualitative Dokumentenanalyse arbeitet mit sehr kleinen Stichproben (im ein- oder unteren zweistelligen Bereich) und nutzt unterschiedliche qualitative Analyseverfahren, um Daten sinnkonstituierend interpretativ auszuwerten. Sie ist vor allem bei offenen Forschungsfragen und explorativen bzw. theoriebildenden Arbeiten angezeigt. Das Kategoriensystem zur Einordnung der Merkmale entsteht induktiv und kann im Forschungsprozess überarbeitet werden (Döring und Bortz, 2016, S. 538–541).

[1]Bei 13 Übungszetteln pro Semester und 4 Aufgaben pro Zettel wären es 52 Aufgaben je Standort. Eine durchschnittliche Klausur im deutschsprachigen Raum hat in etwa 15 Aufgaben (Kolbe und Liebendörfer, 2024).

Ergänzende Information Die elektronische Version dieses Kapitels enthält Zusatzmaterial, auf das über folgenden Link zugegriffen werden kann https://doi.org/10.1007/978-3-658-50118-1_7.

F. Wlassak, *Gestaltungsmerkmale und Typen von Übungsaufgaben aus der Analysis I*, https://doi.org/10.1007/978-3-658-50118-1_7

2. Die quantitative Dokumentenanalyse arbeitet mit größeren Stichproben und ist in ihrem Vorgehen einheitlicher und strukturierter als die qualitative Dokumentenanalyse. Sie wird genutzt, um Dokumente hinsichtlich formaler und inhaltlicher Merkmale zu beschreiben und zu klassifizieren. Auch die quantitative Dokumentenanalyse wird bei relativ offenen Forschungsfragen genutzt, bei denen es um die Repräsentation bestimmter Phänomene in Dokumenten geht. Im Gegensatz zur qualitativen Dokumentenanalyse wird bei der quantitativen Dokumentenanalyse vor der Datenerhebung das Kategoriensystem deduktiv entwickelt und Überarbeitungen erfolgen nur an Beispielmaterial, welches nicht zur eigentlichen Stichprobe gehört (Döring und Bortz, 2016, S. 538 und S. 552–559).

Die Forschungsfragen dieser Arbeit zielen auf eine umfangreiche Beschreibung der deutschen Übungsaufgabenlandschaft ab und inkludieren auch quantitative Fragestellungen (vgl. Kapitel 6). Schon die Aufgaben einer Universität wären zu umfangreich für eine qualitative Dokumentenanalyse. Mit den wenigen Studien zu Aufgabenmerkmalen der Hochschulmathematik (vgl. 5.4) liegen zwar erste Erkenntnisse vor, an die das Erhebungsinstrument dieser Arbeit anknüpfen kann, diese wurden aber an kleinen Stichproben erzielt und müssen anhand einer deutlich größeren Stichprobe bestätigt werden. Schließlich lassen sich theoretische und empirische Ergebnisse zum erwarteten Charakter der Mathematik in der Studieneingangsphase identifizieren (vgl. 2.2.2 und 5.4.2), die auf der Ebene der Übungsaufgaben mit dieser Studie (weiter) untersucht werden können. Für die deduktive Konstruktion eines Kategoriensystems kann an diese Arbeiten angeknüpft werden und durch das Einbeziehen von Klassifikationsinstrumenten aus dem schulischen Kontext der spezifische Charakter von Übungsaufgaben im Vergleich zu Aufgaben der Schulmathematik herausgearbeitet werden. Im Folgenden wird daher eine quantitative Dokumentenanalyse durchgeführt. Neben inhaltlichen Gründen erscheint eine Dokumentenanalyse auch aus forschungsökonomischen Gründen adäquat, da sie ein nonreaktives Datenerhebungsverfahren darstellt. Die untersuchten Aufgaben werden unabhängig vom Forschungsprozess von den Lehrenden der jeweiligen Institution erzeugt und können genutzt werden, um die Qualität realisierter Lehr-Lern-Umgebungen einzuschätzen.

Da es für den Hochschulbereich bislang kein umfassendes, etabliertes Instrument zur quantitativen Dokumentenanalyse von Übungsaufgaben gibt, widmet sich das folgende Kapitel dem Erstellen eines Kategoriensystems, welches die Besonderheiten der Hochschulmathematik berücksichtigt. Hierfür wird zunächst ein Modell der Aufgabenbearbeitung entwickelt, welches die Zuordnung von Aufgabenmerkmalen zur Oberflächen- bzw. Tiefenstruktur der Aufgabe klärt und den Mangel an tatsächlichen Studierendenlösungen berücksichtigt (vgl. 7.1). Die beiden folgenden Abschnitte fokussieren dann die Entwicklung der einzelnen Kategorien des Kategoriensystems, getrennt nach Oberflächen- (vgl. 7.2) und Tiefenstruktur (vgl. 7.3).

7.1 Ein idealisiertes Modell der (Übungs-)Aufgabenbearbeitung

Der Definition von Übungsaufgaben dieser Arbeit (vgl. 5.2.3) ist inhärent, dass Studierende mathematische Mittel einsetzen müssen, um diese lösen zu können. Für den Lösungsprozess steht daher das mathematische Vorwissen des Aufgabenlösers im Vordergrund. Ausgangspunkt für ein Modell zur Bearbeitung von Übungsaufgaben ist demnach das Konzept der Wissenseinheiten, welches bereits in verschiedenen vergleichbaren Untersuchungen genutzt wurde (Maier et al., 2014; Neubrand, 2002; Wlassak und Schöneburg-Lehnert, 2022). In der TIMS-Studie (Neubrand, 2002, S. 95) werden Wissenseinheiten verwendet, um die Komplexität schulischer Mathematikaufgaben verschiedener Länder zu beschreiben. Aufbauend auf der Grundannahme, dass Mathematikunterricht stets eine Form der Wissensaneignung zum Ziel hat, stellt sich die Frage, inwieweit verschiedene Aufgaben dieses Wissen erfordern. Im Kontext institutionalisierter Bildung richten sich Aufgaben an Lerngruppen und nicht an Individuen, was bei Interesse für das objektiv vorhandene Potential von Aufgaben impliziert, dass nicht das individuelle Vorwissen von Lernenden berücksichtigt werden kann, sondern ein Wissensstand aller Lernenden angenommen werden muss. Bromme (1997, S. 202) spricht diesbezüglich vom „kollektiven Schüler". Um wiederum den Wissensstand des kollektiven Schülers[2] abzubilden, würde dies für jede thematisch kohärente Menge von Aufgaben eine geeignete Überprüfung des Vorwissens der gesamten Lerngruppe erfordern, was methodisch nicht geleistet werden kann. Stattdessen wird in dieser Arbeit auf die Position eines Experten[3] zurückgegriffen, der über das zur Lösung der Aufgabe relevante Wissen verfügt. Dieser Ansatz ist verträglich mit der rationalen Aufgabenanalyse, da dieser Experte als idealer Aufgabenlöser angenommen werden kann (vgl. 5.3).

Ein solcher Ansatz wird auch in hochschuldidaktischen Arbeiten genutzt (z. B. Studi-Expert-Lösung in Kortemeyer, 2019, S. 95–96). Hier werden Lösungen erarbeitet, die nur auf das aus Vorlesungen bzw. Übungen und Übungsaufgaben erworbene Wissen zurückgreifen. Dieses Vorgehen bietet den Vorteil, dass eine

[2] Oder speziell in dieser Arbeit des kollektiven Studenten.

[3] Da es sich nur um eine gedachte Person handelt, wird das generische Maskulinum in diesem Zusammenhang genutzt (vgl. Fußnote 1 in Kap. 5).

Lösung erstellt werden kann, die dem idealen kollektiven Wissensstand entspricht und in der jeweiligen Veranstaltung zulässige, studentische Lösungen approximiert. Es wird somit davon ausgegangen, dass der idealisierte Aufgabenlöser die jeweilige Aufgabe so bearbeitet, dass er den gesamten relevanten Stoff beherrscht (Neubrand, 2002, S. 95). Weiteres für die Aufgabe irrelevantes Wissen oder Irrwege bei der Lösung werden nicht abgebildet. Es steht daher nicht im Fokus, wie Expert:innen bei einer Aufgabenlösung genau vorgehen, sondern welches Wissen für eine Lösung unbedingt erforderlich ist (Maier et al., 2013, S. 33). Wissenseinheiten bezeichnen so die im Lösungsprozess „von einem Experten in Hinblick auf die Anforderungen der jeweiligen Aufgabe aktivierten Wissensbestandteile" (Neubrand, 2002, S. 95).

Eine Erwartung hinsichtlich des Erwerbs von Wissenseinheiten ist, dass sich diese nicht nur lateral losgelöst voneinander ausbilden, sondern sich Wissensbestandteile in einem Inhaltsgebiet auch vertikal vernetzen. Wissenseinheiten bilden dabei die hierarchisch höchstgelegene Strukturebene. Sollen beispielsweise zwei gemeine Brüche addiert werden, sind mehrere Wissensbestandteile zu aktivieren. Es müssen der Hauptnenner beider Brüche gefunden, die Brüche erweitert, ganze Zahlen addiert sowie das Ergebnis ggf. gekürzt werden. Die verwendeten Subprozeduren lassen sich allesamt einer übergeordneten Wissenseinheit „Addition von gemeinen Brüchen" zuordnen, was bedeutet, dass ein Experte nur diese einzelne Wissenseinheit aktivieren muss (vgl. Abbildung 7.1).

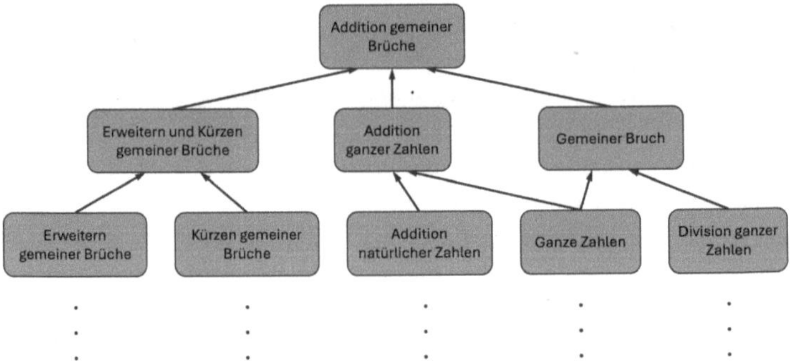

Abbildung 7.1 Vertikale Vernetzung von Wissensbestandteilen am Beispiel der Addition gemeiner Brüche

Wenn das Lösen einer Aufgabe hingegen das Aktivieren mehrerer Wissenseinheiten erfordert, erhöht sich der Grad der innermathematischen Vernetzung und somit die Komplexität der Aufgabe (Maier et al., 2013, S. 34; Neubrand, 2002,

S. 100). Im Hochschulkontext ist dies unter anderem bei Beweisaufgaben der Fall, wenn verschiedene Sätze und/oder Definitionen aktiviert werden müssen, die sich nicht hierarchisch anordnen lassen. Insgesamt ist aufgrund der Schwierigkeiten von Studierenden zu erwarten, dass Übungsaufgaben häufiger mehrere Wissenseinheiten erfordern (vgl. 2.2.2.5 und 4.3).

Eine weitere Annahme in Bezug auf das Konzept der Wissenseinheiten ist, dass diese ein „sich dynamisch veränderndes" Netzwerk bilden (Neubrand, 2002, S. 98). Je nach Anforderungen der gegebenen Aufgabe kann sich die Position eines Wissensbestandteils im Wissensnetzwerk ändern. Insbesondere ob ein Wissensbestandteil noch auf der hierarchisch höchstgelegenen Ebene der aktivierten Wissenselemente liegt, kann sich je nach Aufgabenstellung wandeln. Soll, wie in Abbilding 7.2, die Konvergenz einer Folge reeller Zahlen durch Abschätzung bestimmt werden, stellt die Multiplikation von Brüchen, die in anderen Aufgaben eine einzelne Wissenseinheit darstellen könnte, hier nur einen untergeordneten Wissensbestandteil dar. Neben der Multiplikation müssen Brüche in dieser Lösung abgeschätzt werden. Diese beiden Anforderungen sind jedoch in einem eng zusammenhängenden Kontext zu sehen und lassen sich daher in einer Wissenseinheit „Operieren mit rationalen Zahlen" bündeln. Für die Lösung der Aufgabe müssen zusätzlich die Wissenseinheiten „Sandwichkriterium" und „Definition der Fakultät" aktiviert werden.

Untersuche die Folge $a_n = \frac{2^n}{(n+1)!}$ auf Konvergenz und bestimme gegebenenfalls ihren Grenzwert.

Lösung: Es gilt $a_n \geq 0$. Weiterhin haben wir für $n \geq 3$

$$a_n = \frac{2^n}{(n+1)!} = \frac{2^n}{1 \cdot 2 \cdot \ldots \cdot (n+1)} \overset{(1)}{=} \frac{1}{1} \cdot \frac{2}{2} \cdot \frac{2}{3} \cdot \ldots \cdot \frac{2}{n+1} \overset{(2)}{\leq} \frac{2}{n+1}.$$

Da offenbar die Folgen (d_n) und (e_n) mit $d_n = 0$ und $e_n = \frac{2}{n+1}$ beide gegen 0 konvergieren, konvergiert nach dem Sandwichkriterium auch (a_n) gegen 0.

Abbildung 7.2 Aufgabenbeispiel zum Nachweis der Konvergenz einer Zahlenfolge durch das Sandwichkriterium

Es ist bekannt, dass Lehrende der Eingangsvorlesungen sichere Vorkenntnisse vor allem von Inhalten der Sekundarstufe I voraussetzen (Neumann et al., 2017, S. 3). Ebenso konnte gezeigt werden, dass schulisches Vorwissen ein signifikanter Prädiktor für den Modulerfolg in der Analysis I ist (Rach und Ufer, 2020, S. 395). Für Übungsaufgaben der Analysis I ist dementsprechend zu erwarten, dass neben den Definitionen, Sätzen und Verfahren der Hochschulmathematik auch in der Schule erworbene Wissenseinheiten relevant sind. Auch aus theoretischer Sicht erscheint es sinnvoll, bei den Wissenseinheiten zwischen den Erwerbskontexten Schule und Hochschule zu unterscheiden, da die Strukturierung des Wissens, die Art der Lehrveranstaltungen, deren Tempo sowie die Orientierung an den Lernenden zwischen den Institutionen erheblich differiert (vgl. 2.2). Gerade die geringere Orientierung an den Lernenden im universitären Kontext legt es nahe, dass Aufgaben, die mehrere an der Hochschule erworbene Wissenseinheiten benötigen, anspruchsvoller sind.

In Bezug auf das Wissenseinheitenkonzept erscheint es problematisch, dass die Komplexität der aktivierten Wissenseinheiten nicht abgebildet wird. Wie eben beschrieben, weist die Wissenseinheit „Operieren mit rationalen Zahlen" eine größere Strukturtiefe auf als die Wissenseinheit „Multiplikation von gemeinen Brüchen". Um auch das Aktivieren thematisch eng zusammenhängender Wissensbestandteile berücksichtigen zu können, sind zwei Möglichkeiten denkbar: Einerseits könnten alle relevanten Wissensbestandteile quantifiziert werden, andererseits könnte man die zur Lösung der Aufgabe nötigen Schritte zählen. Der erste Ansatz ist aus verschiedenen Gründen nicht praktikabel. Das vollständige Auflisten der relevanten Wissensbestandteile ist aufwändig und Bestandteile auf niedrigsten Strukturebenen sind für das Lösen einer Aufgabe höchstens implizit relevant. Weiterhin ist die Konstruktion des Wissensnetzwerks von Annahmen hinsichtlich der Reihung des Stoffes in den jeweiligen Lehrveranstaltungen abhängig. Hingegen kann man einzelne Schritte der vorliegenden Lösung einer Aufgabe relativ einfach zählen und so relevante Bestandteile einer komplexen Wissenseinheit abbilden. In der Aufgabenlösung (vgl. Abbildung 7.2) wird beispielsweise in den Schritten (1) und (2) die Wissenseinheit „Operieren mit rationalen Zahlen" abgebildet.

Für diese Arbeit wird die kleinste Einheit einer Aufgabenlösung als Bearbeitungsschritt verstanden (vgl. Abbildung 7.3). Ein Bearbeitungsschritt ist als Operation Q_i zu verstehen, die zwei Zustände Z_{i-1} und Z_i einer Aufgabenlösung in Richtung vom Anfangszustand Z_0 zum Zielzustand Z_T miteinander verbindet (Newell und Simon, 1972, S. 75).

Entsprechende Operationen können z. B. Rechenschritte oder das Angeben von Fakten bzw. Argumenten umfassen (Wlassak, 2019, S. 918). Die Gesamtdarstellung einer Aufgabenlösung in der Form $Z_T = Q_T(Q_{T-1}(...(Q_1(Z_0)...)))$ erlaubt es, Aufgaben hinsichtlich ihrer quantitativen Komplexität zu beurteilen, wobei eine höhere Anzahl von Bearbeitungsschritten mit einer höheren quantitativen Komplexität korrespondiert. Insbesondere wird dafür angenommen, dass die gleiche Wissenseinheit (von dieser aber möglicherweise unterschiedliche Wissensbestandteile) für mehrere Bearbeitungsschritte innerhalb einer Lösung genutzt werden kann. Das Konzept der Bearbeitungsschritte ermöglicht es so, die Komplexität von Aufgaben in Bezug auf die technische Ausführung einer vorliegenden Aufgabenlösung

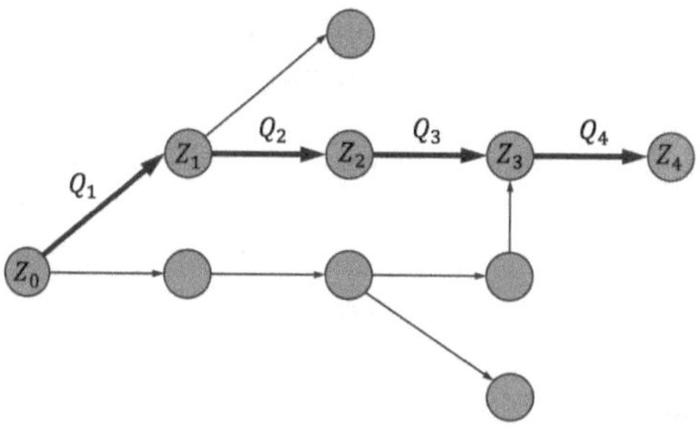

Abbildung 7.3 Darstellung von Lösungsweg (hervorgehoben), alternativer Lösung und Irrwegen mit dem Konzept der Bearbeitungsschritte

zu beurteilen und ergänzt somit das eher qualitativ orientierte Konzept der Wisseneinheiten. Gerade für rechnerisch orientierte Aufgaben kann so nuanciert die technische Komplexität des gleichen Verfahrens beurteilt werden.

Die bisherigen Ausführungen zur Bearbeitung einer Aufgabe sowie die Bestandteile *Aufgabenstellung* und *Aufgabenlösung* können nun gebündelt in einem Modell dargestellt werden (vgl. Abbildung 7.4).

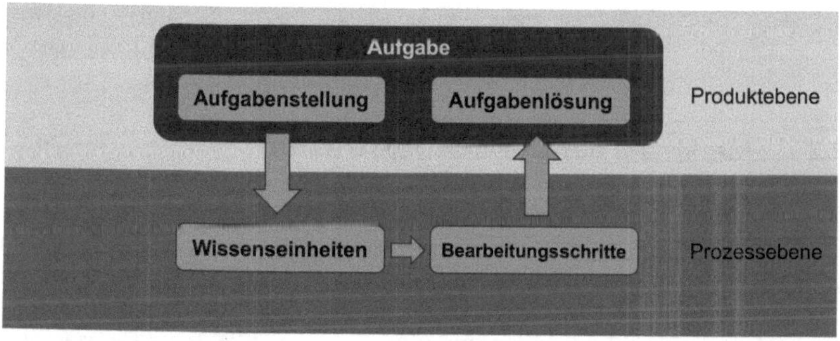

Abbildung 7.4 Modell der idealisierten Aufgabenbearbeitung

Im Gegensatz zu tatsächlichen studentischen Bearbeitungsprozessen blendet das Modell überflüssige Bearbeitungsschritte bzw. Irrwege aus, die sich in Lösungen z. B. dadurch zeigen können, dass Wisseneinheiten aktiviert werden, die für die finale Lösung nicht erforderlich sind oder mehrere Schritte ausgeführt werden, die redundant sind bzw. keinen Fortschritt in der letztlich erzeugten Lösung liefern. Ein unmittelbar ersichtlicher Nachteil des Modells ist, dass damit nicht die tatsächliche durchschnittliche Komplexität studentischer Herangehensweisen beim Lösen von Übungsaufgaben darstellbar ist. Aufgrund der sehr geringen eigenständigen Lösungsquoten (vgl. 4.3) ist aber fraglich, ob dies überhaupt geschehen könnte. Vorteilhaft ist hingegen, dass das Modell es ermöglicht, die minimalen Anforderungen darzustellen, die ein Aufgabenlöser für eine konkrete Lösung erfüllen muss. Liegt eine Musterlösung zu einer Aufgabe vor, können so Rückschlüsse auf die aktivierten Wissenseinheiten sowie Anzahl der Bearbeitungsschritte und damit die Komplexität des Lösungsprozesses gezogen werden, ohne einen Bearbeitungsprozess beobachten zu müssen. Gerade dann, wenn auch die Tiefenstruktur von Übungsaufgaben beschrieben werden soll, erscheint das Erstellen einer Musterlösung der jeweiligen Aufgaben und die anschließende Analyse des Paars *Aufgabenstellung* und *-lösung* ein praktikabler und zum Aufgabenbearbeitungsmodell kompatibler Ansatz.

Im Wesentlichen sind zwei Arten von Aufgabenmerkmalen zu erwarten: jene, die ohne Kenntnis einer Musterlösung nur mit der Aufgabenstellung eingeschätzt werden können und solche, die die Kenntnis einer Musterlösung voraussetzen. Diese Trennung korrespondiert mit der Oberflächen- und Tiefenstruktur einer Aufgabe (vgl. 5.1.1), denn fachliche Prinzipien werden erst beim Lösen einer Aufgabe aktiviert und so ablesbar. Als *Oberflächenstrukturmerkmale* werden daher im Folgenden die Aufgabenmerkmale bezeichnet, die sich rein aus der Aufgabenstellung erfassen lassen. *Tiefenstrukturmerkmale* sind hingegen diejenigen Merkmale, für deren Einschätzung zusätzlich eine Musterlösung zur Verfügung gestellt werden muss.[4]

7.2 Merkmale der Oberflächenstruktur

Im Folgenden sollen die zu untersuchenden Oberflächenmerkmale sowie deren potentielle Ausprägungen erarbeitet werden. Dabei stehen zwei Ziele im Vordergrund: Einerseits sollten sie anschlussfähig an Begriffe der Fachdidaktik Mathematik sein, um Vergleiche zu den Aufgaben der Schulmathematik zuzulassen, andererseits sollten sie die theoretischen Annahmen über den Charakter der Hochschulmathematik abbilden. Zusätzlich müssen entsprechende

[4] Dies bedeutet auch, dass die Ausprägungen der erfassten Tiefenstrukturmerkmale von der konkreten, vorliegenden Musterlösung abhängig sind, was ein sorgfältiges Kontrollieren der Passung zwischen der Musterlösung, der Aufgabenstellung sowie dem Kontext, in dem die Aufgabe gestellt wird – insbesondere in Bezug auf die Vorkenntnisse des Aufgabenlösers – nötig macht.

Merkmale[5] so gewählt sein, dass sie tatsächlich ohne den Bezug zu einer konkreten Aufgabenlösung bewertet werden können.

Den ersten unmittelbar aus der Aufgabenstellung ablesbaren Anhaltspunkt für die Qualität einer erwarteten Lösung stellt der *Operator der Aufgabenstellung* dar. Für den Hochschulkontext ist ein Fokus auf Operatoren, die auf das Beweisen bzw. rechnerische Aktivitäten abzielen, zu erwarten (vgl. 2.2.2.4 und 2.2.2.5); allerdings könnte eine mangelnde didaktische Vorbildung von Lehrenden dafür sorgen, dass Operatoren möglicherweise nicht oder mit einer von der schulischen Nutzung abweichenden Semantik genutzt werden. Die Operatoren haben auch einen direkten Einfluss auf das *Antwortformat* einer Übungsaufgabe. Vor allem, weil Übungsaufgaben häufig als bewertete Hausaufgaben konzipiert werden, sind eher freiere Antwortformate zu erwarten (vgl. 5.2.3).

Neben diesen formalen Merkmalen legen Ziele und Charakter der Hochschulmathematik eine typische Oberflächenstruktur der Übungsaufgaben nahe. Da Übungsaufgaben insbesondere eine wichtige Rolle beim Erwerb von Problemlösekompetenzen spielen (vgl. 4.3), sind eher Aufgaben ohne Hinweise auf einen konkreten Lösungsweg zu erwarten, was das Merkmal *Offenheit der Aufgabe* untersuchenswert macht. Die Anwendung mathematischer Konzepte auf realistische Problemstellungen ist in der Studieneingangsphase hingegen nur nachrangig (vgl. 2.2.2.3), was über das Merkmal *Realitätsbezug* der Aufgabe auch auf Ebene der Übungsaufgaben bestätigt werden soll. Schließlich stehen Beweise von allgemeinen Aussagen für einen deduktiven Theorieaufbau im Zentrum der Hochschulmathematik (vgl. 2.2.2.2 und 2.2.2.5). Dementsprechend ist ein hoher *Generalitätsgrad* der Aufgaben zu vermuten. Da die traditionell gestalteten Lehrveranstaltungen, wie Vorlesungen und Übungen, Studierende nur in einem sehr geringen Maße in die Wissensbildung der Hochschulmathematik einbinden bzw. auch deren Grenzen kaum thematisieren (vgl. 4.1 und 4.2), scheinen die Übungsaufgaben eher der Ort, um die diesbezüglichen Ziele (vgl. 2.2.2.1) zu realisieren. Inwiefern Aufgaben tatsächlich Studierenden solche Anlässe bieten, soll das Aufgabenmerkmal *Explizite Reflexionsanlässe* abbilden. Schließlich soll der vermutete wenig motivierende und variationsarme Stil der Übungsaufgaben (Ableitinger, 2012, S. 90) anhand zweier Aufgabenmerkmale beschrieben werden. Einerseits kann über das Merkmal *Geforderte/Genutzte Darstellungsformen* ein Fokus auf symbolische Darstellungen nachgewiesen werden (vgl. 2.2.2.6). Andererseits ermöglicht das Merkmal *Kontextinformationen* festzustellen, ob Aufgabenstellungen den Studierenden gegeben werden, ohne zu thematisieren, welche Bedeutung die Aufgaben haben, in welchen historischen Kontext

[5] Sowohl Oberflächen- als auch Tiefenstrukturmerkmale werden im Folgenden mit den synonym genutzten Begriffen Aufgabenmerkmal und Gestaltungsmerkmal bezeichnet.

sie einzuordnen sind oder wie eine entsprechende Vermutung generiert wurde und so kann vermutlich auch eine Produktorientierung der Hochschulmathematik auf der Ebene der Übungsaufgaben gezeigt werden.

In Folgenden werden die Aufgabenmerkmale in der Reihenfolge ihrer Nennung genauer beschrieben sowie für die Untersuchung von Übungsaufgaben operationalisiert. Dabei wird auch jeweils kurz erläutert, wieso die Merkmale sich ohne Kenntnis einer Aufgabenlösung beurteilen lassen.

7.2.1 Operator der Aufgabenstellung

Operatoren in Aufgabenstellungen konkretisieren erwartete Lösungen (Heins et al., 2020, S. 173) und sie ermöglichen daher dem Aufgabenlöser vor Beginn der Arbeit an einer Aufgabe einzuschätzen, welche Qualität eine Lösung haben sollte. So beeinflussen Operatoren die Art und Weise, wie eine Aufgabe bearbeitet wird (Lienert und Raatz, 1994, S. 18–19). Vor allem im Kontext von Leistungsaufgaben, speziell bei zentralen Prüfungen, spielen Operatoren eine wichtige Rolle, da sie den Anspruch von Aufgaben regulieren (Keller, 2012, S. 188). Beim Operator „Geben Sie an“ wird beispielsweise ein bloßes Ergebnis ohne Lösungsweg gefordert, während beim Operator „Berechnen Sie“ ein rechnerischer Lösungsweg erwartet wird (KMK, 2012b). Im Hochschulkontext ist aufgrund der häufig fehlenden didaktischen Vorbildung von Lehrenden (Büdenbender-Kuklinski, 2021, S. 42) davon auszugehen, dass Operatoren von verschiedenen Personen unterschiedlich genutzt werden oder die normative Festlegung aus dem schulischen Bereich nicht bekannt ist. Indiz hierfür ist die häufig auch in universitären Lehrveranstaltungen genutzte Devise „[...] überhaupt muss man alles, aber auch wirklich alles, beweisen, was man behauptet und was man möglicherweise sogar weiterhin benutzen will“ (Walz, 2020, S. 46). Dies suggeriert, dass auch bei Operatoren, die nicht primär auf das Argumentieren ausgerichtet sind, Argumentationen verlangt werden. Eine potentiell vage Verwendung von Operatoren an der Hochschule kann so gerade zu Studienbeginn für Probleme sorgen, da die Lernenden aus der Schule klare Vorstellungen mit den Anforderungen gewisser Operatoren verbinden.

Operatoren wie „Zeigen Sie“, „Leiten Sie her“, „Beweisen Sie“ und „Begründen Sie“ werden an der Hochschule weitgehend synonym verwendet (Dreyfus, 1999, S. 103); allerdings konnte gezeigt werden, dass studentische Bearbeitungsprozesse sich erheblich danach unterscheiden, welcher Operator genau in der Aufgabenstellung verwendet wird (Kempen et al., 2016, S. 522–523). So nutzen Studierende bei Aufgaben mit dem Operator „Begründen Sie“ eher narrative Ansätze, wohingegen auf Aufgabenstellung mit den Operatoren „Zeigen Sie“ oder „Beweisen Sie“ mit formalen Bearbeitungen unter Nutzung von Variablen reagiert wird.

Die Operatoren von Aufgabenstellungen wurden für den Schulkontext (Keller, 2012; Neubrand, 2002) sowie für universitäre Aufgaben (Kempen et al., 2016; Weber und Lindmeier, 2020a) untersucht. Bei Kempen und Kolleginnen (2016) werden dabei nur die Operatoren von Beweisaufgaben näher betrachtet, was für die Zwecke dieser Arbeit nicht ausreichend ist, obwohl ein Fokus auf diese Operatoren aufgrund des Charakters der Hochschulmathematik erwartbar ist. Weber und Lindmeier (2020, S. 1002) nehmen hingegen die Aufgabenstellungen von Aufgaben zur Verbindung von universitärem und schulischem Fachwissen in den Blick und lehnen sich dabei an eine Klassifikation von Operatoren von Neubrand (2002) an. Dieser Ansatz wird auch hier genutzt, da er leicht auf die Übungsaufgaben der Hochschulmathematik übertragbar ist. Tabelle 7.1 informiert über die Operationalisierung dieses Merkmals in dieser Arbeit. Für dieses Merkmal ist offensichtlich, dass es nur die Aufgabenstellung zur Einschätzung benötigt.

Tabelle 7.1 Operationalisierung des Merkmals *Operator der Aufgabenstellung*, adaptiert von Weber und Lindmeier (2020) und Neubrand (2002)

Code	Ausprägung	Beispiel
1	Aufforderung zur Berechnung	Berechnen Sie/Bestimmen Sie
2	Aufforderung zum Beweisen	Zeigen Sie/Beweisen Sie
3	Aufforderung zum Vergleichen	Vergleichen Sie/Stellen Sie ... gegenüber
4	Aufforderung zur Überprüfung einer gegebenen Lösung	Überprüfen Sie/Kontrollieren Sie
5	Aufforderung zum Fällen eines Urteils	Beurteilen Sie/Evaluieren Sie
6	Aufforderung zum Interpretieren	Interpretieren Sie/Deuten Sie
7	Aufforderung zur formal-verbalen Darstellung	Formulieren Sie/Schreiben Sie ... auf
8	Aufforderung zur graphischen Darstellung	Zeichnen Sie/Skizzieren Sie
9	Aufforderung zum Finden eines Beispiels	Geben Sie ein Beispiel für/Konstruieren Sie ein Beispiel für
10	Aufforderung zum Nutzen eines Verfahrens	Nutzen Sie/Verwenden Sie
11	Aufgabe ohne Arbeitsanweisung	Als Frage formulierte Aufgabenstellungen/Bloße Angabe einer Aussage ohne Aufforderung
99	Sonstige	–

7.2.2 Antwortformat

Das Antwortformat beschreibt die Art und Weise, wie eine Aufgabe beantwortet werden darf (Lienert und Raatz, 1994, S. 18). Üblicherweise wird zwischen gebundenem[6] Antwortformat und freiem Antwortformat unterschieden (Kühn, 2010, S. 152–153; Lienert und Raatz, 1994, S. 18–20; Roid und Haladyna, 1982, S. 63–64). Ein gebundenes Antwortformat ist bei Aufgaben gegeben, zu deren Beantwortung aus einer endlichen Zahl von Alternativen eine oder mehrere ausgewählt bzw. zu- oder angeordnet werden müssen. Bei einem freien Antwortformat hingegen muss eine Antwort eigenständig produziert werden. Dies kann eine Kurzantwort, wie das Nennen eines Begriffs, eines Satzes, einer Zahl oder eine ausführliche Antwort, wie eine detaillierte Rechnung, ein Beweis oder eine Erklärung des Rechenwegs umfassen (Kircher et al., 2007, S. 646). So ergibt sich eine dreistufige Einteilung des Antwortformats, die innerhalb der Mathematikdidaktik beispielsweise im Rahmen der ersten PISA-Erhebung genutzt wurde (Klieme, 2000, S. 83). Es konnte gezeigt werden, dass die Schwierigkeit der Aufgaben steigt, je freier das Aufgabenformat ist. Die Klassifikation von Aufgaben nach der Art des Antwortformats ist weiterhin üblich bei der Untersuchung von Leistungsaufgaben in der allgemeinen Pädagogik (Krüger, 2015; Kühn, 2010) bzw. bei der Konzeption und Auswertung von Testitems (Döring und Bortz, 2016, S. 454–455; Thielsch et al., 2012, S. 223–225). Die übliche dreistufige Unterteilung des Antwortformats soll auch für die Klassifizierung der Aufgaben in dieser Arbeit übernommen werden, da so eine Vergleichbarkeit zu den Aufgabenformaten schulischer Aufgaben gegeben ist (vgl. Tabelle 7.2).

Da außer ggf. in standardisierten Tests bzw. Leistungsaufgaben mit kurzer Bearbeitungszeit die Anwendung von gebundenen Aufgabenformaten unüblich erscheint und der Einsatz von freien Aufgabenformaten „es eher ermöglich[t], Prozesse abzubilden, die enger an alltäglichen (schulischen) Anforderungen orientiert sind [...]" (Schwabe et al., 2015, S. 99), ist es naheliegend, dass die meisten in der Schule gestellten Aufgaben ein freies Antwortformat haben. Analog sind im Hochschulkontext aus zwei Gründen vorrangig Aufgaben mit freiem Antwortformat mit ausführlicher Antwort zu erwarten. Einerseits werden mit dem Lösen von Übungsaufgaben Ziele des Kompetenzerwerbs in Bezug auf komplexe kognitive Aktivitäten wie z. B. dem Beweisen verfolgt, die auch kreative Leistungen verlangen, was sich durch Aufgaben mit gebundenem oder Kurzantwortformat kaum abbilden lässt (vgl. 4.3).

[6] Die Bezeichnung soll dabei suggerieren, dass der Aufgabenlöser an eine Menge gegebener Antwortmöglichkeiten gebunden ist. Es findet sich auch die Bezeichnung geschlossenes bzw. offenes Aufgabenformat (Graf, 2001, S. 423). Um jedoch Verwechselungen mit dem Merkmal Offenheit zu vermeiden, werden die Begriffe gebundenes bzw. freies Antwortformat verwendet.

Tabelle 7.2 Operationalisierung des Merkmals *Antwortformat*, adaptiert von Klieme (2000) und Döring und Bortz (2016)

Code	Ausprägung	Beispiel
1	Gebundenes Antwortformat	Geben Sie ohne Begründung an, ob folgende Funktion stetig ist: $f : \mathbb{R} \to \mathbb{R}$ mit $f(x) = \begin{cases} 1, & x \geq 0 \\ 0, & \text{sonst} \end{cases}$.
2	Freies Antwortformat mit Kurzantwort	Geben Sie ohne Begründung ein Beispiel einer Funktion mit Definitionsbereich $\mathbb{R}$, die in genau einem Punkt stetig ist.
3	Freies Antwortformat mit ausführlicher Antwort	Zeigen Sie, dass folgende Funktion nur im Fall $a = -2$ stetig ist: $f : \mathbb{R} \to \mathbb{R}$ mit $f(x) = \begin{cases} \frac{x^2-1}{x+1} & x \neq -1 \\ a, & \text{sonst} \end{cases}$.

Andererseits erscheint die übliche Einbettung von Übungsaufgaben in den Lehrbetrieb der Studieneingangsphase mit einer Bearbeitungszeit von einer Woche und einer korrigierten Rückgabe unangemessen für Aufgaben mit einem gebundenen oder Kurzantwortformat.

Zur Einschätzung des Antwortformats einer Aufgabe genügt die Aufgabenstellung, da Aufgaben mit gebundenem Aufgabenformat unmittelbar daran erkannt werden können, ob sie eine Menge möglicher Antworten (implizit) vorgeben. Weiterhin ist bei zu treffenden Aussagen, aufgrund des deduktiven Charakters der Hochschulmathematik (vgl. 2.2.2.2), eine für die Korrigierenden nachvollziehbare Lösung gefordert, was eine ausführliche Antwort impliziert, wenn nicht explizit in den Aufgaben ein Verzicht auf Begründungen angezeigt wird.

7.2.3 Offenheit

Begriffsklärung Innerhalb der Mathematikdidaktik wird der Begriff Offenheit seltener bzgl. des Antwortformats diskutiert. Stattdessen wird Offenheit als Qualitätsmerkmal von Aufgaben betrachtet (Leuders, 2009, S. 111), welches sich im Wesentlichen durch das Fehlen spezifischer Einschränkungen ergibt. Offene Aufgaben werden entsprechend selten explizit definiert, sondern als Gegenpol geschlossener Aufgaben verstanden (Büchter und Leuders, 2016, S. 89; Herget, 2006, S. 178–179; Rieß, 2018, S. 257). Geschlossene Aufgaben sind dabei Aufgaben, die sich von einer vollständig gelösten Aufgabe nur dadurch unterscheiden, dass ein „bereits vorgezeichnete[s] Lösungsverfahren" (Büchter und Leuders, 2016, S. 90) noch nicht durchgeführt wurde. Dadurch schränken geschlossene Aufgaben potentielle Lösungswege auf einen Standardweg ein und degenerieren Lösungsprozesse zu einem Abrufen und Implementieren bekannter Abläufe. Bei offenen Aufgaben verhält es sich gegenteilig. Offene Aufgaben lassen dem Aufgabenlöser größere „Entscheidungsspielräume [...] bei der Bearbeitung" (Leuders, 2014, S. 38). Konkret zeigen sich diese Entscheidungsspielräume dann, wenn Ausgangsdaten fehlen, mehrere Lösungswege zulässig oder verschiedene Lösungen möglich sind. Zusätzlich können offene Aufgaben „weiche" mathematische Tätigkeiten wie das Schätzen oder Überschlagen verlangen, was per se die Menge akzeptabler Lösungen vergrößert (Greefrath, 2010, S. 33; Leuders, 2009, S. 113). Außerdem fordern Aufgaben, für die kein fertiges Lösungsverfahren zur Verfügung steht, eher die Integration von mathematischen Kenntnissen aus verschiedenen Bereichen bzw. sogar eine Erweiterung der Wissensbasis des Aufgabenlösers (Leuders, 2009, S. 113). Dies steht in enger Verbindung mit der geforderten Vernetzung von Wissen durch Übungsaufgaben (vgl. 4.3) und kann in Anbindung an das Konzept der Wissenseinheiten (vgl. 7.1) als Einsatz mehrerer Wissenseinheiten bei der Lösungsfindung bzw. Konstruktion von Wissenseinheiten im Lösungsprozess verstanden werden.

In diesen Beschreibungen des Merkmals Offenheit zeigen sich mehrere Charakteristika, die nicht allein unter Betrachtung einer Aufgabenstellung beurteilt werden können. Inwiefern eine Aufgabe mehrere Lösungswege zulässt bzw. ob eine Erweiterung der Wissensbasis nötig wird, muss anhand des Kontexts, in dem die Aufgabe gestellt wird, bzw. der Vorkenntnisse des jeweiligen Aufgabenlösers festgestellt werden. Dementsprechend lassen sich diese Eigenschaften offener Aufgaben nicht in der Oberflächenstruktur abbilden. Andere Charakteristika offener Aufgaben können allerdings allein durch eine Aufgabenstellung beurteilt werden: So können die Ausgangssituation oder das Ziel der Aufgabenbearbeitung unklar umrissen sein, die Aufgabenstellung kann explizit mehrere Lösungswege einfordern und es kann verschiedene korrekte Lösungen geben (Silver, 1995, S. 68). Im Folgenden sollen nun etablierte Klassifikationssysteme des Aufgabenmerkmals Offenheit betrachtet werden, um daraus eine eigene Klassifikation abzuleiten, die Offenheit als Oberflächenmerkmal fasst.

Bisherige Klassifikationen Zur Einschätzung des Grads der Offenheit einer Aufgabe wird in der Mathematikdidaktik meist eine Klassifikation genutzt, die die Bestandteile Anfangszustand, Endzustand und Transformation einzeln betrachtet. Diese Einteilung beruht auf den drei Bestandteilen eines Problems (Dörner, 1979, S. 10; Klix, 1976, S. 640; vgl. auch 5.1.1). Nach Bruder (2000, S. 69) können all diese

Komponenten bei einer Aufgabe jeweils bekannt bzw. nicht bekannt sein.[7] Dabei werden Anfangs- bzw. Endzustand als bekannt bezeichnet, wenn alle erforderlichen Größen oder Voraussetzungen gegeben sind bzw. die zu bestimmenden Größen oder Behauptungen in der Aufgabenstellung beschrieben werden. Die Transformation wird als bekannt charakterisiert, wenn ein Lösungsweg zur entsprechenden Aufgabe bereits erlernt oder vorgegeben ist. Da die Aufgabenbestandteile Anfangs- und Endzustand sowie Transformation alle jeweils bekannt oder nicht bekannt sein können, ergeben sich kombinatorisch acht mögliche Typen[8], die in Tabelle 7.3 dargestellt werden (Bruder, 2000b, S. 70; Büchter und Leuders, 2016, S. 94; Greefrath, 2010, S. 35).

Wie eben beschrieben, erscheint diese Klassifikation der Offenheit einer Aufgabe bzgl. des (Nicht-)Vorhandensein des Anfangszustands, Endzustands bzw. der nötigen Transformationen insofern problematisch, als im Allgemeinen nicht mit der bloßen Kenntnis einer Aufgabenstellung festgestellt werden kann, ob für eine gegebene Aufgabe bereits Lösungsmethoden zur Verfügung stehen. Dies hängt erheblich von den Vorkenntnissen der individuellen Lernenden sowie der erlebten Lehre ab (Heinze, 2007, S. 5), was im Hochschulkontext, in dem es kaum Ergebnisse über die Gestaltung der Lehre gibt, besonders schwer zu beurteilen ist (vgl. Kapitel 4). Des Weiteren setzt eine solche Klassifizierung auch die normative Setzung einer „Standardbearbeitungsrichtung“ voraus, um festlegen zu können, was als Anfangs- bzw. Endzustand zu verstehen ist. Deshalb erscheint im Kontext dieser Arbeit, in der eine solche Setzung nicht rekonstruiert werden kann, eine Einteilung nach dem Schema von Bruder als eher ungeeignet (Linneweber-Lammerskitten, 2012, S. 220). Stattdessen ist eine solche Klassifizierung eher für Lehrbuchaufgaben geeignet, bei denen eine chronologische Abfolge der behandelten Inhalte nachvollzogen werden kann. Dabei lassen sich sowohl Vorkenntnisse als auch Bearbeitungsrichtung aus der Reihung der Inhalte im Lehrwerk rekonstruieren.

Einen Vorschlag, mit dem sich im Gegensatz zur vorigen Klassifikation die Offenheit einer Aufgabe allein aus der Aufgabenstellung beurteilen lässt, bietet die Einteilung für Physikaufgaben von Kircher und Kollegen (2010, S. 668). Die Autoren nutzen hierfür die folgende vierstufige Skala:

---

[7] Andere Autor:innen verwenden ähnliche Einteilungen mit abweichender Terminologie (Blum und Wiegand, 2000, S. 52; Büchter und Leuders, 2016, S. 93; Greefrath, 2010, S. 33). Die Unterschiede zwischen den einzelnen Darstellungen sollen hier nicht näher betrachtet werden, da sie eher marginal und für Zwecke der Arbeit nicht entscheidend sind. Für eine ausführliche Diskussion sei daher auf Rieß (2018, S. 258–260) bzw. Greefrath (2018, S. 78–79) verwiesen.

[8] (Aufgaben-)Typ wird hier nicht im Sinne von 5.3 genutzt.

Tabelle 7.3 Aufgabentypen in Bezug auf das Vorliegen (X) von Anfangssituation, Transformationen und Endsituation nach Bruder (2000)

Aufgabentyp	Anfangssituation (Gegebenes)	Transformationen (Lösungsweg(e))	Endsituation(en) (Ziel)
a) vollständig gelöste Aufgabe	X	X	X
b) Grundaufgabe	X	X	–
c) Umkehrung einer bekannten Grundaufgabe	–	X	X
d) Begründungs- oder Beweisaufgabe bzw. Strategiefindungsaufgabe	X	–	X
e) Problemaufgabe	X	–	–
f) Umkehrung einer Problemaufgabe (spezielle „offene" Aufgabe)	–	–	X
g) Aufforderung zum Erfinden einer Aufgabe zu einem gegebenen mathematischen Thema (das ist auch „offen")	–	X	–
h) Problemsituation („offene Aufgabe")	–	–	Rahmen oder Orientierung (–)

- Stufe 1: Die Aufgabe lässt mehrere Lösungswege zu und schreibt weder direkt noch indirekt einen bestimmten Weg vor.
- Stufe 2: Die Aufgabe lässt mehrere Lösungsmöglichkeiten zu und thematisiert einige Alternativen.
- Stufe 3: Die Aufgabe macht implizite Vorgaben zum Lösungsweg, etwa durch Handlungsanweisungen („berechne", „messe" (sic!), etc.) oder Nennung der zu verwendenden Geräte bzw. physikalischer Gesetze.
- Stufe 4: Die Aufgabe schreibt explizit einen Lösungsweg vor.

Außer der dritten Stufe können die Stufen analog für die Klassifikation von Mathematikaufgaben genutzt werden. Die dritte Stufe erfordert hingegen aufgrund des Fokus auf Physikaufgaben eine Überarbeitung – beispielsweise könnte nur der erste Teil der Formulierung, d. h. die Vorgabe von Handlungsanweisungen, genutzt werden. Es muss allerdings angemerkt werden, dass dies für den Aufgabenbegriff dieser Arbeit (vgl. 5.1.3) unpassend ist, da jede dieser Anweisungen als eigene Aufgabe gewertet werden würde und so Stufe 3 nicht auftreten könnte. Positiv hervorzuheben ist, dass die Klassifikation der Offenheit einer Aufgabe mit den vier resultierenden Stufen tatsächlich die Oberflächenstruktur einer Aufgabe beschreibt, was aber auf Kosten der umfänglichen Betrachtung des Aufgabenmerkmals Offenheit geschieht. So werden Ausgangs- und Endzustand einer Aufgabe nicht näher betrachtet. Zusätzlich ist zu kritisieren, dass die Trennung zwischen den Stufen 2 bis 4 eher analytisch ist. Erwartet werden kann, dass sich Aufgabenlöser stark an in Aufgabenstellungen vorgeschlagenen Lösungsalternativen orientieren und sich daher kaum Differenzen zwischen einer expliziten Einschränkung des Lösungswegs und der Angabe von Lösungshinweisen ergeben.

Im Gegensatz zur vorherigen Klassifikation betrachtet Yeo (2015, S. 180–185), auf Basis einer umfangreichen Diskussion der internationalen Verwendung des Aufgabenmerkmals Offenheit, dieses als mehrdimensionales Konstrukt. Er fordert, Antwort, Ziel, Methode, Komplexität und Reichweite einer Aufgabe individuell zu beurteilen, um so differenzierte Aussagen über den Grad der Offenheit der Aufgabe treffen zu können. Das von ihm beschriebene Klassifikationsschema wird in Tabelle 7.4 zusammengefasst.

Das Schema deckt zwei der drei Bestandteile einer Aufgabe nach Bruder ab. So lassen sich die Aspekte *Antwort* und *Ziel* von Yeo (2015) dem Endzustand bzw. Ziel zuordnen. Ob eine Aufgabe eine oder mehrere korrekte Antworten zulässt, kann dabei objektiv nur mithilfe der Aufgabenstellung entschieden werden. Problematisch ist es hingegen, wenn Aufgaben auftreten, bei denen Antworten nicht objektiv beurteilt werden können. Eine bewertete Korrektur kommt dann nicht in Frage und die entsprechende Ausprägung kann so für die Einschätzung bewerteter Übungsaufgaben in dieser Arbeit nicht genutzt werden. Inwiefern die Aufgabenstellung das *Ziel* der Bearbeitung klar umreißt, kann objektiv beurteilt werden. Der Aspekt *Methode* lässt sich der Transformation bzw. dem Lösungsweg bei Bruder zuordnen. Wie auch die Aspekte *Komplexität* und *Reichweite* lassen sich die Ausprägungen allesamt nicht ohne das Wissen über den Kontext, in dem die Aufgabe gestellt wird – speziell das Leistungsniveau des Aufgabenlösers bzw. die angenommene Wissensbasis – feststellen. Daher sind diese drei Aspekte für die hier vorzunehmende Untersuchung nicht geeignet.

Tabelle 7.4 Charakterisierung des Aufgabenmerkmals Offenheit nach Yeo (2015)

Aspekt der Offenheit	Ausprägung	Beschreibung der Ausprägung
Antwort	geschlossen	Die Aufgabe hat genau eine richtige Lösung.
	offen, präzise definiert	Die Aufgabe hat mehrere, objektiv prüfbare korrekte Lösungen.
	offen, lose definiert	Die Aufgabe hat mehrere, nicht objektiv prüfbare korrekte Lösungen.
Ziel	geschlossen	Ein Ziel wird in der Aufgabenstellung formuliert (z. B. Berechnen von Lösungen, Führen eines Beweises).
	offen, klar ersichtlich	Es wird kein Ziel genannt, aber die Erwartung an die Bearbeitung umrissen.
	offen, lose oder nicht ersichtlich	Es wird kein Ziel genannt und die Erwartung an die Bearbeitung nur unklar beschrieben.
Methode	geschlossen	Es gibt eine Routinemethode zur Lösung der Aufgabe für den Aufgabenlöser.
	offen, präzise definiert	Es gibt eine Methode, die immer zur gleichen korrekten Lösung führen würden, dies ist jedoch keine Routinemethode für den Aufgabenlöser.
	offen, lose definiert	Es gibt nur eine Methode zur Beantwortung der Aufgabe, diese kann aber zu unterschiedlichen Lösungen führen.
	offen, mehrere Methoden	Es gibt mehrere Methoden zur Lösung der Aufgabe.
Komplexität	geschlossen	Die Aufgabe ist für den Aufgabenlöser einfach lösbar.
	offen, inhaltsabhängig	Die Aufgabe ist nicht einfach für den Aufgabenlöser zu bewältigen, aber es können leicht diesbezügliche Hilfen erstellt werden.
	offen, inhaltsun-abhängig	Die Aufgabe ist nicht einfach für den Aufgabenlöser zu bewältigen, und es können diesbezüglich auch kaum Hilfen erstellt werden.
Reichweite	geschlossen	Der Aufgabenkontext kann oder sollte nicht verallgemeinert werden.
	offen, personen-abhängig	Der Aufgabenlöser entscheidet, ob der Kontext erweitert wird oder nicht.
	offen, persone-nunabhängig	Die Aufgabe erfordert eine Erweiterung des Kontexts.

Analog zur eben besprochenen Klassifikation nutzt Kühn (2010, S. 154–157) eine mehrdimensionale Beschreibung des Begriffs Offenheit, die die Transformation und den Endzustand nach Bruder (2000) fokussiert. Die entsprechenden Aspekte sowie deren Ausprägungen können Tabelle 7.5 entnommen werden.

Tabelle 7.5 Charakterisierung des Aufgabenmerkmals Offenheit nach Kühn (2010)

Aspekt	Ausprägungen	Beschreibung der Ausprägung
Erfordert die Aufgabe einen Lösungsweg?	Nein	Der Weg entspricht dem Ergebnis.
	Ja	Die Aufgabe erfordert einen Lösungsweg, das heißt mindestens zwei Handlungsschritte.
Offenheit des Weges	Weg ist explizit eingeschränkt	In der Aufgabe wird explizit ein Lösungsweg vorgegeben oder zusätzliche Informationen schränken den Lösungsweg explizit ein.
	Weg ist implizit eingeschränkt	Die Aufgabe hat nur einen Lösungsweg; dieser ist implizit vorgegeben.
	Keine Einschränkung des Lösungswegs	Die Aufgabe lässt mehrere Lösungswege zu und schreibt weder direkt noch indirekt einen bestimmten Weg vor.
Offenheit des Ergebnisses	Ergebnis ist explizit angegeben	Das Ergebnis wird in der Aufgabe explizit genannt.
	Ergebnis ist implizit vorgegeben	Grundsätzlich wird das Ergebnis nicht in der Aufgabenstellung genannt. Die Aufgabenstellung lässt aber nur eine Lösung zu.
	Ergebnis ist nicht vorgegeben	Die Aufgabe lässt mehrere Ergebnisse zu.

Es ist zu bemerken, dass im Aspekt *Erfordert die Aufgabe einen Lösungsweg?* die Unterscheidung zwischen Aufgaben mit Kurzantwortformat und Aufgaben mit erweitertem Antwortformat getroffen wird. Dies ist im erarbeiteten Kategoriensystem dieser Arbeit bereits mit dem Merkmal Antwortformat abgedeckt (vgl. 7.2.2) und wird daher nicht erneut abgebildet. Die beiden Aspekte *Offenheit des Weges* und *Offenheit des Ergebnisses* treffen hingegen das erarbeitete Verständnis des Begriffs Offenheit einer Aufgabe und beziehen sich auf die Transformation bzw. das Ziel der Aufgabe. Sie können objektiv unter bloßer Berücksichtigung der Aufgabenstellung beurteilt werden und daher als Oberflächenstrukturmerkmale erfasst werden. Zu bemerken ist allerdings, dass für die Unterscheidung zwischen einer impliziten Einschränkung des Lösungswegs, weil für die konkrete Aufgabe beispielsweise nur ein Verfahren bekannt ist, und einer expliziten Einschränkung des Lösungswegs auch Faktoren außerhalb der Aufgabenstellung, nämlich die vorherige inhaltliche Ausgestaltung der Lehr-Lern-Prozesse, zum Tragen kommen. Es wurde bereits erläutert, dass mit dem Vorgehen in dieser Arbeit keine Möglichkeit besteht, diese genauer zu beschreiben oder zu kontrollieren. Daher soll eine solche Unterscheidung in dieser Arbeit nicht getroffen werden.

Klassifikation in dieser Arbeit Als Gemeinsamkeit der etablierten Klassifikationssysteme kann herausgearbeitet werden, dass offene Aufgaben Lösungswege nicht einschränken, damit auch potentiell mehrere Lösungen zulassen und ggf. die eigentliche Problemstellung nur grob umreißen. Eine rein dichotome Skala findet sich in keinem der besprochenen Ansätze. Stattdessen wird ein Bestandteil (Kircher et al., 2010) bzw. werden mehrere Bestandteile (Bruder, 2000a; Kühn, 2010; Yeo, 2015) der Aufgabe isoliert betrachtet, um Offenheit graduell zu beurteilen. Keines der betrachteten Schemata kann für die Zwecke dieser Arbeit ohne Überarbeitung genutzt werden, jedoch können die Aspekte *Offenheit des Wegs*, *Offenheit des Ziels* und *Offenheit der Lösung* als Adaptionen der diskutierten Arbeiten einbezogen werden. Da hierdurch der Ausgangszustand der Aufgabe ausgeblendet wird, wurde zusätzlich der Aspekt *Offenheit der Ausgangssituation* hinzugefügt. In Summe ergeben sich vier Aspekte, über deren Ausprägungen Tabelle 7.6 informiert.

Für den Mathematikunterricht wurde sowohl auf theoretischer (Kollosche, 2015, S. 150; Leuders, 2009, S. 111) als auch empirischer Ebene (Neubrand, 2002, S. 288; Obersteiner et al., 2011, S. 308–309) eine Dominanz geschlossener Aufgaben besprochen. Die empirischen Untersuchungen stellen dar, dass sowohl Unterrichts- als auch Lehrbuchaufgaben zu über 90 % geschlossene Aufgaben sind. Für die Hochschulmathematik ist dies eher nicht zu erwarten, da Studierende Probleme damit haben, Ansätze zur Bearbeitung von Übungsaufgaben zu finden (vgl. 4.3). So ist für die Hochschule nur ein geringer Teil von Aufgaben zu erwarten, die explizit einen *Weg* einfordern. Gerade für authentisches Argumentieren erscheint die Vorgabe eines Lösungswegs auch nicht sinnvoll. Hingegen ist bei den Aspekten *Offenheit der Ausgangssituation* und *Offenheit des Ziels* vorrangig mit Aufgaben zu rechnen, die jeweils die geschlossene Ausprägung aufweisen, da dies einerseits die Bewertung erleichtert und andererseits die präzise Natur der Hochschulmathematik eher abbildet (vgl. 2.2.2.2). Für den Aspekt *Offenheit der Lösungen* legen bisherige empirische Ergebnisse (Weber und Lindmeier, 2020b, S. 274; Wlassak,

Tabelle 7.6 Operationalisierung des Aufgabenmerkmals *Offenheit*

Aspekt	Code	Ausprägung	Beschreibung der Ausprägung	Beispiel
Offenheit der Ausgangssituation (adaptiert nach Bruder (2000))	0	Geschlossen	Alle zur Lösung der Aufgabe relevanten Informationen sind in der Aufgabenstellung enthalten.[a]	Zeigen Sie $\cos^2 x + \sin^2 x = 1$ für alle $x \in \mathbb{R}$.
	1	Offen	Um die Aufgabe zu lösen, müssen Informationen recherchiert, geschätzt oder geraten werden.	Stellen Sie den Verlauf der oberen Dachkante des Augusteums und Paulinums der Leipziger Universität durch eine geeignete Funktion dar.
Offenheit des Wegs (adaptiert von Kircher und Kollegen (2010), Kühn (2010) und Yeo (2015))	0	Geschlossen	Die Aufgabenstellung gibt einen Lösungsweg explizit vor oder gibt Hinweise auf einen möglichen Lösungsweg.	Zeigen Sie mit dem Quotientenkriterium, dass $\sum_{n=1}^{\infty} \frac{2^n}{n!}$ absolut konvergiert.
	1	Offen	Die Aufgabenstellung gibt keinerlei Hinweise oder Einschränkungen bzgl. des Lösungswegs.	Zeigen Sie $\cos^2 x + \sin^2 x = 1$ für alle $x \in \mathbb{R}$.

(Fortsetzung)

Tabelle 7.6 (Fortsetzung)

Aspekt	Code	Ausprägung	Beschreibung der Ausprägung	Beispiel
Offenheit der Lösung (adaptiert von Kühn (2010) und Yeo (2015))	0	Geschlossen	Die Aufgabe hat genau eine Lösung; diese kann direkt aus der Aufgabenstellung abgelesen werden.	Zeigen Sie, dass $\sum_{n=0}^{\infty} q^n = \frac{1}{1-q}$ für $\|q\| < 1$.
	1	Halboffen	Die Aufgabe hat genau eine korrekte Lösung; diese kann nicht direkt aus der Aufgabenstellung abgelesen werden.	Bestimmen Sie die Summe der Reihe $\sum_{n=0}^{\infty} q^n$, wenn $\|q\| < 1$.
	2	Offen	Die Aufgabe hat verschiedene korrekte Lösungen.	Geben Sie eine auf ganz $\mathbb{R}$ definierte Funktion an, welche an genau einer Stelle stetig ist.
Offenheit des Ziels (adaptiert nach Yeo (2015))	0	Geschlossen	Es wird durch die Aufgabenstellung klar umrissen, was eine korrekte Bearbeitung verlangt.	Bestimmen Sie die Summe der Reihe $\sum_{n=0}^{\infty} q^n$, wenn $\|q\| < 1$.
	1	Offen	Die Aufgabenstellung ist hinsichtlich der erwarteten Bearbeitung unscharf.	Betrachten Sie die Partialsummenfolge der Reihe $\sum_{n=0}^{\infty} q^n$. Was fällt Ihnen auf?

[a] Es wird davon ausgegangen, dass alle relevanten Objekte bereits definiert sind

2019, S. 920) für die Hochschulmathematik eher einen Fokus auf Aufgaben mit eindeutiger Lösung nahe.[9]

7.2.4 Realitätsbezüge

Begriffsklärung Die Forderung nach einem vermehrten Einsatz realitätsbezogener Aufgaben tritt in der Fachdidaktik zu vielen Zeitpunkten auf, verstärkt jedoch um die Jahrtausendwende mit der Einführung der Bildungsstandards (vgl. 5.3). Dabei wird angenommen, dass Realitätsbezüge das Verständnis und Behalten mathematischer Inhalte verbessern können und andererseits das Potential haben, zu epistemologischen Zielen, wie einem mathematisch fokussierten Umweltverstehen, beizutragen (Blum, 2002, S. 151). Problematisch erscheint in diesem Zusammenhang, dass Aufgaben mit Realitätsbezug im Unterricht traditionell eine eher untergeordnete Rolle spielen (Neubrand, 2002, S. 278; Plath, 2019, S. 238) und auch die mit der Einführung der Bildungsstandards verbundene Umstellung der Aufgabenkultur nur langsam voranschreitet (Adleff et al., 2023, S. 387; Kühn und Drüke-Noe, 2013, S. 928; Schukajlow, 2011, S. 27).

Im Hochschulkontext sind dagegen – vor allem in der Studieneingangsphase – keine Ziele festgelegt, die an den Einsatz realitätsbezogener Aufgaben gebunden sind (vgl. 2.2.2.1), was erwarten lässt, dass entsprechende Aufgaben an der Hochschule sogar noch seltener gestellt werden. Die einzige hierfür vorliegende Untersuchung (Wlassak, 2019, S. 920) konnte feststellen, dass nur 2,8 % aller Übungsaufgaben einen Realitätsbezug aufweisen. Neben der Bezeichnung Realitätsbezug (Blum, 2006b, S. 11; Greefrath, 2010, S. 27; Maaß, 2004, S. 16) werden in diesem Zusammenhang alternativ auch Begriffe wie Alltagsbezug (Reiss und Hammer, 2013, S. 8), Sachkontext (Busse, 2009, S. 9; Leufer, 2016, S. 25) oder Lebensweltbezug (Maier et al., 2010, S. 89) genutzt. Diese sollen zunächst vorgestellt werden,

[9] Das Merkmal *Grad notwendiger Exploration* von Weber und Lindmeier (2020, S. 270) korrespondiert mit dem Aspekt der *Offenheit der Lösungen* in dieser Arbeit. Dies wird insbesondere klar, wenn man die Merkmalsausprägungen betrachtet. Bei Aufgaben ohne Exploration wird eine schlichte Berechnung benötigt, bzw. eine Behauptung schon in der Aufgabenstellung aufgestellt, die zu beweisen ist. Mögliche Lösungen sind dann das eindeutige Ergebnis bzw. ein Beweis der Behauptung. Aufgaben mit einem mittleren Grad an Exploration verlangen die Entscheidung zwischen zwei konkurrierenden Aussagen, normalerweise einer Aussage und deren Gegenteil, wobei nur eine korrekt ist und ein Beweis dieser Aussage bzw. das Widerlegen der falschen Aussage der eindeutigen, korrekten Lösung entspricht. Ein hoher Grad an Exploration ist nötig, wenn keine Behauptung gegeben ist. Dies impliziert aber auch mehrere potentiell korrekte Behauptungen und somit verschiedene akzeptable Lösungen.

um begründet entscheiden zu können, welcher dieser Begriffe für die Zwecke dieser Arbeit geeignet ist.

Realitätsbezüge liegen bei Aufgaben vor, „in denen Kontexte aus Alltag und der Umwelt eine Rolle spielen“ (Greefrath, 2010, S. 27). Im Rahmen dieses pragmatischen Verständnisses kann der Begriff Realitätsbezug als Oberbegriff für Alltagsbezug bzw. Lebensweltbezug verstanden werden, wobei Alltagsbezüge Kontexte kennzeichnen, mit denen der Aufgabenlöser durch häufige Auseinandersetzung außerhalb des Unterrichts sehr vertraut ist. Ähnliches gilt für Lebensweltbezüge, welche eine „Relation zwischen domänenspezifischem Fachwissen und Erfahrungswelt der Lernenden“ (Maier et al., 2010, S. 89) herstellen. Ein Lebensweltbezug verzahnt so individuelle Umwelterfahrungen, über die Schüler:innen verfügen, mit mathematischen Inhalten. Daher umfassen Aufgaben mit Lebensweltbezug Anforderungen, die Schüler:innen auch im Alltagsleben erwarten können (Woolfolk und Schönpflug, 2012, S. 484). Problematisch erscheint bei den Begriffen Alltags- bzw. Umweltbezug für diese Arbeit, dass sie Annahmen über die außermathematischen Kenntnisse des Aufgabenlösers erfordern, welche nur äußerst spekulativ getroffen werden können, da im Gegensatz zum mathematischen Vorwissen hierfür kein institutioneller Rahmen gegeben ist.

Ähnlich geartete Schwierigkeiten treten auch bei der Nutzung des Begriffs Sachkontext auf. Dieser wird folgendermaßen definiert:

> Der Sachkontext einer realitätsbezogenen Mathematikaufgabe umfasst alle Aspekte des verbal oder nonverbal, implizit oder explizit angebotenen außermathematischen Umfeldes, in das die Fragestellung eingebettet ist, sowie deren individuelle Interpretationen durch die bearbeitende Person (Busse, 2013, S. 57).

Aufgaben mit Sachkontext sind demnach zwingend als realitätsbezogene Aufgaben zu verstehen, was eine Unterordnung des Begriffs Sachkontext zugunsten des Begriffs Realitätsbezug unterstützt. Zusätzlich wird formuliert, dass ein Sachkontext auch nonverbal, z. B. in Form einer ikonischen Darstellung, auftreten kann. Darüber hinaus besitzt ein Sachkontext sowohl eine subjektive als auch eine objektive Komponente. Während sich die objektive Komponente im bloßen Vorliegen eines außermathematischen Bezugs im Rahmen der Aufgabenstellung zeigt, liegt die subjektive Komponente in Form individueller Interpretationen vor. Letzteres erscheint ungünstig, wenn nur die Aufgabenstellung zur Einschätzung vorliegt. Potentiell könnte der Sachkontext einer Aufgabe „als normativ (aus der Sicht des Aufgabenerstellers) bestimmt“ (Leufer, 2016, S. 53) und damit getrennt von individuellen Betrachtungen beschrieben werden. Nichtsdestotrotz bleibt beim Begriff des Sachkontexts das Problem bestehen, dass dieser auch nur implizit auftreten kann und so nicht unmittelbar aus einer Aufgabenstellung abzulesen ist, was einer Einordnung als Oberflächenmerkmal im Wege steht. In dieser Arbeit wird daher der Begriff des Realitätsbezugs einer Aufgabe genutzt, da sich die drei verwandten Begriffe diesem unterordnen lassen. Der Begriff wird für die Zwecke dieser Arbeit insoweit adaptiert, als nur das explizite Vorliegen von Kontexten aus Alltag oder Umwelt in der Aufgabenstellung als Realitätsbezug gewertet wird.

Ob Aufgaben tatsächlich reale Situationen außerhalb der mathematischen Welt simulieren oder es sich bei Realitätsbezügen um rein illustrative Elemente der Aufgabengestaltung handelt, wird vor dem Hintergrund der Authentizität des Realitätsbezugs diskutiert.[10] Der Begriff Authentizität weist sowohl objektive als auch subjektive Merkmale auf (Jahnke, 2001, S. 7), wobei objektive Authentizität vorliegt, wenn die Problemsituation aus der realen Welt entnommen ist (Tran und Dougherty, 2014, S. 674), der Einsatz von Mathematik in dieser Situation sinnvoll ist (Greefrath, 2019, S. 24) und Lösungsbemühungen originär mathematisches Denken erfordern (Jahnke, 2001, S. 7). Die Frage, ob subjektive Authentizität vorliegt, d. h. die Situation für den Aufgabenlöser authentisch wirkt, ist schwierig zu beantworten (Wolf, 2017, S. 63). Hierfür wäre es erforderlich, sowohl Zuschreibungen individueller, aktueller Relevanz als auch gesellschaftlicher, potentieller Relevanz zu betrachten (Eichler, 2015, S. 107), sowie zu untersuchen, inwieweit sich die Lernenden auf die Aufgabe einlassen (Jahnke, 2001, S. 7). Dies kann bei bloßer Kenntnis der Aufgabenstellung nicht geleistet werden. Stattdessen wird eine Aufgabe als Aufgabe mit authentischem Realitätsbezug verstanden, wenn sie eine reale Situation darstellt oder hilft, eine solche zu verstehen bzw. eine reale Situation bestmöglich simuliert (Palm, 2007, S. 40) oder zumindest die Verknüpfung von Mathematik und Realität im Rahmen der Aufgabe sinnvoll erscheint (Maier et al., 2014, S. 37). Dabei wurde bewusst eine Abschwächung zur Beschreibung objektiver Authentizität vorgenommen, da gerade im Hochschulkontext nur mit sehr wenigen Aufgaben mit authentischem Realitätsbezug zu rechnen ist (vgl. 2.2.2.3) und deshalb das Erkennen von Ansätzen dieses Gestaltungsmerkmals von größerer Bedeutung erscheint als eine restriktive Klassifikation.

Als Gegenpol zu authentischen realitätsbezogenen Aufgaben gelten eingekleidete Aufgaben. Hierbei handelt es sich um Aufgaben, bei denen die Auseinandersetzung mit dem Kontext nur eine untergeordnete Rolle spielt. Vielmehr muss die Aufgabe von ihrem Realitätsbezug nur befreit werden, um die geforderten

[10] Auf Aufgabenebene kann Authentizität auch weiter verstanden werden. Büchter und Leuders (2016, S. 76) fokussieren bei der Beurteilung der Authentizität einer Aufgabe nicht nur die Qualität des Realitätsbezugs, sondern den gesamten Bearbeitungsprozess. Da dies die Tiefenstruktur einer Aufgabe tangiert, ist dieser Ansatz für das Oberflächenmerkmal *Realitätsbezüge* nicht geeignet.

Algorithmen, die meist den gerade behandelten Stoff umfassen, anzuwenden (Greefrath et al., 2013, S. 23–24; Humenberger, 2017, S. 109; Maaß, 2008, S. 11). Der in eingekleideten Aufgaben genutzte Realitätsbezug ist somit konstruiert und keine Simulation der Realität oder gar „echt".

Bisherige Klassifikationen Im Rahmen der Mathematikdidaktik werden in etablierten Klassifikationssystemen (Drüke-Noe, 2014; Jordan et al., 2006) Realitätsbezüge oftmals nicht explizit als Merkmal untersucht. Implizit lassen sie sich aber in den Merkmalen zum mathematischen Modellieren wiederfinden. Eine Trennung der Merkmale *Mathematisches Modellieren*[11] und *Realitätsbezüge* scheint aber gewinnbringend, da mit dem Modellierungsbegriff „nicht die ganze mögliche Bandbreite sinnvoller Aufgaben mit Anwendungsbezug" (Greefrath, 2018, S. 18) abgedeckt wird. So werden unter Modellierungsaufgaben üblicherweise keine einfachen anwendungsbezogenen Aufgaben subsumiert, die keine Entwicklung eines Modells erfordern. Formale Aufgaben und eingekleidete Aufgaben würden sich daher nicht trennen lassen, weshalb das Aufteilen in zwei Aufgabenmerkmale, *Realitätsbezüge* und *Niveau des außermathematischen Anwendens*, eine genauere Kategorisierung ermöglicht. Weiterhin beschreibt das letztgenannte Merkmal als kognitive Aktivität zum Lösen einer Aufgabe ein Tiefenstrukturmerkmal, *Realitätsbezüge* bilden ein Oberflächenstrukturmerkmal der Aufgabe und sind somit getrennt zu betrachten.

Allgemein-didaktischen Klassifikationen (Krüger, 2015; Kühn, 2010) des Aufgabenmerkmals Realitätsbezüge liegt oftmals eine dichotome Einteilung zugrunde. Eine solche Klassifikation unterscheidet nur zwischen Aufgaben mit und ohne Realitätsbezug, lässt aber kein Urteil über die Qualität des Realitätsbezugs zu. Kühn (2010, S. 167) wertet Aufgaben nur dann als Aufgaben mit Kontext, wenn dieser kein bloßer austauschbarer „Pseudo-Kontext" ist, sondern die Aufgabe eine aktive Auseinandersetzung mit der gegebenen Situation verlangt. Dies bedeutet speziell für Mathematikaufgaben, dass eine solche Klassifikation nicht zwischen rein innermathematischen Aufgaben und eingekleideten Aufgaben unterscheiden kann. Analog scheinen Instrumente, die keine Aussagen über die Authentizität des Realitätsbezugs zulassen, weniger geeignet für die Zwecke dieser Arbeit (Piel et al., 2015, S. 124).

Das von Maier, Kleinknecht, Metz und Bohl (2010) entwickelte Kategoriensystem zur Analyse des kognitiven Potentials von Aufgaben umfasst ebenfalls das Merkmal Realitätsbezüge, welches im Gegensatz zu den vorherigen Operationalisierungen auf einer vierstufigen Skala beurteilt wird:

[11] Ein vergleichbares Aufgabenmerkmal wird in 7.3.4.3 erarbeitet.

1. Aufgaben *ohne Lebensweltbezug*: In der Aufgabenstellung wird keine Verknüpfung zwischen Fachwissen und Erfahrungswelt der Schülerinnen und Schüler vorgegeben oder gefordert.
2. Aufgaben mit *konstruiertem Lebensweltbezug*: In der Aufgabenstellung wird eine Verknüpfung zwischen Fachwissen und einer stark konstruierten Lebenswelt vorgegeben oder gefordert (entspricht eher nicht den Erfahrungen der Lernenden; Analogien zur eigenen Erfahrung kaum erkennbar).
3. Aufgaben mit *konstruiertem, aber authentisch wirkendem Lebensweltbezug*: Der Lebensweltbezug ist zwar konstruiert, ergibt im Zusammenhang der Aufgabe aber Sinn und wirkt damit zumindest authentisch. Beispielsweise werden sinnvolle Anwendungen von Fachwissen im Alltag oder im Berufsleben in die Aufgabe eingebunden.
4. Bei Aufgaben mit *realem Lebensweltbezug* geht die Differenz zwischen Aufgabe und Lebenswelt bzw. Schule und eigener Erfahrungswelt gegen null. Die Schülerinnen und Schüler beschäftigen sich mit einer Problemstellung, die tatsächlich auch gelöst werden muss. Typische Beispiele wären die Vorbereitung einer Klassenfahrt oder die Vorbereitung von Bewerbungsschreiben (Maier et al., 2010, S. 89, Hervorhebungen im Original).

Offenbar korrespondieren die ersten beiden Ausprägungen mit rein innermathematischen Aufgaben bzw. eingekleideten Aufgaben. Die dritte und vierte Merkmalsausprägung beziehen sich auf authentische realitätsbezogene Aufgaben, wobei die in der vierten Ausprägung angesprochenen Aufgaben, jene sind, die sich mit real auftretenden Problemen beschäftigen. Dabei ist zu hinterfragen, ob diese Aufgaben in pädagogischen Kontexten überhaupt vorkommen (Jahnke, 2013, S. 502), für die Hochschulmathematik ist dies noch weniger zu vermuten. Die Unterscheidung zwischen den letzten beiden Stufen erscheint für diese Arbeit aus diesem Grund nicht zielführend.

Eine der wenigen Klassifizierungen von *Mathematik*aufgaben hinsichtlich ihres Realitätsbezugs entstand im Rahmen von TIMSS (Neubrand, 2002). Sie nutzt den Terminus „Kontext“, welcher nicht nur als außermathematische Anwendungen verstanden wird, „sondern es werden auch Beziehungen innermathematischer Art hinzugezogen“ (ebd., S. 112). Auf dieser Basis lassen sich vier Arten von Aufgaben unterscheiden: Aufgaben ohne Kontext, Aufgaben mit innermathematischem Kontext, Aufgaben mit scheinbarem Realweltkontext und Aufgaben mit Realweltkontext. Die erste, dritte und vierte Merkmalsausprägung entsprechen wiederum der Unterscheidung nach innermathematischen, eingekleideten und authentischen realitätsbezogenen Aufgaben, wie beim Instrument von Maier und Kolleg:innen (2010). Aufgaben mit innermathematischem Kontext sind jene, bei denen die innermathematischen Bezüge über die aus der Aufgabenstellung erkennbaren Wissenseinheiten hinausgehen. Inwiefern solche Bezüge bestehen, kann daher nur mit der Kenntnis über eine akzeptierte Aufgabenlösung beurteilt werden. Dies würde der Einordnung als Oberflächenstrukturmerkmal entgegenstehen, weswegen auf eine Merkmalsausprägung hinsichtlich eines innermathematischen Kontexts verzichtet wird.

Klassifikation in dieser Arbeit In dieser Arbeit wird die in Tabelle 7.7 beschriebene Klassifikation des Realitätsbezugs genutzt, welche eine Adaption der entsprechenden Instrumente von Neubrand (2002) und Maier, Kleinknecht, Metz und Bohl (2010) darstellt und die jeweils besprochenen potentiellen Probleme ausräumt. Insbesondere kann durch Einschränkung auf die in der Aufgabenstellung auftretenden Realitätsbezüge das zugehörige Gestaltungsmerkmal als Oberflächenstrukturmerkmal eingeordnet werden. Die vorliegende Operationalisierung wurde auch schon in einer Vorstudie genutzt, wobei die dort erzielten Ergebnisse zeigen, dass in der ersten Hälfte der Analysis I praktisch keine Realitätsbezüge in Übungsaufgaben auftreten (Wlassak, 2019, S. 920). Entsprechendes ist auch für das gesamte Semester zu erwarten.

Tabelle 7.7 Operationalisierung des Aufgabenmerkmals *Realitätsbezüge*, adaptiert nach Neubrand (2002) und Maier und Kolleg:innen (2010)

Code	Ausprägung	Beschreibung der Ausprägung	Beispiel
0	Kein Realitätsbezug	Die Aufgabenstellung stellt keine Bezüge zu einem außermathematischen Kontext her.	Zeigen Sie, dass jede konvergente Folge beschränkt ist.
1	Konstruierter Realitätsbezug	Die Aufgabenstellung stellt einen Bezug zu einem außermathematischen Kontext her. Dieser ist jedoch konstruiert und hilft nicht, die Realität zu verstehen.	Untersuchen Sie, ob auf der Menge aller Menschen die Relation „x ist Halbschwester oder Halbbruder von y" eine Äquivalenzrelation darstellt.
2	Authentisch wirkender Realitätsbezug	Die Aufgabenstellung stellt einen Bezug zu einem außermathematischen Kontext her. Dieser wirkt stimmig oder hilft, die Realität zu verstehen.	Leiten Sie das Brechungsgesetz mittels Differentialrechnung her.

7.2.5 Generalitätsgrad

Ein zentrales Ziel der Hochschulmathematik stellt das Entdecken und Beweisen mathematischer Aussagen dar (vgl. 2.2.2.5). Während bei alltäglichen Aussagen oft einzelne Entitäten referenziert werden, sind bei mathematischen Aussagen sowohl in der Schul- als auch Hochschulmathematik Allquantifizierungen üblich (vgl. 2.2.2.6). Das formale Paradigma der Hochschulmathematik legt allerdings die Vermutung nahe, dass in den Übungsaufgaben noch häufiger allgemeine Aussagen untersucht werden als in den Aufgaben der Schulmathematik. Die Konstruktion solch allgemeiner Aussagen basiert auf dem Prozess der Generalisierung. Im folgenden Abschnitt soll daher zunächst der Begriff Generalisierung erläutert werden, um ihn einer Untersuchung auf Aufgabenebene zugänglich machen zu können.

Begriffsklärung Generalisieren gilt als „Herz" (Mason, 1996 S. 73) oder „Lebensnerv" (Mason et al., 2010, S. 8) der Mathematik. Wissensbildung an der Hochschule geht häufig mit dem Bilden und Beweisen von Allaussagen einher, was Generalisierungs- und Abstraktionsprozesse erfordert, um Klassen gleichartiger Objekte betrachten zu können. In der Alltagssprache und zum Teil auch entsprechender Literatur werden die Begriffe Generalisierung und Abstraktion synonym verwendet (Mitchelmore und White, 2000, S. 212; Nurhasanah et al., 2017a, S. 55), wobei eine solche Begriffsverwendung häufig auf einer Konnotation von Schwierigkeit mit beiden Begriffen fußt, die aus empirischer Sicht kontrovers zu beurteilen ist. So werden abstrakte Aufgaben teils als einfacher (White und Mitchelmore, 1996), teils als anspruchsvoller (Wagner, 2011) beurteilt als Aufgaben, die sich auf einzelne mathematische Objekte beziehen. Im Rahmen dieser Arbeit wird daher die Generalität der betrachteten Aussagen insbesondere nicht als schwierigkeitsgenerierendes Tiefenstrukturmerkmal von Aufgaben aufgefasst. Abstrahieren und Generalisieren werden aber als unterscheidbare kognitive Prozesse verstanden, denn entsprechende Sichtweisen dominieren auch in der Literatur (Hazzan, 1999, S. 86; Mitchelmore, 2002, S. 160; Mitchelmore und White, 2000, S. 212; Nurhasanah et al., 2017a, S. 55; Peschek, 1989, S. 219; Staub und Stern, 1997, S. 65).

Das Generalisieren oder Verallgemeinern[12] erweitert den Umfang eines Begriffs (Bardy, 2020, S. 255) oder beinhaltet das Übertragen einer Regel bzw. eines Arguments auf eine große, in der Mathematik häufig auch unendliche, Zahl von Fällen (Carraher et al., 2007, S. 3; Harel und Tall, 1991, S. 38). Dabei bilden konkrete

[12] In der deutschsprachigen Literatur wird eher der Begriff Verallgemeinern als Generalisieren (Dörfler, 2015; Peschek, 1989) genutzt. Die beiden Begriffe werden in der vorliegenden Arbeit synonym verwendet.

Beispiele eines umfassenden Konzeptes den Ausgangspunkt für das Generalisieren (Park und Kim, 2017, S. 3791; Sriraman, 2004, S. 205; Strachota, 2016, S. 41). Die Betrachtung löst sich zunehmend von lokalen Eigenschaften einzelner Instanzen und fokussiert auf globale Invarianten, welche in allgemeingültigen Regeln zusammengefasst werden können. Betrachtet man das Generalisieren so als Erweitern des Umgangs mit einem Begriff, sind die Konzepte des *example space* (Watson und Mason, 2005, S. 51) und des *individuellen Begriffsumfangs* (Prediger und Wittmann, 2014, S. 128) nützlich. Beide Konzepte beschreiben ein kognitives Schema, welches diejenigen Objekte umfasst, die das Individuum unter einem Begriff subsumiert.[13] Das Generalisieren kann als Prozess der Erweiterung des *example space* bzw. des individuellen Begriffsumfangs verstanden werden, d. h., das Individuum gliedert eine Menge neuer Instanzen in den *example space* bzw. individuellen Begriffsumfang ein. Dies betrifft vorrangig die Quantität und nicht die Qualität des kognitiven Schemas und erfordert im Allgemeinen keine Reorganisation vorhandenen Wissens (Dreyfus et al., 2014, S. 187). Daher fußen Generalisierungsprozesse auf einer bereits vorhandenen tragfähigen begrifflichen Basis. Hier kann der Unterschied zwischen den Begriffen „allgemein" (im Sinne eines Produkts des Verallgemeinerungsprozesses) und „abstrakt" (im Sinne eines Produkts des Abstraktionsprozesses) festgestellt werden:

> ‚Allgemein' wird dabei meist auf den Begriffsumfang bezogen, auf die Größe des Gegenstandsbereichs, auf den sich der Begriff oder die Aussage bezieht [...] ‚Abstrakt' hingegen bezieht sich eher auf den Begriffsinhalt. (Peschek, 1989, S. 219).

Während beim Generalisieren die Expansion von mentalen Strukturen vordergründig ist (Mitchelmore, 2002, S. 160), ermöglichen Abstraktionsprozesse deren qualitative Um- oder Neugestaltung. Im Gegensatz zum Generalisieren umfasst das Ergebnis des Abstraktionsprozesses, das Konzept oder die Abstraktion, eine Veränderung im kognitiven Apparat, die das Individuum in die Lage versetzt, neu wahrgenommene Erfahrungen bzgl. des Vorliegens ähnlicher Eigenschaften einzuordnen. Abstraktionen umfassen daher mentale kategoriale Repräsentationen von Objekten (van Oers, 2001, S. 280) bzw. „den kognitiven Aufbau von Begriffen aus (Teil-)Inhalten der Wahrnehmung oder des Denkens" (Peschek, 1989, S. 236). Begriffsbildung und Abstraktion weisen daher eine gewisse Nähe auf:

---

[13] Es wird an dieser Stelle der Begriff *individueller Begriffsumfang* genutzt, da der bloße Terminus*Begriffsumfang* „die Menge aller Gegenstände [...], die unter den Begriff fallen" (Prediger und Wittmann, 2014, S. 128) beschreibt. Dies bildet eine Forderung nach Vollständigkeit ab.

> Zwar ist Abstraktion nicht denknotwendig mit jeglicher Art mathematischen Denkens verbunden, sie geht mit vielen (bei genauerer Betrachtung wohl: mit den allermeisten) mathematischen Begriffsbildungsprozessen unvermeidlich einher (Winkler, 2019, S. 119).

Abstraktionsprozesse können somit – im Gegensatz zu Generalisierungsprozessen – als konstruktiv aufgefasst werden (Mitchelmore, 2002, S. 158; Nurhasanah et al., 2017b, S. 1; Skemp, 1987, S. 11). Die qualitative Natur des Abstraktionsprozesses lässt Schwierigkeiten bei der Klassifikation auf Aufgabenebene vermuten. Während der Umfang des aktivierten *example space* bzw. individuellen Begriffsumfangs objektiv beurteilbar ist, kann die Frage, ob beim Aufgabenlöser qualitative Veränderungen mentaler Strukturen auftreten, unter bloßer Kenntnis einer Aufgabenstellung[14] nicht erfolgen (vgl. auch Wlassak, 2020).

Bisherige Klassifikationen In neueren Aufgabenklassifikationen zur Schulmathematik (Drüke-Noe, 2014; Neubrand et al., 2011) wird das Generalisieren bzw. Verallgemeinern im Rahmen von Aufgaben nicht explizit als ein Aufgabenmerkmal untersucht, sodass für eine Operationalisierung nicht auf diese etablierten Klassifikationsschemata zurückgegriffen werden kann. Dies gilt auch analog für Klassifikationen von Aufgaben der Hochschulmathematik (Weber und Lindmeier, 2020b). Aus theoretischer Perspektive erscheint für eine Klassifizierung die Trennung des Generalisierens als mentaler Prozess von seinen Produkten, den umfangreicheren mentalen Strukturen bzw. allgemeingültigen Aussagen nötig (Dörfler, 1991, S. 63; Mitchelmore, 2002, S. 160). Da im Rahmen dieser Arbeit keine Bearbeitungsprozesse beobachtet werden, erfolgt der Vergleich von Aufgaben nur in Bezug auf ihren Gültigkeitsbereich unter dem Begriff der Generalität.

Wird Generalisieren auf der Prozessebene als das Erweitern des Umgangs mit einem Begriff (Bardy und Bardy 2020, S. 255) verstanden, kann auf der Produktebene betrachtet werden, welchen Umfang der Bereich der untersuchten mathematischen Objekte hat. Insbesondere lässt sich dieser Ansatz auch auf Aufgaben anwenden, die per se keinen Generalisierungsprozess vom Aufgabenlöser fordern. Ein solches Vorgehen findet sich auch in einem etablierten Instrument. Neubrand (2002, S. 132) untersucht das Gestaltungsmerkmal *Konkret-allgemein*, wobei eine Aufgabe als konkret gilt, wenn nur ein einzelner Fall vorgegeben ist, d. h., Objekte als Repräsentanten einer Menge von Objekten ausgewählt werden und durch gegebene Eigenschaften[15] konkretisiert werden. Eine Aufgabe ist nach Neubrand allge-

[14] Auch die Hinzunahme einer Aufgabenlösung ändert dies nicht.

[15] Neubrand nennt bei einem Parallelogramm die Seitenlängen und einen Winkel. Bei den für die Analysis relevanten Funktionen könnte es etwa die Funktionsgleichung sein.

mein, wenn die Beschreibung eines Objektes fehlt, sondern stattdessen die gesamte Menge von Objekten in der Aufgabe betrachtet werden muss. Dieser Ansatz hat den Vorteil, dass er Aufgaben, speziell auch aus verschiedenen Teilgebieten, bzgl. ihrer Generalität vergleichbar macht.

Eine Schwäche der dichotomen Klassifikation ist hingegen, dass keine Aussagen über mögliche Zwischenfälle, die sich weder auf *ein* konkretes Objekt noch auf die vollständige Klasse der Objekte beziehen, möglich sind. Beim Beispiel des Parallelogramms würde sowohl eine Aufgabe, die sich auf ein einzelnes Parallelogramm bezieht, als auch eine Aufgabe, die sich auf alle Parallelogramme bezieht, bei denen benachbarte Seitenlängen im Verhältnis 2:1 (ggf. nach Vertauschung) stehen, als konkret gelten. In der ersten Aufgabe wird bis auf Kongruenz genau ein Parallelogramm untersucht, während in der zweiten Aufgabe unendlich viele, jedoch nicht die Menge aller Parallelogramme, gleichzeitig untersucht werden müssen. Dieses Problem bei der Klassifikation wird mit einem eigenen Instrument umgangen.

Klassifikation in dieser Arbeit In dieser Arbeit erfolgt eine dreistufige Einteilung bzgl. des Generalitätsgrads einer Aufgabe. Wird in einer Aufgabe nur ein einzelnes Objekt aus dem *example space* betrachtet bzw. neu in diesen aufgenommen, so soll die Aufgabe als *Konkret-Einzelobjekt* klassifiziert werden. Werden mehrere Objekte des *example space* von einer Aufgabe gleichzeitig benötigt bzw. in diesen aufgenommen, jedoch nicht alle möglichen Objekte, die unter den jeweiligen Begriff fallen, soll die Aufgabe als *Konkret-mehrere Objekte* klassifiziert werden. Erfordert die Aufgabe die Betrachtung aller möglicher Repräsentanten des Begriffs, wird sie als *Allgemein* klassifiziert. Die Operationalisierung des Aufgabenmerkmals mit Beispielen kann Tabelle 7.8 entnommen werden.

Es ist zu vermuten, dass die Aufgaben der Hochschulmathematik häufig auf allgemeine Aussagen abzielen. Für diese Annahme können zwei Gründe angegeben werden. Es werden meist Allaussagen bewiesen (vgl. 2.2.2.5) und außerdem spielt das Lösen von konkreten, realitätsgebundenen Problemen in der Hochschulmathematik vermutlich kaum eine Rolle (vgl. 2.2.2.3 und 7.2.4). Der vermutete substanzielle Teil an rechnerischen Aufgaben (vgl. 2.2.2.4) suggeriert aber auch einen erheblichen Anteil an Aufgaben, die sich auf einzelne oder mehrere Objekte beziehen. Gestützt wird diese Hypothese durch erste empirische Ergebnisse: Bei der Untersuchung der Analysis-I-Aufgaben von acht Universitäten mit dieser Operationalisierung des Generalitätsgrads fielen 55,9 % der Aufgaben in die Kategorie *Konkret-Einzelobjekt* und 7,8 % der Aufgaben in die Kategorie *Konkret-Mehrere Objekte* (Wlassak, 2020, S. 1047). Eine Absicherung dieses Ergebnisses erfolgt mit dieser Arbeit.

Tabelle 7.8 Operationalisierung des Aufgabenmerkmals *Generalitätsgrad*, adaptiert nach Neubrand (2002)

Code	Ausprägung	Beschreibung der Ausprägung	Beispiel
0	Konkret-Einzelobjekt	Die Aufgabe beschäftigt sich mit einem einzelnen Vertreter einer Menge mathematischer Objekte.	Berechnen Sie die Ableitung von $f : \mathbb{R} \to \mathbb{R}$ mit $f(x) = x$.
1	Konkret-Mehrere Objekte	Die Aufgabe beschäftigt sich mit mehreren Vertretern einer Menge mathematischer Objekte, die jedoch nicht die gesamte Menge umfassen, sondern nur eine begrenzte Klasse von Vertretern, die z. B. durch das Einführen von Parametern zugänglich gemacht werden können.	Berechnen Sie die Ableitung von $f : \mathbb{R} \to \mathbb{R}$ mit $f(x) = x^n$ für alle $n \in \mathbb{N}$.
2	Allgemein	Die Aufgabe trifft ganzheitliche Aussagen über ein mathematisches Konstrukt. Aufgaben, bei denen (Gegen-)Beispiele für mathematische Aussagen gefunden werden müssen, fallen in diese Kategorie, da potentiell die gesamte Menge der Repräsentanten durchsucht werden muss.	Zeigen Sie, dass jede differenzierbare Funktion stetig ist.

7.2.6 Explizite Reflexionsanlässe

Niedrige eigenständige Lösungsquoten von Übungsaufgaben (vgl. 4.3) legen einen großen Anspruch der Aufgaben nahe. Da die Hochschulmathematik aus der Perspektive dieser Arbeit an die Schulmathematik anknüpft, kann vermutet werden, dass die Aspekte, die in der Setzung der Schulmathematik als komplexer gelten oder seltener auftauchen, einen größeren Raum in der Hochschulmathematik einnehmen. In den Bildungsstandards (KMK, 2022, S. 9)[16] wird zwischen drei Anforderungsbereichen unterschieden, die nach angenommener kognitiver Komplexität aufsteigend sortiert sind. Diese sind *Reproduzieren*, *Zusammenhänge herstellen* und *Verallgemeinern und Reflektieren*. Von besonderer Bedeutung für diese Arbeit sind die beiden letztgenannten Anforderungsbereiche. Während das Herstellen von Zusammenhängen über das Auftreten mehrerer Wissenseinheiten im Lösungsprozess festgestellt werden kann (vgl. 7.1), ist es möglich, Potential für das Verallgemeinern bzw. Reflektieren schon aus der Oberflächenstruktur abzulesen. Für das Verallgemeinern wurde

[16] Einschränkend sollte erwähnt werden, dass das Kompetenzmodell der Bildungsstandards nicht empirisch validiert ist (Blum, 2006a, S. 21).

dies im vorherigen Abschnitt genauer erläutert, für das Reflektieren wird es im Folgenden diskutiert.

Begriffsklärung Der Begriff Reflexion stammt ursprünglich aus der Physik (Kilpatrick, 1985, S. 2), wobei er dort genutzt wird, um die Phänomene der Rückstrahlung von Licht, Wärme oder Schall zu beschreiben. In der Mathematik findet der Begriff im Teilgebiet Geometrie Verwendung, wobei er sowohl die statische Beziehung zwischen Punkten und der Menge ihrer Bildpunkte unter einer Spieglung als auch den dynamischen Prozess des Spiegelns selbst bezeichnet (ebd.). Sowohl in dem geometrischen als auch physikalischen Begriffsverständnis transformiert die Reflexion gewisse originäre Objekte (in der Physik Licht, Wärme oder Schall, in der Geometrie Punkte). Die Produkte des Reflexionsprozesses und die vererbten bzw. veränderten Eigenschaften der transformierten Objekte können anschließend Gegenstand der Untersuchung werden. Der Reflexionsbegriff wird im fachdidaktischen Kontext im Zusammenhang mit Denkprozessen genutzt, wobei eine Abgrenzung vom Kalkül erfolgt (Leuders, 2010; Peschek et al., 2008; Winter, 1983). Reflexionen lassen sich in diesem Sinne als kritisch-distanzierte Betrachtungen mathematischer Objekte deuten.

Der Reflexionsbegriff dient so als Metapher für verschiedene kognitive Prozesse (Schülke, 2013, S. 32). Parallelen können von der physikalischen bzw. geometrischen Reflexion zum Prozess der Wissensaneignung unter einem konstruktivistischen Verständnis des Lernens gezogen werden: Um neues mathematisches Wissen zu erwerben, muss „der Lernende aktiv eine Umstrukturierung des bekannten Wissens vornehmen und eine neue Beziehungsstruktur selbstständig konstruieren" (Steinbring, 1993, S. 116). Das bekannte Wissen ist dabei als originäres Objekt zu verstehen, welches durch Vernetzungs-, Abgrenzungs-, Um- und Neudeutungsprozesse in neues Wissen transformiert wird. Dieses Wissen kann anschließend in bestehende Wissensstrukturen integriert werden. Der Reflexionsbegriff hat aus dieser Perspektive eine epistemologische Qualität und es ergeben sich Implikationen für die Gestaltung des Mathematikunterrichts. Um eine Ausschärfung des individuellen mathematischen Wissens zu gewährleisten, fordern Peschek, Prediger und Schnieder (2008, S. 2): „[V]ielfältige Reflexionen im Hinblick auf die Bedeutung mathematischer Begriffe, Konzepte, Darstellungen und Methoden." Reflexionen in Aufgaben haben so das Potential, anspruchsvolle kognitive Prozesse anzuregen und stehen im Kontrast zu auf die Einübung von Verfahren fokussierten Aufgaben (Leuders, 2010, S. 221; Schmidt-Thieme, 2003, S. 157).

Ein Vergleich der Forderungen der Fachdidaktik an den Mathematikunterricht mit den Zielen des Studiengangs Mathematik (vgl. 2.2.2.1), in denen es um ein tieferes Verständnis von mathematischen Begriffen und Vorgehensweisen sowie eine kritisch-distanzierte Haltung zur Mathematik geht, zeigt, dass Reflexionsanlässe auch im Rahmen des Mathematikstudiums wünschenswert sind. Insbesondere das Lösen von Übungsaufgaben als zentrale Aktivität der Studierenden (vgl. 4.3) bietet Potential für Anstöße zum Reflektieren; allerdings taucht der Reflexionsbegriff weder in der Rahmenordnung des Diplomstudiengangs Mathematik der KMK (2002) noch in Modulbeschreibungen der Mathematikmodule verschiedener Universitäten auf (CAU Kiel, 2024; LMU München, 2022; TU Darmstadt, 2023; Universität Leipzig, 2024a). Daher liegt die Vermutung nahe, dass das mögliche Potential zur Anregung von Reflexionen durch die Übungsaufgaben verstreicht. Um zu konkretisieren, wie Reflexionen in Übungsaufgaben gefordert sein könnten, muss eine genauere Ausschärfung von Merkmalen und Arten mathematischer Reflexion erfolgen.

Reflexion wird zum Teil vage verstanden als Nachdenken (Leuders, 2010, S. 221) oder als eine Haltung zur Nachdenklichkeit (Prediger, 2002b, S. 399; Prediger, 2005, S. 255–256) aufgefasst. Um den Begriff der Reflexion spezifisch für die Mathematik zu fassen, diskutieren viele Autor:innen (Alrø und Skovsmose, 2004; Bauer, 1988; Cohors-Fresenborg und Kaune, 2007; Lengnink, 2006; Neubrand, 1990; Skovsmose, 1998) verschiedene Formen der Reflexion. Gemein ist entsprechenden Systematisierungen der Ausgangspunkt, Reflexion als individuellen Denkprozess[17] zu verstehen, der durch die fokussierte Auseinandersetzung mit mathematischen Inhalten angeregt wird. Durch Analyse von philosophischen und mathematikdidaktischen Ansätzen lassen sich vier charakteristische Eigenschaften (Reflexionsmerkmale, kurz: RM) rekonstruieren (Hartkens, 2018, S. 26), die Reflexion als individuellen Denkprozess charakterisieren:

- RM1: Reflexion bedeutet einen Rückbezug auf vorherige Tätigkeiten oder Ereignisse (Gegenstand der Reflexion).
- RM2: Reflexion führt zu neuen Erkenntnissen.
- RM3: Reflexion ist durch Distanzierung gegenüber dem Gegenstand der Reflexion gekennzeichnet.
- RM4: Reflexion verläuft bewusst oder führt zu Bewusstsein.

Für mathematikbezogene Reflexion bedeutet dies, dass diese sich auf bekannte mathematische Inhalte, individuell durchgeführte mathematische Handlungen bzw. die Anwendung mathematischer Verfahren und Modelle auf außermathematische

[17] Neuere Ansätze (Schülke, 2013) betrachten Reflexionen aus interaktionistischer Sicht. Im Rahmen dieser Arbeit können allerdings Interaktionsprozesse bei der Analyse von Aufgaben nicht beobachtet oder rekonstruiert werden. Diesbezügliche Ansätze werden daher nicht weiter diskutiert.

Kontexte bezieht und dabei neue Erkenntnisse vermittelt. Reflexion kann aus dieser Perspektive als ein von Subjekt-Objekt Relationen ausgelöster Prozess verstanden werden. Zu den Inhalten, die den Reflexionsprozess anregen, wird eine individuelle mentale Distanz aufgebaut, sodass sie auf einer Metaebene erneut betrachtet werden können. Entsprechende Betrachtungen können z. B. der Ausschärfung von Begriffen, der Beurteilung der Bedeutung mathematischer Inhalte oder der Entwicklung eines individuellen Verhältnisses zur Mathematik (z. B. Interessensbildung oder Bewusstmachen eigener Stärken oder Schwächen, (vgl. Bauer, 1990, S. 6–7)) dienen. Reflexion ist daher ein aktiv vom Individuum gestalteter Prozess (Wheatley, 1992, S. 535). In Bezug auf Aufgaben scheint es daher schwierig, zu beurteilen, inwieweit sie einen solchen Prozess auslösen, wenn dieser nicht beobachtet werden kann. Daher werden in dieser Arbeit nur explizite Aufforderungen zur Reflexion betrachtet, was das tatsächliche Potential der Aufgaben zur Reflexion allerdings unterschätzt und bei der Interpretation der Ergebnisse berücksichtigt werden sollte. Zusätzlich kann aber vermutet werden, dass Studierende, welche die Übungsaufgaben nicht eigenständig lösen, Reflexionsanlässe, die nicht explizit formuliert sind, auch nicht erkennen.

Bisherige Beschreibungen Ein etabliertes Klassifikationsinstrument, mit dem sich Reflexionen in Aufgaben beschreiben lassen, existiert bislang nicht. Viele Autor:innen (Bauer, 1988, 1990; Lengnink, 2006; Neubrand, 1990; Schülke, 2013; Skovsmose, 1998) nennen jedoch verschiedene Arten mathematikbezogener Reflexionen, wobei den jeweiligen Konzeptionen gemein ist, dass Reflexionen sich nicht im mathematischen Inhalt erschöpfen. Zwar erfolgt ein reflektierendes Nachdenken in Anknüpfung an bekannte Inhalte oder konkrete Erfahrungen des Individuums, dies kann aber über die Ebene des mathematischen Inhalts hinausgehen und beispielsweise gesellschaftliche Fragen fokussieren. Tabelle 7.9 gibt eine Zusammenschau der theoretisch erarbeiteten Arten mathematischer Reflexion.[18]

Grob lassen sich zwei Arten der Reflexion unterscheiden: die *Reflexion innerhalb der Mathematik* und die *Reflexion über Mathematik*. Letztere erfolgt auf einer Metaebene, da Denken auf „höherer Stufe“ erforderlich wird (Bauer, 1990, S. 6). Mathematikbezogene Reflexion erfolgt notwendigerweise anhand von mathematischen Inhalten, weshalb das Individuum mit den relevanten mathematischen Objekten, Fakten und Verfahren als lokale Theoriebausteine vertraut sein muss, um reflektieren zu können. Gegenstand der Diskussion in der *inhaltlichen Basis* sind so z. B., ob Rechenregeln richtig angewendet wurden oder ob einzelne Beweisschritte kor-

[18] Ähnliche Konzepte innerhalb einer Spezifizierung wurden jeweils möglichst nah beieinander angegeben.

Tabelle 7.9 Übersicht über die Arten mathematikbezogener Reflexionen

Art der Reflexion	Spezifizierung	Bezeichnung der Autor:innen
Reflexionen innerhalb der Mathematik	Inhaltliche Basis	• Ebene des Wissens über mathematische Gegenstände (Neubrand, 1990, S. 66–67) • Mathematics-oriented reflection (Skovsmose, 1998, S. 199–200) • Content reflection (Lengnink, 2006, S. 343)
	Bewusste Verwendung von Mathematik	• Reflexion im Gegenstand Mathematik (Bauer, 1988, S. 183) • Ebene des „bewussten Handwerkens“ (Neubrand, 1990, S. 66–67) • Conscious working (Lengnink, 2006, S. 343)
	Kritisches Beurteilen von Mathematik	• Ebene des Hinterfragens mathematischen Arbeitens (Neubrand, 1990, S. 66–67)
Reflexion über Mathematik	Reflexion der Wissenschaft Mathematik	• Reflexion über Mathematik und ihr Wesen (Bauer, 1988, S. 183; Bauer, 1990, S. 6) • Wissenschaftstheoretische Ebene (Neubrand, 1990, S. 66–67)
	Reflexion von Modellen	• Model-oriented reflection (Skovsmose, 1998, S. 199–200) • Model and context oriented reflection (Lengnink, 2006, S. 343)
	Reflexion der Bedeutung von Mathematik in der Gesellschaft	• Context-oriented reflection (Skovsmose, 1998, S. 199–200) • Model and context oriented reflection (Lengnink, 2006, S. 343) • Reflexion über die Bedeutung des Gegenstands Mathematik und seiner Möglichkeiten und Grenzen (Bauer, 1988, S. 183) • Reflection of meaning and sense (Lengnink, 2006, S. 343)
	Reflexion der individuellen Relation zur Mathematik	• Metacognition (Lengnink, 2006, S. 343) • Reflexion über die Bedeutung des Gegenstands Mathematik für die eigene Person (Bauer, 1988, S. 184) • Self reflection (Lengnink, 2006, S. 343) • Lifeworld-oriented reflection (Skovsmose, 1998, S. 199–200) • Lifeworld reflection (Lengnink, 2006, S. 343)

rekt sind (Neubrand, 1990, S. 66; Skovsmose, 1998, S. 199). In dieser Ebene wird noch keine neue Erkenntnis vermittelt und daher das Merkmal RM2 nicht erfüllt. Ähnliches gilt für die *bewusste Verwendung von Mathematik.* Dabei soll auf „hohem kognitiven Niveau“ (Bauer, 1988, S. 183) gearbeitet werden, was sich durch den gezielten Einsatz heuristischer Strategien oder Beweismethoden (Neubrand, 1990, S. 66) oder eine gezielte Rückschau auf den Lösungsweg einer Aufgabe auszeichnet (Prediger, 2005, S. 251). Neue Erkenntnisse beschränken sich aber auf die Ebene vergleichbarer Einzelprobleme. Die *kritische Beurteilung von Mathematik* kann hingegen allgemeinere Erkenntnisse vermitteln. Im Fokus stehen Fragen nach dem Verhältnis zwischen Beweisen und Definitionen, ob eine Definition leistet, was sie leisten soll oder ob ein Beweis zufriedenstellend ist. Diese Art der Reflexion erscheint gerade im Hochschulkontext von großer Bedeutung, in dem Definitionen Basis von Argumentationen und Beweise das zentrale Erkenntnissicherungsinstrument darstellen (vgl. 2.2.2.5). Insbesondere können auf dieser Ebene auch die Grenzen der Gültigkeit von Sätzen (z. B. beim Weglassen gewisser Voraussetzungen) oder die Konsequenzen minimaler Änderungen an Definitionen diskutiert werden, was, wenn es in Übungsaufgaben geschieht, diese enger an die Vorlesung bindet. Diese Erkenntnisse bleiben allerdings innermathematisch.

Die *Reflexion über Mathematik* liefert hingegen Erkenntnisse auf einer Metaebene. Einerseits kann dies die Mathematik als Wissenschaft betreffen und so philosophische Fragen, wie die nach der Natur mathematischer Objekte oder den Grenzen mathematischer Erkenntnisgewinnung, thematisieren (Prediger, 2005, S. 251). Ziel dieser Reflexion ist es, eine „globale Sicht des Fachs“ (Bauer, 1988, S. 84) zu erreichen, was mit den Zielen der Hochschulmathematik korrespondiert (vgl. 2.2.2.1). Die *Reflexion von Modellen* ist hingegen – ähnlich wie die *bewusste Verwendung von Mathematik* – auf Einzelsituationen beschränkt, soll hier doch geprüft werden, inwiefern ein genutztes Modell in einer Situation valide ist und wie es ggf. verbessert werden kann (Lengnink, 2006, S. 343; Skovsmose, 1998, S. 199). Die allgemeine Bedeutung von Modellen ist Gegenstand der *Reflexion der Bedeutung von Mathematik in der Gesellschaft.* Auf dieser Ebene wird diskutiert, was die politischen und sozialen Funktionen der Anwendung von Mathematik in einer Situation sind oder zu welchem Zweck überhaupt modelliert wird (Bauer, 1988, S. 137–138; Skovsmose, 1998, S. 199). Aufgrund der geringen Bedeutung von Anwendungen in der Hochschulmathematik (vgl. 2.2.2.3) sind solche Fragen kaum in Übungsaufgaben zu erwarten. Schließlich rückt die *Reflexion der individuellen Relation zur Mathematik* das eigene Verhältnis zur Mathematik in den Vordergrund. Dies umfasst sowohl Fragen nach der Bedeutsamkeit von Mathematik für die individuelle Lebenswelt (Bauer, 1988, S. 184; Lengnink, 2006, S. 343; Skovsmose, 1998, S. 200) als auch die Einschätzung der eigenen Kognitionen (Lengnink, 2006, S. 343). Da die

Hochschulmathematik sich weniger an den individuellen Lernenden als dem Theorieaufbau orientiert (vgl. 2.2.2.2), sind entsprechende Aufgaben kaum zu erwarten.

Für diese Arbeit werden nur die spezifischen Reflexionsformen *Kritische Beurteilung von Mathematik, Reflexion der Wissenschaft Mathematik, Reflexion der Bedeutung von Mathematik in der Gesellschaft* und *Reflexion der individuellen Relation zur Mathematik* unterschieden, da sowohl die *Inhaltliche Basis* als auch die *Bewusste Verwendung von Mathematik* nicht notwendigerweise mit dem Erwerb neuer Erkenntnisse einhergehen. Die *Reflexion von Modellen* wird in einem anderen Gestaltungsmerkmal (vgl. 7.3.4.3) bereits abgedeckt.

Klassifikation in dieser Arbeit Lengnink und Prediger (2000, S. 119) erörtern am Beispiel der Linearen Algebra das Potential von Übungsaufgaben, Reflexionen auf unterschiedlichen Niveaus vorzubereiten und anzuregen. Aufgaben, die bewusste Rückbezüge auf Vorlesungsinhalte verlangen, wie beispielsweise beim Nachvollziehen von Beweisen oder Beweisschritten bzw. beim Erläutern der (Nicht-)Anwendbarkeit von Definitionen, Sätzen oder Verfahren, tragen zu einem intensiven Nachdenken über die mathematischen Inhalte bei. Solche Aufgaben dienen auch der Entwicklung einer kritisch-hinterfragenden Haltung bzgl. eigener Lösungsprozesse, was im Rahmen des Mathematikstudiums gewinnbringend erscheint (vgl. 2.2.2.1). Diese Formen von Reflexionen ordnen sich in die im vorherigen Abschnitt beschriebene Systematik als Reflexionen innerhalb der Mathematik ein. Diese Bezeichnung soll verdeutlichen, dass nicht über mathematische Inhalte hinaus nachgedacht wird. Auch wenn die Übungsaufgaben Potential für die Reflexion mathematischer Inhalte bieten, ist aufgrund der Produktorientierung in der Hochschulanalysis (vgl. 3.2) sowie Erfahrungen aus der Schulmathematik (Deweis, 2018, S. 444) zu erwarten, dass Reflexionen innerhalb der Mathematik nur eine geringfügige Rolle in den Übungsaufgaben spielen. Es ist eher zu vermuten, dass die Studierenden in den Aufgaben vorformulierte Aussagen beweisen sollen bzw. behandelte Verfahren auf Beispiele anwenden müssen, als diese zu hinterfragen bzw. Inhalte aus der Vorlesung auszuschärfen. Für Reflexionen innerhalb der Mathematik soll hingegen charakterisierend sein, dass die entsprechende Aufgabenstellung explizite Rückbezüge zu Vorlesungsinhalten bzw. vorherigen Übungsaufgaben herstellt und dort Wissen – über die Behandlung von Beispielen hinaus – gewonnen wird. Dies macht es möglich, das zugehörige Aufgabenmerkmal als Oberflächenstrukturmerkmal zu fassen und entspricht im Wesentlichen der *Kritischen Beurteilung von Mathematik* aus den Beschreibungen zu Arten der Reflexion.

Die weiteren Formen von Reflexion werden als Reflexionen *über* Mathematik bezeichnet, da diese nicht mehr auf der Ebene mathematischer Objekte, Aussagen oder Verfahren verbleiben. Diese Formen von Reflexionen zielen auf das Gewinnen

Tabelle 7.10 Operationalisierung des Aufgabenmerkmals *Explizite Reflexionsanlässe*, Eigenentwicklung

Code	Ausprägung	Beschreibung der Ausprägung	Beispiel
0	Keine Reflexion	Die Aufgabenstellung fordert keine Reflexionen im Sinne eines Rückbezugs auf bekannte Inhalte, der eine bewusste Erweiterung des Wissens aus der Vorlesung bzw. vorangegangenen Übungsaufgaben benötigt.	Zeigen Sie, dass es ein $x > 0$ mit $\exp(-\sqrt{x}) = x^3$ gibt.
1	Reflexion innerhalb der Mathematik	Die Aufgabenstellung fordert Reflexionen im Sinne eines Rückbezugs auf bekannte Inhalte, der eine bewusste Erweiterung des Wissens aus der Vorlesung bzw. vorangegangenen Übungsaufgaben benötigt. Die Beziehung des Aufgabenlösers zur Mathematik, die Bedeutung der Mathematik für die Gesellschaft oder die Mathematik als Wissenschaft werden nicht in Form von Reflexionen tangiert.	Sie haben in einer Übungsaufgabe gezeigt, dass die Funktion $f : \mathbb{R} \setminus \{0\} \to \mathbb{R}$ mit $f(x) = \frac{1}{x}$ stetig ist. Untersuchen Sie, ob f die Zwischenwerteigenschaft erfüllt und ob dies ggf. einen Widerspruch zum Zwischenwertsatz darstellt.
2	Reflexion über Mathematik	Die Aufgabenstellung fordert Reflexionen, die die Beziehung des Aufgabenlösers zur Mathematik, die Bedeutung der Mathematik für die Gesellschaft oder die Mathematik als Wissenschaft betreffen.	Beschreiben Sie die gesellschaftliche Bedeutung mathematischer Modelle aus der Analysis an einem selbstgewählten Beispiel.

eines Bildes von Mathematik ab, das nicht nur auf mathematischen Inhalten basiert, sondern sich auch bzgl. subjektiver Eindrücke und Wertungen generiert. Die Ziele eines Mathematikstudiums (vgl. 2.2.2.1) beziehen dies zwar mit ein, speziell in der Analysis lassen sich solche Ziele aber nicht aus Modulbeschreibungen extrahieren (vgl. 3.1.2). Es ist daher anzunehmen, dass nur ein marginaler Anteil der Übungsaufgaben Reflexionen über Mathematik erfordert. Tabelle 7.10 gibt einen Überblick über die Operationalisierung des Aufgabenmerkmals *Explizite Reflexionsanlässe*.

7.2.7 Geforderte/Genutzte Darstellungsformen

Die letzten beiden Oberflächenstrukturmerkmale dienen dem Nachweis eines rein durch formale Darstellungen geprägten Stils der Übungsaufgaben, der außerdem keinerlei „überflüssige" Information in den jeweiligen Aufgabenstellungen enthält.

Nützlich für die Klassifikation sind die von Bruner (1966, S. 11) unterschiedenen drei Ebenen der Darstellungen mathematischer Begriffe: die enaktive Ebene, die mathematische Begriffe oder Verfahren durch haptisch erfahrbare Handlungen zugänglich macht, die ikonische Ebene, die bildliche Darstellungen umfasst, sowie die symbolische Ebene, die formale bzw. verbale Ausdrücke beinhaltet. Im zeitlichen Verlauf des Mathematiklernens ist eine Akzentverschiebung zwischen den verschiedenen Ebenen zu erwarten: Dominieren in der frühen Entwicklung noch enaktive Darstellungen, soll später hauptsächlich auf symbolischer Ebene gearbeitet werden (Bruner, 1974, S. 20). Der flexible Wechsel zwischen diesen Darstellungsformen gilt als Indiz für intellektuelle Fortentwicklung (Zech, 2002, S. 106).

Das formale Paradigma der Hochschulmathematik (vgl. 2.2.2.2) sowie der späte Zeitpunkt in der individuellen Bildungsbiographie legt nahe, dass sich die verwendeten Darstellungsformen in Übungsaufgaben einseitig verteilen. Ableitinger und Herrmann (2013, S. 4) erwähnen, dass die wenigsten Übungsaufgaben graphische Veranschaulichungen beinhalten. Ebenso sind enaktive Darstellungen nicht zu erwarten. Tabelle 7.11 informiert über die Operationalisierung des Aufgabenmerkmals *Geforderte/Genutzte Darstellungsformen*. Offenbar kann dieses Merkmal mit bloßer Kenntnis der Aufgabenstellung eingeschätzt werden.

Tabelle 7.11 Operationalisierung des Aufgabenmerkmals *Geforderte/Genutzte Darstellungsformen*, adaptiert nach Bruner (1966)

Code	Ausprägung	Beschreibung der Ausprägung	Beispiel
0	Rein symbolische Darstellung	Die Aufgabenstellung beinhaltet nur formale oder verbale Darstellungen mathematischer Begriffe. Ikonische oder enaktive Elemente werden für die Lösung nicht gefordert.	Zeigen Sie, dass es ein $x > 0$ mit $\exp(-\sqrt{x}) = x^3$ gibt.
1	Ikonische Elemente	Die Aufgabenstellung beinhaltet ikonische Elemente oder fordert sie für die Lösung. Enaktive Elemente tauchen weder in der Aufgabenstellung auf, noch werden sie für die Lösung gefordert.	Skizzieren Sie die Funktion $f : \mathbb{R}_{>0} \rightarrow \mathbb{R}$ mit $f(x) = x^3 + \log(x)$.
2	Enaktive Elemente	Die Aufgabenstellung beinhaltet enaktive Elemente oder fordert diese für eine Lösung.	Laufen Sie den Graphen der gegebenen Funktionen so nach, dass ihr Partner/ihre Partnerin die richtige Funktionsgleichung zuordnen kann.

7.2.8 Kontextinformationen

In der Literatur werden mathematische Übungsaufgaben als eher „trocken" angesehen. Motivationstexte, wie Einordnungen in den historischen Kontext (z. B. erster Beweis der zu beweisenden Aussage) oder Begründungen, warum gerade diese Aufgabe zu lösen ist, lassen sich selten finden (Ableitinger und Herrmann 2013, S. 4; Rach, 2014, S. 93). Bei diesen Thesen handelt es sich allerdings nur um theoretische Überlegungen, die aus dem Charakter der Hochschulmathematik folgen, wobei auch keine Vergleichswerte für Aufgaben aus der Schulmathematik vorliegen. Eine empirische Prüfung auf der Ebene der Übungsaufgaben soll mit dem Aufgabenmerkmal *Kontextinformationen* erfolgen. Über dessen Ausprägungen informiert Tabelle 7.12. Offenbar kann auch dieses Merkmal mit bloßer Kenntnis der Aufgabenstellung eingeschätzt werden.

Tabelle 7.12 Operationalisierung des Aufgabenmerkmals *Kontextinformationen*, Eigenentwicklung

Code	Ausprägung	Beschreibung der Ausprägung	Beispiel
0	Keine Kontextinformationen	Die Aufgabenstellung beinhaltet keine Kontextinformationen.	Beweisen Sie die zweite Form des Hauptsatzes der Differential- und Integralrechnung.
1	Mit Kontextinformationen	Die Aufgabenstellung beinhaltet Kontextinformationen wie den historischen Kontext, in dem das zugrundeliegende Problem erstmals aufgetreten oder gelöst worden ist, bzw. wird erläutert, wofür das Lösen der Aufgabe mathematisch nützlich ist.	Beweisen Sie die zweite Form des Hauptsatzes der Differential- und Integralrechnung. Ein erster Beweis von Gottfried Wilhelm Leibniz stammt aus dem Jahre 1677.

7.3 Merkmale der Tiefenstruktur[19]

Im Gegensatz zu den Merkmalen der Oberflächenstruktur sind Tiefenstrukturmerkmale an die bei der Lösungsfindung einer Aufgabe genutzten Prinzipien gebunden und können daher nur unter Kenntnis einer akzeptablen Aufgabenlösung beurteilt werden. An einer solchen Lösung lassen sich die von einer Aufgabenstellung aktivierten Wissenseinheiten und die nötigen *Bearbeitungsschritte* ablesen, wobei diese ein Maß qualitativer bzw. quantitativer Vernetzung darstellen und so auf die Komplexität der Aufgabe Einfluss nehmen (vgl. 7.1). Wie viele Bearbeitungsschritte eine Aufgabenlösung erfordert und wie viele Wissenseinheiten dafür nötig sind, stellen daher wichtige Indikatoren für den Charakter der Übungsaufgaben dar, gerade im Vergleich zu schulischen Mathematikaufgaben (Wlassak und Schöneburg-Lehnert, 2022, S. 166–167). Neben der *Anzahl aktivierter Wissenseinheiten* sind die *Art* sowie die *Form* der relevanten Wissenseinheiten von Bedeutung. Legt eine Aufgabe beispielsweise ein direkt anwendbares Lösungsverfahren in Form einer Prozedur nahe, so weist die Aufgabe ein niedrigeres Anspruchsniveau auf, als müssten verschie-

[19] Bei den Beispielaufgaben jeder Operationalisierung eines Aufgabenmerkmals wird von der Angabe des jeweiligen Lösungswegs aus Platzgründen abgesehen. Bei der Klassifikation in der Arbeit wurden die Lösungen aber natürlich berücksichtigt.

dene Konzepte genutzt werden, die nicht explizit in der Aufgabenstellung genannt werden oder deren Nutzung zumindest naheliegend ist. Die Ergebnisse zu schulischen Mathematikaufgaben (Adleff et al., 2023; Drüke-Noe, 2014; Neubrand, 2002) zeigen zudem, dass letztere Aufgaben selten auftreten und Studienanfänger:innen mit solchen Aufgaben entsprechend kaum vertraut sind.

Vor allem die Kombination der bisher genannten Aufgabenmerkmale kann ein umfassendes Bild des Anspruchs von Übungsaufgaben zeichnen; allerdings wird so der Charakter von Aufgaben nur in Bezug auf kognitionspsychologische Merkmale beschrieben. In neueren Studien zur Aufgabenklassifikation (Adleff et al., 2023; Drüke-Noe, 2014; Neubrand et al., 2011; Weber und Lindmeier, 2020b) rücken hingegen die für die Lösung relevanten mathematischen Tätigkeiten als fachdidaktisches Konstrukt in den Fokus der Betrachtung. Arbeiten aus dem schulischen Bereich orientieren sich bei der Auswahl relevanter mathematischer Tätigkeiten an den in den Bildungsstandards aufgeführten Kompetenzen. Für den Hochschulkontext wurden die Tätigkeiten *schematisches innermathematisches Anwenden*, *außermathematisches Anwenden* und *Beweisen* erarbeitet (Rach et al., 2014, S. 211; Weber und Lindmeier, 2020b, S. 269). Neben der Frage, welche (Kombinationen) dieser Tätigkeiten zur Lösung von Übungsaufgaben erforderlich sind, sind die qualitativen Ausprägungen der Tätigkeiten von Interesse. Wie in 2.2.2.5 beschrieben, fällt es Studienanfänger:innen beispielsweise leichter, Beweise zu führen, bei denen Termumformungen bzw. rechnerische Ansätze genügen. Eine dichotome Einteilung, ob es sich um eine Aufgabe zum Beweisen handelt oder nicht, greift daher zu kurz, was analog auch für die weiteren Tätigkeiten gilt.

Letztlich sollten auch die in den Aufgaben angesprochenen Themen bzw. *Inhalte* betrachtet werden, da so für die Analysis I eine mögliche Akzentverschiebung im Vergleich zur Schule festgestellt werden kann. Während für die Schulanalysis ein Fokus auf Differential- und Integralrechnung bekannt ist (vgl. 3.1.1), liegen entsprechende Erkenntnisse für die Hochschule bisher nur in Ansätzen vor (Wlassak, 2019; Wlassak, 2022). Da Übungsaufgaben sich üblicherweise auf die Inhalte der vergangenen Woche beziehen, kann insbesondere die theoretische Annahme zur kanonischen Abfolge der Inhalte in einer Analysis-I-Vorlesung (vgl. 3.1.2) über die Untersuchung von Aufgabenmerkmalen empirisch abgesichert werden. Zusätzlich ermöglicht eine entsprechende Untersuchung, festzustellen, ob Diskrepanzen zwischen der Relevanz von Inhalten im intendierten Curriculum (in Form von Modulbeschreibungen) und implementierten Curriculum (in Form von Übungsaufgaben) vorliegen (Ditton, 2000, S. 79). Speziell für die Analysis I wird dafür im Folgenden eine Kategorisierung erarbeitet.

7.3.1 Inhaltliche Einordnung

Inhaltliche Einordnung als Tiefenstrukturmerkmal Bevor genauer auf die thematische Klassifizierung von Übungsaufgaben der Analysis I eingegangen wird, soll erörtert werden, wieso die thematische Einordnung in dieser Arbeit unter die Tiefenstrukturmerkmale gruppiert wird. Die Studien zu schulischen Mathematikaufgaben, die inhaltliche Merkmale klassifizieren (Drüke-Noe, 2014; Neubrand, 2002) kommen beispielsweise ohne das Betrachten von Lösungen aus. Diesbezüglich ist anzumerken, dass Aufgaben der Schulmathematik häufig nur genau einen naheliegenden Lösungsweg haben und so die reine Kenntnis der Aufgabenstellung die verwendeten Prinzipien beim Lösen bereits determiniert. In anderen Worten: Die meisten schulischen Mathematikaufgaben erfordern nur explizit gegebene Wisseneinheiten (vgl. 2.2.1.4; vgl. auch Neubrand, 2002, S. 269). Expert:innen können diese direkt ablesen und Aufgaben so inhaltlich klassifizieren.

Sowohl die empirischen Vorarbeiten für die Hochschule (vgl. 5.4.2) als auch die Ziele der Studieneingangsphase (vgl. 2.2.2.1) legen hingegen nahe, dass die bloße Implementierung bekannter Ansätze nur bei einem geringen Teil der Übungsaufgaben zielführend ist. Dies impliziert, dass sich aus der ausschließlichen Kenntnis der Aufgabenstellung nur unsichere Aussagen über die für die Lösung zu verwendenden Wissenseinheiten und so die thematische Einordnung der Aufgabe treffen lassen. Ein entsprechendes Beispiel stellt Abbildung 7.5 dar.

Prüfen Sie die Konvergenz der Folge (a_n), wobei $a_n = \sum_{k=1}^{n} \frac{1}{n+k}$.

Abbildung 7.5 Aufgabenbeispiel, dessen inhaltliche Einordnung nicht allein anhand der Oberflächenstruktur möglich ist

Die Aufgabenstellung legt zunächst eine Einordnung in eines der thematischen Gebiete *Folgen* oder *Reihen* nahe. Eine tatsächliche Lösung umfasst aber das Betrachten der Partialsummenfolge als Obersumme der Funktion f mit der Funktionsgleichung $f(x) = \frac{1}{x}$ auf dem Intervall $[1, 2]$ sowie die Kenntnis über Grundintegrale und den Hauptsatz der Differential- und Integralrechnung. Demzufolge wäre eine Einordnung in die *Integralrechnung* ebenso denkbar, sie ist aber aus der Aufgabenstellung nicht ersichtlich. Welche domänenspezifischen Prinzipien bei einer Aufgabenlösung zum Einsatz kommen, lässt sich daher nicht unbedingt aus einer Aufgabenstellung ermitteln. Zur inhaltlichen Klassifikation wird daher zusätzlich eine Aufgabenlösung[20] zu Rate gezogen. Im Folgenden soll neben den inhaltlichen Kategorien eine Konvention für die Einordnung von Aufgaben, bei denen Aufgabenstellung und -lösung unterschiedliche thematische Schwerpunkte aufweisen, erarbeitet werden. Die Basis dafür stellen die diskutierten, einschlägigen Studien zur Klassifikation schulischer Aufgaben dar (vgl. 5.4.1).

Erarbeitung einer inhaltlichen Einordnung Die Vorarbeiten aus dem schulischen Bereich nutzen zur inhaltlichen Einordnung entweder nur eine grobe Kategorisierung in Stoffgebiete wie Arithmetik, Algebra, Geometrie und Stochastik (Neubrand, 2002, S. 116) oder eine zweistufige Einteilung, die, auf den Stoffgebieten aufbauend, eine feinere Gliederung in thematische Bereiche umfasst (Drüke-Noe, 2014, S. 99; Jordan et al., 2006, S. 25–27). Beide Arten der Klassifizierungen sind für die Zwecke dieser Arbeit nicht übertragbar, da die Vorlesungen der Hochschulmathematik entlang verschiedener Stoffgebiete inhaltlich ausdifferenziert sind und so in einer speziellen Vorlesung – wie der Analysis I – nur Aufgaben eines Stoffgebiets zu erwarten sind. Eine Klassifizierung von Übungsaufgaben muss dementsprechend an der feineren Gliederung eines Stoffgebiets, hier der Analysis, in thematische Bereiche ansetzen. Fraglich ist jedoch, ob dann noch eine zweistufige inhaltliche Strukturierung umgesetzt werden kann.

Ein für diese Arbeit besonders gewinnbringender Vorschlag für Gliederungsebenen kann aus der anthropologischen Theorie der Didaktik entnommen werden (Artigue und Winsløw, 2010, S. 52). Das zugehörige Modell (vgl. Abbildung 7.6) deckt so einerseits die gesamte Hierarchie didaktischer Situationen ab, die potentiell zu fokussieren wären, andererseits liefert es fachspezifische Klassifikationsebenen, die für die Zwecke der Arbeit relevant sind. Im Modell werden hierarchisch institutionelle Ebenen unterschieden, die Lernprozesse beeinflussen bzw. einschränken. Die höchste Ebene in diesem Modell, die eine inhaltliche Klassifizierung ermöglicht, ist die *Disziplin*. Da in dieser Arbeit nur Aufgaben aus Analysisvorlesungen untersucht werden, ist sie fest, ebenso wie das *Stoffgebiet*. Eine Einordnung kann in dieser Arbeit somit nur mit den drei untersten Ebenen *Sektor*, *Thema* und *Gegenstand* vorgenommen werden.

Sektoren[21] beschreiben dabei Familien von Praktiken, die es ermöglichen, präzise Aussagen über das Verhalten der betrachteten Gegenstände zu treffen und systematisch mit diesen zu argumentieren (Artigue und Winsløw, 2010, S. 51). Speziell in der Analysis ist ein solcher Sektor durch Folgen gegeben (vgl. 3.1.2). Im Sektor Folgen werden beispielsweise verschiedene Konvergenzkriterien erarbei-

[20] Eine genaue Erläuterung, wie diese konstruiert wurde, folgt in 8.3.

[21] Synonym wird auch der Begriff *Themenkomplex* in dieser Arbeit genutzt.

Abbildung 7.6 Ebenen der didaktischen Kodetermination nach Artigue und Winsløw 2010

tet, Cauchyfolgen betrachtet und Häufungspunkte von Folgen diskutiert. In einem *Thema* wird nur noch ein einzelner Begründungsdiskurs betrachtet. Speziell im Sektor Folgen könnte ein Thema z. B. den Beweis der Konvergenz einer Folge mit Konvergenzkriterien umfassen, die implizit auf die Konvergenzdefinition zurückgreifen und so das begründende Element für die Anwendbarkeit einer Technik, wie z. B. ein Konvergenzkriterium, liefern. Der Nachweis der Cauchyfolgeneigenschaft basiert jedoch auf einer anderen Definition und lässt sich so einem anderen Thema zuordnen.

Ein *Gegenstand* umfasst schließlich nur noch Aufgaben, die allesamt mit der gleichen Technik behandelt werden. Im Thema Konvergenzkriterien von Folgen sind dies z. B. Aufgaben, für die die Konvergenz unter Nutzung einer $N(\varepsilon)$-Abschätzung gezeigt werden muss. Diese unterste Ebene erscheint für die Zwecke dieser Arbeit ungeeignet, da einerseits Aufgaben zu erwarten sind, die mehrere gleichrangige Techniken erfordern und sich so nicht eindeutig einordnen lassen. Ein Beispiel dafür sind Aufgaben zur Bestimmung von Integralen, die in der Lösung sowohl partielle Integration als auch Substitution benötigen. Andererseits ist aufgrund der Stofffülle in Modulen der Studieneingangsphase eine große Menge behandelter Techniken zu vermuten (vgl. 2.2.2.4 und 3.1.2). Beispielsweise können als Konvergenzkriterien für Reihen bereits im ersten Semester das Nullfolgenkriterium, das Monotoniekriterium, das Quotientenkriterium, das Wurzelkriterium, das Leibnizkriterium, das Majoranten- bzw. Minorantenkriterium, das Cauchysche Verdichtungskriterium sowie die Kriterien von Raabe bzw. Abel behandelt werden. Eine Einordnung in Bezug auf den Gegenstand erscheint deshalb zu unübersichtlich und so für die Zwecke dieser Arbeit nicht gewinnbringend. Die inhaltliche Klassifikation der Aufgaben soll daher nur auf den Ebenen der Sektoren und Themen erfolgen.

In Bezug auf die Sektoren der Analysis I wurde mit der kanonischen Reihenfolge der Inhalte (vgl. Tabelle 3.2) ein Vorschlag erarbeitet. Ähnlich wurden beispielsweise die Sektoren von Analysis-I-Aufgaben auch in eigenen Vorarbeiten eingeordnet (Wlassak, 2019; Wlassak, 2022), wobei sich der Einsatz der zugehörigen Klassifikation als objektiv und leicht zu vermitteln erwies. Auf eine Aufteilung des Sektors Differentialrechnung in theoretische Inhalte und Anwendungen (Heuser, 2003; Wlassak und Schöneburg-Lehnert, 2022, S. 171) wird allerdings verzichtet, da eine solche Trennlinie nur in diesem Sektor nicht konsistent erscheint.

Für eine auf diesen Sektoren basierende Klassifikation in Themen liegen bislang keine Vorarbeiten vor. Um eine Klassifizierung zu gewinnen, die einerseits möglichst viele der tatsächlich in Übungsaufgaben auftretenden Themen abdeckt, andererseits eine einfache objektive Einordnung ermöglicht, wurden mittels einer zusammenfassenden qualitativen Inhaltsanalyse induktiv Kategorien gebildet (Mayring und Fenzl, 2019, S. 637).[22] Datengrundlage dieser Inhaltsanalyse waren die Aufgaben aus drei Standardlehrwerken zur Analysis I (Forster, 2016; Heuser, 2003; Königsberger, 2004), wobei eine Analyseeinheit einer Aufgabe entsprach (vgl. 5.1.3; Döring und Bortz, 2016, S. 555). Die Kategorienbildung erfolgte durch einen wissenschaftlichen Mitarbeiter der Universität Leipzig sowie den Autor der Arbeit, die beide über mehrere Jahre Lehrerfahrung in der Analysis verfügen. Hierbei wurden drei bzw. vier der Sektoren aus Tabelle 3.2 durch je eine Person behandelt, wobei eine Zuordnung der jeweils relevanten Teilkapitel in den Lehrbüchern zu den Sektoren durch Konsensverfahren erfolgte. Nachdem ein Vorschlag für Themen innerhalb der Sektoren vorlag, wurde dieser mithilfe von sechs vollständigen Sätzen von Übungsaufgaben der Analysis I der Universität Leipzig aus den Jahren 2012–2017 von jeder Person einzeln erprobt, um sicherzustellen, dass die vorher erarbeiteten Kategorien auch in tatsächlich gestellten Aufgaben auftreten. Kategorien, für die so keine einzige zugehörige Aufgabe identifiziert werden konnte, wurden anschließend entfernt. Abschließend wurden die Bezeichnungen der thematischen Kategorien diskutiert und ggf. umformuliert, wenn sie für eine objektive Einordnung problematisch waren, zum Beispiel bei Überschneidungen mehrerer Kategorien oder missverständlichen Formulierungen (Wirtz und Caspar, 2002, S. 244).[23] Über die Ergebnisse dieses Prozesses informiert Tabelle 7.13.

[22] Deswegen stellen die Themen der Aufgabe den einzigen Aspekt eines Aufgabenmerkmals dar, welcher nicht deduktiv abgeleitet wurde.

[23] Dies führt dazu, dass in dem finalen Instrument teilweise unter einigen Themen auch mehrere ähnliche Begründungsdiskurse subsumiert wurden, wenn dies die Klassifizierung erleichtert. Ein Beispiel dafür ist das Thema *Metriken, Normen, Skalarprodukte*.

Für die Einordnung von Aufgaben bleiben zwei Probleme bestehen, die durch Konventionen gelöst werden müssen. Einerseits stellt es für die Kategorisierung in Sektoren eine Hürde dar, wenn die Aufgabenstellung einen anderen Sektor als die zugehörige Lösung anspricht, bzw. wenn in der Aufgabenlösung Praktiken aus verschiedenen Sektoren zum Einsatz kommen. In diesen Fällen wird jeweils derjenige Sektor zugeordnet, der in Tabelle 7.13 den größeren Codewert hat, da der Fokus

Tabelle 7.13 Operationalisierung des Aufgabenmerkmals *Inhaltliche Einordnung*, Eigenentwicklung

Code des Sektors	Bezeichnung des Sektors	Code des Themas	Bezeichnung des Themas
0	Grundlegende mathematische Strukturen	1	Aussagenlogik
		2	Mengenlehre
		3	Relationen
		4	Abbildungen
		5	Schranken von Mengen
		6	Eigenschaften der reellen Zahlen
		7	Vollständige Induktion
		8	Komplexe Zahlen
		9	Mächtigkeit von Mengen
		99	Sonstiges
1	Folgen	1	Konvergenz explizit definierter Folgen
		2	Konvergenz, Monotonie, Beschränktheit und Rekursionsgleichungen rekursiver Folgen
		3	Häufungspunkte von Folgen
		4	Bestimmte Divergenz von Folgen
		5	Cauchyfolgen
		99	Sonstiges
2	Reihen	1	Konvergenzkriterien für Reihen
		2	Doppelreihen und Cauchyprodukte von Reihen
		3	Umordnung von Reihen
		4	Potenzreihen (Konvergenzradius und Konvergenzverhalten auf dessen Rand)
		99	Sonstiges

(Fortsetzung)

Tabelle 7.13 (Fortsetzung)

Code des Sektors	Bezeichnung des Sektors	Code des Themas	Bezeichnung des Themas
3	Stetigkeit und elementare Funktionen	1	Eigenschaften von Funktionen (Nullstellen, Positivität, Beschränktheit, Definitions- und Wertebereich)
		2	Grenzwerte von Funktionen
		3	Stetigkeit einer Funktion
		4	Weitere Stetigkeitsbegriffe (gleichmäßige Stetigkeit, Hölderstetigkeit, Lipschitzstetigkeit)
		5	Folgerungen aus der Stetigkeit (Nullstellensatz von Bolzano, Zwischenwertsatz, Satz von Weierstraß)
		6	Skizzen von Funktionen
		7	Spezielle Funktionen (trigonometrische, hyperbolische und Exponentialfunktionen sowie deren Umkehrfunktionen)
		99	Sonstiges
4	Differentialrechnung	1	Ableitungen berechnen (mittels Definition oder Ableitungsregeln)
		2	Kurvendiskussion mit Differentialrechnung
		3	Anwendungen des Mittelwertsatzes
		4	Taylorreihen und -polynome
		5	Regel von L'Hospital
		6	Zusammenhänge zwischen Differenzierbarkeit und Stetigkeit
		99	Sonstiges
5	Integralrechnung	1	Integrale mit Zwischensummen berechnen
		2	Integrale mit Integrationsregeln berechnen
		3	Uneigentliche Integrale
		4	Abschätzungen mit dem Mittelwertsatz der Integralrechnung oder dem Hauptsatz der Differential- und Integralrechnung
		5	Bestimmen von Reihenwerten/-konvergenz mittels Integralrechnung
		99	Sonstiges

(Fortsetzung)

Tabelle 7.13 (Fortsetzung)

Code des Sektors	Bezeichnung des Sektors	Code des Themas	Bezeichnung des Themas
6	Abstrakte Analysis	1	Metriken, Normen, Skalarprodukte
		2	Eigenschaften von Mengen in metrischen Räumen (Offenheit, Abgeschlossenheit, Kompaktheit, Beschränktheit)
		3	Eigenschaften von Funktionen in metrischen oder normierten Räumen (Grenzwerte, Stetigkeit, Differenzierbarkeit)
		4	Funktionenfolgen
		5	Allgemeine Differenzierbarkeitsbegriffe (Fréchet- und Gâteaux-Differenzierbarkeit)
		6	Volumen von Rotationskörpern
		7	Differentialgleichungen
		99	Sonstiges
99	Sonstiges	–	–

der Übungsaufgaben auf den Inhalten der vergangenen Woche liegt und gemäß der kanonischen Reihenfolge der Sektoren zu erwarten ist, dass bei zwei potentiell relevanten Sektoren derjenige mit dem größeren Codewert später behandelt wurde und so im Fokus der Aufgabe steht.[24] Andererseits ist eine Kategorisierung des Themas problematisch, wenn eine Aufgabenlösung Techniken aus verschiedenen Themen eines Sektors erfordert. In diesem Fall wird das Thema zugeordnet, auf welches die Aufgabenstellung vorrangig schließen lässt. Dieses Vorgehen wird genutzt, da dieses Thema üblicherweise den Ausgangspunkt der Lösungsfindung darstellt und so den Lösungsprozess am stärksten lenkt. Sollte die Aufgabenstellung kein Thema nahelegen, wird das erste in der Lösung angesprochene Thema zugeordnet, weil es gemäß 7.1 die unmittelbare Reaktion auf die Aufgabenstellung darstellt.

Mithilfe des erarbeiteten Instruments sowie der Konventionen für die Klassifikation ist zu erwarten, dass sich Übungsaufgaben der Analysis I zuverlässig und objektiv einordnen lassen. Insbesondere kann die Hypothese der kanonischen Reihenfolge der Inhalte aus den Forschungsfragen 3.1 und 3.2 überprüft werden, da

[24] Das gilt insbesondere auch für den Sektor der *Abstrakten Analysis*, der nicht zwingend in einer Analysis-I-Vorlesung behandelt wird (vgl. 3.1.2). Jedoch werden die meisten der erarbeiteten Themen dieses Sektors in einer Analysis-II-Vorlesung betrachtet, sodass die Zuordnung auch hier sachlogisch angemessen scheint.

Übungsaufgaben in ihrer zeitlichen Abfolge auch die Reihenfolge der Vorlesungsinhalte widerspiegeln. Weiterhin lässt sich überprüfen, ob bereits gewonnene Ergebnisse zur Wichtung der Sektoren in den Übungsaufgaben replizierbar sind (Wlassak, 2019; Wlassak, 2022).

So wurde festgestellt, dass in den Aufgaben der *ersten Hälfte* des Semesters der Analysis I ein Fokus auf *Grundlegenden mathematischen Strukturen* und *Folgen* liegt; *Reihen* sowie *Stetigkeit und elementare Funktionen* werden hingegen nur selten behandelt (Wlassak, 2019, S. 920). Die bisherigen Ergebnisse zu den Aufgaben des *gesamten Semesters* bestätigen diese Tendenz: So fallen über 40 % der Aufgaben in den Sektor *Grundlegende mathematische Strukturen* und ein Viertel der Aufgaben beschäftigt sich mit *Folgen* oder *Reihen*. *Differential-* und *Integralrechnung* hingegen sind nur selten Gegenstand in Übungsaufgaben; ihr Anteil beträgt zusammen weniger als 9 % (Wlassak, 2022, S. 1395). Mit der erneuten Erhebung sollen diese Ergebnisse einerseits abgesichert, andererseits durch die detailliertere Beschreibung mit Themen der Aufgaben ergänzt werden.

Neben der Bestätigung dieser Resultate birgt die erarbeitete Kategorisierung das Potential, das implementierte Curriculum genauer zu beschreiben. Den Themen von Übungsaufgaben kommt eine besondere Rolle im Lernprozess zu, da mit diesen Themen eine aktive Auseinandersetzung für den Modulerfolg notwendig wird. Für solche, die zwar in der Vorlesung behandelt werden, aber in den Aufgaben keine Rolle spielen, ist das nicht zwingend der Fall. Eine Untersuchung auf der Ebene der Themen kann daher zusätzlich feststellen, ob es Kerninhalte gibt, die nach dem Absolvieren der Analysis I vorausgesetzt werden können, aber auch Themen identifizieren, die nur sehr selten durch Übungsaufgaben abgedeckt werden.

7.3.2 Wissenseinheiten

7.3.2.1 Anzahl der Wissenseinheiten

Bisherige Klassifikationen Bereits in 7.1 wurde das Konzept der Wisseneinheit als wichtiger Bestandteil des Aufgabenbearbeitungsprozesses erläutert. Mit den Wissenseinheiten liegt ein Konstrukt vor, welches ermöglicht, den Grad der nötigen innermathematischen Vernetzung für die Lösung einer Aufgabe und so die theoretische Komplexität einer Aufgabe zu bestimmen. Ziele und Charakter der Hochschulmathematik (vgl. 2.2.2) legen eine höhere interne Vernetzung in den gestellten Aufgaben nahe und somit auch, dass ein größerer Anteil der Aufgaben mehrere Wissenseinheiten benötigt. Der bisherige Einsatz bei der Klassifikation von Aufgaben erfolgte allerdings vorrangig im schulischen Bereich (Maier et al., 2013; Neubrand, 2002) und zeigte für die Mathematik, dass Aufgaben nur selten Vernetzungen einfordern. Um zu bestimmen, wie viele Wisseneinheiten eine Aufgabenlösung beinhaltet, wurden hierbei die interagierenden Elemente auf der höchsten Strukturebene der jeweiligen Wissensbestandteile betrachtet.[25] Die Vorarbeiten aus dem schulischen Bereich nutzen dafür jeweils eine eindimensionale Skala: In der Arbeit von Neubrand wird nur zwischen Aufgaben unterschieden, die eine bzw. mehrere Wissenseinheiten aktivieren (Neubrand, 2002, S. 105), Maier und Kolleg:innen differenzieren zwischen Aufgaben, die genau eine, zwei bis vier oder mehr als vier Wissenseinheiten benötigen (Maier et al., 2013, S. 27). Aus theoretischer Perspektive erscheint die erstgenannte Unterscheidung ausreichend, da schon beim Nutzen zweier Wissenseinheiten innermathematische Vernetzung nötig ist (Neubrand, 2002, S. 106).

Klassifikation in dieser Arbeit Für die Hochschulanalysis ist zusätzlich von Interesse, in welchem institutionellen Kontext das nötige Wissen erworben wurde. Kenntnisse aus der Schulmathematik stellen eine Grundlage für die Hochschulmathematik im Allgemeinen dar und im Speziellen sind in der Analysis einige Begriffe und Rechenregeln (z. B. Ableitung und Ableitungsregeln) schon im Schulkontext behandelt worden (vgl. 3.1.1). Insbesondere konnte empirisch gezeigt werden, dass Tests zur Schulmathematik einen guten Prädiktor für den Modulerfolg in der Analysis I darstellen (Rach und Ufer, 2020, S. 395) und schulisches Vorwissen für die Hochschule demnach bedeutsam ist. Dementsprechend ist zu erwarten, dass auch in den Übungsaufgaben der Analysis I Vorkenntnisse aus der Schule aktiviert werden müssen.

Da sich Schul- und Hochschulmathematik sowohl in Bezug auf ihre Ziele und ihren Charakter (vgl. 2.2) als auch die Organisation ihrer Lehre (vgl. Kapitel 4) unterscheiden, ist neben dem Grad der Vernetzung, der über die Anzahl der Wisseneinheiten abgebildet wird, auch relevant, ob eher neu erworbenes Wissen aus dem Hochschulkontext oder bereits konsolidiertes Wissen aus der Schulmathematik eingesetzt werden muss. Da in der Schule deutlich mehr Zeit für die Behandlung einzelner Themen aufgewendet wird (vgl. 2.2.2.2), sind Aufgaben, die nur isoliertes Schulwissen benötigen, als weniger anspruchsvoll einzuschätzen (Wlassak und Schöneburg-Lehnert, 2022, S. 173), wohingegen Aufgaben, die Schul- und Hochschulwissen erfordern, komplexer sind.

[25] Für eine Teilstichprobe des Datensatzes dieser Arbeit wurde das Konzept der Wisseneinheiten bereits zur Klassifikation genutzt (Wlassak und Schöneburg-Lehnert, 2022).

Am anspruchsvollsten erscheinen Aufgaben, bei denen Studierende mehrere Wissenseinheiten der Hochschule vernetzen müssen, da nur wenige Studierende die Begriffe aus den Vorlesungen und Übungen allein durchdrungen haben. Für die Klassifikation der *Anzahl der Wissenseinheiten* wird somit auf eine zweidimensionale Skala zurückgegriffen, die die Anzahl der aktivierten Wissenseinheiten aus dem Schulkontext und dem Hochschulkontext jeweils einzeln abbildet. Einen Überblick über die Kategorisierung des Merkmals *Anzahl der Wissenseinheiten* liefert Tabelle 7.14.

Tabelle 7.14 Operationalisierung des Aufgabenmerkmals *Anzahl der Wissenseinheiten*, adaptiert von Neubrand (2002) und Wlassak und Schöneburg-Lehnert (2022)

Aspekt	Code	Ausprägung	Beschreibung der Ausprägung	Beispiel
Anzahl der Schulwissenseinheiten	0	Keine Schulwissenseinheit erforderlich	Zur Aufgabenlösung muss keine Wissenseinheit genutzt werden, die erstmals in der Schule erworben wurde.	Sei $X \neq \emptyset$ eine Menge. Zeigen Sie, dass die Abbildung $d : X \times X \to \mathbb{R}$ mit $d(x, y) = \begin{cases} 0, & x = y \\ 1, & x \neq y \end{cases}$ eine Metrik ist.[a]
	1	Eine Schulwissenseinheit erforderlich	Zur Aufgabenlösung muss genau eine Wissenseinheit genutzt werden, die erstmals in der Schule erworben wurde.	Leiten Sie die Funktion $f : \mathbb{R} \to \mathbb{R}$ mit $f(x) = (x^2 + 2x)e^x$ mit der Produktregel ab.[b]
	2	Mindestens zwei Schulwissenseinheiten erforderlich	Zur Aufgabenlösung müssen mindestens zwei Wissenseinheiten genutzt werden, die erstmals in der Schule erworben wurden.	Für $n \in \mathbb{N}$ definieren wir $I_n := \int_0^{\frac{\pi}{2}} \sin(x)^n dx$. Zeigen Sie, dass für $n \geq 2$ gilt $I_n = \frac{n-1}{n} I_{n-2}$.[c]

(Fortsetzung)

Tabelle 7.14 (Fortsetzung)

Aspekt	Code	Ausprägung	Beschreibung der Ausprägung	Beispiel
Anzahl der Hochschul-wissens-einheiten	0	Keine Hochschul-wissenseinheit erforderlich	Zur Aufgabenlösung muss keine Wissenseinheit genutzt werden, die erstmals in der Hochschule erworben wurde.	Leiten Sie die Funktion $f : \mathbb{R} \to \mathbb{R}$ mit $f(x) = (x^2 + 2x)e^x$ mit der Produktregel ab.[d]
	1	Eine Hochschul-wissenseinheit erforderlich	Zur Aufgabenlösung muss genau eine Wissenseinheit genutzt werden, die erstmals in der Hochschule erworben wurde.	Berechnen Sie mit der Substitutionsregel $\int xe^{-x^2}dx$.[e]
	2	Mindestens zwei Hochschulwis-senseinheiten erforderlich	Zur Aufgabenlösung müssen mindestens zwei Wissenseinheiten genutzt werden, die erstmals in der Hochschule erworben wurden.	Zeigen Sie, dass für alle $p \in \mathbb{N}$ und $x \in \mathbb{C}$ mit $\lvert x\rvert < 1$ gilt $\sum_{k=0}^{\infty} \binom{k+p}{p} x^k = \frac{1}{(1-x)^{p+1}}$.[f]

[a] Alle bei der Lösung dieser Aufgabe nötigen Wissensbestandteile stammen von der Hochschulwissenseinheit „Metrik“

[b] Diese Aufgabe benötigt nur die Schulwissenseinheit „Produktregel“, der sich die Kenntnis spezieller Ableitungen unterordnet

[c] Zur Lösung dieser Aufgabe wird neben der Kenntnis spezieller Werte von Sinus und Kosinus auch das Umstellen von Formeln sowie die Summenregel für die Integration benötigt. Da diese unabhängig voneinander sind, werden mindestens zwei Schulwissenseinheiten eingesetzt

[d] Diese Aufgabe benötigt nur die Schulwissenseinheit „Produktregel“, der sich die Kenntnis spezieller Ableitungen unterordnet

[e] Diese Aufgabe benötigt nur die Hochschulwissenseinheit „Substitutionsregel“, der sich die Kenntnis spezieller Ableitungen und Stammfunktionen unterordnet

[f] Die Lösung dieser Aufgabe umfasst das Prinzip der vollständigen Induktion, die Summenformel für die geometrische Reihe und die Definition des Cauchyprodukts. Da diese unabhängig voneinander sind, werden mindestens zwei Hochschulwissenseinheiten eingesetzt

Besonderheiten Ein erheblicher Vorteil bei der Erfassung der Wissenseinheiten auf diese Art ist, dass sowohl die Erwerbskontexte unterschieden werden können, als auch in jedem Fall festgestellt werden kann, ob mehrere oder nur eine Wissenseinheit zur Lösung einer Aufgabe eingesetzt werden mussten. Anzumerken ist jedoch, dass eine eindeutige Zuordnung einer Wissenseinheit zum Erwerbskontext Schule oder Hochschule nicht immer möglich ist. So sind die in der Schule behandelten Inhalte erheblich vom eingeschlagenen Bildungsweg des Aufgabenlösers und von regionalen Diskrepanzen zwischen den Lehrplänen abhängig. Um trotzdem eine Zuordnung zu ermöglichen, wurde ein gymnasialer Bildungsweg unterstellt.[26] Dieser wird durch die Bildungsstandards für den mittleren Schulabschluss (KMK, 2003; KMK, 2022) bzw. für die allgemeine Hochschulreife (KMK, 2012a) zentral gesteuert. Daher wurden diese Dokumente analysiert, um festzustellen, welche für die Analysis relevanten Wissenseinheiten sich aus diesen Dokumenten extrahieren lassen. Damit möglichst konkrete Wissenseinheiten formuliert werden können, wurden die Lehrpläne von Bayern und Sachsen einbezogen, vor allem aufgrund ihrer inhaltlichen Detailliertheit. Um schließlich auch die Sichtweise der Hochschulseite auf wichtige Vorkenntnisse aus der Schule zu berücksichtigen, wurden die Kataloge von cosh und MaLeMINT ebenfalls betrachtet (Dürrschnabel et al., 2014, 2021; Neumann et al., 2017). Für jedes dieser Dokumente wurde je ein Katalog von Wissenseinheiten aufgestellt. Im letztlich erstellten, übergreifenden Katalog verblieben dann diejenigen Schulwissenseinheiten, die in mindestens drei der fünf Dokumente zu finden waren, wobei die verschiedenen Bildungsstandards als ein Dokument gewertet wurden, da sie unterschiedliche Zeitpunkte auf dem Weg zum Abitur referenzieren.

Ähnlich wurde für einen Katalog der Hochschulwissenseinheiten vorgegangen – mit dem Unterschied, dass aufgrund des Mangels an zentralen Steuerungsdokumenten sowie einer vermuteten geringen Strahlkraft von Modulbeschreibungen, Lehrwerke zur Analysis I als Grundlage verwendet wurden. Zum Einsatz kamen die Bücher von Heuser (2003), Königsberger (2004) und Forster (2016), die auch in Modulbeschreibungen von Analysisvorlesungen genannt werden (TU Darmstadt, 2023, S. 3; Universität Leipzig, 2024a, S. 1). Analog zum eben beschriebenen

[26] Im Jahr 2022 hatten beispielsweise bundesweit nur 2,7 % der Studienanfänger:innen kein (Fach-)Abitur (Nickel und Thiele, 2024, S. 5). Der Anteil der Abiturient:innen an allen Personen mit Hochschulzugangsberechtigung beträgt 81,2 % (BMBF, 2024, S. 1).

Vorgehen wurde je ein einzelner Katalog für jedes Werk erstellt, bevor geprüft wurde, welche der identifizierten Wissenseinheiten in mindestens zwei der Werke vorkamen, was in einem übergreifenden Katalog der Hochschulwissenseinheiten festgehalten wurde. Abschließend wurden beide übergreifende Kataloge auf Überschneidungen geprüft und mithilfe von Expert:innen für die Schulanalysis und Lehrenden mit langjähriger Erfahrung in der Analysis I entschieden, welchem der beiden Kataloge Grenzfälle zuzuordnen sind, sowie einige Formulierungen überarbeitet. Die so entstandenen Kataloge der Schul- und Hochschulwissenseinheiten sind im elektronischen Anhang zu finden und wurden bei der Datenerhebung dieser Arbeit den Rater:innen als Hilfsmittel zur Verfügung gestellt.

7.3.2.2 Art der Wissenseinheiten

Zur Analyse des kognitiven Potentials von Aufgaben wird neben dem Umfang auch die Art des durch die Aufgabenstellung geforderten Wissens als zentrale Determinante erachtet (Maier et al., 2013, S. 28–29; Stern et al., 2006, S. 465). Entsprechende Klassifikationen basieren auf der Annahme, dass durch Aufgaben aktiviertes Wissen unterschiedliche Ausprägungen haben kann, wobei zwei charakteristische Pole auftreten: jene Aufgaben, die ausschließlich die Durchführung eines Verfahrens verlangen, und Aufgaben, bei denen begriffliche Zusammenhänge hergestellt werden müssen. Vor allem zur Frage, ob Aufgaben im Mathematikunterricht bzw. -studium vorrangig Fertigkeiten zur Lösung spezieller Aufgabenklassen einüben oder ob sie auf Verständnis abzielen, kann die Untersuchung der Wissensarten einen Beitrag leisten (Hiebert und Lefevre, 1986, S. 16).

Begriffsklärung Eine häufig zitierte, auf lern- und kognitionspsychologischen Erwägungen basierende, Unterscheidung von Wissensarten stammt von Anderson und Kolleg:innen (2009). Das Konzept umfasst eine zweidimensionale Modifikation der klassischen Lernzieltaxonomie von Bloom und Kollegen (1972), wobei die Überarbeitung neben einer Dimension der *kognitiven Prozesse* (Anderson et al.,

2009, S. 31)[27] eine *Wissensdimension* betrachtet, die *deklaratives Wissen*, *prozedurales Wissen*, *konzeptuelles Wissen* sowie *metakognitives Wissen* unterscheidet.

Eine Besonderheit ist die explizite Trennung von deklarativem und konzeptuellem Wissen. In der kognitionspsychologischen bzw. mathematikdidaktischen Literatur werden diese Begriffe oftmals nicht unterschieden, sondern eine der beiden Wissensarten als Unterform der anderen aufgefasst, bzw. wird auf eine der Wissensarten gänzlich verzichtet. Wild und Möller (2015, S. 4) unterscheiden beispielsweise nur deklaratives und prozedurales Wissen. Sie erwähnen den Begriff des konzeptuellen Wissens als „deklaratives Wissen [...], das tieferes Verständnis konstituiert" (ebd.) und verstehen konzeptuelles Wissen so nur als spezielle Ausprägung deklarativen Wissens. Hiebert und Lefevre (1986, S. 3–9) unterscheiden für die Mathematik die beiden Wissensarten prozedurales und konzeptuelles Wissen. Aus ihren Beschreibungen wird deutlich, dass konzeptuelles Wissen nie isoliert auftreten kann, sondern immer in einer Netzwerkstruktur organisiert ist. Insbesondere bietet das Konzept der Autor:innen daher keine Möglichkeit, isolierte Informationen im Rahmen ihres Konzepts der Wissensarten zu klassifizieren. Die Zusammenführung der Begriffe *deklaratives Wissen* und *konzeptuelles Wissen* ist mit weiteren Schwierigkeiten verbunden. So legt die Bezeichnung von Wissen als „deklarativ" die Vorstellung nahe, dass dieses Wissen vom Aufgabenlöser expliziert werden kann und daher bewusst zugänglich ist. Im Gegensatz dazu muss konzeptuelles Wissen als „Wissen um einen Begriff" (Moormann, 2009, S. 32) nicht explizit verbalisierbar sein. Eine Nutzung von deklarativem Wissen als Oberbegriff für deklaratives *und* konzeptuelles Wissen erscheint daher problematisch. Weiterhin müsste bei der Nut-

[27] Die Taxonomie der *kognitiven Prozesse* nach Bloom und Kollegen (1972, S. 31) umfasst die Stufen *Wissen*, *Verständnis*, *Anwendung*, *Analyse*, *Synthese* und *Bewertung*. Anderson und Kolleg:innen (2009, S. 31) schlagen die Stufen *Erinnern*, *Verstehen*, *Anwenden*, *Analysieren*, *Evaluieren* und *Kreieren* vor. Vordergründig umfasst die Überarbeitung kognitiver Prozesse eine Vertauschung der beiden letzten Stufen, während die einzelnen Stufen der Taxonomien vergleichbar sind. Die Anordnung der Stufen ist in beiden Modellen konzeptionell hierarchisch, d. h. ein Aufgabenlöser, der die kognitiven Anforderungen eines höheren Levels erfolgreich bewältigt, sollte theoretisch in der Lage sein, auch die Aufgaben einer niedrigeren Stufe zu lösen. Obwohl die Taxonomien für die theoriegeleitete Aufgabenkonstruktion eine fundierte Basis bilden (Jatzwauk, 2007, S. 60), scheinen sie für eine Aufgabenklassifikation nur wenig geeignet. Insbesondere die Annahme einer ansteigenden Komplexität sowie einer Trennschärfe zwischen den Stufen, die oberhalb der/des *Anwendung/Anwendens* angesiedelt sind, konnte durch empirische Studien nicht bestätigt werden (für eine ausführliche Darstellung vgl. Schabram, 2007, S. 52–54). Die Taxonomien werden außerdem hinsichtlich der Differenzierung zwischen *Verständnis/Verstehen* und *Anwendung/Anwenden* kritisiert (Maier et al., 2013, S. 31). Vor allem, weil die aus der Theorie vermuteten Eigenschaften von Übungsaufgaben vorrangig auf höhere Stufen der Taxonomien schließen lassen, scheinen diese für die Klassifikation von Übungsaufgaben ungeeignet.

zung von konzeptuellem Wissen als Oberbegriff, der deklaratives Wissen umfasst, auch der Erwerb isolierter Fakten als Zuwachs an konzeptuellem Verständnis gewertet werden. Ob die Kenntnis der ersten 30 Nachkommastellen von π als deklaratives Wissen das individuelle konzeptuelle Verständnis der Zahl π wirklich erweitert, ist jedoch zu bezweifeln (Schneider, 2006, S. 53). Schließlich werden Kategorisierungen von Wissensarten, die nur zwischen konzeptuellem und prozeduralem Wissen unterscheiden, dafür kritisiert, implizite Annahmen über die Qualität des Wissens zu treffen (Rittle-Johnson und Schneider, 2015, S. 1105; Star, 2005, S. 407; Star, 2007, S. 132). Konzeptuellem Wissen wird meist Tiefe und Vernetzung attestiert, obwohl z. B. definitorisches Wissen als Wissen über ein Konzept keineswegs vernetzt auftreten muss. Star (2005, S. 408) fordert daher, auch die Qualität der jeweiligen Wissensarten zu betrachten. In dieser Arbeit wird daher der Unterscheidung von Anderson und Kolleg:innen (2009) gefolgt, zwei Qualitätsstufen des Wissens über Konzepte (deklaratives und konzeptuelles Wissen) und eine Art des Wissens über Prozeduren zu betrachten, die a priori keine Annahme über die (mangelnde) Vernetzung des Wissens trifft. Die verschiedenen Wissensarten werden nun ausführlicher vorgestellt.

Als *deklaratives Wissen*[28] wird das verbalisierbare Wissen eines Fachgebiets verstanden. Dieses umfasst die Kenntnis von Fakten, Objekten, Begriffen, Symbolen, Eigenschaften und Phänomenen einer Disziplin (Ruiz-Primo, 2009, S. 23). Ein Verstehensprozess soll bei Anwendung von deklarativem Wissen nicht angeregt werden, stattdessen stehen „das Abfragen von Regeln, Bezeichnungen und damit relativ isolierte[r] Wissenseinheiten" (Metz et al., 2009, S. 76) im Vordergrund. Die Annahme, deklaratives Wissen sei ausschließlich isoliertes Wissen, ist allerdings keineswegs Konsens in der Literatur. Beispielsweise unterscheiden Gagné und Kolleg:innen (2005, S. 89–93) drei Formen deklarativen Wissens: die Kenntnis des Bezeichners einer Objektklasse (terminologisches Wissen), Faktenwissen sowie organisiertes, vernetztes Wissen. Die ersten beiden Formen deklarativen Wissens lassen sich in die beschriebene Systematik als Kenntnis von Fakten und Symbolen einer Fachdomäne einordnen. Das organisierte, vernetzte Wissen weist aber – im Gegensatz zu terminologischem und Faktenwissen – eine Netzwerkstruktur auf. Daher soll dieses Wissen in dieser Arbeit als konzeptuelles Wissen aufgefasst werden.

Prozedurales Wissen beschreibt nicht verbalisierbares, implizites Wissen[29] und umfasst die Kenntnis fachspezifischer Techniken und Methoden sowie implizit auch Kriterien für deren Anwendbarkeit (Anderson et al., 2009, S. 52 und S. 54). In die-

[28] Es wird auch als *Wissen, dass* bezeichnet (Ryle, 1949).

[29] Es wird auch als *Wissen, wie* bezeichnet (Ryle, 1949).

sem Sinne ist prozedurales Wissen Handlungswissen, welches häufig in Form von Regeln vorliegt, die die Lösung von ganzen Aufgabenklassen ermöglichen (Schneider, 2006, S. 53; Stern et al., 2006, S. 465). Innerhalb der Mathematik lassen sich zwei Arten dieser Regeln unterscheiden (Hiebert und Lefevre, 1986, S. 6): Einerseits formale Regeln, die Wissen um die syntaktischen Aspekte mathematischer Texte beinhalten; andererseits Regeln, die in Form von Algorithmen oder adaptierbaren Verfahren als eindeutig bestimmte lineare Sequenzen eine Lösungsschrittfolge für Aufgaben darstellen. Vor allem die zweite Art von Regeln bezeichnet man als Prozeduren. Speziell kann noch zwischen Kenntnis der jeweiligen Prozeduren (Kalkülkenntnis) und der Fertigkeit, diese korrekt anzuwenden (Kalkülfertigkeit) unterschieden werden (Altieri, 2016, S. 25). Obwohl erstgenanntes Wissen auch als Faktenwissen verstanden werden könnte, ist die Kenntnis der einzelnen Schritte, d. h. die sequentielle Natur von Kalkülkenntnissen, ein Unterscheidungsmerkmal zu deklarativem Wissen. Deshalb sollen sowohl Kalkülkenntnis als auch Kalkülfertigkeit als Formen prozeduralen Wissens aufgefasst werden.

Prozeduren können unterschiedlich komplex sein, das Reihen oder Ineinanderschachteln von Prozeduren ermöglicht es, aus einfachen Prozeduren komplexere zu erzeugen. Ein Beispiel hierfür stellt das Verfahren zur Konstruktion des Inkreises eines Dreiecks dar. Dabei sind das Konstruieren von zwei Winkelhalbierenden zur Bestimmung des Mittelpunkts des Inkreises sowie das Fällen des Lots vom Mittelpunkt auf eine der Dreiecksseiten zwei anzuwendende Unterprozeduren. Der Aufgabenlöser kann die Anwendbarkeit der jeweiligen Prozedur häufig direkt an Oberflächenmerkmalen, wie Signalwörtern in der Aufgabenstellung, erkennen (Levin, 2018, S. 248; Moormann, 2009, S. 33). Oftmals erfolgt daher die Überprüfung prozeduralen Wissens anhand der Fertigkeit, Routineaufgaben zu lösen (Rittle-Johnson et al., 2001, S. 346; Rittle-Johnson und Schneider, 2015, S. 1112). Die Nutzung prozeduralen Wissens läuft, aufgrund der Passung auf den Aufgabentyp, weitgehend automatisiert ab; allerdings beinhaltet prozedurales Wissen mehr als die Kenntnis von Lösungsschrittfolgen und die Fertigkeit, diese anzuwenden. Als Wissen über Prozeduren soll ebenfalls Wissen über die Ziele, Effizienz und Grenzen des Einsatzes einer Prozedur sowie die Adaptierbarkeit entsprechender Verfahren verstanden werden. Star (2005, S. 408–409) fasst dieses Wissen unter dem Begriff *deep procedural knowledge* zusammen. Gerade im Hochschulkontext ist eher zu erwarten, dass die Anwendung von *deep procedural knowledge* in Aufgaben gefordert wird, da Aufgaben sich teilweise sehr ähneln, aber verschiedene Methoden zur Lösung eingesetzt werden müssen (Alcock, 2017, S. 5–6).

Für die Hochschule ist auch die Relation zwischen prozeduralem Wissen und dem Beweisen von Interesse. Unter den Übungsaufgaben ist eine Vielzahl von Beweisaufgaben zu erwarten (vgl. 2.3), welche sich aber hinsichtlich ihrer Qualität erheblich unterscheiden können. Hiebert und Lefevre (1986, S. 6) stellen beispielsweise auch die Kenntnis darüber, in welchem Stil Beweise zu verfassen sind, als prozedurales Wissen heraus. Dies tangiert jedoch nicht den Inhalt oder die Logik der Beweise, daher zielt das Abfassen eines Beweises weniger auf prozedurales Wissen ab. Eine Ausnahme bildet der Fall, wenn eine Aufgabe hauptsächlich eine Beweisprozedur einfordert, d. h., eine gewisse Art von Beweisschrittfolge eingeübt wird und das dafür benötigte begriffliche Wissen eher nachrangig ist. Dies kann beispielsweise bei Aufgaben zur vollständigen Induktion unterstellt werden, die neben der Struktur als Induktionsbeweis nur auf Termumformungen zurückgreifen.

Konzeptuelles Wissen[30] ist vernetztes Wissen über einen Begriff und kann sowohl in verbalisierbarer Form als auch in impliziter Form auftreten (Maier et al., 2013, S. 30; Moormann, 2009, S. 33; Rittle-Johnson et al., 2001, S. 346). Diese Art des Wissens ist in Hierarchien, Netzwerken oder Schemata organisiert (Byrnes und Wasik, 1991, S. 777; Hiebert und Lefevre, 1986, S. 3; Stern et al., 2006, S. 465). Dementsprechend umfasst es die Kenntnis von Klassifikationen und Kategorien, Prinzipien und Generalisierungen sowie Theorien und Modellen eines Fachgebietes (Anderson et al., 2009, S. 49–52). Die Struktur des Wissens stellt den zentralen Unterschied zwischen deklarativem und konzeptuellem Wissen dar. Während deklaratives Wissen aus isolierten Wissenselementen besteht, zeichnet sich konzeptuelles Wissen durch seine Beziehungshaltigkeit (Hiebert und Lefevre, 1986, S. 3) aus. Deshalb stellt konzeptuelles Wissen die Basis eines tieferen inhaltlichen Verständnisses dar (Schneider, 2006, S. 53).

Dies zeigt sich darin, dass konzeptuelles Wissen über dem Aufgabenlöser vertrauten Aufgabenklassen hinaus generalisierbar und somit vielfältiger anwendbar ist als prozedurales Wissen. Die Nutzung konzeptuellen Wissens gestaltet Lösungswege oftmals effizienter als das Anwenden einer Prozedur. Wird beispielsweise ein Nachweis der Tatsache eingefordert, dass die Funktion f mit $f(x) = \frac{1}{x^2}$ auf dem Intervall $[1, 2]$ gleichmäßig stetig ist, erweist sich der prozedurale Ansatz des „schrittweisen Nachrechnens“ der Definition als deutlich aufwendiger, als das Prinzip zu nutzen, dass jede stetige Funktion auf einem kompakten Intervall gleichmäßig stetig ist und f wiederum als Verknüpfung stetiger Funktionen auf dem Intervall stetig ist. Auch wenn die Oberflächenstruktur der Aufgabe auf einen rechnerischen Ansatz schließen lassen könnte, ist die Nutzung von Sätzen im Umfeld der gleichmäßigen Stetigkeit mit den Mitteln der Studierenden der erwartete einfachste Lösungsweg.[31] Für Übungsaufgaben ist so zu erwarten, dass sie häufig auf den Einsatz von konzeptuellem Wissen abzielen; einerseits, weil die Hochschulma-

[30] Dies wird auch als *Wissen, warum* bezeichnet (Moormann, 2009, S. 33).

[31] Vgl. hierfür auch 8.3.

thematik mehr auf das Errichten eines sicheren Theoriegebäudes als die Erarbeitung von Verfahren fokussiert (vgl. 2.2.2.2 und 2.2.2.4), andererseits, weil ein vertieftes Verständnis von Vorlesungsinhalten ein Ziel der Bearbeitung von Übungsaufgaben ist (Frischemeyer et al., 2016, S. 231; Weygandt, 2022, S. 169). Nichtsdestotrotz könnten auch rechnerische und somit eher prozedurale Ansätze in den Fokus gestellt werden (vgl. 2.2.2.4 und 5.4.2.1).

Die vierte von Anderson und Kolleg:innen (2009) unterschiedene Wissensart ist *metakognitives Wissen*. Dieses subsumiert das Wissen über Lernstrategien, die Natur kognitiver Anforderungen und das Bewusstsein über die eigenen Kognitionen (Anderson et al., 2009, S. 56–60; Maier et al., 2013, S. 30–31). Metakognitives Wissen hilft dem Aufgabenlöser insbesondere, den Lösungsprozess zu überwachen und zu steuern. Da die Kategorie des metakognitiven Wissens als individuell konzeptualisiertes Wissen weniger fachspezifisches Wissen beschreibt und weiterhin methodische Schwierigkeiten bestehen, weil der Einsatz von metakognitivem Wissen bei bloßer Kenntnis einer Aufgabenstellung und -lösung in einer rationalen Aufgabenanalyse, wie sie in dieser Arbeit durchgeführt wird, kaum wahrnehmbar ist, soll auf eine entsprechende Kategorie verzichtet werden. Ein ähnliches Vorgehen findet sich auch in verwandten Studien (Jatzwauk, 2007; Kolbe und Liebendörfer, 2024; Krüger, 2015; Neubrand, 2002).

Prinzipiell ermöglicht das Modell der Wissensarten keine eindeutige Zuordnung jeder Aufgabe zu nur einer der Wissensarten (Göller, 2020, S. 65–66), da eine Aufgabe mehrere Wissensarten ansprechen kann und zusätzlich die einzelnen Wissensarten nicht völlig trennscharf sind.[32] Zusätzlich können verschiedene Aufgabenlösungen zur gleichen Aufgabenstellung auch verschiedene Wissensarten verlangen (Maier et al., 2013, S. 29). Um diese Problematik aufzulösen, sind zwei Ansätze zielführend. Zunächst erfolgt die normative Festlegung einer Lösung, z. B. durch Expert:innen (vgl. 8.3). Da auch eine solche Lösung mehrere Wissensarten erfordern kann (Rittle-Johnson und Schneider, 2015), ist die vorrangig durch die Aufgabenstellung geforderte bzw. in der Aufgabenlösung genutzte Wissensart für die Klassifizierung ausschlaggebend. Ein entsprechendes Vorgehen lässt sich in vergleichbaren Untersuchungen finden (Kolbe und Liebendörfer, 2024, S. 8; Neubrand, 2002, S. 111; Wlassak und Schöneburg-Lehnert, 2022, S. 173), in denen aus den jeweiligen Kategorisierungen eine vorrangig genutzte Wissensart erkenntlich ist. Kolbe und Liebendörfer (2024) unterscheiden bei der Untersuchung von Klausuraufgaben der Analysis I etwa *Recall*, *Procedure*, *Conceptually supported*

[32] Eine Aufgabe, die das Beschreiben eines Lösungsverfahrens erfordert, ist sowohl deklarativ, da der Aufgabenlöser über terminologisches Wissen zur Benennung der einzelnen Lösungsschritte verfügen muss, als auch prozedural, da dem Aufgabenlöser eine handlungsleitende Schrittfolge für die Aufgabe bekannt sein muss.

Procedure, *Procedurally supported Concept* und *Concept*, wobei die erste, zweite und letzte Merkmalsausprägung sich klar deklarativem, prozeduralem und konzeptuellem Wissen zuordnen lassen. Die dritte und vierte Merkmalsausprägung sind nuancierte Ausprägungen zwischen prozeduralem bzw. konzeptuellem Wissen, mit jeweils unterschiedlichem, aber klarem Fokus. Neubrand (2002) nutzt eine Kategorie für Mischformen der Wissensarten, bei der kein Fokus auf eine Wissensart mehr erkennbar ist.

In der Kategorisierung dieser Arbeit wird sich bewusst gegen Letzteres entschieden, um einen stärker prozeduralen bzw. konzeptuellen Charakter der einzelnen Übungsaufgaben herausstellen zu können, was in einer vorherigen Arbeit (Wlassak und Schöneburg-Lehnert, 2022) bereits erfolgte. Dies scheint auch verträglich mit der Kategorisierung von Kolbe und Liebendörfer (2024), da in dieser Arbeit die Ausprägungen *Procedure* und *Conceptually supported Procedure* als vorrangig prozedurales und die Ausprägungen *Procedurally supported Concept* und *Concept* als vorrangig konzeptuelles Wissen eingeordnet werden würden.

Klassifikation in dieser Arbeit Aus der Klärung der Begriffe und der Betrachtung bisheriger, relevanter Klassifikationen zu den Wissensarten ergibt sich die in Tabelle 7.15 dargestellte Kategorisierung.

Tabelle 7.15 Operationalisierung des Aufgabenmerkmals *Art der Wissenseinheiten*, adaptiert nach Anderson und Kolleg:innen (2009)

Code	Ausprägung	Beschreibung der Ausprägung	Beispiel
0	Deklaratives Wissen	Zur Lösung der Aufgabe müssen vorrangig Fakten wiedergegeben werden.	Geben Sie die Definition der absoluten Konvergenz einer Reihe an.
1	Prozedurales Wissen	Zur Lösung der Aufgabe müssen vorrangig Prozeduren bzw. Wissen über Prozeduren eingesetzt werden.	Berechnen Sie die Ableitung der Funktion $f : \mathbb{R} \to \mathbb{R}$ mit $f(x) = \frac{e^{3x+5}}{x^2-x+2}$.
2	Konzeptuelles Wissen	Zur Lösung der Aufgabe muss vorrangig vernetztes, begriffliches Wissen genutzt werden.	Geben Sie ein Beispiel einer Funktion $f : \mathbb{R} \to \mathbb{R}$ an, die genau auf den ganzen Zahlen stetig ist.

Die Ziele der Hochschulmathematik (vgl. 2.2.2.1) legen eine gewisse Verteilung der Wissensarten in den Übungsaufgaben nahe. Normativ wird für das Studium der Mathematik festgelegt, dass es „nicht um die Anhäufung von Faktenwissen" (KMK, 2002, S. 31) geht, sondern anspruchsvolle kognitive Tätigkeiten, wie das Beweisen, im Vordergrund stehen. Deklaratives Wissen sollte in den Übungsaufgaben dementsprechend einen geringeren Stellenwert haben. Aus pragmatischer Sicht spricht auch der Hausaufgabencharakter der Übungsaufgaben (vgl. 4.3) gegen ein „Abfragen" isolierter Fakten in den Übungsaufgaben.

In Bezug auf prozedurales und konzeptuelles Wissen lassen sich auch Vermutungen aufstellen. So verfügt die Hochschulmathematik über ein breites Spektrum unterschiedlich komplexer Prozeduren (Altieri, 2016, S. 24) und Untersuchungen zu den Aufgaben von Mathematikklausuren auf Hochschulebene (vgl. 5.4.2) attestieren dort die Betonung prozeduralen Wissens. Da aber vermutet wird, dass die Prüfungen nicht zuletzt so gestaltet werden, damit Durchfallquoten niedriger gehalten werden können (Gueudet, 2008, S. 249), ist von einem „verzerrte[n] Bild" (Liebendörfer, 2018, S. 23) auszugehen, welches Prüfungen von der Hochschullehre zeichnen. Ein Fokus auf prozedurales Wissen in den Übungsaufgaben der Hochschulmathematik erscheint daher eher unwahrscheinlich. Stattdessen ist aufgrund des deduktiv-formalen Aufbaus (vgl. 2.2.2.2) und dem daraus resultierenden engmaschig vertikal und horizontal vernetzten Begriffsgebäude (Schlarmann, 2013, S. 146) zu erwarten, dass die Lösung der Übungsaufgaben zu großen Teilen konzeptuelles Wissen erfordert (vgl. auch 5.4.2.1).

7.3.2.3 Form der Wissenseinheiten

Begriffsklärung Neben der Art des erforderlichen Wissens hat die Form der relevanten Wissenseinheiten Einfluss auf die Komplexität einer Aufgabe. Die Form der Wissenseinheiten ist ein Maß für die Verbindung zwischen Aufgabenstellung und -lösung, wobei explizite Wissenseinheiten eine enge und implizite Wissenseinheiten eine lose Verbindung zur Aufgabenstellung haben. Über die Form der Wissenseinheiten kann so ergänzend zur Offenheit des Wegs (vgl. 7.2.3) ermittelt werden, ob ein Lösungsweg für den Aufgabenlöser naheliegend ist oder nicht. Explizite Wissenseinheiten werden entweder direkt in der Aufgabenstellung benannt oder gegebene Formeln, Graphiken oder Texte korrespondieren mit bekannten Ansätzen und legen so häufig ein Lösungsverfahren fest oder zumindest nahe (Brunner, 2013, S. 195). Vor allem im Rahmen von Grund- bzw. Routineaufgaben treten nur explizit gegebene Wissenseinheiten auf (Neubrand, 2002, S. 101). Sie lassen sich daher meist aus der Oberflächenstruktur der Aufgabe ablesen. Im Gegensatz dazu werden implizit gegebene Wissenseinheiten in der Aufgabenstellung nicht benannt und ihre Nutzung ist auch nicht unmittelbar naheliegend. Daher tragen sie noch stärker zur Komplexität einer Aufgabe bei, weil zusätzlich zum Abruf der Wisseneinheiten noch weitere kognitive Prozesse bei der aktiv gesteuerten Auswahl der Wisseneinheiten ablaufen (Brunner, 2013, S. 195). Fordern Aufgaben auch das Aktivieren impliziter Wisseneinheiten, muss der Aufgabenlöser Wissensbestandteile „[k]ombinieren, aufeinander beziehen, in einen anderen Zusammenhang übersetzen, [oder] diesen Zusammenhang mathematisch deuten“ (Neubrand, 2002, S. 104). All diese Prozesse lassen sich als Überwinden einer Barriere, d. h. als Fehlen eines bekannten Lösungsansatzes für die jeweilige Aufgabe, deuten. In diesem Sinne können Aufgaben, die bei der Lösung das Aktivieren mindestens einer impliziten Wisseneinheit erfordern, als Probleme verstanden werden (vgl. 5.1.1). Inwiefern ein Ansatz jeweils naheliegend ist oder nicht, kann nur bei Vorliegen der jeweiligen Lösung beurteilt werden, weswegen die Form der Wisseneinheiten ein Tiefenstrukturmerkmal darstellt.

Bisherige Klassifikation Speziell im Hochschulkontext sind größere Anteile von Aufgaben, die auch implizite Wisseneinheiten erfordern, zu erwarten, da Übungsaufgaben für Studierende eher Probleme als Routineaufgaben darstellen (Frischemeyer et al., 2016, S. 231; Lehn, 2016; Liebendörfer, 2018, S. 22; vgl. auch 2.2.2.1). Die bisherige Verwendung der Kategorie *Form der Wisseneinheiten* für die Klassifikation von Aufgaben aus der Schulmathematik zeigte, dass nahezu alle Aufgaben hier mit dem bloßen Einsatz von expliziten Wisseneinheiten lösbar waren (Neubrand, 2002, S. 269). Für Übungsaufgaben an der Hochschule legen sowohl erste empirische Ergebnisse (Wlassak und Schöneburg-Lehnert, 2022, S. 178) als auch der problemhaltige Charakter der Übungsaufgaben eine größere Wichtung impliziter Wisseneinheiten nahe.

Klassifikation in dieser Arbeit In der Kategorisierung unterscheidet Neubrand (2002, S. 105) zwischen Aufgaben, bei denen keine, eine oder mehrere implizite Wisseneinheiten zur Lösung aktiviert werden müssen. Aus theoretischer Perspektive erscheint die letzte Differenzierung aber nicht zwingend nötig, da schon bei Aufgaben, bei denen nur eine implizite Wisseneinheit eingesetzt werden muss, eine eigenständige Konstruktion des Lösungswegs erforderlich ist. Demzufolge wird für die Klassifizierung in dieser Arbeit nur zwischen Aufgaben unterschieden, bei denen entweder ausschließlich explizite oder mindestens eine implizite Wisseneinheit eingesetzt werden müssen. Über die Operationalisierung des Merkmals *Form der Wisseneinheiten* informiert auch Tabelle 7.16.

Tabelle 7.16 Operationalisierung des Aufgabenmerkmals *Form der Wissenseinheiten*, adaptiert nach Neubrand (2002)

Code	Ausprägung	Beschreibung der Ausprägung	Beispiel
0	Nur explizite Wissenseinheiten	Die Aufgabenlösung erfordert nur explizite Wissenseinheiten.	Bestimmen Sie mithilfe der Ableitungsregeln die Ableitung der Funktion $f : \mathbb{R} \to \mathbb{R}$ mit $f(x) = \exp(\sin(ax) \cdot \cos(bx))$ für $a, b \in \mathbb{R}$.
1	Mindestens eine implizite Wissenseinheit	Die Aufgabenlösung erfordert mindestens eine implizite Wissenseinheit.	Prüfen Sie die Konvergenz der Folge (a_n), wobei $a_n = \sum_{k=1}^{n} \frac{1}{n+k}$.

7.3.3 Anzahl der Bearbeitungsschritte

Mit den Kategorien *Anzahl*, *Art* und *Form der Wissenseinheiten* werden jeweils qualitative Merkmale beschrieben, die das Lösen einer Aufgabe betreffen. Beim Umsetzen von Lösungsansätzen kann es aber bei unterschiedlichen Aufgaben, die ansonsten die gleichen Wissenseinheiten aktivieren, zu Abweichungen im Umfang des Lösungswegs kommen. Ein typisches Beispiel hierfür aus der (Schul-)Analysis sind Aufgaben, die das Anwenden der Kettenregel benötigen. Üblicherweise beinhalten solche Aufgaben eine Aufgabenstellung der Form „Bestimme die Ableitung!", wobei die Kettenregel als Technik nicht unbedingt explizit genannt wird, aber deren Anwendung durch die verkettete Struktur der abzuleitenden Funktion naheliegend ist. Die Lösung solcher Aufgaben erfordert das Anwenden der Kettenregel als Prozedur und dafür die Kenntnis der Ableitungen elementarer Funktionen. Mit dem Konzept der Wissenseinheiten lassen sich Aufgaben dieser Struktur daher folgendermaßen klassifizieren: Sie benötigen genau eine Schulwissenseinheit[33], sie sind vorrangig prozedural lösbar und sie benötigen ausschließlich explizite Wissenseinheiten. Jedoch ist die Komplexität der Ausführung der Lösung einerseits davon abhängig, ob die Kettenregel einmal oder bei mehrfach verketteten Funktionen häufiger eingesetzt werden muss, andererseits können auch Zwischenschritte beim Berechnen der inneren Ableitungen unterschiedlich umfangreich ausfallen (vgl. hierfür auch Abbildung 7.7, für f werden zwei Bearbeitungsschritte benö-

[33] Die Kettenregel kann nur bei Kenntnis von Ableitungsfunktionen elementarer Funktionen sinnvoll genutzt werden, weswegen sich Letzteres im Wissensnetz hierarchisch unterordnet.

tigt, für g drei). Diesbezügliche Unterschiede können allein durch das Konzept der Wissenseinheiten nicht abgebildet werden, was das zusätzliche Einführen einer Kategorie erforderlich macht, die den Umfang eines Lösungswegs fokussiert.

Bestimmen Sie die Ableitungen der Funktionen $f, g : \mathbb{R} \to \mathbb{R}$ mit $f(x) = \sin(4x + 2)$ und $g(x) = \exp(\sin(\cos(x)))$.
Lösung: zu f: Es ist

$$\begin{aligned} f'(x) &= \sin'(4x+2) \cdot (4x+2)' \\ &= \cos(4x+2) \cdot 4. \end{aligned}$$

zu g: Es ist

$$\begin{aligned} g'(x) &= \exp'(\sin(\cos(x)) \cdot (\sin(\cos(x)))' \\ &= \exp'(\sin(\cos(x)) \cdot \sin'(\cos(x)) \cdot \cos'(x) \\ &= \exp(\sin(\cos(x)) \cdot \cos(\cos(x)) \cdot (-\sin(x)). \end{aligned}$$

Abbildung 7.7 Aufgabenbeispiel zu unterschiedlich umfangreichen Lösungswegen beim Einsatz der Kettenregel

Es ist zu erwarten, dass eine umfangreichere Lösung im Sinne einer größeren Anzahl von Handlungen bzw. Entscheidungen zu einer im Allgemeinen komplexeren Aufgabe führt.[34] Dem liegt die theoretische Annahme zugrunde, dass eine größere Anzahl durchzuführender Operationen bei der Lösung einer Aufgabe die Wahrscheinlichkeit eines Fehlers erhöht (Kauertz, 2008, S. 47). Speziell in der deutschsprachigen Mathematikdidaktik nennen Zech (2002, S. 329) die Anzahl der Denkschritte und Bruder (1988) den Ausführungsgrad einer Aufgabe als quantitative Konstrukte zur Beschreibung der Komplexität eines Lösungswegs. Eine für die Zwecke dieser Arbeit übertragbare Operationalisierung, die eine rein quantitative Beschreibung des Lösungswegs fokussiert, legen beide nicht vor.

Bisherige Klassifikationen In weiteren Instrumenten zur Klassifikation von schulischen Mathematikaufgaben finden sich Kategorien, die eine solche Quantifizierung des Lösungswegs vornehmen, aber schwer für den Hochschulkontext übernommen werden können. Beispielsweise beschreiben Senk und Kolleginnen (1997, S. 193) zwei unterschiedliche Anforderungslevel von Aufgaben: *low* und *other*.

[34] In der Fremdsprachendidaktik liegen Ansätze vor, dies abzubilden. So erhöht die Anzahl der notwendigen Schlussfolgerungen beispielsweise bei Übersetzungen die Komplexität einer Aufgabe (Prabhu, 1994, S. 47).

Eine Aufgabe wird in die Ausprägung *low* eingeordnet, wenn sie von typischen Schüler:innen ein bis zwei Lösungsschritte erfordert. Sind hingegen mehr als drei Schritte erforderlich, fällt die Aufgabe unter die Ausprägung *other*. Problematisch ist dabei, dass nicht genau geklärt wird, was ein „Lösungsschritt“ ist und die Referenzierung von typischen Schüler:innen kaum möglich ist (vgl. 7.1).

Ebenso findet sich bei COACTIV (Jordan et al., 2006, S. 61) in Form des Umfangs der Bearbeitung eine quantitative Komponente der Komplexität eines Lösungswegs, wobei hier eine Aufgabe als wenig komplex verstanden wird, wenn ihr Lösungsweg „vier oder weniger Entscheidungen (Entscheidungen verstanden als kleine Lösungsschritte)“ (ebd.) umfasst. Wenn mehr als vier Entscheidungen erforderlich sind, ist eine Aufgabe von mittlerer Komplexität, falls es sich nur um eine Teilaufgabe (im Sinne einer Aufgabe, die einzeln kodiert werden könnte) handelt. Ansonsten hat eine Aufgabe, die mehr als vier Entscheidungen verlangt und in mehrere Teilaufgaben zerlegbar ist, eine hohe Komplexität. Ob ein kleiner Lösungsschritt bzw. eine Entscheidung eher gröber als Nutzen eines spezifischen Wissensbestandteils (z. B. der Kettenregel) oder feiner als Bearbeitungsschritt (jeder einzelne Schritt bei der Anwendung der Kettenregel auf eine mehrfach verschachtelte Funktion; vgl. auch 7.1) verstanden wird, ist nicht klar. Weiterhin ist anzumerken, dass der Umfang der Bearbeitung abhängig vom speziellen Lösungsweg ist (vgl. auch die folgenden Ausführungen) und daher dieses Merkmal schwer einschätzbar ist, ohne sich auf einen Lösungsweg festzulegen.

Speziell für die Hochschule liegt nur das Merkmal *Bearbeitungsumfang* in bekannten Aufgabenklassifikationen vor (Weber und Lindmeier, 2020b, S. 274), welche auf der in COACTIV genutzten Kategorisierung basiert. So wird auch hier unterschieden, inwiefern sich eine Aufgabenlösung in trennbare Teillösungen untergliedern lässt. Ein solcher Ansatz ist für den Aufgabenbegriff dieser Arbeit nicht übertragbar, da jede Aufforderung, die eine Lösung in trennbare Teilhandlungen unterteilt, als mehrere Aufgaben aufgefasst wird (vgl. 5.1.3). Per definitionem würde so nie die höchste Komplexitätsausprägung in Frage kommen.

Klassifikation in dieser Arbeit Daher wird die *Anzahl der Bearbeitungsschritte* (vgl. 7.1) als Maß für quantitative Komplexität genutzt; einerseits, weil sich diese gut anhand gegebener Lösungen nachvollziehen lässt, andererseits, weil sie im Gegensatz zu den etablierten Instrumenten verträglich zum Aufgabenbegriff dieser Arbeit ist. Da Bearbeitungsschritte die feinstmögliche Untergliederung des Lösungswegs darstellen, sollten größere Spannen für die unterschiedlichen Merkmalsausprägungen genutzt werden. Weil allerdings keine Vorarbeiten für die Hochschule vorliegen, die klären, inwieweit Grenzen zwischen niedriger und hoher *Anzahl von Bearbeitungsschritten* zu setzen sind, wurden in die Konstruktion der Operationalisierung des Merkmals Lehrende der Universität Leipzig einbezogen. Nachdem diesen das Konzept der Bearbeitungsschritte erläutert wurde, wurde gemeinsam eine optimale Einteilung hinsichtlich der Grenzen der *Anzahl der Bearbeitungsschritte* für die einzelnen Ausprägungen diskutiert. Das letztlich erreichte Ergebnis kann Tabelle 7.17 entnommen werden.

Tabelle 7.17 Operationalisierung des Aufgabenmerkmals *Anzahl der Bearbeitungsschritte*, Eigenentwicklung

Code	Ausprägung	Beschreibung der Ausprägung
0	Niedriger Bearbeitungsumfang	Die Aufgabenlösung umfasst höchstens fünf Bearbeitungsschritte.
1	Mittlerer Bearbeitungsumfang	Die Aufgabenlösung umfasst sechs bis zehn Bearbeitungsschritte.
2	Hoher Bearbeitungsumfang	Die Aufgabenlösung umfasst elf bis fünfzehn Bearbeitungsschritte.
3	Sehr hoher Bearbeitungsumfang	Die Aufgabenlösung umfasst mehr als fünfzehn Bearbeitungsschritte.

Es ist wichtig festzustellen, dass die Anzahl der Bearbeitungsschritte kein allein durch die Aufgabenstellung charakterisiertes Merkmal darstellt. Je nachdem, wie ausführlich Lösungen notiert werden, ist es möglich, mehrere einzelne Bearbeitungsschritte in einem komplexen Schritt zusammenzufassen. Zusätzlich ändert sich die Anzahl der Bearbeitungsschritte auch bei verschiedenen Lösungswegen. So kann der Beweis der Aussage $x^2 - 2x + 2 > 0$ in unterschiedlich vielen Schritten erfolgen. Eine Zerlegung mit der binomischen Formel $x^2 - 2x + 2 = (x-1)^2 + 1 > 0$ sowie das Wissen über die Nichtnegativität von quadratischen Termen liefert eine Lösung mit einer niedrigen Anzahl von Bearbeitungsschritten. Mindestens einen mittleren Bearbeitungsumfang erfordert ein Lösungsweg über eine Kurvendiskussion zur Bestimmung eines positiven globalen Minimums der Funktion $f(x) = x^2 - 2x + 2$. Deswegen kann man eigentlich nur von der Anzahl der Bearbeitungsschritte *einer Aufgabenlösung*, nicht jedoch von der Anzahl der Bearbeitungsschritte *einer Aufgabe* sprechen. Trotzdem wird auch die Bezeichnung *Anzahl der Bearbeitungsschritte einer Aufgabe* genutzt, wobei die Lösung dabei als Teil der Aufgabe verstanden wird (vgl. 5.1.1).

Für die Hochschule ist das Aufgabenmerkmal *Anzahl der Bearbeitungsschritte* vor allem beim Vergleich rechnerischer Aufgaben von Bedeutung. Es ist zu vermuten, dass ein nicht unerheblicher Anteil der Übungsaufgaben auch rechnerische

Ansätze fordert (Alcock, 2017; vgl. 5.4.2.1). Die Anforderungen solcher Aufgaben unterscheiden sich aber von den vergleichbaren schulischen Aufgaben in erheblichem Maße (Rach et al., 2014, S. 211), wobei insbesondere längere Lösungswege zu erwarten sind. Daher kann vermutet werden, dass die Lösungen größerer Teile rechnerisch orientierter Übungsaufgaben einen hohen oder sehr hohen Bearbeitungsumfang haben. Bei den Beweisaufgaben ist dies fraglich, hier wird in Bezug auf die Studieneingangsphase häufiger von „Einzeilern" gesprochen (Körner, 2005, S. 242), die scheinbar eine niedrige Anzahl an Bearbeitungsschritten benötigen. Im Allgemeinen wurde aber kaum beschrieben, wie umfangreich die Beweise sind, die von Studienanfänger:innen zu führen sind. Weiterhin soll angemerkt werden, dass tatsächliche Lösungen von Studierenden eher länger ausfallen als Lösungen aus Expertenperspektive und so Komplexität unterschätzt wird; allerdings wird das Merkmal besonders interessant beim Vergleich von Aufgaben verschiedener Lehrender oder Aufgabentypen, da sich der beschriebene Effekt dort jeweils ähnlich auswirkt und so Vergleiche ihre Aussagekraft behalten.

7.3.4 Typen mathematischen Arbeitens

Bis auf die inhaltliche Einordnung (vgl. 7.3.1) sind die bisher beschriebenen Tiefenstrukturmerkmale nicht spezifisch für Mathematikaufgaben, was insbesondere daran deutlich wird, dass sie teilweise in ähnlicher Form in einem allgemein-didaktischen Instrument zur Klassifikation von Aufgaben (Maier et al., 2013, S. 27) eingesetzt werden. Dies hat den Vorteil, dass die Operationalisierungen in dieser Arbeit auch in allgemein- oder anderen fach- bzw. hochschuldidaktischen Instrumenten genutzt werden könnten, um die Komplexität von Aufgaben darzustellen und zu vergleichen. Die spezifische Natur der Hochschulmathematik als beweisende Disziplin, die sie von der eher auf Anwendungen fokussierten Schulmathematik unterscheidet, kann mit diesen Merkmalen allein allerdings kaum abgebildet werden. Dementsprechend sollte die Klassifizierung in dieser Arbeit auch erfassen, welche Typen mathematischen Arbeitens für Übungsaufgaben relevant sind.

Die einschlägigen Vorarbeiten (Rach et al., 2014, S. 211; Weber und Lindmeier, 2020b, S. 269) nennen drei, für die Hochschulmathematik relevante, Ausprägungen: *Beweisen*, *schematisches innermathematisches Anwenden* und *außermathematisches Anwenden*. Wie in 3.2 dargestellt, sind vor allem (innermathematische) rechnerische Aufgaben und Beweise bei den Übungsaufgaben der Analysis I zu erwarten, was die genauere Betrachtung der korrespondierenden Tätigkeiten *Beweisen* und *schematisches innermathematisches Anwenden* rechtfertigt. Die Hochschulmathematik, vor allem in den ersten Studienjahren, ist, wie aus der

Theorie bekannt (vgl. 2.2.2.3), wenig anwendungsorientiert, wobei die Untersuchung eines Merkmals zum *außermathematischen Anwenden* in dieser Arbeit dies empirisch auf der Ebene der Übungsaufgaben bestätigen kann.[35]

Bislang wurden für Übungsaufgaben mit Kategorisierungen hinsichtlich der Typen mathematischen Arbeitens totale Urteile getroffen, d. h., eine Aufgabe wird immer genau einer der Tätigkeiten *Beweisen*, *schematisches innermathematisches Anwenden* oder *außermathematisches Anwenden* zugeordnet, was aus verschiedenen Gründen ungünstig erscheint. Einerseits wurden bei den bisher empirisch untersuchten Übungsaufgaben auch Mischformen zwischen *Beweisen* und *schematischem innermathematischen Anwenden* erkannt, wobei die zugehörigen Aufgaben z. B. als „Beweise durch Rechnung" (Weber und Lindmeier, 2020b, S. 275) bezeichnet wurden. Trotz eines Fokus auf rechnerische Verfahren wurden sie als Beweisaufgaben eingeordnet (ebd.; vgl. auch S. 277), was möglicherweise den Anteil von Beweisaufgaben bei den Übungsaufgaben überschätzt, hingegen würde er bei Zuordnung zum *schematischen innermathematischen Anwenden* womöglich unterschätzt. Daher wäre die Möglichkeit, eine Aufgabe mehreren Typen mathematischen Arbeitens zuordnen zu können, gewinnbringend. Andererseits sind sowohl bei argumentativen als auch rechnerischen Anforderungen von Übungsaufgaben qualitative Unterschiede zu erwarten. Aus der Schule bekannt sind Studienanfänger:innen beispielsweise Argumentationen, die auf dem Berechnen von Werten basieren, welche anschließend in Standardargumenten einbezogen werden. Ein typisches Beispiel hierfür ist der Nachweis, dass eine differenzierbare Funktion an einer gegebenen Stelle ein Maximum hat. Übliche Lösungen berechnen die Werte der ersten und zweiten Ableitung an der entsprechenden Stelle und nutzen anschließend das hinreichende Kriterium für lokale Extrema als Standardargument. Ähnliche Aufgaben sind auch im Hochschulkontext anzutreffen, beispielsweise wenn Quotienten- oder Wurzelkriterium als Standardargumente bei der Konvergenz von Reihen genutzt werden. Auch wenn diese Aufgaben jeweils Argumentationen verlangen, sind die diesbezüglichen Anforderungen vergleichsweise gering. Gerade im Hochschulkontext können aber auch Beweisaufgaben gestellt werden, für die a priori keine (schematische) Beweisidee bekannt ist[36] und daher ein höheres Anspruchsniveau aufweisen. Analog sind auch bei Anforderungen in Bezug auf das *schematische inner-*

[35] Bislang gab es hierfür nur eine Studie (Weber und Lindmeier, 2020b), die dies nur anhand der Übungsaufgaben einer Universität untersuchte. Eine Absicherung dieses Resultats wird mit der vorliegenden Untersuchung angestrebt.

[36] Ein Beispiel ist der Beweis der Aussage, dass für jede konvergente, aber nicht absolut konvergente Reihe reeller Zahlen und jede reelle Zahl a eine Umordnung existiert, für die a der Grenzwert der Umordnung ist.

mathematische oder das *außermathematische Anwenden* qualitative Unterschiede zu erwarten.

Um beide Faktoren zu berücksichtigen, werden die drei Typen mathematischen Arbeitens in dieser Arbeit als drei einzelne Merkmale erfasst, die jeweils in verschiedenen Ausprägungen auftreten können. Somit können die Anforderungen einer Aufgabe differenzierter dargestellt werden und insbesondere Unterscheidungen über die Kategorien Beweis- bzw. Rechenaufgaben hinaus getroffen werden. Im Folgenden werden die drei Typen mathematischen Arbeitens daher jeweils beschrieben und Ausprägungen für eine Klassifizierung erarbeitet.

7.3.4.1 Beweisen

Erarbeitung qualitativer Ausprägungen Das semiformale Beweisen kann als spezielle, besonders strenge Form des Argumentierens verstanden werden (vgl. 2.2.1.5). Beweise verlangen vom Aufgabenlöser das eigenständige Verifizieren einer mathematischen Aussage. Während im Schulkontext dafür noch weniger strenge Ausprägungen des Argumentierens zulässig sind, verlangt die Hochschule häufig ein formal-deduktives Vorgehen (Bauer et al., 2020, S. 129; Reichersdorfer et al., 2014, S. 41). Dies stellt einen erheblichen qualitativen Bruch der Anforderungen zwischen Schul- und Hochschulmathematik dar. Zusätzlich konnten in den bisherigen Untersuchungen von Aufgaben der Schulmathematik bzw. Übungsaufgaben auch quantitative Unterschiede in Bezug auf das Beweisen festgestellt werden. Im deutschen Mathematikunterricht gibt es nahezu keine Aufgaben, die zum Argumentieren anregen (vgl. 5.4.1), wohingegen der Großteil der Übungsaufgaben in der Hochschulmathematik Beweise darstellt (vgl. 5.4.2.1). Inwiefern sich die Qualität des für die Lösung einer Aufgabe erforderlichen Beweisprozesses in den Übungsaufgaben unterscheidet, wurde bislang nur dahingehend beschrieben, ob Definitionen, Sätze oder Rechenvorschriften für die Lösung eingesetzt werden müssen (ebd.). Darüber hinaus können Beweise hinsichtlich ihres Typs, ihrer hauptsächlich verwendeten Darstellungsform, ihrer formalen Qualität, ihrer Beweisidee sowie der Argumentationstiefe bewertet werden (Sommerhoff et al., 2019, S. 1151–1152).

Für diese Arbeit erscheint eine Unterscheidung von *Beweistypen* (experimentelle, inhaltlich-anschauliche und formal-deduktive Beweise, (vgl. Wittmann und Müller, 1988)) nicht relevant, da der formal-deduktive Beweistyp der einzige zulässige Typ im Hochschulkontext ist (vgl. 2.2.2.2).

Im Gegensatz dazu sind Diskrepanzen in Bezug auf die verwendeten *Darstellungsformen* in Beweisen zu erwarten. Krummheuer (2001) grenzt vier idealtypische Ausprägungen voneinander ab:

- Rechnerische Beweise, die vorrangig mit konkreten Zahlen und Rechnungen arbeiten.
- Narrative Beweise, die hauptsächlich verbalsprachlich ausformuliert sind.
- Ikonische Beweise, die vorrangig anhand bildlicher Darstellungen arbeiten.
- Formal-symbolische Beweise, die hauptsächlich eine formal-symbolische Darstellung der Inhalte nutzen.

Das formal-deduktive Paradigma der Hochschulmathematik schließt ikonische Beweise aus, da diese meist an die Eigenschaften einer konkreten Darstellung gebunden sind.[37] Ob Argumente hingegen narrativ ausformuliert werden dürfen oder symbolische Darstellungen einbezogen werden müssen, hängt von den persönlichen Präferenzen und so von den von der jeweiligen Lehrperson gesetzten Normen ab (vgl. 2.2.2.5). Es konnte aber gezeigt werden, dass Lehrende und Studierende eher dazu neigen, narrative Beweise aufgrund des Fehlens formaler Elemente als falsch zu bewerten (Kempen, 2019, S. 84–85). Für diese Arbeit ist die Frage, ob eine narrative oder formal-symbolische Darstellung genutzt wird, aber weniger relevant für die Klassifikation der Aufgaben als für die Formulierung der Lösungen, weswegen dies in 8.3 nochmals aufgegriffen wird. Von größerer Bedeutung ist die Unterscheidung zwischen rechnerischen und narrativen bzw. formal-symbolischen Beweisen, da sie auch die Natur der verwendeten Argumente betrifft. Wie bereits besprochen (vgl. 2.2.1.5), sind Studienanfänger:innen aus der Schule eher Argumentationen gewohnt, die auf konkreten Berechnungen beruhen, als formal-deduktive Argumentationen, die das Aktivieren von Definitionen und Sätzen aus dem inhaltlichen Umfeld der Aufgabenstellung erfordern. Fraglich ist dabei, wie weit „konkrete Berechnungen" im Hochschulkontext gefasst werden sollten. Da an der Hochschule ein flexibler Umgang der Studierenden mit Variablen verlangt wird (Grünwald et al., 2004, S. 284; Thomas et al., 2015, S. 267), sollten im Hochschulkontext als rechnerische Beweise auch jene verstanden werden, die Termumformungen und/oder Berechnungen mit Variablen oder nur Standardargumente ohne ausführliche Berechnungen (z. B. f ist stetig, weil f differenzierbar ist) als alleinige Argumentationsgrundlage nutzen. Dabei dürfen neben Standardargumenten ausschließlich Definitionen und Sätze genutzt werden, die über rechnerische Verfahren symbolische Ausdrücke bestimmen, die dann eine Antwort ermöglichen (z. B. das Bestimmen des Konvergenzradius über den Satz von Cauchy-Hadamard), wobei hier typischerweise noch Termumformungen zum Einsatz kommen. Werden hingegen Definitionen oder Sätze genutzt, die nicht nur auf rechnerische Art und Weise oder als Standardargu-

[37] Des Weiteren sind sie über das Merkmal *Geforderte/Genutzte Darstellungsformen* (vgl. 7.2.7) bereits im Instrument berücksichtigt.

ment in einen Beweis eingehen, wird dieser als semiformaler Beweis bezeichnet. Dabei ist zu erwarten, dass diese Art von Beweisen Studienanfänger:innen schwerer fällt als die erstgenannte Art (vgl. 2.2.2.5).

Hinsichtlich der *formalen Qualität* bzw. der *Argumentationstiefe* bei Übungsaufgaben ist keine große Varianz zu vermuten. So wird an der Hochschule die Verwendung der präzisen Fachsprache gefordert, vor allem in Bezug auf die Quantifizierung bzw. Verknüpfung mathematischer Aussagen (vgl. 2.2.1.6). Die Forderungen an formale Qualität sind daher als durchgängig hoch anzunehmen. Dies gilt analog für die Argumentationstiefe in Übungsaufgaben, da die deduktive Natur der Hochschulmathematik es erforderlich macht, Schlussfolgerungen in einer Argumentation jeweils mit bereits bekannten bzw. bewiesenen Aussagen zu begründen oder sie auf Axiome zurückzuführen (vgl. 2.2.2.2).

Die Kategorie *Beweisidee* basiert auf der Annahme, dass der Beweisprozess strukturelle Ähnlichkeiten zum Problemlöseprozess aufweist (Newell und Simon, 1972, S. 75; Pólya, 2010, S. 66–69; vgl. auch 5.1.1). So liegt beim Beweisen eine Ausgangssituation in Form von Voraussetzungen vor, aus denen auf die zu beweisende Aussage, den Endzustand, geschlossen werden soll. Welcher Lösungsweg dabei genutzt wird, ist dem Aufgabenlöser im Allgemeinen unklar und stellt so eine Barriere dar.

Für Beweise in der Hochschulmathematik ist eine unterschiedliche Natur der Barriere zu erwarten. Zunächst kann die zu überwindende Hürde geringer sein, weil ähnliche Argumentationen bereits aus Vorlesungen oder der Schulmathematik bekannt sind, was insbesondere für rechnerische Beweise gilt. Zudem kann die Barriere auch relativ einfach überwunden werden, wenn die Aufgabenstellung Indizien für den Lösungsweg liefert. Dies ist bei Aufgaben der Fall, bei denen in der Aufgabenstellung Voraussetzungen gegeben sind, die genau mit denen eines vorher behandelten Satzes übereinstimmen (wie z. B. beim Mittelwertsatz die Stetigkeit auf einem abgeschlossenen und die Differenzierbarkeit auf dem zugehörigen offenen Intervall). Schließlich ist eine Beweisidee auch naheliegend, wenn nur die Definitionen der in der Aufgabenstellung genannten Objekte verwendet bzw. nachgeprüft werden müssen. Anspruchsvoller ist das Finden des Beweises hingegen, wenn auch Wissenselemente eingesetzt werden müssen, die nicht im unmittelbaren Zusammenhang mit den in der Aufgabenstellung genannten Objekten stehen.[38] Dies betrifft speziell den Fall, dass Sätze oder Definitionen beim Beweis genutzt werden, die aus einem anderen inhaltlichen Sektor (vgl. 7.3.1) stammen als die Objekte der Aufgabenstellung. Ebenso machen kreative Leistungen wie das Konstruieren komplexer

[38] Man betrachte hierzu ergänzend auch 7.3.2.3.

Hilfsobjekte bzw. Beispiele oder die Kombination verschiedener Beweismethoden eine Beweisaufgabe äußerst anspruchsvoll.

Klassifikation in dieser Arbeit Bislang liegt keine Klassifizierung der Beweisqualität in Bezug auf Übungsaufgaben vor. Die in Tabelle 7.18 vorgestellten Ausprägungen des Aufgabenmerkmals *Niveau des Beweisens* ergeben sich daher aus den theoretischen Vorbetrachtungen.

Tabelle 7.18 Operationalisierung des Aufgabenmerkmals *Niveau des Beweisens*, Eigenentwicklung

Code	Ausprägung	Beschreibung der Ausprägung	Beispiel
0	Kein Beweisen erforderlich	Zum Lösen der Aufgabe muss kein Beweis geführt werden.	Bestimmen Sie $\binom{6}{2}$.
1	Rechnerischer Beweis	Zum Lösen der Aufgabe werden nur Berechnungen und Termumformungen sowie Standardargumente eingesetzt. Formale Definitionen werden nicht unbedingt benötigt.	Zeigen Sie, dass $\sum_{k=1}^{n} k = \frac{n(n+1)}{2}$.
2	Semiformaler Beweis	Zum Lösen der Aufgabe müssen formale Definitionen und Sätze, die keine rechnerische Natur aufweisen, einbezogen werden. Die Beweisidee ist naheliegend und nicht komplex.	Zeigen Sie, dass die Summe zweier konvergenter Folgen wieder konvergent ist und gegen die Summe der beiden Grenzwerte konvergiert.
3	Semiformaler Beweis mit komplexer Beweisidee	Zum Lösen der Aufgabe müssen formale Definitionen und Sätze, die keine rechnerische Natur aufweisen, einbezogen werden. Die Beweisidee ist nicht naheliegend oder komplex.	Sei $\sum_{k=1}^{\infty} a_k$ eine konvergente, aber nicht absolut konvergente Reihe. Zeigen Sie, dass für jedes $a \in \mathbb{R}$ eine bijektive Abbildung $\sigma : \mathbb{N} \to \mathbb{N}$ existiert mit $\sum_{k=1}^{\infty} a_{\sigma(k)} = a$.

Die formal-deduktive Natur der Hochschulanalysis mit einem Fokus auf präzise Definitionen (vgl. 3.2) legt nahe, dass die meisten Übungsaufgaben mindestens semiformale Beweise erfordern. Der Übergang zwischen rechnerischen und semiformalen Argumentationen stellt dabei einen erheblichen Bruch zwischen schulischem und universitärem mathematischen Arbeiten dar. Gerade das Erlernen des semiformalen Beweisens und das Vertrautwerden mit der axiomatischen Methode sind zwei der zentralen Ziele der Studieneingangsphase, welche sehr eng mit dem Bearbeiten geeigneter Übungsaufgaben verbunden ist (vgl. 2.2.2.1 und 2.2.2.2). Inwiefern dabei auch komplexe Beweisideen genutzt werden müssen, ist fraglich. So sind Studienanfänger:innen häufig Noviz:innen in Bezug auf das semiformale Beweisen und sollten daher nicht mit zu anspruchsvollen Aufgaben überfordert werden.

Ein Indiz dafür, dass Aufgaben mit komplexen Beweisideen im ersten Semester auch tatsächlich seltener auftreten, sind Hinweise, die Studienanfänger:innen zur Bearbeitung der Übungsaufgaben gegeben werden. Diese beziehen sich auf das Finden von Analogien zum Vorgehen aus der Vorlesung bzw. dem Aktivieren relevanter Begriffe aus dem Kontext der Aufgabenstellung (Frischemeyer et al., 2016, S. 233–234; Lehn, 2016), welche für Aufgaben der höchsten Merkmalsausprägung in Tabelle 7.18 nur bedingt hilfreich sind.

7.3.4.2 Schematisches innermathematisches Anwenden

Erarbeitung qualitativer Ausprägungen Beweisaufgaben sind für Studienanfänger:innen schon deshalb anspruchsvoll, weil sie mit diesen bisher wenig vertraut sind. In der Schule sind sie eher mit Aufgaben konfrontiert, die mit schematisierbaren Verfahren zu lösen sind, was bei Beweisaufgaben seltener der Fall ist (vgl. 2.2.1.4). Es ist aber nicht zu erwarten, dass *Beweisen* der einzige relevante Typ mathematischen Arbeitens für Übungsaufgaben ist. So werden in der Hochschulmathematik und speziell der Analysis I Studienanfänger:innen neue Techniken z. B. für das Integrieren vermittelt, wobei naheliegend ist, dass diese dann auch in Übungsaufgaben eingesetzt werden müssen (vgl. 2.2.2.4 und 3.1.2). Die zu erwartenden Anforderungen sind dabei typischerweise höher als im schulischen Kontext; denkbar sind beispielsweise das Ableiten besonders komplexer Funktionsterme oder die Kombination von Integrationstechniken zum Bestimmen einer Stammfunktion (Rach et al., 2014, S. 211).

Speziell für den Hochschulkontext gibt es bislang kein Instrument zum Einschätzen der Komplexität der schematischen Verfahren zum Lösen einer Aufgabe. Daher soll zunächst die verwandte Kategorie *technisches Arbeiten* (Drüke-Noe, 2014, S. 66–67) für die Klassifikation schulischer Mathematikaufgaben betrachtet und auf die Eignung für den Hochschulkontext geprüft werden. Das Merkmal des technischen Arbeitens beschreibt eine ergänzende Kategorie zu den vier im COACTIV-Klassifikationsschema betrachteten mathematischen Tätigkeiten *außermathematisches Modellieren, innermathematisches Modellieren, mathematisches Argumentieren* und *Gebrauch mathematischer Darstellungen* (Jordan et al., 2006, S. 34–44). Sie wurde entwickelt, da das ursprüngliche COACTIV-Klassifikationsinstrument Anforderungen an die technische Performanz nicht gestuft abbilden konnte (ebd., S. 15).

Unter dem technischen Arbeiten werden so alle kognitiven Teilhandlungen subsumiert, die nötig sind, „wenn ein zuvor gewählter Ansatz in ein Resultat überführt wird" (Drüke-Noe, 2014, S. 70). Dies betrifft vorrangig das Umgehen mit Kalkülen unterschiedlicher Komplexität, insbesondere beim Anwenden und Verknüpfen mathematischer Operationen. Nicht zum technischen Arbeiten gehören Handlungen, die unter eine der vier in COACTIV beschriebenen mathematischen Tätigkeiten fallen. Die möglichen Anforderungen im technischen Arbeiten sind, wie bei COACTIV, in vier hierarchisch gestuften Niveaus geordnet (vgl. Tabelle 7.19).

Tabelle 7.19 Niveaus des technischen Arbeitens nach Drüke-Noe (2014, S. 71)

Code	Bezeichnung
0	Nicht benötigt
1	Standardtechniken
2	Zweistufig/mehrstufig hierarchische Techniken
3	Komplexe hierarchische Techniken

Die verschiedenen Niveaus des technischen Arbeitens können in verschiedenen Teilgebieten der Schulmathematik auftreten, wobei die Beschreibung des jeweils höchsten Niveaus in den für die Analysis besonders relevanten Gebieten der Arithmetik (z. B. für den rechnerischen Umgang mit reellen Zahlen) und Algebra (z. B. für das Lösen von Gleichungen) von Interesse ist, da an der Hochschule ein höherer technischer Anspruch als an der Schule zu erwarten ist. In der Arithmetik gibt Drüke-Noe (2014, S. 73) drei Beispiele von Termen, die jeweils vereinfacht werden sollen, als Beispiel des höchsten Niveaus:

$$\sqrt{(-12)^2},$$
$$5 - 2 \cdot 4^{-3},$$
$$\left(\frac{2}{3}\right)^3 \cdot \left(\frac{3}{5}\right)^{-4}.$$

Für die Algebra gibt sie (ebd.) für komplexe hierarchische Techniken folgende zu lösende Gleichungen an:

$$x^2 = \frac{1}{2}x,$$
$$2x^2 + 3{,}2x + 1{,}28 = 0.$$

Die Lösungen der Aufgaben sind jeweils gekennzeichnet durch das Anwenden von Potenz-, Punkt- und Strichrechnung, wobei jeweils auf Vorrangregeln zu achten ist (ebd., S. 73–74). Daher lassen sich ebenso Aufgaben, bei denen Logarithmen in Kombination mit anderen Rechenoperationen genutzt werden müssen – sei es bei der reinen Berechnung oder dem Lösen von Gleichungen – auf dem höchsten Niveau des technischen Arbeitens einordnen. Es scheint, dass dieses Niveau bei Aufgaben im Hochschulkontext schnell erreicht wird.

Erwartungen der Hochschulen an schulische Vorkenntnisse der Studierenden (Alcock, 2017, S. 4; Neumann et al., 2017) beziehen sich vorrangig auf die Kenntnis bzw. Geläufigkeit technischer Fertigkeiten. So werden diese Fertigkeiten in Vor- bzw. Brückenkursen häufig wiederholt, wobei vor allem Rechenoperationen, Termumformungen bzw. das Lösen von Gleichungen (Gusman und Eichler, 2022, S. 183; Riedl et al., 2014, S. 57) dabei zentrale Inhalte darstellen. Nach Aufnahme des Studiums sind diese Inhalte sowohl in der Linearen Algebra als auch der Analysis eine wichtige Grundlage für das Lösen von Aufgaben und das Nacharbeiten von Vorlesungen. Probleme mit der Schulalgebra, die mehrfach festgestellt werden konnten (Knospe, 2012; Thomas et al., 2015), erschweren Studienanfänger:innen daher den Einstieg in die Hochschulmathematik. Hinzu kommt, dass Termumformungen und das Lösen von Gleichungen kaum in den Vorlesungen aufgearbeitet werden (Gusman und Eichler, 2022, S. 183) und Studierende entsprechende Defizite selbstständig erkennen und ausgleichen müssen. Beim Lösen von Aufgaben sind solche Fertigkeiten nicht nur bei „reinen Rechenaufgaben" relevant, sondern auch bei Beweisen. Soll z. B. eine geschlossene Formel für die geometrische Summe nachgewiesen werden (vgl. Abbildung 7.8), müssen Bruch-, Potenz-, Punkt- und Strichrechnung sowie bei letzteren das entsprechende Distributivgesetz richtig angewendet werden. Zusätzlich erfordert die Aufgabe durch das Summenzeichen auch den rechnerischen Umgang mit einem üblicherweise erst an der Hochschule kennengelernten Objekt. Die Summenformel selbst kann dann als neu erworbene Technik in weiteren Aufgaben eingesetzt werden.

Zeigen Sie, dass $\sum_{k=0}^{n} q^k = \frac{1-q^{n+1}}{1-q}$ für $q \neq 1$ und $n \in \mathbb{N}$.

Lösung: Induktionsanfang: $n = 0$. Dann ist

$$\sum_{k=0}^{0} q^k = q^0 = 1 = \frac{1-q}{1-q} = \frac{1-q^{0+1}}{1-q}.$$

Induktionsvoraussetzung: Die gewünschte Formel gilt für ein $n \in \mathbb{N}$ und alle $q \neq 1$.
Induktionsschritt: Es ist

$$\begin{aligned}\sum_{k=0}^{n+1} q^k &= \sum_{k=0}^{n} q^k + q^{n+1} \\ &= \frac{1-q^{n+1}}{1-q} + q^{n+1} \\ &= \frac{1-q^{n+1}}{1-q} + \frac{q^{n+1}(1-q)}{1-q} \\ &= \frac{1-q^{n+1}}{1-q} + \frac{q^{n+1}-q^{n+2}}{1-q} \\ &= \frac{1-q^{n+2}}{1-q}.\end{aligned}$$

Abbildung 7.8 Aufgabenbeispiel zur geometrischen Summe

Die vermutete höhere technische Komplexität der Übungsaufgaben sowie das Erreichen des höchsten bei Drüke-Noe definierten Niveaus technischen Arbeitens, selbst bei Beweisen mit geringem technischen Aufwand, legen nahe, dass die Vorarbeiten zum technischen Arbeiten sich nicht direkt auf den Hochschulkontext übertragen lassen. Einerseits kann durch die entsprechende Kategorisierung das potentiell höhere technische Niveau von Übungsaufgaben nicht abgebildet werden, andererseits ist zu vermuten, dass das höchste für die Schulmathematik definierte Niveau von nahezu allen Übungsaufgaben, die zumindest in Ansätzen rechnerische Anteile aufweisen, erreicht werden würde.[39] Im Folgenden soll daher eine neue Kategorisie-

[39] Schon in der Teilstichprobe der 10. Klasse des Gymnasiums in der Studie von Drüke-Noe betrifft dies 66,5 % der Aufgaben (Drüke-Noe, 2014, S. 113).

rung erarbeitet werden, die auch das Abbilden größerer technischer Anforderungen ermöglicht.

Betrachtet man die technischen Anforderungen des von Drüke-Noe (2014, S. 73) ausgewiesenen Niveaus der komplexen hierarchischen Techniken, so fällt auf, dass die Beispielaufgaben sich allesamt algorithmisch lösen lassen. Für die arithmetischen Aufgaben müssen nur die Vorrangregeln zwischen den verschiedenen Operationen beachtet werden, bei den algebraischen Aufgaben müssen die Gleichungen zunächst durch Termumformungen in Normalform überführt werden, bevor die p-q-Formel anwendet werden kann, wobei sich die Ergebnisse dann durch Beachtung der Vorrangregeln zwischen Wurzel- und Bruchrechnung bestimmen lassen. Die Auswahl eines geeigneten Ansatzes ist für den Aufgabenlöser mit einer geringen kognitiven Hürde verknüpft, da die anzuwendenden Operationen vorgeschrieben sind und nur in der richtigen Reihenfolge durchgeführt werden müssen (arithmetische Aufgaben) bzw. Standardverfahren darstellen (algebraische Aufgaben).

Allgemein kann festgestellt werden, dass für einen Großteil der in der Schule gestellten Aufgaben keine Entscheidung über die zu wählenden Ansätze zu treffen ist (Alcock, 2017, S. 5; vgl. 5.4.1). Für die Hochschule ist Gegenteiliges zu erwarten. Schon kleinere Änderungen an symbolischen Ausdrücken können dafür sorgen, dass ein Ansatz für eine Aufgabe nicht mehr zielführend ist. Eine Stammfunktion von $u(x) = x \cdot e^x$ kann beispielsweise mit partieller Integration bestimmt werden[40], wohingegen für die Funktion $v(x) = x \cdot e^{x^2}$ eine geeignete Substitution erforderlich ist.[41] In der Hochschulmathematik ist daher häufig a priori kein Verfahren bekannt, welches für alle Instanzen einer Klasse ähnlicher Aufgaben funktioniert. Vielmehr muss der Aufgabenlöser sich aus einer Auswahl schematischer Ansätze für einen passenden entscheiden. Gerade diese Entscheidung wird aber von der Tätigkeit des technischen Arbeitens nicht erfasst, da dieses erst nach der Auswahl eines Ansatzes einsetzt.

Für diese Arbeit soll daher der weitere Begriff des *schematischen innermathematischen Arbeitens* genutzt werden, welcher alle kognitiven und motorischen Teilhandlungen subsumiert, die *Auswahl und Implementierung* schematischer Ansätze betreffen. Diese schematischen Ansätze begrenzen sich nicht auf rechnerische Verfahren oder Algorithmen, sondern können auch das Anfertigen gewisser

[40] Die einzig relevante Entscheidung bei der partiellen Integration ist, auszuwählen, welche Teilfunktion als abgeleitete bzw. abzuleitende Funktion betrachtet wird.

[41] Bei der Substitutionsregel ist a priori nicht unbedingt klar, was überhaupt substituiert werden muss.

Darstellungen betreffen, wie z. B. Skizzen von Funktionsgraphen oder Mengen.[42] Ausgeschlossen wird hingegen die Auswahl spezifischer Beweismethoden wie z. B. die vollständige Induktion, der direkte Beweis oder der Beweis durch Widerspruch, da diese sich auf das Beweisen beziehen (vgl. 7.3.4.1).

Um das *schematische innermathematische Anwenden* gestuft abbilden zu können, erscheint zunächst eine Unterscheidung in Bezug auf die Ansätze gewinnbringend. Dabei sind zwei Szenarien zu erwarten:

1. Bei einer Aufgabe kommen nur schematische Ansätze zum Einsatz, die *algorithmisch* eine Lösung liefern oder es sind nur Termumformungen durchzuführen sowie Rechenregeln anzuwenden, die aus der Sekundarstufe bekannt sind und aufgrund der Aufgabenstellung naheliegend sind.
2. Es muss die Auswahl eines geeigneten Ansatzes aus einer Menge möglicher Ansätze getroffen werden oder der naheliegende Ansatz liefert nicht algorithmisch eine Lösung.

Das erste Szenario ist denkbar bei Aufgaben, bei denen die Ableitung einer Funktion mit Ableitungsregeln bestimmt werden muss oder wenn bei einer Beweisaufgabe die Gleichheit zweier symbolischer Ausdrücke allein durch Termumformungen sichergestellt werden kann. Das zweite Szenario ist eher kongruent zu den beschriebenen Zielen und dem Charakter der Hochschulmathematik (vgl. 2.2.2), denn gerade in der Analysis I sind (z. B. bei Reihen) den Studierenden eine Vielzahl rechnerischer Ansätze bekannt, um auf eine Eigenschaft eines Objekts (z. B. Konvergenz) zu schließen, womit die Auswahl des jeweils passenden Ansatzes relevant für die Lösung wird. Analog zur Substitutionsregel sind weiterhin viele Techniken der Hochschulmathematik keine Algorithmen, sondern „nur" Kalküle. Die Unterscheidung zwischen den beiden eben beschriebenen Ausprägungen stellt – ähnlich wie Code 1 und 2 der Kategorisierung des Merkmals *Niveau des Beweisens* (vgl. Tabelle 7.18) – einen Übergang zwischen typischen schulischen und universitären Anforderungen dar.

[42] Es ist davon auszugehen, dass motorische Handlungen, wie das Anfertigen von Skizzen oder Zeichnungen von Funktionsgraphen, aus der Schule so bekannt sind, dass es sich für Studienanfänger:innen auch um Schemata handelt. Sie wurden deshalb bewusst dem *schematischen innermathematischen Anwenden* zugeordnet, wobei auch die Tatsache berücksichtigt wurde, dass entsprechende Tätigkeiten sonst nicht von einem der drei Typen mathematischen Arbeitens abgedeckt wären.

Um zusätzlich Unterschiede bei der Implementierung von Ansätzen abzubilden, werden Aufgaben, bei denen ein schematisches Verfahren direkt angewendet werden kann, von Aufgaben abgegrenzt, die mehrere Verfahren[43], die Adaption eines Verfahrens oder zunächst das Zugänglichmachen eines Verfahrens[44] erfordern. In Bezug auf Übungsaufgaben werden solche nur in einem sehr begrenzten Kontext nutzbaren Ideen, bei denen die Anwendung nicht naheliegend ist, auch als „Tricks" bezeichnet (Ableitinger, 2013, S. 19). Mit dieser letzten Unterscheidung wird auch das Überwinden von Barrieren bei der Konstruktion eines komplexen Lösungswegs im *schematischen innermathematischen Anwenden* berücksichtigt, ähnlich wie in Code 3 bei den Anforderungen hinsichtlich des *Beweisens* (vgl. Tabelle 7.18).

Klassifikation in dieser Arbeit Aus der theoretischen Vorbetrachtung ergibt sich folgende Operationalisierung des Aufgabenmerkmals *Niveau des schematischen innermathematischen Anwendens* (vgl. Tabelle 7.20).

Vermutungen hinsichtlich der Verteilung dieses Merkmals sind aufgrund des bisherigen Erkenntnisstands schwer aufzustellen. So werden zwar höhere technische Anforderungen in den universitären Aufgaben vermutet als in der Schule (Rach et al., 2014, S. 211); allerdings können und werden auch ähnliche Verfahren der Schulmathematik an der Hochschule genutzt und so könnte der Anspruch in Niveau 1 verbleiben. Eher zu erwarten ist jedoch, dass Studierende neue, an der Hochschule erlernte, Techniken in Übungsaufgaben nutzen und somit Aufgaben häufig das Niveau 2 erreichen. Die theoretischen Betrachtungen zur Hochschulmathematik legen jedoch auch nahe (vgl. 2.2.2.2), dass ein substanzieller Teil der Übungsaufgaben völlig ohne schematische Ansätze auskommt, somit auf Niveau 0 liegt. Inwiefern Niveau 3 in den Übungsaufgaben eine Rolle spielt, ist fraglich. Zwar werden hierbei Problemlösefähigkeiten auch in Bezug auf Techniken genutzt

---

[43] Zwei Verfahren werden dabei erst dann als unterschiedlich gewertet, wenn die Anwendung des einen Verfahrens keine untergeordnete Teilprozedur des anderen Verfahren ist. Kommen beim Quotientenkriterium für die Bestimmung der Konvergenz einer Reihe beispielsweise zusätzlich die Regeln der Bruch- und Potenzrechnung zum Einsatz, stellt dies insgesamt nur ein Verfahren dar, da diese an das Quotientenkriterium gebunden sind. Substitutionsregel und partielle Integration stellen hingegen zwei Verfahren dar, da sie untereinander keine Abhängigkeit aufweisen.

[44] Dies kann z. B. den Einsatz symbolischer Umformungen wie das Einführen einer geschickt geschriebenen Null bzw. Eins oder das Umdeuten eines Produkts von Exponenten als zweifache Potenzierung umfassen.

Tabelle 7.20 Operationalisierung des Aufgabenmerkmals *Niveau des schematischen innermathematischen Anwendens*, Eigenentwicklung

Code	Ausprägung	Beschreibung der Ausprägung	Beispiel
0	Kein schematisches innermathematisches Anwenden nötig	Die Aufgabe erfordert kein schematisches innermathematisches Anwenden.	Es sei $\sim$ eine Äquivalenzrelation auf einer nichtleeren Menge M und es bezeichne K_a die Äquivalenzklasse, die zu $a \in M$ gehört. Zeigen Sie, dass für alle $a, b \in M$ gilt, dass $a \sim b$ genau dann, wenn $K_a = K_b$.
1	Einsatz von Algorithmen der Hochschule oder Termumformungen bzw. Rechenregeln aus der Sekundarstufe	Die Aufgabe erfordert nur das Anwenden von Algorithmen aus der Hochschule oder Termumformungen bzw. Rechenregeln und Verfahren, die aus der Sekundarstufe bekannt sind. Der Einsatz der jeweiligen Techniken ist naheliegend.	Zeigen Sie, dass $\cosh^2(x) - \sinh^2(x) = 1$ für alle $x \in \mathbb{R}$.
2	Einsatz von schematischen Verfahren der Hochschule	Die Aufgabe erfordert die Auswahl und Implementation eines isolierten Verfahrens der Hochschulmathematik, welches keinen algorithmischen Charakter hat.	Berechnen Sie das unbestimmte Integral $\int x \cdot e^{x^2} dx$.
3	Komplexer Einsatz von schematischen Verfahren der Hochschule	Die Aufgabe erfordert die Kombination, Adaption oder das Zugänglichmachen von Verfahren der Hochschulmathematik.	Berechnen Sie das unbestimmte Integral[a] $\int \frac{x \cdot \ln x}{\sqrt{x^2 - 1}} dx$.

[a] Zur Lösung muss erst partiell integriert und anschließend substituiert werden, weshalb die Kombination zweier Verfahren nötig ist

(vgl. 2.2.2.1); der Anspruch, dass Studierende im ersten Analysissemester eigenständig neu erlernte Verfahren kombinieren, adaptieren oder durch Tricks zugänglich machen, erscheint aber sehr hoch. Deswegen wird vermutet, dass Niveau 3 in Übungsaufgaben relativ selten erreicht wird. Die Untersuchung des Aufgabenmerkmals *Niveau des schematischen innermathematischen Anwendens* kann die bisher eher widersprüchlich anmutenden Aussagen zur Rolle von Algorithmen und Kalkülen an der Hochschule auf der Ebene der Übungsaufgaben potentiell in Einklang bringen.

7.3.4.3 Außermathematisches Anwenden

Begriffsklärung und Anbindung an das Modellieren *Außermathematisches Anwenden* ist in Aufgaben gefordert, „für deren Lösung Begriffe und Verfahren in außermathematischen Situationen angewendet werden müssen" (Rach et al., 2014, S. 211). Die Tätigkeit *außermathematisches Anwenden* steht in Kontinuität zu dem im Schulkontext verwendeten Begriffs des (außermathematischen) Modellierens. Aufgaben zum Modellieren zeichnen sich durch Übersetzungsleistungen zwischen Realität und Mathematik aus (Blum, 2015, S. 77–78; Schukajlow, 2011, S. 28) und erfordern so, dass mathematische Begriffe und Verfahren auf eine Realsituation angewendet werden. Typische kognitive Teilhandlungen sind das Strukturieren und Vereinfachen der gegebenen Situation, Übersetzen zwischen realer Situation und mathematischem Modell, Interpretieren gewonnener Ergebnisse im Kontext der Realsituation und das Überprüfen bzw. Validieren der Ergebnisse (Kaiser und Stender, 2015 S. 95; KMK, 2012a, S. 15; Stender, 2016, S. 11). Aus theoretischer Sicht beschrieben wurden diese Prozesse in verschiedenen Modellierungskreisläufen sowohl von der Fachdidaktik (z. B. Leiss, 2010, S. 199) als auch Fachmathematik (Ortlieb et al., 2013, S. 5).[45] Grob betrachtet sind in diesen die Schritte Modellbildung, innermathematisches Arbeiten und Ergebnisprüfung zentral. Der erste Schritt fokussiert dabei eine Übersetzung zwischen außermathematischer und mathematischer Welt, der dritte Schritt hingegen die umgekehrte Übersetzung. Mindestvoraussetzung, damit *außermathematisches Anwenden* überhaupt auftreten, ist daher, dass in der jeweiligen Aufgabe beim Merkmal *Realitätsbezug* (vgl. Tabelle 7.7) nicht der Code 0 vergeben wurde. Es ist aber anzumerken, dass nicht jede Aufgabe mit *Realitätsbezügen* das *außermathematische Anwenden* fordert, z. B., wenn nur ein mathematisches Modell vorgegeben wird, welches nicht in der Realsituation interpretiert werden muss (Greefrath, 2018, S. 33).

[45] Es gibt insgesamt eine mindestens zweistellige Anzahl verschiedener Modellierungskreisläufe, deren genaue Analyse für die Zwecke dieser Arbeit zu weit führen würde. Für eine ausführliche Diskussion verschiedener Modellierungskreisläufe sei daher auf Stender (2016) verwiesen.

Für die Hochschulmathematik erscheinen außermathematische Anwendungen – vor allem in der Analysis I – wenig relevant (vgl. 2.2.2.4 und 3.2). Die bisher einzige empirische Untersuchung zu den mathematischen Tätigkeiten in Übungsaufgaben konnte so *keine einzige* Aufgabe zum *außermathematischen Anwenden* identifizieren (Weber und Lindmeier, 2020b, S. 274), wobei dies auch nur anhand der Aufgaben einer Universität untersucht wurde und weiterer Absicherung bedarf. Potentiell erscheint aber die Annahme, dass komplexe Modellbildungen an der Hochschule auftreten, zu restriktiv.

Klassifikation in dieser Arbeit Ziel einer genaueren Kategorisierung des *außermathematischen Anwendens* in Übungsaufgaben kann es daher nicht sein, hochschulspezifische Ausprägungen für diese Tätigkeit zu rekonstruieren, sondern zu prüfen, inwiefern vergleichbare Anforderungen zu schulischen Modellierungsprozessen *überhaupt* auftreten. Mit dem in dieser Arbeit gewählten Ansatz, einer Aufgabe die mathematischen Tätigkeiten jeweils auf verschiedenen Niveaus zuzuordnen, erscheint es daher nötig, sensitive Merkmalsausprägungen für das *außermathematische Anwenden* zu nutzen. Ein entsprechendes Instrument, welches sowohl in der COACTIV-Studie (Jordan et al., 2006) selbst als auch in einer Folgestudie (Drüke-Noe, 2014) erfolgreich eingesetzt wurde, liegt mit der Kategorie *außermathematisches Modellieren* vor. Offenbar ist dieses sehr eng mit der Konzeptualisierung des *außermathematischen Anwendens* bzw. des mathematischen Modellierens verwandt und kann deshalb in dieser Arbeit für das Merkmal *Niveau des außermathematischen Anwendens* genutzt werden (vgl. Tabelle 7.21).

Es bleibt insgesamt ein sehr geringer Anteil von Übungsaufgaben zu erwarten, die überhaupt *außermathematisches Anwenden* fordern. Weder Ziele der Hochschulmathematik noch bisherige Studien zu Übungsaufgaben legen nahe, dass dies eine für Übungsaufgaben relevante mathematische Tätigkeit darstellt (vgl. 2.2.2.1 und 5.4.2).

Tabelle 7.21 Operationalisierung des Aufgabenmerkmals *Niveau des außermathematischen Anwendens*, übernommen von Jordan und Kolleg:innen (2006, S. 34)

Code	Ausprägung	Beschreibung der Ausprägung	Beispiel
0	Kein außermathematisches Anwenden nötig	Die Aufgabe benötigt kein außermathematisches Anwenden.	Zeigen Sie, dass $\sin^2 x + \cos^2 x = 1$ für alle $x \in \mathbb{R}$.
1	Standard- modellierungen	Die Aufgabe erfordert nur Übersetzungen, die unmittelbar ausgeführt werden können, oder eine direkte Interpretation im Realkontext.	Es sei X die Menge der Studierenden, die die Analysis hören. Es seien für die sechs Übungsgruppen G_1, G_2, G_3, G_4, G_5 und G_6 die folgenden drei Axiome gegeben: • $G_i \neq \emptyset$ für alle $i = 1, ..., 6$ • $\bigcup_{i=1}^{6} G_i = X$ • $G_i \cap G_j = \emptyset$ für $i \neq j$. Erklären Sie in Worten, was die drei Axiome bedeuten.
2	Mehrschrittige Modellierungen	Die Aufgabe erfordert überschaubare Übersetzungen, die mehrschrittig sind.	Einem Krug, der einen Liter eines Gemisches aus Diethylenglykol und Wein enthält, werden p Liter $(0 < p < 1)$ entnommen und durch reines Diethylenglykol ersetzt. Von dieser neuen Mischung werden sodann p Liter aus dem Krug gegossen und durch reinen Wein ersetzt. Dieses aus der österreichischen Weinherstellung bekannte Doppelverfahren wird fortgesetzt. Zeigen Sie, dass das Mischungsverhältnis Wein zu Diethylenglykol konvergiert.[a]

(Fortsetzung)

Tabelle 7.21 (Fortsetzung)

Code	Ausprägung	Beschreibung der Ausprägung	Beispiel
3	Komplexe Modellierungen	Die Aufgabe erfordert das Erstellen komplexer Modelle oder den Vergleich, das Reflektieren bzw. das kritische Beurteilen gegebener Modelle.	Für die Berechnung der Corona-Zahlen wurde in den Medien häufig das Schlagwort exponentielles Wachstum genutzt. Begründen Sie, dass eine Exponentialfunktion f der Form $f(x) = a \cdot b^x + c$ mit $a, c > 0, b > 1$ und x Anzahl der Tage nach Erstausbruch der Infektion die Zahl der Infizierten nur unzureichend abbilden kann.[b]

[a] Die Lösung erfordert hier das Finden geeigneter rekursiver Folgen, die die Situation modellieren, was nicht als Standardmodell gelten kann. Das entstehende Modell (zwei rekursive Folgen) ist allerdings auch nicht allzu komplex

[b] In der Lösung soll vermutlich besprochen werden, dass f monoton wachsend ist und so ein Abklingen der Infektion nicht dargestellt werden kann. Außerdem konvergiert f für $x \to \infty$ gegen ∞, sodass eine unbegrenzte Anzahl von Infektionen auftreten könnte, die in der Realität aber durch die endliche Anzahl der Menschen auf der Erde begrenzt ist

7.4 Zusammenfassung

In diesem Kapitel wurde ein Modell zur Beschreibung des idealisierten Lösungsprozesses einer Aufgabe erarbeitet (vgl. 7.1). Dieses umfasst das Erstellen einer Lösung aus Expertenperspektive, jedoch ohne das Auftreten von Irrwegen oder Fehlern. Ausgangspunkt einer Aufgabenbearbeitung stellt dabei, im Einklang mit der Aufgabendefinition der Arbeit (vgl. 5.1.2), die Aufgabenstellung dar. Der Aufgabenlöser aktiviert als Reaktion darauf sein Vorwissen, gegliedert in eine oder mehrere Wissenseinheiten. Die Wissenseinheiten werden genutzt, um eine Lösung zu erstellen, wobei die kleinste Einheit der Lösung ein Bearbeitungsschritt ist. Mit den Wissenseinheiten liegt ein Konzept vor, welches den Grad an nötiger Vernetzung im Rahmen einer Aufgabe abbilden kann, die Bearbeitungsschritte messen hingegen die Komplexität der technischen Ausführung. Zu erwähnen ist, dass mit dieser Beschreibung nur die inhärente Komplexität einer Aufgabe abgebildet werden kann. Aussagen über die empirische Schwierigkeit der Aufgaben (Lederer, 2008) lassen sich nicht treffen, was aber auch kein Ziel dieser Arbeit ist.

In 5.1.1 wurden Oberflächen- und Tiefenstruktur als essentielle Bestandteile einer Aufgabe vorgestellt. Sollen Aufgaben präzise beschrieben werden, müssen beide Strukturen berücksichtigt werden. Für die Darstellung der Oberflächenstruktur müssen, nach dem Verständnis in dieser Arbeit, Aufgabenmerkmale so operationalisiert werden, dass sie sich allein durch die Kenntnis der Aufgabenstellung beurteilen lassen. Dafür wurden in 7.2 die Aufgabenmerkmale *Operator der Aufgabenstellung*, *Antwortformat*, *Offenheit*, *Realitätsbezüge*, *Generalitätsgrad*, *Explizite Reflexionsanlässe*, *Geforderte/Genutzte Darstellungsformen* und *Kontextinformationen* jeweils theoretisch beschrieben, operationalisiert sowie Vermutungen über deren Verteilungen diskutiert.

Analog wurde für die Merkmale der Tiefenstruktur vorgegangen (vgl. 7.3), wobei nun auch eine *fixierte* Lösung bei der Beurteilung des jeweiligen Merkmals berücksichtigt werden kann. Für die Tiefenstruktur wurden die Merkmale *Inhaltliche Einordnung*, *Anzahl der Wissenseinheiten*, *Art der Wissenseinheiten*, *Form der Wissenseinheiten*, *Anzahl der Bearbeitungsschritte*, *Niveau des Beweisens*, *Niveau des schematischen innermathematischen Anwendens* und *Niveau des außermathematischen Anwendens* diskutiert. Hervorzuheben ist das Merkmal der *Inhaltlichen Einordnung*, da für die Hochschulmathematik im Allgemeinen und die Analysis I im Speziellen bislang keine Instrumente vorlagen, die so detaillierte inhaltliche Aussagen über Aufgaben ermöglichen. Schließlich wurden mit den Merkmalen *Niveau des Beweisens* und *Niveau des schematischen innermathematischen Anwendens* Lücken in bisherigen Klassifikationsinstrumenten geschlossen, da diese erstmals gestufte Aussagen über die Qualität der jeweiligen Tätigkeiten, in Abstimmung auf den im Hochschulkontext erwartbaren Anspruch, zulassen. Schließlich ist anzumerken, dass für keines der Aufgabenmerkmale des Klassifikationsinstruments bislang Untersuchungen durchgeführt wurden, die mit Stichprobengrößen arbeiten, wie sie bei der Untersuchung schulischer Aufgaben auftreten. Die Untersuchung eines solch großen Datensatzes kann dementsprechend auch bereits bestehende Ergebnisse absichern.

Mit dem erarbeiteten Instrument lässt sich Forschungsfrage 1 beantworten (vgl. Abbildung 7.9). Die 16 genannten Merkmale erscheinen für die Zwecke der Beschreibung der Gestaltung von Übungsaufgaben in der Analysis I gut geeignet. Sie werden abschließend noch in das Modell der idealisierten Aufgabenbearbeitung eingeordnet.

Im Gegensatz zu den bisherigen Instrumenten für die Beschreibung von Aufgaben an der Hochschule (vgl. 5.4.2) werden für das Instrument dieser Arbeit kognitionspsychologische, mathematikdidaktische und inhaltliche Merkmale gemeinsam betrachtet, um ein umfassendes Bild des Charakters von Übungsaufgaben der Analysis I zeichnen zu können. Die Klassifikation der Merkmale orientiert sich im Falle der Oberflächenstruktur näher an Merkmalen, die im Schulkontext genutzt wurden, um entsprechende Unterschiede kontrastieren zu können. Analog gilt dies

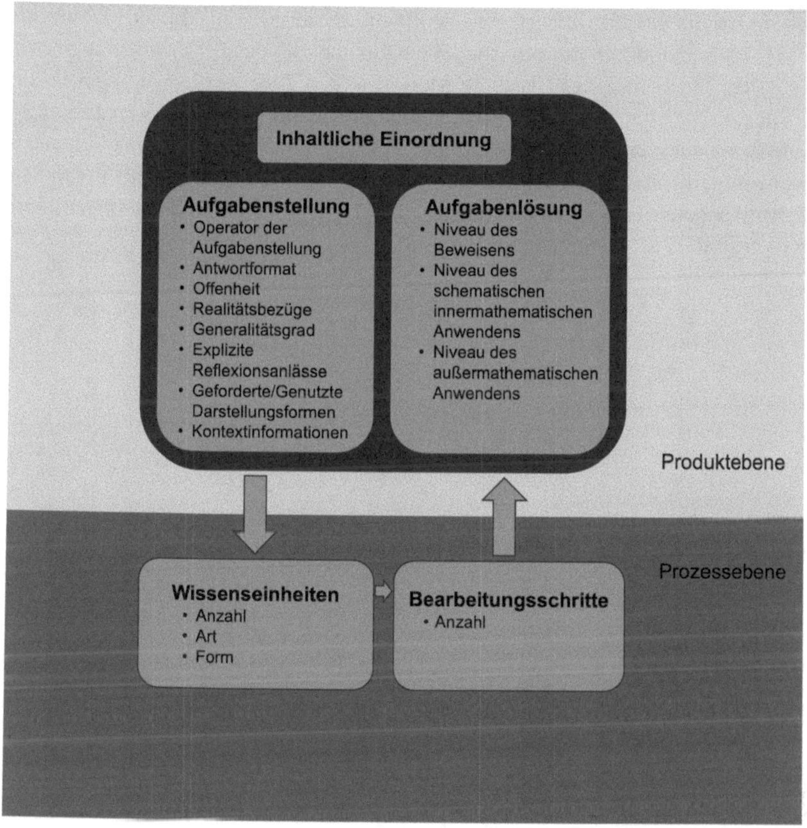

Abbildung 7.9 Aufgabenmerkmale im Modell der idealisierten Aufgabenbearbeitung

auch für die Merkmale, die Wissenseinheiten bzw. Bearbeitungsschritte betreffen. Für die Merkmale der *Inhaltlichen Einordnung* und die mathematischen Tätigkeiten *Beweisen* und *schematisches innermathematisches Anwenden* wurden hingegen eigene Instrumente entwickelt, um auch den spezifischen inhaltlichen Charakter der Hochschulanalysis bzw. die Komplexität relevanter mathematischer Tätigkeiten differenziert beurteilen zu können. Bei der Konstruktion der Kategorien wurde darauf geachtet, dass die verschiedenen Merkmalsausprägungen auch im Hochschulkontext erwartbar sind. Dies geschah im Falle der *Inhaltlichen Einordnung* durch Einbeziehen von Lehrwerken der Hochschulanalysis und Übungsaufgaben;

bei den mathematischen Tätigkeiten *Beweisen* und *schematisches innermathematisches Anwenden* durch theoretische Überlegungen und das Einbeziehen typischer Aufgaben. Zu betonen ist, dass die Merkmale der Tiefenstruktur, im Gegensatz zu anderen Arbeiten zur Aufgabenklassifikation, allesamt nur unter Kenntnis einer Aufgabenlösung zu beurteilen sind. Dies schränkt zwar die Einsatzmöglichkeiten des Instruments ein, bedingt aber eine präzisere Beurteilung der Aufgaben, solange die verwendeten Lösungen auf eine objektiv nachvollziehbare Weise konstruiert worden sind.

8 Datensatz und Vorgehen bei der Datenerhebung

Im Gegensatz zu vergleichbaren Untersuchungen mit Aufgaben aus der Schulmathematik (Drüke-Noe, 2014) lag im Rahmen dieser Arbeit kein Referenzdatensatz für die Übungsaufgaben der Hochschulmathematik vor. Bisherige Untersuchungen von Übungsaufgaben erfolgten mit Aufgaben eines einzelnen Standorts (Weber und Lindmeier, 2020b) oder nur bzgl. weniger Aufgabenmerkmale (Wlassak 2019; Wlassak 2020). Weil das Forschungsinteresse dieser Arbeit auf eine Beschreibung der Aufgabenprofile der Analysis-I-Übungsaufgaben (vgl. Kapitel 6) abzielt, war es nötig, Daten verschiedener Universitäten zu gewinnen, da zu vermuten ist, dass verschiedene Lehrende auch sich stärker unterscheidende Aufgaben stellen (vgl. 2.2.2.5 und 5.4.2). Ein entsprechender, umfangreicher Datensatz wurde akquiriert (vgl. 8.1), wobei dessen Zusammensetzung und Qualität in 8.2 genauer diskutiert wird.

Im Theorieteil dieser Arbeit (vgl. 5.3) wurde bereits erläutert, wieso sich für die Ziele dieser Arbeit eine rationale Aufgabenanalyse anbietet. Idealerweise erfolgt eine solche mit Aufgabenstellungen und Musterlösungen, um Oberflächen- und Tiefenstruktur gleichermaßen abbilden zu können. Da aber Musterlösungen in den meisten Fällen nicht zusammen mit den Aufgabenstellungen von den Lehrenden zur Verfügung gestellt wurden, mussten die fehlenden Lösungen erstellt werden, um anschließend bei der Kodierung objektiv und reliabel arbeiten zu können. Die Lösungen wurden in einem mehrstufigen Reviewprozess erzeugt, um zu vermeiden, dass die Merkmale der Tiefenstruktur durch die Annahmen einer einzelnen aufgabenlösenden Person verzerrt werden. Dieser Prozess wird in 8.3 genauer beschrieben. Im Anschluss wurden die Daten aufbereitet (vgl. 8.4), um sie der Datenerhebung mit dem in den Abschnitten 7.2 und 7.3 beschriebenen Klassifikationsschema zugänglich zu machen. Dies betraf insbesondere eine Einteilung der Stichprobe in

F. Wlassak, *Gestaltungsmerkmale und Typen von Übungsaufgaben aus der Analysis I*, https://doi.org/10.1007/978-3-658-50118-1_8

Analyseeinheiten, die mit dem Aufgabenbegriff der Arbeit verträglich ist (vgl. 5.1.3). Mit der so vorbereitenden Stichprobe wurden schließlich die Aufgabenmerkmale erhoben, wobei 8.5 über den genauen Kodierprozess informiert.

8.1 Gewinnung des Datensatzes

Um ein breites Bild der Anforderungen und Gestaltungsmerkmale von Übungsaufgaben zeichnen zu können, wurde die vorliegende Arbeit als Querschnittsstudie konzipiert (Döring und Bortz, 2016, S. 210; Rey, 2017, S. 91).[1] Die Stichprobe wurde daher auf Analysis-I-Übungsaufgaben aus dem Sommersemester 2018 bzw. Wintersemester 2018/19 eingeschränkt, die bereits eine umfangreiche Population bilden. So gab es in Deutschland im Wintersemester 2018/19 laut Statistischem Bundesamt (Destatis, 2020) 106 Universitäten.[2] Bei vorsichtiger Schätzung von 13 Übungsserien pro Universität mit je 4 Aufgaben, die jeweils im Schnitt drei unabhängige Teilaufforderungen umfassen und je einer Vorlesung für Fachstudierende und Studierende des gymnasialen Lehramts ergibt sich eine Population von $13 \cdot 4 \cdot 3 \cdot 2 \cdot 106 = 33072$ Teilaufgaben, die zu lösen und untersuchen wären.[3] Die Zielpopulation war daher für eine Vollerhebung im Rahmen dieser Arbeit zu umfangreich (Döring und Bortz, 2016, S. 293).

Um dennoch belastbare Aussagen über die Aufgaben der Hochschulmathematik treffen zu können, wurde folgende Aufwand-Nutzen-Abwägung angestellt: Es sollten nur Aufgaben von den Universitäten untersucht werden, die über die meisten Studierenden im Fach Mathematik bzw. gymnasialen Lehramt Mathematik verfügten. Hintergrund war die Überlegung, dass per se die Übungsaufgaben von jeder Universität, die ein Fachstudium Mathematik bzw. Lehramtsstudium Gymnasium

[1] Im Gegensatz zu einer Längsschnittstudie können so keine Entwicklungslinien gezeichnet werden. Da die Vorlesungen in der Studieneingangsphase oft zyklisch gehalten werden, wäre es allerdings auch interessant, zu beobachten, inwiefern sich die Übungsaufgaben einer Lehrperson im Laufe der Zeit verändern.

[2] Hierunter werden Volluniversitäten, wie Universitäten und Technische Universitäten, sowie gleichrangige wissenschaftliche Institutionen verstanden, die ein Studium verschiedener grundlegender wissenschaftlicher Fächer ermöglichen. Pädagogische und Theologische Hochschulen fallen nicht in diese Kategorie.

[3] Die tatsächliche Zahl dürfte etwas niedriger sein, da weder an jeder Universität Mathematik studiert werden kann, noch an jeder Universität, wo dies möglich ist, zwei getrennte Vorlesungen für Lehramts- und Fachstudierende angeboten werden.

Mathematik anbietet, für die vorliegende Arbeit genutzt werden könnten. Wenn jedoch in der Stichprobe nur Aufgaben von Standorten mit einer größeren Anzahl an Studierenden aus den relevanten Studiengängen berücksichtigt werden, ist die Wahrscheinlichkeit vergleichsweise hoch, dass zufällig gewählte Studierende, die in dem relevanten Zeitraum eine Analysis-I-Veranstaltung besucht haben, Aufgaben aus der Stichprobe bearbeiten mussten. Dieses Vorgehen entsprach im Wesentlichen einer Auswahl nach dem Konzentrationsprinzip (Schnell et al., 1999, S. 279–280).

Aus forschungsökonomischen Gründen wurde eine Obergrenze von 40 Sätzen[4] von Übungsserien (vgl. 4.3) festgelegt. Um sicherzustellen, dass die untersuchten Übungsserien der Aufwand-Nutzen-Abwägung entsprachen, wurde im August 2018 eine Anfrage an das Statistische Bundesamt nach den 40 Universitäten mit den meisten Studierenden im Studienfach Mathematik gestellt. Als Antwort lag eine Liste von 40 Institutionen[5] vor, aus denen jedoch drei nicht den Kriterien der Untersuchung genügten: Zwei Hochschulen wurden ausgeschlossen, da es sich um Pädagogische Hochschulen handelte. Eine Hochschule musste ausgeschlossen werden, da diese keinen Präsenzlehrbetrieb mit klassischen Vorlesungen und Übungen (vgl. 4.1 und 4.2) anbot. Somit musste in diesem Schritt die Anzahl der zu kontaktierenden Universitäten auf 37 gesenkt werden.

Die Akquise der Übungsserien dieser Universitäten begann im September 2018. Zunächst erfolgte eine Kontaktaufnahme mit den Dekanaten der 37 betreffenden Universitäten per Anschreiben, mit dem Anliegen, die Übungsaufgaben der Vorlesung Analysis I im Wintersemester 2018/19 bzw. des zurückliegenden Sommersemesters 2018 für das Dissertationsvorhaben untersuchen zu dürfen. Die Rücklaufquote dieser Anfrage war mit 21,6 %[6] sehr gering. Ein Grund für die geringe Rücklaufquote dieser Anfragerunde war, dass teilweise noch keine Lehrenden für die Analysis-I-Vorlesung feststanden[7] und diese daher nicht direkt angesprochen werden konnten. Außerdem wurde nur von einer kontaktierten Universität eine

[4] Ein Satz von Übungsaufgaben bezeichnet im Folgenden die Menge aller Übungsblätter, die im Laufe des Semesters gestellt wurden.

[5] Die Daten des Statistischen Bundesamts bezogen sich auf das Wintersemester 2016/17. Es sind keine Gründe bekannt, wieso sich die vertretenen Institutionen zum Wintersemester 2018/19 geändert haben sollten.

[6] Rücklaufquote wird hier als der Anteil der Universitäten verstanden, die eine Zusage zur Teilnahme an der Untersuchung machten.

[7] Selbst wenn die Lehrenden der Vorlesungen schon feststanden, wurden die Übungsaufgaben eher im Laufe des Semesters erstellt und konnten so nicht gleich zur Verfügung gestellt werden. Dies belegt auch folgendes Zitat eines Dozenten, der auf die erste Anfrage antwortete: „Für das gegenwärtige Semester entstehen die Übungsaufgaben erst im Verlauf der Veranstaltung."

Analysis-I-Vorlesung im Sommersemester 2018 angeboten. Daher konnte in dieser Runde nur von dieser Universität ein Satz von Aufgaben akquiriert werden.

In einer zweiten Anfragerunde im Oktober 2018 wurden die jeweiligen Lehrenden der Analysis-I-Vorlesungen direkt kontaktiert. Die Kontaktdaten dieser Personen stammten entweder aus den erhaltenen Informationen der Dekanate oder sie konnten dem Internetauftritt der jeweiligen Fakultäten entnommen werden. Das hierfür nach den Empfehlungen aus der einschlägigen Literatur (Diekmann, 2007, S. 442; Döring und Bortz, 2016, S. 413–414) formulierte Anschreiben zielte ebenfalls auf die Akquise von Daten ab, enthielt jedoch zusätzliche Fragen zur Bewertung und dem Abgabemodus der Übungsaufgaben und stellte somit sicher, dass tatsächlich Übungsaufgaben und keine Aufgaben für Präsenzaufgabenübungen (vgl. 4.2) oder Klausuren (vgl. 4.4) vorlagen. Die Rücklaufquote dieser Anfragerunde lag mit 51,3 % über häufig erreichten Werten (Diekmann, 2007, S. 442; Döring und Bortz, 2016, S. 412) bzw. den Werten vergleichbarer Studien (Drüke-Noe, 2014, S. 63).

Die Übungsserien wurden auf unterschiedliche Art und Weise zugänglich gemacht. Meist wurden die Serien (wöchentlich oder gebündelt am Ende des Semesters) sowie zusätzliches Material wie z. B. ein Skript oder die Aufgaben der Klausur per Mail versendet, seltener wurde ein Verweis auf eine Webseite der Vorlesung, auf der sich entsprechende Materialien finden ließen, gegeben. In zwei Fällen richteten die Lehrenden einen Ordner auf einer Filehostingplattform ein, in dem diese wöchentlich die Übungsaufgaben sowie ein aktualisiertes Skript zur Verfügung stellten. Zwei weitere Lehrende organisierten dem Autor der Arbeit einen Gastzugang zur Lernplattform der Institution, über welchen sich das entsprechende Material abrufen ließ.

Nach den beiden Anfragerunden verblieben 18 der 37 Universitäten, von denen keine Übungsserien über die Lehrenden zur Verfügung gestellt wurden. Ende Oktober 2018 wurden im Rahmen einer Internetrecherche die Webseiten der Universitäten, von denen weder eine Zu- noch eine Absage versendet wurde, nach einer öffentlich zugänglichen Webseite für eine Analysis-I-Vorlesung des Sommersemesters 2018 bzw. des Wintersemesters 2018/19 durchsucht. Wenn auf entsprechenden Webseiten Aufgaben hochgeladen wurden und zweifelsfrei festgestellt werden konnte, dass es sich sowohl um eine Vorlesung für die identifizierte Zielgruppe als auch um Übungsaufgaben handelte, wurden die Serien im Laufe des Semesters in den zu untersuchenden Datensatz aufgenommen. Hiermit gelang es, drei weitere Sätze von Übungsserien für die Stichprobe zu akquirieren.

8.2 Beschreibung des Datensatzes

Es ist festzustellen, dass dieses Vorgehen dem Datensatz den Charakter einer Konvenienzstichprobe gibt.[8] Insgesamt konnten von 22 der ursprünglich 37 für die Stichprobe vorgesehenen Universitäten Übungsserien für den Datensatz gewonnen werden. Dies entspricht 20,8 % der Population von 106 Universitäten und 55 % der 40 Standorte, die der Aufwand-Nutzen-Abwägung genügen. Da es sich nicht um eine Zufallsstichprobe (Döring und Bortz, 2016, S. 310; Sedlmeier und Renkewitz, 2018, S. 913; Schnell et al., 1999, S. 249) handelt und Verzerrungseffekte aufgrund von Non-Response zu erwarten sind, müssen die daran getroffenen Aussagen vorsichtig interpretiert werden und die Generalisierbarkeit der gewonnenen Ergebnisse kritisch hinterfragt werden (vgl. 11.2).

Die 22 Standorte, die Aufgaben bereitstellten, umfassten 19 Universitäten und 3 Technische Universitäten, wobei im Folgenden beide Gruppen unter dem Terminus Universität subsumiert werden. Die Stichprobe bestand aus 24 insgesamt vollständigen Sätzen, wobei nur einer dieser Sätze dem Sommersemester 2018 zugeordnet werden konnte. Bei zwei Universitäten wurden die Übungsserien beider getrennter Vorlesungen für Fachstudierende bzw. Studierende des gymnasialen Lehramts akquiriert. Bei den restlichen 20 Sätzen handelte es sich um 12 Sätze sowohl für Lehramtsstudierende als auch Fachstudierende und 8 Sätze nur für Fachstudierende. Potentiell sind Fachstudierende als Zielgruppe der Übungsaufgaben im Datensatz daher etwas überrepräsentiert. Da allerdings keine unterschiedlichen Ziele der fachmathematischen Lehrveranstaltungen in der Studieneingangsphase zwischen Fach- und Lehramtsstudium festgestellt werden konnten (vgl. 2.2.2.1 und 3.1.2), scheint dies für die Zwecke dieser Arbeit nicht hinderlich.

Insgesamt stammen die Serien aus 8 verschiedenen Bundesländern, was die geographische Verteilung relativ gut abdeckt, denn nur 11 Bundesländer hatten eine Universität, die zu den 40 größten, gemessen an der Zahl der Mathematikstudierenden, gehörte. Weiterhin gehören 8 der 10 nach diesem Maß größten Universitäten zum Datensatz. Es ist somit zu vermuten, dass nach der Aufwand-Nutzen-Abwägung die Stichprobe weitgehend optimal gestaltet ist. Die Sätze von Übungsserien gliedern sich in insgesamt 312 Übungsserien. Tabelle 8.1 berichtet die Verteilung der Anzahl der Übungsserien nach Lehrenden.

[8] Vermutet werden kann beispielsweise, dass einige Lehrende bewusst auf Anfragen antworteten, weil sie größeres Interesse an der Erforschung der eigenen Lehre hatten oder sich sicher in Bezug auf die Gestaltung ihrer Übungsaufgaben waren.

Tabelle 8.1 Anzahl der Übungsserien nach Lehrenden, vor genauer Sichtung des Datensatzes

Anzahl der Übungsserien	Anzahl der Sätze in der Stichprobe
9	1
12	3
13	13
14	7

Offenbar wurde in etwa eine Serie pro Woche des 15-wöchigen Semesters gestellt. Der Ausreißer mit 9 Serien erklärt sich dadurch, dass der Präsenzbetrieb der betreffenden Institution sich in 10-wöchige Trimester unterteilte.[9] Nach einer genaueren Sichtung des Datensatzes mussten einige Aufgaben oder ganze Serien von der Untersuchung ausgeschlossen werden, da sie nicht für alle Teilnehmenden der Vorlesungen relevant waren und so nur Zusatzaufgaben umfassten oder nur Aufgaben enthielten, die nur von einem Teil der Vorlesungsteilnehmenden bearbeitet werden sollten. Letzteres umfasste in zwei Sätzen einige Aufgaben, die sich nur an die Lehramtsstudierenden richteten. In einem Fall ließ sich auch eine gesamte Serie entfernen, da sie für die Prüfungszulassung des nächsten Semesters (d. h. die Vorlesung Analysis II) gewertet wurde und so nicht als Analysis-I-Serie untersucht werden konnte. In einigen Fällen ließen sich als Zusatz-, Knobel- oder Denkaufgaben bezeichnete Aufgaben finden, deren richtige Lösung zusätzliche Punkte für die Klausurzulassung brachte, deren Punktzahl aber nicht auf die erforderliche Gesamtpunktzahl angerechnet wurde. Teilweise fand sich in den Serien selbst der Hinweis, dass diese Aufgaben (deutlich) schwieriger als die restlichen wären. Da diese Aufgaben das Gesamtbild eines Standorts verzerren könnten, weil insbesondere nicht alle Sätze solche Aufgaben aufwiesen, wurden auch diese ausgeschlossen. So entfielen zwei weitere ganze Serien. In Serien, bei denen ein Teil der Aufgaben eines der soeben genannten Kriterien erfüllte, wurden entsprechende Aufgaben markiert (vgl. auch 8.3). Nach Sichtung der Daten ergab sich ein geringfügig reduzierter Datensatz (vgl. Tabelle 8.2).

Somit verblieben 309 Serien für die Untersuchung. Durchschnittlich wurden daher rund 13 Übungsserien pro Semester gestellt, wobei eine Abweichung von einer Serie mehr oder weniger üblich ist.

[9] Diese Information stammt vom Lehrenden der Vorlesung selbst.

Tabelle 8.2 Anzahl der Übungsserien nach Lehrenden, nach genauer Sichtung des Datensatzes

Anzahl der Übungsserien	Anzahl der Sätze in der Stichprobe
9	1
12	4
13	14
14	5

8.3 Erstellen von Musterlösungen

Bei der Akquise des Datensatzes stellten nur zwei Lehrende Musterlösungen zu ihren Serien bereit. Eine Vielzahl von Kategorien des Klassifikationsinstruments dieser Arbeit wie z. B. die Anzahl der aktivierten Wissenseinheiten (vgl. 7.3.2.1), die Anzahl der Bearbeitungsschritte (vgl. 7.3.3) oder das Niveau der Typen mathematischen Arbeitens (vgl. 7.3.4) erlauben allerdings nur dann eine objektive und reliable Messung, wenn eine Musterlösung als Referenz zur Klassifikation vorliegt. Daher mussten zu den verbleibenden 22 Sätzen von Übungsserien Lösungen erstellt werden, wobei der subjektive Charakter so gewonnener Lösungen für eine wissenschaftliche Untersuchung zunächst ungünstig erscheint. Um diese Subjektivität auszugleichen, wurde ein Reviewverfahren zur Beurteilung der Qualität und Eignung der entsprechenden Lösungen für die vorliegende Studie implementiert.

Hierfür wurde der Datensatz auf sechs Personen aufgeteilt. Dabei handelte es sich um zwei Lehrkräfte für besondere Aufgaben des Mathematischen Instituts der Universität Leipzig, die jeweils einen sehr guten Studienabschluss im Fach Mathematik bzw. Lehramt Gymnasium Mathematik abgelegt hatten, drei studentische Hilfskräfte mit Studienfach Mathematik bzw. Studierende des gymnasialen Lehramts Mathematik mit sehr guten Studienleistungen in der Mathematik sowie den Autor dieser Arbeit. Alle diese Personen verfügten über mehrjährige Erfahrungen in der mathematischen Lehre[10] in der Studieneingangsphase, was insbesondere das Durchführen von Übungen sowie die Korrektur von Übungsaufgaben einschließt. Sie sind außerdem alle bereits durch die Arbeit in einem Studienerfolgsprojekt mit Übungsaufgaben des ersten Semesters verschiedener Lehrender konfrontiert gewesen und kannten daher übliche Anforderungen an Lösungen.

[10] Bei den studentischen Hilfskräften umfassen die Erfahrungen in der Lehre nur das Durchführen von Übungen bzw. die Korrektur von Übungsaufgaben; bei den anderen Personen kommen teilweise noch das Halten von Hörsaalübungen oder Seminaren dazu.

Nach Aufteilung der Übungsaufgaben auf die Lösenden wurden Musterlösungen zu den Aufgaben erstellt. Dabei wurden die akquirierten Aufgaben sowie zusätzliche Materialien wie z. B. Skripte oder Zusammenfassungen von Hörsaalübungen o. Ä. digital weitergeleitet.[11] Die Serien wurden dabei immer als vollständige Sätze verteilt und die Aufgabenlöser:innen wurden instruiert, die Lösungen unter Beachtung der folgenden Aspekte zu formulieren:

1. **Einheitliches Format:** Die Lösenden sollten alle Aufgaben und Lösungen auf einheitliches Format bringen, welches mit einer LyX-Vorlage[12] realisiert wurde.
2. **Lösungen sind SES:** Die Lösungen waren als „student-expert-solutions"[13] zu formulieren (Biehler et al., 2015, S. 2061; Kortemeyer und Biehler, 2017, S. 162). Diese sind als Lösung aus der Perspektive eines Studierenden zu verstehen, der mit dem Schulstoff, den Inhalten der Analysis I bis zu dem Zeitpunkt, zu dem die Übungsserie gestellt worden ist, sowie ggf. den bis zu diesem Zeitpunkt parallel in der Linearen Algebra I behandelten Themen sehr gut vertraut ist. Solche Lösungen nehmen eine Expertenperspektive ein, die mit dem auf dem Konzept der Wissenseinheiten basierenden Modell der idealisierten Aufgabenbearbeitung verträglich ist (vgl. 7.1). Der angenommene Experte ist allerdings nicht allwissend, sondern kann in der SES nur auf das Wissen zurückgreifen, welches in der institutionalisierten Lehre bis zum jeweiligen Zeitpunkt vermittelt wurde. Insbesondere kann eine SES tatsächliche Lösungsprozesse simulieren, zumindest von der Gruppe leistungsstarker Studierender, die Aufgaben wirklich eigenständig lösen (vgl. 4.3; Kortemeyer und Biehler, 2017, S. 162).
3. **Ausführliche Lösungen:** Die Lösungen sollten so ausführlich formuliert werden, dass sie von den Lösenden selbst im Kontext der Korrektur der Serien einer Analysis-I-Vorlesung mit voller Punktzahl bewertet werden würden. Da solche Bewertungen erfahrungsgemäß je nach korrigierender Person unterschiedlich erfolgen, wurde der zusätzliche Hinweis gegeben, auch umfassende Rechnungen nicht abzukürzen oder essentielle Beweisschritte nicht mit Formulierungen wie „es ist offensichtlich/trivial, dass …", „Wie man leicht sieht …" o. Ä. zu übergehen.

---

[11] Der Umfang dieser Materialien variierte zwischen den verschiedenen Sätzen relativ stark. Ein Skript, welches wohl die wichtigste Grundlage für das Erstellen einer adäquaten Lösung bietet, stand für 21 der 24 Sätze zur Verfügung.

[12] LyX ist ein Textverarbeitungsprogramm, welches auf TeX/LaTeX basiert, aber eine graphische Benutzeroberfläche bietet, die ähnlich zu bekannteren Textverarbeitungsprogrammen ist. Es wurde verwendet, da es den Formelsatz gut darstellt, aber auch ohne Vorkenntnisse mit TeX/LaTeX genutzt werden kann.

[13] kurz: SES.

4. **Lösungen eher formal formulieren:** Aufgrund der Tatsache, dass die Studierenden in der Studieneingangsphase den Umgang mit axiomatisch-formaler Mathematik erlernen sollen, ist zu vermuten, dass in Lösungen, wenn die Möglichkeit besteht, eher eine formale als eine verbale Darstellung gewählt werden sollte (vgl. 7.3.4.1). Das bedeutet nicht, dass Formulierungen wie „für alle“ oder „es gibt ein“ unbedingt immer mit Quantoren abgekürzt werden sollten, sondern, dass verbale Formulierungen dort genutzt werden sollten, wo sie das Verständnis der Lösung stützen und dass auf sie verzichtet werden sollte, wenn eine nachvollziehbare kürzere formale Darstellung möglich ist.
5. **Nichtlösbarkeit aufgrund inhaltlicher Kriterien:** Die Lösenden sollten auf Schreibfehler in den Formulierungen der Aufgabenstellungen achten und sie ggf. berichtigen. Zum Beispiel könnte bei einer Aufgabe zur vollständigen Induktion gefordert sein, eine Aussage für *alle* natürlichen Zahlen zu beweisen, die aber nur für $n \geq 2$ gilt. Weitere typische Schreibfehler sind die falsche Indizierung, das Verwechseln von „ $<$ “ und „ $>$ “ bzw. „ $\Leftarrow$ “ und „ $\Rightarrow$ “ oder Vorzeichenfehler. Offensichtliche Schreibfehler solcher Natur sollten unmittelbar in der Aufgabenstellung korrigiert werden. Liegen hingegen Aufgaben vor, die auch nach ggf. nötiger Berichtigung von Schreibfehlern eindeutig nicht lösbar sind, soll statt einer Lösung ein Nachweis gegeben werden, warum die entsprechende Aufgabe nicht lösbar ist. Ein Beispiel hierfür liefert Abbildung 8.1.

Bestimmen Sie die Folge $(a_j)_{j\in\mathbb{N}}$ in $\{0,1\}$, so dass

$$\frac{3}{31} = \sum_{j=1}^{N} \frac{a_j}{2^j} + \varepsilon_N,$$

wobei

$$\varepsilon_N = \frac{3}{4} \cdot \frac{1}{2^{5N+3} - 8}$$

für alle $N \in \mathbb{N}$.

Begründung für Nichtlösbarkeit:

Es muss gelten $a_1 \in \{0,1\}$. Für $a_1 = 0$ würde folgen

$$\varepsilon_1 = \frac{3}{31} = \frac{3}{4} \cdot \frac{1}{2^{5\cdot 1+3} - 8} = \frac{3}{992},$$

was absurd ist. Für $a_1 = 1$ ergäbe sich $\varepsilon_1 = -\frac{25}{62}$, was falsch ist, da $\varepsilon_N > 0$ als Produkt positiver rationaler Zahlen. Widerspruch.

Abbildung 8.1 Aufgabenbeispiel, welches aufgrund inhaltlicher Kriterien nicht lösbar ist

6. **Lösungen haben keinen Erklärcharakter:** Die Lösungen sollten keine Erklärungen beinhalten, warum eine Aufgabe mit den genutzten Verfahren, Definitionen und Sätzen gelöst wurde. Insbesondere sollten keine Irrwege aufgezeigt bzw. verfolgt werden oder verschiedene Ideen zur Lösung elaboriert werden (vgl. 7.1), es sei denn, dies wurde explizit in der Aufgabenstellung gefordert. Die Lösungen unterscheiden sich somit von ausführlichen Musterlösungen wie z. B. bei Demonstrationsaufgaben (Ableitinger, 2013, S. 21–23), weil sie nicht den Zweck haben, dass Studierende mit diesen lernen sollen.
7. **Keine Bearbeitung bei mangelnder Information:** Aufgabenstellungen, aus denen sich auch nach Studium der ggf. zur Verfügung stehenden Materialien der jeweiligen Vorlesung keine ausreichenden Informationen zur Bearbeitung der Aufgabe erschließen ließen, sollten nicht bearbeitet werden.[14]
8. **Keine Bearbeitung aufgrund formaler Kriterien:** Aufgaben, die reine Zusatzaufgaben, Aufgaben für Präsenzaufgabenübungen waren bzw. nur für einen Teil der Teilnehmenden der Vorlesungen relevant waren oder deren vergebene Punkte nicht in die Prüfungszulassung für die Analysis-I-Vorlesung einbezogen wurden, sollten nicht bearbeitet werden. Bereits markierte Aufgaben (vgl. 8.2) sollten auf eben genannte Aspekte kontrolliert werden. Trat keiner davon auf, sollte die Markierung entfernt und die Aufgabe normal bearbeitet werden, ansonsten wurde die Aufgabe nicht bearbeitet.[15]
9. **Weiterleitung von Aufgaben bei Problemen:** Wenn eine Person eine zugeteilte Aufgabe nicht entsprechend der vorher genannten Kriterien lösen konnte, wurde die Aufgabe in einen Pool weitergeleitet, der für alle beteiligten Personen zugänglich ist. Die erste Person, die sich für die Lösung der Aufgabe meldete, löste diese im Folgenden.[16]

Entsprechend dieser Regeln konnten alle Aufgaben des Datensatzes entweder als lösbar, nicht lösbar aufgrund inhaltlicher Kriterien oder nicht bearbeitbar aufgrund mangelnder Information oder formaler Kriterien klassifiziert werden. Die Aufgaben, die aufgrund formaler Kriterien nicht bearbeitbar waren, wurden aus dem Datensatz entfernt. Die Aufgaben, die aufgrund inhaltlicher Kriterien nicht lösbar waren oder

---

[14] Ein Beispiel für diesen Sachverhalt ist die Aufgabenstellung „Beweisen Sie Satz 2.6!“. Wenn kein Skript zur Verfügung steht und der entsprechende Satz in der Aufgabenstellung nicht ausformuliert wird, kann keine Musterlösung erstellt werden. Gleiches gilt, falls es keinen Satz 2.6 im Skript gibt.

[15] Entsprechende Aufgaben wurden bewusst nicht vor dem Erstellen der Musterlösungen entfernt, damit die Person, die die Aufgabe schlussendlich lösen sollte, ggf. fälschlicherweise markierte Aufgaben noch identifizieren konnte. Dieser Fall trat allerdings nicht auf.

[16] Dies betraf nur Aufgaben von insgesamt 4 verschiedenen Übungszetteln.

aufgrund mangelnder Information nicht bearbeitbar waren, wurden im Datensatz behalten, da diese zumindest bzgl. Merkmalen der Oberflächenstruktur (vgl. 7.2) eine Kategorisierung zulassen.[17]

Um die Qualität der Musterlösungen als SES sicherzustellen, wurden die erstellten Lösungen anschließend reviewt. Zum Review erhielt jeweils eine weitere am Lösungsprozess beteiligte Person vollständige Sätze von Übungsserien und zugehörige Lösungen. Die Lösungen sollten anhand der folgenden Merkmale beurteilt werden. Diese sind absteigend nach der Bedeutung im Rahmen des Reviewprozess angeordnet:

1. **Eignung als SES:** Werden nur zu diesem Zeitpunkt bekannte Verfahren, Sätze und Definitionen verwendet?
2. **Fachliche Korrektheit:** Werden keine fachlichen Fehler gemacht?
3. **Umfang der Lösung:** Ist diese Lösung die einfachste und kürzeste, die Studierende zu diesem Zeitpunkt erstellen können, um die volle Punktzahl bei der Bewertung zu erreichen?
4. **Rechtschreibung und Formatierung:** Treten Schreibfehler auf? Ist der Text übersichtlich formatiert?

Im Anschluss an die Sichtung der Lösung konnten die Reviewer:innen zu drei verschiedenen Bewertungen kommen, wobei sich die konzipierten Bewertungskategorien lose an den entsprechenden Kategorien beim Peer Review in wissenschaftlichen Zeitschriften orientierten (Döring und Bortz, 2016, S. 791; Schnell et al., 1999, S. 13–14).

I Die Lösung kann als SES vollständig akzeptiert werden. Es liegen höchstens Verstöße gegen Rechtschreibung und Formatierung, aber keine inhaltlichen Fehler vor.

II Die Lösung kann mit kleineren Änderungen als SES akzeptiert werden. Es liegen inhaltliche Fehler höchstens in Form von kleineren Rechenfehlern vor oder die Lösung ist in wenigen Punkten zu ausführlich bzw. zu knapp gehalten.

III Die Lösung kann nicht als SES akzeptiert werden. Es liegen grobe inhaltliche Fehler vor, die über einfache Rechenfehler hinausgehen (z. B. Zirkelschluss, Fälle nicht exhaustiv betrachtet, nicht gegebene Voraussetzung benutzt, …) oder die Lösung kann nicht als SES umformuliert werden, da Verfahren, Sätze und Definitionen verwendet werden, die den Studierenden zum Zeitpunkt des Bear-

[17] Dies betraf nur einen sehr geringen Teil der Aufgaben (vgl. 9.1).

beitens der Aufgabe nicht zur Verfügung stehen. Es ist auch möglich, dass die Lösung insgesamt deutlich zu ausführlich bzw. deutlich zu knapp gehalten ist.

Je nach Ergebnis des Reviewprozesses wurden die erstellten Lösungen unterschiedlich behandelt. Wurde von Reviewer:innen die Bewertung I vergeben, so sollten die potentiell aufgetretenen Orthographie- bzw. Formatierungsfehler unmittelbar berichtigt werden. Die korrigierte Version der Lösung wurde anschließend an den Autor dieser Arbeit geschickt. Eine weitere Kommunikation zwischen Aufgabenlöser:innen und Reviewer:innen war in diesem Fall nicht nötig.

Wurde die Bewertung II vergeben, so sollten Änderungsvorschläge durch die Reviewer:innen in die ursprüngliche Lösung eingetragen werden. Anschließend erfolgte eine Diskussion der Lösung sowie der potentiell nötigen Änderungen durch Aufgabenlöser:innen sowie Reviewer:innen. Ergebnis dieser Diskussion sollte die Einigung auf eine Lösung sein, die von beiden Parteien als SES akzeptiert werden konnte. Gelang dies nicht, fiel dem Autor der Arbeit eine finale Entscheidung zu.[18]

Wurde für eine Lösung die Bewertung III vergeben, so sollte die reviewende Person eine neue Aufgabenlösung für die Aufgabe erstellen. Die beiden nun vorliegenden Lösungen wurden anschließend einer dritten Person vorgelegt, die sich für eine der beiden Aufgabenlösungen unter Berücksichtigung der eben beschriebenen Kriterien entscheiden musste. Sollte dieses Verfahren nicht funktionieren, traf der Autor der Arbeit eine finale Entscheidung treffen.[19]

Es stellt sich unmittelbar die Frage, ob das so durchgeführte Reviewverfahren die Qualität der Aufgabenlösungen in allen potentiell möglichen Fällen verbesserte. Problematisch erschien vor allem, dass, je schlechter eine Aufgabenlösung durch eine reviewende Person bewertet wurde, der Aufwand umso höher war, der aus der Bewertung resultierte. Es könnte daher vermutet werden, dass die Reviewer:innen – aus einer Arbeitsvermeidungstendenz (Spinath und Schöne, 2019, S. 102) heraus – häufiger die Bewertungen I bzw. II vergaben, obwohl eine schlechtere Bewertung der Aufgabenlösungen angebracht wäre. Eine stichprobenartige Kontrolle der mit I und II bewerteten Aufgabenlösungen durch den Autor dieser Arbeit konnte eine solche Bewertungstendenz nicht feststellen.

[18] Der letztgenannte Fall trat nicht auf.

[19] Dies trat nur bei einer einzelnen Aufgabe auf, für die keine zufriedenstellende SES gefunden werden konnte. Eine Lösung wurde in diesem Fall mit einer Professorin des Mathematischen Instituts der Universität Leipzig gemeinsam entwickelt.

Insgesamt wurden 87,4 % der Lösungen[20] mit I, 9,3 % mit II und 3,3 % mit III bewertet.[21] Durch die nach dem Review durchgeführten Schritte konnte für alle Aufgaben eine begutachtete Musterlösung erstellt werden, welche die Grundlage der Erfassung der Merkmale der Tiefenstruktur bildet (vgl. 7.3).

8.4 Vorbereitung der Kodierung

Nachdem Musterlösungen zu allen Aufgaben, die eine Lösung zuließen (vgl. 8.3), vorlagen, begann die Vorbereitung der Kodierung. Hierfür wurde den Aufgabensätzen der 24 verschiedenen Vorlesungen zunächst randomisiert je ein Großbuchstabe von A bis X als Pseudonym zugewiesen. Zur weiteren Kodierung wurde die Vorstrukturierung der Übungszettel in Haupt- und Teilaufgaben genutzt. Als *Hauptaufgaben* wurden Aufgaben bezeichnet, die auf der obersten Gliederungsebene eines Übungszettels stehen. Meist hatte eine Übungsserie zwischen drei und fünf Hauptaufgaben. Sie wurden üblicherweise durch Nummerierung voneinander getrennt. Eine *Teilaufgabe* war in der hierarchischen Struktur eines Übungszettels eine Ebene unter der Hauptaufgabe verortet. Häufig wurden diese Aufgaben mit Kleinbuchstaben oder römischen Buchstaben sowie der Nummer der entsprechenden Hauptaufgabe bezeichnet, z. B. 1(a) oder 3(ii) (Kühn, 2010, S. 139; Neubrand, 2002). Mit einer jeweils zweistelligen Kodierung wurden Serie und zugehörige Hauptaufgabennummer kodiert. Die erste Zahl stand dabei für die Nummer der Serie, in der sich die Hauptaufgabe befand. Die zweite Zahl gab die Position der Hauptaufgabe auf dem Übungszettel an, d. h. beispielsweise 04 für die vierte Hauptaufgabe auf einem Übungszettel. Weil durch die Vorstrukturierung der Übungszettel das Identifizieren von Serien- und Aufgabennummer sehr einfach möglich war, wurde auf eine Kodierung durch eine zweite Person verzichtet.

Da sowohl Haupt- als auch Teilaufgaben mehrere unabhängige Arbeitsaufträge beinhalten konnten (vgl. 5.1.3), waren diese im Allgemeinen nicht als Analyseeinheiten geeignet. Stattdessen wurden alle trennbaren Arbeitsaufträge einer

[20] Die Gesamtanzahl der Aufgaben bezieht sich hier auf die oberste Gliederungsebene eines Übungszettels, da zu diesem Zeitpunkt noch keine Analyseeinheiten im Datensatz kodiert waren (vgl. 8.4).

[21] Diese guten Bewertungen sind, wie gerade ausgeführt, nicht aufgrund der Tendenz zur Arbeitsvermeidung zustande gekommen, sondern sprechen eher für eine gewissenhafte Bearbeitung der Aufgaben im ersten Lösungsprozess sowie für die Erfahrung der Personen, die die Aufgaben lösten.

Teilaufgabe je als eine *Analyseeinheit* aufgefasst.[22] Die bereits erstellten Musterlösungen bildeten dabei die Orientierungsgrundlage für die Einschätzung. Ein fachlich sehr guter Student höheren Semesters sowie der Autor dieser Arbeit führten die Identifizierung von Analyseeinheiten nach einer kurzen Schulung in der Definition einer Analyseeinheit durch.

Die beiden Personen sollten Anfang und Ende einer Analyseeinheit in den entsprechenden Aufgabenstellungen markieren. Da a priori keine Items zur Beurteilung feststanden, konnte die Objektivität der Messung nur mithilfe der prozentualen Übereinstimmung berichtet werden. Weil ebenfalls Nichtkategorisierungen vorlagen[23], wird der V_2-Koeffizient (Wirtz und Caspar, 2002, S. 49) zur Bestimmung der prozentualen Übereinstimmung gewählt, da dieser ungleiche Gesamtanzahlen bei den beurteilten Objekten berücksichtigt.[24] Als Übereinstimmung wurde dabei gewertet, wenn beide Rater sowohl Anfang als auch Ende einer Analyseeinheit an exakt der gleichen Position markierten. Hierfür wurden die Aufgaben von sechs Vorlesungen überschneidend kodiert, wobei die prozentuale Übereinstimmung $V_2 = 97,6\,\%$ betrug und als sehr gut zu beurteilen ist. Bei Nichtübereinstimmungen konnte durch Diskussion nach der initialen Analyse ein Konsens bei der Vergabe von Analyseeinheiten gefunden werden. Anschließend wurden die verbleibenden 18 Sätze von Übungsserien von je einem der beiden Rater hinsichtlich der Analyseeinheiten kodiert.

Nachdem, wie beschrieben, alle Analyseeinheiten identifiziert werden konnten, wurde die Position der Analyseeinheit in der jeweiligen Hauptaufgabe mit einem zweistelligen Code markiert. Aus Gründen der besseren Lesbarkeit wurden die Bestandteile des Codes mit Unterstrichen getrennt. Der vollständige Code der zweiten Analyseeinheit der dritten Hauptaufgabe des elften Übungszettels der Uni-

[22] Da dies dem Aufgabenbegriff dieser Arbeit entspricht, werden Analyseeinheiten und Aufgaben im Folgenden synonym genutzt.

[23] Wenn eine Person eine Teilaufgabe in zwei Analyseeinheiten einteilt und die andere Person nur eine Analyseeinheit zuweist, kann dies als eine Nichtkategorisierung der zweiten Person interpretiert werden.

[24] Der V_2-Koeffizient berechnet sich über $V_2 = 100\,\% \cdot \frac{2}{N_1+N_2} \cdot \sum_{i=1}^{s} n_{ii}$, wobei N_1 und N_2 die Anzahlen der Kategorisierungen von den beiden Personen angeben, n_{ii} für die Anzahl der Übereinstimmungen bzgl. Kategorie i steht und s für die Anzahl der Kategorien. Es wird empfohlen, V_2 nur zu verwenden, wenn Nichtkategorisierungen weniger als 10 % der Urteile der Rater:innen ausmachen (Wirtz und Caspar, 2002, S. 49). Dies war bei der Identifizierung der Analyseeinheiten der Fall. In der Anwendung in dieser Arbeit stehen N_1 und N_2 für die insgesamt vergebenen Aufgabenanzahlen von Rater 1 und Rater 2 und s für die Gesamtzahl aller überschneidend kodierter Hauptaufgaben. Als Übereinstimmung wurde gewertet, wenn innerhalb einer Hauptaufgabe Anfang und Ende einer Analyseeinheit von beiden Ratern gleich markiert wurden, was es ermöglicht, alle n_{ii} zu bestimmen.

versität P hat daher die Form P_11_03_02. Entsprechende Codes wurden direkt in die Aufgabenstellungen eingetragen.

Mit Abschluss der Vorbereitung der Kodierung konnten die Gesamtzahlen von Hauptaufgaben, Teilaufgaben und Analyseeinheiten festgestellt werden. Tabelle 8.3 informiert über diese deskriptiven Angaben des Datensatzes.

Tabelle 8.3 Anzahl der Serien, Hauptaufgaben, Teilaufgaben und Analyseeinheiten nach Universitäten

Kürzel der Universität	Anzahl der Serien	Anzahl der Hauptaufgaben	Anzahl der Teilaufgaben	Anzahl der Analyseeinheiten
A	14	52	143	185
B	14	63	166	178
C	13	57	81	114
D	13	38	82	113
E	12	42	80	178
F	13	39	106	127
G	13	39	79	88
H	13	52	140	173
I	13	42	140	210
J	12	42	85	110
K	9	39	78	135
L	13	56	129	184
M	14	54	113	126
N	13	52	98	115
O	14	49	102	121
P	13	51	109	146
Q	12	21	72	105
R	14	58	131	187
S	13	41	133	147
T	13	51	109	127
U	13	56	98	156
V	13	52	122	155
W	12	26	81	96
X	13	61	99	146
Σ	**309**	**1133**	**2576**	**3422**

8.5 Durchführung der Kodierung

Im Anschluss an die Identifizierung der Analyseeinheiten begann der eigentliche Kodierprozess. Zunächst wurden eine Datenbank mit allen Aufgabencodes als Primärschlüssel und zusätzlich ein Programm zur Eingabe der erhobenen Daten in diese Datenbank erstellt.[25] Es umfasst eine graphische Oberfläche, die die Auswahl des zu erhebenden Merkmals, die Eingabe des Aufgabencodes sowie die Eingabe des Codes für die Merkmalsausprägung der zu kodierenden Aufgabe ermöglicht. Nach Eingabe eines initialen Aufgabencodes, z. B. C_01_01_01, sowie des Codes der Merkmalsausprägung konnte durch Betätigen der Enter-Taste zur unmittelbar nächsten Aufgabe übergegangen werden (in diesem Fall C_01_01_02), wobei simultan der Wert des zu kodierenden Merkmals für C_01_01_01 in der Datenbank abgelegt wurde. Vorteile dieses Programms sind sowohl Fehlervermeidung bei der Eingabe, da nur Eingaben im Wertebereich des jeweiligen Merkmals möglich waren, als auch Zeitersparnis bei der Datenerhebung, da Kodierung und Dateneingabe nicht getrennt erfolgen mussten.

Anschließend wurden die Aufgabenmerkmale des Klassifikationsschemas zu Merkmalsbündeln gruppiert (Wirtz und Caspar, 2002, S. 46), um eine Überforderung der Rater:innen mit einer zu großen Zahl von Merkmalen pro Ratingdurchgang zu verhindern. Die Merkmale wurden dabei so gebündelt, dass sie einerseits thematisch ähnlich waren und andererseits entweder geschlossen die Beurteilung nur der Aufgabenstellung oder sowohl von Aufgabenstellung als auch zugehöriger Musterlösung erforderten. Tabelle 8.4 gibt die Bündelung der Merkmale für die Durchführung der Kodierung an.

Die Kodierung erfolgte durch die gleichen Personen wie das Erstellen der Musterlösungen (vgl. 8.3) sowie zwei Lehramtsstudierende höheren Semesters mit sehr guten Studienleistungen im Fach Mathematik. Auch hier waren alle am Kodierprozess beteiligten Personen durch die Arbeit in einem Studienerfolgsprojekt mit den Inhalten und Aufgaben der Analysis I vertraut. Pro Merkmalsbündel wurde die Kodierung von je zwei dieser Personen, von denen immer eine der Autor dieser Arbeit war, durchgeführt. Die Schulung der kodierenden Personen erfolgte in zwei obligatorischen und einem optionalen Schritt. Zunächst wurde anhand von wenigen Beispielen aus den klassischen Analysis-I-Lehrbüchern (Forster, 2016; Heuser, 2003; Königsberger, 2004) die Anwendung der entsprechenden Merkmale eines Merkmalsbündels des Kategoriensystems vermittelt. Anschließend wurden mittels

[25] Dieses Programm wurde von zwei Informatikstudenten, die im gleichen Studienerfolgsprojekt arbeiteten wie die Aufgabenlöser:innen, erstellt und gewartet.

Tabelle 8.4 Merkmalsbündel für die Kodierung der Aufgabenmerkmale

Nummer	Merkmalsbündel	Musterlösung nötig für Kodierung des Merkmals?
1	**Inhaltliche Einordnung**	Ja
2	**Offenheit**	Nein
3	**Deskriptive Angaben zur Aufgabenstellung** (Operator der Aufgabenstellung, Antwortformat, Geforderte/Genutzte Darstellungsformen, Kontextinformationen)	Nein
4	**Generalitätsgrad**	Nein
5	**Verbindungen zur inner- bzw. außermathematischen Welt** (Explizite Reflexionsanlässe, Realitätsbezüge)	Nein
6	**Quantitative Beschreibung der Wissenseinheiten** (Anzahl der Wissenseinheiten)	Ja
7	**Qualitative Beschreibung der Wissenseinheiten** (Art und Form der Wissenseinheiten)	Ja
8	**Anzahl der Bearbeitungsschritte**	Ja
9	**Typen mathematischen Arbeitens** (Niveau des Beweisens, Niveau des schematischen innermathematischen Anwendens, Niveau des außermathematischen Anwendens)	Ja

eines Testsatzes von Aufgaben[26] die Übereinstimmung der beiden kodierenden Personen bestimmt und die Nichtübereinstimmungen dieser Kodierung besprochen (1. Schritt). In nächsten Schritt wurden pro Merkmalsbündel je vier Sätze von Aufgaben aus dem Datensatz (vgl. 8.2) an beide kodierende Personen verteilt (2. Schritt). Dies entsprach in jedem Fall mindestens 10 % der zu kodierenden Analyseeinheiten. War die Beurteilerübereinstimmung nicht zufriedenstellend, wurde eine weitere Besprechung der Nichtübereinstimmungen sowie Schulung in der Anwendung der jeweiligen Merkmale durchgeführt. Die vorher erhobenen Daten wurden verworfen

[26] Dabei handelte es sich um Analysis-I-Aufgaben der Universität Leipzig aus den Jahren 2012 bis 2017.

und es wurden erneut vier Sätze von Übungsserien auf beide Rater:innen verteilt (optionaler 3. Schritt) und anschließend die Beurteilerübereinstimmung berechnet. Das Vorgehen orientierte sich eng an den Empfehlungen für die quantitative Dokumentenanalyse in der einschlägigen Literatur (Döring und Bortz, 2016; Wirtz und Caspar, 2002).

Um die Objektivität des Klassifikationsinstruments – oder genauer des Klassifikationsinstruments *und* des Vorgehens – zu überprüfen, wurde nach allen Schritten des Kodierprozesses jeweils Cohens κ als Maß der Übereinstimmung berechnet. Bei diesem Maß handelt es sich um ein Übereinstimmungsmaß, welches die einfache prozentuale Übereinstimmung der Beurteiler:innen um zufällige Übereinstimmungen bereinigt (Cohen, 1960, S. 39–40; Döring und Bortz, 2016, S. 567). κ berechnet sich durch folgende Vorschrift

$$\kappa = \frac{P_o - P_e}{1 - P_e},$$

wobei P_o den relativen Anteil der Fälle angibt, bei denen die Rater:innen identische Urteile abgegeben haben und P_e den sich aus den Randverteilungen ergebenden erwarteten Anteil zufälliger Übereinstimmungen bezeichnet (Wirtz und Caspar, 2002, S. 56). Dieses Maß ist insbesondere für Kategoriensysteme geeignet, deren Kategorien wenige Merkmalsausprägungen aufweisen und daher einen hohen Anteil zufälliger Übereinstimmung vermuten lassen. Dies trifft für nahezu alle Merkmale des Instruments dieser Arbeit zu.

κ ist ein Maß, welches für nominale und ordinale Variablen gleichermaßen geeignet ist. Es berücksichtigt allerdings nicht, dass bei ordinalskalierten Merkmalen unterschiedliche Nichtübereinstimmungen unterschiedlich gravierend sind. Obwohl einige Kategorien des Klassifikationsschemas ordinalskaliert sind (z. B. die *Anzahl der Bearbeitungsschritte*), erscheint es ausreichend, nur die kategoriale Übereinstimmung mittels Cohens κ (Döring und Bortz, 2016, S. 567; Wirtz und Caspar, 2002, S. 56) zu berechnen, um speziell einen Vergleich zu ähnlichen Untersuchungen zu ermöglichen und andererseits auch eine globale Interpretation aller (nominal- *und* ordinalskalierter) Merkmale des Instruments zuzulassen. Außerdem wird so die tatsächliche Qualität des Instruments höchstens unterschätzt.

Die Empfehlungen zur Interpretation von Cohens κ divergieren in der Literatur. Landis und Koch (1977, S. 165) schätzen Werte kleiner 0 als schlecht, Werte zwischen 0 und 0,2 als gering, Werte zwischen 0,21 und 0,4 als mittelmäßig, Werte zwischen 0,41 und 0,6 als angemessen, Werte zwischen 0,61 und 0,8 als bedeutend und

Werte zwischen 0,81 und 1 als fast perfekt ein.[27] Etwas progressivere Konventionen beurteilen Werte von Cohens κ zwischen 0,4 und 0,6 je nach Fragestellung und Vorliegen alternativer Messverfahren als akzeptabel, Werte über 0,6 als gut und Werte von $\kappa > 0,75$ als Indikator einer sehr guten Beurteilerübereinstimmung (Wirtz und Caspar, 2002, S. 59). Im Rahmen dieser Arbeit sollen nur Werte von $\kappa \geq 0,6$ für Tiefenstrukturmerkmale und Werte von $\kappa \geq 0,75$ für Oberflächenstrukturmerkmale akzeptiert werden, da der Aufwand erneuter Rater:innenschulungen bzw. erneuter Bestimmung der Beurteilerübereinstimmung nur anhand der jeweiligen Merkmale erfolgt und somit vergleichsweise gering ist. Die Unterscheidung wurde getroffen, da die meisten Merkmale der Oberflächenstruktur niedrig-inferent und die Merkmale der Tiefenstruktur mittel- bis hoch-inferent sind.

Da die einzelnen Kategorien des Klassifikationsschemas sich erheblich bzgl. der Komplexität in der Anwendung unterscheiden, können die Übereinstimmungsmaße der Kodierer:innen jedoch nicht nur nach Konvention beurteilt werden. Für die besonders anspruchsvoll zu erhebenden Kategorien *Anzahl der Wissenseinheiten* und *Anzahl der Bearbeitungsschritte*, deren Komplexität sich daraus ergibt, dass die Erhebung eine genaue Analyse der gesamten Lösung erfordert, sowie dass bereits geringfügige Änderungen an einer Lösung zu einer anderen Kategorisierung führen können, sind auch Übereinstimmungswerte zwischen 0,6 und 0,8 als sehr gut zu beurteilen. Tabelle 8.5 informiert über die Beurteilerübereinstimmung nach den einzelnen Kodierphasen. Um die Übereinstimmungen der verschiedenen Merkmale besser einordnen zu können, wird zusätzlich die prozentuale Übereinstimmung (PÜ) merkmalsspezifisch ausgewiesen (Wirtz und Caspar, 2002, S. 23).

Die Übereinstimmungswerte zum ersten Testzeitpunkt zeigten sich sehr heterogen und reichten von nicht akzeptablen bis zu perfekten Werten. Eine Besprechung der Nichtübereinstimmungen bei der ersten Kategorisierung führte bei nahezu allen Aufgabenmerkmalen zu einer Erhöhung von Cohens κ bzw. der prozentualen Übereinstimmung auf ein gutes bis sehr gutes Niveau oder der Stagnation auf dem entsprechenden Niveau zum zweiten Testzeitpunkt. Einzig die Kategorien *Form der Wissenseinheiten* und *Art der Wissenseinheiten* erreichten nicht akzeptable Werte zum zweiten Testzeitpunkt. Diese beiden Kategorien wurden in einer zweiten Schulung thematisiert. Zur Vorbereitung dieser Schulung wurden die aufgetretenen Nichtübereinstimmungen analysiert und gruppiert sowie entsprechende Beispiele generiert, die eine Abgrenzung der Merkmalsausprägungen erleichtern sollten.

[27] Es wurden hier eigene Übersetzungen der Abstufungen verwendet. Problematisch an dieser Konvention ist, dass sie den Wertebereich von Cohens κ, das Intervall $(-\infty, 1]$, nicht exhaustiv behandelt. Ein Ergebnis wie $\kappa = 0,607$ lässt sich nicht eindeutig in eine der ausgewiesenen Stufen einordnen.

Tabelle 8.5 Beurteilerübereinstimmung zu den verschiedenen Merkmalen im Kodierprozess

Aufgabenmerkmal	PÜ zum ersten Testzeitpunkt	κ zum ersten Testzeitpunkt	PÜ zum zweiten Testzeitpunkt	κ zum zweiten Testzeitpunkt	PÜ zum dritten Testzeitpunkt	κ zum dritten Testzeitpunkt
Anzahl der Aufgaben	$N = 181$		$444 \leq N \leq 755$		$N = 588$	
Sektor der Aufgabe	92,2 %	0,897	93,7 %	0,920	–	–
Thema der Aufgabe	89,5 %	0,874	90,2 %	0,885	–	–
Offenheit der Ausgangssituation	100 %	1	100 %	1	–	–
Offenheit des Wegs	93,9 %	0,830	97,4 %	0,941	–	–
Offenheit der Lösung	94,4 %	0,901	91,9 %	0,892	–	–
Offenheit des Ziels	97,8 %	0,526	99,3 %	0,815	–	–
Operator der Aufgabenstellung	100 %	1	99,7 %	0,993	–	–
Geforderte/Genutzte Darstellungsformen	100 %	1	100 %	1	–	–
Kontextinformationen	98,9 %	0,332	99,8 %	0,951	–	–
Generalitätsgrad	90,0 %	0,837	95,2 %	0,916	–	–
Explizite Reflexionsanlässe	91,2 %	0,656	94,5 %	0,768	–	–
Realitätsbezüge	100 %	1	99,1 %	0,820	–	–
Anzahl der Schulwissenseinheiten	64,6 %	0,473	80,3 %	0,702	–	–
Anzahl der Hochschulwissenseinheiten	73,5 %	0,684	87,8 %	0,782	–	–
Art der Wissenseinheiten	62,4 %	0,397	71,1 %	0,510	91,3 %	0,827
Form der Wissenseinheiten	71,8 %	0,591	72,4 %	0,575	89,6 %	0,791
Anzahl der Bearbeitungsschritte	87,8 %	0,811	87,3 %	0,823	–	–
Niveau des Beweisens	94,5 %	0,916	93,8 %	0,909	–	–
Niveau des schematischen innermathematischen Anwendens	89,0 %	0,837	92,7 %	0,888	–	–
Niveau des außermathematischen Anwendens	100 %	1	100 %	1	–	–

Diese Beispiele wurden in der anschließenden Schulung hauptsächlich thematisiert. Zum dritten Testzeitpunkt zeigte sich eine erhebliche Verbesserung der Beurteilerübereinstimmung auf ein gutes bis sehr gutes Niveau auch in diesen beiden Kategorien. In allen Kategorien des Klassifikationsschemas konnten so mindestens gute bis ausgezeichnete Werte für Cohens κ und die prozentuale Übereinstimmung erreicht werden. Dies ist vermutlich auch darauf zurückzuführen, dass in dieser Untersuchung festgelegte Musterlösungen untersucht worden sind, was beispielsweise die Beurteilung des Niveaus der zur Bearbeitung erforderlichen mathematischen Tätigkeiten oder das Quantifizieren der für die Aufgabenlösung nötigen Wissenseinheiten oder Bearbeitungsschritte deutlich vereinfachte.

In der letzten Phase der Kodierung wurden die verbleibenden Sätze der Übungsserien, die nicht bereits doppelt kodiert wurden, auf die Rater:innen des jeweiligen Merkmalsbündels gleichmäßig verteilt.[28] Nach Eingabe der Daten mit dem beschriebenen Programm wurden die einzelnen Outputdateien in einem SPSS-File zusammengefasst. Dieses ist die Grundlage der Datenauswertung.

8.6 Zusammenfassung

In diesem Kapitel wurde zunächst die Akquirierung des Datensatzes beschrieben (vgl. 8.1). Dafür wurden die Dekanate und in einer zweiten Anfragerunde auch die Lehrenden der Universitäten kontaktiert, die, gemessen an der Studierendenzahl, über die 40 größten Mathematikfakultäten verfügten. Außerdem konnten auch einige Sätze von Serien über eine Onlinesuche gewonnen werden. Insgesamt umfasst der Datensatz der Untersuchung nach der Sichtung und Überprüfung der Aufgaben auf Passung zur Übungsaufgabendefinition der Arbeit 309 Serien von 24 Lehrenden. Die Serien stammen aus 8 verschiedenen Bundesländern (vgl. 8.2).

Um den Datensatz auch in Bezug auf die Tiefenstruktur der Aufgaben beschreiben zu können, bedarf es Musterlösungen, die erfolgreiche Bearbeitungsprozesse von Studierenden bestmöglich abbilden. Dies wurde sichergestellt, indem von Personen Lösungen zu den Aufgaben erstellt wurden, die über umfangreiche Erfahrungen in der Lehre der Studieneingangsphase verfügen. Die Lösungen durchliefen einen regelgeleiteten Reviewprozess, sodass davon auszugehen ist, dass sie in den jeweiligen Lehrveranstaltungen als vollständig korrekte Lösungen, die nur Wissen einsetzen, über welches die Studierenden zum jeweiligen Zeitpunkt verfügen, bewertet werden würden (vgl. 8.3).

[28] Dies entsprach zehn Sätzen pro Rater:in.

Im Anschluss wurden Analyseeinheiten für die Untersuchung im Datensatz identifiziert. Eine Analyseeinheit wird dabei als getrennt bearbeitbarer Auftrag einer Aufgabenstellung verstanden (vgl. 5.1.3). Diese Unterteilung ist feiner als die Strukturierung in Haupt- und Teilaufgaben, welche durch Lehrende vorgegeben wird und ermöglicht es so, einen wechselnden Anspruch von Aufgaben präzise darzustellen. Insgesamt umfasst der Datensatz $N = 3422$ Analyseeinheiten (vgl. 8.4).

Die Datenerhebung erfolgte getrennt nach Merkmalsbündeln des Kategoriensystems (vgl. 7.4). Dabei wurden immer mindestens zwei Testerhebungen zur Bestimmung der Übereinstimmung der Rater:innen durchgeführt, bei nicht zufriedenstellenden Ergebnissen waren es drei Erhebungsrunden. In der letzten Erhebung wurden bzgl. aller Aufgabenmerkmale gute bis perfekte Übereinstimmungswerte erzielt (vgl. 8.5). Dies ermöglicht es nun, Forschungsfrage 2 zu beantworten: Die Aufgabenmerkmale aus dem Kategoriensystem dieser Arbeit lassen sich allesamt objektiv erheben, wobei Übereinstimmungswerte im guten bis ausgezeichneten Bereich erzielt werden konnten. Für die hoch-inferenten Merkmale scheint aber das Design mit vorgegebenen Musterlösungen als gemeinsame Referenz zur Einschätzung der Tiefenstruktur nötig, was die Einsatzfähigkeit des Klassifikationsinstruments in diesem Bereich einschränkt.

In Anschluss an die Datenerhebung erfolgte die Datenauswertung, welche im folgenden Kapitel zusammen mit den Ergebnissen der Untersuchung genauer beschrieben wird.

Datenauswertung und Ergebnisse – Deskriptiver Teil

9

Die Auswertung der Daten erfolgte in zwei Schritten. Der erste Schritt[2], welcher in diesem Kapitel beschrieben wird, umfasste das isolierte Auswerten der einzelnen Aufgabenmerkmale des Klassifikationsinstruments. Hiermit können einerseits charakteristische Aufgabenprofile (vgl. 5.3) aus der Gesamtschau auf diese Ergebnisse gewonnen werden, andererseits lässt sich über den Vergleich der Merkmalsverteilungen der Aufgaben verschiedener Lehrender feststellen, inwiefern eine unterschiedliche Gestaltung von Übungsaufgaben besteht. Letzteres wird nur für diejenigen Tiefenstrukturmerkmale berichtet, bei denen keine sehr einseitige Merkmalsverteilung vorliegt.[3] Die weiteren Ergebnisse werden der Vollständigkeit halber zumindest im elektronischen Anhang der Arbeit angegeben.

Vor der Ergebnispräsentation wird das methodische Vorgehen bei der Auswertung diskutiert (vgl. 9.1), wobei insbesondere der Umgang mit fehlenden Daten, die Wichtung der einzelnen Analyseeinheiten sowie das methodische Vorgehen bei Vergleichen der Aufgabenmerkmale verschiedener Lehrender von Bedeutung sind. Für die eigentliche Ergebnispräsentation wird die Verteilung der Gestaltungsmerkmale der Oberflächen- bzw. Tiefenstruktur in der Reihenfolge vorgestellt, wie sie in 7.2 bzw. 7.3 erarbeitet wurde (vgl. 9.2 und 9.3).

---

[1] Der zweite Schritt, die Konstruktion von Aufgabentypen, erfolgt in Kapitel 10.

[2] Auf eine entsprechende Darstellung der Oberflächenstrukturmerkmale wurde verzichtet, da sich bei der Mehrzahl der Merkmale einseitige Verteilungen zeigen und bei den Merkmalen, bei denen dies nicht der Fall ist, Unterschiede nur in relativ geringem Maße bestehen.

Ergänzende Information Die elektronische Version dieses Kapitels enthält Zusatzmaterial, auf das über folgenden Link zugegriffen werden kann https://doi.org/10.1007/978-3-658-50118-1_9.

F. Wlassak, *Gestaltungsmerkmale und Typen von Übungsaufgaben aus der Analysis I*, https://doi.org/10.1007/978-3-658-50118-1_9

9.1 Methodisches Vorgehen bei der Auswertung

Insgesamt stehen für die Auswertung $N = 3422$ Analyseeinheiten (= Aufgaben) zur Verfügung; allerdings konnten nicht alle Aufgaben für die Erhebung *aller* Aufgabenmerkmale des Klassifikationsinstruments genutzt werden. Für die Merkmale der Tiefenstruktur mussten insgesamt 33 Analyseeinheiten von der Betrachtung ausgeschlossen werden, da keine Musterlösung erstellt werden konnte (vgl. 8.3). Dies umfasst 1,0 % der Aufgaben des Datensatzes und für keinen Satz von Übungsaufgaben mehr als 7,5 % der jeweiligen Aufgaben.[3] Da diese Form von *Missing Data* nur selten im Datensatz auftritt und keine Systematik in Bezug auf die Tiefenstruktur der Aufgaben aufweist, ist davon auszugehen, dass sich das Gesamtbild der Tiefenstruktur nicht verzerrt, wenn diese Aufgaben bei den entsprechenden Merkmalen nicht einbezogen werden (Döring und Bortz, 2016, S. 583). Es ist anzumerken, dass bei mehr als der Hälfte dieser, aufgrund nicht erstellbarer Musterlösungen, ausgeschlossenen Aufgaben der Ausschluss[4] wegen einer Referenzierung einer Nummerierung im Skript bzw. der Vorlesung oder eines benannten Verfahrens, welches nicht eindeutig identifiziert werden konnte, erfolgte. Es ist daher zu vermuten, dass das vollständige Ausschließen dieser Aufgaben das Ergebnis in Bezug auf das Aufgabenmerkmal *Explizite Reflexionsanlässe* verzerren würde. Da für die Erhebung der Merkmale der Oberflächenstruktur jedoch keine Musterlösung nötig ist, konnte dieses Merkmal für alle Aufgaben erfasst werden. Insbesondere weil für kein Aufgabenmerkmal mehr als 5 % der Werte fehlen, wird auf eine ausführlichere Missing-Data-Diagnose verzichtet (Wirtz, 2004, S. 111). Schließlich konnte auch nicht für alle Analyseeinheiten, für die eine Musterlösung vorlag, jedes Tiefenstrukturmerkmal bestimmt werden. Da dies nur Einzelfälle betrifft, werden die entsprechenden Zahlen bei der Ergebnispräsentation ohne weitere Erläuterung angegeben.

Methodisch werden für die Auswertung der Daten vor allem deskriptivstatistische Verfahren verwendet, d. h., absolute und relative Häufigkeiten der einzelnen Merkmalsausprägungen dargestellt (Hussy et al., 2010, S. 164). Dabei wurde bemerkt, dass die Aufgabendefinition dieser Arbeit dafür sorgen kann, eine durch Arbeitsaufträge untergliederte Hauptaufgabe (vgl. 5.1.3) stärker zu wichten, als eine Hauptaufgabe, bei der das nicht der Fall ist. Um dieses Risiko gering zu halten,

[3] Für einen Satz von Aufgaben konnte bei 7,5 % der Aufgaben keine Musterlösung erstellt werden. Bei allen anderen Sätzen waren es weniger als 3,2 % der Aufgaben.

[4] Dies betrifft 21 Aufgaben.

werden neben der Darstellung der relativen Häufigkeiten auf Ebene der Analyseeinheiten auch die relativen Häufigkeiten in Bezug auf die Hauptaufgaben ausgewiesen.[5] Dafür erhalten die zu einer Hauptaufgabe (Z_x_y)[6] gehörigen Analyseeinheiten jeweils eine Wichtung $w(Z\_x\_y)$, die sich aus der Gesamtzahl der zu dieser Hauptaufgabe gehörigen Analyseeinheiten wie folgt berechnet:

$$w(Z\_x\_y) = \frac{1}{z}, \text{ wenn } z = \max\{k|(Z\_x\_y\_k) \in C\},$$

wobei C die Menge aller bei der Vorbereitung der Kodierung (vgl. 8.4) vergebenen Aufgabencodes des Datensatzes bezeichnet. Bei einer Hauptaufgabe mit 10 Analyseeinheiten erhält somit jede dieser Analyseeinheiten das Gewicht $\frac{1}{10}$. Damit ergibt sich als Gesamtgewicht jeder Hauptaufgabe 1, was die Praxis der gleichen Bewertung aller Hauptaufgaben mit der gleichen Punktzahl abbildet (vgl. 4.3). Die gewichtete relative Häufigkeit $r(i, j)$ der Merkmalsausprägung j des Aufgabenmerkmals i berechnet sich dann als

$$r(i, j) = \sum_{(Z\_x\_y\_k)\in C} \frac{\delta(j, m_i(Z\_x\_y\_k)) \cdot w(Z\_x\_y)}{n_i},$$

wobei n_i die Anzahl aller Hauptaufgaben des Datensatzes ist, für die das Merkmal i bestimmt werden konnte, $m_i(Z\_x\_y\_k)$ die Merkmalsausprägung der Analyseeinheit $Z\_x\_y\_k$ hinsichtlich des Merkmals i angibt und δ das Kronecker-Delta beschreibt.

Neben diesen Maßen werden für die Merkmale der Tiefenstruktur auch Vergleiche zwischen den Merkmalsverteilungen verschiedener Lehrender angestellt. Um Unterschiede festzustellen, wird dafür aufgrund der ordinalen bzw. nominalen Skalierung aller erhobenen Daten auf χ^2–Tests (Rasch et al., 2008b, S. 174) zurückgegriffen. Dabei ist zu beachten, dass diese nur angewendet werden können, wenn die erwartete absolute Häufigkeit der einzelnen Merkmalsausprägungen in allen Zellen mindestens 5 beträgt. Damit sich das Gewicht der potentiellen Unterschiede beurteilen lässt, wird das Maß $w^2 = \frac{\chi^2}{N}$ genutzt, welches den Wert von

[5] Auf die Angabe der zugehörigen gewichteten absoluten Häufigkeiten wird verzichtet, da diese nicht direkt aus der Datenerhebung generiert werden und daher nicht unbedingt ganzzahlig sind. Des Weiteren werden die gewichteten relativen Häufigkeiten nur global berichtet, da beim Vergleich der Sätze verschiedener Lehrender Unterschiede herausgearbeitet werden sollen, die an den genauen Formulierungen der Aufgaben liegen, welche in der gewichteten Verteilung dann potentiell nicht mehr zu erkennen sind.

[6] Z steht dabei für den Buchstaben der jeweiligen Institution und liegt in der Menge $\{A, B, C, \ldots, V, W, X\}$. Das x bezeichnet die Nummer des Übungszettels und y die Nummer der Hauptaufgabe.

χ^2 in Bezug auf die Stichprobengröße normiert und per Konvention für Werte zwischen 0,01 und 0,09 kleine, für Werte zwischen 0,09 und 0,25 mittlere und ab 0,25 große Effekte indiziert (Rasch et al., 2008b, S. 181). Schließlich wird zur Prüfung der Hypothese der kanonischen Reihenfolge der Inhalte der Analysis I auch die Spearman-Korrelation[7] ρ zwischen der Woche, in der die Aufgabe gestellt wird, und dem Sektor, aus dem die Aufgabe stammt, bestimmt (Bortz und Schuster, 2016, S. 178).[8]

9.2 Ergebnisse der Oberflächenstruktur

9.2.1 Ergebnisse zum Aufgabenmerkmal *Operator der Aufgabenstellung*

Für die Erhebung dieses Merkmals wurden den einzelnen Gruppen von *Operatoren* Oberbegriffe zugeordnet (vgl. 7.2.1), um die Klassifikation einerseits zu erleichtern, andererseits, um Ergebnisse aussagekräftiger zu machen, indem insgesamt weniger Merkmalsausprägungen berichtet werden. Die gewichtete und ungewichtete Verteilung der Gruppen von *Operatoren* auf die Übungsaufgaben des Datensatzes kann Tabelle 9.1 entnommen werden.

In den Übungsaufgaben der Analysis I treten vordergründig Operatoren auf, die zum *Beweis* einer Aussage auffordern. In der ungewichteten Verteilung machen diese Aufgaben in etwa die Hälfte aller Analyseeinheiten aus. Am zweithäufigsten (14,7 %) treten Aufgaben auf, deren Arbeitsanweisung eine *Berechnung* verlangt. Bemerkenswert ist der Anteil jener Aufgaben, die *keine Arbeitsanweisung* beinhalten, was einerseits Aufgabenstellungen umfassen kann, die als Frage formuliert sind, andererseits die bloße Angabe einer Aussage durch die Aufgabenstellung ohne Konkretisierung, wie mit dieser umgegangen werden soll. Deutlich seltener konnten Aufgaben klassifiziert werden, deren Arbeitsanweisung einen *Vergleich* (5,4 %), das *Finden eines Beispiels* (5,1 %), das *Finden einer formal-verbalen* (4,1 %) oder *graphischen Darstellung* (2,7 %) bzw. das *Fällen eines Urteils* (3,3 %) einfordert. Die restlichen Gruppen von Arbeitsanweisungen treten nur in Einzelfällen auf.

Unterschiede zwischen der gewichteten und der ungewichteten Verteilung sind insgesamt eher gering. Nur bei den Aufgaben, deren Arbeitsanweisung einen *Beweis* einfordert, ist der Anteil in der gewichteten Verteilung deutlich höher. Aufgaben, die

[7] Diese wird auch als Rangkorrelation bezeichnet (Rasch et al., 2008a, S. 142).

[8] Es ist anzumerken, dass der Aspekt *Sektor der Aufgabe* im Prinzip eine nominalskalierte Variable ist. Da jedoch eine übliche Reihenfolge unterstellt wird, wird die Variable für die Hypothesenprüfung als ordinalskaliert angenommen.

Tabelle 9.1 Ergebnisse zum Aufgabenmerkmal *Operator der Aufgabenstellung*

Gruppe von Operatoren	Absolute Häufigkeit	Relative Häufigkeit ungewichtet[a]	Relative Häufigkeit gewichtet
Aufforderung zur Berechnung	502	14,7 %	11,8 %
Aufforderung zum Beweisen	1718	50,2 %	60,0 %
Aufforderung zum Vergleichen	185	5,4 %	4,4 %
Aufforderung zur Überprüfung einer gegebenen Lösung	37	1,1 %	0,9 %
Aufforderung zum Fällen eines Urteils	114	3,3 %	2,2 %
Aufforderung zum Interpretieren	10	0,3 %	0,3 %
Aufforderung zur formal-verbalen Darstellung	142	4,1 %	3,1 %
Aufforderung zur graphischen Darstellung	91	2,7 %	1,6 %
Aufforderung zum Finden eines Beispiels	175	5,1 %	4,1 %
Aufforderung zum Nutzen eines Verfahrens	21	0,6 %	0,6 %
Aufgabe ohne Arbeitsanweisung	398	11,6 %	10,1 %
Sonstige	29	0,8 %	1,0 %

[a] Aufgrund von Rundungsfehlern ergänzen sich nicht alle prozentualen Angaben zu 100 %. Man berücksichtige dies auch für alle folgenden Ergebnisse

eine *Berechnung* einfordern, haben nach Wichtung einen etwas geringeren Anteil. Bei den weiteren Gruppen von Arbeitsanweisungen gibt es kaum nennenswerte Unterschiede zwischen gewichteter und ungewichteter Verteilung. Insgesamt kann ein Fokus auf Gruppen von Operatoren, die zum *Beweisen* oder zum *Berechnen* anregen, festgestellt werden. Ein nicht zu vernachlässigender Teil der Aufgaben hat darüber hinaus *keinen Operator*.

9.2.2 Ergebnisse zum Aufgabenmerkmal *Antwortformat*

Übungsaufgaben haben einen Hausaufgabencharakter mit einer Bearbeitungszeit von einer Woche (vgl. 4.3). Diese organisatorische Besonderheit legt nahe, dass vor allem ausführliche Antwortformate die Analysis-I-Aufgaben dominieren (vgl. 7.2.2). Die tatsächliche Verteilung des Aufgabenmerkmals *Antwortformat* ist in Tabelle 9.2 beschrieben.

Tabelle 9.2 Ergebnisse zum Aufgabenmerkmal *Antwortformat*

Art des Antwortformats	Absolute Häufigkeit	Relative Häufigkeit ungewichtet	Relative Häufigkeit gewichtet
Gebundenes Antwortformat	13	0,4 %	0,6 %
Freies Antwortformat mit Kurzantwort	344	10,1 %	7,0 %
Freies Antwortformat mit ausführlicher Antwort	3065	89,6 %	92,4 %

Es ist die zu erwartende Konzentration der Verteilung auf die Merkmalsausprägung *Freies Antwortformat mit ausführlicher Antwort* festzustellen. In der ungewichteten Verteilung haben in etwa neun von zehn Aufgaben ein solch *freies Antwortformat*. Ein *Kurzantwortformat* kann jeder zehnten Aufgabe attestiert werden. Aufgaben, die ein *gebundenes Antwortformat* aufweisen, wie beispielsweise Multiple-Choice oder Zuordnungsaufgaben, treten äußerst selten auf. Weiterhin kann festgestellt werden, dass nach Wichtung der Aufgaben der Anteil der Aufgaben mit einem *ausführlichen Antwortformat* noch größer ausfällt, während der Anteil der Aufgaben mit einem *Kurzantwortformat* entsprechend sinkt. Erwartungsgemäß bleibt der Anteil der Aufgaben mit einem *gebundenen Antwortformat* auch nach Wichtung der Aufgaben sehr niedrig.

9.2.3 Ergebnisse zum Aufgabenmerkmal *Offenheit*

Entsprechend dem etablierten Verständnis des Begriffs Offenheit einer Aufgabe in der allgemein-didaktischen und fachdidaktischen Literatur können Aufgaben nicht einfach dichotom als offen und geschlossen klassifiziert werden. Daher wurden für das Instrument zur Erhebung der Offenheit einer Aufgabe in dieser Arbeit vier Aspekte (Offenheit der Ausgangssituation, Offenheit des Wegs, Offenheit der Lösung, Offenheit des Ziels; vgl. auch 7.2.3) unterschieden. Im Folgenden werden die Ergebnisse dieser vier Aspekte präsentiert.

Der Aspekt *Offenheit der Ausgangssituation* beschreibt, ob die Aufgabenstellung alle zur Lösung relevanten Informationen bereitstellt, oder ob noch Daten recherchiert werden müssen. Über die Verteilung dieses Aspekts informiert Tabelle 9.3.

Tabelle 9.3 Ergebnisse zum Aspekt *Offenheit der Ausgangssituation*

Art der Ausgangssituation	Absolute Häufigkeit	Relative Häufigkeit ungewichtet	Relative Häufigkeit gewichtet
Geschlossen	3405	99,5 %	99,5 %
Offen	17	0,5 %	0,5 %

Erwartungsgemäß erfordert nur ein äußerst geringer Teil der Aufgaben das zusätzliche Recherchieren von Informationen. Dies betrifft sowohl in der gewichteten als auch der ungewichteten Verteilung nur etwa jede zweihundertste Aufgabe. Insgesamt sind die Aufgaben der Analysis I bzgl. dieses Aspekts geschlossen.

Der Aspekt *Offenheit des Wegs* hat zwei mögliche Ausprägungen. Die Ausprägung *Geschlossen* beschreibt, dass ein Lösungsweg durch die Aufgabenstellung vorgegeben oder ein intendierter Lösungsweg zumindest erwähnt wird. Die Verteilung der Aufgaben hinsichtlich des Aspekts *Offenheit des Wegs* kann Tabelle 9.4 entnommen werden.

Tabelle 9.4 Ergebnisse zum Aspekt *Offenheit des Wegs*

Art des Wegs	Absolute Häufigkeit	Relative Häufigkeit ungewichtet	Relative Häufigkeit gewichtet
Geschlossen	649	19,0 %	21,2 %
Offen	2773	81,0 %	78,8 %

Rund eine von fünf Aufgaben nennt in der Aufgabenstellung ein Vorgehen, wie die Aufgabe gelöst werden kann. Mit einem Anteil von circa 80 % werden jedoch in den meisten Aufgaben *keine* solch *konkreten Vorgaben zum Lösungsweg* gemacht und der Aufgabenlöser muss diesen selbstständig finden. Insbesondere unterscheiden sich die gewichtete und die ungewichtete Verteilung auch bei diesem Aspekt nur geringfügig. Die Aufgaben der Analysis I sind daher in Bezug auf ihren Lösungsweg als offen zu bezeichnen.

Der dritte Aspekt, welcher zur Offenheit einer Aufgabe beiträgt, ist die *Offenheit der Lösung*. Hierunter wird verstanden, inwiefern die Aufgabenstellung die Lösung schon benennt, d. h., beispielsweise beschreibt, dass *eine gewisse Aussage gilt, verschiedene Lösungsoptionen* offengehalten werden, aber *nur eine korrekte* in Frage kommt oder es sogar *mehrere Lösungen* für die entsprechende Aufgabe gibt. Über den Aspekt *Offenheit der Lösung* informiert Tabelle 9.5.

Tabelle 9.5 Ergebnisse zum Aspekt *Offenheit der Lösung*

Art der Vorgabe der Lösung	Absolute Häufigkeit	Relative Häufigkeit ungewichtet	Relative Häufigkeit gewichtet
Geschlossen	1682	49,2 %	59,6 %
Halboffen	1538	44,9 %	35,0 %
Offen	202	5,9 %	5,4 %

Hinsichtlich dieses Aspekts zeigen sich Verteilungsunterschiede zwischen der gewichteten und der ungewichteten Verteilung. So gibt in der ungewichteten Verteilung knapp die Hälfte der Aufgaben die Lösung im eben benanntem Sinne vor. Bei 44,9 % der Aufgaben wird vom Aufgabenlöser verlangt, dass dieser zunächst aus einer Menge *potentieller Lösungsoptionen die einzige richtige* identifiziert. Aufgaben, die *mehrere korrekte Lösungen* haben, d. h. insbesondere solche Aufgaben, die die Angabe von Beispielen erfordern bzw. sich auf das Identifizieren einer nicht näher beschriebenen Eigenschaft konzentrieren, kommen selten vor (5,9 %). In der gewichteten Verteilung ist ein größerer Anteil an Aufgaben zu finden, die die *Lösung der Aufgabe vorgegeben*. In etwa drei von fünf Aufgaben lassen sich dieser Kategorie zuordnen. Im Gegensatz dazu machen Aufgaben, die die *Identifikation einer korrekten Lösungsoption* erfordern, nach Wichtung nur in etwa ein Drittel aller Aufgaben aus. Der Anteil von Aufgaben, die *mehrere korrekte Lösungen* zulassen, bleibt auch nach Wichtung auf einem vergleichbar geringen Niveau. Insgesamt sind die Aufgaben bezogen auf die *Offenheit der Lösung* eher geschlossen.

Als vierter und letzter Aspekt der Offenheit einer Aufgabe wurde die Vorgabe eines klar umrissenen Ziels durch die Aufgabenstellung identifiziert. Hierbei sind zwei Merkmalsausprägungen zu unterscheiden: einerseits eine *konvergente Zielformulierung*, andererseits eine (mindestens) *potentiell divergierende Zielformulierung*. Die Merkmalsverteilung kann Tabelle 9.6 entnommen werden.

Tabelle 9.6 Ergebnisse zum Aspekt *Offenheit des Ziels*

Art des Ziels	Absolute Häufigkeit[a]	Relative Häufigkeit ungewichtet	Relative Häufigkeit gewichtet
Geschlossen	3320	97,1 %	97,2 %
Offen	98	2,9 %	2,8 %

[a] Für 4 Analyseeinheiten konnte dieses Merkmal aufgrund einer unklaren Formulierung der Aufgabenstellung nicht eingeschätzt werden

Erwartungsgemäß konzentrieren sich die Aufgaben auf die Merkmalsausprägung der *konvergenten Zielformulierungen. Potentiell divergente Zielformulierungen* treten in weniger als einer von 30 Aufgaben auf. Die Unterschiede zwischen gewichteter und ungewichteter Verteilung sind nur marginal. Insgesamt sind die Analysis-I-Aufgaben in Bezug auf diesen Aspekt als geschlossen zu beurteilen.

9.2.4 Ergebnisse zum Aufgabenmerkmal *Realitätsbezüge*

Wie in 2.2.2.3 beschrieben, erfährt der Begriff Anwendung am Übergang von der Schul- zur Hochschulmathematik eine Bedeutungsverschiebung. Im schulischen Kontext werden unter Anwendungsaufgaben solche Aufgaben verstanden, die eine Relation zwischen mathematischer und empirisch wahrnehmbarer Welt herstellen. Für die Hochschulmathematik bedeuten Anwendungen eher eine innermathematische Begriffsvernetzung, weshalb für die Übungsaufgaben eher wenige Verbindungen zur außermathematischen Welt zu erwarten sind. Im Klassifikationsschema dieser Arbeit wurde zwischen Aufgaben *ohne Realitätsbezug*, Aufgaben mit *konstruiertem Realitätsbezug* und Aufgaben mit *authentisch wirkendem Realitätsbezug* unterschieden (vgl. 7.2.4). Über die Verteilung im untersuchten Datensatz informiert Tabelle 9.7.

Tabelle 9.7 Ergebnisse zum Aufgabenmerkmal *Realitätsbezüge*

Art des Realitätsbezugs	Absolute Häufigkeit	Relative Häufigkeit ungewichtet	Relative Häufigkeit gewichtet
Kein Realitätsbezug	3359	98,2 %	98,6 %
Konstruierter Realitätsbezug	57	1,7 %	1,1 %
Authentisch wirkender Realitätsbezug	6	0,2 %	0,3 %

Erwartungsgemäß stellt der größte Teil der Aufgaben *keinerlei Bezüge zur Realität* her. Dementsprechend treten Aufgaben mit einem *konstruierten Realitätsbezug* sehr selten auf (1,7 %) und Aufgaben mit einem zumindest *authentisch wirkenden Realitätsbezug* sind nur Einzelfälle. Diese Verteilung bestätigt sich auch in der gewichteten Verteilung, die sich nur unwesentlich von der ungewichteten Verteilung unterscheidet. Zur Illustration wird ein Beispiel einer Aufgabe mit einem (zumindest in Ansätzen) *authentisch wirkenden Realitätsbezug* angegeben (vgl. Abbildung 9.1), die als Veranschaulichung bzw. Anwendung des Zwischenwertsatzes fungiert.[9]

Ein Zug benötigt für 500 km genau 10 Stunden, fährt also durchschnittlich 50 $\frac{\text{km}}{\text{h}}$. Auf der Strecke fährt er unterschiedlich schnell und hält auch öfters. Gibt es während der 10 Stunden einen Zeitraum von einer Stunde, in dem der Zug genau 50 km zurücklegt?

Abbildung 9.1 Aufgabenbeispiel mit authentisch wirkendem Realitätsbezug

9.2.5 Ergebnisse zum Aufgabenmerkmal *Generalitätsgrad*

Das Aufgabenmerkmal *Generalitätsgrad* beschreibt, inwieweit eine Auseinandersetzung mit Vertretern einer Klasse von mathematischen Objekten im Rahmen der jeweiligen Aufgabe stattfinden muss. Die identifizierten Ausprägungen reichen von der Betrachtung von *Einzelobjekten* über *mehrere Objekte* bis hin zu der *gesamten Menge* entsprechender Objekte (vgl. 7.2.5). Aufgrund des deduktiven Charakters der Hochschulmathematik liegt es nahe, dass die Aufgaben eher Beweise über ganze Objektklassen darstellen. Die tatsächliche Verteilung kann Tabelle 9.8 entnommen werden.

Tabelle 9.8 Ergebnisse zum Aufgabenmerkmal *Generalitätsgrad*

Generalitätsgrad	Absolute Häufigkeit[a]	Relative Häufigkeit ungewichtet	Relative Häufigkeit gewichtet
Konkret-Einzelobjekt	1782	52,1 %	42,6 %
Konkret-Mehrere Objekte	225	6,6 %	7,7 %
Allgemein	1413	41,3 %	49,7 %

[a] Für 2 Analyseeinheiten konnte das Merkmal aufgrund einer unklaren Formulierung der Aufgabenstellung nicht bestimmt werden

[9] Dabei ist es erstaunlich, dass gerade bei diesem Thema Stetigkeit eine solche Aufgabe zu finden ist, da dieser Inhalt nach der Theorie so gut wie keine Bezüge zur realen Welt aufweist (vgl. 3.2).

In der ungewichteten Verteilung beziehen sich etwas mehr als die Hälfte der Aufgaben auf *Einzelobjekte* (52,1 %). Der Anteil der Aufgaben, der sich auf eine *gesamte Objektmenge* bezieht, liegt bei rund zwei Fünfteln, und Aufgaben, bei denen *mehrere Objekte*, aber nicht die gesamte Objektklasse betrachtet werden sollen, treten noch deutlich seltener auf (6,6 %). Bei diesem Aufgabenmerkmal bestehen erhebliche Unterschiede zwischen der gewichteten und der ungewichteten Verteilung. So ist nach Wichtung der größte Anteil von Aufgaben auf *gesamte Objektmengen* bezogen, während der Anteil der Aufgaben, die sich auf *Einzelobjekte* beziehen, nur noch etwas mehr als zwei Fünftel beträgt. Aufgaben, die sich auf *mehrere Einzelobjekte* beziehen, machen aber immer noch einen vergleichsweise geringen Anteil an der Gesamtverteilung aus. Insgesamt scheinen Aufgaben, die sich auf *Einzelobjekte* bzw. *gesamte Objektmengen* beziehen, in etwa gleich häufig aufzutreten.

9.2.6 Ergebnisse zum Aufgabenmerkmal *Explizite Reflexionsanlässe*

In dieser Arbeit werden zwei Arten *expliziter Reflexionsanlässe* unterschieden. Anlass zur *Reflexion innerhalb der Mathematik* bieten diejenigen Aufgabenstellungen, die nicht nur explizite Rückbezüge zu Vorlesungsinhalten herstellen, sondern den Aufgabenlöser auffordern, z. B. die potentiellen Grenzen der entsprechenden Aussagen aus der Vorlesung im Rahmen der Aufgabe festzustellen. *Reflexion über Mathematik* findet statt, wenn die individuelle oder gesellschaftliche Bedeutung von Mathematik bzw. der mathematische Erkenntnisgewinnungsprozess als solcher thematisiert wird (vgl. 7.2.6). Aufgrund des eher produktorientierten Charakters der Hochschulmathematik ist zu erwarten, dass nur wenige Aufgaben explizit die Gelegenheit zur Reflexion einräumen (vgl. 2.2.2.5). Die gewichtete und ungewichtete Verteilung des Merkmals *Explizite Reflexionsanlässe* kann Tabelle 9.9 entnommen werden.

Tabelle 9.9 Ergebnisse zum Aufgabenmerkmal *Explizite Reflexionsanlässe*

Art des Reflexionsanlasses	Absolute Häufigkeit[a]	Relative Häufigkeit ungewichtet	Relative Häufigkeit gewichtet
Keine Reflexion	3186	93,1 %	92,6 %
Reflexion innerhalb der Mathematik	234	6,8 %	7,3 %
Reflexion über Mathematik	1	0,0 %	0,1 %

[a] Bei einer Analyseeinheit konnte dieses Merkmal aufgrund einer unklaren Aufgabenformulierung nicht bestimmt werden

Wie aus der theoretischen Vorbetrachtung zu erwarten war, stellt der überwiegende Anteil der Analysis-I-Übungsaufgaben *keine expliziten Reflexionsanlässe* bereit. Nur rund eine von 15 Aufgaben erfordert eine *Reflexion innerhalb der Mathematik*, d. h., es werden z. B. Grenzen von Sätzen aus der Vorlesung oder deren potentielle Verallgemeinerungen erkundet. Im gesamten Datensatz konnte nur eine einzige Aufgabe identifiziert werden, die eine *Reflexion über Mathematik*, im speziellen Fall über die individuelle Beziehung zur Mathematik, einfordert. Die entsprechende Aufgabe ist abgebildet (vgl. Abbildung 9.2). Weiterhin kann konstatiert werden, dass keine größeren Unterschiede zwischen gewichteter und ungewichteter Verteilung bestehen. Insgesamt spielen *explizite Reflexionsanlässe* eine sehr geringe Rolle in den Übungsaufgaben.

> Weshalb haben Sie sich für Ihr Fachstudium entschieden? Geben Sie eine etwa eine A4-Seiten lange, handschriftliche Erläuterung ohne Namensangaben Ihrem Übungsleiter, der diese dann XXX[a] ungelesen weitergibt und Ihnen 8 Punkte gutschreibt.
>
> [a]Der Name des Dozenten der Vorlesung wurde entfernt.

Abbildung 9.2 Aufgabenbeispiel zur Reflexion über Mathematik

9.2.7 Ergebnisse zum Aufgabenmerkmal *Geforderte/Genutzte Darstellungsformen*

Aufgrund des formalistischen Paradigmas der Hochschulmathematik ist ein klarer, auf symbolisch-verbalen Darstellungen basierender Stil der Lehre zu erwarten (vgl. 2.2.2.6). Inwiefern sich dies auf der Ebene der Übungsaufgaben widerspiegelt, wird mit dem Aufgabenmerkmal *Geforderte/Genutzte Darstellungsformen* untersucht. Dabei wird zwischen der *rein symbolischen Darstellung* in der Aufgabenstellung und der eingeforderten Lösung sowie *ikonischen* oder *enaktiven* Elementen in der Aufgabenstellung oder der geforderten Lösung unterschieden. Über die Ergebnisse der Klassifizierung dieses Merkmals informiert Tabelle 9.10.

Tabelle 9.10 Ergebnisse zum Aufgabenmerkmal *Geforderte/Genutzte Darstellungsformen*

Geforderte/Genutzte Darstellungsformen	Absolute Häufigkeit	Relative Häufigkeit ungewichtet	Relative Häufigkeit gewichtet
Rein symbolische Darstellung	3313	96,8 %	97,1 %
Ikonische Elemente	109	3,2 %	2,9 %
Enaktive Elemente	0	0,0 %	0,0 %

Tatsächlich kommen *ikonische Repräsentationen* in den Übungsaufgaben nur in sehr wenigen Aufgaben vor, und *enaktive Elemente* sind in den Aufgaben des Datensatzes gar nicht zu finden. Insbesondere sind die ungewichtete und die gewichtete Verteilung bei diesem Merkmal nahezu identisch.

9.2.8 Ergebnisse zum Aufgabenmerkmal *Kontextinformationen*

Als letztes Oberflächenstrukturmerkmal wurde untersucht, inwiefern *Kontextinformationen* in den Aufgabenstellungen eine Rolle spielen. Diese können z. B. historische Informationen über die Erstentdeckung der in der Aufgabe behandelten Aussage bzw. des Verfahrens sein oder Ausführungen zur weiteren Nutzbarkeit der Inhalte im Rahmen der Hochschulmathematik darstellen. Solche Informationen sind in den Aufgaben der Hochschulmathematik nur selten zu finden, wie Tabelle 9.11 entnommen werden kann.

Tabelle 9.11 Ergebnisse zum Aufgabenmerkmal *Kontextinformationen*

Auftreten der Kontextinformationen	Absolute Häufigkeit	Relative Häufigkeit ungewichtet	Relative Häufigkeit gewichtet
Keine Kontextinformationen	3294	96,2 %	95,9 %
Mit Kontextinformationen	128	3,8 %	4,1 %

Es zeigen sich auch hier kaum Unterschiede zwischen gewichteter und ungewichteter Verteilung. In beiden Verteilungen enthält nur rund eine von 25 Aufgaben *Kontextinformationen.*

9.3 Ergebnisse der Tiefenstruktur

Bei den Ergebnissen der Tiefenstruktur werden entsprechend der Forschungsfrage 5.1 zusätzlich zur Angabe der globalen Häufigkeitsdaten die Merkmalsverteilungen der Aufgaben verschiedener Lehrender verglichen.[10] Sollte die Merkmalsverteilung allerdings schon global sehr auf einzelne Merkmalsausprägungen konzentriert sein, wird auf die Darstellung der Verteilung nach Lehrenden, aufgrund des dann geringen Informationsgewinns, verzichtet.[11] Ebenfalls wird bei der Beschreibung der inhaltlichen Verteilung der Themen in den einzelnen Sektoren auf eine Auswertung nach Lehrenden verzichtet, da die identifizierte Anzahl der potentiell in der Analysis I behandelten Themen sehr groß ist (vgl. 7.3.1) und es sich bei nahezu allen absoluten Häufigkeiten der Themen nur um einstellige Werte handeln würde.[12]

9.3.1 Ergebnisse zum Aufgabenmerkmal *Inhaltliche Einordnung*

Für das Gestaltungsmerkmal *Inhaltliche Einordnung* wurde ein zweistufiges Klassifikationsinstrument erstellt, um inhaltliche Wichtungen in den Übungsaufgaben differenziert darstellen zu können (vgl. 7.3.1). Die erste Ebene ist der *Sektor einer Aufgabe*, der einem Vorlesungskapitel in einer Grobgliederung entspricht. Die zweite Ebene ist das *Thema der Aufgabe*, welches sich auf den jeweiligen Begründungszusammenhang (z. B. eine übergreifende Definition) der jeweiligen Aufgaben bezieht. Zunächst werden die Ergebnisse in Bezug auf die Sektoren berichtet (vgl. Tabelle 9.12).

Die in vorherigen Untersuchungen mit jeweils deutlich kleineren Stichproben gewonnene Erkenntnis, dass in der Analysis I vor allem ein Schwerpunkt auf *Grundlegende mathematische Strukturen* gelegt wird (Wlassak, 2019; Wlassak, 2022), kann bestätigt werden. So thematisieren durchschnittlich etwa zwei von fünf Aufgaben Mengen, Relationen, Abbildungen und ähnliche Grundbegriffe, die als Voraussetzung für die Behandlung der weiteren Themen der Analysis I betrachtet werden können. Auf die beiden Sektoren *Folgen* bzw. *Reihen* entfällt ein Viertel der Aufgaben, wobei Aufgaben zu *Folgen* etwas häufiger auftreten. Zu *Grundlegenden mathematischen Strukturen* und *Folgen* werden in allen Sätzen Aufgaben gestellt, bei *Reihen* sind es 20 der insgesamt 24 Sätze. Dem Sektor *Stetigkeit und elementare Funktionen*, welcher u. a. Grenzwerte von Funktionen, die verschiedenen Stetigkeitsbegriffe sowie die Untersuchung spezieller Funktionen – wie z. B. der Exponentialfunktion, der trigonometrischen oder hyperbolischen

[10] Diese Frage bezieht sich gerade auf die Tiefenstruktur der Aufgaben bei verschiedenen Lehrenden.

[11] Der Vollständigkeit halber ist sie trotzdem im elektronischen Anhang angegeben.

[12] Der Vollständigkeit halber sind auch diese Verteilungen trotzdem im elektronischen Anhang ?? angegeben.

Tabelle 9.12 Globale Ergebnisse zum Aspekt *Sektor der Aufgabe*

Sektor der Aufgabe	Absolute Häufigkeit	Relative Häufigkeit ungewichtet	Relative Häufigkeit gewichtet	Anzahl der Sätze, in denen der Sektor behandelt wird
Grundlegende mathematische Strukturen	1333	39,0 %	36,0 %	24
Folgen	525	15,3 %	17,2 %	24
Reihen	328	9,6 %	10,3 %	20
Stetigkeit und elementare Funktionen	617	18,0 %	16,7 %	24
Differentialrechnung	287	8,4 %	8,4 %	18
Integralrechnung	90	2,6 %	4,1 %	9
Abstrakte Analysis	224	6,5 %	6,4 %	21
Sonstiges	18	0,5 %	1,0 %	5

Funktionen – umfasst, lassen sich 18 % der Aufgaben zuordnen. Er wird in allen Sätzen von Aufgaben behandelt. Nur circa jede neunte Aufgabe entfällt auf eines der beiden Themen *Differential-* bzw. *Integralrechnung*, die als zentrale Themen der Analysis an Schule und Hochschule gelten (vgl. 3.1.1 und 3.1.2), wobei die Aufgaben zur *Differentialrechnung* dabei deutlich überwiegen. Dies zeigt sich auch beim Vorkommen der Sektoren in den verschiedenen Sätzen: Drei Viertel aller Sätze beinhalten Aufgaben zur *Differentialrechnung* und in etwa ein Drittel der Sätze umfassen Aufgaben zur *Integralrechnung*. Inhalte der *Abstrakten Analysis*, wie das Behandeln topologischer Räume oder allgemeiner Differenzierbarkeitsbegriffe, machen 6,5 % aller Aufgaben aus und kommen in 21 der 24 Sätze vor. Aufgaben, die sich keinem der vorherigen Themenkomplexe zuordnen lassen, treten praktisch nicht auf. Die Verteilung der Sektoren in Bezug auf gewichtete Analyseeinheiten ähnelt der ungewichteten Verteilung. Auch nach Wichtung der Analyseeinheiten sind *Grundlegende mathematische Strukturen* der am häufigsten (36,0 %) auftretende Sektor. Auffällig ist, dass *Folgen* in der gewichteten Verteilung der Sektor mit dem zweitgrößten Anteil sind. Zusätzlich erhöht sich der Anteil der Aufgaben zur *Integralrechnung* etwas, ist aber mit weniger als 5 % weiterhin ein eher selten in den Aufgaben der Analysis I behandeltes Thema. Die weiteren Anteile weisen nur marginale Unterschiede zur ungewichteten Verteilung auf.

Über die Verteilung der Sektoren der Aufgaben nach Lehrenden informiert Tabelle 9.13.

Tabelle 9.13 Ergebnisse zum Aspekt *Sektor der Aufgabe* nach Lehrenden

Sektor der Aufgabe	Grundlegende mathematische Strukturen		Folgen		Reihen		Stetigkeit und elementare Funktionen		Differential-rechnung		Integral-rechnung		Abstrakte Analysis		Sonstiges	
Satz	abs. H.	rel. H. in %	abs. H.	rel. H. in %	abs. H.	rel. H. in %	abs. H.	rel. H. in %	abs. H.	rel. H. in %	abs. H.	rel. H. in %	abs. H.	rel. H. in %	abs. H.	rel. H. in %
A	76	41,1	25	13,[illegible]	22	11,9	29	15,7	0	0,0	0	0,0	33	17,8	0	0,0
B	36	20,2	22	12,[illegible]	22	12,4	45	25,3	28	15,7	21	11,8	4	2,2	0	0,0
C	52	45,6	26	22,[illegible]	9	7,9	12	10,5	2	1,8	0	0,0	8	7,0	5	4,4
D	36	31,9	14	12,[illegible]	0	0,0	21	18,6	20	17,7	13	11,5	8	7,0	1	0,9
E	99	55,6	36	20,[illegible]	15	8,4	20	11,2	6	3,4	0	0,0	2	1,2	0	0,0
F	45	35,4	26	20,[illegible]	18	14,2	9	7,1	0	0,0	0	0,0	29	22,8	0	0,0
G	24	27,3	11	12,[illegible]	13	14,8	5	5,7	9	10,2	2	2,2	24	27,3	0	0,0
H	106	61,3	24	13,[illegible]	19	11,0	7	4,0	0	0,0	0	0,0	17	9,8	0	0,0
I	102	48,6	37	17,5	7	3,3	50	23,8	12	5,7	0	0,0	2	1,0	0	0,0
J	35	31,8	13	11,9	7	6,3	26	23,6	16	14,5	0	0,0	13	11,9	0	0,0
K	72	53,3	13	9,5	0	0,0	40	29,6	0	0,0	0	0,0	10	7,5	0	0,0
L	38	20,7	25	13,5	22	12,0	44	23,9	38	20,7	7	3,8	10	5,3	0	0,0
M	45	35,7	22	17,5	16	12,7	26	20,6	11	8,7	0	0,0	6	4,8	0	0,0
N	36	31,3	20	17,4	12	10,4	17	14,8	11	9,6	6	5,2	6	5,2	7	6,1
O	48	39,7	12	10,0	16	13,2	20	16,5	11	9,1	14	11,5	0	0,0	0	0,0
P	45	30,8	24	16,4	26	17,8	30	20,5	18	12,3	0	0,0	1	0,7	2	1,5
Q	35	33,3	21	20,0	0	0,0	34	32,4	0	0,0	0	0,0	15	14,3	0	0,0
R	63	33,7	28	15,0	28	15,0	50	26,7	16	8,6	0	0,0	2	1,0	0	0,0
S	72	49,0	26	17,7	6	4,1	19	12,9	6	4,1	0	0,0	18	12,2	0	0,0
T	28	22,0	19	15,0	12	9,4	29	22,8	31	24,4	8	6,4	0	0,0	0	0,0
U	52	33,3	17	10,9	23	14,7	29	18,6	11	7,1	18	11,5	6	3,9	0	0,0
V	72	46,5	28	18,1	11	7,1	13	8,4	18	11,6	1	0,6	9	5,8	3	1,9
W	34	35,4	12	12,5	0	0,0	26	27,1	23	24,0	0	0,0	1	1,0	0	0,0
X	82	56,2	24	16,4	24	16,4	16	11,0	0	0,0	0	0,0	0	0,0	0	0,0

Die Verteilung der Themenkomplexe nach Lehrenden ist augenscheinlich unterschiedlich. Zur statistischen Absicherung des Unterschieds kann nicht direkt ein Chi-Quadrat-Test angewendet werden, da die erwartete Häufigkeit bei knapp 25 % aller Zellen unter 5 liegt.[13] Daher wurden die Aufgaben der Sektoren *Integralrechnung* und *Sonstiges*, die jeweils sehr geringe erwartete Häufigkeiten aufweisen, aus der Betrachtung ausgenommen. Die nun betrachtete Reststichprobe ($N = 3314$) weist hinsichtlich aller übriggebliebenen Zellen eine erwartete Häufigkeit von mindestens 5 auf. Die Ergebnisse des Chi-Quadrat-Tests ($\chi^2 = 807,393$; $df = 115$; $p < 0,001$) zeigen einen signifikanten Einfluss des Lehrenden auf die thematische Verteilung der Aufgaben. Nach Konvention handelt es sich um einen mittleren Effekt ($w^2 = 0,244$).

Bei der Verteilung der Sektoren ist zunächst auffällig, dass einige der Sektoren bei manchen Lehrenden nicht in den Übungsaufgaben auftreten, was teilweise sogar mehrere der Sektoren je Satz betrifft. Erwartungsgemäß ist der Themenkomplex der *Abstrakten Analysis* nicht in den Aufgaben aller Lehrenden zu finden, da beispielsweise die Theorie metrischer bzw. normierter Räume für die eindimensionale Analysis der reellen Zahlen nicht unbedingt Voraussetzung ist (vgl. 3.1.2). So wird die *Abstrakte Analysis* in den Aufgaben von drei Sätzen gar nicht behandelt, in den Serien von sechs weiteren Sätzen hat sie einen Anteil von maximal 3 %. Dazu konträr ist dieser Themenkomplex für drei Lehrende jener mit dem zweitgrößten (A, F) bzw. mit 27,3 % sogar größten Anteil (G) an Aufgaben.[14] In 20 der insgesamt 24 Sätze wird der Sektor *Grundlegende mathematische Strukturen* am häufigsten in den Übungsserien behandelt, wobei der Anteil je nach Satz zwischen etwa einem und zwei Dritteln liegt. Bei der Hälfte der Sätze ist der Sektor *Stetigkeit und elementare Funktionen* der am zweithäufigsten behandelte, wobei die Anteile für diesen Sektor zwischen 4 % und 32,4 % variieren. In den Sektor *Folgen* fallen je nach Satz mindestens ein knappes Zehntel bis zu einem knappen Viertel der Aufgaben. Im Gegensatz dazu wird der Sektor *Reihen* nicht von allen Lehrenden in den Übungsaufgaben behandelt. Bei vier Lehrenden finden sich keine Aufgaben zum Sektor *Reihen*, für die übrigen betragen die relativen Häufigkeiten zwischen 3,3 % und 17,8 %. Trotz der Tatsache, dass die Analysis-I-Vorlesung teilweise den (Unter-) Titel „Differential- und Integralrechnung in einer Variablen" trägt, sind die beiden zugehörigen Sektoren vergleichsweise selten in den Übungsaufgaben zu finden. Bei sechs der 24 Sätze finden sich gar keine Aufgaben zur *Differentialrechnung*;

[13] Die Ergebnisse des Tests wären ($\chi^2 = 1187,926$; $df = 161$; $p < 0,001$). Dies würde nach Konvention für einen großen Effekt des Lehrenden auf die thematische Verteilung der Übungsaufgaben sprechen ($w^2 = 0,347$).

[14] Für den Satz G hat auch der Sektor *Grundlegende mathematische Strukturen* einen Anteil von 27,3 %.

allerdings sind starke Unterschiede zu konstatieren. So nimmt dieser Sektor bei zwei Sätzen von Übungsserien (T, W) einen Anteil von knapp einem Viertel ein. Noch seltener ist der Sektor *Integralrechnung* in den Übungsaufgaben zu finden. Insgesamt 15 Sätze behandeln den Themenkomplex *Integralrechnung* gar nicht in den Aufgaben, wobei der maximale Anteil 11,8 % beträgt.

Die Betrachtung der Verteilung einzelner Sätze zeigt auch, dass das thematische Fortschreiten in den Übungsserien unterschiedlich erfolgt. Werden in den Serien *Grundlegende mathematische Strukturen* mit einem Anteil von über 40 % sehr ausführlich behandelt, wie z. B. in den Sätzen A, C, E, H, I, K, S und X, wird die *Integralrechnung* nicht mehr in den Aufgaben thematisiert und auch die *Differentialrechnung* macht einen sehr geringen Anteil an den jeweiligen Übungsaufgaben aus. Eine Ausnahme dieser Regel bildet der Satz V, bei dem knapp die Hälfte der Aufgaben zu *Grundlegenden mathematischen Strukturen* gestellt werden, aber trotzdem noch jede neunte Aufgabe unter die *Differentialrechnung* fällt und auch noch die *Integralrechnung* begonnen wird. Sätze wie B, G, L, T, bei denen der Sektor *Grundlegende mathematische Strukturen* mit einem Anteil von unter 30 % in den Serien weniger umfangreich behandelt wird, stellen allesamt auch Aufgaben zur *Differential-* und *Integralrechnung*. Der Anteil dieser beiden Themen zusammen beträgt dann in etwa ein Viertel.[15]

Um schließlich zu prüfen, ob die erarbeitete kanonische Reihenfolge der Inhalte der Analysis I sich auch auf der Ebene der Übungsaufgaben widerspiegelt, wurden die Aufgaben noch nach Wochen und Sektoren gemeinsam analysiert. Die entsprechenden Ergebnisse können Tabelle 9.14 entnommen werden.

Es zeigt sich eine hohe Spearman-Korrelation zwischen der Woche, in der die Aufgaben gestellt werden und dem Sektor der Aufgabe ($\rho = 0,736$; $N = 3422$; $p < 0,001$). Dabei wurden die Sektoren mit den Codes aus 7.3.1 als ordinalskaliert angenommen, was die Hypothese der kanonischen Reihenfolge abbildet. Bestärkt wird diese Hypothese, neben dem hohen Wert der Korrelation, durch den Fakt, dass die ordinale Korrelation noch steigt ($\rho = 0,783$; $N = 3180$; $p < 0,001$), wenn man die Sektoren *Abstrakte Analysis* und *Sonstiges* ausschließt, für die keine klare zeitliche Verortung in der Analysis I aus der Theorie möglich ist.

In einer zweiten inhaltlichen Analysedimension wurden die Aufgaben detaillierter eingeordnet. Dies erfolgte auf Basis der Klassifikation von Aufgaben in Themen, die eine weitere inhaltliche Untergliederung der Sektoren darstellen. Die Ergebnisse hinsichtlich der Themen werden in der Reihenfolge der Sektoren vorgestellt, wie sie in 7.3.1 erarbeitet wurden. Tabelle 9.15 informiert über die genauere inhaltliche Schwerpunktsetzung der Übungsaufgaben zum Sektor *Grundlegende*

[15] Nur Satz G ist eine Ausnahme dieser Regel.

Tabelle 9.14 Ergebnisse zum Aspekt *Sektor der Aufgabe* nach Wochen, absolute Häufigkeit

Sektor der Aufgabe	Grundlegende mathematische Strukturen	Folgen	Reihen	Stetigkeit und elementare Funktionen	Differentialrechnung	Integralrechnung	Abstrakte Analysis	Sonstiges
Woche								
1	325	0	0	0	0	0	0	10
2	266	2	0	0	0	0	8	0
3	208	32	0	24	0	0	1	2
4	139	83	7	7	0	0	5	0
5	108	81	32	10	0	0	8	1
6	97	92	19	30	0	0	25	0
7	89	82	26	56	3	0	16	0
8	20	78	51	70	17	0	19	1
9	48	38	48	60	29	0	22	1
10	19	17	66	60	46	1	25	1
11	3	0	44	92	51	13	32	1
12	4	11	18	109	69	24	25	1
13	6	1	5	71	52	43	31	0
14	1	8	12	28	20	9	7	0

Tabelle 9.15 Globale Ergebnisse zum Aspekt *Thema der Aufgabe* im Sektor *Grundlegende mathematische Strukturen*

Thema der Aufgabe	Absolute Häufigkeit	Relative Häufigkeit ungewichtet	Relative Häufigkeit gewichtet	Anzahl der Sätze, in denen das Thema behandelt wird
Aussagenlogik	148	11,1 %	9,2 %	16
Mengenlehre	88	6,6 %	5,5 %	17
Relationen	53	4,0 %	3,6 %	10
Abbildungen	217	16,3 %	13,2 %	22
Schranken von Mengen	162	12,2 %	10,8 %	21
Eigenschaften der reellen Zahlen	267	20,0 %	23,1 %	23
Vollständige Induktion	132	9,9 %	14,9 %	24
Komplexe Zahlen	190	14,3 %	11,8 %	19
Mächtigkeit von Mengen	35	2,6 %	3,9 %	14
Sonstiges	41	3,1 %	3,9 %	11

mathematische Strukturen im gesamten Datensatz. Die relativen Häufigkeiten beziehen sich dabei immer auf die Grundgesamtheit aller Aufgaben, die in diesen Sektor eingeordnet wurden.[16]

Zunächst ist zu konstatieren, dass zu allen identifizierten Themen auch Aufgaben gestellt werden. Am häufigsten (20,0 %) finden sich Aufgaben zu *Eigenschaften der reellen Zahlen*. Es folgen Aufgaben zu *Abbildungen* bzw. *komplexen Zahlen*, zu denen durchschnittlich jede sechste bzw. jede siebte Aufgabe innerhalb des Themenkomplexes gestellt wird. Die Themen *Schranken von Mengen* (12,2 %), *Aussagenlogik* (11,1 %) sowie *Vollständige Induktion* (9,9 %) kommen etwas seltener vor. Aufgaben zur *Mengenlehre*, zu *Relationen* und der *Mächtigkeit von Mengen* umfassen zusammen nur ein Siebtel aller Aufgaben. Etwas weniger als jede

[16] Das gilt auch für die weiteren Ergebnisse zu den Themen.

dreißigste Aufgabe kann keinem der vorher besprochenen Themen zugeordnet werden. Alle Themen des Sektors *Grundlegende mathematische Strukturen* werden in mindestens zehn der 24 Sätze behandelt. Das einzige Thema, welches in allen Sätzen vorkommt, ist *Vollständige Induktion.*

Die gewichtete Verteilung der Aufgaben innerhalb der Themen unterscheidet sich nur unwesentlich von der ungewichteten Verteilung. Hauptunterschiede sind das anteilig etwas häufigere Auftreten von Aufgaben zu *Eigenschaften der reellen Zahlen* (23,1 %), der *vollständigen Induktion* (14,9 %) sowie der *Mächtigkeit von Mengen* (3,9 %). Im Vergleich zur ungewichteten Gesamtverteilung treten Aufgaben zur *Aussagenlogik, Mengenlehre, Relationen, Abbildungen, Schranken von Mengen* und *komplexen Zahlen* seltener auf. Die maximale Differenz zwischen gewichteter und ungewichteter Verteilung beträgt fünf Prozentpunkte.

Die Verteilung der Themen im Rahmen des Sektors *Folgen* kann Tabelle 9.16 entnommen werden.

Tabelle 9.16 Globale Ergebnisse zum Aspekt *Thema der Aufgabe* im Sektor *Folgen*

Thema der Aufgabe	Absolute Häufigkeit	Relative Häufigkeit ungewichtet	Relative Häufigkeit gewichtet	Anzahl der Sätze, in denen das Thema behandelt wird
Konvergenz explizit definierter Folgen	248	47,2 %	47,7 %	24
Konvergenz, Monotonie, Beschränktheit und Rekursionsgleichungen rekursiver Folgen	141	26,9 %	26,0 %	23
Häufungspunkte von Folgen	79	15,0 %	13,9 %	18
Bestimmte Divergenz von Folgen	19	3,6 %	4,0 %	8
Cauchyfolgen	32	6,1 %	7,0 %	11
Sonstiges	6	1,1 %	1,4 %	6

Entsprechend der Forschungslage (vgl. 3.2) ist der Konvergenzbegriff für Folgen das zentrale Thema bei der Behandlung von Folgen. Knapp die Hälfte der Aufgaben des Sektors *Folgen* widmet sich der *Konvergenz explizit definierter Folgen* (47,2 %). Etwas mehr als ein Viertel der Aufgaben beschäftigt sich vorrangig mit der *Konvergenz, Monotonie, Beschränktheit und Rekursionsgleichungen rekursiver Folgen. Häufungspunkte von Folgen* werden in 15 % der Aufgaben thematisiert. Die restlichen beiden Themen und *Sonstiges* können eher als Randthemen der Übungsaufgaben des Sektors *Folgen* verstanden werden. Im Gegensatz zu den vorher genannten Themen kommen sie in weniger als der Hälfte der Sätze von Übungsserien vor. *Grenzwerte explizit* und *rekursiv definierter Folgen* bzw. *Eigenschaften rekursiver Folgen* werden von allen bzw. fast allen Lehrenden in ihren Aufgaben behandelt. Die gewichtete Verteilung offenbart nur marginale Unterschiede zur ungewichteten Verteilung, weshalb auf eine ausführliche Beschreibung dieser verzichtet wird.

Die Verteilung der Übungsaufgaben innerhalb des Sektors *Reihen* (vgl. Tabelle 9.17) konzentriert sich auf die Untersuchung des Konvergenzverhaltens von Reihen mit *Konvergenzkriterien für Reihen* wie Wurzel-, Quotienten- oder Leibnizkriterium und Ähnlichem. In etwa zwei von drei Aufgaben (66,2 %) entfallen auf diese Kategorie. *Doppelreihen und Cauchyprodukte von Reihen* sowie die *Umordnung von Reihen* werden in den Aufgaben nur vereinzelt thematisiert. Als zweites häufiger behandeltes Thema im Sektor *Reihen* können *Potenzreihen* genannt werden, deren Behandlung knapp ein Viertel (24,4 %) der entsprechenden Übungsaufgaben ausmacht. Nur 2,4 % der Aufgaben des Themenkomplexes *Reihen* lassen sich

Tabelle 9.17 Globale Ergebnisse zum Aspekt *Thema der Aufgabe* im Sektor *Reihen*

Thema der Aufgabe	Absolute Häufigkeit	Relative Häufigkeit ungewichtet	Relative Häufigkeit gewichtet	Anzahl der Sätze, in denen das Thema behandelt wird
Konvergenzkriterien für Reihen	217	66,2 %	66,1 %	20
Doppelreihen und Cauchyprodukte von Reihen	11	3,4 %	5,2 %	7
Umordnung von Reihen	12	3,7 %	4,2 %	5
Potenzreihen	80	24,4 %	20,3 %	16
Sonstiges	8	2,4 %	4,2 %	3

nicht in eines der vier in 7.3.1 identifizierten Themen einordnen. Die gewichtete Verteilung unterscheidet sich wiederum kaum von der ungewichteten Verteilung. Bemerkenswert ist nur, dass der Anteil der Aufgaben, die sich vorrangig mit *Potenzreihen* beschäftigen, etwas sinkt und die Themen mit sehr geringen Anteilen in der ungewichteten Verteilung etwas mehr Raum nach der Gewichtung einnehmen. Schließlich ist festzustellen, dass nur das Thema *Konvergenzkriterien für Reihen* in allen 20 Sätzen vorkommt, die Aufgaben zum Sektor *Reihen* beinhalten. Zumindest 16 dieser 20 Sätze thematisieren *Potenzreihen*, die restlichen Themen tauchen in sieben oder weniger Sätzen auf.

Der vierte identifizierte inhaltliche Sektor in der Analysis I ist *Stetigkeit und elementare Funktionen*, in welchem sieben erwartete Themen unterschieden werden konnten. Die Verteilung der Übungsaufgaben auf diese Themen kann Tabelle 9.18 entnommen werden.

Tabelle 9.18 Globale Ergebnisse zum Aspekt *Thema der Aufgabe* im Sektor *Stetigkeit und elementare Funktionen*

Thema der Aufgabe	Absolute Häufigkeit	Relative Häufigkeit ungewichtet	Relative Häufigkeit gewichtet	Anzahl der Sätze, in denen das Thema behandelt wird
Eigenschaften von Funktionen	57	9,2 %	5,0 %	15
Grenzwerte von Funktionen	104	16,9 %	17,4 %	19
Stetigkeit einer Funktion	108	17,5 %	21,9 %	22
Weitere Stetigkeitsbegriffe	61	9,9 %	11,2 %	16
Folgerungen aus der Stetigkeit	79	12,8 %	17,3 %	19
Skizzen von Funktionen	42	6,8 %	3,7 %	12
Spezielle Funktionen	156	25,3 %	21,3 %	22
Sonstiges	10	1,6 %	2,1 %	8

Hinsichtlich der ungewichteten Verteilung ist festzustellen, dass das Überprüfen bzw. Finden von Funktionalgleichungen sowie das Berechnen von Funktionswerten für *spezielle Funktionen* mit einer von vier Aufgaben den größten Anteil (25,3 %) in diesem Sektor einnimmt. Jeweils etwas mehr als jede sechste Aufgabe thematisiert die Folgen- bzw. *ε-δ-Stetigkeit einer Funktion* (17,5 %) oder das Bestimmen der *Grenzwerte von Funktionen* (16,9 %). Aufgaben, die *Folgerungen aus der Stetigkeit* fokussieren, wie beispielsweise den Zwischenwertsatz, treten etwas seltener auf (12,8 %). Noch knapp jede zehnte Aufgabe thematisiert *weitere Stetigkeitsbegriffe* wie gleichmäßige Stetigkeit, Lipschitzstetigkeit oder Hölderstetigkeit (9,9 %). Ähnlich oft (9,2 %) müssen *Eigenschaften von Funktionen* wie Monotonie oder Beschränktheit untersucht werden. Bemerkenswert ist, dass in diesem Sektor *Skizzen von Funktionen* einen nennenswerten Anteil an Aufgaben (6,8 %) einnehmen. Es ist, ähnlich wie bei den *grundlegenden mathematischen Strukturen*, eine relativ breite Verteilung auf alle abgeleiteten Themen zu konstatieren.

Nach Gewichtung der Aufgaben zeigt sich ein geringerer Anteil von Aufgaben, die den Nachweis von grundlegenden *Eigenschaften von Funktionen* erfordern. Ebenso nimmt das Anfertigen von *Skizzen von Funktionen* einen geringeren Raum ein. In der gewichteten Verteilung sind stattdessen größere Anteile an Aufgaben zur *ε-δ-Stetigkeit* bzw. Folgenstetigkeit und zu *Folgerungen aus der Stetigkeit* einer Funktion zu finden. Die maximale Differenz der gewichteten und ungewichteten Verteilung ist mit weniger als fünf Prozentpunkten jedoch nicht allzu groß. Schließlich zeigt sich die relativ breite Verteilung der Themen des Sektors *Stetigkeit und elementare Funktionen* auch im mindestens einmaligen Vorkommen je Satz. *Skizzen* kommen in zwölf der insgesamt 24 Sätze vor; alle anderen Themen (bis auf *Sonstiges*) lassen sich in mindestens 15 Sätzen identifizieren.

Der Sektor *Differentialrechnung* wird, wie aus Tabelle 9.12 ersichtlich, nicht von allen Lehrenden behandelt, sodass die Aufgabenzahl entsprechend vergleichsweise gering ist. Über die thematische Verteilung innerhalb dieses Sektors muss daher eher mit Vorsicht geurteilt werden. Die zugehörigen Daten sind in Tabelle 9.19 dargestellt.

Der größte Anteil von Aufgaben im Sektor *Differentialrechnung* entfällt auf Aufgaben, die das *Bestimmen von Ableitungen* mit der Definition bzw. mit Ableitungsregeln erfordern. In etwa jede zweite Aufgabe wird zu diesem Thema gestellt. Innermathematische Anwendungen der Ableitung, die im Rahmen einer *Kurvendiskussion* auftreten, charakterisieren 14,3 % der Aufgaben. Mehr als jede neunte Aufgabe in diesem Sektor erfordert den Nachweis von Gleichungen und Ungleichungen mit Mitteln der Differentialrechnung wie beispielsweise dem *Mittelwertsatz* oder dem Satz von Rolle. Es ist festzuhalten, dass somit vier von fünf Aufgaben sich einem der drei Themen *Ableitungen berechnen, Kurvendiskussion mit Differentialrechnung* bzw. *Anwendungen des Mittelwertsatzes* widmen. Vergleichsweise selten treten hingegen Aufgaben zu *Taylorreihen und -polynomen*, der *Regel von*

Tabelle 9.19 Globale Ergebnisse zum Aspekt *Thema der Aufgabe* im Sektor *Differentialrechnung*

Thema der Aufgabe	Absolute Häufigkeit	Relative Häufigkeit ungewichtet	Relative Häufigkeit gewichtet	Anzahl der Sätze, in denen das Thema behandelt wird
Ableitungen berechnen	153	53,3 %	46,5 %	17
Kurvendiskussion mit Differentialrechnung	41	14,3 %	12,3 %	10
Anwendungen des Mittelwertsatzes	34	11,8 %	16,3 %	10
Taylorreihen und -polynome	14	4,9 %	5,9 %	6
Regel von L'Hospital	19	6,6 %	7,4 %	7
Zusammenhänge zwischen Differenzierbarkeit und Stetigkeit	18	6,3 %	10,1 %	7
Sonstiges	8	2,8 %	1,6 %	8

L'Hospital oder *Zusammenhängen zwischen Differenzierbarkeit und Stetigkeit* auf. Die gewichtete Verteilung zeigt kleinere Unterschiede zur ungewichteten Verteilung. So gibt es anteilig etwas weniger Aufgaben zur *Bestimmung der Ableitung* sowie zur *Kurvendiskussion* und die weiteren identifizierten Themen treten etwas häufiger auf, aber auch in der gewichteten Verteilung dominieren die Aufgaben zu den drei Teilthemen *Ableitungen berechnen, Kurvendiskussion mit Differentialrechnung* bzw. *Anwendungen des Mittelwertsatzes*. Schließlich ist festzustellen, dass nur das *Berechnen von Ableitungen* wirklich in nahezu allen Sätzen (17 von 18), in denen Aufgaben zur *Differentialrechnung* vorkommen, vertreten ist. Die restlichen Themen werden nur bei etwa der Hälfte oder sogar in weniger Sätzen behandelt.

Analog zum Sektor *Differentialrechnung* sind auch vergleichsweise wenige Aufgaben aus dem Datensatz der *Integralrechnung* zuzuordnen, wobei die absolute Anzahl mit nur 90 Aufgaben nochmals deutlich geringer ist und entsprechende Aufgaben nur in neun der insgesamt 24 Sätze vorkommen. Dementsprechend müssen hier die Verteilungen noch vorsichtiger interpretiert werden (vgl. 11.1). Die gewichtete und ungewichtete Verteilung der Aufgaben in Bezug auf die Themen der *Integralrechnung* kann Tabelle 9.20 entnommen werden.

Tabelle 9.20 Globale Ergebnisse zum Aspekt *Thema der Aufgabe* im Sektor *Integralrechnung*

Thema der Aufgabe	Absolute Häufigkeit	Relative Häufigkeit ungewichtet	Relative Häufigkeit gewichtet	Anzahl der Sätze, in denen das Thema behandelt wird
Integrale mit Zwischensummen berechnen	35	38,9 %	40,6 %	8
Integrale mit Integrationsregeln berechnen	30	33,3 %	20,0 %	5
Uneigentliche Integrale	4	4,4 %	5,3 %	3
Abschätzungen mit dem Mittelwertsatz der Integralrechnung oder dem Hauptsatz der Differential- und Integralrechnung	6	6,7 %	6,3 %	2
Bestimmen von Reihenwerten/ -konvergenz mittels Integralrechnung	4	4,4 %	4,2 %	3
Sonstiges	11	12,2 %	23,6 %	7

Im Datensatz dominieren im Sektor *Integralrechnung* Aufgaben zur *Berechnung von Integralen.* Sowohl in der gewichteten als auch der ungewichteten Verteilung machen sie einen Anteil von über 60 % aller Aufgaben aus. Aufgaben, die es erfordern, *Integrale mittels Zwischensummen* zu *berechnen*, machen in der ungewichteten Verteilung einen leicht und in der gewichteten Verteilung einen deutlich größeren Anteil aus. Die Themen *Uneigentliche Integrale*, *Abschätzungen mit dem Mittelwertsatz der Integralrechnung oder dem Hauptsatz der Differential- und Integralrechnung* bzw. das *Bestimmen von Reihenwerten/-konvergenz mittels Integralrechnung* kommen nur in vereinzelten Aufgaben vor. Auch nach Wichtung der Aufgaben ändert sich deren Anteil nur unwesentlich. Für den Themenkomplex *Integralrechnung* ist ein vergleichsweise großer Anteil von knapp einem Achtel der Aufgaben in der ungewichteten Verteilung bzw. sogar rund einem Viertel in der gewichteten Verteilung zu bemerken, die sich nicht in eines der identifizierten Teilthemen einordnen lassen. Außer dem Thema *Integrale mit Zwischensummen berechnen* (8 von 9 Sätzen) kommen alle Themen nur bei der Hälfte der Sätze, die Aufgaben zum Sektor *Integralrechnung* beinhalten, oder sogar bei weniger Sätzen vor.

Der letzte identifizierte Sektor ist die *Abstrakte Analysis*. Hierunter wurden insbesondere diejenigen Themen gefasst, deren Behandlung im Rahmen von Funktionen mehrerer Veränderlicher (z. B. Metriken, Normen, Skalarprodukte) benötigt wird, die Verallgemeinerungen von Begriffen der anderen Themen darstellen (z. B. Funktionenfolgen) oder deren Inhalte in weiterführenden Vorlesungen erwartet werden könnten (z. B. Gewöhnliche Differentialgleichungen, die häufig in eigenen Vorlesungen oder im Rahmen einer Analysis-II-Vorlesung thematisiert werden). Über die thematische Verteilung der Aufgaben der *Abstrakten Analysis* informiert Tabelle 9.21.

Tabelle 9.21 Globale Ergebnisse zum Aspekt *Thema der Aufgabe* im Sektor *Abstrakte Analysis*

Thema der Aufgabe	Absolute Häufigkeit	Relative Häufigkeit ungewichtet	Relative Häufigkeit gewichtet	Anzahl der Sätze, in denen das Thema behandelt wird
Metriken, Normen, Skalarprodukte	35	15,6 %	18,0 %	8
Eigenschaften von Mengen in metrischen Räumen	119	53,1 %	48,1 %	15
Eigenschaften von Funktionen in metrischen oder normierten Räumen	23	10,3 %	12,5 %	7
Funktionenfolgen	37	16,5 %	14,2 %	9
Allgemeine Differenzierbarkeitsbegriffe	0	0,0 %	0,0 %	0
Volumen von Rotationskörpern	1	0,4 %	1,3 %	1
Differentialgleichungen	4	1,8 %	4,0 %	3
Sonstiges	5	2,2 %	1,9 %	2

Zunächst ist festzustellen, dass hinsichtlich der gewichteten und ungewichteten Verteilung nahezu keine nennenswerten Unterschiede bestehen, außer, dass in der ungewichteten Verteilung anteilig etwas häufiger Aufgaben vorkommen, die sich mit *Eigenschaften von Mengen*, wie Offenheit, Abgeschlossenheit oder Kompaktheit, beschäftigen. Mit über der Hälfte der Aufgaben (53,1 %) sind Aufgaben zum gerade benannten Thema die deutlich am häufigsten in der ungewichteten Verteilungen auftretenden Aufgaben. In etwa gleich häufig, durchschnittlich ungefähr in jeder sechsten Aufgabe, wird der Umgang mit *Metriken, Normen* oder *Skalarprodukten* (15,6 %) bzw. *Funktionenfolgen* (16,5 %) gefordert. Mit einem Anteil von 10,3 % folgen Aufgaben zu allgemeineren Betrachtungen von analytischen Begriffen wie *Konvergenz oder Stetigkeit im metrischen bzw. normierten Raum*. Aufgaben, die sich vorrangig mit dem *Volumen von Rotationskörpern* oder *Differentialgleichungen* beschäftigen, treten nur vereinzelt auf. Keine einzige Aufgabe aus dem Datensatz bezieht sich auf *allgemeinere Differenzierbarkeitsbegriffe*, wie z. B. die Fréchet-Differenzierbarkeit. Abschließend sei noch bemerkt, dass in diesem Sektor nur das Thema *Eigenschaften von Mengen in metrischen Räumen* bei mehr als der Hälfte der Sätze (15 von 21), die überhaupt Aufgaben zur *Abstrakten Analysis* beinhalten, behandelt wird.

9.3.2 Ergebnisse zu den Wisseneinheiten

In einer eigenen Vorarbeit (Wlassak und Schöneburg-Lehnert, 2022) wurden die Gestaltungsmerkmale von Übungsaufgaben der Analysis I mit einem Teil der hier verwendeten Daten (N = 530, 4 Sätze) bereits untersucht. Dabei kamen die in diesem Abschnitt besprochenen Aufgabenmerkmale *Anzahl*, *Art* und *Form der Wisseneinheiten* zum Einsatz. Es konnte gezeigt werden, dass universitäre Übungsaufgaben sich hinsichtlich der Gestaltungsmerkmale erheblich von schulischen Mathematikaufgaben unterscheiden. Die Merkmalsverteilungen legen dabei eine deutlich höhere Komplexität der Übungsaufgaben nahe, wobei signifikante Unterschiede zwischen verschiedenen Vorlesungen bestehen. Entsprechende Ergebnisse kamen allerdings mit einer vergleichsweise kleinen Stichprobe von Aufgaben zustande, sodass eine Replikation und Absicherung der Ergebnisse wünschenswert ist.

9.3.2.1 Ergebnisse zum Aufgabenmerkmal *Anzahl der Wisseneinheiten*

Begriffe und Verfahren der Hochschulmathematik sind gerade in Bezug auf die Vorlesung Analysis I in einigen Teilen den Studierenden schon bekannt (vgl. 3.1.1), was aber nicht bedeutet, dass die Auseinandersetzung mit den Objekten einen rein repetitiven Charakter hat. Die Behandlung der Inhalte an der Hochschule erfolgt schließlich im Gegensatz zur Schule auf einem organisatorisch und epistemologisch anderen Weg (vgl. 2.2.2 und Kapitel 4). Die Frage nach dem Aktivieren von schulischen Wisseneinheiten in den Übungsaufgaben ist aus zwei Gründen interessant: Einerseits, weil so gemessen werden kann, inwiefern schulisches Vorwissen explizit benötigt wird[17] und so potentiell weiter geklärt werden kann, warum schulisches Vorwissen einen guten Prädiktor für den Erfolg im Studium darstellt. Andererseits ist die Aktivierung von mehreren Begriffen oder Verfahren, sei es aus der Schul- oder Hochschulmathematik, ein Indiz für eine höhere inhaltliche Komplexität der Übungsaufgaben, welche bestimmt werden soll. Über die *Anzahl der aktivierten Schulwissenseinheiten* der Übungsaufgaben im gesamten Datensatz informiert Tabelle 9.22.

Tabelle 9.22 Globale Ergebnisse zum Aspekt *Anzahl der Schulwissenseinheiten*

Anzahl der Schulwissenseinheiten	Absolute Häufigkeit	Relative Häufigkeit ungewichtet	Relative Häufigkeit gewichtet
Keine Schulwissenseinheit erforderlich	1380	40,7 %	40,8 %
Eine Schulwissenseinheit erforderlich	1337	39,5 %	37,2 %
Mindestens zwei Schulwissenseinheiten erforderlich	672	19,8 %	22,0 %

In Bezug auf die ungewichtete Verteilung liegt der Anteil der Aufgaben, der *keine Aktivierung von Schulwissenseinheiten* erfordert, bei etwa zwei Fünfteln. Aufgaben, deren Lösungen die *Aktivierung einer schulischen Wisseneinheit* erfordern, treten in etwa genauso oft auf. Der *Einsatz von mehreren Schulwissenseinheiten* wird nur bei einer von fünf Aufgaben benötigt. Die gewichtete Verteilung unterscheidet sich nur unwesentlich von der ungewichteten Verteilung. Bemerkenswert ist aber, dass Aufgaben, die *mehrere schulische Wissenseinheiten* zur Lösung erfordern, anteilig etwas häufiger auftreten. Aufgaben, die nur *eine Schulwissenseinheit* aktivieren, kommen dagegen in der gewichteten Verteilung etwas seltener vor.

[17] Dies darf nicht in der Form passieren, dass eine Wissenseinheit der Hochschule einen übergeordneten Wissensbestandteil darstellt (vgl. 7.3.2.1).

Die Verteilung der Schulwissenseinheiten zeigt größere Unterschiede zwischen den Aufgaben der verschiedenen Lehrenden (vgl. Tabelle 9.23). Die Sätze B, R und U weisen einen Anteil von weniger als einem Viertel an Aufgaben auf, die *keine Aktivierung von Schulwissenseinheiten* zur Lösung benötigen. Im Gegensatz dazu stehen die Aufgaben der Sätze C, E, G, H, K, N, Q und S, bei denen jeweils über 50 % der Aufgaben *keine Aktivierung von Schulwissenseinheiten* benötigen.

Tabelle 9.23 Ergebnisse zum Aspekt *Anzahl der Schulwissenseinheiten* nach Lehrenden

Anzahl der Schulwissens-einheiten	Keine Schulwissenseinheit erforderlich		Eine Schulwissenseinheit erforderlich		Mindestens zwei Schulwissenseinheiten erforderlich	
Satz	abs. H.	rel. H. in %	abs. H.	rel. H. in %	abs. H.	rel. H. in %
A	86	46,5	66	35,7	33	17,8
B	31	17,4	79	44,4	68	38,2
C	57	52,3	32	29,4	20	18,3
D	44	38,9	41	36,3	28	24,8
E	89	50,0	74	41,6	15	8,4
F	47	37,0	51	40,2	29	22,8
G	50	56,8	22	25,0	16	18,2
H	99	57,2	52	30,1	22	12,7
I	64	30,9	87	42,0	56	27,1
J	35	31,8	46	41,8	29	26,4
K	79	60,3	45	34,4	7	5,3
L	67	36,4	88	47,8	29	15,8
M	55	43,7	40	31,7	31	24,6
N	79	69,3	27	23,7	8	7,0
O	34	28,3	47	39,2	39	32,5
P	66	46,5	54	38,0	22	15,5
Q	53	50,5	47	44,8	5	4,8
R	45	24,1	106	56,7	36	19,3
S	86	58,5	41	27,9	20	13,6
T	54	42,5	57	44,9	16	12,6
U	36	23,7	59	38,8	57	37,5
V	45	29,0	59	38,1	51	32,9
W	29	30,2	52	54,2	15	15,6
X	50	37,0	65	48,1	20	14,8

Aufgaben, die *mehrere schulische Wissenseinheiten* verlangen, treten in der Stichprobe ebenfalls sehr ungleichmäßig auf. Für die Sätze E, H, K, N, Q, S, T und X liegt der Anteil solcher Aufgaben bei unter 15 %. Dahingegen fordert mehr als ein Viertel der Übungsaufgaben der Sätze B, I, J, O, U und V *mehrere Schulwissenseinheiten*. Abschließend soll noch festgehalten werden, dass selbst beim Satz N, in welchem der Anteil der Aufgaben, die *keine Aktivierung von schulischen Wissenseinheiten* benötigen, am größten ist, trotzdem über 30 % der Aufgaben *mindestens eine schulische Wissenseinheit* erfordern. Ein Chi-Quadrat-Test ($\chi^2 = 353,495$; $df = 46$; $p < 0,001$) bestätigt den signifikanten Einfluss des Lehrenden auf die Anzahl der zur Lösung relevanten schulischen Wissenseinheiten. Es handelt sich dabei um einen Effekt mittlerer Größe ($w^2 = 0,104$).

Neben dem schulischen Vorwissen, welches zur Lösung von Übungsaufgaben benötigt werden kann, ist natürlich auch zu erwarten, dass Wissensbestandteile, deren Erwerb in der Hochschulmathematik erfolgt, verwendet werden. Diese Hochschulwissenseinheiten treten in Vorlesungen, Übungen oder Übungs- bzw. Klausuraufgaben auf und zeichnen sich dadurch aus, dass sie (zumindest aus Expertenperspektive) nicht erstmalig im Rahmen der schulischen Ausbildung erworben worden sind. Sie erscheinen klassischerweise in Form von Definitionen oder Sätzen, können aber auch als Verfahrenswissen vorkommen. Ebenso wie für die Schulwissenseinheiten ist eine höhere Komplexität von Aufgaben anzunehmen, wenn mehrere Hochschulwissenseinheiten aktiviert werden müssen. Wie viele Hochschulwissenseinheiten die Aufgaben des Datensatzes erfordern, kann Tabelle 9.24 entnommen werden.

Tabelle 9.24 Globale Ergebnisse zum Aspekt *Anzahl der Hochschulwissenseinheiten*

Anzahl der Hochschulwissenseinheiten	Absolute Häufigkeit[a]	Relative Häufigkeit ungewichtet	Relative Häufigkeit gewichtet
Keine Hochschulwissenseinheit erforderlich	402	11,9 %	9,1 %
Eine Hochschulwissenseinheit erforderlich	2188	64,6 %	61,1 %
Mindestens zwei Hochschulwissenseinheiten erforderlich	796	23,5 %	29,8 %

[a] Bei drei Analyseeinheiten ließ sich dieses Merkmal trotz Musterlösung nicht bestimmen

Bemerkenswert ist zunächst, dass in Bezug auf die ungewichtete Verteilung etwas mehr als ein Neuntel der Aufgaben *ohne die Aktivierung von Hochschulwisseneinheiten* gelöst werden kann. Knapp zwei Drittel der Aufgaben erfordern *genau eine Hochschulwisseneinheit* zu ihrer Lösung, während etwas weniger als ein Viertel der Aufgaben *mehrere solche Wisseneinheiten* verlangt. In der gewichteten Verteilung verringern sich die Anteile der Aufgaben, die jeweils *höchstens eine Hochschulwisseneinheit* aktivieren, leicht, während sich der Anteil der Aufgaben, die *mehrere Hochschulwisseneinheiten* benötigen, auf rund 30 % erhöht.

Bei der Verteilung der Hochschulwisseneinheiten (vgl. Tabelle 9.25), die je Aufgabe aktiviert werden, zeigen sich signifikante Unterschiede zwischen den verschiedenen Lehrenden ($\chi^2 = 312,756$; $df = 46$; $p < 0,001$). Der Effekt ist dabei nach Konvention mittelgroß ($w^2 = 0,092$). Es ist festzustellen, dass der Anteil der Übungsaufgaben, deren Lösung *keine Hochwisseneinheiten* benötigt, zwischen 1,7 % und 21,4 % variiert. Bei den Sätzen A, C, E, F, G, H, K, N, O, V und X fallen weniger als eine von zehn Aufgaben in diese Kategorie. Dagegen sind es bei den Sätzen B, D, J, L, Q, R und W mehr als eine von sechs Aufgaben. Analyseeinheiten, die *genau eine Hochschulwisseneinheit* aktivieren, machen in allen Sätzen, außer O, den größten Anteil aus. Die Anteile variieren hier zwischen 42,1 % und 85,5 %. Schließlich stellt der *vernetzte Einsatz von Hochschulwissen* in den Aufgaben einen ebenfalls von den Lehrenden abhängigen Aspekt dar. So wird von drei Lehrenden (B, R und W) in weniger als einem Achtel der Aufgaben eine *Verknüpfung von Hochschulwissen* gefordert. Dahingegen weisen die Sätze A, G, L, O und T jeweils einen Anteil von über einem Drittel solcher Aufgaben auf. Beim Satz O sind es sogar mehr als die Hälfte der Aufgaben.

Schließlich soll, um Vergleiche zu den Ergebnissen aus dem schulischen Kontext zu ermöglichen, noch die gesamte Zahl nötiger Wisseneinheiten je Aufgabe ausgewiesen werden. Die Verteilung konnte dabei aus den Ergebnissen zur *Anzahl der Schul- und Hochschulwisseneinheiten* bestimmt werden. Über die Ergebnisse im gesamten Datensatz informiert Tabelle 9.26.

Es ist festzustellen, dass die ungewichtete Verteilung zwischen Aufgaben, die *höchstens eine* bzw. *mindestens zwei Wisseneinheiten* zur Lösung benötigen, in etwa 1:2 ist. Nach Wichtung steigt der Anteil der Aufgaben, die *mehrere Wisseneinheiten* erfordern, auf etwas über zwei Drittel. Auch hier werden die Merkmalsverteilungen nach Lehrenden ausgewiesen (vgl. Tabelle 9.27).

Die Verteilung der *Anzahl der Wisseneinheiten* ist ebenfalls von den Lehrenden abhängig ($\chi^2 = 144,199$; $df = 23$; $p < 0,001$). Der Effekt ist nach Konvention klein ($w^2 = 0,043$). Insgesamt lässt sich feststellen, dass sich im Wesentlichen drei Gruppen von Sätzen unterscheiden lassen: diejenigen, bei denen die Verteilung nahe an einer Gleichverteilung ist (C, E, H, K, N, P, Q, S), diejenigen, bei denen die

Tabelle 9.25 Ergebnisse zum Aspekt *Anzahl der Hochschulwissenseinheiten* nach Lehrenden

Anzahl der Hochschul-wissenseinheiten	Keine Hochschul-wissenseinheit erforderlich		Eine Hochschul-wissenseinheit erforderlich		Mindestens zwei Hochschul-wissenseinheiten erforderlich	
Satz	abs. H.	rel. H. in %	abs. H.	rel. H. in %	abs. H.	rel. H. in %
A	7	3,8	113	61,1	65	35,1
B	35	19,7	124	69,7	19	10,7
C	4	3,6	83	75,5	23	20,9
D	21	18,6	63	55,8	29	25,7
E	16	9,0	121	68,0	41	23,0
F	4	3,1	95	74,8	28	22,0
G	5	5,7	45	51,1	38	43,2
H	3	1,7	148	85,5	22	12,7
I	29	14,0	136	65,7	42	20,3
J	20	18,2	75	68,2	15	13,6
K	9	6,8	96	72,7	27	20,5
L	34	18,8	77	42,5	70	38,7
M	19	15,1	70	55,6	37	29,4
N	11	9,6	68	59,6	35	30,7
O	9	7,4	51	42,1	61	50,4
P	23	16,2	91	64,1	28	19,7
Q	22	21,4	64	62,1	17	16,5
R	37	19,8	132	70,6	18	9,6
S	18	12,2	100	68,0	29	19,7
T	19	15,0	63	49,6	45	35,4
U	16	10,6	93	61,6	42	27,8
V	15	9,7	104	67,1	36	23,2
W	16	16,7	71	74,0	9	9,4
X	10	7,4	105	77,8	20	14,8

Verteilung in etwa 1:2 zwischen *höchstens einer* und *mindestens zwei Wissenseinheiten* (A, D, F, G, I, J, L, M, R, T, W, X) ist und schließlich die Sätze, bei denen deutlich häufiger *mehrere Wissenseinheiten* eingesetzt werden müssen (B, O, U, V). Angemerkt werden soll noch, dass in jedem der Sätze mindestens 42,7 % der Aufgaben die Vernetzung von Wissen erfordern, dieser Anteil aber bis auf 79,2 % steigen kann.

Tabelle 9.26 Globale Ergebnisse zur *Anzahl der Wissenseinheiten*

Anzahl der Wissenseinheiten	Absolute Häufigkeit	Relative Häufigkeit ungewichtet	Relative Häufigkeit gewichtet
Höchstens eine Wissenseinheit	1247	36,8 %	31,7 %
Mindestens zwei Wissenseinheiten	2139	63,2 %	68,3 %

Tabelle 9.27 Ergebnisse zur *Anzahl der Wissenseinheiten* nach Lehrenden

Anzahl der Wissenseinheiten	Höchstens eine Wissenseinheit		Mindestens zwei Wissenseinheiten	
Satz	abs. H.	rel. H. in %	abs. H.	rel. H. in %
A	61	33,0	124	67,0
B	41	23,0	137	77,0
C	52	46,0	61	54,0
D	44	38,9	69	61,1
E	80	44,9	98	55,1
F	38	29,9	89	70,1
G	32	36,4	56	63,6
H	91	52,6	82	47,4
I	62	30,0	145	70,0
J	37	33,6	73	66,4
K	67	51,1	64	48,9
L	57	31,5	124	68,5
M	42	33,3	84	66,7
N	57	50,0	57	50,0
O	25	20,8	95	79,2
P	65	46,1	76	53,9
Q	59	57,3	44	42,7
R	59	31,6	128	68,4
S	72	49,0	75	51,0
T	44	34,6	83	65,4
U	35	23,2	116	76,8
V	40	25,8	115	74,2
W	36	37,5	60	62,5
X	51	37,8	84	62,2

9.3.2.2 Ergebnisse zum Aufgabenmerkmal *Art der Wissenseinheiten*

Die *Wissensarten* sind quer zur *Anzahl der Wissenseinheiten* zu lesen und beschreiben die qualitative Ausprägung von Wissenseinheiten. Das Konzept der *Wissensarten* wird in verschiedenen Studien genutzt, wobei häufig nur zwischen prozeduralem und konzeptuellem Wissen unterschieden wird. Da vor allem bei konzeptuellem Wissen erhebliche qualitative Unterschiede zwischen unvernetztem Faktenwissen und vernetztem Wissen bestehen, wird Ersteres als deklaratives Wissen konzeptualisiert und Letzteres in der Ausprägung konzeptuellen Wissens festgehalten. Es ist zu bemerken, dass eine eindeutige Zuordnung zwischen Aufgaben und Wissensarten nicht möglich ist (vgl. 7.3.2.2). Daher wird in dieser Arbeit bei jeder Aufgabe die *vorrangig* zur Lösung nötige Wissensart betrachtet. Die diesbezüglichen Ergebnisse können Tabelle 9.28 entnommen werden.

Tabelle 9.28 Globale Ergebnisse zum Aufgabenmerkmal *Art der Wissenseinheiten*

Art der Wissenseinheiten	Absolute Häufigkeit[a]	Relative Häufigkeit ungewichtet	Relative Häufigkeit gewichtet
Deklaratives Wissen	15	0,4 %	0,2 %
Prozedurales Wissen	1331	39,4 %	33,4 %
Konzeptuelles Wissen	2035	60,2 %	66,4 %

[a] Bei acht Analyseeinheiten ließ sich dieses Merkmal trotz Musterlösung nicht bestimmen

Die Verteilung der *Wissensarten* auf die Übungsaufgaben der Analysis I zeigt, dass Aufgaben, die vorrangig *Faktenwissen* einfordern, nur in wenigen Einzelfällen auftreten. In der ungewichteten Verteilung treten vorrangig *prozedural* bzw. vorrangig *konzeptuell* orientierte Aufgaben in etwa im Verhältnis 2:3 auf. Die Wichtung mit dem Reziproken der Anzahl der Analyseeinheiten der zugehörigen Hauptaufgabe „verschiebt" dieses Verhältnis auf 1:2. Die Verteilung des Aufgabenmerkmals nach Lehrenden wird im Folgenden besprochen (vgl. Tabelle 9.29).

Vor der Durchführung eines Chi-Quadrat-Tests wurde aufgrund geringer erwarteter Häufigkeiten die Ausprägung vorrangig *deklaratives Wissen* gestrichen. Es zeigen sich signifikante Unterschiede in der Verteilung der *Wissensarten*, die in den Aufgaben der verschiedenen Sätze vorrangig zu aktivieren sind ($\chi^2 = 263,663$; $df = 23$; $p < 0,001$). Der Effekt ist als klein einzuschätzen ($w^2 = 0,078$). Es kann festgestellt werden, dass bei allen Lehrenden Übungsaufgaben, die auf bloßes *Faktenwissen* abzielen, sehr selten auftreten. Die Verteilung zwischen eher *prozedural* und eher *konzeptuell* orientierten Aufgaben variiert erheblich zwischen den verschiedenen Lehrenden. So werden in den Sätzen E, J und L etwas mehr

Tabelle 9.29 Ergebnisse zum Aufgabenmerkmal *Art der Wissenseinheiten* nach Lehrenden

Art der Wissenseinheiten	Deklaratives Wissen		Prozedurales Wissen		Konzeptuelles Wissen	
Satz	abs. H.	rel. H. in %	abs. H.	rel. H. in %	abs. H.	rel. H. in %
A	1	0,5	62	33,5	122	65,9
B	0	0,0	116	65,2	62	34,8
C	0	0,0	25	22,9	84	77,1
D	3	2,7	37	32,7	73	64,6
E	0	0,0	97	54,5	81	45,5
F	1	0,8	33	26,0	93	73,2
G	0	0,0	18	20,5	70	79,5
H	0	0,0	72	41,6	101	58,4
I	3	1,4	85	41,1	119	57,5
J	0	0,0	56	50,9	54	49,1
K	1	0,8	25	19,1	105	80,2
L	0	0,0	96	53,0	85	47,0
M	0	0,0	35	27,8	91	72,2
N	0	0,0	36	31,6	78	68,4
O	0	0,0	37	30,8	83	69,2
P	2	1,4	61	43,3	78	55,3
Q	4	3,9	41	39,8	58	56,3
R	0	0,0	79	42,2	108	57,8
S	0	0,0	58	39,5	89	60,5
T	0	0,0	29	23,0	97	77,0
U	0	0,0	69	45,7	82	54,3
V	0	0,0	53	34,2	102	65,8
W	0	0,0	60	62,5	36	37,5
X	0	0,0	51	37,8	84	62,2

Aufgaben gestellt, die eher *Prozeduren* erfordern. Bei den Sätzen B und W ist das Verhältnis zwischen eher *prozedural* und eher *konzeptuell* orientierten Aufgaben in etwa 2:1. Für alle bisher nicht benannten Sätze treten häufiger Aufgaben auf, die auf *Konzepte* abzielen. Besonders hoch ist der Anteil dieser Aufgaben für die Sätze C, G, K und T, in denen er bei über 75 % liegt.

9.3.2.3 Ergebnisse zum Aufgabenmerkmal *Form der Wissenseinheiten*

Die für die Lösung einer Aufgabe nötigen Wissenseinheiten können entweder in der Aufgabenstellung direkt benannt bzw. unmittelbar durch diese nahegelegt werden oder müssen durch den Aufgabenlöser aus dem Aufgabenkontext erschlossen und anschließend implementiert werden. Erstere Wissenseinheiten sind *explizite Wissenseinheiten*, letztere *implizite*. In der Kategorisierung in dieser Arbeit (vgl. 7.3.2.3) wird zwischen Aufgaben, die *nur explizite Wissenseinheiten* erfordern, und jenen Aufgaben, die *mindestens eine implizite Wissenseinheit* benötigen, unterschieden. Die entsprechende Verteilung ist Tabelle 9.30 zu entnehmen.

Tabelle 9.30 Globale Ergebnisse zum Aufgabenmerkmal *Form der Wissenseinheiten*

Form der Wissenseinheiten	Absolute Häufigkeit[a]	Relative Häufigkeit ungewichtet	Relative Häufigkeit gewichtet
Nur explizite Wissenseinheiten	1929	57,1 %	53,0 %
Mindestens eine implizite Wissenseinheit	1452	42,9 %	47,0 %

[a] Bei acht Analyseeinheiten ließ sich dieses Merkmal trotz Musterlösung nicht bestimmen

Es zeigt sich, dass Aufgaben, die nur *explizite Wissenseinheiten* fordern, in der ungewichteten Verteilung mit einem Anteil von 57,1 % etwas häufiger auftreten als Aufgaben, die *mindestens eine implizite Wissenseinheit* benötigen. Nach Wichtung der Aufgaben gleichen sich die Anteile etwas an, wobei die Aufgaben, die *alle Wissenseinheiten explizit* vorgeben oder nahelegen, immer noch den leicht größeren Anteil ausmachen. Im Folgenden wird noch auf die Verteilung der *Form der Wissenseinheiten* nach Lehrenden eingegangen (vgl. Tabelle 9.31).

Es zeigen sich auch hier signifikante Unterschiede der Sätze ($\chi^2 = 202,606$; $df = 23$; $p < 0,001$). Diese Effekte sind als klein einzuordnen ($w^2 = 0,060$). Insgesamt werden in 16 der 24 Sätze mehr Aufgaben gestellt, die *nur explizite Wissenseinheiten* zur Lösung benötigen. Bemerkenswert sind die Verteilungen der Sätze E, H, Q, S und W, bei denen Aufgaben mit *nur expliziten Wissenseinheiten* mit Anteilen von über 70 % klar dominieren. Bei W sind es sogar über 80 %. Hingegen treten bei den Aufgaben der Sätze G und T *implizite Wissenseinheiten* mit Anteilen von über 60 % überdurchschnittlich häufig auf. Bei den Aufgaben von Satz T beträgt dieser Anteil sogar knapp 70 %.

Tabelle 9.31 Ergebnisse zum Aufgabenmerkmal *Form der Wissenseinheiten* nach Lehrenden

Form der Wissenseinheiten	Nur explizite Wissenseinheiten		Mindestens eine implizite Wissenseinheit	
Satz	abs. H.	rel. H. in %	abs. H.	rel. H. in %
A	84	45,4	101	54,6
B	92	51,7	86	48,3
C	58	53,2	51	46,8
D	52	46,0	61	54,0
E	127	71,3	51	28,7
F	53	41,7	74	58,3
G	35	39,8	53	60,2
H	127	73,4	46	26,6
I	132	63,8	75	36,2
J	67	60,9	43	39,1
K	83	63,4	48	36,6
L	118	65,2	63	34,8
M	77	61,1	49	38,9
N	76	66,7	38	33,3
O	53	44,2	67	55,8
P	76	53,9	65	46,1
Q	79	76,7	24	23,3
R	96	51,3	91	48,7
S	107	72,8	40	27,2
T	38	30,2	88	69,8
U	74	49,0	77	51,0
V	85	54,8	70	45,2
W	77	80,2	19	19,8
X	63	46,7	72	53,3

9.3.3 Ergebnisse zum Aufgabenmerkmal *Anzahl der Bearbeitungsschritte*

Neben qualitativen Maßen, die die Vernetzung des Wissens, welches zur Lösung der Übungsaufgaben nötig ist, messen, wurde mit der *Anzahl der Bearbeitungsschritte* eine Kategorie zur Beschreibung der Aufgabenlösung gewählt, die deren reinen Umfang angibt. Als Bearbeitungsschritte werden dabei sowohl Rechen- und Argumentationsschritte als auch die Angabe von Fakten gewertet. Ein Bearbeitungsschritt trennt dabei nicht zwischen unabhängig zu bearbeitenden Teilaufgaben und ist daher mit dem Aufgabenbegriff dieser Arbeit kompatibel (vgl. 7.3.3). Über die Verteilung der *Anzahl der Bearbeitungsschritte* informiert Tabelle 9.32.

Tabelle 9.32 Globale Ergebnisse zum Aufgabenmerkmal *Anzahl der Bearbeitungsschritte*

Umfang der Bearbeitung	Absolute Häufigkeit[a]	Relative Häufigkeit ungewichtet	Relative Häufigkeit gewichtet
Niedriger Bearbeitungsumfang	1292	38,2 %	28,2 %
Mittlerer Bearbeitungsumfang	1143	33,8 %	34,4 %
Hoher Bearbeitungsumfang	541	16,0 %	19,8 %
Sehr hoher Bearbeitungsumfang	407	12,0 %	17,5 %

[a] Bei sechs Analyseeinheiten ließ sich dieses Merkmal trotz Musterlösung nicht bestimmen

In der ungewichteten Verteilung treten Aufgaben mit einer *niedrigen* bzw. *mittleren* Anzahl von Bearbeitungsschritten jeweils bei etwas mehr als einem Drittel der Aufgaben auf, wobei die Aufgaben mit einer *niedrigen* Anzahl von Bearbeitungsschritten etwas häufiger vorkommen. Aufgaben mit einer *hohen* bzw. *sehr hohen* Anzahl von Bearbeitungsschritten treten deutlich seltener auf. Nach Wichtung sinkt der Anteil von Aufgaben mit einer *niedrigen* Anzahl von Bearbeitungsschritten deutlich, während der Anteil jener Aufgaben mit einer *hohen* bzw. *sehr hohen* Anzahl an Bearbeitungsschritten steigt.[18] Die Verteilung dieses Aufgabenmerkmals nach Lehrenden kann Tabelle 9.33 entnommen werden.

Ein Chi-Quadrat-Test zeigt auch hier einen signifikanten Zusammenhang zwischen Lehrenden und der *Anzahl der Bearbeitungsschritte* zur Lösung ihrer

[18] Dies ist wenig überraschend, da in der gewichteten Verteilung kürzere *Teil*aufgaben ein geringeres Gewicht erhalten.

Tabelle 9.33 Ergebnisse zum Aufgabenmerkmal *Anzahl der Bearbeitungsschritte* nach Lehrenden

Umfang der Bearbeitung	Niedriger Bearbeitungs-umfang		Mittlerer Bearbeitungs-umfang		Hoher Bearbeitungs-umfang		Sehr hoher Bearbeitungs-umfang	
Satz	abs. H.	rel. H. in %	abs. H.	rel. H. in %	abs. H.	rel. H. in %	abs. H.	rel. H. in %
A	73	39,5	58	31,4	28	15,1	26	14,1
B	71	39,9	66	37,1	30	16,9	11	6,2
C	35	32,1	40	36,7	19	17,4	15	13,8
D	43	38,1	33	29,2	20	17,7	17	15,0
E	103	57,9	40	22,5	26	14,6	9	5,1
F	31	24,4	53	41,7	26	20,5	17	13,4
G	15	17,0	27	30,7	15	17,0	31	35,2
H	65	37,6	60	34,7	27	15,6	21	12,1
I	86	41,5	71	34,3	28	13,5	22	10,6
J	33	30,0	37	33,6	23	20,9	17	15,5
K	73	55,7	27	20,6	14	10,7	17	13,0
L	65	35,9	65	35,9	33	18,2	18	9,9
M	38	30,2	60	47,6	13	10,3	15	11,9
N	40	35,1	45	39,5	15	13,2	14	12,3
O	29	24,2	32	26,7	28	23,3	31	25,8
P	59	41,8	50	35,5	20	14,2	12	8,5
Q	45	43,7	38	36,9	9	8,7	11	10,7
R	81	43,3	75	40,1	24	12,8	7	3,7
S	85	57,8	40	27,2	15	10,2	7	4,8
T	32	25,2	54	42,5	25	19,7	16	12,6
U	48	31,8	54	35,8	27	17,9	22	14,6
V	36	23,2	53	34,2	40	25,8	26	16,8
W	55	57,3	20	20,8	17	17,7	4	4,2
X	51	37,5	45	33,1	19	14,0	21	15,4

Übungsaufgaben ($\chi^2 = 279,009$; $df = 69$; $p < 0,001$). Die Effektstärke ist als klein zu beurteilen ($w^2 = 0,082$). Die genauere Betrachtung der Verteilung der einzelnen Sätze weist ein erkennbares Muster auf. So verteilen sich bei 15 der 24 Sätze zwischen zwei Drittel und vier Fünftel der Aufgaben auf den *niedrigen* bis *mittleren Bearbeitungsumfang*. Von diesem Muster weichen die Sätze E, Q, R und S insofern ab, als hier der Anteil der Aufgaben mit einem *geringen* bzw. *mittleren Bearbeitungsumfang* über 80 % liegt. Abweichungen in die andere Richtung zeigen die Verteilungen der Sätze F, G, J, O und V, bei denen die Anteile der Aufgaben mit einem *hohen* bzw. *sehr hohen Bearbeitungsumfang* bei über einem Drittel liegen. Bemerkenswert ist die Verteilung des Bearbeitungsumfangs der Aufgaben des Satzes G. Dies ist sowohl der einzige Satz, bei dem über die Hälfte der Aufgaben einen *hohen* bzw. *sehr hohen* Bearbeitungsumfang haben, als auch der einzige Satz, bei dem die häufigste Merkmalsausprägung nicht ein niedriger oder mittlerer Bearbeitungsumfang ist. Weiterhin ist die Verteilung des Satzes O herauszuheben, die als einzige nahezu einer Gleichverteilung entspricht. Abschließend ist festzustellen, dass Aufgaben mit einem *sehr hohen* Bearbeitungsumfang in mehreren Sätzen nur relativ selten vorkommen. Dies ist für die Sätze B, E, K, P, R, S und W mit Anteilen von jeweils unter 10 % der Fall.

9.3.4 Ergebnisse zu den Typen mathematischen Arbeitens

Im Rahmen der Klassifikation der Tiefenstruktur der Aufgaben wird auf die selbst weiterentwickelten Aufgabenmerkmale *Niveau des Beweisens* und *Niveau des schematischen innermathematischen Anwendens* zurückgegriffen sowie auf das auch ähnlich im Schulkontext genutzte *Niveau des außermathematischen Anwendens*. Diese sollen einerseits die Art der mathematischen Tätigkeit, welche durch die Aufgaben initiiert wird, abbilden, andererseits die Qualität der jeweiligen Tätigkeiten ausdifferenzieren. Dabei wird angenommen, dass jeder Aufgabe eine Qualität der drei Typen mathematischen Arbeitens zugewiesen werden kann. Aus der Verteilung der Qualitäten der Tätigkeiten können dann Rückschlüsse auf die Zielorientierungen der Übungsaufgaben gezogen werden.

9.3.4.1 Ergebnisse zum Aufgabenmerkmal *Niveau des Beweisens*

Es wurden in dieser Arbeit (vgl. 7.3.4.1) vier potentielle qualitative Ausprägungen des *Beweisens* in den Übungsaufgaben antizipiert: *Kein Beweisen erforderlich*, *Rechnerischer Beweis*, *Semiformaler Beweis* und *Semiformaler Beweis mit komplexer Beweisidee*. Über die Verteilung der Ausprägungen des *Niveaus des Beweisens* im gesamten Datensatz informiert Tabelle 9.34.

In der ungewichteten Verteilung fordert rund ein Sechstel der Aufgaben keinen Beweis. Etwas mehr als ein Drittel der Aufgaben erfordert *rechnerisch-prozedurales Beweisen*, während rund die Hälfte der Aufgaben *semiformales Beweisen* einleitet. *Semiformale Beweise mit einer komplexen Beweisidee* werden dabei kaum gefordert. Die Wichtung der Aufgaben verschiebt die relative Häufigkeit der Aufgaben leicht in Richtung der Aufgaben zum *semiformalen Beweisen*.

Tabelle 9.34 Globale Ergebnisse zum Aufgabenmerkmal *Niveau des Beweisens*

Niveau des Beweisens	Absolute Häufigkeit[a]	Relative Häufigkeit ungewichtet	Relative Häufigkeit gewichtet
Kein Beweisen erforderlich	525	15,5 %	11,4 %
Rechnerischer Beweis	1163	34,4 %	31,0 %
Semiformaler Beweis	1524	45,0 %	49,8 %
Semiformaler Beweis mit komplexer Beweisidee	171	5,1 %	7,7 %

[a] Bei sechs Analyseeinheiten ließ sich dieses Merkmal trotz Musterlösung nicht bestimmen

Es zeigen sich (vgl. Tabelle 9.35) signifikante Unterschiede hinsichtlich der Verteilung des *Niveaus des Beweisens* in Bezug auf die verschiedenen Sätze ($\chi^2 = 489,059$; $df = 69$; $p < 0,001$). Der Effekt ist hierbei mittelgroß ($w^2 = 0,145$). Bei allen Sätzen außer B fordern mindestens 75 % der Aufgaben Beweise ein.[19] Es ist festzustellen, dass dieser Anteil für den Satz B sogar knapp unter zwei Dritteln liegt. *Rechnerische Beweise* umfassen für die meisten Lehrenden einen substanziellen Anteil der Aufgaben, der zwischen einem Fünftel und der Hälfte aller Aufgaben liegt. Eine Abweichung von dieser Regel sind einerseits die Aufgaben der Sätze P und X, bei denen die *rechnerischen Beweise* Anteile von über der Hälfte ausmachen und andererseits die Aufgaben der Sätze N und T, bei denen *rechnerische Beweise* einen Anteil von weniger als 25 % ausmachen. Besonders hervorgehoben werden muss der geringere Anteil *rechnerischer Beweise* von weniger als einem Zehntel im Satz N. *Einfache semiformale Beweise* machen bei 16 der 24 Sätze den größten Anteil der Aufgaben aus; allerdings streut dieser Anteil sehr weit. So machen diese Aufgaben im Satz W nur 21,9 % der Aufgaben aus, während es im Satz N knapp drei Viertel der Aufgaben sind. Schließlich kann konstatiert werden, dass *semiformale Beweise mit komplexer Beweisidee*, die das Vernetzen von Begriffen aus verschiedenen thematischen Bereichen fordern oder komplexe Beweisideen haben, vergleichsweise selten in den Übungsaufgaben auftreten. Nur in den Sätzen G, U und V haben sie Anteile von 10 % oder mehr. Dies deutet darauf hin, dass diese Sätze größere Anteile sehr anspruchsvoller Beweisaufgaben stellen.

[19] Man beachte für diesen Satz jedoch auch die Ergebnisse zum *Niveau des schematischen innermathematischen Anwendens* (vgl. 9.3.4.2), die ein spiegelverkehrtes Bild zeigen.

Tabelle 9.35 Ergebnisse zum Aufgabenmerkmal *Niveau des Beweisens* nach Lehrenden

Niveau des Beweisens	Kein Beweisen erforderlich		Rechnerischer Beweis		Semiformaler Beweis		Semiformaler Beweis mit komplexer Beweisidee	
Satz	abs. H.	rel. H. in %	abs. H.	rel. H. in %	abs. H.	rel. H. in %	abs. H.	rel. H. in %
A	22	11,9	51	27,6	105	56,8	7	3,8
B	61	34,3	58	32,6	58	32,6	1	0,6
C	6	5,5	39	35,8	54	49,5	10	9,2
D	24	21,2	29	25,7	58	51,3	2	1,8
E	40	22,5	63	35,4	73	41,0	2	1,1
F	11	8,7	31	24,4	75	59,1	10	7,9
G	3	3,4	18	20,5	58	65,9	9	10,2
H	35	20,2	81	46,8	56	32,4	1	0,6
I	43	20,8	65	31,4	84	40,6	15	7,2
J	23	20,9	36	32,7	47	42,7	4	3,6
K	14	10,7	46	35,1	68	51,9	3	2,3
L	25	13,8	77	42,5	70	38,7	9	5,0
M	6	4,8	35	27,8	81	64,3	4	3,2
N	9	7,9	11	9,6	83	72,8	11	9,6
O	24	20,0	51	42,5	34	28,3	11	9,2
P	11	7,8	80	56,7	41	29,1	9	6,4
Q	24	23,3	34	33,0	43	41,7	2	1,9
R	41	21,9	87	46,5	56	29,9	3	1,6
S	15	10,2	45	30,6	85	57,8	2	1,4
T	13	10,2	24	18,9	87	68,5	3	2,4
U	19	12,7	41	27,3	75	50,0	15	10,0
V	7	4,5	46	29,7	76	49,0	26	16,8
W	23	24,0	44	45,8	21	21,9	8	8,3
X	26	19,0	71	51,8	36	26,3	4	2,9

9.3.4.2 Ergebnisse zum Aufgabenmerkmal *Niveau des schematischen innermathematischen Anwendens*

Für das *schematische innermathematische Anwenden* wurden vier Merkmalsausprägungen identifiziert: *Kein schematisches innermathematisches Anwenden nötig*, *Einsatz von Algorithmen der Hochschule oder Termumformungen bzw. Rechenregeln aus der Sekundarstufe*, *Einsatz von schematischen Verfahren der Hochschule* und *Komplexer Einsatz von schematischen Verfahren der Hochschule* (vgl. 7.3.4.2). Über die Verteilung des Merkmals im Datensatz informiert Tabelle 9.36.

Tabelle 9.36 Globale Ergebnisse zum Aufgabenmerkmal *Niveau des schematischen innermathematischen Anwendens*

Niveau des schematischen innermathematischen Anwendens	Absolute Häufigkeit[a]	Relative Häufigkeit ungewichtet	Relative Häufigkeit gewichtet
Kein schematisches innermathematisches Anwenden nötig	864	25,5 %	24,3 %
Einsatz von Algorithmen der Hochschule oder Termumformungen bzw. Rechenregeln aus der Sekundarstufe	966	28,6 %	24,3 %
Einsatz von schematischen Verfahren der Hochschule	1212	35,8 %	38,5 %
Komplexer Einsatz von schematischen Verfahren der Hochschule	340	10,1 %	12,9 %

[a] Bei sieben Analyseeinheiten ließ sich dieses Merkmal trotz Musterlösung nicht bestimmen

Es zeigt sich sowohl in der ungewichteten als auch gewichteten Verteilung, dass rund ein Viertel der Aufgaben *kein schematisches innermathematisches Anwenden* erfordert. In etwa gleich groß ist der Anteil der Aufgaben, bei dem nur *einfache technische Fertigkeiten aus der Sekundarstufe oder Algorithmen der Hochschule* zur Lösung eingesetzt werden müssen; allerdings treten diese Aufgaben in der ungewichteten Verteilung anteilig etwas häufiger auf. In beiden Verteilungen liegt der Anteil der Aufgaben, der *komplexe, isolierte und direkt anwendbare technische Fertigkeiten* aus der Hochschule erfordert, bei über einem Drittel. Die *Adaption, Vernetzung bzw. das Zugänglichmachen dieser Verfahren* spielt aber nur in wenigen Aufgaben eine Rolle. Über die Verteilung dieses Merkmals nach Lehrenden informiert Tabelle 9.37.

Die Verteilung des Merkmals *Niveau des schematischen innermathematischen Anwendens* unterscheidet sich signifikant zwischen den Sätzen ($\chi^2 = 471,227$; $df = 69$; $p < 0,001$). Die Effektstärke ist dabei mittelgroß ($w^2 = 0,139$). Es ist festzustellen, dass das *schematische innermathematische Anwenden* im größten Teil der Aufgaben aller Sätze gefordert ist. Jedoch zeigen sich Unterschiede beim Anteil

Tabelle 9.37 Ergebnisse zum Aufgabenmerkmal *Niveau des schematischen innermathematischen Anwendens* nach Lehrenden

Niveau des schem. innermath. Anw. (Code)	0		1		2		3	
Satz	abs. H.	rel. H. in %	abs. H.	rel. H. in %	abs. H.	rel. H. in %	abs. H.	rel. H. in %
A	45	24,3	30	16,2	99	53,5	11	5,9
B	10	5,6	60	33,7	98	55,1	10	5,6
C	36	33,0	27	24,8	38	34,9	8	7,3
D	29	25,7	42	37,2	33	29,2	9	8,0
E	63	35,4	41	23,0	68	38,2	6	3,4
F	26	20,5	37	29,1	54	42,5	10	7,9
G	35	39,8	12	13,6	27	30,7	14	15,9
H	74	42,8	25	14,5	47	27,2	27	15,6
I	50	24,2	66	31,9	65	31,4	26	12,6
J	19	17,3	37	33,6	44	40,0	10	9,1
K	41	31,3	48	36,6	38	29,0	4	3,1
L	23	12,7	74	40,9	74	40,9	10	5,5
M	47	37,3	34	27,0	31	24,6	14	11,1
N	48	42,1	15	13,2	40	35,1	11	9,6
O	19	15,8	30	25,0	42	35,0	29	24,2
P	33	23,4	49	34,8	45	31,9	14	9,9
Q	26	25,2	49	47,6	24	23,3	4	3,9
R	21	11,2	78	41,7	82	43,9	6	3,2
S	55	37,4	45	30,6	42	28,6	5	3,4
T	31	24,4	40	31,5	46	36,2	10	7,9
U	30	20,0	45	30,0	49	32,7	26	17,3
V	44	28,4	24	15,5	57	36,8	30	19,4
W	26	27,1	36	37,5	31	32,3	3	3,1
X	33	24,3	22	16,2	38	27,9	43	31,6

der Aufgaben, der es *nicht* erfordert. So treten entsprechende Aufgaben in den Sätzen B, L, O und R mit einem Anteil von unter einem Sechstel auf. Hingegen beträgt der Anteil dieser Aufgaben in den Sätzen E, G, H, M, N und S jeweils mehr als ein Drittel. Die Ergebnisse zeigen, dass viele Aufgaben nur *Techniken aus der Sekundarstufe oder Algorithmen der Hochschule* erfordern. Bei insgesamt neun Sätzen (B, D, J, K, L, P, Q, R und W) beträgt der Anteil solcher Aufgaben über ein Drittel. Analog zur Gesamtverteilung wird in den meisten Sätzen die *direkte, isolierte*

Anwendung von Verfahren aus der Schule bzw. Algorithmen aus der Hochschule am häufigsten gefordert. Relativ selten lassen sich hingegen Aufgaben identifizieren, die das *Adaptieren, die Vernetzung oder das Zugänglichmachen solcher Verfahren* erfordern.

Hierfür sind vor allem die Verteilungen der Sätze O und X bemerkenswert, da der jeweilige Anteil dieser anspruchsvollsten Nutzung des *schematischen innermathematischen Anwendens* dort knapp ein Viertel (O) bzw. knapp ein Drittel (X) beträgt. Vor allem, da bei 16 der 24 Sätze solche Aufgaben nur mit einer relativen Häufigkeit von 10 % oder seltener auftreten, stechen die Verteilungen der Sätze O und X mit Anteilen von mehr als 20 % in dieser Ausprägung heraus.

9.3.4.3 Ergebnisse zum Aufgabenmerkmal *Niveau des außermathematischen Anwendens*

Das *außermathematische Anwenden* als mathematische Tätigkeit spielt in den Aufgaben der Hochschulmathematik vermutlich nur eine geringe Rolle. Im Rahmen dieser Arbeit wurden daher vier Qualitäten dieses Typs mathematischen Arbeitens aus schulischen Instrumenten übernommen: *Kein außermathematisches Anwenden nötig, Standardmodellierungen, Mehrschrittige Modellierungen, Komplexe Modellierungen.* Über die Verteilung des *Niveaus des außermathematischen Anwendens* auf Aufgaben des gesamten Datensatzes informiert Tabelle 9.38.

Es kann festgehalten werden, dass das *außermathematische Anwenden* in den Übungsaufgaben der Hochschulmathematik im Fach Analysis I praktisch keine

Tabelle 9.38 Globale Ergebnisse zum Aufgabenmerkmal *Niveau des außermathematischen Anwendens*

Niveau des außermathematischen Anwendens	Absolute Häufigkeit[a]	Relative Häufigkeit ungewichtet	Relative Häufigkeit gewichtet
Kein außermathematisches Anwenden nötig	3407	99,6 %	99,5 %
Standardmodellierungen	12	0,4 %	0,4 %
Mehrschrittige Modellierungen	3	0,1 %	0,1 %
Komplexe Modellierungen	0	0,0 %	0,0 %

[a] Dieses Aufgabenmerkmal ließ sich auch bei einigen Aufgaben bestimmen, bei denen keine Musterlösung erstellt werden konnte, da das Vorliegen eines Realitätsbezugs notwendig für das außermathematische Anwenden ist

Rolle spielt. Sowohl Aufgaben, die das *Anwenden eines Standardmodells* benötigen, als auch Aufgaben, die die *mehrschrittige Entwicklung eines Modells* erfordern, kommen nur in Einzelfällen vor. Das *Bewerten oder kritische Prüfen von Modellen bzw. das Erstellen komplexer Modelle* tritt gar nicht auf. Aufgrund der sehr einseitigen Verteilung dieser Kategorie wird auf eine ausführliche Auswertung nach Lehrenden verzichtet.[20] Es wird aber zur Illustration ein Beispiel einer Hauptaufgabe angegeben, die *mehrschrittige Modellierungen* erfordert (vgl. Abbildung 9.3).

Beweisen Sie durch vollständige Induktion, dass das Spiel „Türme von Hanoi" für jede Anzahl von Scheiben eine Lösung hat. Berechnen Sie außerdem die Anzahl der Spielzüge, welche Ihre Lösung hat.

Abbildung 9.3 Aufgabenbeispiel zum mehrschrittigen Modellieren

9.4 Zusammenfassung

Nachdem in den vorherigen beiden Abschnitten die Ergebnisse auf der Ebene einzelner Merkmalsverteilungen präsentiert wurden, ist es nun einerseits möglich, die entsprechenden Forschungsfragen zu beantworten und andererseits typische Aufgabenprofile der Übungsaufgaben zu beschreiben. Zunächst werden die Forschungsfragen 3.1, 3.2 und 3.3[21] beantwortet, welche sich auf die inhaltliche Gestaltung der Übungsaufgaben beziehen.

Die Analyse des Datensatzes zeigt, dass die aus der Theorie extrahierten Sektoren *Grundlegende mathematische Strukturen*, *Folgen, Reihen, Stetigkeit und elementare Funktionen*, *Differentialrechnung*, *Integralrechnung* und *Abstrakte Analysis* eine inhaltliche Gliederung der Analysis-I-Übungsaufgaben und so auch der gesamten Lehrveranstaltung darstellen. Dies wird daran deutlich, dass kaum Aufgaben identifiziert werden konnten, die sich *nicht* einem Sektor der kanonischen Reihenfolge der Analysis-I-Inhalte zuordnen lassen. Nur für 18 der über 3000 Aufgaben des Datensatzes war keine Zuordnung möglich. Insbesondere konnte für alle bis auf einen der Sätze von Übungsaufgaben kein substanzieller Anteil (> 5 %) an Aufgaben festgestellt werden, der sich nicht einem der Sektoren der kanonischen Reihenfolge der Analysis I zuordnen lässt. Dies spricht dafür, dass auf der Ebene der Sektoren die

[20] Der Vollständigkeit halber ist sie im elektronischen Anhang angegeben.

[21] Die Fragen beziehen sich der Reihe nach auf das Auftreten und die Wichtung der Inhalte, ob es kanonische Inhalte gibt und inwieweit die Verteilung der aus der Theorie erwarteten Wichtung der Inhalte entspricht.

Analysis I eine weitgehend kanonische Vorlesung darstellt, d. h. über verschiedene Lehrende hinweg eine ähnliche Ausgestaltung im ersten Semester zu erwarten ist.

Ebenso kann die vermutete Reihenfolge der Inhalte bestätigt werden. Die ordinale Korrelation zwischen der Woche, in der die Aufgaben gestellt werden, und der vermuteten Reihenfolge der Sektoren ist hoch bis sehr hoch (vgl. 9.3.1). Vernachlässigt man dabei den Sektor der *Abstrakten Analysis*, der beispielsweise Topologie umfasst, welche für die eindimensionale *Differential-* und *Integralrechnung* nicht unbedingt nötig ist, fällt dieser Zusammenhang noch etwas stärker aus. Somit durchlaufen die Übungsaufgaben die Sektoren *Grundlegende mathematische Strukturen, Folgen, Reihen, Stetigkeit und elementare Funktionen, Differentialrechnung* und *Integralrechnung* in eben dieser Reihenfolge. Abweichungen, wie z. B. das Tauschen der Reihenfolge, treten nur in Ausnahmefällen auf.[22]

Insgesamt ist festzustellen, dass die Wichtung der Sektoren sich erheblich von der Schulanalysis unterscheidet. Während in der Literatur für die Schulanalysis ein Fokus auf *Differential-* bzw. *Integralrechnung* beschrieben wird (vgl. 3.1.1), handelt es sich bei diesen beiden Sektoren eher um wenig in den Übungsaufgaben der Analysis I repräsentierte Inhalte (in Summe: 11,0 %). Nur drei Viertel der Dozierenden thematisieren die *Differentialrechnung* noch in Übungsaufgaben zur Analysis I und etwa ein Drittel kommt bis zur *Integralrechnung*. Ein Fokus liegt hingegen auf den kaum in der Schule tangierten Sektoren *Grundlegende mathematische Strukturen, Folgen* und *Stetigkeit und elementare Funktionen* (in Summe: 72,3 %), was auch die bisherigen Ergebnisse zur inhaltlichen Gestaltung von Übungsaufgaben in der Analysis stützt (Wlassak, 2019; Wlassak, 2022). Der Analysis-I-Veranstaltung und den zugehörigen Aufgaben kommt daher eine inhaltliche Gelenkfunktion zwischen Schul- und Hochschulmathematik zu. Ein substanzieller Anteil an Aufgaben beschäftigt sich mit Themen, wie *Mengenlehre*, *Aussagenlogik*, *Vollständige Induktion* oder *Abbildungen*, die nicht nur im Kontext der universitären *Analysis*ausbildung genutzt werden, sondern auch im Rahmen der Linearen Algebra oder Folgevorlesungen von Bedeutung sind. Für Studierende stellen die inhaltlichen Unterschiede zwischen Schul- und Hochschulanalysis vermutlich erhebliche motivationale Hürden dar, da relativ viel Zeit für Inhalte aufgewendet wird, die subjektiv nicht als analytisch eingeordnet werden und es wohl für Studienanfänger:innen kaum ersichtlich ist, worin der unmittelbare Nutzen der ausführlichen Grundlegung liegt (vgl. 2.2.2.2).

[22] Eine nennenswerte Tatsache ist aber, dass der Sektor *Reihen* nur in 20 der 24 Sätze auftritt, obwohl *Stetigkeit und elementare Funktionen* in jedem Satz mit mindestens einer Aufgabe vertreten sind.

Während sich auf der Ebene der Sektoren ein relativ homogenes Bild der Übungsaufgaben zeichnen lässt, in welchem sich die mittelgroßen Verteilungsunterschiede weitgehend durch ein differentes Tempo der jeweiligen Dozierenden erklären lassen können, ist die Situation auf der Ebene der Themen komplizierter. In der erstellten Kategorie wurden 43 Themen der Analysis identifiziert, welche in den Aufgaben eine Rolle spielen könnten. Bisher ungeklärt war die Frage, ob es unter diesen gewisse „Kernthemen“ gibt, die in nahezu jeder Veranstaltung zur Analysis in Übungsaufgaben auftreten. Als *Kernthema* wird dabei ein Thema einer Aufgabe verstanden, welches für mindestens 80 % der Sätze, in denen der zugehörige Sektor behandelt wird[23], in wenigstens einer Aufgabe auftritt. Dieser Definition folgend, lassen sich nur zwölf Kernthemen der Übungsaufgaben feststellen.[24] Diese sind *Abbildungen, Schranken von Mengen, Eigenschaften der reellen Zahlen, Vollständige Induktion, Konvergenz explizit definierter Folgen, Konvergenz, Monotonie, Beschränktheit und Rekursionsgleichungen rekursiver Folgen, Konvergenzkriterien für Reihen, Potenzreihen, Stetigkeit einer Funktion, Spezielle Funktionen, Ableitungen berechnen* und *Integrale mit Zwischensummen berechnen*. Die einzigen beiden Themen, die in allen Sätzen von Übungsaufgaben behandelt werden, sind *Vollständige Induktion* und *Konvergenz explizit definierter Folgen*. Dies zeigt die Bedeutung dieser beiden Themen in der eindimensionalen Analysis und rechtfertigt auch das vergleichsweise große Forschungsinteresse der Hochschuldidaktik an diesen Themen (vgl. 3.2). Weiter ist hervorzuheben, dass kein Thema im Sektor *Abstrakte Analysis* ein Kernthema darstellt, was den optionalen Charakter dieses Sektors weiter unterstreicht.

---

[23] Die Einschränkung wurde vorgenommen, da das Nichtbehandeln eines Sektors sofort impliziert, dass keines der zugehörigen Themen auftreten kann. Es soll auch erwähnt werden, dass durch diese Definition das Paradox entsteht, dass im Extremfall ein Thema, welches nur in einem Satz behandelt wird, ein Kernthema ist, wenn dieser Satz der einzige ist, der den zugehörigen Sektor durch Aufgaben berücksichtigt. Im konkreten Fall dieser Arbeit werden alle relevanten Sektoren in mindestens neun Sätzen behandelt. Trotzdem soll noch erwähnt werden, dass es auch Kernthemen gibt, die in weniger Sätzen behandelt werden als Randthemen (s. u.). Dies wurde bewusst so beibehalten, da zu erwarten ist, dass beim Auftreten der *Differential-* und *Integralrechnung* erst in der Analysis II, die gleichen Themen (nicht) in Übungsaufgaben behandelt werden und so auch Vermutungen über die Themen der später behandelten Sektoren aufgestellt werden können.

[24] Nichtsdestotrotz scheint die Auswahl der 43 Themen gewinnbringend gewesen zu sein, da für 42 der 43 identifizierten Themen mindestens eine zugehörige Aufgabe im Datensatz gefunden werden konnte. Die einzige Ausnahme stellt das Thema *Allgemeine Differenzierbarkeitsbegriffe* aus dem Sektor *Abstrakte Analysis* dar, welches z. B. die Fréchet-Differenzierbarkeit umfasst. Es ist zu vermuten, dass entsprechende Begriffe frühestens in der Analysis II behandelt werden.

Neben der Frage, welche Themen häufig in Übungsaufgaben abgedeckt werden, ist die umgekehrte Frage, welche Themen kaum eine Rolle spielen, von Bedeutung, da bei letzteren nicht vorausgesetzt werden kann, dass Studierende sich aktiv mit diesen Themen auseinandergesetzt haben (vgl. 4.3). So werden als *Randthemen* jene Themen verstanden, die in weniger als einem Drittel aller Sätze von Übungsaufgaben auftreten, in denen der zugehörige Sektor behandelt wird. Insgesamt gibt es fünf Randthemen: *Umordnung von Reihen*, *Abschätzungen mit dem Mittelwertsatz der Integralrechnung oder dem Hauptsatz der Differential- und Integralrechnung*, *Allgemeine Differenzierbarkeitsbegriffe*, *Volumen von Rotationskörpern* und *Differentialgleichungen*. Es ist aber zu erwarten, dass die letzten vier Themen in Lehrveranstaltungen, die auf die Analysis I folgen, auftauchen und nur aus Zeitgründen nicht geschafft werden.[25]

Die Ergebnisse zu Kern- und Randthemen ergeben ein interessantes Bild der Themen in Übungsaufgaben. 26 der 43 identifizierten Themen sind weder Kern- noch Randthemen, werden daher sowohl von einem größeren Teil der Lehrenden in Übungsaufgaben berücksichtigt als auch weggelassen. Diese Tatsache widerspricht zumindest auf der Ebene der einzelnen Themen dem kanonischen Charakter der Analysis I. Es ist zu vermuten, dass mit der relativ geringen Zahl von Aufgaben, die überhaupt in einem Semester behandelt werden können[26], das Ausschöpfen aller relevanter Themen für die Analysis I nicht möglich ist. Hier zeigt sich über die teilweise divergierende thematische Schwerpunktsetzung die Freiheit der Lehre der Dozierenden. Für Studierende bedeutet das aber auch, dass z. B. bei Wechseln der Lehrenden abweichende Schwerpunkte aus der Analysis I verlangt werden können, als in den eigenen Aufgaben abgedeckt wurden. Dies birgt gerade bei vorlesungsübergreifenden Komplexprüfungen Konfliktpotential.

Neben inhaltlichen Merkmalen, die der Tiefenstruktur zuzuordnen sind, wurde die Oberflächenstruktur der Übungsaufgaben beschrieben (vgl. 9.2). Diese Ergebnisse sollen genutzt werden, um die Forschungsfragen 3.4 und 3.5 zu beantworten.[27] In Bezug auf den *Operator der Aufgabenstellung* war aufgrund des Fokus der Hochschulmathematik auf Beweise zu erwarten, dass Operatoren vorrangig Aufforderungen zum Beweisen umfassen. Die Ergebnisse der Arbeit zeigen, dass dies für etwa die Hälfte der Aufgaben der Fall ist. Die einzigen Gruppen von Operatoren, die noch bei einem substanziellen Teil (> 6 %) von Aufgaben auftreten, sind

[25] Dies erscheint naheliegend, da diese Themen auch in Lehrbüchern (Forster, 2016; Heuser, 2003; Königsberger, 2004) innerhalb der jeweiligen Sektoren relativ spät behandelt werden oder erst im zweiten Band der jeweiligen Lehrbuchreihe auftreten.

[26] Maximal waren es im Datensatz 210.

[27] Diese beziehen sich auf die typische Oberflächenstruktur der Aufgaben bzw. die Passung zur aus der Theorie erwartbaren Merkmalsverteilung.

Aufforderungen zum Berechnen und Aufgaben ohne Operator. Während Ersteres aufgrund der neuen Rechentechniken, die in der Analysis I erworben werden (vgl. 2.2.2.4 und 3.1.2), nicht überrascht, muss der Teil der Aufgaben ohne Operator kritisch beurteilt werden. Studienanfänger:innen sind es aus der Schule gewohnt, dass Aufgabenstellungen die Erwartungen an potentielle Lösungen umreißen, sodass Aufgaben komplett ohne einen Operator einen Bruch darstellen, der vermeidbar ist (Clark und Lovric, 2009, S. 758). Mit diesen Aufgaben ist vermutlich auch eine Enkulturation in die Hochschulmathematik intendiert, da „immer alles bewiesen" werden soll, auch wenn es nicht explizit eingefordert wird (vgl. 2.2.2.5). Dies kann und sollte wohl eher direkt kommuniziert werden.

Der vermutete wenig motivierende Stil der Übungsaufgaben (Ableitinger und Herrmann, 2013) zeigt sich bei den Verteilungen der Aufgabenmerkmale *Geforderte/Genutzte Darstellungsformen* und *Kontextinformationen* im Datensatz. Nahezu keine Aufgabenstellung beinhaltet oder fordert andere als symbolische Darstellungen, und mögliche Veranschaulichungen müssen so gut wie immer vom Aufgabenlöser nebenbei selbst konstruiert werden. Zusätzlich wird kaum auf den Sinn oder Ursprung einer Aufgabe eingegangen. Dies könnte allerdings interessant für die Studienanfänger:innen sein und in Aufgaben immer wieder eine Rolle spielen.[28] Hinsichtlich der *Darstellungsformen* ist ein Bruch zur Schule festzustellen, wobei dieser intendiert ist. Studierende sollen lernen, mit formalen Darstellungen flexibel umzugehen und Veranschaulichungen im Lösungsprozess „nur" dann einzusetzen, wenn sie ihnen helfen können. Da aber eine Loslösung von der Anschauung gefordert wird (vgl. 2.2.2.2), überrascht es nicht, dass Aufgabenstellungen Veranschaulichungen kaum nutzen. Dies gilt ebenso für Verbindungen zur *realen Welt* in Übungsaufgaben. Nur durch eine von 50 Aufgabenstellungen werden diese durchschnittlich hergestellt; authentisch wirkt der einbezogene Kontext nur bei sechs Aufgabenstellungen im gesamten Datensatz. Dieser Bruch zur Schulmathematik, welche Begriffe über reale Vorerfahrungen von Lernenden motiviert (vgl. 2.2.1.2) und deren Aufgaben zu größeren Teilen in reale bzw. realitätsnahe Situationen eingebettet sind (vgl. 2.2.1.3), war aufgrund der geringen Bedeutung von Anwendungen in der Mathematik der Studieneingangsphase so zu erwarten.

[28] Es ist anzumerken, dass dies in der Einordnung von Lehrenden durchaus in mündlicher Form passieren kann; allerdings geschieht dies dann eher im Nachgang, z. B. bei einer Aufgabenbesprechung. Weiterhin erscheint die Einordnung einer Aufgabe in den Kontext der Zeit, wie z. B. wer ein gewisses Ergebnis erzielt hat, relevant, um auch eine mathematikhistorische Bildung bzw. das Bewusstsein um den Charakter der Mathematik als sich weiterentwickelnde Wissenschaft bei künftigen Mathematiker:innen bzw. Mathematiklehrkräften zu erzeugen (Loos und Ziegler, 2015, S. 9).

Eher überraschend sind die Ergebnisse zum *Generalitätsgrad* der Aufgabenstellungen. Das Betrachten eines einzelnen mathematischen Objekts und der Fokus auf eine gesamte Objektmenge treten in den Übungsaufgaben in etwa gleich häufig auf. Da Abstrahieren bzw. Generalisieren zentrale Arbeitsweisen in der Hochschulmathematik sind und das Erarbeiten der Theorie aus dem Beweisen allgemeiner Resultate besteht (vgl. 2.2.2.5), wäre ein noch größerer Anteil von Übungsaufgaben zu erwarten gewesen, der sich auf ganze Objektmengen im Gegensatz zu Einzelbeispielen bezieht. Für dieses Ergebnis lassen sich zwei Erklärungsansätze geben:

1. Aufgaben mit konkret gegebenen Objekten unterstützen in besonderem Maße den Begriffserwerb bei mathematischen Objekten, die nicht intuitiv (z. B. aus der Schulmathematik) abgesichert sind (Hilgert, 2016, S. 697–698). Dozierende stellen sie daher insbesondere, um Lernenden den Begriffserwerb zu erleichtern.
2. Rechnerische Aufgaben lassen sich in der Regel nicht für eine gesamte Objektklasse stellen. Da ein nicht unerheblicher Teil von Übungsaufgaben einen rechnerischen Fokus aufweist (Weber und Lindmeier, 2020b; Wlassak und Schöneburg-Lehnert, 2022; vgl. auch 4.3), können diese Aufgaben höchstens (mehrere) Einzelobjekte ansprechen.

Nichtsdestotrotz ist der Anteil der Übungsaufgaben, welcher sich mit einer gesamten Objektklasse beschäftigt, deutlich höher, als es in der Schule zu erwarten wäre. Dies spiegelt sich auch in der Tatsache wider, dass Studierende die Hochschulmathematik im Vergleich zur Schulmathematik als sehr abstrakt wahrnehmen.

Eine Kontinuität zwischen Schul- und Hochschulmathematik stellt hingegen der geringe Anteil von Aufgaben mit *expliziten Reflexionsanlässen* dar (Deweis, 2018, S. 442). Aufgaben, bei denen das Wissen über Vorlesungsinhalte erweitert werden muss, beispielsweise indem Beispiele betrachtet werden, die eine gewisse Voraussetzung eines Satzes nicht erfüllen und für die dann die Behauptung des Satzes nicht gilt, oder das Beweisen eines Satzes unter schwächeren Voraussetzungen als in der Vorlesung, spielen in Übungsaufgaben nur eine untergeordnete Rolle. Die Bedeutung der Mathematik als Wissenschaft für die Gesellschaft bzw. das Individuum wird in Übungsaufgaben zur Analysis I überhaupt nicht angesprochen. Während letzteres Ergebnis aufgrund des geringen Fokus der Hochschulmathematik der Studieneingangsphase auf die umgebende Welt kaum überrascht, muss der geringe Anteil von Aufgaben, die Reflexion in der Mathematik fordern, als verstrichenes Potential gewertet werden. Es ist bekannt, dass für Studierende Übungsaufgaben die zentrale Möglichkeit darstellen, Vorlesungsinhalte nach- bzw. aufzuarbeiten (Göller, 2016, S. 319). *Explizite Reflexionsanlässe* könnten daher dazu dienen, die Selbststudiumszeit stärker auf das Vermeiden typischer Fehler beim Anwenden von Sätzen, z. B. das

Nichtprüfen der Voraussetzungen (Liebendörfer und Ostsieker, 2014, S. 459) oder das Nacharbeiten von Beweis(-technik-)en zu lenken. Zusätzlich können Aufgaben mit Reflexionsanlässen zu Vorlesungsinhalten dazu beitragen, dass Studierende Vorlesungen, Übungen und zugehörige Übungsaufgaben als kohärent wahrnehmen und so einem einseitigen Fokus auf dem Bearbeiten der Übungsaufgaben zu Lasten des Nacharbeitens von Lehrveranstaltungen entgegenwirken.

Hinsichtlich des *Antwortformats* und der *Offenheit der Aufgabenstellung* lässt sich ein relativ einheitliches Bild der Übungsaufgaben in der Analysis I zeichnen. Nahezu alle Aufgaben haben ein freies Antwortformat, wobei nur selten eine Kurzantwort möglich ist und meist eine ausführliche Antwort gegeben werden soll. Dabei ist das Ziel der Bearbeitung klar umrissen, den Studierenden sollte daher durch die Aufgabenstellung klar sein, wie eine korrekte Bearbeitung aussehen könnte. In den meisten Aufgabenstellungen werden keine Hinweise zum Lösungsweg gegeben, dieser muss von den Studierenden eigenständig gefunden werden. Der Problemcharakter der Übungsaufgaben (KMK, 2002, S. 31; Liebendörfer, 2018, S. 22) und der geringere Fokus der Studieneingangsphase auf das Erlernen von Algorithmen zur Lösung von Aufgabenklassen (vgl. 2.2.2.1) ließ dies erwarten. In Bezug auf die Offenheit der Lösungen, d. h., inwiefern die Aufgabenstellung Angaben zum Lösungsraum macht, verteilen sich die Aufgaben nahezu gleich zwischen Aufgaben, bei denen eine korrekte Lösung in der Aufgabenstellung genannt wird (z. B. Verifizieren einer gegebenen Aussage) und solchen Aufgaben, bei denen es zwar nur eine korrekte Lösung gibt, diese aber durch die Aufgabenstellung nicht benannt wird (z. B. Untersuchung des Wahrheitswerts einer gegebenen Aussage). Das Finden von (Gegen-)Beispielen wird hingegen kaum gefordert, was einerseits überrascht, da es eine typische Tätigkeit forschender Mathematiker:innen in induktiven Phasen des Beweisprozesses darstellt (vgl. 2.2.2.5), andererseits aufgrund des Produktcharakters in den Lehrveranstaltungen (vgl. Kapitel 4) selten explizit besprochen wird. Dabei könnte die Autonomie, die Studierende bei der eigenen Konstruktion von Beispielen erleben, positive Auswirkungen auf ihre Motivation haben, wobei gleichzeitig berücksichtigt werden muss, dass entsprechende Aufgaben durchaus anspruchsvoll sind und somit potentiell negativ auf das Kompetenzerleben der Studierenden wirken (Deci und Ryan, 1993, S. 230). Insgesamt ist festzustellen, dass die Übungsaufgaben vor allem in Bezug auf Lösungswege offen gestaltet sind, was sie erheblich von den meist geschlossenen schulischen Mathematikaufgaben unterscheidet (Leuders, 2009, S. 111).

Als Gesamtschau auf die Merkmale der Oberflächenstruktur lässt sich ein klares Aufgabenprofil der Übungsaufgaben zeichnen: Übungsaufgaben

- haben meist einen Operator, der zum Beweisen auffordert.
- haben ein freies Antwortformat mit ausführlicher erwarteter Antwort.
- stellen in der Aufgabenstellung alle zur Lösung relevanten Informationen bereit.
- geben häufig keinen Lösungsweg vor und erwähnen keinen intendierten Lösungsweg.
- lassen die Menge der Lösungen oftmals höchstens insofern offen, als bei gegebenen Aussagen geprüft werden muss, ob sie wahr oder falsch sind.
- formulieren klar, was das Ziel der Bearbeitung ist.
- haben keinen Realitätsbezug.
- beziehen sich auf Einzelobjekte oder ganze Objektklassen.
- fordern selten explizit Reflexionen.
- beinhalten und fordern fast ausschließlich symbolische Darstellungen.
- informieren nicht über den Kontext der Aufgabe.

Abschließend sollen noch die Ergebnisse zu den restlichen Merkmalen der Tiefenstruktur gebündelt wiedergegeben werden. Da hier auch Vergleiche zwischen den Aufgaben verschiedener Lehrender gezogen wurden, ist es möglich, neben den Forschungsfragen 3.6 und 3.7 auch Forschungsfrage 5.1 zu beantworten.[29] Als ein zentrales Tiefenstrukturmerkmal von Aufgaben wurde das Konzept der *Wissenseinheiten* identifiziert, welches es ermöglicht, die nötige innermathematische Vernetzung zur Erstellung des Lösungswegs einer Aufgabe zu messen. In dieser Arbeit wurde die (übliche) Ersterwerbsinstitution berücksichtigt, d. h., jede für die Lösung genutzte Wissenseinheit wurde entweder als Schul- oder Hochschulwissenseinheit klassifiziert (vgl. 7.3.2.1). Die erzielten Ergebnisse zeigen, dass mehr als die Hälfte aller Übungsaufgaben explizit Schulwissen erfordert, welches sich nicht dem genutzten universitären Wissen unterordnet.[30] Etwa eine von fünf Aufgaben verlangt von den Studierenden sogar das Aktivieren mehrerer schulischer Wissenseinheiten. Diese Ergebnisse zeigen sich kongruent zu Befunden, die schulisches (Mathematik-)Vorwissen als relevanten Prädiktor für Studienerfolg nachweisen konnten (vgl. 2.2.2), für das Lösen von Übungsaufgaben ist schulisches Vorwissen ebenso essentiell. Außerdem kann es gerade für Lehramtsstudierende profitabel sein, durch das Bearbeiten von Übungsaufgaben, welche Schulwissen erfordern, dieses flexibler einsetzen zu lernen. Interessanterweise wird dies in Modulbeschreibungen zur Analysis I nicht explizit gefordert, ist aber trotzdem Teil der Praxis der

[29] Diese beziehen sich auf die typische Tiefenstruktur der Aufgaben bzw. die Passung zur aus der Theorie erwartbaren Merkmalsverteilung und dabei auftretende Unterschiede zwischen Lehrenden.

[30] Die Nutzung des Quotientenkriteriums impliziert z. B. Wissen über Bruchrechnung.

Übungsaufgaben. Neben der wiederholenden Aktivierung von schulischem Wissen steht in den Übungsaufgaben der Umgang mit neuen mathematischen Objekten und Verfahren im Vordergrund. Rund ein Viertel aller Übungsaufgaben erfordert von Studierenden, mehrere Hochschulwissenseinheiten zu aktivieren. Da gerade solche Aufgaben als hochkomplex identifiziert wurden (vgl. 7.3.2.1), kann dies einen Teil der Überforderung der Studierenden mit Übungsaufgaben erklären. Andererseits ist das etwas überraschende Ergebnis entgegenzuhalten, dass ein nicht unerheblicher Teil der Übungsaufgaben ohne Hochschulwissenseinheiten gelöst werden kann (vgl. auch Wlassak und Schöneburg-Lehnert, 2022). Dies verstärkt den erläuterten Eindruck, dass schulisches Vorwissen das Lösen von Übungsaufgaben begünstigt und kann so vorher erzielte Befunde, die konstatieren, dass Studierende mit sehr gutem schulischem Vorwissen Übungsaufgaben häufiger selbst lösen, teilweise erklären (Rach, 2014, S. 196). Betrachtet man, inwieweit Wisseneinheiten insgesamt eingesetzt werden, zeigt sich, dass in etwa zwei Drittel der Übungsaufgaben das Aktivieren mehrerer Wisseneinheiten erfordern. Diesbezüglich ist das Anforderungsprofil bei der Lösung von Übungsaufgaben konträr zu dem schulischer Mathematikaufgaben (Neubrand, 2002, S. 269); allerdings war dies auch zu erwarten, da durch das Lösen von Übungsaufgaben argumentative bzw. Problemlösekompetenzen erworben werden sollen (vgl. 2.2.2.1), welche das Vernetzen von Wissen erfordern.

Wenig überraschend sind so auch die Ergebnisse für die in den Aufgaben aktivierten *Wissensarten* bzw. *-formen*. Rund 60 % der Aufgaben fordern vorrangig konzeptuelles Wissen. Prozedural-kalkülhaft lösbare Aufgaben werden seltener gestellt und Aufgaben, bei denen deklaratives Wissen im Vordergrund steht, treten fast nie auf. Diese Ergebnisse zeigen sich kongruent zu vorher erzielten deskriptiven Studien zu Übungsaufgaben, werfen allerdings die Frage auf, warum der substanzielle Teil vorrangig prozeduraler Aufgaben in der Literatur bislang seltener thematisiert wird (Wlassak und Schöneburg-Lehnert, 2022). Insbesondere kann aber auch bei den Wissensarten ein erheblicher Bruch zur Schulmathematik konstatiert werden, bei der sowohl die theoretische Charakterisierung (vgl. 2.2.1.4) als auch empirischen Studien (vgl. 5.4.1) einen Fokus auf die Vermittlung von Prozeduren zum Lösen von Aufgaben beschreiben. Schließlich zeigen die Ergebnisse, dass Aufgaben, bei denen nur explizite Wisseneinheiten genutzt werden müssen, nur etwas öfter auftreten als Aufgaben, die mindestens eine implizite Wisseneinheit erfordern. Auch dies bestätigt die Interpretation, dass Studienanfänger:innen in Übungsaufgaben häufiger eigene Lösungswege konstruieren müssen, als es in der Schule der Fall ist, wo eher Reproduktion im Vordergrund steht. In Bezug auf die Wisseneinheiten zeigt sich somit durchgängig ein deutlich höheres Anspruchsniveau von Übungsaufgaben im Vergleich zu schulischen Mathematikaufgaben.

Neben der qualitativen Beschreibung des Lösungswegs wurde auch ein quantitatives Maß für den Umfang einer Lösung erhoben. Hierfür wurden mit Expert:innen Grenzen für die *Anzahl der Bearbeitungsschritte* (vgl. 7.3.3) eruiert, die zwischen den Aufgaben mit niedrigem, mittlerem, hohem oder sehr hohem Bearbeitungsumfang trennen. Die Ergebnisse zeigen, dass knapp zwei Fünftel der Aufgabenlösungen einen niedrigen und ein Drittel einen mittleren Bearbeitungsumfang haben. Ein hoher oder sehr hoher Bearbeitungsumfang tritt insgesamt bei etwa einem Viertel aller Lösungen auf. Dies lässt sich so interpretieren, dass die Komplexität der Übungsaufgaben nicht auf dem reinen Umfang der Aufgabenlösung beruht, sondern auch auf qualitativen Merkmalen des Lösungsprozesses. Dies liefert eine Hypothese, warum Lehrende die Komplexität der Übungsaufgaben eher unterschätzen (vgl. 4.3): Die Lösungswege sind zum Großteil nicht sehr umfangreich, sodass sie von Expert:innen sehr schnell erstellt bzw. überblickt werden können. Da es sich bei der Kategorie *Anzahl der Bearbeitungsschritte* um eine Eigenentwicklung handelt, sind Bezüge zur Schulmathematik kaum zu ziehen; allerdings kann ein Ergebnis aus dem schulischen Bereich für die weitere Beantwortung der Forschungsfragen von Bedeutung sein. Der Umfang der Lösung hat Einfluss auf die empirische Schwierigkeit *rechnerischer* Aufgaben (Klieme, 2000).[31] Sollte sich ein eher rechnerischer Aufgabentyp rekonstruieren lassen (vgl. 5.3), wäre bei diesem insbesondere die Kategorie *Anzahl der Bearbeitungsschritte* von Interesse.

Bzgl. der für das Lösen von Übungsaufgaben relevanten mathematischen Tätigkeiten zeigen sich weitgehend erwartbare Ergebnisse. So spielt das *außermathematische Anwenden* in Übungsaufgaben praktisch keine Rolle, was einen erheblichen Bruch zu den normativen Vorgaben der Schulmathematik darstellt und somit eine weitere Diskontinuität zwischen Übungsaufgaben und Aufgaben in der Schule aufzeigt. Da ein größerer Anteil von Aufgaben, der das Modellieren erfordert, in einer aktuellen Studie (Adleff et al., 2023) zu Aufgabenmerkmalen von schulischen Aufgaben festgestellt werden konnte, lässt sich festhalten, dass Schulmathematik und Hochschulmathematik diesbezüglich weiter auseinander driften. Dieses Ergebnis überrascht nicht, weil für die Studieneingangsphase keine Ziele formuliert werden, die Anwendungen im realweltlichen Kontext fordern (vgl. 2.2.2.1). Im Gegensatz dazu wird der Erwerb von Beweisfähigkeiten als das zentrale Ziel in der Studieneingangsphase formuliert (ebd.). In den Aufgabenmerkmalen zeigt sich dies dadurch, dass mehr als fünf von sechs Übungsaufgaben *Beweisen* mindestens mit rechnerischen Argumenten fordern. Die Hälfte der Aufgaben sind semiformale,

[31] Ein direkter Vergleich mit den entsprechenden Ergebnissen erscheint allerdings nicht sinnvoll, da der Umfang der Lösung in der entsprechenden Untersuchung anders operationalisiert wurde als die Anzahl der Bearbeitungsschritte in dieser Arbeit.

deduktive Beweise, wobei Aufgaben, die eine komplexe bzw. nicht naheliegende Beweisidee haben, eher selten auftreten. Letzteres könnte als Komplexitätsreduktion aufgrund geänderter Rahmenbedingungen in der Wahrnehmung der Lehrenden (Hilgert, 2016, S. 698) erklärt werden, was aufgrund des Querschnittdesigns dieser Studie jedoch nicht überprüft werden kann. Formal-deduktive Beweise machen aber einen so großen Teil der Analysis-I-Aufgaben aus, dass sich die Überforderung der Studierenden sowie daraus resultierend die Abschreibeproblematik (vgl. 4.3) erklären lässt. Um die erforderliche Punktzahl für die Zulassung zur Klausur zu erreichen, sind die Studierenden gezwungen, einen substanziellen Teil formal-deduktiver Beweisaufgaben zu lösen, wobei sie aus der Schule kaum entsprechende Vorkenntnisse mitbringen. Der Wunsch, die Aufgaben eigenständig zu lösen und der soziale Druck, erfolgreich zu studieren, konfligieren und Studierende entscheiden sich nach erfolglosen individuellen Lösungsversuchen häufig dafür, Lösungen abzuschreiben. Dieses Muster scheint problematisch, da es bereits im ersten Semester entsteht und sich daher potentiell durch das gesamte Studium ziehen kann. Die hochgesteckten Ziele in Bezug auf das Beweisen können dann kaum erreicht werden. Weniger hohe Anforderungen stellen Aufgaben, für die nur rechnerische Argumente benötigt werden, da entsprechende Argumentationen Studienanfänger:innen aus der Schule zumindest etwas bekannter sind. In der Stichprobe dieser Arbeit machen sie etwa ein Drittel aller Aufgaben aus. Die Studien zu Aufgabenmerkmalen der Schulmathematik weisen insgesamt nur sehr geringe Anteile an Aufgaben aus, die überhaupt Argumentationen erfordern, sodass zu vermuten ist, dass – trotz struktureller Ähnlichkeiten einiger rechnerischer schulischer Argumentationen mit der Verwendung rechnerischer Entscheidungskriterien in der Hochschulmathematik (vgl. 7.3.4.1) – auch eher rechnerische Beweise für Studienanfänger:innen eine große Herausforderung darstellen.

Als letzte relevante Tätigkeit zum Lösen von Übungsaufgaben wurde das *Niveau des schematischen innermathematischen Anwendens* erhoben. Je etwa ein Viertel der Aufgaben lässt sich ohne die Verwendung dieser Tätigkeit bzw. nur unter Verwendung von Algorithmen aus der Hochschule oder Rechenregeln bzw. Termumformungen, wie sie aus der Sekundarstufe bekannt sind, lösen. Ersteres zeigt, dass es einen „neuen" Typ von Aufgaben an der Hochschule zu geben scheint, der vollständig ohne technische Elemente auskommt. Letzteres zeigt wiederum die Bedeutung schulischer Vorkenntnisse für das Lösen von Übungsaufgaben. Diese sind insbesondere auch relevant, wenn schematisches innermathematisches Anwenden auf einem höheren Niveau gefordert wird, da die Techniken der Hochschulanalysis vielfach auf einfachere Techniken zurückgreifen, die im Schulkontext erlernt wurden (vgl. 2.2.2.4). Das Verwenden solcher komplexer Techniken wird von rund einem Drittel der Aufgaben direkt gefordert und in etwa jede zehnte Aufgabe benötigt das

Kombinieren, Adaptieren oder Zugänglichmachen von Techniken. Insgesamt lässt sich in der Analysis ein großer Teil des Anspruchs von Aufgaben – neben dem Beweisen – durch das Aktivieren von Techniken auf verschiedenen Niveaus erklären. Diesbezüglich stellen sich aber auch Fragen an die Kategorisierung in dieser Arbeit. Beispielsweise könnte es für Studierende einfacher sein, eine unmittelbar vorher gelernte Technik der Hochschulanalysis einzusetzen, als gezielt Vorkenntnisse aus der Schulmathematik zu aktivieren. Weiterhin könnte das Zugänglichmachen einer Technik – z. B. durch das Einführen einer geschickt geschriebenen Null o. Ä. – auch in das Standardrepertoire einiger Studierender übergehen, sodass die diesbezüglichen Anforderungen an die Studierenden kaum höher wären als beim direkten Einsatz einer Technik (vgl. auch 11.3).

Insgesamt ist festzuhalten, dass die Beschreibung der Tiefenstrukturmerkmale ein abweichendes Anspruchsprofil von Übungsaufgaben und schulischen Mathematikaufgaben impliziert. Bei schulischen Aufgaben steht eher die Reproduktion bekannter Ansätze und Lösungswege im Vordergrund, und die vorrangig relevante Tätigkeit beim Aufgabenlösen stellt das Anwenden von Prozeduren dar. Übungsaufgaben an der Hochschule hingegen fordern eher eigenständig zu findende Lösungswege, die auf Basis schulischer Vorkenntnisse und an der Hochschule erworbenen Wissens konstruiert werden müssen. Relevante Tätigkeiten sind dabei sowohl das Beweisen als auch das schematische innermathematische Anwenden, wobei beide meist auf einem höheren Niveau aktiviert werden müssen als noch in der Schule. Dieser Bruch tritt schon mit dem Beginn des ersten Semesters auf und kann so Studienanfänger:innen bereits wenige Tage nach Studienbeginn überfordern.

Diese globalen Ergebnisse lassen sich durch den Vergleich der Sätze von Übungsaufgaben von verschiedenen Lehrenden ergänzen. Im Gegensatz zur Oberflächenstruktur zeichnet sich dann nicht mehr unbedingt ein einheitliches Bild. So konnten bei *allen* Merkmalen der Tiefenstruktur signifikante Verteilungsunterschiede zwischen den Sätzen von Übungsserien verschiedener Lehrender gefunden werden. Effekte bewegen sich dabei im Bereich kleiner und mittlerer Stärke. Kleine Effekte zeigen sich bei der *Gesamtanzahl der Wissenseinheiten*, der *Art* und der *Form der Wissenseinheiten* sowie bei der *Anzahl der Bearbeitungsschritte*. Mittlere Effekte treten bei der *Anzahl der schulischen Wissenseinheiten* bzw. *Hochschulwissenseinheiten* sowie dem *Niveau des Beweisens* und *des schematischen innermathematischen Anwendens* auf. Es scheint daher, dass die Aufgaben verschiedener Lehrender eine unterschiedliche Komplexität aufweisen. Die genaue Betrachtung der Ergebnisse einzelner Sätze zeigt, dass die Aufgaben der Sätze B, E und W häufiger Merkmalsausprägungen aufweisen, die auf eine niedrige Komplexität hindeuten, wohingegen für die Aufgaben der Sätze G, O und T das Gegenteil der Fall ist. Neben der Studierendenseite sollte bei der Beurteilung von Studienerfolg wohl auch die Seite der Lehrenden aufgrund dieser nicht zu vernachlässigenden Unterschiede mehr in den Fokus gerückt werden.

Nachdem in diesem Kapitel ausführlich die Ergebnisse auf der Ebene von Einzelmerkmalen besprochen wurden und hinsichtlich der Oberflächenstruktur ein Aufgabenprofil gezeichnet werden konnte, bleibt die Frage nach einer Verdichtung der Ergebnisse auch in Bezug auf die Tiefenstruktur bestehen. Vor allem die Merkmale, bei denen sich Verteilungsunterschiede mit einer mittleren Effektstärke zwischen Lehrenden zeigen, sind dabei von besonderem Interesse, da sie dazu beitragen können, zu erklären, wie unterschiedlich komplex Aufgaben verschiedener Dozierender gestaltet sind. Im folgenden zweiten Ergebniskapitel sollen dafür Aufgabentypen aus den Merkmalen der Tiefenstruktur gewonnen werden.

10 Datenauswertung und Ergebnisse – Explorativer Teil

Aufgabentypen sind bislang in der einschlägigen hochschuldidaktischen Literatur ein nahezu nicht besprochenes Thema. Im allgemeinen Sprachgebrauch wird zwar zwischen Rechen- und Beweisaufgaben (vgl. Kapitel 1) unterschieden und eine Untersuchung (vgl. 5.4.2.1) gibt fünf Aufgabentypen an. Die bisherigen Unterscheidungen sind aber wenig gewinnbringend in Bezug auf die Ordnung von Aufgaben nach ihrer Komplexität und nur mit kleinen Stichproben einer Universität zustande gekommen. Es sind sowohl anspruchsvolle rechnerische Aufgaben als auch einfachere Beweisaufgaben denkbar (vgl. 7.3.4.1 und 7.3.4.2), was bei der Konstruktion von Aufgabentypen bisher nicht berücksichtigt wurde, im Instrument dieser Arbeit aber durch zwei Aufgabenmerkmale abgebildet wird. Diese sollten daher bei der Bildung der Aufgabentypen unbedingt einbezogen werden.

Als Auswertungsmethode wird hierfür eine Clusteranalyse genutzt, wobei im folgenden Abschnitt die theoretischen Grundlagen zur Clusteranalyse beschrieben werden und begründet ein Verfahren ausgewählt wird (vgl. 10.1). Für die Bildung von Aufgabentypen mit einer Clusteranalyse ist es entscheidend, welche Aufgabenmerkmale im konkreten Verfahren genutzt werden, was in 10.2 genauer erläutert wird. Mit diesen Merkmalen wurden vier Aufgabentypen gewonnen. Diese werden einerseits beschrieben, andererseits wird der Einfluss der Lehrenden auf die Verteilung dieser Aufgabentypen beleuchtet (vgl. 10.3). Weiterhin werden Bezüge zu den nicht bei der Clusterbildung einbezogenen Aufgabenmerkmalen hergestellt, um eine weitere Ausschärfung der Aufgabentypen zu ermöglichen. Abschließend sollen noch idealtypische Beispiele zu jedem der vier Aufgabentypen diskutiert werden, um die gewonnenen Erkenntnisse weiter zu illustrieren (vgl. 10.4).

F. Wlassak, *Gestaltungsmerkmale und Typen von Übungsaufgaben aus der Analysis I*, https://doi.org/10.1007/978-3-658-50118-1_10

10.1 Theorie zur Clusteranalyse

Für die Bildung von Aufgabentypen kommen zwei Gruppen statistischer Verfahren in Frage: *Cluster-* oder *Diskriminanzanalysen*. Clusteranalyse ist dabei ein Oberbegriff für eine Vielzahl unterschiedlicher statistischer Verfahren (Schendera, 2011, S. 8), denen die Annahme zugrunde liegt, dass eine Stichprobe hinsichtlich spezifischer Variablen eine Gruppenstruktur aufweist (Wiedenbeck und Züll, 2010, S. 525). Die Partitionierung der Stichprobe ist bei der Clusteranalyse im Gegensatz zur Diskriminanzanalyse a priori unbekannt (Norusis, 2005, S. 361; Wiedenbeck und Züll, 2010, S. 527–528). Bei den verschiedenen Verfahren der Clusteranalyse handelt es sich daher um explorative Methoden. Da in dieser Arbeit weder eine mögliche Anzahl noch die Merkmalsverteilungen potentieller Teilgruppen des Datensatzes vorhergesagt werden können, scheidet eine Diskriminanzanalyse als Verfahren für diese Arbeit aus.

Eine Gemeinsamkeit der Clusterverfahren ist, dass sie die einzelnen Fälle – hier: Aufgaben oder Analyseeinheiten[1] – so in Substichproben (auch Cluster genannt) gruppieren, dass die Fälle innerhalb eines Clusters sich möglichst wenig unterscheiden (Intraclusterhomogenität) und die Cluster untereinander inhomogen (Interclusterheterogenität) sind (Bortz und Schuster, 2016, S. 453). Die (In-)Homogenität der Cluster wird mittels Abstandsmaßen ermittelt, die sich aus den Ausprägungen der gewählten Variablen der Stichprobe berechnen lassen.[2] Zu beachten ist, dass die Clusterlösung insbesondere von der gewählten Variablenmenge sowie dem genutzten Verfahren abhängig ist. Ausgangspunkt für die Wahl einer geeigneten Variablenmenge sind theoretische Überlegungen (vgl. Kapitel 7), wohingegen ein adäquates Clusterverfahren auf Basis der Skalenniveaus der Variablenmenge, des Umfangs der Stichprobe sowie der a priori Kenntnis einer optimalen Clusteranzahl festgelegt werden kann. Im Folgenden werden die drei in der Literatur (Norusis, 2005; Norusis, 2011; Schendera, 2011; Wiedenbeck und Züll, 2010) gängigen Verfahren(-sgruppen) vorgestellt, um sich begründet für eines davon entscheiden zu können.

1. *Hierarchische Clusterverfahren* generieren Partitionierungen entweder in einem agglomerativen oder einem divisiven Prozess (Schendera, 2011, S. 23). Agglomerative Verfahren gehen von einer Clusterlösung aus, die jedem Untersuchungsobjekt ein einzelnes Cluster zuweist und es erfolgt eine Zusammenfas-

[1] Es werden keine Wichtungen mehr vorgenommen, da Verteilungsunterschiede zwischen gewichteter und ungewichteter Verteilung insgesamt eher gering waren (vgl. Kapitel 9).

[2] Für eine Übersicht gängiger Abstandsmaße der Cluster sei auf Schendera (2011, S. 25–26) verwiesen.

sung von je zwei Clustern, bis alle Untersuchungsobjekte in einem einzigen Cluster gruppiert sind. In jedem Schritt des Algorithmus werden dabei alle Cluster paarweise verglichen und die beiden Cluster mit dem geringsten Abstand fusioniert (Wiedenbeck und Züll, 2010, S. 529). Bei divisiven Verfahren verhält es sich entsprechend umgekehrt. Abschließend kann eine optimale Clusterlösung aus der entstandenen Liste von Partitionen entnommen werden. Zur Durchführung eines hierarchischen Clusterverfahrens muss a priori keine Clusterzahl vorgegeben werden (Schendera, 2011, S. 23). Der Einsatz hierarchischer Verfahren setzt allerdings ein einheitliches Skalenniveau voraus (Norusis, 2011, S. 378), wobei die Variablen idealerweise intervallskaliert sein sollten (Schendera, 2011, S. 95). Für eine Fallzahl von $N > 250$ werden hierarchische Verfahren aufgrund des sehr hohen Rechenaufwands nicht empfohlen (Bacher, 2002, S. 302).

2. Das *k-means-* bzw. auch *Clusterzentrenverfahren* benötigt die Kenntnis der gewünschten Clusterzahl (Norusis, 2011, S. 388). Nach Vorgabe dieser Zahl werden optimale Fälle als Startwerte gesucht, die in einem bestimmten Mindestabstand zueinander liegen, um die Interclusterheterogenität zu sichern. Alle Fälle werden anschließend denjenigen Startwerten zugeordnet, zu denen sie den geringsten Abstand haben. Von den so entstandenen Initialclustern wird ein Mittelwertsvektor[3] der Variablen gebildet. Danach werden alle Fälle demjenigen Mittelwertsvektor zugeordnet, zu dem sie die geringste Distanz aufweisen. Anschließend wird diese Prozedur so lange iteriert, bis entweder die Mittelwertsvektoren konvergieren oder eine Maximalanzahl von Rechendurchgängen erreicht wurde (Norusis, 2011, S. 390; Schendera, 2011, S. 117–118). Durch die Mittelwertsbildung ist das Clusterzentrenverfahren an metrisch skalierte Variablen gebunden. Auf die Vorgabe der gewünschten Clusterzahl kann verzichtet werden, wenn der Algorithmus mit verschiedenen Vorgaben durchgeführt wird und die verschiedenen Lösungen verglichen werden (Wiedenbeck und Züll, 2010, S. 534). Schließlich ist das Clusterzentrenverfahren auch für große Fallzahlen geeignet (Schendera, 2011, S. 117), da es rechnerisch weniger aufwändig als die hierarchischen Verfahren ist.
3. Das *Two-Step-Clusterverfahren* erzeugt auf Basis eines zweistufigen Verfahrens eine Partitionierung eines Datensatzes, der sowohl aus nominalskalierten als auch intervallskalierten Variablen bestehen kann. Im ersten Schritt, der Präclusterung, werden die Fälle sequentiell in einer Baumstruktur abgelegt. Auf Basis eines festgelegten Schwellenwerts des Distanzmaßes und einer festgelegten Tiefe der Baumstruktur wird für jeden Fall entweder ein Prä-Cluster angelegt oder dieser Fall einem bereits bestehenden Prä-Cluster zugeordnet. Wenn die

[3] Dieser ist namensgebend für die Verfahrensgruppe.

Tiefe des Baums über einen vorgegebenen Wert wächst, erhöht sich das Distanzmaß zur Zuordnung zu einem Prä-Cluster, was die Anzahl der Prä-Cluster reduziert und somit die Möglichkeit zum Anlegen neuer Prä-Cluster gibt (Schendera, 2011, S. 96–97). Nach dem Bearbeiten aller Fälle liegt ein Clustereigenschaftenbaum vor. Dieser Baum stellt „eine Art Reparametrisierung der Daten unter Berücksichtigung der Ähnlichkeitsverhältnisse zwischen den einzelnen Beobachtungen" (Wiedenbeck und Züll, 2010, S. 539) dar. Die Blätter dieses Baums sind die finalen Prä-Cluster, d. h. homogene Cluster mit einer geringen Fallzahl. Der zweite Schritt umfasst ein hierarchisch-agglomeratives Verfahren, in welchem die Prä-Cluster die Rolle der Fälle einnehmen. Im Gegensatz zu den beiden vorher betrachteten Verfahren liegt dem Two-Step-Clusterverfahren ein statistisches Modell mit spezifischen Annahmen zugrunde. So werden alle Variablen als unabhängig und intervallskalierte Variablen als normalverteilt sowie nominalskalierte Variablen als multinomial verteilt angenommen (Schendera, 2011, S. 116). Gegenüber der Verletzung dieser Annahmen verhält sich das Verfahren aber robust (Norusis, 2011, S. 394), insbesondere bei größeren Fallzahlen. Für Stichproben mit N > 1000 wird das Two-Step-Verfahren daher empfohlen (Norusis, 2005, S. 363; Norusis, 2011, S. 377), da es dann (nahezu) voraussetzungslos eingesetzt werden kann. Schließlich muss keine Clusterzahl a priori festgelegt werden, da das Verfahren automatisch die optimale Anzahl der Cluster bestimmt (Chiu et al., 2001, S. 263). Es muss aber eine Höchstzahl an Clustern für die finale Lösung vorgegeben werden.

Im Rahmen dieser Arbeit wird das Two-Step-Clusterverfahren genutzt. Einerseits liegen zur Beschreibung der Fälle höchstens ordinalskalierte Variablen vor und der Großteil der Variablen des Datensatzes ist nominalskaliert, was ein Clusterzentrenverfahren ausschließt. Andererseits spricht die Größe der Stichprobe (N = 3422)[4] gegen die Verwendung hierarchischer Verfahren. Zusätzlich legen die empirischen Vorarbeiten zu Aufgaben an der Hochschule keine optimale Clusterzahl nahe (vgl. 5.4.2), weshalb die Entscheidung für eine Clusterzahl mit dem Two-Step-Verfahren anhand statistischer Kriterien getroffen werden muss (Sarstedt und Mooi, 2019, S. 321–322). Da das Verfahren immer eine Partitionierung des Datensatzes liefert, auch wenn diesem keine Clusterstruktur zugrunde liegt (Bacher et al., 2004, S. 11; Schendera, 2011, S. 98), sollte die Clusterlösung a posteriori geprüft werden. Dies

[4] Selbst wenn 10 % der Daten nicht genutzt werden könnten, weil für sie keine Musterlösung vorliegt, wären über 3000 Analyseeinheiten immer noch eine so große Stichprobe, dass sich dieses Verfahren eignen würde.

kann sowohl über das Sicherstellen der inhaltlichen Interpretierbarkeit der Clusterlösung geschehen als auch über variierte Wiederholung des Verfahrens und die statistische Überprüfung der Qualität der entstandenen Cluster. So kann ein mehrfaches, zufälliges Einlesen der Fälle Verzerrungseffekte verhindern (Norusis, 2011, S. 395) oder ggf. die Stabilität einer Clusterlösung in Frage stellen. Außerdem kann die Qualität einer Clusterlösung des Two-Step-Verfahrens mit einem in SPSS integrierten Silhouettenmaß überprüft werden. Dieses Maß nimmt Werte von –1 bis +1 an. Ein positiver Wert beschreibt, dass die durchschnittliche Entfernung eines Falls von den Fällen innerhalb seines Clusters geringer ist als die durchschnittliche Distanz zu den Fällen in den übrigen Clustern. Bei einem negativen Silhouettenmaß verhält es sich umgekehrt. Nach Konvention kann erst ab einem Wert von 0,0 von einem erfolgreichen Clusterprozess gesprochen werden. Werte zwischen 0,2 und 0,5 können dann als eine gute Clusterqualität und Werte ab 0,5 als sehr gute Clusterqualität interpretiert werden (Sarstedt und Mooi, 2019, S. 321–322; Tkaczynski, 2016, S. 111). Aufgrund des explorativen Charakters dieses Teils der Arbeit wird als Cut-Off-Kriterium ein Silhouettenmaß von 0,2 festgelegt. Schließlich sollte zur Beurteilung der Clusterqualität die Signifikanz der Variablen geprüft werden, denn nichtsignifikante Variablen tragen nicht zur Abgrenzung der Cluster bei und sollten daher aus der Analyse ausgeschlossen werden (Tkaczynski, 2016, S. 111).

10.2 Methodisches Vorgehen bei der Clusterbildung

Zur initialen Bildung der Cluster wurden alle Aufgabenmerkmale der Tiefenstruktur einbezogen, außer dem *Niveau des außermathematischen Anwendens* und der *Inhaltlichen Einordnung* der Aufgaben, da hinsichtlich der erstgenannten Variable kaum Anforderungen in den Aufgaben des Datensatzes festgestellt werden konnten (vgl. 9.3.4.3) und in Bezug auf die zweite Variable nicht klar ist, inwiefern sie unterschiedliche kognitive Anforderungen modelliert. Entsprechend wurde das Two-Step-Clusterverfahren mit den Aufgabenmerkmalen *Anzahl der Wissenseinheiten, Art der Wissenseinheiten, Form der Wissenseinheiten, Anzahl der Bearbeitungsschritte, Niveau des Beweisens* und *Niveau des schematischen innermathematischen Anwendens* durchgeführt. Insbesondere sind damit alle Aufgabenmerkmale, die sich bei verschiedenen Lehrenden mit einer mittleren Effektstärke unterschieden, beim ersten Durchlauf des Verfahrens beteiligt. Zur Clusterbildung wurden das Log-Likelihood-Distanzmaß sowie das Bayes-Kriterium nach Schwarz (Bayesian Information Criterion, BIC) genutzt und die maximale Clusterzahl auf 10 begrenzt. Des Weiteren mussten Aufgaben, bei denen mindestens eine dieser Variablen nicht erhoben werden konnte, von der Betrachtung ausgeschlossen werden. Dies betrifft im gesamten Datensatz 43 Aufgaben, was einem relativen Anteil von 1,3 % entspricht. Es verbleiben N = 3379 Aufgaben zur Clusterung. Auf eine Prä-Clusterung, die Ausreißer ausschließt, wurde verzichtet.

Der Algorithmus erzeugt hinsichtlich dieser Variablenmenge eine Lösung mit sechs Clustern. Das Silhouettenmaß dieser Lösung liegt bei 0,18 und muss entsprechend des festgelegten Cut-Off-Kriteriums verworfen werden. Die genauere Analyse des Einflusses der einzelnen Variablen zeigt zusätzlich, dass sich die Verteilung des Merkmals *Anzahl der Bearbeitungsschritte* in den Clustern nach Bonferroni-Korrektur nicht signifikant von der erwarteten Häufigkeit unterscheidet ($\chi^2 = 8,327$; $df = 6$; $p = 0,215$). Zusätzlich ist zu bemerken, dass sich die Unterschiede zwischen den Lehrenden bei diesem Merkmal nur mit einem kleinen Effekt zeigten (vgl. 9.3.3).

Daher wurde eine weitere Iteration des Two-Step-Verfahrens angeschlossen, in welcher die Variablenmenge um die Variable *Anzahl der Bearbeitungsschritte* reduziert wurde. Die Parameter des Algorithmus blieben sonst unverändert. Mit der reduzierten Variablenmenge wird eine Clusterlösung mit zwei Clustern erzeugt. Das Silhouettenmaß für diese Lösung ist 0,26. Statistisch kann von einer guten Clusterqualität ausgegangen werden. Diese Lösung konnte allerdings nicht inhaltlich interpretiert werden, da sich zum Beispiel (nahezu) keine Verteilungsunterschiede bei den Merkmalen *Niveau des Beweisens* und *Niveau des schematischen innermathematischen Anwendens* zeigten. Da einerseits statistisch die Bedeutung der Variable *Form der Wissenseinheiten* zur Trennung der beiden Cluster am geringsten war sowie sich andererseits die Verteilungen dieses Merkmals zwischen den Lehrenden nur mit einem kleinen Effekt unterschieden (vgl. 9.3.2.3), wurde auch dieses Merkmal bei der Clusterbildung nicht weiter berücksichtigt.

Die dritte Iteration des Two-Step-Clusterverfahrens wurde entsprechend mit der Variablenmenge *Anzahl der Wissenseinheiten, Art der Wissenseinheiten, Niveau des Beweisens* und *Niveau des schematischen innermathematischen Anwendens* und sonst unveränderten Rahmenbedingungen durchgeführt. Für diese Eingabe liefert der Algorithmus eine Lösung mit vier Clustern. Das Silhouettenmaß dieser Lösung beträgt 0,28, was eine gute Clusterqualität indiziert. Zur Prüfung der Stabilität dieser Lösung wurden die Fälle in verschiedenen zufälligen Reihenfolgen eingelesen (vgl. 10.1). Dabei zeigte sich entweder die Lösung mit vier Clustern oder eine Partition aus zwei Clustern. Aus den gleichen inhaltlichen Gründen wie im vorherigen Schritt wurde die Zwei-Cluster-Lösung verworfen und die Einteilung in vier Cluster[5] schließlich akzeptiert.

---

[5] Diese werden im Folgenden auch als Aufgabentypen oder Typen bezeichnet.

Da das Two-Step-Clusterverfahren immer eine Lösung liefert, selbst wenn den Daten keine Clusterstruktur zugrunde liegt, wurde diese Lösung zusätzlich abgesichert. Dafür wurden zwei der Rater eingesetzt, die bei der Kodierung der Aufgaben (vgl. 8.5) beteiligt waren, aber jeweils nur Oberflächenstrukturmerkmale einschätzten.[6] Beide Personen wurden in der inhaltlichen Interpretation der vier Cluster geschult und sie sollten im Anschluss daran jeweils 200 zufällig gewählte Aufgaben des Datensatzes einem der vier Aufgabentypen zuordnen. Hierfür wurden prozentuale Übereinstimmung und Cohens κ sowohl für die beiden Rater untereinander als auch für die Übereinstimmung der Zuordnung der Aufgaben durch den Algorithmus mit den jeweiligen Ratern bestimmt. Über die Ergebnisse informiert Tabelle 10.1.

Tabelle 10.1 Beurteilerübereinstimmung zwischen Ratern und Algorithmus sowie zwischen Ratern untereinander in Bezug auf die vier Aufgabentypen

Übereinstimmung zwischen	Rater 1 und Algorithmus	Rater 2 und Algorithmus	Rater 1 und Rater 2
Prozentuale Übereinstimmung	93,5 %	92,0 %	94,5 %
Cohens κ	0,883	0,869	0,907

Da die erzielten Übereinstimmungswerte im sehr guten Bereich liegen, ist nicht davon auszugehen, dass eine „Scheinlösung" produziert wurde. Vielmehr lassen sich die vom Algorithmus generierten Cluster auch von Expert:innen wiedererkennen, sodass die gewonnenen Aufgabentypen ein bedeutsames Ergebnis darstellen.

10.3 Ergebnisse der Clusteranalyse

10.3.1 Beschreibung der Aufgabentypen

Durch die Clusteranalyse wurden die vier Aufgabentypen *Rechenaufgaben und rechnerische Beweise*, *Semiformale Beweise mit rechnerischen Anteilen*, *Komplexe Aufgaben mit Vernetzung von Hochschulwissen* und *Formale Aufgaben ohne rechnerische Anteile* für die Übungsaufgaben der Analysis I ermittelt. Sie werden im

[6] Die beiden Personen wurden bewusst gewählt, damit die Meinung zur Tiefenstruktur der Aufgaben von einzelnen Personen nicht mehrfach berücksichtigt wird.

Folgenden in Bezug auf diejenigen Merkmale genauer beschrieben, die bei der finalen Clusteranalyse genutzt wurden.

1. *Rechenaufgaben und rechnerische Beweise*: Die Aufgaben in diesem Cluster erfordern entweder kein Beweisen oder nur Beweisen auf einem rechnerischen Niveau. Daher ist bei diesem Aufgabentyp die vorrangig eingesetzte Wissensart meist prozedurales Wissen. Es wird maximal eine Hochschulwissenseinheit zur Lösung benötigt und rund ein Drittel der Aufgaben dieses Aufgabentyps kann ohne Hochschulwissen gelöst werden. Dahingegen fordern diese Aufgaben fast immer Schulwissen, dabei etwas häufiger das Aktivieren genau einer Schulwissenseinheit als mehrerer schulischer Wissenseinheiten. Hinsichtlich des Niveaus des schematischen innermathematischen Anwendens treten fast gleich häufig hauptsächlich Anforderungen auf, die entweder einfache schulische Verfahren oder isolierte und direkt anwendbare Techniken aus der Hochschule umfassen.
2. *Semiformale Beweise mit rechnerischen Anteilen*: Die Aufgaben dieses Typs verlangen nahezu ausschließlich eine Hochschulwissenseinheit. Das Niveau des Beweisens umfasst vorrangig semiformale, begriffliche Argumentationen, aber ohne komplexe Beweisidee. Ein geringer Teil der Aufgaben dieses Clusters erfordert allerdings keine Argumentationen. Hinsichtlich des schematischen innermathematischen Anwendens konzentrieren sich die Anforderungen wie beim vorherigen Aufgabentyp auf Algorithmen oder isolierte und direkt anwendbare Techniken aus der Hochschule sowie grundlegende Techniken aus der Schule. Die Lösung der Aufgabe benötigt in den meisten Fällen das Aktivieren keiner oder höchstens einer Schulwissenseinheit. Schließlich ist als am häufigsten auftretende, vorrangig aktivierte Wissensart in diesem Cluster konzeptuelles Wissen zu nennen.
3. *Komplexe Aufgaben mit Vernetzung von Hochschulwissen*: Die Aufgaben dieses Clusters zeichnen sich durch die Aktivierung von mehreren Hochschulwissenseinheiten zur Lösung aus. Anforderungen in Bezug auf das Beweisen konzentrieren sich für diesen Aufgabentyp auf semiformale Argumentationen, wobei dieses Cluster das einzige ist, in dem semiformale Beweise mit komplexen Beweisideen einen nennenswerten Anteil ausmachen. Die technischen Anforderungen der Aufgaben variieren in diesem Cluster relativ stark, wobei komplexe, isolierte und direkt anwendbare Techniken aus der Hochschule bzw. kein schematisches innermathematisches Anwenden den größten Anteil der Aufgaben betreffen. Ähnlich wie beim Niveau des Beweisens zeigt dieser Aufgabentyp als einziger größere Anteile von Aufgaben, die die höchste Ausprägung des schematischen

innermathematischen Anwendens, d. h., das Verknüpfen von Hochschultechniken bzw. das Zugänglichmachen nicht direkt anwendbarer Verfahren benötigen. Die vorrangig verwendete Wissensart ist zum größten Teil konzeptuelles Wissen.

4. *Formale Aufgaben ohne rechnerische Anteile*: Innerhalb dieses Cluster erfordert keine der Aufgaben schematisches innermathematisches Anwenden und ebenso wird zur Lösung keiner der Aufgaben die explizite Aktivierung von Schulwissen verlangt. Alle Aufgaben dieses Typs erfordern aber das Aktivieren *genau* einer Hochschulwisseneinheit. Weiterhin muss mit Standardargumenten oder semiformalen-begrifflichen Argumentationen vorgegangen werden. Die vorrangig zu nutzende Wissensart ist meist konzeptuelles Wissen.

Tabelle 10.2 informiert über die Verteilung der zur Konstruktion der Aufgabentypen genutzten Merkmale innerhalb der einzelnen Typen. Dabei wurden charakteristische Ausprägungen für die einzelnen Typen jeweils hervorgehoben.

Tabelle 10.2 Merkmalsverteilung der bei der Clusterung genutzten Aufgabenmerkmale innerhalb der Aufgabentypen

Merkmal	Ausprägung	Typ 1	Typ 2	Typ 3	Typ 4
absolute Häufigkeit	–	992	910	945	532
relative Häufigkeit	–	29,4 %	26,9 %	28,0 %	15,7 %
Anzahl der Schulwissens-einheiten	Keine Schulwisseneinheit erforderlich	3,9 %	45,3 %	41,4 %	**100 %**
	Eine Schulwisseneinheit erforderlich	**59,5 %**	44,5 %	35,9 %	0,0 %
	Mindestens zwei Schulwisseneinheiten erforderlich	36,6 %	10,2 %	22,8 %	0,0 %

(Fortsetzung)

Tabelle 10.2 (Fortsetzung)

Merkmal	Ausprägung	Typ 1	Typ 2	Typ 3	Typ 4
Anzahl der Hochschulwissenseinheiten	Keine Hochschulwissenseinheit erforderlich	32,6 %	1,2 %	7,2 %	0,0 %
	Eine Hochschulwissenseinheit erforderlich	**67,4 %**	**98,8 %**	8,7 %	**100 %**
	Mindestens zwei Hochschulwissenseinheiten erforderlich	0,0 %	0,0 %	**84,1 %**	0,0 %
Art der Wissenseinheiten	Deklaratives Wissen	0,3 %	1,1 %	0,0 %	0,2 %
	Prozedurales Wissen	**78,5 %**	29,5 %	18,7 %	19,7 %
	Konzeptuelles Wissen	21,2 %	**69,5 %**	**81,3 %**	**79,9 %**
Niveau des Beweisens	Kein Beweisen erforderlich	35,0 %	16,5 %	3,0 %	0,0 %
	Rechnerischer Beweis	**63,9 %**	5,1 %	24,8 %	46,6 %
	Semiformaler Beweis	1,1 %	**77,3 %**	**55,3 %**	53,4 %
	Semiformaler Beweis mit komplexer Beweisidee	0,0 %	1,2 %	16,9 %	0,0 %
Niveau des schematischen inner-mathematischen Anwendens	Kein schematisches innermathematisches Anwenden nötig	0,0 %	9,7 %	25,7 %	**100 %**
	Einsatz von Algorithmen oder Termumformungen bzw. Rechenregeln aus der Sekundarstufe	50,4 %	36,5 %	14,2 %	0,0 %
	Einsatz von schematischen Verfahren der Hochschule	43,6 %	47,7 %	36,3 %	0,0 %
	Komplexer Einsatz von schematischen Verfahren der Hochschule	5,9 %	6,2 %	23,8 %	0,0 %

10.3.2 Verteilung der Aufgabentypen nach Satz, Woche und Sektoren

Zusätzlich zur reinen Konstruktion der Aufgabentypen ist deren Bezug zu den anderen Aufgabenmerkmalen von Interesse. Besonders betrifft das die Verteilungen der Aufgabentypen auf die Sätze von Übungsaufgaben verschiedener Lehrender, da sie verdichtet die Unterschiede in der Tiefenstruktur der Aufgaben abbilden können. Die entsprechende Verteilung wird in Tabelle 10.3 dargestellt.

Mithilfe eines Chi-Quadrat-Tests sind signifikante Unterschiede zwischen Lehrenden bei der Verteilung der Aufgaben nach Aufgabentypen feststellbar ($\chi^2 = 466, 116$; $df = 69$; $p < 0, 001$). Die Effektstärke ist mittelgroß ($w^2 = 0, 138$). Global kann zunächst festgestellt werden, dass alle Aufgabentypen in jedem der Sätze vorkommen; allerdings divergieren die Anteile der Aufgabentypen zum Teil stark. So treten *Rechenaufgaben und rechnerische Beweise* in den Sätzen B, J, R und W mit Anteilen von über 40 % überdurchschnittlich häufig auf. In den Sätzen B, R und W machen sie sogar rund die Hälfte aller Aufgaben aus. Dahingegen tritt dieser Aufgabentyp bei den Verteilungen der Sätze G, N und T mit Anteilen von unter 15 % vergleichsweise selten auf. Bemerkenswert ist, dass die Sätze B, J, R und W mit sehr hohen Anteilen eher rechnerischer Aufgaben allesamt anteilig besonders wenige Aufgaben des Aufgabentyps *Komplexe Aufgaben mit Vernetzung von Hochschulwissen* aufweisen, genau umgekehrt dazu verhält es sich in den Sätzen G, N und T. Diese Tendenz zeigt sich aber nicht überall. Die Aufgaben des Satzes O haben den höchsten Anteil an Aufgaben des dritten Aufgabentyps, weisen aber nur einen leicht unterdurchschnittlichen Anteil an rechnerischen Aufgaben auf. Der Aufgabentyp *Semiformale Beweise mit rechnerischen Anteilen* tritt über fast alle Sätze hinweg mit Anteilen von mindestens einem knappen Fünftel auf. Einzige Ausnahme hiervon sind wiederum die Aufgaben des Satzes O. Hier beträgt der entsprechende Anteil nur 10,9 %. Besonders häufig treten diese Aufgaben in den Sätzen F und K auf, wo sie etwas mehr als zwei Fünftel aller Aufgaben ausmachen. *Formale Aufgaben ohne rechnerische Anteile* treten bei insgesamt 16 der 24 Sätze am seltensten auf. Der maximale Anteil dieses Aufgabentyps in einem Satz beträgt etwas mehr als ein Viertel. Besonders selten sind solche Aufgaben in den Sätzen B, L und R zu finden. Hier ist nicht mal jede zehnte Aufgabe eine *Formale Aufgabe ohne rechnerische Anteile*.

Tabelle 10.3 Verteilung der Aufgabentypen in den Sätzen von Aufgaben verschiedener Lehrender

Satz	Typ 1		Typ 2		Typ 3		Typ 4	
	absolute Häufigkeit	relative Häufigkeit	absolute Häufigkeit	relative Häufigkeit	absolute Häufigkeit	relative Häufigkeit	absolute Häufigkeit	relative Häufigkeit
A	38	20,5 %	51	27,5 %	68	36,8 %	28	15,2 %
B	102	57,3 %	45	25,3 %	22	12,4 %	9	5,0 %
C	19	17,4 %	35	32,1 %	25	22,9 %	30	27,6 %
D	32	28,3 %	29	25,7 %	32	28,3 %	20	17,7 %
E	52	29,2 %	41	23,0 %	42	23,6 %	43	24,2 %
F	29	22,8 %	53	41,7 %	32	25,2 %	13	10,2 %
G	10	11,4 %	18	20,4 %	40	45,5 %	20	22,7 %
H	39	22,5 %	60	34,7 %	26	15,0 %	48	27,8 %
I	62	30,0 %	57	27,5 %	62	30,0 %	26	12,5 %
J	46	41,8 %	33	30,0 %	20	18,1 %	11	10,0 %
K	27	20,6 %	54	41,2 %	32	24,4 %	18	13,8 %
L	62	34,3 %	36	19,9 %	73	40,3 %	10	5,5 %
M	32	25,4 %	25	19,8 %	42	33,3 %	27	21,4 %
N	10	8,8 %	34	29,8 %	41	36,0 %	29	25,4 %
O	28	23,5 %	13	10,9 %	66	55,5 %	12	10,1 %
P	45	31,9 %	34	24,1 %	35	24,8 %	27	19,2 %
Q	30	29,1 %	37	35,9 %	19	18,4 %	17	16,6 %
R	102	54,5 %	46	24,6 %	25	13,4 %	14	7,5 %
S	31	21,1 %	41	27,9 %	36	24,5 %	39	26,5 %
T	18	14,3 %	41	32,5 %	54	42,9 %	13	10,3 %
U	39	26,0 %	45	30,0 %	50	33,3 %	16	10,7 %
V	45	29,1 %	36	23,2 %	54	34,8 %	20	12,9 %
W	47	49,0 %	19	19,8 %	13	13,5 %	17	17,7 %
X	47	34,8 %	27	20,0 %	36	26,7 %	25	18,5 %

In Tabelle 10.4 ist die Verteilung der Aufgabentypen nach Wochen beschrieben, um einen möglichen Abstraktionsschock in den ersten Wochen sichtbar machen zu können (vgl. 2.1). Es kann auch hier ein signifikanter Zusammenhang zwischen dem Zeitpunkt im Semester, zu dem die Serien gestellt wurden und der Häufigkeitsverteilung der Aufgabentypen festgestellt werden ($\chi^2 = 735,210$; $df = 39$; $p < 0,001$). Nach Konvention handelt es sich um einen mittleren Effekt ($w^2 = 0,218$). Die Aufgaben des vierten Typs weisen die größten Unterschiede in der Verteilung nach Wochen auf. So machen diese Aufgaben in der ersten Woche einen Anteil von knapp drei Fünftel aus, in der zweiten Woche noch knapp ein Drittel, während es in der dritten Woche nur noch ein Fünftel der Aufgaben ist. In den restlichen Wochen des Semesters nehmen *Formale Aufgaben ohne rechnerische Anteile* nur noch maximal einen Anteil von einem Achtel der Aufgaben der jeweiligen Wochen ein. In der letzten Woche lässt sich keine Aufgabe dieses Typs mehr finden. *Rechenaufgaben und rechnerische Beweise* treten außer in der ersten und fünften Woche immer mit Anteilen von über einem Viertel aller Aufgaben auf. Ab der siebten Woche ist der Anteil dieser Aufgaben etwas höher. Die Aufgaben des zweiten Typs, *Semiformale Beweise mit rechnerischen Anteilen*, weisen hinsichtlich der Häufigkeitsverteilung

Tabelle 10.4 Verteilung der Aufgabentypen nach Wochen

Woche	Typ 1		Typ 2		Typ 3		Typ 4	
	absolute Häufigkeit	relative Häufigkeit	absolute Häufigkeit	relative Häufigkeit	absolute Häufigkeit	relative Häufigkeit	absolute Häufigkeit	relative Häufigkeit
1	45	13,6 %	56	16,9 %	36	10,8 %	195	58,7 %
2	69	25,7 %	66	24,5 %	49	18,2 %	85	31,6 %
3	73	27,7 %	87	33,0 %	52	19,7 %	52	19,7 %
4	67	27,9 %	75	31,3 %	68	28,3 %	30	12,5 %
5	52	22,9 %	84	37,0 %	70	30,8 %	21	9,3 %
6	67	25,5 %	89	33,8 %	83	31,6 %	24	9,1 %
7	101	37,5 %	74	27,5 %	76	28,3 %	18	6,7 %
8	69	27,2 %	82	32,3 %	94	37,0 %	9	3,5 %
9	93	38,1 %	54	22,1 %	81	33,2 %	16	6,6 %
10	72	30,9 %	67	28,8 %	75	32,2 %	19	8,2 %
11	84	35,9 %	48	20,5 %	83	35,5 %	19	8,1 %
12	100	38,8 %	55	21,3 %	74	28,7 %	29	11,2 %
13	60	28,8 %	60	28,8 %	73	35,1 %	15	7,3 %
14	40	47,6 %	13	15,5 %	31	36,9 %	0	0,0 %

nach Wochen die geringste Schwankung der vier Aufgabentypen auf. Sie nehmen in jeder Woche einen Anteil von mindestens 15,5 % aller Aufgaben ein. Besonders zwischen der dritten und achten Woche des Semesters machen entsprechende Aufgaben einen großen Anteil aller Aufgaben aus. *Komplexe Aufgaben mit Vernetzung von Hochschulwissen* treten in den ersten drei Wochen des Semesters vergleichsweise selten auf, wohingegen sie ab der vierten Woche 4 jeweils einen Anteil von mindestens 28,3 % einnehmen.

Fraglich ist, inwiefern diese Ergebnisse mit den Zielen, die Dozierende an die Übungsaufgaben zu verschiedenen Zeitpunkten stellen, korrespondieren. Alternativ kann bei einem kanonischen Durchlaufen der Inhalte der Analysis I auch ein Zusammenhang zwischen inhaltlichen Sektoren und üblichen Aufgabentypen vermutet werden (vgl. Kapitel 3). So sind beispielsweise bei den Sektoren *Grundlegende mathematische Strukturen, Stetigkeit und elementare Funktionen* sowie *Abstrakte Analysis* eher weniger rechnerische Aufgaben aus der Theorie zu erwarten, wohingegen es bei der *Differential-* und *Integralrechnung* mehr sein sollten. Diese Vermutung trifft nur teilweise zu, wie Tabelle 10.5 zeigt.[7]

Es kann eine signifikante Interaktion zwischen der Häufigkeitsverteilung der Aufgabentypen sowie den inhaltlichen Sektoren der Analysis I festgestellt werden ($\chi^2 = 598,971$; $df = 18$; $p < 0,001$). Nach Konvention handelt es sich hierbei um einen mittleren Effekt ($w^2 = 0,178$). Zunächst kann festgestellt werden, dass sich im Sektor *Grundlegende mathematische Strukturen* die vier Aufgabentypen nahezu gleich verteilen, wobei *Komplexe Aufgaben mit Vernetzung von Hochschulwissen* etwas seltener auftreten. Der Sektor *Folgen* beinhaltet vorrangig *Semiformale Beweise mit rechnerischen Anteilen* und *Komplexe Aufgaben mit Vernetzung von Hochschulwissen. Rechenaufgaben und rechnerische Beweise* treten etwas seltener und *Formale Aufgaben ohne rechnerische Anteile* äußerst selten auf. Für *Reihen* gilt, dass vorrangig entweder *Rechenaufgaben und rechnerische Beweise* bzw. *Komplexe Aufgaben zur Vernetzung von Hochschulwissen* gestellt werden. *Semiformale Beweise mit rechnerischen Anteilen* treten für diesen Sektor etwas weniger auf, *Formale Aufgaben ohne rechnerische Anteile* kommen kaum vor. *Rechenaufgaben und rechnerische Beweise* dominieren den Sektor *Stetigkeit und elementare Funktionen*, wohingegen *Semiformale Beweise mit rechnerischen Anteilen* und *Komplexe Aufgaben mit Vernetzung von Hochschulwissen* je knapp über ein Viertel der Aufgaben ausmachen. *Formale Aufgaben ohne rechnerische Anteile* spielen auch in diesem Sektor kaum eine Rolle. Das Gleiche gilt für den

[7] Die Aufgaben, die dem Sektor *Sonstiges* zugewiesen worden sind und für die alle relevanten Tiefenstrukturmerkmale bestimmt werden konnten, werden hier nicht betrachtet. Es handelt sich hierbei um nur zehn Aufgaben.

Tabelle 10.5 Verteilung der Aufgabentypen nach Sektoren

Sektor	Typ 1		Typ 2		Typ 3		Typ 4	
	absolute Häufigkeit	relative Häufigkeit	absolute Häufigkeit	relative Häufigkeit	absolute Häufigkeit	relative Häufigkeit	absolute Häufigkeit	relative Häufigkeit
Grundlegende math. Strukturen	378	28,9 %	329	25,1 %	225	17,2 %	378	28,9 %
Folgen	87	16,7 %	189	36,3 %	204	39,2 %	40	7,7 %
Reihen	123	37,5 %	64	19,5 %	125	38,1 %	16	4,9 %
Stetigkeit und elementare Funktionen	233	37,9 %	166	27,0 %	177	28,8 %	39	6,3 %
Differential rechnung	145	50,9 %	62	21,8 %	72	25,3 %	6	2,1 %
Integral-rechnung	18	20,5 %	20	22,7 %	49	55,7 %	1	1,1 %
Abstrakte Analysis	6	2,7 %	80	35,9 %	90	40,4 %	47	21,1 %

Sektor *Differentialrechnung*, wobei hier mehrheitlich rechnerische Aufgaben auftreten und *Semiformale Beweise mit rechnerischen Anteilen* bzw. *Komplexe Aufgaben zur Vernetzung von Hochschulwissen* in etwa gleich häufig vorkommen. Im Sektor *Integralrechnung* zeigt sich eine andere Tendenz. In diesem Themenkomplex fallen die Aufgaben mehrheitlich in das Cluster *Komplexe Aufgaben mit Vernetzung von Hochschulwissen*, wohingegen der Rest der Aufgaben sich zu fast gleichen Teilen in *Rechenaufgaben und rechnerische Beweise* sowie *Semiformale Beweise mit rechnerischen Anteilen* einordnen lässt. Erwartungsgemäß gibt es kaum rechnerische Aufgaben in der *Abstrakten Analysis*. Stattdessen werden in diesem Sektor die meisten Aufgaben zur Vernetzung von Hochschulwissen gestellt. *Semiformale Beweise mit rechnerischen Anteilen* machen hier etwas mehr als ein Drittel der Aufgaben aus und *Formale Aufgaben ohne rechnerische Anteile* rund ein Fünftel.

10.3.3 Besonderheiten der Aufgabentypen hinsichtlich weiterer Aufgabenmerkmale

Um die gewonnenen Aufgabentypen noch weiter auszuschärfen, werden im Folgenden Besonderheiten ihrer Merkmalsverteilungen beschrieben, die nicht in die Clusterbildung eingingen. So können insbesondere die Verteilungen der bislang nicht berücksichtigten Tiefenstrukturmerkmale sowie potentielle Abweichungen bei der Oberflächenstruktur innerhalb der einzelnen Merkmale dafür genutzt werden, die Aufgabentypen besser erkennen zu können. Da die Aufgabentypen mit ungewichteten Analyseeinheiten konstruiert wurden, werden nur Abweichungen in Bezug auf die ungewichteten Gesamtverteilungen berücksichtigt.[8] Dafür werden im Folgenden die vier Aufgabentypen einzeln besprochen.

1. *Rechenaufgaben und rechnerische Beweise*: In diesem Aufgabentyp gibt es anteilig deutlich mehr Aufgaben (27,4 %), die zu Berechnungen auffordern, als in der Gesamtverteilung, was sich durch einen geringeren Anteil (37,4 %) an Aufgaben, die zum Beweisen auffordern, ausgleicht. Weiterhin zeichnen sich die Aufgaben durch einen größeren Anteil an in Bezug auf die Lösung halboffener Aufgaben aus (59,2 %), d. h., es werden häufiger Lösungsoptionen offen gelassen, aber es gibt jeweils nur eine korrekte Lösung bei den Aufgaben. Weiterhin gibt es in diesem Aufgabentyp besonders wenige Aufgaben, die einen hohen Generalitätsgrad aufweisen (22,1 %) und anteilig weniger explizite Reflexionsanlässe (1,4 %) als in der Gesamtverteilung. Schließlich treten öfter als bei den

[8] Die Verteilungen wurden durch Filtern nach den jeweiligen Aufgabentypen ermittelt.

anderen Aufgabentypen Anforderungen auf, die nur mit expliziten Wisseneinheiten (71,0 %) bewältigt werden können und die Aufgaben dieses Typs haben vergleichsweise oft einen hohen (24,7 %) und sehr hohen (17,8 %) Bearbeitungsaufwand.

2. *Semiformale Beweise mit rechnerischen Anteilen*: Die Aufgaben dieses Typs liegen in Bezug auf alle der nicht bei der Clusterbildung berücksichtigten Aufgabenmerkmalen nah an der Gesamtverteilung.[9] Weitere Besonderheiten können daher nicht berichtet werden.
3. *Komplexe Aufgaben mit Vernetzung von Hochschulwissen*: Aufgaben aus diesem Cluster fordern überdurchschnittlich häufig Beweise durch ihren Arbeitsauftrag (66,5 %) und seltener als in der Gesamtverteilung Berechnungen (7,4 %). Etwas häufiger als in der Verteilung aller Aufgabentypen ist eine ausführliche Antwort erforderlich (98,6 %). Besonders häufig wird die einzig mögliche Lösung der Aufgabe schon in der Aufgabenstellung genannt (66,1 %), halboffene Aufgaben treten entsprechend seltener auf (28,8 %). Die Aufgaben dieses Typs enthalten oder fordern nie Realitätsbezüge (0,0 %) oder graphische Darstellungen (0,0 %). Vergleichsweise häufig (57,8 %) gibt die Aufgabenstellung Aussagen über eine gesamte Objektklasse vor. In Bezug auf die Tiefenstrukturmerkmale ist eine deutliche Verzerrung hin zu Aufgaben festzustellen, bei denen implizite Wisseneinheiten eingesetzt werden müssen (69,1 %) und Aufgaben mit einem hohen (23,2 %) bzw. sehr hohen Bearbeitungsaufwand (25,3 %) nehmen größere Anteile ein.
4. *Formale Aufgaben ohne rechnerische Anteile*: Die Aufgaben dieses Typs fordern nur sehr selten Berechnungen (1,3 %), haben hingegen besonders häufig keinen Operator (29,9 %). Im Vergleich zur Gesamtverteilung treten öfter Aufgaben mit einem Kurzantwortformat (22,7 %) auf. Auch explizite Reflexionsanlässe liegen häufiger vor (16,4 %). Die Aufgaben dieses Typs enthalten oder fordern nie graphische Darstellungen (0,0 %). In Bezug auf die weiteren Tiefenstrukturmerkmale ist zu konstatieren, dass deutlich häufiger als in der Gesamtverteilung nur explizite Wisseneinheiten zur Lösung ausreichen (73,5 %). Weiterhin haben die Aufgaben sehr häufig einen niedrigen (67,9 %) oder mittleren Bearbeitungsumfang (24,8 %).

[9] Die maximale Abweichung von der Gesamtverteilung beträgt zwischen den einzelnen relativen Häufigkeiten der Merkmalsausprägungen 3,7 %.

10.4 Beispiele für die Aufgabentypen

Abschließend werden Beispiele für die jeweiligen Aufgabentypen vorgestellt, um die Ergebnisse des vorherigen Abschnitts etwas greifbarer zu machen. Um dabei auch die Breite der Aufgabentypen abzubilden, werden jeweils zwei Aufgaben der einzelnen Typen vorgestellt, die sich relativ stark unterscheiden.[10] Da diese Unterschiede (meist) auf der Ebene der Tiefenstruktur liegen, werden die Lösungen angegeben.

10.4.1 Beispiele für *Rechenaufgaben und rechnerische Beweise*

Der Bezeichnung entsprechend gibt es zwei prototypische Aufgabenbeispiele für *Rechenaufgaben und rechnerische Beweise*. Ein Beispiel für eine *Rechenaufgabe* kann Abbildung 10.1 entnommen werden.

Bestimmen Sie die Ableitung von $f(x) = \frac{x \sin x}{e^x}$.
Lösung: Nach Quotienten- und Produktregel ist

$$f'(x) = \frac{e^x \cdot (\sin x + x \cos x) - e^x \cdot x \cdot \sin x}{e^{2x}} = \frac{(1-x)\sin x + x \cos x}{e^x}.$$

Abbildung 10.1 Aufgabenbeispiel *Rechenaufgabe* zu Ableitungsregeln

Diese Aufgabe kann allein mit rechnerischen Methoden – genauer der Quotienten- und Produktregel – gelöst werden, wobei das Anwenden dieser Prozeduren aufgrund der Produkt- und Quotientenstruktur der Funktion(-sbestandteile) naheliegend ist. Weder ein Beweis noch eine genauere Begründung der wenigen Bearbeitungsschritte sind erforderlich, und das gesamte Wissen, welches für diese Aufgabe eingesetzt werden muss, wird üblicherweise schon im Schulkontext erworben (vgl. 3.1.1). Insgesamt liegen die kognitiven Anforderungen für die Lösung dieser Aufgabe daher im niedrigen Bereich, und es ist zu vermuten, dass sie auch unverändert als schulische Mathematikaufgabe gestellt werden könnte.

Ein Beispiel für einen *rechnerischen Beweis* liegt mit Abbildung 10.2 vor. In der Aufgabe muss ein Additionstheorem für eine hyperbolische Funktion bewiesen werden. Charakteristisch für den entsprechenden Beweis ist, dass nur rechnerische Argumente für den Lösungsweg eingesetzt werden müssen. So können die

[10] Alle Aufgabenbeispiele entstammen dem Datensatz dieser Arbeit.

Wir betrachten die Funktionen cosh (Cosinus hyperbolicus) und sinh (Sinus hyperbolicus) auf $\mathbb{R}$: $\cosh(x) = \frac{e^x+e^{-x}}{2}$, $\sinh(x) = \frac{e^x-e^{-x}}{2}$. Zeigen Sie:

$$\forall x, y \in \mathbb{R}: \ \cosh(x+y) = \cosh(x)\cosh(y) + \sinh(x)\sinh(y)$$

Lösung: Es gilt

$$\begin{aligned}
&\cosh(x)\cosh(y) + \sinh(x)\sinh(y) \\
&= \left(\frac{e^x+e^{-x}}{2}\right)\cdot\left(\frac{e^y+e^{-y}}{2}\right) + \left(\frac{e^x-e^{-x}}{2}\right)\cdot\left(\frac{e^y-e^{-y}}{2}\right) \\
&= \left(\frac{e^{x+y}+e^{-x+y}+e^{x-y}+e^{-x-y}}{4}\right) + \left(\frac{e^{x+y}-e^{-x+y}-e^{x-y}+e^{-x-y}}{4}\right) \\
&= \frac{2e^{x+y}+2e^{-x-y}}{4} \\
&= \frac{e^{x+y}+e^{-x-y}}{2} \\
&= \frac{e^{x+y}+e^{-(x+y)}}{2} \\
&= \cosh(x+y)\,.
\end{aligned}$$

Abbildung 10.2 Aufgabenbeispiel *Rechnerischer Beweis* zum Additionstheorem des Cosinus hyperbolicus

Formeln für den Cosinus und Sinus hyperbolicus unmittelbar eingesetzt werden und im Anschluss müssen verschiedene Gesetzmäßigkeiten bei Termumformungen korrekt angewendet werden. Hierzu gehören Potenzgesetze und die Multiplikation von Brüchen. Im vorletzten und letzten Schritt muss die Termstruktur auf den Cosinus hyperbolicus angepasst werden, wobei es auch denkbar wäre, die Aufgabe zu lösen, indem man die linke und rechte Seite der gegebenen Aussage jeweils so lange umformt, bis man auf den gleichen Term kommt. Auch bei dieser Aufgabe sind die Anforderungen vergleichsweise niedrig, denn außer der in der Aufgabenstellung gegebenen Definition der hyperbolischen Funktionen ist kein Hochschulwissen nötig, der Bearbeitungsumfang ist mittelgroß und es müssen keine formal-begrifflichen Argumente genutzt werden. Beide Aufgabenbeispiele zeigen, dass Aufgaben dieses Typs das korrekte Anwenden schulischer bzw. universitärer Techniken einüben (vgl. 3.1.2).

10.4.2 Beispiele für *Semiformale Beweise mit rechnerischen Anteilen*

Bei *semiformalen Beweisen mit rechnerischen Anteilen* werden die Anforderungen durch den Einsatz begrifflicher Argumente bzw. formaler Definitionen für Studienanfänger:innen erhöht.

Im Beispiel aus Abbildung 10.3 geschieht dies anhand einer abstrakt gegebenen Metrik. Zur Lösung der Aufgabe müssen einerseits die Axiome der Metrik gekannt und formal nachgewiesen, andererseits aber auch verschiedene Termumformungen korrekt eingesetzt und eine Hilfsungleichung nachgewiesen werden. Letzteres ist aber eine Hürde, auf die man unmittelbar beim Nachweis der Dreiecksungleichung stößt, weshalb noch nicht das höchste Niveau beim Beweisen durch eine komplexe Beweisidee erreicht wird. Weiterhin erfordert die Aufgabe es auch immer wieder, dass die Axiome der Metrik genutzt werden. Dadurch, dass drei isolierte Eigenschaften nachgewiesen werden, hat die Aufgabe einen sehr hohen Bearbeitungsumfang. Da es sich um einen semiformalen Beweis für eine nicht konkret gegebene Metrik handelt, ist diese Aufgabe deutlich abstrakter und anspruchsvoller als schulische Mathematikaufgaben (vgl. 5.4.1).

Auch wenn die Aufgabe aus Abbildung 10.4 oberflächlich betrachtet Ähnlichkeiten zu einem rechnerischen Beweis aufweist, sind die Anforderungen an die Lösung höher. So muss eine formale Definition, die Konvergenzdefinition einer Zahlenfolge, genutzt werden und die rechnerischen Operationen, die bei der Abschätzung zum Einsatz kommen, sind freier wählbar als beim Aufgabenbeispiel in Abbildung 10.2. Bei dieser Aufgabe wird auch deutlich, dass die rechnerischen Anforderungen in Übungsaufgaben schnell verschachtelt auftreten. So muss in dieser Lösung der Aufgabe z. B. ausgeklammert, die Positivität eines Terms genutzt und Brüche nach oben abgeschätzt werden. Aufgrund des nichtalgorithmischen Charakters der Aufgabe liegen schon die technischen Anforderungen über den Anforderungen der meisten schulischen Aufgaben. Zu beachten ist auch, dass das tatsächliche Abfassen des Beweises in einer anderen Reihenfolge geschieht, als die Aufgabe durchlaufen wird. Zunächst wird zwar ein möglicher Grenzwert bestimmt, aber danach erfolgt die Abschätzung, die ein passendes $N(\varepsilon)$ ermittelt, welches in der tatsächlichen Lösung am Anfang angegeben wird (vgl. 3.2). Diese Mischung rechnerischer und argumentativer Tätigkeiten ist charakteristisch für Aufgaben dieses Typs. Beweisideen sind jedoch überwiegend nicht allzu komplex und es wird sich nur auf eine Hochschulwissenseinheit, in Abbildung 10.3 die Definition einer Metrik und in Abbildung 10.4 die Definition der Konvergenz einer Folge, bezogen. Diese Aufgaben führen Studierende daher in das semiformale Beweisen ein (vgl. 2.2.2.1).

Sei (X, d) ein metrischer Raum und sei für $x, y \in X$:

$$d^*(x,y) = \frac{d(x,y)}{1+d(x,y)}.$$

Zeigen Sie, dass (X, d^*) ein metrischer Raum ist.
Lösung: Offenbar bildet d^* zwei Elemente aus X auf eine reelle Zahl ab. Wir zeigen, dass d^* die drei Axiome einer Metrik erfüllt:
Es gilt $d^*(x,y) = \frac{d(x,y)}{1+d(x,y)} \geq 0$. Weiterhin ist

$$d^*(x,y) = 0 \Leftrightarrow \frac{d(x,y)}{1+d(x,y)} = 0 \Leftrightarrow d(x,y) = 0 \Leftrightarrow x = y.$$

Es gilt

$$d^*(x,y) = \frac{d(x,y)}{1+d(x,y)} = \frac{d(y,x)}{1+d(y,x)} = d^*(y,x).$$

Zunächst gilt $\frac{r}{1+r} \leq \frac{s}{1+s}$ für $r \leq s$. Dies folgt aus

$$\begin{aligned} \frac{r}{1+r} \leq \frac{s}{1+s} &\Leftrightarrow r(1+s) \leq s(1+r) \\ &\Leftrightarrow r + rs \leq s + sr \\ &\Leftrightarrow r \leq s. \end{aligned}$$

Nun gilt

$$\begin{aligned} d^*(x,y) &= \frac{d(x,y)}{1+d(x,y)} \\ &\leq \frac{d(x,z)+d(z,y)}{1+d(x,z)+d(z,y)} \\ &= \frac{d(x,z)}{1+d(x,z)+d(z,y)} + \frac{d(z,y)}{1+d(x,z)+d(z,y)} \\ &\leq \frac{d(x,z)}{1+d(x,z)} + \frac{d(z,y)}{1+d(z,y)} \\ &= d^*(x,z) + d^*(z,y). \end{aligned}$$

Daher ist d^* eine Metrik und alles gezeigt.

Abbildung 10.3 Aufgabenbeispiel *Semiformaler Beweis mit rechnerischen Anteilen* zu einer Metrik

Zeigen Sie direkt mit der Definition, dass die angegebene Folge (a_n) konvergiert, das heißt, geben Sie ein $a \in \mathbb{C}$ an und zu jedem $\varepsilon > 0$ ein $N(\varepsilon) \in \mathbb{N}$, sodass $|a_n - a| < \varepsilon$ für alle $n \geq N(\varepsilon)$. Es sei $a_n = \frac{n^2+1}{n^3+2}$.

Lösung: Wir wählen für $a = 0$ und $\varepsilon > 0$ gerade $N(\varepsilon) = \left\lceil \frac{2}{\varepsilon} \right\rceil + 1$, dann ist für $n \geq N(\varepsilon)$

$$\begin{aligned}
|a_n - a| &= \left| \frac{n^2+1}{n^3+2} \right| \\
&= \left| \frac{n^3\left(\frac{1}{n} + \frac{1}{n^3}\right)}{n^3\left(1 + \frac{2}{n^3}\right)} \right| \\
&= \left| \frac{\frac{1}{n} + \frac{1}{n^3}}{1 + \frac{2}{n^3}} \right| \\
&= \frac{\frac{1}{n} + \frac{1}{n^3}}{1 + \frac{2}{n^3}} \\
&\leq \frac{1}{n} + \frac{1}{n^3} \\
&\leq \frac{2}{n} \\
&\leq \frac{2}{N(\varepsilon)} \\
&< \varepsilon.
\end{aligned}$$

Abbildung 10.4 Aufgabenbeispiel *Semiformaler Beweis mit rechnerischen Anteilen* zur Konvergenz einer Folge

10.4.3 Beispiele für *Komplexe Aufgaben mit Vernetzung von Hochschulwissen*

Ein noch höherer Anspruch ist bei Aufgaben gegeben, die mehrere Hochschulwisseneinheiten, komplexe Beweisideen oder die Kombination bzw. das Zugänglichmachen von Hochschulrechentechniken zur Lösung verlangen. Ein Beispiel für die beiden erstgenannten Aspekte kann Abbildung 10.5 entnommen werden.

Diese Aufgabe bringt verschiedene Schwierigkeiten zusammen. Zunächst ist der Lösungsweg merklich länger als bei den vorher besprochenen Aufgaben, und weiterhin zeigt sich eine komplexe Beweisidee, weil sowohl eine Hilfsfunktion konstruiert werden muss, als auch zwei Induktionsbeweise als Teilschritte der Lösung eingesetzt werden müssen. So erreicht das Niveau des Beweisens in dieser Aufgabe die höchste theoretisch angenommene Ausprägung (vgl. 7.3.4.1), insbesondere auch, weil ein Satz aus dem Sektor *Folgen* eingesetzt werden muss, dessen Anwendung nicht naheliegend ist. In der Lösung werden außerdem mehrere Wissenseinheiten

Es seien $a < b$, $I := [a,b]$ und $f, g : I \to I$ stetig. Ferner gelte $f(g(x)) = g(f(x))$ für alle $x \in I$. Beweisen Sie, dass es ein $x \in I$ gibt mit $f(x) = g(x)$.

Lösung: Wir zeigen zunächst, dass g einen Fixpunkt besitzen muss. Betrachte $h(x) = g(x) - x$ auf $[a,b]$. Dann ist h stetig und $h(a) = g(a) - a \geq a - a = 0$ sowie $h(b) = g(b) - b \leq b - b = 0$. Es folgt, dass nach dem Zwischenwertsatz ein $\eta \in [a,b]$ existieren muss mit $h(\eta) = 0$, also $g(\eta) = \eta$. Angenommen, es wäre $f(x) > g(x)$ für alle $x \in I$ (der Fall $f(x) < g(x)$ für alle $x \in I$ wird analog behandelt). Dann gilt insbesondere

$$\eta = g(\eta) < f(\eta) = f(g(\eta)) = g(f(\eta)) < f(f(\eta)).$$

Wir zeigen per Induktion, dass gilt $f^n(g(x)) = g(f^n(x))$ für $x \in I$.
IA: $n = 0$. Es ist $f^0(g(x)) = g(x) = g(f^0(x))$.
IV: Es gilt $f^n(g(x)) = g(f^n(x))$ für ein $n \in \mathbb{N}$.
IS: Es ist

$$f^{n+1}(g(x)) = f^n(f(g(x))) = f^n(g(f(x))) \overset{\text{IV}}{=} g(f^n(f(x))) = g\left(f^{n+1}(x)\right).$$

Wir zeigen per Induktion, dass gilt $f^n(\eta) < f^{n+1}(\eta)$.
IA: $n = 0$. Dies wurde oben gezeigt.
IV: Es gilt $f^n(\eta) < f^{n+1}(\eta)$ für ein $n \in \mathbb{N}$.
IS: Es ist

$$f^{n+1}(\eta) = f^{n+1}(g(\eta)) = g\left(f^{n+1}(\eta)\right) < f\left(f^{n+1}(\eta)\right) = f^{n+2}(\eta).$$

Somit ist $a_n = f^n(\eta)$ eine monoton wachsende und beschränkte Folge und als solche konvergent. Sei u der Grenzwert dieser Folge. Dann gilt

$$u = \lim_{n\to\infty} a_n = \lim_{n\to\infty} a_{n+1} = \lim_{n\to\infty} f(a_n) = f\left(\lim_{n\to\infty} a_n\right) = f(u).$$

Weiterhin ist

$$g(u) = g\left(\lim_{n\to\infty} f^n(\eta)\right) \overset{(*)}{=} \lim_{n\to\infty} f^n(g(\eta)) = \lim_{n\to\infty} f^n(\eta) = u.$$

Somit ist $f(u) = g(u)$. Dabei darf die Umformung in $(*)$ durchgeführt werden, da sie für alle $n \in \mathbb{N}$ durchgeführt werden darf und daher auch im Limes gilt.
Gäbe es x_1, x_2 mit $f(x_1) < g(x_1)$ und $f(x_2) > g(x_2)$, so muss es nach dem Zwischenwertsatz einen Punkt geben, an dem beide Funktionen übereinstimmen.

Abbildung 10.5 Aufgabenbeispiel *Komplexe Aufgabe mit Vernetzung von Hochschulwissen zur Existenz eines Schnittpunkts*

aus dem Hochschulkontext eingesetzt, z. B. der Zwischenwertsatz, die Aussage, dass Verknüpfungen stetiger Funktionen stetig sind, das Prinzip der vollständigen Induktion und die Aussage, dass monotone und beschränkte Folgen konvergent sind. Die Konstruktion eines solch umfangreichen, allgemeingültigen semiformalen Beweises gehört zu den höchsten kognitiven Anforderungen, die im Datensatz beobachtet werden konnten.

Ein weiteres Aufgabenbeispiel dieses Typs (vgl. Abbildung 10.6) zeigt, dass auch große Anforderungen in Bezug auf das schematische innermathematische Anwenden die Komplexität dieses Aufgabentyps ausmachen können. Die Studierenden müssen bei dieser Aufgabe vor allem aus der Hochschule bekannte Techniken in Kombination korrekt einsetzen. Hierzu gehören die Gaußsche Summenformel, Indexverschiebung, das Cauchyprodukt, die in (b) erlangte Formel sowie die Summenformel für die geometrische Reihe.

(b) Bestimmen Sie eine Folge (a_n) mit $\frac{1}{(1-x)^2} = \sum_{n=0}^{\infty} a_n x^n$ für alle $x \in \mathbb{R}$ mit $|x| < 1$.

(c) Berechnen Sie die Summe der Reihe $\sum_{n=0}^{\infty} \frac{(n+1)(n+2)}{2^{n+1}}$.

Lösung zu (c): Aus (b) und mit der absoluten Konvergenz von $\sum_{n=0}^{\infty} (n+1)\left(\frac{1}{2}\right)^n$ sowie $\sum_{n=0}^{\infty} \left(\frac{1}{2}\right)^n$ folgt, dass

$$\begin{aligned}
\sum_{n=0}^{\infty} \frac{(n+1)(n+2)}{2^{n+1}} &= \sum_{n=0}^{\infty} \left(\frac{1}{2}\right)^n \frac{(n+1)(n+2)}{2} \\
&= \sum_{n=0}^{\infty} \left(\frac{1}{2}\right)^n \sum_{k=1}^{n+1} k \\
&= \sum_{n=0}^{\infty} \left(\frac{1}{2}\right)^n \sum_{k=0}^{n} (k+1) \\
&= \sum_{n=0}^{\infty} \sum_{k=0}^{n} (k+1) \left(\frac{1}{2}\right)^k \left(\frac{1}{2}\right)^{n-k} \\
&= \left(\sum_{n=0}^{\infty} (n+1) \left(\frac{1}{2}\right)^n\right) \left(\sum_{n=0}^{\infty} \left(\frac{1}{2}\right)^n\right) \\
&= \frac{1}{\left(1-\frac{1}{2}\right)^2} \cdot \frac{1}{1-\frac{1}{2}} \\
&= 4 \cdot 2 \\
&= 8.
\end{aligned}$$

Abbildung 10.6 Aufgabenbeispiel *Komplexe Aufgabe mit Vernetzung von Hochschulwissen zur Bestimmung der Summe einer Reihe*

Entsprechend der Fülle dieser Techniken verlangt diese Aufgabe eine flexible Nutzung technisch-rechnerischer Elemente, die Studienanfänger:innen gerade erst erlernt haben. Hinzu kommt noch, dass die jeweiligen Umformungsschritte nicht unbedingt naheliegend sind, d. h., auch ein kreativer Einsatz von Techniken erfolgt, was trotz des nur mittleren Bearbeitungsumfangs als anspruchsvoll für die Studierenden zu werten ist. Beide Aufgabenbeispiele fordern dementsprechend, dass Studierende Problemlösefähigkeiten einsetzen (vgl. 2.2.2.1).

10.4.4 Beispiele für *Formale Aufgaben ohne rechnerische Anteile*

Auch für den letzten Aufgabentyp, die *formalen Aufgaben ohne rechnerische Anteile*, sollen noch zwei Beispiele besprochen werden. Das erste Beispiel (vgl. Abbildung 10.7) zeigt einen Beweis für die Aussage, dass die Vereinigung offener Mengen wieder offen ist. Die Beweisidee ist dabei in Worten formuliert relativ simpel: Jedes Element der Vereinigung liegt in einer offenen Menge und daher in einer Kugel, die in dieser offenen Menge vollständig enthalten ist. Diese Kugel ist auch in der Vereinigung enthalten. Trotz des geringen Umfangs ist der Lösungsweg wohl aufgrund der abstrakten Natur der Aussage und dem vollständigen Fehlen von rechnerischen Elementen für Studierende nicht unbedingt einfach zu finden. Die Aufgabe zeigt dabei die typischen Charakteristika dieses Aufgabentyps: Es wird nur eine Hochschulwissenseinheit benötigt, nämlich die Definition einer offenen Menge.[11] Es tauchen keine rechnerischen Anforderungen auf und die relevante Wissenseinheit wird schon in der Aufgabenstellung genannt.

Gegeben sei ein metrischer Raum (M, d). Zeigen Sie, dass die Vereinigung beliebig vieler offener Teilmengen von M offen ist.
Lösung: Seien $(A_i)_{i\in I}$ offene Mengen und $x \in \bigcup_{i\in I} A_i$. Dann gibt es ein $i_0 \in I$ mit $x \in A_{i_0}$. Da A_{i_0} offen ist, gibt es ein $\varepsilon > 0$ mit $B_\varepsilon(x) \subset A_{i_0} \subset \bigcup_{i\in I} A_i$. Somit ist auch $\bigcup_{i\in I} A_i$ offen.

Abbildung 10.7 Aufgabenbeispiel *Formale Aufgabe ohne rechnerische Anteile* zu offenen Mengen

Das zweite Beispiel für den Aufgabentyp zeigt eine sehr kurze Lösung einer Aufgabe, die im Wesentlichen nur daraus besteht, zu erkennen, welche Voraussetzung zum gegebenen Korollar nicht erfüllt ist (vgl. Abbildung 10.8). Dabei muss nicht

[11] Die Mengenoperationen ordnen sich als Wissensbestandteile unter.

gerechnet werden, aber es handelt sich um eine Aufgabe, die Reflexion innerhalb der Mathematik erfordert, da erkannt werden muss, dass die Voraussetzung, dass die entsprechende Funktion auf einem reellen Intervall definiert ist, essentiell für die Gültigkeit des Korollars ist. Für die Lösung der Aufgabe genügt es, zu wissen, dass die irrationalen Zahlen dicht in $\mathbb{R}$ liegen. Aufgaben dieser Form zeigen insbesondere, dass man genau auf die Voraussetzungen bereits bewiesener Aussagen achten muss, bevor man sie verwenden kann und leisten so einen Beitrag zur Einführung von Studierenden ins formal-deduktive Arbeiten.

Die Funktion $f : \mathbb{Q} \to \mathbb{Q}$ sei gegeben durch

$$f(x) = \begin{cases} -1, & \text{falls } x^2 < 2, \\ 1, & \text{sonst.} \end{cases}$$

(a) Zeigen Sie, dass f differenzierbar ist und dass $f' \equiv 0$. Ist f konstant?
(b) Zeigen Sie, dass die durch $g(x) = x + f(x)$ definierte Funktion $g : \mathbb{Q} \to \mathbb{Q}$ differenzierbar ist und dass $g' \equiv 1$. Ist g streng monoton wachsend?
(c) Laut Korollar 6.11 der Vorlesung gilt für eine differenzierbare Funktion $h : I \to \mathbb{R}$ auf einem Intervall $I \subset \mathbb{R}$: falls $h' \equiv 0$, so ist h konstant, falls $h' > 0$, so ist h streng monoton wachsend. Warum funktioniert der Beweis von Korollar 6.11 der Vorlesung für die obigen Beispiele nicht? Ist Korollar 6.11 etwa falsch?
Lösung zu (c): Die Aussagen gelten nicht, da $\mathbb{Q}$ kein reelles Intervall enthält, da jedes nichtleere reelle Intervall insbesondere eine irrationale Zahl enthält.

Abbildung 10.8 Aufgabenbeispiel *Formale Aufgabe ohne rechnerische Anteile* zum Zusammenhang von Ableitung und Monotonie

10.5 Zusammenfassung

Ziel dieses Kapitels war es, Aufgabentypen für die Übungsaufgaben der Analysis I zu konstruieren, die den teilweise unterschiedlichen Anspruch universitärer Mathematikaufgaben abbilden. In Bezug auf die Auswertungsmethodik kamen dafür zwei Verfahrens(-gruppen) in Frage: Cluster- oder Diskriminanzanalysen. Da aufgrund der wenigen Vorarbeiten keine optimale Anzahl oder mögliche Beschreibung potentieller Aufgabentypen vorlag, wurde eine Clusteranalyse – genauer eine Two-Step-Clusteranalyse – durchgeführt. Insbesondere aufgrund der Größe des genutzten Datensatzes konnte das Verfahren erfolgreich eingesetzt werden (vgl. 10.1).

Zur Generierung der Aufgabentypen kamen aufgrund der Ergebnisse von Kapitel 9 alle Tiefenstrukturmerkmale in Frage. Ausgeschlossen wurden zunächst die Merkmale *Niveau des außermathematischen Anwendens* und *Inhaltliche Einord-*

nung, da entweder kaum Varianz in Bezug auf das Merkmal vorlag oder nicht klar war, inwiefern das Merkmal Einfluss auf den Anspruch der Aufgaben haben sollte. Die Anwendung der Clusteranalyse geschah in mehreren Schritten, wobei die Variablenmenge jeweils reduziert wurde, wenn Variablen keinen signifikanten Einfluss auf die Clusterbildung hatten oder eine nicht interpretierbare Lösung produziert wurde. Eine Vier-Cluster-Lösung, die auf den Verteilungen der Aspekte *Anzahl der Schulwissenseinheiten*, *Anzahl der Hochschulwissenseinheiten* sowie den Merkmalen *Art der Wissenseinheiten*, *Niveau des Beweisens* und *Niveau des schematischen innermathematischen Anwendens* basiert, wurde schließlich akzeptiert (vgl. 10.2).

Die vier gewonnenen Aufgabentypen sind: *Rechenaufgaben und rechnerische Beweise*, *Semiformale Beweise mit rechnerischen Anteilen*, *Komplexe Aufgaben mit Vernetzung von Hochschulwissen* und *Formale Aufgaben ohne rechnerische Anteile*. Neben der Beschreibung der Merkmalsverteilungen innerhalb dieser Aufgabentypen wurde die Abhängigkeit zwischen Lehrenden und der Häufigkeitsverteilung der Aufgabentypen untersucht. Es zeigte sich ein signifikanter Einfluss und die vorliegenden Häufigkeitsverteilungen bestärken die Ergebnisse aus 9.4: Die Sätze B, E und W haben größere Anteile an rechnerischen Aufgaben, wohingegen die Sätze G, O und T anteilig sehr viele komplexe Aufgaben mit Vernetzung von Hochschulwissen beinhalten. Das bedeutet insbesondere, dass man die Zulassung zu einer Klausur in der Analysis I an einigen Universitäten nur mit Rechenaufgaben oder Beweisen, die auf Termumformungen basieren, erreichen kann, wohingegen es an anderen Standorten im gleichen Jahr nötig war, Beweise führen zu können, die komplexe Beweisideen haben und die Vernetzung von Hochschulwissen erfordern. Zusätzlich wurden Zusammenhänge zwischen den Sektoren der Aufgaben bzw. der Woche, in der die Aufgaben gestellt wurden, und der Häufigkeitsverteilung der Aufgabentypen, festgestellt. Da nur ein Teil der untersuchten Aufgabenmerkmale dafür berücksichtigt wurde, wurden schließlich noch die charakteristischen Ausprägungen der Oberflächenstruktur bei den Aufgabentypen berichtet (vgl. 10.3). All dies beantwortet auch die verbleibenden Forschungsfragen 4.1, 4.2 und 5.2.[12]

Schließlich wurden für jeden der vier Aufgabentypen zwei Vertreter vorgestellt und diskutiert, wieso sie charakteristisch für diesen Aufgabentyp sind (vgl. 10.4). Dabei wurde insbesondere eine lose Zuordnung der Aufgabentypen zu den Zielen der Studieneingangsphase (vgl. 2.2.2.1) identifiziert: *Rechenaufgaben und rechnerische Beweise* lassen sich dabei am wenigsten einem der *normativ* festgelegten Ziele zuordnen, scheinen aber der Festigung bzw. dem Erwerb rechnerischer Fähigkeiten zu dienen. *Semiformale Beweise mit rechnerischen Anteilen* korrespondieren

[12] Diese Fragen bezogen sich auf die Existenz und ggf. Beschreibung von Aufgabentypen in der Analysis I sowie deren Verteilungen nach Wochen bzw. Lehrenden.

mit dem Erwerb von Beweisfähigkeiten. *Komplexe Aufgaben mit Vernetzung von Hochschulwissen* dienen dem Erwerb von Problemlösefähigkeiten und vernetztem Wissen. *Formale Aufgaben ohne rechnerische Anteile* scheinen schließlich für die Einführung in das formal-axiomatische Arbeiten gedacht.

Nachdem in diesem Kapitel die letzten Ergebnisse dieser Arbeit vorgestellt wurden, sollen die gesamte Arbeit im Allgemeinen und die erzielten Ergebnisse im Besonderen im nächsten Kapitel kritisch eingeordnet und diskutiert werden.

Diskussion und Fazit

11

Sowohl die deskriptiven als auch explorativen Analysen dieser Arbeit stellen Ergebnisse bereit, die bislang nicht für den Hochschulkontext erzielt wurden (vgl. 5.4.2). Vergleichende Arbeiten, die über die Heimatinstitutionen der jeweiligen Forscher:innen hinausgehen, gibt es in der deutschsprachigen Hochschuldidaktik nur in wenigen Bereichen. Eine ausführliche Beschreibung der Übungsaufgaben mit einem größeren Datensatz, die Aufgabenprofile und Aufgabentypen von Übungsaufgaben in den Fokus nimmt, stand daher noch aus und wurde mit dieser Arbeit angestrebt.

Inwieweit die erzielten Ergebnisse eine Passung zum theoretisch erwarteten Charakter der Hochschulmathematik im Allgemeinen und der Analysis I im Besonderen aufweisen, soll im Folgenden besprochen werden (vgl. 11.1). Dafür rücken zunächst die Ergebnisse selbst in den Fokus, die zusammengefasst und auf die Theorie bezogen werden. Insbesondere steht dabei die Frage im Vordergrund, inwieweit von einer kohärenten „Aufgabenkultur“[1] in der Analysis I gesprochen werden kann. Eng damit verbunden sind die Generalisierbarkeit der Ergebnisse und so auch die Limitationen dieser Arbeit. Beispielsweise konnten durch das Verwenden von Musterlösungen die Aufgabenmerkmale objektiv ermittelt werden (vgl. 8.5), es muss allerdings kritisch hinterfragt werden, ob dieser Prozess dem methodischen Vorgehen anderer Arbeiten überlegen ist (vgl. 11.2). Da der Datensatz dieser Arbeit deutlich größer als der bisheriger Untersuchungen zu Mathematikaufgaben an der Hochschule im deutschsprachigen Raum ist, liegt eine Beschreibung vor, die gleichermaßen Orientierung für Lehrende und Forschende sein kann: Für Lehrende liegt eine Referenz vor, wie Übungsaufgaben allgemein gestaltet sind und mit dem Instrument dieser Arbeit eine Möglichkeit, die eigenen Aufgaben a priori einzuschätzen. Für Forschende können einerseits Variationen einzelner

[1] Die Probleme dieses Begriffs wurden in 5.3 diskutiert.

F. Wlassak, *Gestaltungsmerkmale und Typen von Übungsaufgaben aus der Analysis I*, https://doi.org/10.1007/978-3-658-50118-1_11

Aufgabenmerkmale (im Vergleich zur üblichen Struktur) genutzt werden, um zu prüfen, inwiefern sich dies auf den Studienerfolg auswirkt, andererseits sind die gewonnenen Aufgabentypen dieser Arbeit potentieller Forschungsgegenstand weiterer Untersuchungen (vgl. 11.3 und 11.4). Ein kurzes Fazit mit einem Ausblick beschließt die Arbeit (vgl. 11.5).

11.1 Zusammenfassung und Diskussion der Ergebnisse

In der Arbeit wurden insgesamt 3422 Aufgaben aus den Sätzen von 24 verschiedenen Lehrenden untersucht, was einen weitaus umfangreicheren Datensatz darstellt, als vergleichbare Studien über Aufgaben der Hochschulmathematik erforschen. Dabei kam ein ausführlich deduktiv abgeleitetes Kategoriensystem als Untersuchungsinstrument zum Einsatz, welches sowohl Oberflächen- als auch Tiefenstrukturmerkmale von Aufgaben erfasst. Besonders hervorzuheben sind sowohl die im Instrument verankerte Möglichkeit, eine detaillierte *inhaltliche Einordnung* von Aufgaben vornehmen zu können, als auch die Möglichkeit, das Niveau der Typen mathematischen Arbeitens *Beweisen, schematisches innermathematisches Anwenden* und *außermathematisches Anwenden* differenziert abzubilden. Für beide Aspekte ermöglichen es die jeweils eigens entwickelten Kategorien als erste Instrumente, eine institutionsadäquate inhaltliche bzw. auf den kognitiven Anspruch der Aufgaben bezogene Beschreibung von Übungsaufgaben zu vollziehen.

Die erzielten Ergebnisse zur Oberflächenstruktur zeigen sich größtenteils kongruent zum erwarteten Charakter der Hochschulmathematik. Die große Bedeutung des Beweisens (Gueudet, 2008, S. 243; Kempen, 2019, S. 3) zeigt sich schon in den *Operatoren*, die in den meisten Fällen „Zeigen Sie" oder „Beweisen Sie" lauten. Damit wird auch ein erster Kontrast zwischen Übungsaufgaben und schulischen Mathematikaufgaben deutlich, wobei für letztere das Beweisen nur eine untergeordnete Rolle spielt (Bauer, 2018, S. 200; Meyer und Prediger, 2009, S. 1; vgl. auch 5.4.1). Jedoch konnte ein nicht unerheblicher Anteil an Übungsaufgaben gefunden werden, der Berechnungen mit dem Operator fordert oder gar keinen Operator aufweist. Ersteres wurde, auch wenn es nicht in den Zielen der Hochschulmathematik in der Studieneingangsphase verankert ist (vgl. 2.2.2.1), erwartet, da eine größere Menge neuer Rechentechniken an der Hochschule schon im ersten Semester erworben wird (vgl. 2.2.2.4 und 3.1.2) und es naheliegend ist, dass diese auch in den Übungsaufgaben angewendet werden sollen. Dies ließe sich auch als eine Form von Kohärenz zwischen Schul- und Hochschulmathematik interpretieren, wäre der Anteil solcher Aufgaben mit rund 15 % nicht so gering. Schließlich muss der Anteil der Aufgaben ohne Operator kritisch beurteilt werden, da Ergänzungsfragen oder

Aussagen ohne Aufgabenstellung Studienanfänger:innen leicht verwirren können, da ihnen ein potentieller Erwartungshorizont nicht klar ist und sie es insbesondere aus Leistungsüberprüfungen aus der Schule (vgl. 5.2.2) gewohnt sind, dass alle Aufgabenstellungen operationalisiert sind und eine klare Vorgabe an die Bearbeitung mit den jeweiligen Operatoren einhergeht. Minimale Änderungen an Aufgabenstellungen können solche Probleme bei Studienanfänger:innen verhindern.

Das *Antwortformat* ist bei der deutlichen Mehrzahl der Aufgabenstellungen frei mit ausführlicher Antwort. Aufgrund des Hausaufgabencharakters der Übungsaufgaben (vgl. 4.3) war dies so zu vermuten. Zusätzlich scheinen die anspruchsvollen Ziele in Bezug auf die prozessbezogenen Kompetenzen des Beweisens bzw. Problemlösens nur bedingt mit Aufgaben erreichbar, die ein Kurzantwortformat oder gebundenes Antwortformat aufweisen. Nichtsdestotrotz gibt es einen nicht zu vernachlässigenden Anteil der Analysis-I-Aufgaben mit Kurzantwortformat, wobei naheliegt, dass ihre vollständige Komplexität durch den Umfang der Lösung nicht abgebildet wird, da in ihnen u. a. Beispiele ohne Begründung angegeben oder durch (Un-)Gleichungen gegebene Mengen komplexer Zahlen gezeichnet werden müssen. Entsprechende Aufgaben sind dabei teilweise (technisch) aufwändig zu lösen, was dann allein unter Berücksichtigung der Antwort (ohne den Prozess, der zu dieser Antwort geführt hat) nicht abgelesen werden kann. Diese Aufgaben könnten daher potentiell von Dozierenden in ihrem Anspruch unterschätzt werden.

In Ansätzen zeigt sich ein vermuteter Problemlösecharakter der Übungsaufgaben (vgl. 2.2.2.1 und 4.3) schon anhand des Aufgabenmerkmals *Offenheit*. Nur in einer von fünf Aufgaben werden Lösungswege oder zumindest Teile davon schon durch die Aufgabenstellung vorweggenommen. Dabei muss angemerkt werden, dass im Rahmen dieses Aspekts nicht erhoben wurde, inwieweit die Lösungswege den Studierenden zum Zeitpunkt der Bearbeitung der Aufgaben schon bekannt waren. Es lässt sich aber erkennen, dass die Studierenden beim Großteil der Aufgaben einen zielführenden Ansatz eigenständig identifizieren müssen, was sich auch als Vorbereitung auf späteres, genuines mathematisches Arbeiten interpretieren lässt. Dagegen spricht der relativ geringe Anteil von Aufgaben, der in Bezug auf die Lösungen offen ist. Nur durchschnittlich eine von siebzehn Aufgaben lässt tatsächlich verschiedene Lösungen zu, wie es etwa bei Aufgaben, bei denen (Gegen-)Beispiele konstruiert werden müssen, der Fall ist. Diese Erkenntnis ist kongruent zu vorher erzielten Ergebnissen (Stenzel, 2017; Weber und Lindmeier, 2020b) und kann als weiteres Indiz der Produktorientierung der Hochschulmathematik aufgefasst werden. In Übungsaufgaben werden Studierende kaum zum eigenständigen Explorieren einer mathematischen Situation angeregt, wie es in der mathematischen Forschung üblich ist (Boero, 1999; Reiss und Ufer, 2009). Stattdessen konfrontieren die meisten Aufgaben Studierende mit einer Aussage, bei der höchstens noch der Wahrheitsgehalt zu prüfen ist. Die Vermutung liegt daher nahe, dass auch bzgl. dieses Aspekts etwas offener gestaltete Aufgaben das Gefühl von Autonomie bei Studienanfänger:innen etwas erhöhen könnten (Deci und Ryan, 1993; Liebendörfer, 2018). Betrachtet man sowohl die gewichtete als auch die ungewichtete Verteilung hinsichtlich dieses Aspekts, fällt auf, dass der Anteil der Aufgabenstellungen, die den Wahrheitsgehalt der gegebenen Aussage vorwegnehmen, in der gewichteten Verteilung deutlich höher ist. Das bedeutet, dass Aufgaben, bei denen zumindest noch ein Wahrheitsgehalt überprüft werden muss, eher in Teilaufgaben vorkommen, als dass sie eine gesamte Hauptaufgabe ausmachen. Dies gilt analog auch für die Übungsaufgaben, die einen Operator haben, der *nicht* zum Beweisen auffordert. Diese Unterschiede zwischen ungewichteter und gewichteter Verteilung werden bei der Einordnung der Ergebnisse der Typen mathematischen Arbeitens genauer diskutiert.

Erwartungsgemäß (vgl. 2.2.2.3) ist der Anteil der Aufgaben mit *Realitätsbezügen* äußerst gering. Zwar sprechen weder Ziele noch theoretische Betrachtungen des Charakters der Hochschulmathematik für den Einsatz solcher Aufgaben; dem ist aber entgegenzuhalten, dass es aus didaktisch-pädagogischer Sicht durchaus Argumente für solche Aufgaben gibt. Einerseits sind Studienanfänger:innen diese Aufgaben eher aus der Schule gewohnt (vgl. 2.2.1.3) und sie könnten den Übergang zu den Übungsaufgaben in einem Aspekt etwas zugänglicher machen. Andererseits könnten sie dazu beitragen, dass Studierende eher mentale Vorstellungen – im Sinne eines zur *concept definition* passenden *concept images* – aufbauen können. Am Beispiel von Relationen könnte der Begriff Transitivität im Vergleich der Relation „x ist Schwester oder Bruder von y“ mit „x ist Halbschwester oder Halbbruder von y“ ausgeschärft werden. Es muss aber festgehalten werden, dass zur Einführung in das formal-axiomatische Arbeiten eine gewisse Loslösung von der Anschauung und somit ein Bruch zur Schulmathematik nötig ist (Clark und Lovric, 2008, 2009). Realitätsbezogene Aufgaben können daher höchstens eine Ergänzung darstellen.

Etwas überraschend zeigten sich die Ergebnisse zum *Generalitätsgrad* der Übungsaufgaben. So treten Aufgaben, die sich auf ein einzelnes Objekt beziehen, z. B. eine konkret gegebene Folge oder eine Funktion, in etwa gleich häufig wie Aufgaben, die sich auf eine gesamte Objektklasse beziehen, z. B. *alle* konvergenten Folgen oder *alle* differenzierbaren Funktionen, auf. Der formal-deduktive Begriffsaufbau der Hochschulmathematik legt nahe, dass letztere Aufgaben überwiegen sollten (vgl. 2.2.2.2). Es ist zu vermuten, dass solche Aufgaben sowohl aufgrund des seltener in der Theorie berücksichtigten Anteils der rechnerischen Aufgaben zur Unterstützung des Begriffserwerbs als auch für leistungsschwächere Studienanfänger:innen gestellt werden. Außerdem sprechen die ersten Ergebnisse zu Klausuraufgaben im deutschsprachigen Raum (Kolbe und Liebendörfer, 2024) dafür, dass dort kognitiv weniger fordernde Aufgaben als Beweise über ganze Objektklassen gestellt werden, sodass Aufgaben über Einzelobjekte auch auf die (eher rechnerischen) Anforderungen in der Klausur vorbereiten.

Ein Ziel der fachmathematischen Module der Studieneingangsphase ist es auch, dass die Studierenden eine kritisch-reflektierte Haltung zur Mathematik entwickeln (vgl. 2.2.2.1). Um zu prüfen, inwieweit sich dies auf der Ebene der Aufgaben zeigt, wurde das Aufgabenmerkmal *Explizite Reflexionsanlässe* untersucht. Die Ergebnisse zeigen, dass weder Anlässe zur Reflexion *innerhalb* der Mathematik noch *über* die Mathematik in den Aufgaben häufig vorkommen. So werden selten Bezüge zur Gültigkeit von Aussagen aus der Vorlesung beim Weglassen gewisser Voraussetzungen hergestellt und praktisch nie die individuelle Beziehung zur Mathematik oder die Bedeutung der Mathematik für die Gesellschaft allgemein thematisiert. Beides kann als verstrichenes Potential der Aufgaben gesehen werden: Ersteres, weil so die Kohärenz zwischen Vorlesung und Übungsaufgaben, welche den Studierenden teilweise nicht bewusst ist (Frischemeyer et al., 2016), explizit deutlich gemacht werden würde. Letzteres, weil gerade für Lehramtsstudierende die Sinnfrage bzgl. der Hochschulmathematik durch die Übungsaufgaben kaum beantwortet werden kann. Wichtig ist aber, dass diese Ergebnisse nicht überinterpretiert werden sollten, da dieses Aufgabenmerkmal bewusst eng als Oberflächenstrukturmerkmal konstruiert wurde. So sind Gelegenheiten zur Reflexion in den Aufgaben möglicherweise nicht explizit an der Aufgabenstellung ablesbar, aber trotzdem bei der Lösung gefordert. Inwiefern sie aber dann von Studierenden erkannt werden, die die Aufgaben nicht selbstständig lösen können (vgl. 4.3), ist fraglich.

Schließlich bestätigt sich ein präziser, nüchterner Stil der Übungsaufgaben (Ableitinger, 2012) anhand mehrerer Ergebnisse zur Oberflächenstruktur der Aufgaben. So fordern Aufgaben kaum andere als symbolische Darstellungen, was aufgrund des formalen Charakters der Übungsaufgaben so zu erwarten war. Weitere Informationen zum Kontext der Aufgaben, beispielsweise wofür diese Aufgabe für das weitere Fortschreiten der Vorlesung genutzt werden könnte oder wer die entsprechende Aussage erstmalig bewiesen hat, lassen sich nicht finden. Problematisch erscheint Ersteres, weil so auch kaum der Sinn, warum Aufgaben bearbeitet werden sollen, klar wird, was allerdings nicht nur ein Problem der Hochschulmathematik, sondern auch teilweise der Schulmathematik ist (Hischer, 2023). Letzteres wird nach eigenen Erfahrungen von Dozierenden auch manchmal bewusst nicht mit in Aufgabenstellungen einbezogen, da solche Informationen das Suchen nach einer Lösung im Internet deutlich erleichtern. Die Aufgaben sind dagegen so gestaltet, dass sie mit den Informationen aus der Vorlesung (und ggf. Übung) ohne weitere Recherche vollständig lösbar sind und die Aufgabenstellung relativ klar die Erwartungen an die Bearbeitung umreißt. Um zu beurteilen, warum trotzdem so viele Studierende die Aufgaben nicht selbst lösen können, ist die Untersuchung der Tiefenstruktur der Aufgaben nötig.

Auf der inhaltlichen Seite konnten einige weitere Erklärungsansätze für die Übergangsproblematik auf der Ebene der Übungsaufgaben nachgezeichnet werden. So ist Analysis an der Schule auf die eher anwendungsorientierte Differential- und Integralrechnung konzentriert, vor allem in der Sekundarstufe II (vgl. 3.1.1), während die Übungsaufgaben der Analysis I eine abweichende inhaltliche Fokussierung aufweisen. Die drei anteilig am häufigsten zu bearbeitenden Inhalte sind *Grundlegende mathematische Strukturen*, *Folgen* sowie *Stetigkeit und elementare Funktionen*, wobei der erstgenannte Sektor deutlich die meisten Aufgaben umfasst. Bis auf elementare Funktionen nehmen alle diese Inhalte kaum Raum in der Schulmathematik ein oder zumindest die formalen Begriffsdefinitionen haben ihre Bedeutung im Laufe der letzten 50 Jahre mehr und mehr verloren (vgl. 3.1.2; siehe auch Greefrath et al., 2016), was nahelegt, dass sich diesbezüglich Schul- und Hochschulmathematik weiter voneinander entfernt haben. Von Bedeutung scheint dieses Ergebnis gerade für Lehrende, weil beispielsweise Vorkenntnisse zum Grenzwertbegriff bei Folgen oder der Stetigkeit nur in Ansätzen erwartet werden können. Diese erzielten Ergebnisse bestätigen weiterhin empirisch die immer wieder theoretisch formulierte Erkenntnis, dass der Bruch zwischen Schul- und Hochschulanalysis nicht nur aufgrund epistemischer, sondern auch aufgrund inhaltlicher Diskrepanzen besteht (Bauer et al., 2020; Blum und Törner, 1983; Klein, 1908; Moßburger, 2012).

Zusätzlich wurde geprüft, inwiefern es einen kanonischen Aufbau der Analysis I gibt. Die erwartete Reihenfolge der behandelten Sektoren *Grundlegende mathematische Strukturen*, *Folgen*, *Reihen*, *Stetigkeit und elementare Funktionen*, *Differentialrechnung* und *Integralrechnung* konnte bestätigt werden. Es zeigt sich dabei, dass verschiedene Lehrende bei der Behandlung der Inhalte in den Aufgaben und so vermutlich auch in den Vorlesungen unterschiedlich schnell voranschreiten. So stellen nur drei Viertel der Lehrenden Aufgaben zur *Differentialrechnung*, die *Integralrechnung* wird sogar nur von etwa einem Drittel der Lehrenden in Übungsaufgaben begonnen. Auch wenn dieses Ergebnis nicht überinterpretiert werden sollte, da sich im Datensatz dieser Arbeit nur 24 Sätze von Übungsserien befinden, zeigt es, dass Modulbeschreibungen als intendiertes Curriculum und die Umsetzung in Übungsaufgaben als Teil des implementierten Curriculums Abweichungen zeigen (vgl. 3.1.2). Bemerkenswert ist, dass *Differential-* und *Integralrechnung* in der Analysis I eine eher geringe Bedeutung haben, während sie zum Ende der Schulzeit die zentralen Bestandteile der Analysis sind. Zusammen mit der großen Bedeutung von Grundlagen wie *Mengen*, *Relationen* oder *Abbildungen* zu Beginn des Studiums lässt sich dies als weitere inhaltliche Bedeutungsverschiebung zwischen Schul- und Hochschulanalysis auffassen. Einschränkend ist anzumerken, dass in dieser Arbeit nur Aufgaben zur Analysis I betrachtet wurden. Es ist daher zu vermuten, dass *Differential-* und *Integralrechnung* in der Analysis II eine größere Rolle einnehmen.

Neben diesen globalen Aussagen lassen sich auch Aussagen über die Aufgaben verschiedener Lehrender treffen. Schon bzgl. der Sektoren konnten dabei größere Unterschiede festgestellt werden. Beispielsweise werden *Reihen* von einigen Lehrenden nicht in den Aufgaben der Analysis I behandelt, wobei die Hypothese nahe liegt, dass diese im zweiten Semester zusammen mit dem Satz von Taylor auftreten. Auf der Ebene der Themen zeigt sich, dass es nur einen sehr kleinen Kern an Inhalten gibt, der bei (nahezu) allen Lehrenden durch Übungsaufgaben in die Lehre integriert wird. Diese Erkenntnis scheint besonders für die Organisation des Studiums von Lernenden und Lehrenden von Bedeutung: Studierende sollten daher prüfen, wenn sie z. B. eine Analysis II bei anderen Lehrenden hören als die Analysis I, welche Themen in *diesem* Kurs vorausgesetzt werden.[2] Lehrende sollten sich umgekehrt informieren, welche Themen Vorgänger:innen abgedeckt haben, um Dopplungen oder Überforderung zu vermeiden. Dies gilt insbesondere, wenn Studierende beispielsweise Prüfungen über mehrere Module ablegen müssen, die sie bei verschiedenen Dozierenden belegt haben. Die gesamten Ergebnisse zur inhaltlichen Gestaltung der Analysis-I-Aufgaben sichern die bereits mit deutlich kleineren Stichproben erzielten Ergebnisse (Wlassak, 2019; Wlassak, 2022) ab und liefern gerade in Bezug auf die Themen neue Erkenntnisse.

Während die Ergebnisse zur inhaltlichen Gestaltung keine klare Aussage zur Komplexität der Übungsaufgaben liefern können, zeigen die weiteren Merkmale der Tiefenstruktur deutliche Unterschiede zum Anspruch der Aufgaben der Schulmathematik. Im Gegensatz zur Schulmathematik (vgl. 5.4.1) müssen in der Analysis I häufiger mehrere *Wissenseinheiten* zur Lösung der Aufgaben eingesetzt werden. Das Konzept berücksichtigt dabei, dass eine Wissenseinheit mehrere untergeordnete Wissensbestandteile haben kann, was bedeutet, dass der Einsatz mehrerer Wisseneinheiten die Konstruktion von Lösungswegen über bekannte[3] Standardwege ausschließt. Der erwartete Problemcharakter der Übungsaufgaben zeigt sich auch hier, da etwa zwei Drittel der Aufgaben nur unter Einsatz mehrerer Wissenseinheiten gelöst werden können. Etwas überraschend ist dabei, dass es seltener ist, dass eine Vernetzung von Hochschulwissen erforderlich ist, sondern es Schul- *und* Hochschulwissen sind, die miteinander verknüpft werden müssen. Aus zwei Gründen

[2] Dieses Problem betrifft wohl vor allem Wiederholer:innen, da die beiden Grundvorlesungspaare Lineare Algebra I, II und Analysis I, II meist jeweils von der gleichen Person gehalten werden.

[3] D. h. über als eine Wissenseinheit „gespeicherte" Ansätze hinaus.

erscheint dieses Ergebnis bemerkenswert. Einerseits erklärt es zum Teil, warum Schulwissen einen guten Prädiktor für Studienerfolg in der Mathematik darstellt (Rach, 2014; Rach und Ufer, 2020). Andererseits unterstreicht es die Bedeutung von Vor- bzw. Brückenkursen, gerade für Studienanfänger:innen, deren Schulabschluss schon länger zurückliegt (Gerdes et al., 2021; Gusman und Eichler, 2022).[4]

Eine größere Diskrepanz zwischen Übungsaufgaben und Klausuraufgaben an der Hochschule zeigen die Ergebnisse zu den vorrangig relevanten *Wissensarten.* Für Klausuren weisen erste Ergebnisse (Kolbe und Liebendörfer, 2024) darauf hin, dass prozedurales Wissen für das Bestehen ausreichend ist. Um die Zulassung für die Klausur durch Übungsaufgaben zu erreichen, genügt dies jedoch nicht. Dies kann auch ein Erklärungsansatz sein, warum es relativ viele frühe Studienabbrüche bereits *im Laufe* des ersten Semesters gibt (vgl. 2.1). Vielen Studierenden wird schon früh gespiegelt, dass sie Aufgaben, die vernetztes Wissen erfordern, nicht oder nur zu einem geringen Anteil lösen können und sie haben auch noch nicht genügend Resilienz in Bezug auf mathematische Misserfolge aufgebaut (Neumann et al., 2020), sodass sie ihr Studium aufgeben. Außerdem wird von den Studierenden häufiger eine kreativere Konstruktion der Lösungswege als in der Schule (Neubrand, 2002) verlangt, da mehr Aufgaben auch implizite Wissenseinheiten verlangen, was zusätzlich zur Komplexität der Übungsaufgaben beiträgt.

Der *Umfang der Lösungen* scheint hingegen weniger Einfluss auf den Anspruch von Übungsaufgaben zu haben, da viele Aufgaben einen niedrigen oder mittleren Bearbeitungsaufwand aufweisen. Dies lässt sich zusammen mit den vorher diskutierten Ergebnissen so interpretieren, dass es nicht die Quantität ist, die das Erstellen von Lösungswegen erschwert, sondern die Qualität. Erwartungen von Studienanfänger:innen weisen jedoch teilweise in eine gegenteilige Richtung (Rach et al., 2014), was ungünstig erscheint.

Hinsichtlich der Typen mathematischen Arbeitens sind die bedeutsamsten Unterschiede zwischen schulischen und universitären Mathematikaufgaben zu konstatieren. Während das *Beweisen* in der Schule eine sehr geringe Rolle spielt (vgl. 5.4.1), ist die Zulassung zur Klausur ohne das Lösen von Beweisaufgaben in der Analysis I nicht möglich. Mehr als fünf von sechs Aufgaben fordern *Beweisen* als mathematische Tätigkeit.[5] Jedoch sind nicht alle Anforderungen auf das semiformale Beweisen konzentriert, sondern es gibt einen relativ großen Anteil an rechnerischen Beweisen, der eher auf Termumformungen und Standardargumenten basiert, sodass diese

[4] Die Ergebnisse der Arbeit suggerieren einen Mehrwert des Auffrischens schulischer Kenntnisse für das Lösen von Übungsaufgaben.

[5] In Zusammenschau mit den Ergebnissen des Aufgabenmerkmals *Operator der Aufgabenstellung* zeigt dies, dass es auch Beweisanforderungen gibt, die nicht durch den Operator angekündigt werden.

Aufgaben wenigstens in Ansätzen mit schulischen Aufgaben vergleichbar sind. Insgesamt machen bei vielen Lehrenden die semiformalen Beweise aber etwas mehr als die Hälfte aller Aufgaben aus, was die formal-abstrakte Natur der Hochschulmathematik auf Ebene der Aufgaben zeigt (vgl. 2.2.2.2). Komplexe Beweisideen sind zur Lösung dieser Aufgaben jedoch selten erforderlich, was als Berücksichtigung der Tatsache gelten kann, dass das *Einführen* ins semiformale Beweisen in der Studieneingangsphase und vor allem im ersten Semester im Vordergrund steht. Vermutet werden kann, dass Beweisaufgaben, die eine komplexe Beweisidee benötigen, erst ab dem zweiten Semester an Bedeutung gewinnen.

Auch die technischen Anforderungen, in dieser Arbeit operationalisiert über das *Niveau schematischen innermathematischen Anwendens*, liegen bei einem großen Teil der Übungsaufgaben der Analysis I über denen schulischer Mathematikaufgaben. Ähnlich wie beim Beweisen zeigt sich die anspruchsvollste identifizierte Ausprägung, das Kombinieren, Adaptieren oder Zugänglichmachen schematischer Verfahren eher selten, wobei analog vermutet werden kann, dass dies erst ab dem zweiten Semester eine größere Rolle spielt. Das *außermathematische Anwenden* lässt sich hingegen nur bei vereinzelten Übungsaufgaben identifizieren, was aufgrund des Charakters der Hochschulmathematik zu erwarten war (vgl. 2.2.2.3). Da in der Schulmathematik eine Tendenz zu erkennen ist, dass solche Aufgaben zunehmen, scheinen sich hier Schul- und Hochschulmathematik voneinander zu entfernen. Schließlich ist in Bezug auf die Typen mathematischen Arbeitens noch festzuhalten, dass die Ergebnisse dieser Arbeit die bisherigen Ergebnisse zu Übungsaufgaben (Weber und Lindmeier, 2020b) deutlich ausbauen, da sich speziell für die Analysis I zeigt, dass die meisten Aufgaben weder klar als Rechenaufgaben noch als Beweisaufgaben eingeordnet werden können, sondern sowohl *schematisches innermathematisches Anwenden* als auch *Beweisen* verlangen. Die Niveaus variieren dabei zwischen verschiedenen Aufgaben relativ stark. Schließlich muss in Bezug auf die Niveaus der Typen mathematischen Arbeitens noch festgehalten werden, dass nach Wichtung der Aufgaben sich die Verteilung in Richtung der anspruchsvolleren Niveaus bewegt. Ähnliches wurde auch bei der Oberflächenstruktur beobachtet. Aus dieser Erkenntnis lassen sich zwei Schlüsse ziehen: Eine stärkere Untergliederung in Teilaufgaben wird durch das Klassifikationsinstrument wahrgenommen und die weitere Untergliederung einer sehr anspruchsvollen Aufgabe in mehrere Teilaufgaben kann die Komplexität dieser Aufgabe reduzieren und so potentiell ermöglichen, dass mehr Studierende die entsprechende Aufgaben lösen (oder dies zumindest versuchen). Ein „Kleinarbeiten komplexer Anforderungen“ (Klieme et al., 2001, S. 45), wie es für die Schule berichtet wird, sollte aber natürlich vermieden werden.

Obwohl die Tiefenstruktur weitgehend zu den Erwartungen aus der Theorie kongruente Ergebnisse liefert, lassen sich Abweichungen zwischen den verschiedenen Lehrenden identifizieren. So sind bei *allen* Aufgabenmerkmalen der Tiefenstruktur signifikante Verteilungsunterschiede zwischen den Lehrenden festzustellen. Von besonderer Bedeutung erscheinen diese für das Aufgabenmerkmal *Niveau des Beweisens*, bei dem der Anteil semiformaler Beweise je nach Satz zwischen 33,2 % und 82,4 % schwankt, was heißt, dass im ersten Fall die Zulassung zur Klausur relativ bequem mit rechnerischen Aufgaben erreicht werden kann und im zweiten Fall solche Aufgaben nur vereinzelt verkommen. Die Gesamtschau der Ergebnisse der Tiefenstruktur zeigt auch, dass die Verteilung der Ausprägungen der kognitiven Gestaltungsmerkmale der Übungsaufgaben bei einem Teil der Lehrenden (nahezu) durchgängig über bzw. unter den durchschnittlichen Anforderungen liegt. Insbesondere hängt daher der Anspruch der Übungsaufgaben und so auch die Hürde, die Zulassung zur Klausur zu erreichen, erheblich von den Lehrenden ab. Von einer homogenen Aufgabenkultur kann deswegen bei den Analysis-I-Übungsaufgaben nicht gesprochen werden.[6]

Dieses Ergebnis bestätigen auch die explorativen Analysen dieser Arbeit. Mithilfe einer Clusteranalyse konnten vier charakteristische Aufgabentypen (vgl. 5.3) für die Analysis I gewonnen werden. Diese sind *Rechenaufgaben und rechnerische Beweise*, *Semiformale Beweise mit rechnerischen Anteilen*, *Komplexe Aufgaben mit Vernetzung von Hochschulwissen* und *Formale Aufgaben ohne rechnerische Anteile*. Auch die Aufgabentypen zeigen die übliche Vermischung technischer und argumentativer Anforderungen in der Analysis.[7] Es kann vermutet werden, dass *Rechenaufgaben und rechnerische Beweise* für Studierende noch relativ leicht zu lösen sind, da diese Aufgaben Überschneidungen zu schulischen Anforderungen aufweisen (Nagel und Reiss, 2016); allerdings fordern sie zu einem substanziellen Teil lange Lösungswege, was die Bearbeitung erschweren kann. Die anderen drei Aufgabentypen umfassen mehrheitlich semiformale Beweise, die für Studienanfänger:innen schwierig zu bewältigen sind. Insbesondere *Komplexe Aufgaben mit Vernetzung von Hochschulwissen*, die neben der Vernetzung von Hochschulwissen auch vergleichsweise häufig die anspruchsvollste Merkmalsausprägung für das Niveau des Beweisens oder des schematischen innermathematischen Anwendens aufweisen, sind vermutlich für den Großteil der Studierenden im ersten Semester nicht eigenständig lösbar.

Auch in Bezug auf die Verteilung der Aufgabentypen konnten signifikante Unterschiede zwischen den Lehrenden festgestellt werden. Zwar treten alle vier Aufgabentypen in *allen* untersuchten Sätzen auf, die Verteilungen zeugen jedoch von

[6] Heterogene Aufgabenprofile in Bezug auf die Tiefenstruktur implizieren eine heterogene Aufgabenkultur (vgl. 5.3).

[7] Ausnahmen sind natürlich Rechenaufgaben und der letzte Aufgabentyp.

einem divergierenden Anspruch der Lehrenden. In den Extremfällen lassen sich jeweils über 50 % der Aufgaben *Rechenaufgaben und rechnerischen Beweisen* bzw. *Komplexen Aufgaben mit Vernetzung von Hochschulwissen* zuordnen, die unter Berücksichtigung der Vorkenntnisse der Studienanfänger:innen jeweils den Aufgabentyp mit den vergleichsweise niedrigsten bzw. höchsten kognitiven Anforderungen darstellen. Sowohl das Auftreten des ersten Falls als auch die erheblichen Unterschiede zwischen den Aufgaben verschiedener Lehrender wurden bislang nicht in der hochschuldidaktischen Literatur berichtet. Insbesondere zeigen die generierten Aufgabentypen stärker als bisher gewonnene Aufgabentypen (Weber und Lindmeier, 2020b) Unterschiede in ihrer Komplexität bzw. lassen eher Aussagen über die Nähe bzw. Entfernung zu schulischen Aufgaben zu.

Schließlich sollen noch zwei Besonderheiten der Aufgabentypen angemerkt werden. Die *Formalen Aufgaben ohne rechnerische Anteile* treten deutlich häufiger in den ersten drei Wochen des Semesters auf als später. Da dieser Aufgabentyp als einziger der vier Aufgabentypen mehrheitlich keine Anforderungen an das schematische innermathematische Anwenden stellt, ist er besonders weit entfernt von den eher rechnerisch orientierten schulischen Aufgaben (vgl. 2.2.1.3 und 5.4.1). Da Indizien dafür vorliegen, dass Studierende zu Beginn des Semesters eine Bearbeitungsroutine in Bezug auf die Übungsaufgaben entwickeln (Kempen und Liebendörfer, 2021; Liebendörfer und Göller, 2016b), kann vermutet werden, dass der größere Anteil dieses Aufgabentyps in den ersten Wochen zu einer ungünstigen Angebotsnutzung, vor allem dem Abschreiben von Übungsaufgaben, beiträgt. Außerdem ist festzuhalten, dass der Aufgabentyp *Semiformale Beweise mit rechnerischen Anteilen* in nahezu keinem der Aufgabenmerkmale stark von der Gesamtverteilung abweichende Merkmalsausprägungen aufweist. Er scheint daher *der* Prototyp einer Analysis-I-Aufgabe.

Insgesamt liefern die Ergebnisse dieser Arbeit die bisher umfangreichste[8] Beschreibung von Aufgaben der Hochschulmathematik und liefert durch die vier identifizierten Aufgabentypen theoriebildende Elemente. Das dabei genutzte Kategoriensystem wurde durch den Einsatz mehrerer Rater:innen erfolgreich auf Objektivität geprüft (vgl. 8.5) und kann aufgrund seiner ausführlichen, deduktiven Konstruktion der Operationalisierung der Merkmale und ihrer Ausprägungen sowie der weitgehenden Kongruenz zwischen theoretischen Erwartungen und empirischen Resultaten als valide gelten. Neben den empirischen Ergebnissen soll noch eine aus dem Theorieteil gewonnene Erkenntnis hervorgehoben werden: Übungsaufgaben stellen eine *doppelte* Schnittstelle dar: Einerseits zeigt sich dies auf personaler Ebene

[8] Dies bezieht sich sowohl auf die Anzahl der Aufgaben im Datensatz als auch die Anzahl der untersuchten Aufgabenmerkmale.

zwischen Lehrenden und Lernenden, wobei die erstgenannten durch die Aufgaben ihre Erwartungen kommunizieren und insbesondere bei bewerteten Übungsaufgaben für beide Parteien der individuelle Wissensstand der Lernenden gespiegelt wird. Andererseits folgt eine Schnittstellenfunktion auch auf organisatorischer Ebene, da Übungsaufgaben dort ein verbindendes Element zwischen den Lehrveranstaltungen und dem Selbststudium darstellen. Die Bedeutung von Übungsaufgaben für Lehrende *und* Lernende in der Studieneingangsphase ist daher enorm.

11.2 Limitationen der Arbeit

Im Gegensatz zu vergleichbaren Arbeiten (vgl. 5.4) wurde in dieser Arbeit auf Musterlösungen zurückgegriffen, um die Aufgabenmerkmale der Tiefenstruktur zu beschreiben. Zwar wurde dafür versucht, in einem standardisierten Prozess (vgl. 8.3) Lösungen zu erstellen, die möglichst nah an den Lösungen liegen, die leistungsstarke Studierende aus den jeweiligen Lehrveranstaltungen formulieren würden. Inwiefern dies jedoch vollständig möglich ist, muss kritisch hinterfragt werden. Einerseits lagen bei der Erstellung der Lösungen nicht bei allen Sätzen von Übungsserien Materialien wie Vorlesungsskripte vor, die die relevante Wissensbasis der Studierenden im jeweiligen Kurs abbilden. Daher mussten in diesen Fällen Vermutungen über eine „wahrscheinliche" Lösung aufgestellt werden, die zwar durch den Reviewprozess mit einer zweiten Person etwas abgesichert werden konnten, jedoch könnten sowohl relevante Vorkenntnisse fälschlicherweise angenommen worden sein als auch potentiell den Studierenden bekannte Lösungswege vernachlässigt worden sein. Andererseits war es nicht möglich, die zugehörigen Lehrveranstaltungen (Vorlesungen und Übungen) zu beobachten. Es ist beispielsweise denkbar, dass Lehrende den Studierenden in Übungen Hinweise geben, wie eine spezifische Aufgabe bearbeitet werden soll, was sich dann im Großteil studentischer Bearbeitungen niederschlägt. In Bezug auf das erste Problem muss festgehalten werden, dass dies wohl weniger ein Problem denn eine Stärke der vorliegenden Arbeit ist, da angenommene Lösungen offengelegt bzw. schriftlich fixiert wurden. Insbesondere sprechen die guten bis sehr guten Übereinstimmungswerte bei der Interrater-Reliabilität der Merkmale der Tiefenstruktur für diese Interpretation. Das zweite Problem lässt sich aus forschungsökonomischen Gründen nicht einfach behandeln, da für die ausführliche Beschreibung der Übungsaufgabenlandschaft im deutschsprachigen Raum eine entsprechend umfangreiche Stichprobe benötigt wurde, für die es dann aber nicht möglich war, die exakten Rahmenbedingungen der Aufgabenbearbeitung nachzuzeichnen. Auch wenn dieses Problem der rationalen Aufgabenanalyse inhärent ist, sollte es bei der Beurteilung der Ergebnisse dieser Arbeit berücksichtigt werden.

Trotz der guten bis sehr guten Beurteilerübereinstimmung der Erhebung der Aufgabenmerkmale sollten diese Zahlen nicht zu unkritisch hingenommen werden. So handelt es sich bei allen Personen, die Aufgabenmerkmale erhoben haben, um Personen, die Lehramt Mathematik für das Gymnasium oder Diplom Mathematik an der Universität Leipzig studiert haben und so eine ähnliche Studieneingangsphase erlebt haben. Es liegt daher nahe, dass die Rater:innen auch vergleichbare Vorstellungen zu den Übungsaufgaben in der Studieneingangsphase entwickelt haben und auch deshalb häufiger übereinstimmend kodieren. Potentiell sollten daher bei vergleichbaren Studien zu Aufgaben der Hochschulmathematik in der Zukunft bei der Erhebung der Daten Personen einbezogen werden, die nicht am gleichen Standort (oder mindestens bei anderen Lehrenden)[9] die Studieneingangsphase absolviert haben. Dafür sprechen auch die Ergebnisse der Arbeit, die eine unterschiedliche Gestaltung der Aufgaben bei verschiedenen Lehrenden zeigen.

Weiterhin muss die Qualität der gewonnenen Aufgabentypen aus statistischer Sicht kritisch betrachtet werden. Trotz der relativ guten Clusterqualität (vgl. 10.2) besteht ein grundsätzliches Problem des Two-Step-Clusterverfahrens darin, dass es *immer* eine Clusterlösung liefert, selbst dann, wenn dem genutzten Datensatz keine Clusterstruktur zugrunde liegt. Da in der vorliegenden Arbeit die für den Clusterprozess erhobenen Merkmale zusätzlich noch mit einer gewissen Unsicherheit erfasst wurden[10], besteht somit die Gefahr, dass die vier resultierenden Aufgabentypen nur eine „Scheinlösung" darstellen (Schendera, 2011). Um dieses Risiko zu minimieren, wurde geprüft, inwiefern sich Aufgaben objektiv und übereinstimmend mit dem Clusteralgorithmus einem der Aufgabentypen zuordnen lassen. Trotz der Tatsache, dass hier überzeugende Übereinstimmungswerte erzielt werden konnten, bleibt das Problem bestehen, dass sich auch Fehlkategorisierungen durch die Rater:innen auf die Bildung der Aufgabentypen ausgewirkt haben könnten. Dies kann erklären, warum einige Aufgaben nicht vollständig zum Label des jeweiligen Aufgabentyps passen.[11] Die Aufgabentypen sollten daher nicht als die einzigen potentiell auftretenden Gruppen von Anforderungen in der Analysis I oder gar Hochschulmathematik allgemein aufgefasst werden, sondern nur als idealtypische Zusammenführung ähnlicher Aufgaben, die weiter ausdifferenziert werden könnten.

Aufgrund der Zusammensetzung des Datensatzes ist nur bedingt eine Generalisierbarkeit der Ergebnisse möglich. Bei der Stichprobe dieser Arbeit handelt es

[9] Dies war bei der Kodierung der Aufgabenmerkmale in dieser Arbeit immer der Fall.

[10] Es handelt sich jeweils um Merkmale, die mit einer prozentualen Übereinstimmung von 80,3 % bis 93,8 % (vgl. 8.5) erhoben wurden.

[11] Zum Beispiel finden sich unter den *Semiformalen Beweisen mit rechnerischen Anteilen* 16,5 % von Aufgaben, die kein Beweisen erfordern.

sich im Wesentlichen um eine Konvenienzstichprobe (Döring und Bortz, 2016), da sowohl die Lehrenden einiger für die Untersuchung relevanter Module nicht auf die Anfragen reagierten, als auch Übungsaufgaben online durch systematische Internetrecherche der Internetseiten der relevanten Institutionen für den Datensatz gewonnen wurden. Insbesondere fehlen somit Aufgaben im Datensatz von Lehrenden, die nicht an der Untersuchung teilnehmen wollten, bzw. zumindest nicht auf die Anfrage reagiert haben und deren Aufgaben nicht frei im Internet zugänglich sind. Es kann daher vermutet werden, dass in der Stichprobe dieser Arbeit Aufgaben von denjenigen Lehrenden überrepräsentiert sind, die ein größeres Interesse an der Erforschung der eigenen Lehre haben. Inwiefern dies einen Einfluss auf die Verallgemeinerbarkeit der Ergebnisse dieser Studie hat, kann nur schwer abgeschätzt werden, da trotzdem ein relativ großer Teil der Population[12] eines Jahres der Analysis-I-Aufgaben in den Datensatz aufgenommen werden konnte. Formuliert man die Aussagen dieser Arbeit nur für die Übungsaufgaben der 40 größten Universitäten, gemessen an der Studierendenzahl ihrer Mathematikfakultäten, werden verlässlichere Aussagen möglich, da hier mehr als ein Viertel der relevanten Lehrveranstaltungen durch Aufgaben im Datensatz vertreten ist. Insgesamt sollten die Ergebnisse daher nicht als exakt reproduzierbare Verteilungen interpretiert werden, sondern jeweils als Tendenzen, welche Gestaltungsmerkmale bzw. Anforderungen üblicherweise vorliegen.

Dies überträgt sich auch auf die Aussagen, die über die Verteilungen verschiedener Lehrender getroffen wurden. Zwar konnten so signifikante Unterschiede zwischen Lehrenden festgestellt und die Vielfalt der Anforderungen durch Übungsaufgaben nachgezeichnet werden. Die Größe der Stichprobe – in Bezug auf die Anzahl der Sätze ($N = 24$) – ist trotzdem relativ klein, was nahelegt, dass es nicht möglich war, die Übungsaufgabenlandschaft in dem gesamten Ausmaß abzubilden, wie sie von Lehrenden an Hochschulen gestaltet wird. Gerade aufgrund der Tatsache, dass nicht alle kontaktierten Lehrenden auf die Anfrage zur Erforschung ihrer Übungsaufgaben reagierten, kann vermutet werden, dass diejenigen Lehrenden, denen bekannt ist, dass ihre Aufgaben Studierenden besonders schwerfallen, bewusst nicht mit ihren Aufgaben in der Studie vertreten sein wollten. Dies impliziert, dass Sätze mit sehr hohen Anforderungen potentiell im Datensatz der Arbeit etwas unterrepräsentiert sind, was wiederum erklären kann, warum relativ selten die höchsten Niveaus des *schematischen innermathematischen Anwendens* bzw. *Beweisens* erreicht werden. Alternativ könnten auch ein geringeres Interesse an der

[12] Legt man die Schätzung aus 8.1 zugrunde, sind dies etwa 10 % der Population, was im Vergleich zu ähnlichen Arbeiten aus dem schulischen oder universitären Bereich einen großen Anteil darstellt.

Erforschung der eigenen Aufgaben oder wenig Zeit zur Antwort auf die Anfrage als Gründe für Nichtantworten genannt werden. Diese Erklärungsansätze lassen aber keine Verzerrung der Stichprobe in eine gewisse Richtung erwarten.

Schließlich muss noch erwähnt werden, dass – trotz der sorgfältigen Konstruktion des Instruments der Arbeit – dieses nur einen begrenzten Teil der Gestaltungsmerkmale der Übungsserien widerspiegeln kann. Einerseits können auf inhaltlicher Ebene nur Übungsaufgaben der Analysis I eingeschätzt werden, andererseits gäbe es weitere potentiell untersuchenswerte Tiefenstrukturmerkmale von Übungsaufgaben – wie beispielsweise das „Niveau der verwendeten Fachsprache", die „Art des verwendeten Hochschulwissens" (Definition, Satz, Algorithmus) oder die „Nähe zu aus den Lehrveranstaltungen bekannten Lösungswegen". Da bei diesen Merkmalen aber größere Überschneidungen zu bereits im Instrument vertretenen Merkmalen bestehen, insbesondere zu dem *Niveau des schematischen innermathematischen Anwendens* sowie zu der *Art der Wissenseinheiten*, und das letzte genannte Merkmal über die Möglichkeiten der Datenerhebung in dieser Studie hinaus geht, musste darauf verzichtet werden. Nichtsdestotrotz ist das entstandene Instrument nicht völlig überschneidungsfrei. So muss beispielsweise für das Vorliegen von Anforderungen in Bezug auf das *außermathematische Anwenden* ein *Realitätsbezug* vorliegen oder wenn in Bezug auf das *schematische innermathematische Anwenden* nur Termumformungen oder Rechenregeln aus der Schule gefordert sind, sich automatisch ergibt, dass mindestens eine Schulwissenseinheit genutzt worden ist. Hinsichtlich der erstgenannten Überschneidung sind kaum Probleme zu erwarten, da sowieso nahezu keine Aufgaben mit Realitätsbezügen im Datensatz vertreten sind. In Bezug auf den zweiten Aspekt kann vermutet werden, dass das Aufgabenmerkmal *Niveau des schematischen innermathematischen Anwendens* und der Aspekt *Anzahl der Schulwissenseinheiten* einen stärkeren Einfluss auf die Bildung der Aufgabentypen hatten, was, wie bereits beschrieben, dafür sorgt, die vier gewonnenen Aufgabentypen als weiter ausdifferenzierbar zu verstehen.

11.3 Implikationen für die Forschung

Aus den Ergebnissen dieser Arbeit ergeben sich Fragen, die für weitere aufgabenbezogene Untersuchungen von Interesse sind. Da sich eine weitgehend homogene Oberflächenstruktur der Übungsaufgaben der Analysis I (vgl. 9.4) zeigt, scheint der Zusammenhang von Motivation der Studienanfänger:innen und Gestaltung von Übungsaufgaben bedeutsam. Da die Motivation zu Beginn des Mathematikstudiums schnell sinkt (Liebendörfer, 2018), könnte die gezielte Variation einiger Aufgabenmerkmale möglicherweise positive Effekte zeigen.

Die Ergebnisse zu den Inhalten der Aufgaben weisen in die Richtung, dass grundlegende Themen wie *Mengen*, *Aussagenlogik*, *Relationen* oder *Abbildungen* stärker in Untersuchungen einbezogen werden sollten. Aus hochschuldidaktischer Sicht stellt sich die Frage, wie diese abstrakten Inhalte Studierenden zugänglich gemacht werden können, die mit diesen in den ersten Wochen des Semesters konfrontiert werden und aus der Schule konkret-phänomenologische Begriffseinführungen gewohnt sind. An dieser Stelle bedarf es stoffdidaktischer Aufarbeitungen der Begriffe und fundierter Ansätze, die Lehrveranstaltungen so zu gestalten, dass sie einen größeren Teil der Studierenden erreichen (Göller, 2020). Außerdem liegt es nahe, dass Studierende einen enormen inhaltlichen Bruch zwischen Schul- und Hochschulanalysis erleben. Inwieweit Diskrepanzen zwischen den Vorstellungen von Studierenden, welche Inhalte sie in der Analysis erwarten, und der letztlichen Ausgestaltung von Lehrveranstaltungen bestehen, könnte ebenso zur Erklärung der affektiv-motivationalen Entwicklung der Studierenden beitragen.

Da in dieser Studie nur Übungsaufgaben zur Analysis I untersucht wurden, lassen sich zwei Wege identifizieren, entlang derer weiter mit einer rationalen Aufgabenanalyse geforscht werden könnte. Einerseits sind andere Module wie die Lineare Algebra I, II oder die Analysis II von Interesse. Speziell für die Lineare Algebra ist fraglich, inwieweit sich die Ergebnisse dieser Arbeit bestätigen. Da auch in der Linearen Algebra mehrere neue Rechentechniken vermittelt werden, ist zu vermuten, dass diese auch in den Übungsaufgaben vertreten sind. Jedoch ist anzunehmen, dass die Aufgaben insgesamt einen größeren Anteil semiformaler Beweise aufweisen, da mit den eingeführten Begriffen – wie Gruppe, Körper, Ring oder Vektorraum – viele abstrakte (und aus der Schule weitgehend unbekannte) Konzepte eingeführt werden, die rechnerischen Ansätzen weniger zugänglich sind. Analog zu dieser Arbeit könnte die Untersuchung der Verteilung der Inhalte der Übungsaufgaben erkenntnisreich sein. Für die Analysis II wäre dies von Bedeutung, da sich entweder zeigen könnte, dass sich die inhaltlichen Diskrepanzen zwischen den Sätzen von verschiedenen Lehrenden im zweiten Semester ausgleichen oder noch verstärken, wobei Letzteres die naheliegendere Vermutung ist, da nicht klar ist, warum Lehrende, die im ersten Semester der Analysis schnell inhaltlich voranschreiten, dies im zweiten Semester nicht tun sollten. Für die entsprechenden Untersuchungen bedürfte es, ähnlich wie in dieser Arbeit, eines Instruments zur inhaltlichen Klassifizierung der Aufgaben, welches auf das jeweilige Modul zugeschnitten ist. In Bezug auf die kognitive Komplexität der Aufgaben wäre zu erwarten, dass Aufgaben im zweiten Semester sich noch stärker von denen der Schulmathematik unterscheiden, d. h., beispielsweise ein noch größerer Anteil von Aufgaben mehrere Wisseneinheiten zur Lösung benötigt und Beweise seltener nur auf rechnerischen

Argumentationen beruhen. Für die Untersuchung entsprechender Fragen kann weitgehend das Instrument dieser Arbeit genutzt werden.

Andererseits sind als zweite Gruppe von Aufgaben der Studieneingangsphase Klausuraufgaben von Interesse. Im deutschsprachigen Raum sind zu diesen Aufgaben noch weniger Studien verfügbar als zu Übungsaufgaben (vgl. 5.4.2.1), da Klausuraufgaben aber häufig über Studienerfolg entscheiden, sind ihre Gestaltungsmerkmale aufgrund der Abbruchproblematik (vgl. 2.1) von Bedeutung. Anknüpfend an die Ergebnisse dieser Arbeit wäre die Frage untersuchenswert, welche Aufgabentypen es bei Klausuraufgaben (der Analysis I) gibt und wie sich diese verteilen. Vermutet werden kann, dass es spezifische Aufgabentypen in den Klausuren gibt, die in dieser Arbeit nicht rekonstruiert werden konnten, so z. B. einen Aufgabentyp, der auf der reinen Wiedergabe von Fakten (wie Definitionen oder Sätzen) beruht (Kolbe und Liebendörfer, 2024). Weiterhin sind deutlich weniger *Komplexe Aufgaben zur Vernetzung von Hochschulwissen* zu erwarten, da Klausuren in der Theorie und Empirie als eher rechnerisch orientiert und weniger komplex als Übungsaufgaben beschrieben werden (vgl. 4.4 und 5.4.2). Spannend wäre auch eine gemeinsame Untersuchung von Übungs- und Klausuraufgaben, um in Erfahrung zu bringen, ob beispielsweise sehr anspruchsvolle Sätze von Übungsaufgaben mit einer besonders anspruchsvollen Klausur einhergehen.

Ergänzend zu den rationalen Aufgabenanalysen in dieser Arbeit wären empirische Aufgabenanalysen gewinnbringend, um zu prüfen, ob die erwartete Komplexität der Aufgaben sich in der empirischen Schwierigkeit der Aufgaben niederschlägt. Dies betrifft sowohl die verschiedenen Ausprägungen der Tiefenstrukturmerkmale als auch die generierten Aufgabentypen. Da bei Erstgenannten die Isolation einzelner Merkmale schwierig erscheint[13], sollten vor allem die Aufgabentypen weiter untersucht werden. Vermutet wird, dass der Großteil der Studierenden nach dem ersten Semester nur in der Lage ist, *Rechenaufgaben und rechnerische Beweise* mehrheitlich korrekt zu lösen und Lehrende daher bewusst in Klausuren vorrangig Aufgaben dieses Typs einsetzen, ergänzt mit Faktenfragen und (sehr) wenigen Beweisaufgaben. In diesem Zusammenhang ist auch von Bedeutung, inwieweit Prognosen von Lehrenden mit dem tatsächlichen studentischen Umgang mit Aufgaben übereinstimmen, d. h. festzustellen, ob der Anteil der Studierenden, der sich an der Lösung von Übungsaufgaben versucht, Aufgaben vollständig löst, bzw. Aufgaben direkt abschreibt, von Lehrenden näherungsweise vorhergesehen werden kann. Insbesondere für Sätze von Übungsaufgaben mit sehr niedrigen Quoten von

[13] Gerade bei Beweisaufgaben erhöht sich beispielsweise durch das Einführen eines zusätzlichen Begriffs in der Lösung meist sowohl die *Anzahl der Hochschulwissenseinheiten* als auch das *Niveau des Beweisens*.

(korrekten) studentischen Bearbeitungen wären von Lehrenden intendierte Ziele interessant.

Daher sollte die Lehrperson bei der Konzeption von Lehrinnovationen oder Untersuchungen zum Studienerfolg stärker berücksichtigt werden, da die Ergebnisse dieser Arbeit implizieren, dass die Anforderungen in der Hochschulmathematik nicht homogen sind und es naheliegend ist, dass die Lehre stark von den individuellen Vorstellungen der Lehrenden zum erfolgreichen Mathematiklernen beeinflusst wird. Einerseits wäre es interessant, die Merkmale der Aufgaben von Lehrenden über Jahre hinweg zu analysieren, um so Entwicklungslinien nachzeichnen zu können. Andererseits wären Studien von Bedeutung, die den Vorlesungs- und Übungsbetrieb abbilden und den Einfluss auf den Studienerfolg untersuchen, um Gestaltungsprinzipien aus der Praxis heraus extrahieren zu können. Vor allem zu Vorlesungen besteht diesbezüglich im deutschsprachigen Raum noch Forschungsbedarf (Umgelter und Geisler, 2024). Als Konsequenz der Ergebnisse dieser Arbeit sollten dabei auch mehr Kooperationen zwischen verschiedenen Standorten in Forschungsprojekten zur Hochschuldidaktik eingegangen werden, um auch die Breite der tatsächlichen Gestaltung von Lehrveranstaltungen abzubilden, die sich am Übergang Schule-Hochschule zeigen.

Eine letzte Frage, die in dieser Studie nicht beantwortet werden konnte, aber aus hochschuldidaktischer Perspektive eine große Bedeutung hat, ist, inwiefern sich gewisse Aufgabenmerkmale bzw. auch Aufgabentypen auf die Lernergebnisse der Studierenden auswirken. Denkbar ist beispielsweise, dass leistungsschwächere Studierende in Lehrveranstaltungen, bei denen kaum *Rechenaufgaben und rechnerische Beweise* gestellt werden, nur geringe Lernzuwächse erzielen, da sie für die drei anderen Aufgabentypen, die eher semiformalen Beweischarakter haben, keine Ansätze finden (vgl. 2.2.2.5). Umgekehrt könnte ein sehr großer Anteil der rechenlastigen Aufgaben sich eher ungünstig auf leistungsstärkere Studierende auswirken, da sie durch diese nicht genügend gefordert werden. Insbesondere stellt sich daher die Frage, ob es eine „optimale Balance" der identifizierten Aufgabentypen gibt und ob diese empirisch rekonstruiert werden kann.

11.4 Implikationen für die Lehre

Mit dieser Arbeit können und sollen keine normativen Aussagen über die Gestaltung von Übungsaufgaben getroffen werden. Jedoch lassen sich aus den erzielten deskriptiven Ergebnissen bzw. unter dem weiteren Einsatz des Instruments dieser Arbeit einige Ideen zur Lösung erwartbarer Probleme mit Übungsaufgaben generieren. So kann das erstellte Instrument zur Erfassung der Aufgabenmerkmale über die

Ergebnisse dieser Arbeit hinaus von Lehrenden genutzt werden, um die Komplexität eigener Aufgaben einzuschätzen bzw. wird es in Kombination mit den Ergebnissen dieser Arbeit möglich, eigene Aufgaben mit „dem Durchschnitt" der Übungsaufgaben in der Analysis I zu vergleichen. Die Aufgabentypen ermöglichen dabei, in einer einzigen Kategorie gebündelt, die Anforderungen einer Aufgabe abzubilden.

Die Ergebnisse selbst zeigen schon auf inhaltlicher Ebene Implikationen für die Lehre. Auf inhaltlicher Seite gilt die Analysis I als weitgehend kanonische Vorlesung (vgl. 3.1.2), was in dieser Arbeit durch den Nachweis der Reihenfolge der Sektoren teilweise gezeigt werden konnte. Jedoch bestehen wegen der großen Heterogenität auf der Ebene der Themen auch erhebliche Unterschiede bei der genauen inhaltlichen Ausgestaltung zwischen verschiedenen Dozierenden. Die relative Freiheit, die Lehrende bei der Gestaltung der Module haben (vgl. 2.2.2.5), wird daher in Bezug auf die Inhalte ausgenutzt. Für Studierende kann dies Probleme nach sich ziehen. So könnten bei Lehrenden der Anfängervorlesungen einige Themen[14] nicht behandelt worden sein, die für Folgevorlesungen bei anderen Dozierenden wiederum von Bedeutung sind. Dieses Problem tritt insbesondere deswegen auf, weil vergleichsweise wenige Aufgaben gestellt werden, aber eine große Zahl relevanter Themen in der Analysis I vorliegt (vgl. 7.3.1). Daher lösen Studienanfänger:innen zu einer erheblichen Zahl von Themen der Analysis keinerlei Aufgaben[15], obwohl diese Themen in den häufiger genutzten Lehrbüchern vertreten sind. Vornehmlich bei Komplexprüfungen, z. B. zu den Modulen Analysis I, II und Gewöhnliche Differentialgleichungen kann dies zu Schwierigkeiten führen, da Prüfende ggf. auf Inhalte Wert legen, die in den Übungsaufgaben zu den jeweiligen Vorlesungen keine Rolle spielten. Dieses Problem verstärkt sich, wenn der oder die Prüfende und der oder die Lehrende nicht die gleiche Person sind, wie es bei mündlichen Prüfungen häufiger der Fall ist, oder wenn Studierende Folgevorlesungen bei anderen Dozierenden belegen. Ein Vorschlag, auf diese inhaltlichen Diskrepanzen Rücksicht zu nehmen, ohne Lehrenden die Freiheit der Lehre zu entziehen, könnte das Erstellen von Checklisten zu den verschiedenen Grundvorlesungen an der jeweiligen Mathematikfakultät sein. Diese sollten keine reinen Inhaltslisten darstellen, sondern abbilden, welche Fähigkeiten und Fertigkeiten Studierende nach Belegen des

[14] Ein analoges Problem gibt es auch auf der Ebene der Sektoren.

[15] Dies könnte z. B. Cauchyfolgen betreffen, die Gegenstand der Analysis I sind und in der Funktionalanalysis eine größere Bedeutung haben.

jeweiligen Moduls erworben haben sollen.[16] Für Lehrende gibt dies eine Orientierung zur Ausgestaltung der Vorlesung, ohne beispielsweise zwingend jeden Inhalt mit einer Übungsaufgabe abdecken zu müssen. Für Studierende ergibt sich die Möglichkeit (gerade bei Universitäts- und Lehrendenwechseln), fehlende Vorkenntnisse für Vorlesungen gezielt im Selbststudium aufarbeiten zu können. Denkbar wäre auch, entsprechende Dokumente universitätsübergreifend zu erarbeiten.

Zusätzlich ist das Ergebnis, dass 15 von 24 untersuchten Lehrveranstaltungen keinerlei Aufgaben zur Integralrechnung stellen, als Zeichen dafür zu werten, dass Modulbeschreibungen möglicherweise etwas zu umfangreich gestaltet sind, um alle Sektoren der kanonischen Reihenfolge der Analysis I schon in der ersten Analysisvorlesung abzudecken. Gerade vor dem Hintergrund der Stofffülle und daraus resultierender Überforderung der Studierenden zu Beginn des Studiums (vgl. 2.2.2.2) sollte diskutiert werden, ob ein etwas langsameres und dafür ausführlicheres Vorgehen – zumindest im ersten Studienjahr – gewinnbringend sein kann, um den Übergang in die Hochschule etwas zu erleichtern.

Nichtsdestotrotz sind einige Diskrepanzen zwischen den Aufgabenmerkmalen sicher unabdinglich – wie z. B. ein sehr geringer Anteil an Übungsaufgaben mit Realitätsbezug oder ein großer Anteil von Übungsaufgaben, bei denen nicht explizit gewisse Lösungswege eingefordert werden – da eine Zieldivergenz zwischen Schule und Hochschule besteht (vgl. 2.2.1.1 und 2.2.2.1). Es ist fraglich, ob es nötig ist, dass ein substanzieller Anteil von Aufgabenstellungen ohne Operator auftaucht. Entsprechende Aufgabenstellungen lassen prinzipiell Lösungen in unterschiedlichem Detailgrad zu, wohingegen bei einem gegebenen Operator die zulässigen Lösungen stärker eingegrenzt sind. Studierende stehen bei Aufgaben ohne Operator daher vor der Hürde, zu entscheiden, welche Art von Lösung noch zulässig ist und welche nicht. Auf Operatoren zu verzichten, damit Studierende lernen, dass in der Hochschulmathematik alle Vorgehensweisen und Resultate zu begründen sind, scheint ein ungünstiger Ansatz. Bemerkenswert ist auch, dass kaum Aufgaben explizit auf Grenzen oder Verallgemeinerungen von Vorlesungsresultaten Bezug nehmen. Hier verstreicht Potential, für einige der Aufgaben ein bewusstes Nacharbeiten von Vor-

[16] Diese Listen würden eine gewinnbringende Ergänzung zu den Modulbeschreibungen darstellen, da sie deutlich detaillierter erwartbare Kompetenzen von Studierenden darstellen könnten. Beispielsweise könnte gefordert werden, dass Studierende, nachdem sie die Analysis I belegt haben, „Einfache Induktionsbeweise unter Nutzung des Summen- oder Produktzeichens formulieren können" oder „Die Stetigkeit einer Funktion mit einer ε-δ-Abschätzung prüfen können". Diese Ziele sind eher lokaler Natur, während die Ziele einer Modulbeschreibung (z. B. „formal-deduktives Beweisen erlernen") häufig als Teile globaler Studienziele, d. h. auch in Bezug auf das gesamte Studium erwerbbarer Fähigkeiten und Fertigkeiten, verstanden werden können.

lesungsinhalten in den Fokus zu rücken oder logische Grundlagen[17] im Laufe des Semesters zu wiederholen. Für das Erreichen einer kritisch-reflektierten Haltung zur Mathematik sowie für eine *Einführung* in das formal-axiomatische Arbeiten könnten mehr Aufgaben mit expliziten Reflexionsanlässen gestellt werden.

Die Tiefenstrukturmerkmale der Aufgaben zeigen eine deutlich höhere kognitive Komplexität der Übungsaufgaben im Vergleich zu schulischen Mathematikaufgaben. Bei etwa fünf von sechs Übungsaufgaben werden Argumentationen eingefordert, etwa die Hälfte aller Übungsaufgaben fordert Beweise formal-deduktiver Natur. Bekannt ist, dass Studierende gerade mit Letzterem überfordert sind, weshalb es nicht überrascht, dass ein substanzieller Teil der Studierenden die Lösungen zu diesen Aufgaben abschreibt (vgl. 4.3). Eine Sensibilisierung dafür, dass Beweisen ein hochkomplexer, anspruchsvoller Prozess ist, der auch bei Expert:innen häufig mit Misserfolgen einhergeht, kann zusammen mit der Tatsache, dass die formal-deduktive Vorgehensweise „sichere" Resultate produziert, eine wichtige Erkenntnis für Studierende sein und motivieren, sich zumindest an Beweisen zu versuchen. So wären Aufgaben denkbar, die verschiedene, insbesondere auch nicht zum Ziel führende, Lösungsansätze vergleichen und dabei herausarbeiten, warum ein spezifischer Ansatz nicht funktioniert. Studierenden wird so vermittelt, dass man zwischen Lösungsansätzen ggf. flexibel wechseln muss, was für den Erwerb von Problemlösefähigkeiten sehr günstig erscheint (Pólya, 1979).

Jedoch wird auch durch die Ergebnisse der Arbeit deutlich, dass Übungsaufgaben zu einem erheblichen Teil auf rechnerischen Fähigkeiten basieren. Dies setzt eine gewisse Flexibilität im Umgang mit Techniken voraus, die bei einigen Studienanfänger:innen aufgrund des längeren Zurückliegens des Erwerbs der Hochschulzugangsberechtigung verloren gegangen sein kann. Womöglich wären hier neben den an den meisten Universitäten bereits vorhandenen Vor- bzw. Brückenkursen auch weiterführende Selbstlernangebote, z. B. in digitaler Form, gewinnbringend. Dies gilt speziell in Anbetracht einer stärkeren Heterogenität der Studierenden in mathematischen Studiengängen (Frischemeyer et al., 2016; Weygandt, 2022).

Bei der Verteilung der Aufgabentypen im Laufe des Semesters ist festzustellen, dass die Aufgaben, die der Schulmathematik am wenigsten ähneln (*Formale Aufgaben ohne rechnerische Anteile*) vor allem in den ersten Wochen des Semesters auftreten, während rechnerische Aufgaben (*Rechenaufgaben und rechnerische Beweise*) eher in der zweiten Semesterhälfte zu finden sind. Es kann vermutet werden, dass dies einen ungünstigen Einfluss auf die Quote der eigenständigen Bearbeitungen hat, da die Studierenden in den ersten Wochen Routinen in Bezug auf den Bearbei-

[17] Wie z. B.: Die Voraussetzungen eines Satzes müssen alle erfüllt sein, damit die Aussage des Satzes gilt.

tungsmodus der Übungsaufgaben entwickeln (vgl. 11.1). Das Erhöhen des Anteils rechnerischer Aufgaben auch zu Beginn des ersten Semesters könnte durch entsprechendes Kompetenzerleben einen Anreiz schaffen, häufiger auch bei schwierigeren Aufgaben resilient zu sein. Dafür müsste aber wenigstens ein Teil Aufgaben auch so gestaltet sein, dass sie von den meisten Studierenden bewältigt werden können. So könnte die Gesamtzahl der Übungsaufgaben etwas erhöht werden, wobei die zusätzlichen Aufgaben allesamt von niedriger Komplexität sein sollten. Speziell bei rechnerischen Verfahren könnten Aufgaben mit einem eher geringen Lösungsaufwand gestellt werden, bei Beweisaufgaben zu Beginn des Semesters wären Konzepte aus der Fachdidaktik wie Beweispuzzle, Beweise mit Lücken o. Ä. (Biehler und Kempen, 2016) denkbar, anstatt direkt eigenständig formulierte formal-deduktive Beweise zu fordern. Dies berücksichtigt die schon häufiger (Blömeke, 2016; Göller, 2020; Liebendörfer, 2018) formulierte Forderung, mehr Aufgaben für verschiedene Leistungsniveaus zu stellen; ein kombinierter Einsatz von Pflicht- und Wahlaufgaben könnte zu einer gewinnbringenden Implementation beitragen. Möglicherweise könnten Lehrende nach einer entsprechenden Sensibilisierung kennzeichnen, welche Aufgaben komplexer oder weniger komplex sind.

Da diese Arbeit am Übergang Schule-Hochschule verortet ist, soll noch eine Idee für die schulische Seite erwähnt werden. Wie die Ergebnisse dieser Arbeit zeigen, sind gute rechnerische Fähigkeiten aus der Schule für das erfolgreiche Lösen der Übungsaufgaben eine wichtige Voraussetzung. Die von Lehrenden an den Hochschulen geäußerte Kritik, dass Studienanfänger:innen in der Mathematik oder technisch-naturwissenschaftlichen Studiengängen diesbezüglich immer schwächere Vorkenntnisse (Bender und Thiele, 2023; Kersten, 2014; Weinhold, 2013) aufweisen, muss nachdenklich stimmen und kann nicht allein von der Hochschulseite abgefangen werden. Eine Ausdifferenzierung der Mathematik der Oberstufe nach niederländischem Vorbild (Krieg et al., 2008) statt nach Grund- und Leistungskurs in eine eher an Anwendungen orientierte Mathematik und eine eher technisch-formale Mathematik, wobei letztere sich explizit an künftige Studierende (soweit sie dies in Klasse 10 beurteilen können) der Mathematik, Informatik, Naturwissenschaften und technischer Studiengänge richtet, und erstere keine Absenkung vom Niveau des aktuellen Grundkurses darstellen sollte, könnte gewinnbringend sein.

11.5 Fazit und Ausblick

Mit dieser Arbeit konnten die wenigen Ergebnisse, die bisher für Übungsaufgaben im deutschsprachigen Raum erzielt wurden, bestätigt und ergänzt werden (Weber und Lindmeier, 2020b; Wlassak und Schöneburg-Lehnert, 2022). Im Gegensatz zu diesen Arbeiten kamen eine deutlich umfangreichere Stichprobe sowie ein ausführlich hergeleitetes Kategoriensystem zum Einsatz. Die Anwendung dieses Instruments zeigt, dass rund 85 % aller Übungsaufgaben Beweise verlangen, etwa die Hälfte aller Übungsaufgaben fordert sie auf einem semiformalen Niveau. Der erste Wert liegt deutlich höher als die von Weber und Lindmeier ausgewiesenen 53 %, was sich durch die differenziertere Erfassung verschiedener Niveaustufen bei Beweisen in dieser Arbeit erklärt. Entsprechende Anforderungen treten schon auf dem ersten Übungszettel in der Analysis I auf, was bedeutet, dass Studierende innerhalb weniger Tage nach Studienbeginn schon Anforderungen erleben, mit denen sie aus der Schule nicht vertraut sind. Der Übergang zwischen Schul- und Hochschulmathematik stellt so einen erheblichen Bruch dar, der in Hinblick auf die Ziele der Studieneingangsphase unvermeidbar scheint.

Folgt man Clark und Lovric (2009), so kann die Reduktion von Hürden am Übergang von der Schulmathematik zur Hochschulmathematik nur eine Verschiebung der Problematik darstellen. Es liegt zwar eine Vielzahl innovativer Konzepte zur Gestaltung von Lehrveranstaltungen, Übungsaufgaben und Unterstützungsmaßnahmen vor, die sich erfolgreich oder erfolgversprechend zeigen (Bauer und Hefendehl-Hebeker, 2019; Beutelspacher et al., 2011; Bikner-Ahsbach und Schäfer, 2013; Hoffmann und Biehler, 2022). Fraglich ist allerdings, ob diese Einzug in die reguläre Lehre gehalten haben. Daher bleibt die Erforschung des Lehrangebots in der Studieneingangsphase von großer Bedeutung, gerade unter Berücksichtigung der Tatsache, dass kaum etwas darüber bekannt ist, welche Merkmale von Lehrpersonen, Lehrveranstaltungen oder Übungsaufgaben dazu beitragen, dass der Anteil erfolgreicher Studierender stark variiert. Ich hoffe, mit dieser Arbeit Ansatzpunkte für entsprechende Untersuchungen bereitgestellt zu haben.

Vorrangig die erstmalig durch ein statistisches Verfahren gewonnenen Aufgabentypen für die Übungsaufgaben der Analysis I erscheinen dafür als interessanter Ausgangspunkt. Sie zeigen insbesondere, dass kognitive Anforderungen am Übergang Schule-Hochschule höher sind als an der Schule, sich aber nicht in argumentativen Tätigkeiten erschöpfen, sondern rechnerische Fähigkeiten zur Lösung von Übungsaufgaben unabdinglich sind. Mit den Aufgabentypen kann durch ergänzende Untersuchungen mit Studierenden geprüft werden, welche der auftretenden Anforderungen von einem Großteil der Studienanfänger:innen tatsächlich bewältigt werden können und bei welchen Arten von Aufgaben Studierende (direkt) auf Ausweichstrategien, wie das Abschreiben von Kommiliton:innen bzw. die Internetrecherche von Lösungen, zurückgreifen.

Abschließend soll ein kurzer Blick in die Zukunft der Übungsaufgaben gewagt werden. Spätestens seit Einführung des KI-Sprachmodells ChatGPT-4 hat sich die

Qualität der Antworten auf mathematische Fragen mit einem KI-Chatbot deutlich verbessert (Buchholtz et al., 2023). Dies senkt die Hürde, die Lösungen zu Übungsaufgaben nicht eigenständig zu erarbeiten, für Studierende weiter, da so nicht mehr eine Form „sozialer Scham“ besteht, bei leistungsstarken Studierenden nachzufragen oder eine ausführliche Internetrecherche mit variierenden Stichworten nötig wird. Es kann daher vermutet werden, dass Lehrende, um die Abschreibeproblematik einzudämmen, bewusst – möglicherweise nach entsprechenden Tests – Aufgaben einsetzen, für die bisher öffentliche verfügbare KI-Sprachmodelle keine zufriedenstellenden Antworten liefern können. Dass ein solches Suchen nach „noch“ geeigneten Aufgaben langfristig gelingen kann, muss bezweifelt werden. Die folgenden Fragen könnten daher für die zukünftige Gestaltung von Aufgaben im Mathematikstudium von Bedeutung sein:

- Wie entwickelt sich die Abschreibeproblematik unter Berücksichtigung der Verfügbarkeit und Weiterentwicklung von KI?
- Welche Arten hochschulmathematischer Aufgaben lassen sich mit einer KI lösen und welche nicht?
- Können klassische „Hausaufgaben“ noch für die Zulassung zur Klausur genutzt werden oder sollten eher regelmäßige Tests in Vorlesungen oder Übungen dafür eingesetzt werden?

Es soll die vorsichtige Vermutung geäußert werden, dass trotz dieser neueren Entwicklungen die Bedeutung der Übungsaufgaben weiter erhalten bleibt, da ihre doppelte Schnittstellenfunktion, sowohl auf personaler als auch organisatorischer Ebene, sie für das Steuern des Mathematiklehrens und -lernens an der Hochschule prädestiniert.

Literatur

Aberdein, A. (2009). Mathematics and argumentation. *Foundations of Science*, *14*(1), 1–8. https://doi.org/10.1007/s10699-008-9158-3

Ableitinger, C. (2012). Typische Teilprozesse beim Lösen hochschulmathematischer Aufgaben: Kategorienbildung und Ankerbeispiele. *Journal für Mathematik-Didaktik*, *33*(1), 87–111. https://doi.org/10.1007/s13138-012-0033-y

Ableitinger, C. (2013). Demonstrationsaufgaben im Projekt „Mathematik besser verstehen". In C. Ableitinger, J. Kramer & S. Prediger (Hrsg.), *Zur doppelten Diskontinuität in der Gymnasiallehrerbildung* (S. 17–38). Wiesbaden: Springer Spektrum.

Ableitinger, C. & Herrmann, A. (2013). *Lernen aus Musterlösungen zur Analysis und Linearen Algebra: Ein Arbeits- und Übungsbuch*. Wiesbaden: Springer Spektrum.

Abraham, U. & Müller, A. (2009). Aus Leistungsaufgaben lernen. *Praxis Deutsch: Zeitschrift für den Deutschunterricht*, *36*(214), 4–12.

Adleff, A.-K., Ross, N., König, J. & Kaiser, G. (2023). Types of mathematical tasks in lower secondary classrooms in Germany: Statistical findings from a latent class analysis based on general mathematical competencies. *Educational Studies in Mathematics*, *114*(3), 371–392. https://doi.org/10.1007/s10649-023-10254-9

Ahrenholtz, I. & Ruf, A. (2014). Akzeptanz und Erfolg von zusätzlichen Maßnahmen in der Studieneingangsphase in Studiengängen der Mathematik und Naturwissenschaften. *Das Hochschulwesen*, *62*(3), 86–92.

Alcock, L. (2017). *Wie man erfolgreich Mathematik studiert: Besonderheiten eines nichttrivialen Studiengangs*. Berlin, Heidelberg: Springer Spektrum.

Alcock, L. & Simpson, A. (2002). Definitions: Dealing with categories mathematically. *For the learning of mathematics*, *22*(2), 28–34.

Alrø, H. & Skovsmose, O. (2004). *Dialogue and learning in mathematics education: Intention, reflection, critique*. Dordrecht: Kluwer Academic.

Alsina, C. (2001). Why the Professor Must be a Stimulating Teacher: Towards a New Paradigm of Teaching Mathematics at University Level. In D. A. Holton (Hrsg.), *The teaching and learning of mathematics at university level* (S. 3–12). Dordrecht: Kluwer Academic.

Altieri, M. (2016). *Erfolg in Mathematikklausuren ingenieurwissenschaftlicher Studiengänge unter besonderer Berücksichtigung prozeduralen Wissens* (Diss., TU Dortmund). Verfügbar 6. August 2024 unter https://eldorado.tu-dortmund.de/bitstream/2003/35376/1/Dissertation%20Altieri.pdf

F. Wlassak, *Gestaltungsmerkmale und Typen von Übungsaufgaben aus der Analysis I*, https://doi.org/10.1007/978-3-658-50118-1

Amann, H. & Escher, J. (2005). *Analysis I*. Basel: Birkhäuser Verlag.

Anderson, L. W., Krathwohl, D. R., Airasian, P. W., Cruikshank, K. A., Mayer, R. E., Pintrich, P. R., ... Wittrock, M. C. (Hrsg.). (2009). *A taxonomy for learning, teaching, and assessing: A revision of Bloom's taxonomy of educational objectives* (Abridged ed.). New York: Longman.

Andre, T. (1979). Does answering higher-level questions while reading facilitate productive learning? *Review of educational research*, *49*(2), 280–318.

Apel, I. M. (2022). *Zum Einfluss von Kenntnisqualitäten auf Beweisprozesse am Beginn eines Mathematikstudiums aus tätigkeitstheoretischer Perspektive – Exemplarische Untersuchung am Beispiel der ε-δ-Definition von Stetigkeit* (Diss., TU Darmstadt). Verfügbar 11. August 2024 unter https://tuprints.ulb.tu-darmstadt.de/20705/1/Apel_Insa_Zum_Einfluss_von_Kenntnisqualitaeten_auf_Beweisprozesse_am_Beginn_eines_Mathematikstudiums_aus_taetigkeitstheoretischer_Perspektive.pdf

Artemeva, N. & Fox, J. (2011). The Writing's on the Board: The Global and the Local in Teaching Undergraduate Mathematics Through Chalk Talk. *Written Communication*, *28*(4), 345–379. https://doi.org/10.1177/0741088311419630

Artigue, M. & Winsløw, C. (2010). International comparative studies on mathematics education: A viewpoint from the anthropological theory of didactics. *Recherches en didactique des mathématiques*, *30*(1), 47–82.

Astleitner, H. (2008). Die lernrelevante Ordnung von Aufgaben nach der Aufgabenschwierigkeit. In J. Thonhauser (Hrsg.), *Aufgaben als Katalysatoren von Lernprozessen* (S. 65–80). Münster: Waxmann.

Bach, V., Knospe, H., Körner, H., Krüger, U.-H. & Langlotz, H. (2018). Mindestanforderungen am Übergang Schule/Hochschule. *Der Mathematikunterricht*, *64*(5), 16–23.

Bacher, J. (2002). *Clusteranalyse*. München: Oldenbourg Verlag.

Bacher, J., Wenzig, K. & Vogler, M. (2004). *SPSS TwoStep Cluster – a first evaluation*. Nürnberg: Universität Erlangen-Nürnberg, Wirtschafts- und Sozialwissenschaftliche Fakultät, Sozialwissenschaftliches Institut, Lehrstuhl für Soziologie.

Balacheff, N. (1999). Is argumentation an obstacle? Invitation to a Debate ... Verfügbar 3. September 2024 unter https://files.eric.ed.gov/fulltext/ED435644.pdf

Banscherus, U. (2019). Der Einfluss der Bildungsherkunft auf die Studienwahl und die Situation in der Studieneingangsphase. *Bildung und Erziehung*, *72*(4), 379–398.

Baptist, P. (2000). Bausteine für Veränderungen in der Unterrichtskultur. In P. Baptist (Hrsg.), *Mathematikunterricht im Wandel – Bausteine für den Unterricht* (S. 7–30). Bamberg: Buchner.

Bardy, T. & Bardy, P. (2020). *Mathematisch begabte Kinder und Jugendliche: Theorie und (Förder-)Praxis*. Berlin, Heidelberg: Springer.

Bauer, L. A. (1988). *Mathematik und Subjekt: Eine Studie über Pädagogisch-Didaktische Grundkategorien und Lernprozesse im Unterricht*. Wiesbaden: VS Verlag fur Sozialwissenschaften GmbH.

Bauer, L. A. (1990). Mathematikunterricht und Reflexion. *Mathematik lehren*, *38*, 6–9.

Bauer, S. (2022). Algebra in der Analysis – nur Kalkül oder mehr? *Der Mathematikunterricht*, *2022*(3), 47–56.

Bauer, S. & Büchter, A. (2018). Mathematik ist eine beweisende Disziplin – auch im nordrhein-westfälischen Zentralabitur? In Fachgruppe Didaktik der Mathematik der Universität Paderborn (Hrsg.), *Beiträge zum Mathematikunterricht 2018* (S. 197–200). Münster: WTM-Verlag.

Bauer, T. (2013). Schnittstellen bearbeiten in Schnittstellenaufgaben. In C. Ableitinger, J. Kramer & S. Prediger (Hrsg.), *Zur doppelten Diskontinuität in der Gymnasiallehrerbildung* (S. 39–56). Wiesbaden: Springer Spektrum.

Bauer, T. (2015). Übungsgelegenheiten im Mathematikstudium – Erproben neuer Konzepte. In H. Schelhowe, M. Schaumburg & J. Jasper (Hrsg.), *Proceedings of the Teaching is Touching the Future. Academic teaching within and across disciplines* (S. 139–146). Bielefeld: Webler.

Bauer, T. (2017). Schulmathematik und Hochschulmathematik. Was leistet der höhere Standpunkt? *Der Mathematikunterricht*, *63*, 36–45.

Bauer, T. (2018). Schnittstellenaufgaben als Ansatz zur Vernetzung von Schul- und Hochschulmathematik: Design-Iterationen und Modell. In Fachgruppe Didaktik der Mathematik der Universität Paderborn (Hrsg.), *Beiträge zum Mathematikunterricht 2018* (S. 201–204). Münster: WTM-Verlag.

Bauer, T., Biehler, R. & Lankeit, E. (2023). Mini-Aufgaben in mathematischen Übungsgruppen zur Analysis: Charakteristika von Aufgaben und Abstimmungsverhalten von Studierenden. In R. Hochmuth, R. Biehler, M. Liebendörfer & N. Schaper (Hrsg.), *Unterstützungsmaßnahmen in mathematikbezogenen Studiengängen: Konzepte, Praxisbeispiele und Untersuchungsergebnisse* (S. 515–543). Wiesbaden: Springer.

Bauer, T. & Hefendehl-Hebeker, L. (2019). *Mathematikstudium für das Lehramt an Gymnasien: Anforderungen, Ziele und Ansätze zur Gestaltung*. Wiesbaden: Springer.

Bauer, T., Müller-Hill, E., Neuhaus-Eckhardt, S. & Rach, S. (2021). Beweisverständnis im Mathematikstudium unterstützen: Vergleich unterschiedlicher Varianten der Strategie „Illustrieren am Beispiel". *Journal für Mathematik-Didaktik, 43*(2), 311–346. https://doi.org/10.1007/s13138-021-00191-6

Bauer, T., Müller-Hill, E. & Weber, R. (2020). Diskontinuitäten zwischen Schulmathematik und Hochschulmathematik: Eine Ursache für Verstehensschwierigkeiten. In N. Meister, U. Hericks, R. Kreyer & R. Laging (Hrsg.), *Zur Sache. Die Rolle des Faches in der universitären Lehrerbildung* (S. 127–145). Wiesbaden: Springer.

Bauer, T. & Partheil, U. (2008). Schnittstellenmodule in der Lehramtsausbildung im Fach Mathematik. *Mathematische Semesterberichte*, *56*(1), 85–103. https://doi.org/10.1007/s00591-008-0048-0

Baum, M., Bellstedt, M., Brandt, D., Buck, H., Dornieden, D., Drüke-Noe, C., ... Zimmermann, P. (2015). *Lambacher Schweizer Mathematik für Gymnasien* (Sachsen, 1. Aufl.). Stuttgart: Klett.

Baumann, A. (2011). Eine kritische Betrachtung zum Thema „Modellierungsaufgaben" anhand von Beispielen aus dem hessischen Mathematik-Abitur 2009. *Mathematikinformation, 55*, 15–23.

Baumert, J. (1997). *TIMSS – Mathematisch-Naturwissenschaftlicher Unterricht Im Internationalen Vergleich: Deskriptive Befunde*. Opladen: Leske + Budrich.

Baumert, J. (Hrsg.). (2000). *TIMSS-III: Dritte Internationale Mathematik- und Naturwissenschaftsstudie; mathematische und naturwissenschaftliche Bildung am Ende der Schullaufbahn*. Opladen: Leske + Budrich.

Baumert, J. & Kunter, M. (2011). Das mathematikspezifische Wissen von Lehrkräften, kognitive Aktivierung im Unterricht und Lernfortschritte von Schülerinnen und Schülern.

In J. Baumert, W. Blum, U. Klusmann, S. Krauss & M. Neubrand (Hrsg.), *Professionelle Kompetenz von Lehrkräften* (S. 163–192). Münster: Waxmann.

Baumert, J. & Lehmann, R. (1997). Einleitung. In J. Baumert & R. Lehmann (Hrsg.), *TIMSS – Mathematisch-naturwissenschaftlicher Unterricht im internationalen Vergleich: Deskriptive Befunde* (S. 33–42). Wiesbaden: VS Verlag für Sozialwissenschaften.

Bednorz, D. (2021). *Sprachliche Variationen von mathematischen Textaufgaben: Entwicklung eines Instruments zur Textanpassung für Textaufgaben im Mathematikunterricht*. Wiesbaden: Springer.

Bedürftig, T. & Basiner, S. (2022). Die Grundproblematik der Stetigkeit. In T. Bedürftig, P. Baumann & V. Fuhrmann (Hrsg.), *Über die Elemente der Analysis – Standard und Nonstandard* (S. 79–85). Berlin, Heidelberg: Springer.

Behrends, E. (2008). Gibt es eine mathematische DIN-Norm? In E. Behrends (Hrsg.), *Fünf Minuten Mathematik: 100 Beiträge der Mathematik-Kolumne der Zeitung DIE WELT* (S. 202–203). Wiesbaden: Springer.

Behrends, E. (2009). *Analysis Band 1: Ein Lernbuch für den sanften Wechsel von der Schule zur Uni* (4., aktualisierte Auflage). Wiesbaden: Vieweg + Teubner.

Bender, G. & Thiele, K. (2023). Mathematik prüfen – Taxonomiestufen differenzieren. In H. Dölling, C. Schäfle, S. Kürsten, M. Hunger, J. Hirtt & P. Riegler (Hrsg.), *Tagungsband zum 5. Symposium zur Hochschullehre in den MINT-Fächern* (S. 175–181). München: BayZiel.

Bender, P. & Jahnke, H. (1992). Intuition and rigor in mathematics instruction. *Zentralblatt für Didaktik der Mathematik, 7*, 259–264.

Bergqvist, E. (2007). Types of reasoning required in university exams in mathematics. *The Journal of Mathematical Behavior, 26*(4), 348–370.

Bergqvist, E. (2012). University mathematics teachers' views on the required reasoning in calculus exams. *The Mathematics Enthusiast, 9*(3), 371–408.

Bergsten, C. (2007). Investigating quality of undergraduate mathematics lectures. *Mathematics Education Research Journal, 19*(3), 48–72. https://doi.org/10.1007/bf03217462

Bescherer, C., Spannagel, C. & Zimmermann, M. (2012). Neue Wege in der Hochschulmathematik – Das Projekt SAiL-M. In M. Zimmermann, C. Bescherer & C. Spannagel (Hrsg.), *Mathematik lehren in der Hochschule* (S. 93–104). SAiL-M. Hildesheim: Franzbecker.

Beutelspacher, A. (2014). *Lineare Algebra: Eine Einführung in die Wissenschaft der Vektoren, Abbildungen und Matrizen*. Wiesbaden: Springer.

Beutelspacher, A., Danckwerts, R., Nickel, G., Spies, S. & Wickel, G. (2011). *Mathematik Neu Denken: Impulse für die Gymnasiallehrerbildung an Universitäten*. Wiesbaden: Vieweg + Teubner Verlag.

Bezler, H. J. (2002). Intelligentes Üben – Behalten – Überprüfen. Positionen einer neuen Aufgabenkultur im naturwissenschaftlichen Unterricht. In P. Döbrich (Hrsg.), *Qualitätsentwicklung im naturwissenschaftlichen Unterricht. Fachtagung am 15. Dezember 1999* (S. 29–49). Frankfurt am Main: GFPF.

Biehler, R., Hochmuth, R., Klemm, J., Schreiber, S. & Hänze, M. (2012). Tutorenschulung als Teil der Lehrinnovation in der Studieneingangsphase Mathematik im Lehramtsstudium (LIMA-Projekt). In M. Zimmermann, C. Bescherer & C. Spannagel (Hrsg.), *Mathematik lehren in der Hochschule* (S. 33–44). SAiL-M. Hildesheim: Franzbecker.

Biehler, R. & Kempen, L. (2014). Entdecken und Beweisen als Teil der Einführung in die Kultur der Mathematik für Lehramtsstudierende. In J. Roth, T. Bauer, H. Koch &

S. Prediger (Hrsg.), *Konzepte und Studien zur Hochschuldidaktik und Lehrerbildung Mathematik* (S. 121–135). Wiesbaden: Springer.

Biehler, R. & Kempen, L. (2016). Didaktisch orientierte Beweiskonzepte – Eine Analyse zur mathematikdidaktischen Ideenentwicklung. *Journal für Mathematik-Didaktik, 37*(1), 141–179. https://doi.org/10.1007/s13138-016-0097-1

Biehler, R., Kortemeyer, J. & Schaper, N. (2015). Conceptualizing and studying students' processes of solving typical problems in introductory engineering courses requiring mathematical competences. In K. Krainer & N. Vondrová (Hrsg.), *CERME 9-Ninth Congress of the European Society for Research in Mathematics Education* (S. 2060–2066). Prague: Charles University.

Biermann, M., Wiegand, B. & Blum, W. (2003). Nicht „irgendwie", sondern zielgerichtet. Aufgaben – Lernen fördern – Selbstständigkeit entwickeln. *Friedrich Jahresheft 2003*, 32–35.

Bikner-Ahsbach, A. & Schäfer, I. (2013). Ein Aufgabenkonzept für die Anfängervorlesung im Lehramt Mathematik. In C. Ableitinger, J. Kramer & S. Prediger (Hrsg.), *Zur doppelten Diskontinuität in der Gymnasiallehrerbildung* (S. 57–76). Wiesbaden: Springer Spektrum.

Bligh, D. A. (2000). *What's the Use of Lectures?: First US Edition of the Classic Work on Lecturing*. New York: John Wiley & Sons.

Bloch, I. (2005). *Quelques apports de la th éorie des situationsà la didactique des mathématiques dansl'enseignement secondaire et sup érieur: Thèse synthetique pour une Habilitation à Diriger des Recherches* (Habilitationsschrift, Université Paris-Diderot-Paris VII). Verfügbar 7. Oktober 2024 unter https://theses.hal.science/tel-00012153/document

Blömeke, S. (2016). Der Übergang von der Schule in die Hochschule: Empirische Erkenntnisse zu mathematikbezogenenen Studiengängen. In A. Hoppenbrock, R. Biehler, R. Hochmuth & H.-G. Rück (Hrsg.), *Lehren und Lernen von Mathematik in der Studieneingangsphase* (S. 3–14). Wiesbaden: Springer Spektrum.

Blömeke, S., Risse, J., Müller, C., Eichler, D. & Schulz, W. (2006). Analyse der Qualität von Aufgaben aus didaktischer und fachlicher Sicht. Ein allgemeines Modell und seine exemplarische Umsetzung im Unterrichtsfach Mathematik. *Unterrichtswissenschaft, 34*(4), 330–357. https://doi.org/10.25656/01:5522

Bloom, B. S. & Engelhart, M. D. (Hrsg.). (1972). *Taxonomie von Lernzielen im kognitiven Bereich* (5. Aufl.). Übers. nach d. 16. Aufl., New York 1971. Weinheim: Beltz.

Blum, W. (1985). Anwendungsorientierter Mathematikunterricht in der didaktischen Diskussion. *Mathematische Semesterberichte, 32*, 195–232.

Blum, W. (2001). Was folgt aus TIMSS für Mathematikunterricht und Mathematiklehrerausbildung? In Bundesministierium für Bildung und Forschung (Hrsg.), *TIMSS-Impulse für Schule und Unterricht. Forschungsbefunde, Reforminitiativen, Praxisberichte und Video-Dokumente.* (S. 75–83). Bonn.

Blum, W. (2002). ICMI Study 14: Applications and modelling in mathematics education–Discussion document. *Educational studies in mathematics, 51*(1), 149–171.

Blum, W. (2006a). Einführung. In W. Blum, C. Drüke-Noe, R. Hartung & O. Köller (Hrsg.), *Bildungsstandards Mathematik: konkret* (S. 14–32). Berlin: Cornelsen Scriptor.

Blum, W. (2006b). Modellierungsaufgaben im Mathematikunterricht – Herausforderung für Schüler und Lehrer. In A. Büchter, H. Humenberger, S. Hußmann & S. Prediger (Hrsg.), *Realitätsnaher Mathematikunterricht* (S. 8–23). Hildesheim: Franzbecker.

Blum, W. (2015). Quality Teaching of Mathematical Modelling: What Do We Know, What Can We Do? In S. J. Cho (Hrsg.), *The Proceedings of the 12th International Congress on Mathematical Education* (S. 73–96). Basel: Springer International Publishing.

Blum, W., Drüke-Noe, C., Hartung, R. & Köller, O. (Hrsg.). (2006). *Bildungsstandards Mathematik: konkret: Sekundarstufe I: Aufgabenbeispiele, Unterrichtsanregungen, Fortbildungsideen; mit CD-ROM* (6. Aufl.). Berlin: Cornelsen Verlag Scriptor.

Blum, W. & Kirsch, A. (1979). Zur Konzeption des Analysisunterrichts in Grundkursen. *Der Mathematikunterricht*, *25*(1), 6–24.

Blum, W. & Törner, G. (1983). *Didaktik der Analysis*. Göttingen: Vandenhoeck und Ruprecht.

Blum, W. & Wiegand, B. (1998). Wie kommen die deutschen TIMSS-Ergebnisse zustande? Ein Interpretationsansatz auf der Basis stoffdidaktischer Analysen. In W. Blum & M. Neubrand (Hrsg.), *TIMSS und der Mathematikunterricht* (S. 28–34). Hannover: Schroedel.

Blum, W. & Wiegand, B. (2000). Offene Aufgaben – wie und wozu? *Mathematik lehren*, (100), 52–55.

Blum-Barkmin, S. (2022). *Diskontinuität in der Linearen Algebra und ein Höherer Standpunkt: Qualitative Untersuchungen in verschiedenen berufsbiografischen Abschnitten und Konkretisierung einer Denkfigur*. Wiesbaden: Springer.

Boero, P. (1999). Argumentation and mathematical proof: A complex, productive, unavoidable relationship in mathematics and mathematics education. *International newsletter on the teaching and learning of mathematical proof*, *7*(8).

Borneleit, P., Henn, H.-W., Danckwerts, R. & Weigand, H.-G. (2001). Expertise zum Mathematikunterricht in der gymnasialen Oberstufe: Verkürzte Fassung. *Journal für Mathematik-Didaktik*, *22*, 73–90.

Bortz, J. & Schuster, C. (2016). *Statistik für Human- und Sozialwissenschaftler* (Limitierte Sonderausgabe, 7., vollständig überarbeitete und erweiterte Auflage). Berlin: Springer.

Böttcher, R., Menge, C. & Negwer, J. (2020). *Lambacher Schweizer – Mathematik für Gymnasien* (Sachsen, 1. Auflage). Stuttgart: Ernst Klett Verlag.

Brandell, G., Hemmi, K. & Thunberg, H. (2008). The widening gap – a swedish perspective. *Mathematics Education Research Journal*, *20*(2), 38–56. https://doi.org/10.1007/bf03217476

Briedis, K., Egorova, T., Heublein, U., Lörz, M., Middendorff, E., Quast, H. & Spangenberg, H. (2008). *Studienaufnahme, Studium und Berufsverbleib von Mathematikern. Einige Grunddaten zum Jahr der Mathematik.* Hannover: HIS. Verfügbar 12. Juli 2024 unter https://www.wissenschaftsmanagement-online.de/beitrag/studienaufnahme-studium-und-berufsverbleib-von-mathematikern

Bromme, R. (1997). Kompetenzen, Funktionen und unterrichtliches Handeln des Lehrers. *Psychologie des Unterrichts und der Schule*, *3*, 177–212.

Bromme, R., Seeger, F. & Steinbring, H. (1990). *Aufgaben als Anforderungen an Lehrer und Schüler.* Köln: Aulis Verl. Deubner.

Brown, M., Macrae, S., Rodd, M. & William, D. (2005). *Full report of research activities and results: Students' experiences of undergraduate mathematics*. London: King's College London.

Bruder, R. (1988). *Grundfragen mathematikmethodischer Theoriebildung unter besonderer Berücksichtigung des Arbeitens mit Aufgaben* (Diss., Pädagogische Hochschule Potsdam).

Bruder, R. (2000a). Eine akzentuierte Aufgabenauswahl und Vermitteln heuristischer Erfahrung: Wege zu einem anspruchsvollen Mathematikunterricht für alle. In L. Flade &

W. Herget (Hrsg.), *Lehren und Lernen nach TIMSS Anregungen für die Sekundarstufen* (S. 69–78). Berlin: Volk und Wissen Verlag.

Bruder, R. (2000b). Mit Aufgaben arbeiten. Ein ganzheitliches Konzept für eine andere Aufgabenkultur. *mathematik lehren*, *101*, 12–17.

Bruder, R. (2003). Methoden und Techniken des Problemlösenlernens. In *Material im Rahmen des BLK-Programms SINUS zur Steigerung der Effizienz des mathematisch-naturwissenschaftlichen Unterrichts*. Kiel: IPN.

Bruder, R. (2012). „Selbstlernumgebungen" in Mathematik: Konzepte und Einsatzszenarien. In W. Blum, R. B. Ferri & K. Maaß (Hrsg.), *Mathematikunterricht im Kontext von Realität, Kultur und Lehrerprofessionalität* (S. 304–314). Wiesbaden: Vieweg + Teubner Verlag.

Bruder, R. (2017). Vielseitig mit Aufgaben arbeiten – Mathematische Kompetenzen nachhaltig entwickeln und sichern. In R. Bruder, T. Leuders & A. Büchter (Hrsg.), *Mathematikunterricht entwickeln* (S. 18–52). Berlin: Cornelsen.

Bruner, J. S. (1966). *Toward a Theory of Instruction*. Cambridge: Harvard University Press.

Bruner, J. S. (1974). *Entwurf einer Unterrichtstheorie*. Berlin: Berlin Verlag.

Brunner, E. (2013). *Innermathematisches Beweisen und Argumentieren in der Sekundarstufe I: Mögliche Erklärungen für systematische Bearbeitungsunterschiede und leistungsförderliche Aspekte*. Münster: Waxmann.

Brunner, E. (2014). *Mathematisches Argumentieren, Begründen und Beweisen: Grundlagen, Befunde und Konzepte*. Berlin, Heidelberg: Springer Spektrum.

Brunner, M., Kunter, M., Krauss, S., Klusmann, U., Baumert, J., Blum, W., ... Löwen, K. (2006). Die professionelle Kompetenz von Mathematiklehrkräften. Konzeptualisierung, Erfassung und Bedeutung für den Unterricht. In M. Prenzel & L. Allolio-Näcke (Hrsg.), *Untersuchungen zur Bildungsqualität von Schule. Abschlussbericht des DFG-Schwerpunktprogramms* (S. 54–82). Münster: Waxmann.

Buchholtz, N., Baumanns, L., Huget, J., Peters, F., Schorcht, S. & Pohl, M. (2023). Herausforderungen und Entwicklungsmöglichkeiten für die Mathematikdidaktik durch generative KI-Sprachmodelle. *Mitteilungen der Gesellschaft für Didaktik der Mathematik*, (114), 19–26.

Büchter, A. & Henn, H.-W. (2015). Schulmathematik und Realität – Verstehen durch Anwenden. In R. Bruder, L. Hefendehl-Hebeker, B. Schmidt-Thieme & H.-G. Weigand (Hrsg.), *Handbuch der Mathematikdidaktik* (S. 19–50). Berlin, Heidelberg: Springer.

Büchter, A. & Leuders, T. (2016). *Mathematikaufgaben selbst entwickeln: Lernen fördern – Leistung überprüfen* (7. Auflage). Berlin: Cornelsen.

Büdenbender-Kuklinski, C. (2021). *Die Relevanz ihres Mathematikstudiums aus Sicht von Lehramtsstudierenden*. Wiesbaden: Springer.

Bundesministerium für Bildung und Forschung (BMBF). (2024). Anteil der Studienberechtigten an der altersspezifischen Bevölkerung (Studienberechtigtenquote) nach Art der Hochschulreife. Verfügbar 3. September 2024 unter https://www.datenportal.bmbf.de/portal/de/Tabelle-2.5.85.pdf

Busse, A. (2009). *Umgang Jugendlicher mit dem Sachkontext realitätsbezogener Mathematikaufgaben: Ergebnisse einer empirischen Studie*. Hildesheim: Franzbecker.

Busse, A. (2013). Umgang mit realitätsbezogenen Kontexten in der Sekundarstufe II. In R. B. Ferri, G. Greefrath & G. Kaiser (Hrsg.), *Mathematisches Modellieren für Schule und Hochschule* (S. 57–70). Wiesbaden: Springer.

Byrnes, J. P. & Wasik, B. A. (1991). Role of conceptual knowledge in mathematical procedural learning. *Developmental psychology*, *27*(5), 777–786.

Carl, M. & Krapf, R. (2020). Diproche – Ein automatisierter Tutor für den Einstieg ins Beweisen. In G. Pinkernell & F. Schacht (Hrsg.), *Digitale Kompetenzen und Curriculare Konsequenzen. Arbeitskreis Mathematikunterricht und digitale Werkzeuge in der Gesellschaft für Didaktik der Mathematik. Herbsttagung vom 27. bis 28. September 2019 an der Pädagogischen Hochschule Heidelberg* (S. 43–56). Hildesheim: Franzbecker.

Carraher, D. W., Martinez, M. V. & Schliemann, A. D. (2007). Early algebra and mathematical generalization. *ZDM*, *40*(1), 3–22. https://doi.org/10.1007/s11858-007-0067-7

Chiu, T., Fang, D., Chen, J., Wang, Y. & Jeris, C. (2001). A robust and scalable clustering algorithm for mixed type attributes in large database environment. In D. Lee (Hrsg.), *Proceedings of the seventh ACM SIGKDD international conference on knowledge discovery and data mining* (S. 263–268). San Francisco: ACM.

Christian-Albrechts-Universität zu Kiel (CAU Kiel). (2024). Modulhandbuch und weitere Informationen zu den Studiengängen des Mathematischen Seminars. Verfügbar 3. September 2024 unter https://www.math.uni-kiel.de/go/modbuch

Christiansen, D. (2007). *Entwicklung und Erprobung von Aufgaben zur Erfassung zentraler Kompetenzen im Chemieunterricht am Beispiel Säuren und Basen* (Diss., CAU Kiel). Verfügbar 7. August 2024 unter https://macau.uni-kiel.de/receive/diss_mods_00002689?lang=de

Clark, M. & Lovric, M. (2008). Suggestion for a theoretical model for secondary-tertiary transition in mathematics. *Mathematics education research journal*, *20*(2), 25–37.

Clark, M. & Lovric, M. (2009). Understanding secondary–tertiary transition in mathematics. *International Journal of Mathematical Education in Science and Technology*, *40*(6), 755–776. https://doi.org/10.1080/00207390902912878

Cohen, J. (1960). A coefficient of agreement for nominal scales. *Educational and psychological measurement*, *20*(1), 37–46.

Cohors-Fresenborg, E. & Kaune, C. (2007). Kategorisierung von Diskursen im Mathematikunterricht bezüglich metakognitiver und diskursiver Anteile. In A. Peter-Koop & A. Bikner-Ahsbach (Hrsg.), *Mathematische Bildung – Mathematische Leistung. Festschrift für Michael Neubrand zum 60. Geburtstag* (S. 233–248). Hildesheim: Franzbecker.

Criblez, L. (2015). Aufgabenkultur: Zur bildungspolitischen und historischen Verortung einer (fach-)didaktischen Diskussion. In S. Keller & C. Reintjes (Hrsg.), *Aufgaben als Schlüssel zur Kompetenz* (S. 27–40). Münster: Waxmann.

Darlington, E. (2014). Contrasts in mathematical challenges in A-level Mathematics and Further Mathematics, and undergraduate mathematics examinations. *Teaching Mathematics and its Applications*, *33*(4), 213–229. https://doi.org/10.1093/teamat/hru021

Davis, P. J. & Hersh, R. (1996). *Erfahrung Mathematik* (2., korrigierter Nachdr. der Sonderausg). Basel: Birkhäuser.

De Villiers, M. (1990). The role and function of proof on mathematics. *Pythagoras*, *24*, 17–24.

Deci, E. L. & Ryan, R. M. (1993). Die Selbstbestimmungstheorie der Motivation und ihre Bedeutung für die Pädagogik. *Zeitschrift für Pädagogik*, *39*(2), 223–238.

Deutsche Mathematiker-Vereinigung (DMV). (1979). Gymnasiales Lehramt für Mathematik. Stellungnahme der Deutschen Mathematiker Vereinigung. Verfügbar 3. Juli 2024 unter https://www.mathematik.de/presse/642-denkschrift-gymnasiales-lehramt-fuer-mathematik

Deutsche Mathematiker-Vereinigung (DMV). (2007). Für ein modernes Lehramtsstudium im Fach Mathematik. Stellungnahme der DMV, GDM und MNU. *Mitteilungen der Deutschen Mathematiker-Vereinigung*, *15*, 146–150.

Deweis, K. M. (2018). Reflektieren im Mathematikunterricht anhand von Schulbuchaufgaben? In Fachgruppe Didaktik der Mathematik der Universität Paderborn (Hrsg.), *Beiträge zum Mathematikunterricht 2018* (S. 441–444). Münster: WTM.

Dickerson, D. S. & Pitman, D. J. (2012). Advanced college-level students' categorization and use of mathematical definitions. *Proceedings of PME 33*, *2*, 187–193.

Dickerson, D. S. & Pitman, D. J. (2016). An examination of college mathematics majors' understandings of their own written definitions. *The Journal of Mathematical Behavior*, *41*, 1–9.

Diekmann, A. (2007). *Empirische Sozialforschung: Grundlagen, Methoden, Anwendungen* (Orig.-Ausg., 17. Aufl.). Reinbek bei Hamburg: Rowohlt Taschenbuch Verl.

Dieter, M. (2012). *Studienabbruch und Studienfachwechsel in der Mathematik: Quantitative Bezifferung und empirische Untersuchung von Bedingungsfaktoren* (Diss., Universität Duisburg-Essen). Verfügbar 12. Juli 2024 unter https://duepublico2.uni-due.de/receive/duepublico_mods_00028564

Dieter, M. & Törner, G. (2012). Vier von fünf geben auf. *Forschung und Lehre*, *19*(10), 826–827.

Dietz, H. M. (2016). CAT – ein Modell für lehrintegrierte methodische Unterstützung von Studienanfängern. In A. Hoppenbrock, R. Biehler, R. Hochmuth & H.-G. Rück (Hrsg.), *Lehren und Lernen von Mathematik in der Studieneingangsphase: Herausforderungen und Lösungsansätze* (S. 131–147). Wiesbaden: Springer Fachmedien.

Ditton, H. (2000). Qualitätskontrolle und Qualitätssicherung in Schule und Unterricht. Ein Überblick zum Stand der empirischen Forschung. In A. Helmke, W. Hornstein & E. Terhart (Hrsg.), *Qualität und Qualitätssicherung im Bildungsbereich* (S. 73–92). Weinheim: Beltz.

Dörfler, W. (1991). Forms and Means of Generalization in Mathematics. In A. Bishop, S. Mellin-Olsen & J. van Dormolen (Hrsg.), *Mathematical Knowledge* (S. 63–85). Dordrecht: Springer Netherlands.

Dörfler, W. (2013). Was würden Peirce oder Wittgenstein zu Kompetenzmodellen sagen? In M. Rathgeb, M. Helmerich, R. Krömer, K. Lengnink & G. Nickel (Hrsg.), *Mathematik im Prozess* (S. 73–87). Wiesbaden: Springer.

Dörfler, W. (2014). Abstrakte Mathematik und Computer. In T. Wassong, D. Frischemeier, P. R. Fischer, R. Hochmuth & P. Bender (Hrsg.), *Mit Werkzeugen Mathematik und Stochastik lernen – Using Tools for Learning Mathematics and Statistics* (S. 1–14). Wiesbaden: Springer.

Dörfler, W. (2015). Abstrakte Objekte in der Mathematik. In G. Kadunz (Hrsg.), *Semiotische Perspektiven auf das Lernen von Mathematik* (S. 33–49). Berlin: Springer.

Dörfler, W. & McLone, R. R. (1986). Mathematics as a school subject. In B. Christiansen, A. G. Howson & M. Otte (Hrsg.), *Perspectives on Mathematics Education: Papers Submitted by Members of the Bacomet Group* (S. 49–97). Dordrecht: Reidel.

Döring, N. & Bortz, J. (2016). *Forschungsmethoden und Evaluation in den Sozial- und Humanwissenschaften* (5. vollst. überarb. Aufl.). Berlin: Springer.

Dörner, D. (1979). *Problemlösen als Informationsverarbeitung*. Stuttgart: Kohlhammer.

Doyle, W. (1983). Academic work. *Review of educational research*, *53*(2), 159–199.

Dreher, A., Lindmeier, A., Heinze, A. & Niemand, C. (2018). What Kind of Content Knowledge do Secondary Mathematics Teachers Need? *Journal für Mathematik-Didaktik*, *39*(2), 319–341. https://doi.org/10.1007/s13138-018-0127-2

Dreyfus, T. (1991). Advanced Mathematical Thinking Processes. In D. Tall (Hrsg.), *Advanced mathematical thinking* (S. 25–41). Dordrecht: Kluwer Academic.

Dreyfus, T. (1999). Why Johnny can't prove. *Educational studies in mathematics*, *38*(1), 85–109.

Dreyfus, T., Hershkowitz, R. & Schwarz, B. (2014). The Nested Epistemic Actions Model for Abstraction in Context: Theory as Methodological Tool and Methodological Tool as Theory. In A. Bikner-Ahsbach, C. Knipping & N. Presmeg (Hrsg.), *Approaches to Qualitative Research in Mathematics Education* (S. 185–217). Wiesbaden: Springer.

Drüke-Noe, C. (2014). *Aufgabenkultur in Klassenarbeiten im Fach Mathematik: Empirische Untersuchungen in Neunten und Zehnten Klassen*. Wiesbaden: Springer Fachmedien.

Dubberke, T., Kunter, M., McElvany, N., Brunner, M. & Baumert, J. (2008). Lerntheoretische Überzeugungen von Mathematiklehrkräften: Einflüsse auf die Unterrichtsgestaltung und den Lernerfolg von Schülerinnen und Schülern. *Zeitschrift für Pädagogische Psychologie*, *22*(34), 193–206.

Dubinsky, E. (2000). Meaning and formalism in mathematics. *International Journal of Computers for Mathematical Learning*, *5*, 211–240.

Dürr, R., Dürrschnabel, K., Loose, F. & Wurth, R. (2015). Grundlagen. In R. Dürr, K. Dürrschnabel, F. Loose & R. Wurth (Hrsg.), *Mathematik zwischen Schule und Hochschule* (S. 1–80). Wiesbaden: Springer.

Dürrschnabel, K., Klein, H., Niederdrenk-Felgner, C., Dürr, R., Weber, B. & Wurth, R. (2014). Mindestanforderungskatalog Mathematik (Version 2.0) der Hochschulen Baden-Württembergs für ein Studium von WiMINT-Fächern. Verfügbar 15. Juli 2024 unter https://lehrerfortbildung-bw.de/u_matnatech/mathematik/bs/bk/cosh/katalog/makv20b_ohne_leerseiten.pdf

Dürrschnabel, K., Klein, H., Niederdrenk-Felgner, C., Dürr, R., Weber, B. & Wurth, R. (2021). Mindestanforderungskatalog Mathematik Version 3.0 der Hochschulen Baden-Württembergs für ein Studium von WiMINT-Fächern. Verfügbar 15. Juli 2024 unter https://cosh-mathe.de/wp-content/uploads/2021/12/makV3.0.pdf

Duval, R. (1999). Questioning argumentation. Verfügbar 18. Juni 2024 unter http://www.lettredelpreuve.it/Newsletter/991112Theme/%20991112ThemeUK.html

Ebner, B., Folkers, M. & Haase, D. (2016). Vorbereitende und begleitende Angebote in der Grundlehre Mathematik für die Fachrichtung Wirtschaftswissenschaften. In A. Hoppenbrock, R. Biehler, R. Hochmuth & H.-G. Rück (Hrsg.), *Lehren und Lernen von Mathematik in der Studieneingangsphase* (S. 149–164). Wiesbaden: Springer.

Edwards, B. S. & Ward, M. B. (2004). Surprises from mathematics education research: Student (mis)use of mathematical definitions. *The American Mathematical Monthly*, *111*(5), 411–424.

Eichler, A. (2015). Zur Authentizität realitätsorientierter Aufgaben im Mathematikunterricht. In G. Kaiser & H.-W. Henn (Hrsg.), *Werner Blum und seine Beiträge zum Modellieren im Mathematikunterricht* (S. 105–118). Wiesbaden: Springer Spektrum.

Eichler, A. & Isaev, V. (2022). Improving Prospective Teachers' Beliefs About a Double Discontinuity Between School Mathematics and University Mathematics. *Journal für Mathematik-Didaktik*, *44*(1), 117–142. https://doi.org/10.1007/s13138-022-00206-w

Einstein, G. O., Morris, J. & Smith, S. (1985). Note-taking, individual differences, and memory for lecture information. *Journal of Educational psychology*, *77*(5), 522–532.

Eisenreich, G. (1998). Die neuere Fachsprache der Mathematik seit Carl Friedrich Gauß. In L. Hoffmann, H. Kalverkämper & H. E. Wiegand (Hrsg.), *Fachsprachen – ein internationales Handbuch zur Fachsprachenforschung und Terminologiewissenschaft* (Bd. 1, S. 1222–1230). Berlin: De Gruyter.

Engelbrecht, J., Bergsten, C. & Kågesten, O. (2009). Undergraduate students' preference for procedural to conceptual solutions to mathematical problems. *International Journal of Mathematical Education in Science and Technology*, *40*(7), 927–940. https://doi.org/10.1080/00207390903200968

Ernest, P. (1985). The philosophy of mathematics and mathematics education. *International Journal of Mathematical Education in Science and Technology*, *16*(5), 603–612.

Europäische Kommission. (2014). *Modernisierung der Hochschulbildung in Europa: Zugang, Studienerfolg und Beschäftigungsfähigkeit 2014*. Luxemburg: Amt für Veröffentlichungen der Europäischen Union.

Fauth, B. & Leuders, T. (2022). Kognitive Aktivierung im Unterricht. Wirksamer Unterricht Band 2. Verfügbar 7. August 2024 unter https://ibbw-bw.de/site/pbs-bw-km-root/get/documents_E-1524647572/KULTUS.Dachmandant/KULTUS/Dienststellen/ibbw/Empirische%20Bildungsforschung/Programme-und-Projekte/Wirksamer_Unterricht/IBBW_WU2_Fauth_Leuders(2022)_KognitiveAktivierung.pdf

Fend, H. (2000). Qualität und Qualitätssicherung im Bildungswesen. Wohlfahrtsstaatliche Modelle und Marktmodelle. *Zeitschrift für Pädagogik, Beiheft*(41), 55–72. https://doi.org/10.25656/01:8485

Fischer, A., Heinze, A. & Wagner, D. (2009). Mathematiklernen in der Schule – Mathematiklernen an der Hochschule: die Schwierigkeiten von Lernenden beim Übergang ins Studium. In A. Heinze & M. Grüßing (Hrsg.), *Mathematiklernen vom Kindergarten bis zum Studium* (S. 245–264). Münster: Waxmann.

Fischer, G. & Springborn, B. (2020). *Lineare Algebra: Eine Einführung für Studienanfänger*. Berlin, Heidelberg: Springer.

Fischer, R. (1976). Fundamentale Ideen bei den reellen Funktionen. *Zentralblatt für Didaktik der Mathematik*, *3*(8), 185–192.

Fischer, R. & Malle, G. (2004). *Mensch und Mathematik: Eine Einführung in didaktisches Denken und Handeln* ([Neuaufl.], gedr. nach Typoskript). München: Profil-Verl.

Forster, O. (2016). *Analysis 1: Differential- und Integralrechnung einer Veränderlichen* (12. Aufl.). Wiesbaden: Springer Spektrum.

Freudenthal, H. (1973a). *Mathematik als pädagogische Aufgabe Band 1* (2., durchges. Aufl.). Stuttgart: Klett.

Freudenthal, H. (1973b). *Mathematik als pädagogische Aufgabe Band 2* (1. Aufl.). Stuttgart: Klett.

Friedrichsdorf, U. & Prestel, A. (2013). *Mengenlehre für den Mathematiker*. Wiesbaden: Springer-Verlag.

Frischemeyer, D., Panse, A. & Pecher, T. (2013). Schwierigkeiten von Studienanfängern bei der Bearbeitung mathematischer Übungsaufgaben – Erfahrungen aus den Mathematik-Lernzentren der Universität Paderborn. In A. Hoppenbrock, S. Schreiber, R. Göller, R. Biehler, B. Büchler & R. Hochmuth (Hrsg.), *Mathematik im Übergang Schule/Hochschule und im ersten Studienjahr* (S. 57–58). Kassel: Universität Kassel.

Frischemeyer, D., Panse, A. & Pecher, T. (2016). Schwierigkeiten von Studienanfängern bei der Bearbeitung mathematischer Übungsaufgaben. In A. Hoppenbrock, R. Biehler, R. Hochmuth & H.-G. Rück (Hrsg.), *Lehren und Lernen von Mathematik in der Studieneingangsphase* (S. 229–241). Wiesbaden: Springer Spektrum.

Fukawa-Connelly, T. P. (2012). A case study of one instructor's lecture-based teaching of proof in abstract algebra: Making sense of her pedagogical moves. *Educational Studies in Mathematics, 81*, 325–345.

Fukawa-Connelly, T. P., Weber, K. & Mejía-Ramos, J. P. (2017). Informal Content and Student Note-Taking in Advanced Mathematics Classes. *Journal for Research in Mathematics Education, 48*(5), 567–579. https://doi.org/10.5951/jresematheduc.48.5.0567

Gabbay, M. (2010). A Formalist Philosophy of Mathematics Part I: Arithmetic. *Studia Logica, 96*(2), 219–238. https://doi.org/10.1007/s11225-010-9283-1

Gagné, R. M., Wager, W. W., Golas, K. C. & Keller, J. M. (2005). *Principles of instructional design* (5. edition). Belmont, Ca.: Wadsworth.

Gawlick, T. (2013). Problem – das Gegenteil von Routineaufgabe?: Zur Konzeption von Problemlösen. In G. Greefrath, F. Käpnick & M. Stein (Hrsg.), *Beiträge zum Mathematikunterricht 2013* (S. 340–343). Münster: WTM-Verlag.

Gebauer, H. (2013). Beschreibt doch mal die Form, die wir gerade gemacht haben. Kognitive Aktivierung im Musikunterricht. In A. Lehmann-Wermser & M. Krause-Benz (Hrsg.), *Musiklehrer(-bildung) im Fokus musikpädagogischer Forschung* (S. 61–80). Münster: Waxmann.

Geisler, S. (2020). *Bleiben oder Gehen?: Eine empirische Untersuchung von Bedingungsfaktoren und Motiven für frühen Studienabbruch und Fachwechsel in Mathematik* (Diss., Ruhr-Universität Bochum). Verfügbar 27. Juni 2024 unter https://hss-opus.ub.ruhr-uni-bochum.de/opus4/frontdoor/index/index/docId/7163

Geisler, S., Rolka, K. & Dehling, H. (2019). Bleiben oder gehen? – Eine Mixed-Methods-Studie zu frühem Studienabbruch und Verbleib von Mathematikstudierenden. In Y.-B. Böhler, S. Heuchemer & B. Szczyrba (Hrsg.), *Hochschuldidaktik erforscht wissenschaftliche Perspektiven auf Lehren und Lernen. Profilbildung und Wertefragen in der Hochschulentwicklung IV* (S. 79–90). Köln: TH Köln.

Gerdes, A., Halverscheid, S. & Schneider, S. (2021). Teilnahme an mathematischen Vorkursen und langfristiger Studienerfolg. Eine empirische Untersuchung. *Journal für Mathematik-Didaktik, 43*(2), 377–403. https://doi.org/10.1007/s13138-021-00194-3

Gerhard, D., Heidkamp, P., Spinner, A., Sommer, B., Sprick, A., Simonsmeier, B. A. & Schneider, M. (2015). Vorlesung. In M. Schneider & M. Mustafić (Hrsg.), *Gute Hochschullehre: Eine evidenzbasierte Orientierungshilfe* (S. 13–38). Berlin, Heidelberg: Springer.

Gildehaus, L., Göller, R. & Liebendörfer, M. (2021). Gymnasiales Lehramt Mathematik studieren – eine Übersicht zur Studienorganisation in Deutschland. *Mitteilungen der Gesellschaft für Didaktik der Mathematik*, (111), 27–32.

Girmes, R. (2003). Die Welt als Aufgabe. *Friedrich Jahresheft XXI*, 6–11.

Girmes, R. (2014). Allgemeine Didaktik als Theorie der sich stellenden Aufgaben. In P. Blumschein (Hrsg.), *Lernaufgaben - Didaktische Forschungsperspektiven* (S. 10–23). Bad Heilbrunn: Verlag Julius Klinkhardt.

Glaesser, J., Kilian, P. & Kelava, A. (2021). Mögliche Vorläufer von Studienabbruch in der Mathematik: stabile Persönlichkeitsmerkmale und veränderliche affektive Zustände.

In M. Neugebauer, H.-D. Daniel & A. Wolter (Hrsg.), *Studienerfolg und Studienabbruch* (S. 127–149). Wiesbaden: Springer.

Gold, A. (1988). *Studienabbruch, Abbruchneigung und Studienerfolg: Vergleichende Bedingungsanalysen des Studienverlaufs*. Frankfurt am Main: Peter Lang.

Göller, R. (2016). Zur lernstrategischen Bedeutung von Übungsaufgaben im Mathematikstudium. In Pädagogische Hochschule Heidelberg, Institut für Mathematik und Informatik (Hrsg.), *Beiträge zum Mathematikunterricht 2016* (S. 317–320). Münster: WTM-Verlag.

Göller, R. (2017). Students' perceptions of and conclusions from their first assessment experience at university. In R. Göller, R. Biehler, R. Hochmuth & H.-G. Rück (Hrsg.), *Didactics of mathematics in higher education as a scientific discipline* (S. 373–378). Kassel: Universität Kassel.

Göller, R. (2020). *Selbstreguliertes Lernen im Mathematikstudium*. Wiesbaden: Springer Spektrum.

Graf, D. (2001). Welche Aufgabentypen gibt es? *Der Mathematische und Naturwissenschaftliche Unterricht, 54*(7), 422–424.

Granzer, D. & Walther, G. (2008). Standards, keine Standardaufgaben. Gute Aufgaben für länderübergreifende Bildungsstandards in Deutschland. *Grundschule*, (4), 6–10.

Gray, E. M. & Tall, D. O. (1994). Duality, ambiguity, and flexibility: A "proceptual" view of simple arithmetic. *Journal for research in Mathematics Education, 25*(2), 116–140.

Greefrath, G. (2010). *Modellieren lernen mit offenen realitätsnahen Aufgaben* (3., unveränd. Aufl.). Hallbergmoos: Aulis-Verl.

Greefrath, G. (2018). *Anwendungen und Modellieren im Mathematikunterricht: Didaktische Perspektiven zum Sachrechnen in der Sekundarstufe* (2. Aufl. 2018). Berlin, Heidelberg: Springer.

Greefrath, G. (2019). Fermi-Aufgaben in Vergleichsarbeiten in Klasse 8 – Kriterien und Ergebnisse. In A. Büchter, M. Glade, R. Herold-Blasius, M. Klinger, F. Schacht & P. Scherer (Hrsg.), *Vielfältige Zugänge zum Mathematikunterricht* (S. 19–32). Wiesbaden: Springer.

Greefrath, G., Kaiser, G., Blum, W. & Borromeo Ferri, R. (2013). Mathematisches Modellieren – Eine Einführung in theoretische und didaktische Hintergründe. In R. B. Ferri, G. Greefrath & G. Kaiser (Hrsg.), *Mathematisches Modellieren für Schule und Hochschule* (S. 11–37). Wiesbaden: Springer Fachmedien.

Greefrath, G., Oldenburg, R., Siller, H.-S., Ulm, V. & Weigand, H.-G. (2016). *Didaktik der Analysis: Aspekte und Grundvorstellungen zentraler Begriffe* (1. Aufl. 2016). Berlin, Heidelberg: Springer Spektrum.

Griesel, H., Postel, H., Suhr, F., Ladenthin, W. & Lösche, M. (2017). *Elemente der Mathematik: EdM* (Druck A, Klasse 10). Braunschweig: Schroedel Westermann.

Grieser, D. (2014). Mathematisches Problemlösen und Beweisen: Entdeckendes Lernen in der Studieneingangsphase. In J. Roth, T. Bauer, H. Koch & S. Prediger (Hrsg.), *Übergänge konstruktiv gestalten* (S. 87–102). Wiesbaden: Springer.

Grünwald, N., Kossow, A., Sauerbier, G. & Klymchuk, S. (2004). Der Übergang von der Schul- zur Hochschulmathematik: Erfahrungen aus internationaler und deutscher Sicht. *Global J. of Engng. Educ, 8*(3), 282–292.

Gueudet, G. (2008). Investigating the secondary–tertiary transition. *Educational Studies in Mathematics, 67*(3), 237–254. https://doi.org/10.1007/s10649-007-9100-6

Gueudet, G., Bosch, M., diSessa, A. A., Kwon, O. N. & Verschaffel, L. (2016). *Transitions in Mathematics Education*. Cham: Springer International Publishing AG.

Gueudet, G. & Pepin, B. (2018). Didactic Contract at the Beginning of University: a Focus on Resources and their Use. *International Journal of Research in Undergraduate Mathematics Education*, *4*(1), 56–73. https://doi.org/10.1007/s40753-018-0069-6

Gusman, N. & Eichler, A. (2022). Schulalgebra studienreif: eine Studie im Rahmen der Mathematikvorkurse an der Universität Kassel. In R. Hochmuth, R. Biehler, M. Liebendörfer & N. Schaper (Hrsg.), *Unterstützungsmaßnahmen in mathematikbezogenen Studiengängen: Konzepte, Praxisbeispiele und Untersuchungsergebnisse* (S. 181–201). Berlin, Heidelberg: Springer.

Haak, I., Gildehaus, L. & Liebendörfer, M. (2021). Genese und Funktionen von Lerngruppen in der Studieneingangsphase. In S. Habig (Hrsg.), *Naturwissenschaftlicher Unterricht und Lehrerbildung im Umbruch? Gesellschaft für Didaktik der Chemie und Physik* (S. 89–92). Essen: Universität Duisburg-Essen.

Haase, J., Hochmuth, R., Bender, P., Biehler, R., Blum, W., Kolter, J. & Schukajlow, S. (2018). Tutorenschulung als Basis für ein kompetenzorientiertes Feedback in fachmathematischen Anfängervorlesungen. In R. Möller & R. Vogel (Hrsg.), *Konzepte und Studien zur Hochschuldidaktik und Lehrerbildung Mathematik* (S. 235–253). Wiesbaden: Springer.

Haenze, M., Fischer, E., Schreiber, S., Biehler, R. & Hochmuth, R. (2013). Innovationen in der Hochschullehre: empirische Überprüfung eines Studienprogramms zur Verbesserung von vorlesungsbegleitenden Übungsgruppen in der Mathematik. *Zeitschrift für Hochschulentwicklung*, *8*(4), 89–103.

Hägglund, A. E. & Lörz, M. (2020). Warum wählen Männer und Frauen unterschiedliche Studienfächer? *Zeitschrift für Soziologie*, *49*(1), 66–86. https://doi.org/10.1515/zfsoz-2020-0005

Hahn, S. (2013). Standardisierung in der Gymnasialen Oberstufe. In D. Bosse, F. Eberle & B. Schneider-Taylor (Hrsg.), *D. Bosse and F. Eberle and B. Schneider-Taylor* (S. 161–174). Wiesbaden: Springer.

Halverscheid, S. (2015). Aufgaben zum elementarmathematischen Schreiben in der Lehrerbildung. In J. Roth, T. Bauer, H. Koch & S. Prediger (Hrsg.), *Übergänge konstruktiv gestalten: Ansätze für eine zielgruppenspezifische Hochschuldidaktik Mathematik* (S. 165–178). Wiesbaden: Springer Fachmedien Wiesbaden.

Hammer, S. & Ufer, S. (2015). Aufgaben in einem kompetenzorientierten Mathematikunterricht. In W. Blum, S. Vogel, C. Drüke-Noe & A. Roppelt (Hrsg.), *Bildungsstandards aktuell: Mathematik in der Sekundarstufe II* (S. 160–170). Braunschweig: Diesterweg Schroedel Westermann.

Hänisch, C. (2011). *Denkformen des formalen Denkens: eine qualitative empirische Studie zur spezifischen Kognition von Studienanfängern im Fach Mathematik* (Diss., Hochschulbibliothek der Rheinisch-Westfälischen Technischen Hochschule Aachen). Verfügbar 2. Oktober 2024 unter https://www.mathematik.rwth-aachen.de/cms/mathematik/forschung/publikationen/bibliographie/~ckus/einzelansicht/?file=62944

Hanna, G. (1990). Some pedagogical aspects of proof. *Interchange*, *21*(1), 6–13.

Hanna, G. (1997). The ongoing value of proof. *Journal für Mathematik-Didaktik*, *18*(2), 171–185.

Hanna, G. (2000). Proof, explanation and exploration: An overview. *Educational studies in mathematics*, *44*, 5–23.

Hanna, G. & Barbeau, E. (2010). Proofs as bearers of mathematical knowledge. In G. Hanna, H. N. Jahnke & H. Pulte (Hrsg.), *Explanation and proof in mathematics* (S. 85–100). Dordrecht: Springer.

Harel, G. (2001). The Development of Mathematical Induction as a Proof Scheme: A Model for DNR-Based. In S. Campbell & R. Zaskis (Hrsg.), *Learning and Teaching Number Theory* (S. 185–212). New Jersey: Ablex Publishing Corporation.

Harel, G. & Sowder, L. (1998). Students' proof schemes: Results from exploratory studies. *Research in Collegiate Mathematics Education, 7*, 234–283.

Harel, G. & Tall, D. (1991). The general, the abstract, and the generic in advanced mathematics. *For the learning of mathematics, 11*(1), 38–42.

Hartkens, J. (2018). *Mathematische Reflexion in argumentativ geprägten Unterrichtsgesprächen: Eine empirisch-interpretative Untersuchung im 3. und 4. Grundschuljahr*. Wiesbaden: Springer Spektrum.

Hascher, T. (2005). Emotionen im Schulalltag: Wirkungen und Regulationsformen. *Zeitschrift für Pädagogik, 51*(5), 610–625.

Häußler, P. & Lind, G. (1998). Weiterentwicklung der Aufgabenkultur im mathematisch-naturwissenschaftlichen Unterricht: BLK-Programmförderung Steigerung der Effizienz des mathematisch-naturwissenschaftlichen Unterrichts. Erläuterungen zu Modul. Verfügbar 14. August 2024 unter http://www.sinus-transfer.de/fileadmin/MaterialienBT/Modul1.pdf

Häußler, P. & Lind, G. (2000). „Aufgabenkultur" – Was ist das? *Praxis der Naturwissenschaften–Physik in der Schule, 49*(4), 2–10.

Hazzan, O. (1999). Reducing abstraction level when learning abstract algebra concepts. *Educational Studies in Mathematics, 40*, 71–90.

Healy, L. & Hoyles, C. (1998). *Justifying and proving in school mathematics (Technical Report)*. London: Institute of Education, University of London.

Hefendehl-Hebeker, L. (2004). Perspektiven für einen künftigen Mathematikunterricht. In H. Bayrhuber, B. Ralle, K. Reiss, L.-H. Schön & H. J. Vollmer (Hrsg.), *Konsequenzen aus PISA* (S. 141–189). Innsbruck: Studien-Verlag.

Hefendehl-Hebeker, L. (2013). Doppelte Diskontinuität oder die Chance der Brückenschläge. In C. Ableitinger, J. Kramer & S. Prediger (Hrsg.), *Zur doppelten Diskontinuität in der Gymnasiallehrerbildung* (S. 1–16). Wiesbaden: Springer Spektrum.

Hefendehl-Hebeker, L. (2016). Mathematische Wissensbildung in Schule und Hochschule. In A. Hoppenbrock, R. Biehler, R. Hochmuth & H.-G. Rück (Hrsg.), *Lehren und Lernen von Mathematik in der Studieneingangsphase* (S. 15–30). Wiesbaden: Springer Spektrum.

Heins, J., Magirius, M. & Steinmetz, M. (2020). Relevanzsetzungen von Lehrenden bei der Konstruktion, Auswahl und Modifikation von Aufgaben (KAMA). In F. Schmidt & K. Schindler (Hrsg.), *Wissen und Überzeugungen von Deutschlehrkräften* (S. 165–184). Berlin: Peter Lang.

Heintz, B. (2000). *Die Innenwelt der Mathematik: Zur Kultur und Praxis einer beweisenden Disziplin*. Wien: Springer.

Heinze, A. (2004). Schülerprobleme beim Lösen von geometrischen Beweisaufgaben – eine Interviewstudie. *ZDM, 36*(5), 150–161.

Heinze, A. (2007). Problemlösen im mathematischen und außermathematischen Kontext: Modelle und Unterrichtskonzepte aus kognitionstheoretischer Perspektive. *Journal für Mathematik-Didaktik, 28*(1), 3–30.

Heinze, A. (2009). Mathematicians' Individual Criteria for Accepting Theorems and Proofs: An Empirical Approach. In G. Hanna, H. N. Jahnke & H. Pulte (Hrsg.), *Explanation and Proof in Mathematics* (S. 101–111). New York: Springer US.

Heinze, A., Cheng, Y.-H., Ufer, S., Lin, F.-L. & Reiss, K. (2008). Strategies to foster students' competencies in constructing multi-steps geometric proofs: Teaching experiments in Taiwan and Germany. *ZDM*, *40*, 443–453.

Heinze, A. & Reiss, K. (2003). Reasoning and proof: Methodological knowledge as a component of proof competence. In M. A. Mariotti (Hrsg.), *Proceedings of the Third Conference of the European Society for Research in Mathematics Education* (Bd. 4, S. 1–10). Bellaria, Italy: CERME.

Helmke, A., Helmke, T., Heyne, N., Hosenfeld, A., Kleinbub, I., Schrader, F.-W. & Wagner, W. (2007). Erfassung, Bewertung und Verbesserung des Grundschulunterrichts: Forschungsstand, Probleme und Perspektiven. In K. Möller, P. Hanke, C. Beinbrech, A. K. Hein, T. Kleickmann & R. Schages (Hrsg.), *Qualität von Grundschulunterricht: entwickeln, erfassen und bewerten* (S. 17–34). Wiesbaden: VS Verlag für Sozialwissenschaften.

Henn, H.-W. & Kaiser, G. (2001). Mathematik – ein polarisierendes Schulfach. *Zeitschrift für Erziehungswissenschaft*, *4*, 359–380.

Herget, W. (2001). Aufgaben – nicht nur nach Schema F! In U. Amelung (Hrsg.), *Neues Lernen. Neue Medien. Neuer Blick auf Standardthemen.* (S. 13–24). Münster: ZKL.

Herget, W. (2006). Typen von Aufgaben. In W. Blum, C. Drüke-Noe, R. Hartung & O. Köller (Hrsg.), *Bildungsstandards Mathematik: konkret* (S. 178–193). Berlin: Cornelsen Scriptor.

Heublein, U., Ebert, J., Hutzsch, C., Isleib, S., König, R., Richter, J. & Woisch, A. (2017). *Motive und Ursachen des Studienabbruchs an baden-württembergischen Hochschulen und beruflicher Verbleib der Studienabbrecherinnen und Studienabbrecher* (Projektbericht No.6/2017). Hannover: DZHW.

Heublein, U., Hutzsch, C. & Schmelzer, R. (2022). Die Entwicklung der Studienabbruchquoten in Deutschland. *DZHW Brief.* https://doi.org/10.34878/2022.05.DZHW_BRIEF

Heublein, U., Hutzsch, C., Schreiber, J. & Besuch, G. (2010). *Ursachen des Studienabbruchs in Bachelor- und herkömmlichen Studiengängen.* Hannover: HIS, Forum Hochschule F2/2010.

Heublein, U. & Schmelzer, R. (2018). *Die Entwicklung der Studienabbruchquoten an den deutschen Hochschulen. Berechnungen auf Basis des Absolventenjahrgangs 2016.* Hannover: DZHW.

Heublein, U. & Wolter, A. (2011). Studienabbruch in Deutschland. Definition, Häufigkeit, Ursachen, Maßnahmen. *Zeitschrift für Pädagogik*, *57*(2), 214–236. https://doi.org/10.25656/01:8716

Heuser, H. (2003). *Lehrbuch der Analysis Teil 1: Einführung in Lehre und Gebrauch* (15. Auflage). Wiesbaden: Vieweg + Teubner.

Hewitt, E. & Stromberg, K. R. (1965). *Real and Abstract Analysis: A modern treatment of the theory of functions of a real variable.* Berlin, Heidelberg: Springer.

Hiebert, J. & Lefevre, P. (1986). Conceptual and Procedural Knowlegde in Mathematics: An Introductory Analysis. In J. Hiebert (Hrsg.), *Conceptual and Procedural Knowlegde* (S. 1–28). New York: Routledge.

Hiebert, J., Stigler, J. W. & Manaster, A. B. (1999). Mathematical features of lessons in the TIMSS video study. *Zentralblatt für Didaktik der Mathematik*, *31*(6), 196–201. https://doi.org/10.1007/bf02652695

Hilgert, I. & Hilgert, J. (2021). *Mathematik – ein Reiseführer*. Berlin Heidelberg: Springer.

Hilgert, J. (2016). Schwierigkeiten beim Übergang von Schule zu Hochschule im zeitlichen Vergleich - Ein Blick auf Defizite beim Erwerb von Schlüsselkompetenzen. In A. Hoppenbrock, R. Biehler, R. Hochmuth & H.-G. Rück (Hrsg.), *Lehren und Lernen von Mathematik in der Studieneingangsphase* (S. 695–710). Wiesbaden: Springer Spektrum.

Hilgert, J. (2020). *Mathematik studieren: Ein Ratgeber für Erstsemester und solche, die es vielleicht werden wollen*. Wiesbaden: Springer Fachmedien.

Hirzebruch, F. (1974). Mathematik, Studium und Forschung. In M. Otte (Hrsg.), *Mathematiker über die Mathematik* (S. 450–467). Berlin, Heidelberg: Springer.

Hischer, H. (2021). *Grundlegende Begriffe der Mathematik: Entstehung und Entwicklung: Struktur – Funktion – Zahl*. Berlin, Heidelberg: Springer.

Hischer, H. (2023). ChatGPT und Mathematikunterricht – eine didaktische Herausforderung? *Mitteilungen der Deutschen Mathematiker-Vereinigung*, *31*(3), 173–175.

Hock, T., Heitzer, J. & Schwank, I. (2016). Axiomatic Thinking and Working in Teaching Mathematics. *Journal für Mathematik-Didaktik*, *37*(1), 181–208. https://doi.org/10.1007/s13138-016-0088-2

Hoffkamp, A., Paravicini, W. & Schnieder, J. (2016). Denk- und Arbeitsstrategien für das Lernen von Mathematik am Übergang Schule-Hochschule. In A. Hoppenbrock, R. Biehler, R. Hochmuth & H.-G. Rück (Hrsg.), *Lehren und Lernen von Mathematik in der Studieneingangsphase* (S. 295–309). Wiesbaden: Springer Spektrum.

Hoffmann, M. & Biehler, R. (2022). Schnittstellenaufgaben in der Analysis I zur Verknüpfung von Schul- und Hochschulmathematik – Aufgabenbeispiel und Ergebnisse einer Evaluationsstudie. In S. Halverscheid, I. Kersten & B. Schmidt-Thieme (Hrsg.), *Bedarfsgerechte fachmathematische Lehramtsausbildung* (S. 351–368). Wiesbaden: Springer.

Horndasch, S. (2011). *Bachelor nach Plan. Dein Weg ins Studium: Studienwahl, Bewerbung, Einstieg, Finanzierung, Wohnungssuche, Auslandsstudium* (2. Aufl. 2010). Berlin, Heidelberg: Springer.

Huber, L. (2009). Von „basalen Fähigkeiten" bis „vertiefte Allgemeinbildung": Was sollen Abiturientinnen und Abiturienten für das Studium mitbringen? In D. Bosse (Hrsg.), *Gymnasiale Bildung zwischen Kompetenzorientierung und Kulturarbeit* (S. 107–124). Wiesbaden: VS-Verlag.

Hugener, I., Pauli, C. & Reusser, K. (2006). Dokumentation der Erhebungs- und Auswertungsinstrumente zur schweizerisch-deutschen Videostudie Unterrichtsqualität, Lernverhalten und mathematisches Verständnis. 3. Videoanalysen. In E. Klieme (Hrsg.), *Materialien zur Bildungsforschung 15*. Frankfurt am Main: GFPF.

Humenberger, H. (2017). Modellierungsaufgaben im Unterricht – selbst Erfahrungen sammeln. In H. Humenberger & M. Bracke (Hrsg.), *Neue Materialien für einen realitätsbezogenen Mathematikunterricht 3: ISTRON Schriftenreihe* (S. 107–118). Wiesbaden: Springer Fachmedien.

Hunkins, F. (1995). *Teaching thinking through effective questioning*. Norwood, MA: Christopher Gordon.

Hußmann, S. (2017). Umgangssprache-Fachsprache. In T. Leuders (Hrsg.), *Mathematik-Didaktik* (S. 60–74). Berlin: Cornelsen.

Hussy, W., Schreier, M. & Echterhoff, G. (2010). *Forschungsmethoden in Psychologie und Sozialwissenschaften – für Bachelor*. Berlin, Heidelberg: Springer.

Iannone, P. & Nardi, E. (2007). The interplay between syntactic and semantic knowledge in proof production: mathematicians' perspectives. In D. Pitta-Pantazi & G. Philippou (Hrsg.), *Proceedings of The Fifth Congress of the European Society for Research in Mathematics Education* (S. 2300–2309). Nikosia: University of Cyprus.

Iannone, P. & Simpson, A. (2011). The summative assessment diet: how we assess in mathematics degrees. *Teaching Mathematics and its Applications, 30*(4), 186–196. https://doi.org/10.1093/teamat/hrr017

Iannone, P. & Simpson, A. (2013). Students' perceptions of assessment in undergraduate mathematics. *Research in Mathematics Education, 15*(1), 17–33. https://doi.org/10.1080/14794802.2012.756634

Inglis, M., Mejia-Ramos, J. P., Weber, K. & Alcock, L. (2013). On Mathematicians' Different Standards When Evaluating Elementary Proofs. *Topics in Cognitive Science, 5*(2), 270–282. https://doi.org/10.1111/tops.12019

Jahner, H. (1976). Modell für einen Minimalkurs „Analysis". *Neue Unterrichtspraxis, 9*, 276–288.

Jahnke, H. N. (2007). Proofs and hypotheses. *ZDM, 39*(1–2), 79–86. https://doi.org/10.1007/s11858-006-0006-z

Jahnke, H. N. (2008). Theorems that admit exceptions, including a remark on Toulmin. *ZDM, 40*(3), 363–371. https://doi.org/10.1007/s11858-008-0097-9

Jahnke, H. N. (2010). Zur Genese des Beweisens. In A. Lindmeier & S. Ufer (Hrsg.), *Beiträge zum Mathematikunterricht 2010* (S. 51–58). Münster: WTM-Verlag.

Jahnke, H. N. & Ufer, S. (2015). Argumentieren und Beweisen. In R. Bruder, L. Hefendehl-Hebeker, B. Schmidt-Thieme & H.-G. Weigand (Hrsg.), *Handbuch der Mathematikdidaktik* (S. 331–356). Berlin, Heidelberg: Springer.

Jahnke, T. (2001). Kleines Aufgabenbrevier: zur Klassifizierung von Aufgaben im Mathematikunterricht. *Sinus-Materialien, 109.*

Jahnke, T. (2013). Zur Authentizität von Mathematikaufgaben. In G. Greefrath, F. Käpnick & M. Stein (Hrsg.), *Beiträge zum Mathematikunterricht 2013* (S. 500–503). Münster: WTM-Verlag.

Jakob, M., Haak, I. & Waldecker, R. (2022). Der Mathe-Treffpunkt am Institut für Mathematik der MLU Halle-Wittenberg. In R. Hochmuth, R. Biehler, M. Liebendörfer & N. Schaper (Hrsg.), *Unterstützungsmaßnahmen in mathematikbezogenen Studiengängen* (S. 639–664). Berlin, Heidelberg: Springer.

Jatzwauk, P. (2007). *Aufgaben im Biologieunterricht: Eine Analyse der Merkmale und des didaktisch-methodischen Einsatzes von Aufgaben im Biologieunterricht.* Berlin: Logos-Verl.

Jaworski, B. (2002). Sensitivity and challenge in university mathematics tutorial teaching. *Educational Studies in Mathematics, 51*(1), 71–94.

Johnson, E., Ellis, J. & Rasmussen, C. (2015). It's about time: the relationships between coverage and instructional practices in college calculus. *International Journal of Mathematical Education in Science and Technology, 47*(4), 491–504. https://doi.org/10.1080/0020739x.2015.1091516

Jordan, A., Krauss, S., Löwen, K., Blum, W., Neubrand, M., Brunner, M., ... Baumert, J. (2008). Aufgaben im COACTIV-Projekt: Zeugnisse des kognitiven Aktivierungspotentials im deutschen Mathematikunterricht. *Journal für Mathematik-Didaktik, 29*, 83–107.

Jordan, A., Ross, N., Krauss, S., Baumert, J., Blum, W., Neubrand, M., ... Kunter, M. (2006). *Klassifikationsschema für Mathematikaufgaben. Dokumentation der Aufgabenkategorisierung im COACTIV-Projekt.* Berlin: Max-Planck-Institut für Bildungsforschung. Verfügbar 15. Oktober 2024 unter https://pure.mpg.de/rest/items/item_2100753_3/component/file_2197661/content

Kaenders, R., Kvasz, L. & Weiss-Pidstrygach, Y. (2015). Mehr Ausgewogenheit mathematischer Bewusstheit in Schule und Universität. In J. Roth, T. Bauer, H. Koch & S. Prediger (Hrsg.), *Übergänge konstruktiv gestalten: Ansätze für eine zielgruppenspezifische Hochschuldidaktik Mathematik* (S. 149–163). Wiesbaden: Springer.

Kaenders, R. & Weiss, Y. (2017). Mathematische Schneeschmelze. *Mitteilungen der Deutschen Mathematiker-Vereinigung, 25*(2), 82–89.

Kaiser, G. & Maaß, K. (2006). Vorstellungen über Mathematik und ihre Bedeutung für die Behandlung von Realitätsbezügen. In A. Büchter, H. Humenberger, S. Hußmann & S. Prediger (Hrsg.), *Realitätsnaher Mathematikunterricht vom Fach aus und für die Praxis* (S. 83–94). Hildesheim: Franzbecker.

Kaiser, G. & Stender, P. (2015). Die Kompetenz mathematisch Modellieren. In W. Blum, S. Vogel, C. Drüke-Noe & A. Roppelt (Hrsg.), *Bildungsstandards aktuell: Mathematik in der Sekundarstufe II* (S. 95–106). Braunschweig: Diesterweg Schroedel Westermann.

Kauertz, A. (2008). *Schwierigkeitserzeugende Merkmale physikalischer Leistungstestaufgaben.* Berlin: Logos-Verl.

Keller, L. (2012). Operatoren als Schlüssel zur Schulung und Überprüfung von Kompetenzen – Hoffnungen und Störfaktoren. *Zeitschrift für Geographiedidaktik (ZGD), 40*(4), 184–194.

Kempen, L. (2019). *Begr ünden und Beweisen im Übergang von der Schule zur Hochschule: Theoretische Begründung, Weiterentwicklung und Evaluation einer universitären Erstsemesterveranstaltung unter der Perspektive der doppelten Diskontinuität.* Wiesbaden: Springer Spektrum.

Kempen, L., Krieger, M. & Tebaartz, P. C. (2016). Über die Auswirkungen von Operatoren in Beweisaufgaben. In Institut für Mathematik und Informatik Heidelberg (Hrsg.), *Beiträge zum Mathematikunterricht 2016* (S. 521–524). https://doi.org/10.17877/DE290R-17297

Kempen, L. & Liebendörfer, M. (2021). University students' fully digital study of mathematics: an identification of student-groups via their resources usage and a characterization by personal and affective characteristics. *Teaching Mathematics and Its Applications: An International Journal of the IMA, 40*(4), 436–454.

Kempen, L. & Liebendörfer, M. (2023). Zu digital – zu viel – zu schwer? Qualitative Einsichten in das Erleben und Handeln von Erstsemester-Studierenden der Mathematik während der Corona-Pandemie. In J. Härterich, M. Kallweit, K. Rolka & T. Skill (Hrsg.), *Hanse-Kolloquium zur Hochschuldidaktik der Mathematik 2021: Beiträge zum gleichnamigen Online-Symposium am 12. November 2021 aus Bochum* (S. 91–106). Münster: WTM-Verlag.

Kepser, M. (2010). E-Learning an der Hochschule – eine kritische Einführung. In U. Eberhardt (Hrsg.), *Neue Impulse in der Hochschuldidaktik: Sprach- und Literaturwissenschaften* (S. 199–228). Wiesbaden: VS Verlag für Sozialwissenschaften.

Kerst, C., Meier, D. H. & Gehrke, B. (2023). *Bildung und Qualifikation als Grundlage der technologischen Leistungsfähigkeit Deutschlands 2023.* Berlin: Expertenkommission Forschung und Innovation.

Kersten, I. (2015). Kalkülfertigkeiten an der Universität: Mängel erkennen und Konzepte für die Förderung entwickeln. In J. Roth, T. Bauer, H. Koch & S. Prediger (Hrsg.), *Übergänge konstruktiv gestalten* (S. 33–49). Wiesbaden: Springer.

Kilpatrick, J. (1985). Reflection and recursion. *Educational Studies in Mathematics, 16*(1), 1–26.

Kilpatrick, J. (2012). The new math as an international phenomenon. *ZDM, 44*(4), 563–571. https://doi.org/10.1007/s11858-012-0393-2

Kircher, E., Girwidz, R. & Häußler, P. (2010). Standards und Physikaufgaben. In E. Kircher, R. Girwidz & P. Häußler (Hrsg.), *Physikdidaktik: Theorie und Praxis* (S. 663–688). Berlin, Heidelberg: Springer.

Kircher, E., Girwidz, R., Häußler, P., Fischer, H. E. & Draxler, D. (2007). Konstruktion und Bewertung von Physikaufgaben. In E. Kircher, R. Girwidz & P. Häußler (Hrsg.), *Physikdidaktik: Theorie und Praxis* (S. 639–655). Wiesbaden: Springer.

Kirchner, V. (2020). Grundlegende Überlegungen zum fachspezifischen Beitrag der ökonomischen Bildung zur Wissenschaftspropädeutik. *Zeitschrift für ökonomische Bildung, Sondernummer, Jahresband DeGÖB 2018*, 1–16.

Kirsten, K. (2021). *Beweisprozesse von Studierenden: Ergebnisse einer empirischen Untersuchung zu Prozessverläufen und phasenspezifischen Aktivitäten*. Wiesbaden: Springer.

Klauer, K. J. (1987). *Kriteriumsorientierte Tests: Lehrbuch der Theorie und Praxis lehrzielorientierten Messens*. Göttingen: Hogrefe.

Klein, F. (1908). *Elementarmathematik vom Höheren Standpunkte aus I*. Leipzig: B.G. Teubner.

Kleinknecht, M. (2011). Was ist eine gute Aufgabe? Analyse und Weiterentwicklung der unterrichtlichen Aufgabenkultur. In A. Brinkmann & K. Schlegel-Matthies (Hrsg.), *Umgang mit Heterogenität in Schule und Unterricht* (S. 23–32). Bad Heilbrunn: Klinkhardt.

Kleinknecht, M. (2019). Aufgaben und Aufgabenkultur. *Zeitschrift für Grundschulforschung, 12*(1), 1–14. https://doi.org/10.1007/s42278-018-00035-2

Klieme, E. (2000). Fachleistungen im voruniversitären Mathematik- und Physikunterricht: Theoretische Grundlagen, Kompetenzstufen und Unterrichtsschwerpunkte. In J. Baumert (Hrsg.), *TIMSS-III* (S. 57–128). Opladen: Leske + Budrich.

Klieme, E. (2006). Empirische Unterrichtsforschung: Aktuelle Entwicklungen, theoretische Grundlagen und fachspezifische Befunde. Einführung in den Thementeil. *Zeitschrift für Pädagogik, 52*(6), 765–773.

Klieme, E. (2019). Unterrichtsqualität. In M. Harring, C. Rohlfs & M. Gläser-Zikuda (Hrsg.), *Handbuch Schulpädagogik* (S. 393–408). Münster: Waxmann.

Klieme, E., Schümer, G. & Knoll, S. (2001). Mathematikunterricht in der Sekundarstufe I. Aufgabenkultur und Unterrichtsgestaltung. In Bundesministerium für Bildung und Forschung (BMBF) (Hrsg.), *TIMSS - Impulse für Schule und Unterricht.* (S. 43–57). Bonn: Bundesministerium für Bildung u. Forschung.

Klinger, M. (2019). Grundvorstellungen versus Concept Image? Gemeinsamkeiten und Unterschiede beider Theorien am Beispiel des Funktionsbegriffs. In A. Büchter, M. Glade, R. Herold-Blasius, M. Klinger, F. Schacht & P. Scherer (Hrsg.), *Vielfältige Zugänge zum Mathematikunterricht* (S. 61–75). Wiesbaden: Springer Spektrum.

Klix, F. (1976). *Information und Verhalten* (3. Auflage). Berlin: VEB Deutscher Verlag der Wissenschaften.

Knospe, H. (2012). Zehn Jahre Eingangstest Mathematik an Fachhochschulen in Nordrhein-Westfalen. In *Proceedings zum 10. Workshop Mathematik in ingenieurwissenschaftlichen Studiengängen* (S. 19–24). Mülheim: Hochschule Ruhr-West.

Koichu, B. (2014). Reflections on Problem-Solving. In M. N. Fried & T. Dreyfus (Hrsg.), *Mathematics & Mathematics Education: Searching for Common Ground* (S. 113–135). Dordrecht: Springer Netherlands.

Kolbe, T. & Liebendörfer, M. (2024). Which knowledge is required in exams on analysis 1 courses at German universities? *Teaching Mathematics and its Applications: An International Journal of the IMA*. https://doi.org/10.1093/teamat/hrae012

Kollosche, D. (2015). *Gesellschaftliche Funktionen des Mathematikunterrichts: ein soziologischer Beitrag zum kritischen Verständnis mathematischer Bildung*. Wiesbaden: Springer Spektrum.

Kolter, J., Blum, W., Bender, P., Biehler, R., Haase, J., Hochmuth, R. & Schukajlow, S. (2018). Zum Erwerb, zur Messung und zur Förderung studentischen (Fach-) Wissens in der Vorlesung „Arithmetik für die Grundschule“ – Ergebnisse aus dem KLIMAGS-Projekt. In R. Möller & R. Vogel (Hrsg.), *Innovative Konzepte für die Grundschullehrerausbildung im Fach Mathematik* (S. 95–121). Wiesbaden: Springer.

Königsberger, K. (2004). *Analysis 1* (6., durchges. Aufl., [Nachdr.]). Berlin: Springer.

Körner, T. W. (2005). Ein Lob der Vorlesungen. *Mitteilungen der Deutschen Mathematiker-Vereinigung, 13*(4), 241–246.

Kortemeyer, J. (2019). *Mathematische Kompetenzen in Ingenieur-Grundlagenfächern*. Wiesbaden: Springer.

Kortemeyer, J. & Biehler, R. (2017). Conceptualizing students' processes of solving a typical problem in the course Principles of electrical engineering requiring higher mathematical methods. In R. Göller, R. Biehler, R. Hochmuth & H.-G. Rück (Hrsg.), *Didactics of mathematics in higher education as a scientific discipline* (S. 161–168). Kassel: Universität Kassel.

Kortemeyer, J. & Frühbis-Krüger, A. (2021). Mathematik im Lehrexport – ein bewährtes Maßnahmenpaket zur Begleitung von Studierenden in der Studieneingangsphase. In R. Biehler, A. Eichler, R. Hochmuth, S. Rach & N. Schaper (Hrsg.), *Lehrinnovationen in der Hochschulmathematik: praxisrelevant – didaktisch fundiert – forschungsbasiert* (S. 19–46). Berlin, Heidelberg: Springer.

Köster, J. (2003). Konstruieren statt Entdecken – Impulse aus der PISA-Studie für die deutsche Aufgabenkultur. *Didaktik Deutsch, 8*(14), 4–20.

Köster, J. (2008). Lern- und Leistungsaufgaben im Deutschunterricht. *Deutschunterricht, 61*(5), 4–8.

Krapf, R. (2020). *Elementare Grundlagen der Hochschulmathematik*. Wiesbaden: Springer.

Krapf, R. & Liebendörfer, M. (2021). Was bewirkt die Pflichtabgabe von Übungsaufgaben in der Hochschulmathematik? – Ein empirischer Vergleich. *mathematica didactica, 44*(2), 1–17.

Krause, N. M. (2014). *Wissenschaftspropädeutik im Kontext vom Mathematikunterricht der gymnasialen Oberstufe – Facharbeiten als mathematikdidaktischer Ansatz für eine Öffnung des Mathematikunterrichts zur Verbesserung der Studierfähigkeit und zur Veränderung des Mathematikbilds* (Diss., Martin-Luther-Universität Halle). https://doi.org/10.25673/1381

Krauss, S., Neubrand, M., Blum, W., Baumert, J., Brunner, M., Kunter, M. & Jordan, A. (2008). Die Untersuchung des professionellen Wissens deutscher Mathematiklehrerinnen und -lehrer im Rahmen der COACTIV-Studie. *Journal für Mathematik-Didaktik, 29*(3–4), 233–258. https://doi.org/10.1007/bf03339063

Krieg, A., Verhulst, F. & Walcher, S. (2008). Lieve Maria. Niederländische Studenten beschweren sich über den Mathematik-Schulunterricht. *Mitteilungen der Deutschen Mathematiker-Vereinigung, 16*(1), 22–24.

Krüger, M. (2015). *Aufgabenkultur in zentralen Abschlussprüfungen: Exploration und Deskription naturwissenschaftlicher Aufgabenstellungen im internationalen Vergleich.* Münster: Waxmann.

Krummheuer, G. (1997). *Narrativität und Lernen: Mikrosoziologische Studien zur sozialen Konstitution schulischen Lernens.* Weinheim: Dt. Studien-Verl.

Krummheuer, G. (2001). Narratives Argumentieren im Mathematikunterricht der Grundschule. In H.-G. Roßbach, K. Nölle & K. Czerwenka (Hrsg.), *Forschungen zu Lehr- und Lernkonzepten für die Grundschule* (S. 167–173). Wiesbaden: VS Verlag für Sozialwissenschaften.

Kühn, S. M. (2010). *Steuerung und Innovation durch Abschlussprüfungen?* Wiesbaden: VS Verlag fur Sozialwissenschaften GmbH.

Kühn, S. M. & Drüke-Noe, C. (2013). Qualität und Vergleichbarkeit durch Bildungsstandards und zentrale Prüfungen? Ein bundesweiter Vergleich von Prüfungsanforderungen im Fach Mathematik zum Erwerb des Mittleren Schulabschlusses. *Zeitschrift für Pädagogik, 59*(6), 912–932.

Kühnel, W., Bandelt, H.-J., Jahnke, T., Klein, H.-P., Remus, D., Schweighofer, M., ... Walcher, S. (2015). Zur neuen Schulmathematik im Abitur – Die Bildungsstandards der KMK von 2012. *Mitteilungen der Deutschen Mathematiker-Vereinigung, 23*(2), 106–109. https://doi.org/10.1515/dmvm-2015-0038

Kümmerer, B. (2013). Wenn du wenig Zeit hast, nimm' dir viel davon am Anfang: Ein Einstieg in die Analysis. In C. Ableitinger, J. Kramer & S. Prediger (Hrsg.), *Zur doppelten Diskontinuität in der Gymnasiallehrerbildung* (S. 135–150). Wiesbaden: Springer Spektrum.

Landis, J. R. & Koch, G. G. (1977). The measurement of observer agreement for categorical data. *biometrics, 33*(1), 159–174.

Larsen, S., Strand, S. & Vroom, K. (2022). How Undergraduate Students Think about Summation (Sigma) Notation. *International Journal of Research in Undergraduate Mathematics Education, 10*(1), 232–254. https://doi.org/10.1007/s40753-022-00193-w

Lederer, A. (2008). *Pr üfungen kritisch überprüft: Probleme der schulischen Prüfungs- und Beurteilungspraxis untersucht an schriftlichen Prüfungen und Prüfungsaufgaben in ausgewählten Fächern der Realschule* (1. Aufl.). Bad Heilbrunn: Verlag Julius Klinkhardt.

Lee, C. & Johnston-Wilder, S. (2014). Mathematical resilience: what it is and why is it important? In S. Chinn (Hrsg.), *The Routledge International Handbook of Dyscalculia and Mathematical Learning Difficulties* (S. 337–345). Abingdon: Routledge.

Lee, J. M. (2019). Some Remarks on Writing Mathematical Proofs. Verfügbar 9. Juli 2024 unter https://sites.math.washington.edu/~lee/Writing/writing-proofs.pdf

Lehn, M. (2016). Wie bearbeitet man ein Übungsblatt? Verfügbar 29. Juli 2024 unter https://www.agtz.mathematik.uni-mainz.de/wie-bearbeitet-man-ein-uebungsblatt-von-prof-dr-manfred-lehn/

Leisen, J. (2001). Qualitätssteigerung des Physikunterrichts durch Weiterentwicklung der Aufgabenkultur. *Der mathematische und naturwissenschaftliche Unterricht*, *54*(7), 401–405.

Leisen, J. (2006). Aufgabenkultur im mathematisch-naturwissenschaftlichen Unterricht. *Der Mathematische und Naturwissenschaftliche Unterricht*, *59*(5), 260–266.

Leiss, D. (2005). *Der Prozess der Normierung bei den Bildungsstandards Mathematik* [Vortrag auf der Tagung zum Thema Standards und Aufgaben in Kiel vom 3. bis 4. Juni 2005].

Leiss, D. (2010). Adaptive Lehrerinterventionen beim mathematischen Modellieren – empirische Befunde einer vergleichenden Labor- und Unterrichtsstudie. *Journal für Mathematik-Didaktik*, *31*(2), 197–226. https://doi.org/10.1007/s13138-010-0013-z

Lengnink, K. (2006). Reflected acting in mathematical learning processes. *ZDM*, *38*(4), 341–349.

Lengnink, K. & Prediger, S. (2000). Mathematisches Denken in der Linearen Algebra. *Zentralblatt für Didaktik der Mathematik*, *32*(4), 111–122. https://doi.org/10.1007/bf02652752

Lenné, H. (1969). *Analyse der Mathematikdidaktik in Deutschland* (1. Aufl.). Stuttgart: Klett.

Leuders, T. (2009). *Qualität im Mathematikunterricht in der Sekundarstufe I und II* (6. Aufl.). Berlin: Cornelsen-Scriptor.

Leuders, T. (2010). Nachdenken geboten – Die Entwicklung selbstreflexiven Lernens im Mathematikunterricht. In T. Bohl, K. Kansteiner-Schänzlin, M. Kleinknecht, B. Kohler & A. Nold (Hrsg.), *Selbstbestimmung und Classroom-Management. Empirische Befunde und Entwicklungsstrategien zum guten Unterricht* (S. 221–235). Bad Heilbrunn: Klinkhardt.

Leuders, T. (2012). Einüben oder Ausüben? Übekonzepte im Mathematikunterricht. *Pädagogik (Weinheim)*, *64*(12), 17–21.

Leuders, T. (2014). Aufgaben in Forschung und Praxis. Aufgabenklassifikationen und Aufgabenforschung aus fachdidaktischer Perspektive. In B. Ralle, S. Prediger, M. Hammann & M. Rothgangel (Hrsg.), *Lernaufgaben entwickeln, bearbeiten und überprüfen* (S. 33–50). Münster: Waxmann.

Leuders, T. (2023). Aufgaben in Forschung und Praxis. In R. Bruder, A. Büchter, H. Gasteiger, B. Schmidt-Thieme & H.-G. Weigand (Hrsg.), *Handbuch der Mathematikdidaktik* (S. 493–521). Berlin, Heidelberg: Springer.

Leufer, N. (2016). *Kontextwechsel als implizite Hürden realitätsbezogener Aufgaben: Eine soziologische Perspektive auf Texte und Kontexte nach Basil Bernstein*. Wiesbaden: Springer Spektrum.

Leviatan, T. (2008). Bridging a cultural gap. *Mathematics Education Research Journal*, *20*(2), 105–116.

Levin, M. (2018). Conceptual and Procedural Knowledge During Strategy Construction: A Complex Knowledge Systems Perspective. *Cognition and Instruction*, *36*(3), 247–278. https://doi.org/10.1080/07370008.2018.1464003

Lew, K., Fukawa-Connelly, T. P., Mejía-Ramos, J. P. & Weber, K. (2016). Lectures in advanced mathematics: Why students might not understand what the mathematics professor is trying to convey. *Journal for Research in Mathematics Education*, *47*(2), 162–198.

Liebau, E. (1981). Studium und studentisches Berufsbild. In W. Schulte (Hrsg.), *Soziologie in der Gesellschaft: Referate aus den Veranstaltungen der Sektionen der Deutschen Gesellschaft für Soziologie, der Ad-hoc-Gruppen und des Berufsverbandes Deutscher Soziologen beim 20. Deutschen Soziologentag in Bremen 1980* (S. 417–421). Bremen: Deutsche Gesellschaft für Soziologie.

Liebendörfer, M. (2018). *Motivationsentwicklung im Mathematikstudium.* Wiesbaden: Springer Fachmedien.

Liebendörfer, M. & Göller, R. (2016a). Abschreiben von Übungsaufgaben in traditionellen und innovativen Mathematikvorlesungen. *Mitteilungen der Deutschen Mathematiker-Vereinigung, 24*(4), 230–233.

Liebendörfer, M. & Göller, R. (2016b). Abschreiben von Übungsblättern – Umrisse eines Verhaltens in mathematischen Lehrveranstaltungen. In W. Paravincini & J. Schnieder (Hrsg.), *Hanse-Kolloquium zur Hochschuldidaktik der Mathematik 2014 Beiträge zum gleichnamigen Symposium am 7. und 8. November 2014 an der Westfälischen Wilhelms-Universität Münster* (S. 119–141). Münster: WTM-Verlag.

Liebendörfer, M. & Ostsieker, L. (2014). Mathematik als Werkzeug: Sicht- und Arbeitsweisen von Studierenden am Anfang ihres Mathematikstudiums. In T. Wassong, D. Frischemeier, P. R. Fischer, R. Hochmuth & P. Bender (Hrsg.), *Mit Werkzeugen Mathematik und Stochastik lernen – Using Tools for Learning Mathematics and Statistics* (S. 453–462). Wiesbaden: Springer.

Lienert, G. A. & Raatz, U. (1994). *Testaufbau und Testanalyse* (5., völlig neubearb. und erw. Aufl.). Weinheim: Beltz, Psychologie-Verl.-Union.

Linneweber-Lammerskitten, H. (2012). Aufgabenkulturen in der Fachdidaktik Mathematik. In S. Keller & U. Bender (Hrsg.), *Aufgabenkulturen* (S. 214–225). Seelze: Kallmeyer in Verb. mit Klett.

Lisiecka-Czop, M. (2022). Mathematische Fachphraseologie und Phraseologie mit mathematischen Fachbegriffen – lexikografische Zugänge zur Schnittstellezwischen einer Fachsprache und Phraseologismen. Verfügbar 1. August 2024 unter https://www.ifg.uni.wroc.pl/wp-content/uploads/PUBLIKACJE-IFG/StudiaPhraseologica/Band-II-Gondek-Jurasz-Kalasznik-Szczek.pdf#page=33

Lithner, J. (2004). Mathematical reasoning in calculus textbook exercises. *The Journal of Mathematical Behavior, 23*(4), 405–427.

Lithner, J. (2011). University mathematics students' learning difficulties. *Education Inquiry,* 2(2), 289–303.

Loos, A., Sinn, R. & Ziegler, G. M. (2022). *Panorama der Mathematik.* Berlin, Heidelberg: Springer.

Loos, A. & Ziegler, G. M. (2015). Gesellschaftliche Bedeutung der Mathematik. In R. Bruder, L. Hefendehl-Hebeker, B. Schmidt-Thieme & H.-G. Weigand (Hrsg.), *Handbuch der Mathematikdidaktik* (S. 3–17). Berlin, Heidelberg: Springer.

Lorbeer, W. & Reiss, K. (2010). Mathematische Kompetenzentwicklung im Übergang zwischen Schule und Hochschule: Ist der Kulturschock unabwendbar? In W. Herget, W. Walsch & K. Richter (Hrsg.), *Mathematische Kompetenzen entwickeln und erfassen* (S. 87–98). Hildesheim: Franzbecker.

Lösche, M. & Suhr, F. (Hrsg.). (2023). *Elemente der Mathematik* (Sachsen, 9. Klasse Gymnasium, Druck A). Braunschweig: Westermann.

Ludwig-Maximilians-Universität München (LMU München). (2021). Prüfungs- und Studienordnung der Ludwig-Maximilians-Universität München für den Bachelorstudiengang Mathematik (2021). Vom 8. Dezember 2021. Verfügbar 26. Juni 2024 unter https://cms-cdn.lmu.de/media/contenthub/amtliche-veroeffentlichungen/1500-16ma-ba-2021-ps00.pdf

Ludwig-Maximilians-Universität München (LMU München). (2022). Modulhandbuch Hauptfach: Bachelor of Science in Mathematik (180 ECTS-Punkte). Auf Basis der

Prüfungs- und Studienordnung vom 08. Dezember 2021. Stand: 22.4.2022. Verfügbar 30. Juli 2024 unter https://www.mathematik.uni-muenchen.de/studium/fachstudium/studiengaenge/bachelor_mathematik/neumhandbuch_2021.pdf

Luthiger, H. (2012). Lern-und Leistungsaufgaben in einem kompetenzorientierten Unterricht. *HiBiFo–Haushalt in Bildung und Forschung*, *1*(3), 3–14.

Maaß, K. (2004). *Mathematisches Modellieren im Unterricht: Ergebnisse einer empirischen Studie*. Hildesheim: Verlag Franzbecker.

Maaß, K. (2008). *Mathematisches Modellieren: Aufgaben für die Sekundarstufe I* (2. Auflage). Berlin: Cornelsen Scriptor.

Maier, H. (2004). Zu fachsprachlicher Hyper- und Hypotrophie im Fach Mathematik oder Wie viel Fachsprache brauchen Schüler im Mathematikunterricht? *Journal für Mathematik-Didaktik*, *25*(2), 153–166.

Maier, H. & Schweiger, F. (1999). *Mathematik und Sprache. Zum Verstehen und Verwenden von Fachsprache im Mathematikunterricht*. Wien: Universität Wien.

Maier, U., Bohl, T., Kleinknecht, M. & Metz, K. (2013). Allgemeindidaktische Kritierien für die Analyse von Aufgaben: Fächerübergreifende Kriterien zur Auswahl und Analyse. In M. Kleinknecht, T. Bohl, U. Maier & K. Metz (Hrsg.), *Lern- und Leistungsaufgaben im Unterricht* (S. 9–45). Bad Heilbrunn: Verlag Julius Klinkhardt.

Maier, U., Bohl, T., Kleinknecht, M. & Metz, K. (2014). Allgemeine Didaktik und ein Kategoriensystem der überfachlichen Aufgabenanalyse. In P. Blumschein (Hrsg.), *Lernaufgaben – Didaktische Forschungsperspektiven* (S. 35–51). Bad Heilbronn: Verlag Julius Klinkhardt.

Maier, U., Kleinknecht, M., Metz, K. & Bohl, T. (2010). Ein allgemeindidaktisches Kategoriensystem zur Analyse des kognitiven Potenzials von Aufgaben. *Beiträge zur Lehrerbildung*, *28*(1), 84–96. https://doi.org/10.25656/01:13734

Manin, Y. I. (1981). A digression on proof. *The Two-year College Mathematics Journal*, *12*(2), 104–107.

Mariotti, M. A. & Pedemonte, B. (2019). Intuition and proof in the solution of conjecturing problems'. *ZDM*, *51*(5), 759–777. https://doi.org/10.1007/s11858-019-01059-3

Mason, J. (1996). Expressing generality and the roots of algebra. In N. Bednarz, C. Kieran & L. Lee (Hrsg.), *Approaches to algebra. Perspectives for research and teaching* (S. 65–86). Amsterdam: Kluwer Academic Publishing.

Mason, J., Burton, L. & Stacey, K. (2010). *Thinking mathematically* (2. ed.). Harlow: Pearson Education Limited.

Mayring, P. & Fenzl, T. (2019). Qualitative Inhaltsanalyse. In N. Baur & J. Blasius (Hrsg.), *Handbuch Methoden der empirischen Sozialforschung* (S. 633–648). https://doi.org/10.1007/978-3-658-21308-4_42

Meier, B. (2019). Kreativität im Kontext der neuen Aufgabenkultur. *Sitzungsberichte der Leibniz-Sozietät der Wissenschaften zu Berlin*, (139), 69–91.

Merkator, N. & Teichler, U. (2010). Strukturwandel des tertiären Bildungssystems. In Hans-Böckler-Stiftung (Hrsg.), *Expertisen für die Hochschule der Zukunft. Demokratische und soziale Hochschule* (). Bad Heilbrunn: Klinkhardt.

Merkl, F. (2023). *Analysis einer Veränderlichen prägnant erklärt: Mit logischen Grundlagen und Querverbindungen*. Berlin, Heidelberg: Springer.

Metz, K., Maier, U. & Kleinknecht, M. (2009). Kognitiver Anspruch von Aufgaben im Deutschunterricht. *Informationen zur Deutschdidaktik (ide)*, *33*(3), 74–87.

Meyer, M. (2021). *Entdecken und Begründen im Mathematikunterricht: Von der Abduktion zum Argument*. Wiesbaden: Springer.

Meyer, M. & Prediger, S. (2009). Warum? Argumentieren, Begründen, Beweisen. *Praxis der Mathematik in der Schule*, *51*(30), 1–7.

Meyer, M. & Prediger, S. (2012). Sprachenvielfalt im Mathematikunterricht: Herausforderungen, Chancen und Förderansätze. *Praxis der Mathematik in der Schule*, *54*(45), 2–9.

Meyer, M. & Tiedemann, K. (2017). *Sprache im Fach Mathematik* (1. Aufl. 2017). Berlin, Heidelberg: Springer.

Meyerhöfer, W. (2018). Übergang Schule–Hochschule: Hausaufgaben für alle – außer für die Mathematiklehrenden an Hochschulen. *Mitteilungen der Deutschen Mathematiker-Vereinigung*, *26*(1), 26–30. https://doi.org/10.1515/dmvm-2018-0010

Ministerium für Schule und Bildung des Landes Nordrhein-Westfalen (MSB NRW). (2019). Kernlehrplan für die Sekundarstufe I Gymnasien in Nordrhein-Westfalen Mathematik. Verfügbar 20. August 2024 unter https://www.schulentwicklung.nrw.de/lehrplaene/lehrplan/195/g9_m_klp_3401_2019_06_23.pdf

Mischau, A. & Blunck, A. (2006). Mathematikstudierende, ihr Studium und ihr Fach: Einfluss von Studiengang und Geschlecht. *Mitteilungen der Deutschen Mathematiker-Vereinigung*, *14*(1), 46–52.

Mitchelmore, M. C. (2002). The role of abstraction and generalisation in the development of mathematical knowledge. In *Paper presented at the 9th Southeast Asian Conference on Mathematics Education* (S. 157–167). Verfügbar 17. Juli 2024 unter https://files.eric.ed.gov/fulltext/ED466962.pdf

Mitchelmore, M. C. & White, P. (2000). Development of angle concepts by progressive abstraction and generalisation. *Educational Studies in Mathematics*, *41*, 209–238.

Moore, R. C. (1994). Making the transition to formal proof. *Educational Studies in mathematics*, *27*(3), 249–266.

Moore, R. C. (2016). Mathematics Professors' Evaluation of Students' Proofs: A Complex Teaching Practice. *International Journal of Research in Undergraduate Mathematics Education*, *2*(2), 246–278. https://doi.org/10.1007/s40753-016-0029-y

Moormann, M. (2009). *Begriffliches Wissen als Grundlage mathematischer Kompetenzentwicklung* (Diss., LMU München).

Moßburger, M. (2012). *Analysis in Dimension 1*. Wiesbaden: Vieweg + Teubner Verlag.

Müller, A. & Helmke, A. (2008). Qualität von Aufgaben als Merkmale der Unterrichtsqualität verdeutlicht am Fach Physik. In J. Thonhauser (Hrsg.), *Aufgaben als Katalysatoren von Lernprozessen: Eine zentrale Komponente organisierten Lehrens und Lernens aus der Sicht von Lernforschung, allgemeiner Didaktik und Fachdidaktik* (S. 31–46). Münster: Waxmann.

Müller-Hill, E. (2014). Semiotische Rekonstruktion empirischer Schülerauffassungen von Geometrie und spezielle Hürden für den Übergang vom propädeutischen zum weiterführenden Geometrieunterricht. In G. Kadunz (Hrsg.), *Semiotische Perspektiven auf das Lernen von Mathematik* (S. 89–110). Berlin, Heidelberg: Springer.

Nagel, K. & Reiss, K. (2016). Zwischen Schule und Universität: Argumentation in der Mathematik. *Zeitschrift für Erziehungswissenschaft*, *19*(2), 299–327. https://doi.org/10.1007/s11618-016-0677-3

Nardi, E. (2008). *Amongst mathematicians: Teaching and learning mathematics at the university level*. New York, NY: Springer.

Neubrand, J. (2002). *Eine Klassifikation mathematischer Aufgaben zur Analyse von Unterrichtssituationen: Selbsttätiges Arbeiten in Schülerarbeitsphasen in den Stunden der TIMSS-Video-Studie: Selbsttätiges Arbeiten in Schülerarbeitsphasen in den Stunden der TIMSS-Video-Studie*. Hildesheim, Berlin: Verlag Franzbecker.

Neubrand, M. (1990). Über Mathematik sprechen – Möglichkeiten und Beispiele aus der Analysis. In M. Glatfeld (Hrsg.), *Finden, Erfinden, Lernen* (S. 62–83). Frankfurt am Main: Peter Lang.

Neubrand, M. (2014). Schulmathematik und Universitätsmathematik: Gegensatz oder Fortsetzung? Woran kann man sich orientieren? In J. Roth, T. Bauer, H. Koch & S. Prediger (Hrsg.), *Übergänge konstruktiv gestalten* (S. 137–147). Wiesbaden: Springer.

Neubrand, M., Jordan, A., Krauss, S., Blum, W. & Löwen, K. (2011). Aufgaben im COACTIV-Projekt: Einblick in das Potenzial für kognitive Aktivierung im Mathematikunterricht. In J. Baumert, W. Blum, U. Klusmann, S. Krauss & M. Neubrand (Hrsg.), *Professionelle Kompetenz von Lehrkräften* (S. 115–132). Münster: Waxmann.

Neugebauer, M., Heublein, U. & Hannover, B. (2019). Editorial „Studienabbruch". *Zeitschrift für Erziehungswissenschaft, 22*(5), 1019–1023. https://doi.org/10.1007/s11618-019-00918-9

Neumann, I., Jeschke, C. & Heinze, A. (2020). First Year Students' Resilience to Cope with Mathematics Exercises in the University Mathematics Studies. *Journal für Mathematik-Didaktik, 42*(2), 307–333. https://doi.org/10.1007/s13138-020-00177-w

Neumann, I., Pigge, C. & Heinze, A. (2017). *Welche mathematischen Lernvoraussetzungen erwarten Hochschullehrende für ein MINT-Studium? Eine Delphi-Studie.* Kiel: IPN.

Neumann, J. v. (1931). Die formalistische Grundlegung der Mathematik. *Erkenntnis, 2*, 116–121.

Newell, A. & Simon, H. A. (1972). *Human problem solving* (8. print.). Englewood Cliffs, NJ: Prentice-Hall.

Nickel, G. (2019). Aspects of freedom in mathematical proof. *ZDM, 51*(5), 845–856. https://doi.org/10.1007/s11858-019-01073-5

Nickel, S. & Thiele, A.-L. (2024). *Update 2024: Studieren ohne Abitur in Deutschland.* Gütersloh: CHE Centrum für Hochschulentwicklung.

Nolte, M. (2021). Fehler und ihre Bedeutung im mathematischen Lernprozess. *Lernen und Lernstörungen, 10*(1), 3–12. https://doi.org/10.1024/2235-0977/a000322

Norusis, M. J. (2005). *SPSS 13.0 Statistical procedures companion. Chicago: SPSS*. Upper Saddle River, NJ: Prentice Hall.

Norusis, M. J. (2011). *IBM SPSS Statistics 19 Guide to Data Analysis*. Upper Saddle River, NJ: Prentice Hall.

Nurhasanah, F., Kusumah, Y. S. & Sabandar, J. (2017a). Concept of Triangle: Examples of Mathematical Abstraction in Two Different Contexts. *International Journal on Emerging Mathematics Education, 1*(1), 53–70. https://doi.org/10.12928/ijeme.v1i1.5782

Nurhasanah, F., Kusumah, Y. S., Sabandar, J. & Suryadi, D. (2017b). Mathematical Abstraction: Constructing Concept of Parallel Coordinates. *Journal of Physics: Conference Series, 895*, 1–6. https://doi.org/10.1088/1742-6596/895/1/012076

Obersteiner, A., Reiss, K. & Martel, A. (2011). Offene Aufgaben in Schulbüchern und ihr Einsatz im Mathematikunterricht. In E. Matthes & S. Schütze (Hrsg.), *Aufgaben im Schulbuch* (S. 303–313). Bad Heilbrunn: Klinkhardt.

Ortlieb, C. P., Dresky, C., Gasser, I. & Günzel, S. (2013). *Mathematische Modellierung: Eine Einführung in zwölf Fallstudien* (2., akt. Aufl. 2013). Wiesbaden: Springer Spektrum.

Palm, T. (2007). Impact of authenticity on sense making in word problem solving. *Educational Studies in Mathematics*, *67*(1), 37–58. https://doi.org/10.1007/s10649-007-9083-3

Paoletti, T., Krupnik, V., Papadopoulos, D., Olsen, J., Fukawa-Connelly, T. & Weber, K. (2018). Teacher questioning and invitations to participate in advanced mathematics lectures. *Educational Studies in Mathematics*, *98*(1), 1–17. https://doi.org/10.1007/s10649-018-9807-6

Park, J. & Kim, D.-W. (2017). How can students generalize examples? Focusing on the generalizing geometric properties. *Eurasia Journal of Mathematics, Science and Technology Education*, *13*(7), 3771–3800.

Pasch, M. (1894). *Über den Bildungswerth der Mathematik: akademische Festrede zur Feier des Jahresfestes der Grossherzoglich Hessischen Ludwigs-Universität am 2. Juli 1894.* Gießen: Grossh. Hof- und Universitätsdruckerei von Münchow.

Paul, D., Schmidt, C., Reinmann, G. & Marquardt, V. (2020). Digitales, begleitetes Selbststudium. In R. Küstermann, M. Kunkel, A. Mersch & A. Schreiber (Hrsg.), *Selbststudium im digitalen Wandel* (S. 7–15). Wiesbaden: Springer.

Pauli, C. & Reusser, K. (2006). Von international vergleichenden Video Surveys zur videobasierten Unterrichtsforschung und -entwicklung. *Zeitschrift für Pädagogik*, *52*(6), 774–798. https://doi.org/10.25656/01:4488

Pedemonte, B. (2007). How can the relationship between argumentation and proof be analysed? *Educational Studies in Mathematics*, *66*(1), 23–41. https://doi.org/10.1007/s10649-006-9057-x

Pepin, B. (2014). Student Transformation to University Mathematics Education: Transformations of People, Tools and Practices. In S. Rezat, M. Hattermann & A. Peter-Koop (Hrsg.), *Transformation – A Fundamental Idea of Mathematics Education* (S. 65–84). New York, NY: Springer New York.

Peschek, W. (1989). Abstraktion und Verallgemeinerung im mathematischen Lernprozess. *Journal für Mathematik-Didaktik*, *10*(3), 211–285.

Peschek, W., Prediger, S. & Schneider, E. (2008). Reflektieren und Reflexionswissen im Mathematikunterricht. *Praxis der Mathematik in der Schule*, *50*(20), 1–6.

Petocz, P., Reid, A., Wood, L. N., Smith, G. H., Mather, G., Harding, A., ... Perrett, G. (2007). Undergraduate students' conceptions of mathematics: An international study. *International Journal of Science and Mathematics Education*, *5*, 439–459.

Piel, S., Schuchart, C. & Wendt, H. (2015). Der Einfluss der sozialen Herkunft und des Migrationshintergrundes auf die Lösungswahrscheinlichkeiten bei unterschiedlichen mathematischen Aufgabentypen. In H. Wendt, T. C. Stubbe, K. Schwippert & W. Bos (Hrsg.), *IGLU & TIMMS 10 Jahre international vergleichende Schulleistungsforschung in der Grundschule* (S. 117–134). Münster: Waxmann.

Pieper-Seier, I. (2002). Lehramtsstudierende und ihr Verhältnis zur Mathematik. In W. Peschek (Hrsg.), *Beiträge zum Mathematikunterricht 2002* (S. 395–398). Hildesheim: Franzbecker.

Plath, J. (2019). Verstehensprozesse bei der Bearbeitung realitätsbezogener Mathematikaufgaben: Klassische Textaufgaben vs. Zeitungstexte. *Journal für Mathematik-Didaktik*, *41*(2), 237–266. https://doi.org/10.1007/s13138-019-00148-w

Pólya, G. (1979). *Vom L ösen mathematischer Aufgaben: Einsicht und Entdeckung, Lernen und Lehre* (2. Auflage 1979). Basel: Birkhäuser Basel.

Pólya, G. (2010). *Schule des Denkens: Vom Lösen mathematischer Probleme* (Sonderausg. der 4. Aufl.). Tübingen: Francke.

Prabhu, N. S. (1994). *Second language pedagogy* (4. impr). Oxford: Oxford Univ. Press.

Praetorius, A.-K., Herrmann, C., Gerlach, E., Zülsdorf-Kersting, M., Heinitz, B. & Nehring, A. (2020). Unterrichtsqualität in den Fachdidaktiken im deutschsprachigen Raum – zwischen Generik und Fachspezifik. *Unterrichtswissenschaft: Zeitschrift für Lernforschung*, *48*(3), 409–446.

Prediger, S. (2002a). Kommunikationsbarrieren beim Mathematiklernen. Analysen aus kulturalistischer Sicht. In S. Prediger, K. Lengnink & F. Siebel (Hrsg.), *Mathematik und Kommunikation* (S. 91–106). Mühltal: Verlag Allgemeine Wissenschaft.

Prediger, S. (2002b). Wege zur Nachdenklichkeit im Mathematikunterricht. In W. Peschek (Hrsg.), *Beiträge zum Mathematikunterricht 2002* (S. 399–402). Hildesheim: Franzbecker.

Prediger, S. (2005). Developing reflectiveness in mathematics classrooms – An aim to be reached in several ways. *Zentralblatt für Didaktik der Mathematik*, *37*(3), 250–257. https://doi.org/10.1007/s11858-005-0017-1

Prediger, S. (2009a). Inhaltliches Denken vor Kalkül. In A. Fritz & S. Schmidt (Hrsg.), *Fördernder Mathematikunterricht in der Sekundarstufe I* (S. 213–234). Weinheim: Beltz.

Prediger, S. (2009b). Verstehen durch Vorstellen. Inhaltliches Denken von der Begriffsbildung bis zur Klassenarbeit und darüber hinaus. In T. Leuders, L. Hefendehl-Hebeker & H.-G. Weigand (Hrsg.), *Mathemagische Momente* (S. 166–175). Berlin: Cornelsen.

Prediger, S. & Wittmann, G. (2014). Verständiger Umgang mit Begriffen und Verfahren. Zentrale Grundlagen der Kompetenzaspekte Wissen-Erkennen-Beschreiben und Operieren-Berechnen: Grundbildung und Kompetenzaufbau im Unterricht der Sek. I und II. In H. Linneweber-Lammerskitten (Hrsg.), *Fachdidaktik Mathematik* (S. 128–140). Zug: Klett und Balmer Verlag.

Prenzel, M. (2001). Das BLK-Modellprogramm „Steigerung der Effizienz des mathematischnaturwissenschaftlichen Unterrichts ". Konzeption, Arbeitsthemen und bisherige Ergebnisse des Programms. In BMBF (Hrsg.), *TIMSS – Impulse für Schule und Unterricht. Forschungsbefunde, Reforminitiativen, Praxisberichte und Video-Dokumente* (S. 59–65). Bonn: Bundesministerium für Bildung und Forschung.

Püschl, J. (2017). An insight to mathematics tutorials. In R. Göller, R. Biehler, R. Hochmuth & H.-G. Rück (Hrsg.), *Didactics of mathematics in higher education as a scientific discipline* (S. 241–248). Kassel: Universität Kassel.

Püschl, J. (2019). *Kriterien guter Mathematik übungen: Potentiale und Grenzen in der Aus- und Weiterbildung studentischer Tutorinnen und Tutoren*. Wiesbaden: Springer.

Püschl, J. (2021). Wie können Tutorinnen und Tutoren ihre Studierenden beim Erlernen universitärer Arbeitsweisen unterstützen? In R. Biehler, A. Eichler, R. Hochmuth, S. Rach & N. Schaper (Hrsg.), *Lehrinnovationen in der Hochschulmathematik* (S. 557–586). Berlin: Springer.

Quarfoot, D. & Rabin, J. M. (2021). A Hypothesis Framework for Students' Difficulties with Proof By Contradiction. *International Journal of Research in Undergraduate Mathematics Education*, *8*(3), 490–520. https://doi.org/10.1007/s40753-021-00150-z

Rach, S. (2014). *Charakteristika von Lehr-Lern-Prozessen im Mathematikstudium: Bedingungsfaktoren für den Studienerfolg im ersten Semester*. Münster: Waxmann.

Rach, S. & Heinze, A. (2011). Studying mathematics at the university: the influence of learning strategies. In B. Ubuz (Hrsg.), *Proceedings of the 35th Conference of the International*

Group for the Psychology of Mathematics Education. Developing mathematical thinking (Bd. 4, S. 9–16). Ankara, Turkey: PME.

Rach, S. & Heinze, A. (2013). Welche Studierenden sind im ersten Semester erfolgreich? Zur Rolle von Selbsterklärungen beim Mathematiklernen in der Studieneingangsphase. *Journal für Mathematik-Didaktik*, *34*(1), 121–147. https://doi.org/10.1007/s13138-012-0049-3

Rach, S., Heinze, A. & Ufer, S. (2014). Welche mathematischen Anforderungen erwarten Studierende im ersten Semester des Mathematikstudiums? *Journal für Mathematik-Didaktik*, *35*(2), 205–228. https://doi.org/10.1007/s13138-014-0064-7

Rach, S., Siebert, U. & Heinze, A. (2016). Operationalisierung und empirische Erprobung von Qualitätskriterien für mathematische Lehrveranstaltungen in der Studieneingangsphase. In A. Hoppenbrock, R. Biehler, R. Hochmuth & H.-G. Rück (Hrsg.), *Lehren und Lernen von Mathematik in der Studieneingangsphase* (S. 601–618). Wiesbaden: Springer Spektrum.

Rach, S. & Ufer, S. (2020). Which Prior Mathematical Knowledge Is Necessary for Study Success in the University Study Entrance Phase? Results on a New Model of Knowledge Levels Based on a Reanalysis of Data from Existing Studies. *International Journal of Research in Undergraduate Mathematics Education*, *6*(3), 375–403. https://doi.org/10.1007/s40753-020-00112-x

Rasch, B., Friese, M., Hofmann, W. & Naumann, E. (2008a). *Quantitative Methoden 1: Einführung in die Statistik für Psychologen und Sozialwissenschaftler* (2., erw. Aufl., korr. Nachdr.). Heidelberg: Springer Medizin Verl.

Rasch, B., Friese, M., Hofmann, W. & Naumann, E. (2008b). *Quantitative Methoden 2: Einführung in die Statistik für Psychologen und Sozialwissenschaftler* (2., erw. Aufl., korr. Nachdr.). Heidelberg: Springer Medizin Verl.

Rathgeb-Schnierer, E., Schuler, S. & Schütte, S. (2023). *Mathematikunterricht in der Grundschule: Lernangebote fachorientiert, kindorientiert und differenziert gestalten*. Berlin, Heidelberg: Springer.

Rav, Y. (1999). Why do we prove theorems? *Philosophia mathematica*, *7*(1), 5–41.

Reichersdorfer, E., Ufer, S., Lindmeier, A. & Reiss, K. (2014). Der Übergang von der Schule zur Universität: Theoretische Fundierung und praktische Umsetzung einer Unterstützungsmaßnahme am Beginn des Mathematikstudiums. In I. Bausch, R. Biehler, R. Bruder, P. R. Fischer, R. Hochmuth, W. Koepf, ... T. Wassong (Hrsg.), *Mathematische Vor- und Brückenkurse* (S. 37–53). Wiesbaden: Springer.

Reid, D. A. & Knipping, C. (2010). *Proof in mathematics education: Research, learning and teaching*. Rotterdam: Sense publishers.

Reiss, K. & Hammer, C. (2013). *Grundlagen der Mathematikdidaktik: Eine Einführung für den Unterricht in der Sekundarstufe*. Basel: Birkhäuser.

Reiss, K. & Nagel, K. (2017). From high school to university mathematics: The change of norms. In R. Göller, R. Biehler, R. Hochmuth & H.-G. Rück (Hrsg.), *Didactics of mathematics in higher education as a scientific discipline* (S. 444–447). Kassel: Universität Kassel.

Reiss, K. & Ufer, S. (2009). Was macht mathematisches Arbeiten aus? Empirische Ergebnisse zum Lernen von Argumentationen, Begründungen und Beweisen. *Jahresbericht der Deutschen Mathematiker-Vereinigung*, *111*(4), 155–177.

Rellensmann, J. & Schukajlow, S. (2016a). Are mathematical problems boring? Boredom while solving problems with and without a connection to reality from students' and preservice teachers' perspectives. In C. Csíkos, A. Rausch & J. Szitańyi (Hrsg.), *Proceedings of the 40th Conference of the International Group for the Psychology of Mathematics Education* (Bd. 4, S. 131–138). Szeged: PME.

Rellensmann, J. & Schukajlow, S. (2016b). Does students' interest in a mathematical problem depend on the problem's connection to reality? An analysis of students' interest and pre-service teachers' judgments of students' interest in problems with and without a connection to reality. *ZDM*, *49*(3), 367–378. https://doi.org/10.1007/s11858-016-0819-3

Renkl, A. (1991). *Die Bedeutung der Aufgaben- und Rückmeldungsgestaltung für die Leistungsentwicklung im Fach Mathematik.* (Diss. Universität Heidelberg).

Resnick, L. B. & Ford, W. W. (1981). *The psychology of mathematics for instruction*. Hillsdale, N.J.: L. Erlbaum Associates.

Rey, G. D. (2017). *Methoden der Entwicklungspsychologie: Datenerhebung und Datenauswertung* (2., überarbeitete Auflage). Norderstedt: Books on Demand.

Rezmer, A. (2021). Mein Mathe-Skript 2.0 – Exemplarische Überarbeitung eines Vorlesungsskripts unter hochschulmathematikdidaktischen Gesichtspunkten. Verfügbar 31. Juli 2024 unter https://refubium.fu-berlin.de/handle/fub188/36466

Richter, A. (1898). *Arithmetische Aufgaben für Gymnasien, Realgymnasien, und Oberrealschulen: Mit besonderer Berücksichtigung der Anwendungen.* Leipzig: BG Teubner.

Riedl, L. (2019). Peer Instruction und Just-in-Time Teaching im Fach Mathematik. In J. Noller, C. Beitz-Radzio, D. Kugelmann, S. Sontheimer & S. Westerholz (Hrsg.), *Methoden in der Hochschullehre: Interdisziplinäre Perspektiven aus der Praxis* (S. 147–165). Wiesbaden: Springer.

Riedl, L., Rost, D. & Schörner, E. (2014). Brückenkurs für Studierende des Lehramts an Grund-, Haupt- oder Realschulen der Ludwig-Maximilians-Universität München. In I. Bausch, R. Biehler, R. Bruder, P. R. Fischer, R. Hochmuth, W. Koepf, ... T. Wassong (Hrsg.), *Mathematische Vor- und Brückenkurse: Konzepte, Probleme und Perspektiven* (S. 55–65). Wiesbaden: Springer.

Rieß, M. (2018). *Zum Einfluss digitaler Werkzeuge auf die Konstruktion mathematischen Wissens*. Wiesbaden: Springer Spektrum.

Riss, U. V. & Schmidt, V. A. (2011). Wissen und Handeln der Mathematiker Philosophische Analyse und Betrachtung ihrer Relevanz für die Industrie. In M. Helmerich, K. Lengnink, G. Nickel & M. Rathgeb (Hrsg.), *Mathematik Verstehen: Philosophische und Didaktische Perspektiven* (S. 283–296). Wiesbaden: Vieweg + Teubner.

Risse, J. & Blomeke, S. (2008). Kriterien lernprozessanregender Aufgaben und deren Umsetzung bei der Konstruktion von Aufgaben zum Thema Differenzialgleichungen. *Der Mathematikunterricht*, *54*(2), 33–45.

Rittle-Johnson, B. & Schneider, M. (2015). Developing Conceptual and Procedural Knowledge of Mathematics. In R. C. Kadosh & A. Dowker (Hrsg.), *Oxford handbook of numerical cognition* (S. 1102–1118). London: Psychology Press.

Rittle-Johnson, B., Siegler, R. S. & Alibali, M. W. (2001). Developing conceptual understanding and procedural skill in mathematics: An iterative process. *Journal of Educational Psychology*, *93*(2), 346–362. https://doi.org/10.1037/0022-0663.93.2.346

Roid, G. H. & Haladyna, T. M. (1982). *A technology fo test-item writing*. Bingley: Emerald.

Rolfes, T., Lindmeier, A. & Heinze, A. (2020). Mathematikleistungen von Schülerinnen und Schülern der gymnasialen Oberstufe in Deutschland: Ein Review und eine Sekundäranalyse der Schulleistungsstudien seit 1995. *Journal für Mathematik-Didaktik*, *42*(2), 395–429. https://doi.org/10.1007/s13138-020-00180-1

Roos, A.-K. (2020). *Mathematisches Begriffsverständnis im Übergang Schule-Universität: Verständnisschwierigkeiten von Mathematik an der Hochschule am Beispiel des Extrempunktbegriffs*. Wiesbaden: Springer Spektrum.

Rott, B. (2015). *Mathematisches Problemlösen. Ergebnisse einer empirischen Studie: Ergebnisse einer empirischen Studie*. Münster: WTM-Stein.

Ruiz-Primo, M. A. (2009). Towards a framework for assessing 21st century science skills. Verfügbar 9. September 2024 unter https://sites.nationalacademies.org/cs/groups/dbassesite/documents/webpage/dbasse_072612.pdf

Rumann, S. & Tiemann, R. (2007). Aufgabeneinsatz und Kompetenzvermittlung im Chemieunterricht. In D. Höttecke (Hrsg.), *Gesellschaft für Didaktik der Chemie und Physik: Naturwissenschaftlicher Unterricht im internationalen Vergleich* (S. 136–138). Münster: Lit-Verlag.

Ryle, G. (1949). *The Concept of Mind*. London: Hutchinson und Co.

Sächsisches Staatsministerium für Kultus (SMK). (2021). Lehrplan Gymnasium Mathematik. Verfügbar 2. September 2024 unter https://www.schulportal.sachsen.de/lplandb/index.php?lplanid=461&lplansc=SPos4aG4oIhjKYDcHVW8&token=6202fa0a2292c4fcbe45e0f6b02ff996

Sächsisches Staatsministerium für Kultus (SMK). (2022). Verordnung des Sächsischen Staatsministeriums für Kultusüber die Erste Staatsprüfung für Lehrämter an Schulen im Freistaat Sachsen (Lehramtsprüfungsordnung I – LAPO I). Verfügbar 19. August 2024 unter https://www.revosax.sachsen.de/vorschrift/19496-Lehramtspruefungsordnung-I

Salle, A. (2023). Vorstellungsorientierter Trigonometrieunterricht. *Der Mathematikunterricht, 2023*(4), 3–15.

Sälzer, C. & Reiss, K. (2016). PISA 2015 – die aktuelle Studie. In K. Reiss, C. Sälzer, A. Schiepe-Tiska, E. Klieme & O. Köller (Hrsg.), *PISA 2015* (S. 13–44). Münster: Waxmann.

Sarstedt, M. & Mooi, E. (2019). *A Concise Guide to Market Research: The Process, Data, and Methods Using IBM SPSS Statistics*. Berlin, Heidelberg: Springer.

Schabram, K. (2007). *Lernaufgaben im Unterricht. Instruktionspsychologische Analysen am Beispiel der Physik.* (Diss., Universität Duisburg-Essen). Verfügbar 23. September 2024 unter https://duepublico2.uni-due.de/receive/duepublico_mods_00017440

Schaper, N. & Rach, S. (2021). Förderung mathematikspezifischer Arbeitsweisen und Lernstrategien an der Hochschule – Einführung. In R. Biehler, A. Eichler, R. Hochmuth, S. Rach & N. Schaper (Hrsg.), *Lehrinnovationen in der Hochschulmathematik* (S. 469–476). Berlin, Heidelberg: Springer.

Scheja, B. (2016). Cognitive activation through mathematics tasks in the context of centralised examinations on ISCED 2 Level, using the example of North-Rhine Westphalia. *Didactica Mathematicae*, *38*, 175–202.

Scheja, B. (2019). *Analysen zum kognitiven Anspruch von Mathematikaufgaben – Befunde aus zentralen Prüfungen und Lehrerfortbildungen* (Diss., Universität zu Köln).

Schendera, C. F. G. (2011). *Clusteranalyse mit SPSS: Mit Faktorenanalyse*. München: Oldenbourg.

Schlarmann, K. (2013). Förderung des Begriffsverständnisses zum Thema Basis in der Linearen Algebra. In A. Hoppenbrock, S. Schreiber, R. Göller, R. Biehler, B. Büchler & R. Hochmuth (Hrsg.), *Mathematik im Übergang Schule/Hochschule und im ersten Studienjahr. Extended Abstracts zur 2. khdm Arbeitstagung.* (S. 146–147). Kassel: Universität Kassel.

Schlüter, K. (2009). Eine Studie zu den Merkmalen der Aufgabenschwierigkeit am Beispiel eines Informatik-Schülerwettbewerbs. Zweiter Teil: Empirische Aufgabenanalyse. In B. Koerber (Hrsg.), *Zukunft braucht Herkunft. 25 Jahre INFOS – Informatik und Schule*, Bonn: Gesellschaft für Informatik.

Schmidt-Thieme, B. (2003). Gute Aufgaben als Ausgangspunkt für Reflexion. In A. Peter-Koop & S. Ruwisch (Hrsg.), *Gute Aufgaben im Mathematikunterricht der Grundschule* (S. 157–168). Offenburg: Mildenberger Verlag.

Schneider, M. (2006). *Konzeptuelles und prozedurales Wissen als latente Variablen: Ihre Interaktion beim Lernen mit Dezimalbr üchen* (Diss., TU Berlin). Verfügbar 5. August 2024 unter https://d-nb.info/978818768/34

Schnell, R., Hill, P. B. & Esser, E. (1999). *Methoden der empirischen Sozialforschung* (6., völlig überarb. und erw. Aufl.). München: Oldenbourg.

Schoenfeld, A. H. (1985). *Mathematical Problem Solving*. Orlando: Academic Press.

Schoenfeld, A. H. (1992). Learning to think mathematically: Problem solving, metacognition, and sense making in mathematics. In D. A. Grouws (Hrsg.), *Handbook of research on mathematics teaching and learning: A project of the National Council of Teachers of Mathematics* (S. 334–370). New York: Macmillan Publishing.

Scholz, F. (1980). *Problemlösender Unterricht und Aufgabenstellungen mit einer Klassifikation von Problemlöseaufgaben(stellungen)*. Essen: Neue Deutsche Schule Verlag.

Schott, F. (1985). Die Konstruktion valider Lernaufgaben. *Unterrichtswissenschaft*, *13*(2), 149–168.

Schukajlow, S. (2011). *Mathematisches Modellieren: Schwierigkeiten und Strategien von Lernenden als Bausteine einer lernprozessorientierten Didaktik der neuen Aufgabenkultur*. Münster: Waxmann.

Schülke, C. (2013). *Mathematische Reflexion in der Interaktion von Grundschulkindern: Theoretische Grundlegung und empirisch-interpretative Evaluation*. Münster: Waxmann.

Schupp, H. (2002). *Thema mit Variationen oder Aufgabenvariation im Mathematikunterricht*. Hildesheim: Franzbecker.

Schwabe, F., Trendtel, M., Robitzsch, A. & McElvany, N. (2015). Die Bedeutung des Antwortformats bei Lesetestaufgaben für unterschiedliche Schülersubgruppen unter besonderer Berücksichtigung von Fähigkeitsunterschieden. In H. Wendt, T. C. Stubbe, K. Schwippert & W. Bos (Hrsg.), *IGLU & TIMMS 10 Jahre international vergleichende Schulleistungsforschung in der Grundschule* (S. 97–116). Münster: Waxmann.

Schwarz, B. & Herrmann, P. (2015). Bezüge zwischen Schulmathematik und Linearer Algebra in der hochschulischen Ausbildung angehender Mathematiklehrkräfte – Ergebnisse einer Dokumentenanalyse. *Mathematische Semesterberichte*, *62*(2), 195–217. https://doi.org/10.1007/s00591-015-0147-7

Searl, J. (1979). Tutorial classes in mathematics. *International Journal of Mathematical Educational in Science and Technology*, *10*(4), 553–555.

Sedlmeier, P. & Renkewitz, F. (2018). *Forschungsmethoden und Statistik für Psychologen und Sozialwissenschaftler* (3., aktualisierte und erweiterte Auflage). Hallbergmoos: Pearson.

Selden, A. & Selden, J. (2003). Validations of proofs considered as texts: Can undergraduates tell whether an argument proves a theorem? *Journal for research in mathematics education*, *34*(1), 4–36.

Selden, A. & Selden, J. (2013). The genre of proof. In M. Fried & T. Dreyfus (Hrsg.), *Mathematics and mathematics education: Searching for common ground* (S. 237–260). New York: Springer.

Senk, S. L., Beckmann, C. E. & Thompson, D. R. (1997). Assessment and grading in high school mathematics classrooms. *Journal for research in Mathematics Education*, *28*(2), 187–215.

Silver, E. A. (1995). The Nature and Use of Open Problems in Mathematics Education: Mathematical and Pedagogical Perspectives. *Zentralblatt für Didaktik der Mathematik/International Reviews on Mathematical Education*, *27*(2), 67–72.

Skemp, R. R. (1987). *The psychology of learning mathematics* (Expanded American ed). New York: Routledge.

Skovsmose, O. (1998). Linking mathematics education and democracy: Citizenship, mathematical archaeology, mathemacy and deliberative interaction. *ZDM–Mathematics Education*, *30*(6), 195–203.

Smith, G. & Wood, L. (2000). Assessment of learning in university mathematics. *International Journal of Mathematical Education in Science and Technology*, *31*(1), 125–132. https://doi.org/10.1080/002073900287444

Sommerhoff, D., Ufer, S. (2019). Acceptance criteria for validating mathematical proofs used by school students, university students, and mathematicians in the context of teaching. *ZDM*, *51*(5), 717–730. https://doi.org/10.1007/s11858-019-01039-7

Sommerhoff, D., Ufer, S. & Brunner, E. (2019). Aspekte der Kodierung mathematischer Beweise. In A. Frank, S. Krauss & K. Binder (Hrsg.), *Beiträge zum Mathematikunterricht 2019* (S. 1151–1154). Münster: WTM-Verlag.

Sommerhoff, D. & Weixler, S. (2019). Studierende in Vorlesungen aktivieren – Classroom Response Systems im Bereich Mathematik und Didaktik der Mathematik. In J. Noller, C. Beitz-Radzio, D. Kugelmann, S. Sontheimer & S. Westerholz (Hrsg.), *Methoden in der Hochschullehre* (S. 167–187). Wiesbaden: Springer.

Sonar, T. (2016). *3000 Jahre Analysis*. Berlin, Heidelberg: Springer.

Sørensen, H. K., Danielsen, K. & Andersen, L. E. (2019). Teaching reader engagement as an aspect of proof. *ZDM*, *51*(5), 835–844. https://doi.org/10.1007/s11858-019-01056-6

Spalt, D. D. (2022). *Die Grundlegung der Analysis durch Karl Weierstraß: Eine bislang unbekannte Konstruktion der natürlichen und der reellen Zahlen*. Wiesbaden: Springer.

Spannagel, C. (2012). Die Mathematikvorlesung aus der Konserve. In M. Z. Jasmin Sprenger Anke Wagner (Hrsg.), *Mathematik lernen, darstellen, deuten, verstehen* (S. 253–261). Wiesbaden: Springer.

Speer, N. M., Smith, J. P. & Horvath, A. (2010). Collegiate mathematics teaching: An unexamined practice. *The Journal of Mathematical Behavior*, *29*(2), 99–114.

Spies, S. & Witzke, I. (2014). Bereichsspezifische Auffassungen von Analysis zu Studienbeginn. In J. Roth & J. Ames (Hrsg.), *Beiträge zum Mathematikunterricht 2014* (S. 1147–1150). Münster: WTM-Verlag.

Spinath, B. & Schöne, C. (2019). Diagnostik von Zielorientierungen: SELLMO. In H. Gaspard, U. Trautwein & M. Hasselhorn (Hrsg.), *Tests und Trends – Jahrbuch der Pädagogisch-Psychologischen Diagnostik: Diagnostik und Förderung von Motivation und Volition* (S. 101–116). Göttingen: Hogrefe.

Sriraman, B. (2004). Reflective abstraction, uniframes and the formulation of generalizations. *The Journal of Mathematical Behavior*, *23*(2), 205–222. https://doi.org/10.1016/j.jmathb.2004.03.005

Staatsinstitut für Schulqualität und Bildungsforschung München (ISB). (2024). Bildungs- und Erziehungsauftrag des Gymnasium. Verfügbar 30. August 2024 unter https://www.lehrplanplus.bayern.de/bildungs-und-erziehungsauftrag/gymnasium/5/mathematik

Stäckel, P. (1905). Über die Notwendigkeit regelmäßiger Vorlesungen über elementare Mathematik an den Universitäten. In A. Krazer (Hrsg.), *Verhandlungen des 3. Internationalen Mathematiker-Kongresses: in Heidelberg vom 8. bis 13. August 1904* (S. 608–614). Heidelberg: Universitätsbibliothek Heidelberg.

Stampfer, F. & Bargetz, C. (2015). Kompetenzorientierte Fachausbildung in vorlesungsbegleitenden Übungsgruppen für Lehramtsstudierende aus Mathematik. In F. Caluori, H. Linneweber-Lammerskitten & C. Streit (Hrsg.), *Beiträge zum Mathematikunterricht 2015* (S. 1152–1153). Münster: WTM-Verlag.

Ständige Konferenz der Kultusminister (KMK). (1995). *Weiterentwicklung der Prinzipien der gymnasialen Oberstufe und des Abiturs. Abschlussbericht der von der Kultusministerkonferenz eingesetzten Expertenkommission.* Kiel: Schmidt und Klaunig.

Ständige Konferenz der Kultusminister (KMK). (2002). Rahmenordnung für die Diplomprüfung im Studiengang Mathematik. Universitäten und gleichgestellte Hochschulen (Beschluss der Kultusministerkonferenz vom 13.12.2002). Verfügbar 8. August 2024 unter https://www.kmk.org/fileadmin/veroeffentlichungen_beschluesse/2002/2002_12_13-RO-Mathematik-HS.pdf

Ständige Konferenz der Kultusminister (KMK). (2003). Bildungsstandards im Fach Mathematik für den mittleren Schulabschluss (Beschluss der Kultusminsterkonferenz vom 04.12.2003). Verfügbar 9. Juni 2024 unter https://www.kmk.org/fileadmin/Dateien/veroeffentlichungen_beschluesse/2003/2003_12_04-Bildungsstandards-Mathe-Mittleren-SA.pdf

Ständige Konferenz der Kultusminister (KMK). (2012a). Bildungsstandards im Fach Mathematik für die allgemeine Hochschulreife (Beschluss der Kultusminsterkonferenz vom 18.10.2012). Verfügbar 9. Juni 2024 unter https://www.kmk.org/fileadmin/Dateien/veroeffentlichungen_beschluesse/2012/2012_10_18-Bildungsstandards-Mathe-Abi.pdf

Ständige Konferenz der Kultusminister (KMK). (2012b). Operatoren für das Fach Mathematik an den Deutschen Schulen im Ausland. Verfügbar 16. Juli 2024 unter https://www.kmk.org/fileadmin/Dateien/pdf/Bildung/Auslandsschulwesen/Kerncurriculum/Auslandsschulwesen-Operatoren-Mathematik-10-2012.pdf

Ständige Konferenz der Kultusminister (KMK). (2022). Bildungsstandards für das Fach Mathematik. Erster Schulabschluss (ESA) und Mittlerer Schulabschluss (MSA). (Beschluss der Kultusministerkonferenz vom 15.10.2004 und vom 04.12.2003, i.d.F. vom 23.06.2022). Verfügbar 1. August 2024 unter https://www.kmk.org/fileadmin/Dateien/veroeffentlichungen_beschluesse/2022/2022_06_23-Bista-ESA-MSA-Mathe.pdf

Ständige Konferenz der Kultusminister (KMK). (2024). Vereinbarung zur Gestaltung der gymnasialen Oberstufe und der Abiturprüfung. (Beschluss der Kultusministerkonferenz vom 07.07.1972 i.d.F. vom 06.06.2024). Verfügbar 1. August 2024 unter https://www.kmk.org/fileadmin/veroeffentlichungen_beschluesse/1972/1972_07_07-VB-gymnasiale-Oberstufe-Abiturpruefung.pdf

Star, J. R. (2005). Reconceptualizing procedural knowledge. *Journal for research in mathematics education, 36*(5), 404–411.

Star, J. R. (2007). Research commentary: A rejoinder foregrounding procedural knowledge. *Journal for research in mathematics education, 38*(2), 132–135.

Statistisches Bundesamt (Destatis). (2020). Hochschulen nach Hochschularten. Verfügbar 6. März 2024 unter https://www.destatis.de/DE/Themen/Gesellschaft-Umwelt/Bildung-Forschung-Kultur/Hochschulen/Tabellen/hochschulen-hochschularten.html

Statistisches Bundesamt (Destatis). (2024). Studienanfängerquote. Verfügbar 6. März 2024 unter https://www.destatis.de/DE/Themen/Gesellschaft-Umwelt/Bildung-Forschung-Kultur/Bildungsindikatoren/studienanfaengerquote-tabelle.html

Staub, F. C. & Stern, E. (1997). Abstract reasoning with mathematical constructs. *International Journal of Educational Research, 27*(1), 63–75.

Stawitz, H. C. (2010). *Auswirkung unterschiedlicher Aufgabenprofile auf die Schülerleistung: Vergleich von Naturwissenschafts-und Problemlöseaufgaben der PISA 2003-Studie*. Berlin: Logos-Verlag.

Stein, M. K., Grover, B. W. & Henningsen, M. (1996). Building student capacity for mathematical thinking and reasoning: An analysis of mathematical tasks used in reform classrooms. *American educational research journal, 33*(2), 455–488.

Steinbauer, R., Kramer, S. & Süss-Stepancik, E. (2023). Schulmathematik Analysis. Verfügbar 20. Juni 2024 unter https://www.mat.univie.ac.at/~stein/lehre/SoSem22/smana-gesamt-2023-01-17.pdf

Steinbring, H. (1993). Die Konstruktion mathematischen Wissens im Unterricht — Eine epistemologische Methode der Interaktionsanalyse. *Journal für Mathematik-Didaktik, 14*(2), 113–145. https://doi.org/10.1007/bf03338787

Stender, P. (2016). *Wirkungsvolle Lehrerinterventionsformen bei komplexen Modellierungsaufgaben*. Wiesbaden: Springer Fachmedien.

Stender, P. (2022). Methoden der Mathematik im Lehramtsstudium. In S. Halverscheid, I. Kersten & B. Schmidt-Thieme (Hrsg.), *Bedarfsgerechte fachmathematische Lehramtsausbildung: Analyse, Zielsetzungen und Konzepte unter heterogenen Voraussetzungen* (S. 385–397). Wiesbaden: Springer.

Stenzel, T. (2017). Problemlösen und Beweisen im Mathematikstudium – eine Kategorisierung von Aufgaben in der Analysis I. In M. Beyerl, J. Fritz, M. Ohlendorf, A. Kuzle & B. Rott (Hrsg.), *Mathematische Problemlösekompetenzen fördern* (S. 167–179). Münster: WTM-Verlag.

Stenzel, T. (2023). *Mathematisches Problemlösen in der Studieneingangsphase: Untersuchung von Bearbeitungsprozessen typischer Übungsaufgaben und zyklische Entwicklung einer Fördermaßnahme im Rahmen vorlesungsbegleitender Übungen*. Wiesbaden: Springer Fachmedien.

Stern, E., Felbrich, A. & Schneider, M. (2006). Mathematiklernen. In D. Rost (Hrsg.), *Handwörterbuch: Pädagogische Psychologie* (S. 461–469). Weinheim: Beltz.

Strachota, S. (2016). Conceptualizing Generalizing. *Open Mathematical Educations Notes, 6*, 41–55.

Stylianides, A. L. (2007). Proof and proving in school mathematics. *Journal for research in Mathematics Education, 38*(3), 289–321.

Tall, D. (Hrsg.). (1991a). *Advanced mathematical thinking*. A project of the Working Group of PME. Dordrecht: Kluwer Academic.

Tall, D. (1991b). The Psychology of Advanced Mathematical Thinking. In D. Tall (Hrsg.), *Advanced mathematical thinking* (S. 3–24). Dordrecht: Kluwer Academic.

Tall, D. (1994). Understanding the processes of advanced mathematical thinking. In *Lecture presented at the International Congress of Mathematicians*, Zürich.

Tall, D. (1996). Functions and Calculus. In A. J. Bishop, K. Clements, C. Keitel, J. Kilpatrick & C. Laborde (Hrsg.), *International Handbook of Mathematics Education: Part 1* (S. 289–325). Dordrecht: Springer Netherlands.

Tall, D. (1997). From school to university: The transition from elementary to advanced mathematical thinking. In M. Thomas (Hrsg.), *Proceedings of the 7th conference of the Australasian bridging mathematics network* (S. 1–20). Auckland New Zealand: University of Auckland.

Tall, D. (2002). Differing modes of proof and belief in mathematics. In *International conference on mathematics: Understanding proving and proving to understand* (S. 91–107). Taipeh: National Taiwan Normal University.

Tall, D. (2004). Thinking through three world of mathematics. In M. Hoines & A. Fuglestad (Hrsg.), *Proceedings of the 28th conference of the international group for the psychology of mathematics education* (Bd. 4, S. 281–288). Bergen, Norway: PME.

Tall, D. (2008). The transition to formal thinking in mathematics. *Mathematics Education Research Journal*, *20*(2), 5–24.

Tall, D. (2013). *How humans learn to think mathematically: Exploring the three worlds of mathematics* (1. publ.). New York, NY: Cambridge University Press.

Tall, D. & Vinner, S. (1981). Concept image and concept definition in mathematics with particular reference to limits and continuity. *Educational studies in mathematics*, *12*(2), 151–169.

Tallman, M. A., Carlson, M. P., Bressoud, D. M. & Pearson, M. (2016). A Characterization of Calculus I Final Exams in U.S. Colleges and Universities. *International Journal of Research in Undergraduate Mathematics Education*, *2*(1), 105–133. https://doi.org/10.1007/s40753-015-0023-9

Tao, T. (2013). There's more to mathematics than rigour and proofs. Verfügbar 29. Juli 2024 unter https://terrytao.wordpress.com/career-advice/theres-more-to-mathematics-than-rigour-and-proofs/

Tapp, C. (2013). *An den Grenzen des Endlichen: Das Hilbertprogramm im Kontext von Formalismus und Finitismus*. Berlin, Heidelberg: Springer.

Technische Universität Darmstadt (TU Darmstadt). (2023). Modulhandbuch für die Studiengänge des Fachbereichs Mathematik und der Service-Lehre. Verfügbar 10. September 2024 unter https://www.mathematik.tu-darmstadt.de/media/mathematik/studium/downloads_1/studienordnungen_modulhandbuecher_etc/modulhandbuch/Gesamtmodulhandbuch_dt_23-24.pdf

Terhart, E., Baumgart, F., Meder, N. & Sychowski, G. v. (2009). Standardisierte Prüfungsverfahren in der Erziehungswissenschaft: Kontext, Formen, Konsequenzen. *Erziehungswissenschaft*, *20*(38), 9–36.

Tetsch, A. (2011). *Zur Rolle von kooperativen Lernformen beim Kompetenzerwerb von Mathematikstudierenden in der Studieneingangsphase* (unveröffentlichte Staatsexamensarbeit, CAU Kiel).

Thielsch, M. T., Lenzner, T. & Melles, T. (2012). Wie gestalte ich gute Items und Interviewfragen? Themen und Fallbeispiele für Studium und Anwendung. In M. T. Thielsch &

T. Brandenburg (Hrsg.), *Praxis der Wirtschaftspsychologie* (Bd. 2, S. 221–240). Münster: Verl.-Haus Monsenstein und Vannerdat.

Thomas, M. O. J., de Freitas Druck, I., Huillet, D., Ju, M.-K., Nardi, E., Rasmussen, C. & Xie, J. (2015). Key mathematical concepts in the transition from secondary school to university. In S. Cho (Hrsg.), *The proceedings of the 12th international congress on mathematical education: Intellectual and attitudinal challenges* (S. 265–284). Basel: Springer International Publishing.

Thomas, M. O. J. & Klymchuk, S. (2012). The school–tertiary interface in mathematics: teaching style and assessment practice. *Mathematics Education Research Journal*, *24*(3), 283–300. https://doi.org/10.1007/s13394-012-0051-6

Thonhauser, J. (2008). Warum (neues) Interesse am Thema Aufgaben? In J. Thonhauser (Hrsg.), *Aufgaben als Katalysatoren von Lernprozessen* (S. 13–30). Münster: Waxmann.

Thüringer Ministerium für Bildung, Jugend und Sport (TMBJS). (2018). Lehrplan für den Erwerb der allgemeinen Hochschulreife Mathematik. Verfügbar 20. August 2024 unter https://www.schulportal-thueringen.de/media/detail?tspi=1392

Thurston, W. P. (1994). On proof and progress in mathematics. *Bulletin of the American Mathematical Society*, *30*(2), 161–177.

Tkaczynski, A. (2016). Segmentation Using Two-Step Cluster Analysis. In T. Dietrich, S. Rundle-Thiele & K. Kubacki (Hrsg.), *Segmentation in Social Marketing* (S. 109–125). Singapore: Springer.

Toeplitz, O. (1928). Die Spannungen zwischen den Aufgaben und Zielen der Mathematik an der Hochschule und an der höheren Schule. *Schriften des deutschen Ausschusses für den mathematischen und naturwissenschaftlichen Unterricht*, *11*(10), 1–16.

Törner, G., Potari, D. & Zachariades, T. (2014). Calculus in European classrooms: curriculum and teaching in different educational and cultural contexts. *ZDM*, *46*(4), 549–560. https://doi.org/10.1007/s11858-014-0612-0

Tran, D. & Dougherty, B. J. (2014). Authenticity of Mathematical Modeling. *The Mathematics Teacher*, *107*(9), 672–678. https://doi.org/10.5951/mathteacher.107.9.0672

Trute, H.-H. (2015). Prüfungen in den Rechtswissenschaften – die Praxis. In R. Bork (Hrsg.), *Prüfungsforschung* (S. 44–70). Baden-Baden: Nomos.

Tucker, T. W. (1999). On the role of proof in calculus courses. *Contemporary issues in mathematics education*, *36*, 31–35.

Ufer, S. (2015). The role of study motives and learning activities for success in first semester mathematics studies. In K. Beswick, T. Muir & J. Wells (Hrsg.), *Proceedings of the 39th Conference of the International Group for the Psychology of Mathematics Education* (Bd. 4, S. 265–272). Hobart, Australia: PME.

Ufer, S., Heinze, A., Kuntze, S. & Rudolph-Albert, F. (2009). Beweisen und Begründen im Mathematikunterricht: die Rolle von Methodenwissen für das Beweisen in der Geometrie. *Journal für Mathematik-Didaktik*, *30*(1), 30–54.

Ufer, S. & Kramer, J. (2015). Die Kompetenz mathematisch Argumentieren. In W. Blum, S. Vogel, C. Drüke-Noe & A. Roppelt (Hrsg.), *Bildungsstandards aktuell: Mathematik in der Sekundarstufe II* (S. 83–94). Braunschweig: Diesterweg Schroedel Westermann.

Umgelter, K. & Geisler, S. (2024). Analysing the quality of real analysis lectures using a structured observation tool. *International Journal of Mathematical Education in Science and Technology*, 1–23. https://doi.org/10.1080/0020739x.2024.2309281

Universität Leipzig. (2017). Staatsexamen Lehramt an Gymnasien – Mathematik – Modulbeschreibungen (Stand: 09.03.2017). Verfügbar 23. April 2024 unter https://amb.uni-leipzig.de/f-Download-d-dokument.html?id=3982

Universität Leipzig. (2024a). Modulbeschreibungen des Bachelorstudiengangs Mathematik. Verfügbar 2. September 2024 unter https://amb.uni-leipzig.de/startseite-bekanntmachungen.html?kat_id=6227

Universität Leipzig. (2024b). Studienordnung für den Bachelorstudiengang Mathematik an der Universität Leipzig. Vom 17. Juli 2024. Verfügbar 2. September 2024 unter https://amb.uni-leipzig.de/f-Download-d-dokument.html?id=6850

van Oers, B. (2001). Contextualisation for abstraction. *Cognitive Science Quarterly*, *1*(3), 279–305.

Viirman, O. (2015). The constitution of the nature of mathematics in the lecturing practices of three university mathematics teachers. In K. Krainer & N. Vondrová (Hrsg.), *CERME 9-Ninth Congress of the European Society for Research in Mathematics Education* (S. 2263–2269). Prag: Charles University Prague.

Viirman, O. (2021). University Mathematics Lecturing as Modelling Mathematical Discourse. *International Journal of Research in Undergraduate Mathematics Education*, *7*(3), 466–489. https://doi.org/10.1007/s40753-021-00137-w

Vinner, S. (1977). The concept of exponentiation at the undergraduate level and the definitional approach. *Educational Studies in Mathematics*, *8*(1), 17–26.

Vinner, S. (1997). The pseudo-conceptual and the pseudo-analytical thought processes in mathematics learning. *Educational studies in mathematics*, *34*(2), 97–129.

Vollrath, H.-J. (1980). Eine Thematisierung des Argumentierens in der Hauptschule. *Journal für Mathematikdidaktik*, *1*, 28–41.

Vollrath, H.-J. & Roth, J. (2012). *Grundlagen des Mathematikunterrichts in der Sekundarstufe*. Heidelberg: Spektrum Akademischer Verlag.

vom Hofe, R., Lotz, J. & Salle, A. (2015). Analysis: Leitidee Zuordnung und Veränderung. In R. Bruder, L. Hefendehl-Hebeker, B. Schmidt-Thieme & H.-G. Weigand (Hrsg.), *Handbuch der Mathematikdidaktik* (S. 149–184). Berlin, Heidelberg: Springer.

von Aufschnaiter, S. & von Aufschnaiter, C. (2001). Eine neue Aufgabenkultur für den Physikunterricht. Was fachdidaktische Lernprozess-Forschung zur Entwicklung von Aufgaben beitragen kann. *Der mathematische und naturwissenschaftliche Unterricht*, *54*(7), 409–416.

Wagner, D. (2011). Mathematische Kompetenzanforderungen in Schule und Hochschule: Die Rolle des formal-abstrahierenden Denkens. In R. Haug & L. Holzäpfel (Hrsg.), *Beiträge zum Mathematikunterricht 2011* (S. 879–882). Münster: WTM-Verlag.

Walther, G. (1985). Zur Rolle von Aufgaben im Mathematikunterricht. In *Beiträge zum Mathematikunterricht 1985* (S. 28–42). Hildesheim: Franzbecker.

Walz, G. (2020). *Mathematik für Hochschule und duales Studium*. Berlin, Heidelberg: Springer.

Watson, A. & Mason, J. (2005). *Mathematics as a constructive activity: Learners generating examples*. Mahwah, NJ: Lawrence Erlbaum Ass. Publ.

Watson, A. & Ohtani, M. (2015). Themes and Issues in Mathematics Education Concerning Task Design. In A. Watson & M. Ohtani (Hrsg.), *Task Design In Mathematics Education* (S. 3–15). Cham: Springer International Publishing.

Weber, B.-J. & Lindmeier, A. (2020a). Typisierung von Aufgaben zur Verbindung zwischen akademischem und schulischem Fachwissen. In H.-S. Siller, W. Weigel & J. F. Wörler (Hrsg.), *Beiträge zum Mathematikunterricht 2020* (S. 1001–1004). Münster: WTM-Verlag.

Weber, B.-J. & Lindmeier, A. (2020b). Viel Beweisen, kaum Rechnen? Gestaltungsmerkmale mathematischer Übungsaufgaben im Studium. *Mathematische Semesterberichte*, *67*(2), 263–284. https://doi.org/10.1007/s00591-020-00274-4

Weber, H. (2012). Mathematikunterricht und Hochschule: Wie hängen sie zusammen? *Mitteilungen der Deutschen Mathematiker-Vereinigung*, *20*(3), 181–185.

Weber, K. (2004). Traditional instruction in advanced mathematics courses: A case study of one professor's lectures and proofs in an introductory real analysis course. *The Journal of Mathematical Behavior*, *23*(2), 115–133.

Weber, K. (2008). How mathematicians determine if an argument is a valid proof. *Journal for research in mathematics education*, *39*(4), 431–459.

Weber, K. & Alcock, L. (2004). Semantic and Syntactic Proof Productions. *Educational Studies in Mathematics*, *56*(3), 209–234. https://doi.org/10.1023/b:educ.0000040410.57253.a1

Weber-Koppitz, N. (2023). *Motivation von Studierenden im Fach Mathematik im Lehramt an Grundschulen* (Diss., JLU Gießen).

Webler, W.-D. (2014). Anregungen zur Durchführung von Übungsgruppen in Mathematik, Natur-und Technikwissenschaften. *Das Hochschulwesen*, *2014*(4 + 5), 171–174.

Weigand, H.-G. (2015). Begriffsbildung. In R. Bruder, L. Hefendehl-Hebeker, B. Schmidt-Thieme & H.-G. Weigand (Hrsg.), *Handbuch der Mathematikdidaktik* (S. 255–278). Berlin, Heidelberg: Springer.

Weigand, H.-G. (2016). Zur Entwicklung des Grenzwertbegriffs unter stoffdidaktischer Perspektive. *Mathematische Semesterberichte*, *63*(1), 135–154. https://doi.org/10.1007/s00591-016-0161-4

Weinberg, A., Wiesner, E. & Fukawa-Connelly, T. (2015). Mathematics lectures as narratives: insights from network graph methodology. *Educational Studies in Mathematics*, *91*(2), 203–226. https://doi.org/10.1007/s10649-015-9663-6

Weinert, F. E. (2001). Vergleichende Leistungsmessung in Schulen – eine umstrittene Selbstverständlichkeit. In F. E. Weinert (Hrsg.), *Leistungsmessungen in Schulen.* (S. 17–31). Weinheim: Beltz.

Weinhold, C. (2013). Wiederholungs- und Unterstützungskurse in Mathematik für Ingenieurwissenschaften an der TU Braunschweig. In I. Bausch, R. Biehler, R. Bruder, P. R. Fischer, R. Hochmuth, W. Koepf, ... T. Wassong (Hrsg.), *Mathematische Vor- und Brückenkurse* (S. 243–257). https://doi.org/10.1007/978-3-658-03065-0_17

Weygandt, B. (2022). Mathematik entdecken lernen – Aufgabenformate zum genetischen Erkunden der Mathematik zu Studienbeginn. In S. Halverscheid, I. Kersten & B. Schmidt-Thieme (Hrsg.), *Bedarfsgerechte fachmathematische Lehramtsausbildung: Analyse, Zielsetzungen und Konzepte unter heterogenen Voraussetzungen* (S. 161–175). Wiesbaden: Springer.

Wheatley, G. H. (1992). The role of reflection in mathematics learning. *Educational Studies in Mathematics*, *23*(5), 529–541.

White, N. & Mesa, V. (2014). Describing cognitive orientation of Calculus I tasks across different types of coursework. *ZDM*, *46*(4), 675–690. https://doi.org/10.1007/s11858-014-0588-9

White, P. & Mitchelmore, M. (1996). Conceptual Knowledge in Introductory Calculus. *Journal for Research in Mathematics Education*, *27*(1), 79–95. https://doi.org/10.2307/749199

Wiedenbeck, M. & Züll, C. (2010). Clusteranalyse. In C. Wolf & H. Best (Hrsg.), *Handbuch der sozialwissenschaftlichen Datenanalyse* (S. 525–552). Wiesbaden: VS Verlag für Sozialwissenschaften.

Wild, E. & Möller, J. (Hrsg.). (2015). *Pädagogische Psychologie* (2., vollständig überarbeitete und aktualisierte Auflage). Berlin: Springer.

Wille, R. (2005). Mathematik präsentieren, reflektieren, beurteilen. In K. Lengnink & F. Siebel (Hrsg.), *Mathematik präsentieren, reflektieren, beurteilen.* (S. 3–20). Mühltal: Verlag Allgemeine Wissenschaft.

Winkler, R. (2011). Der Organismus der Mathematik – mikro-, makro- und mesoskopisch betrachtet. In M. Helmerich, K. Lengnink, G. Nickel & M. Rathgeb (Hrsg.), *Mathematik Verstehen: Philosophische und Didaktische Perspektiven* (S. 59–70). Wiesbaden: Vieweg + Teubner.

Winkler, R. (2019). Abstraktion in Mathematik und Mathematikunterricht. *Schriftenreihe zur Didaktik der Mathematik der Österreichischen Mathematischen Gesellschaft*, *52*, 113–126.

Winter, F. (2008). Mit Aufgaben das Lernen sondieren. In J. Thonhauser (Hrsg.), *Aufgaben als Katalysatoren von Lernprozessen* (S. 115–132). Münster: Waxmann.

Winter, H. (1983). Über die Entfaltung begrifflichen Denkens im Mathematikunterricht. *Journal für Mathematik-Didaktik*, *4*(3), 175–204.

Winter, H. (1996). Mathematikunterricht und Allgemeinbildung. *Mitteilungen der Deutschen Mathematiker-Vereinigung*, *4*(2), 35–41.

Wirtz, M. (2004). Über das Problem fehlender Werte: Wie der Einfluss fehlender Informationen auf Analyseergebnisse entdeckt und reduziert werden kann. *Die Rehabilitation*, *43*(02), 109–115.

Wirtz, M. & Caspar, F. (2002). *Beurteiler übereinstimmung und Beurteilerreliabilität: Methoden zur Bestimmung und Verbesserung der Zuverlässigkeit von Einschätzungen mittels Kategoriensystemen und Ratingskalen.* Göttingen: Hogrefe, Verlag für Psychologie.

Wittmann, E. C. (1994). Wider die Flut der bunten Hunde und der grauen Päckchen: Die Konzeption des aktiv-entdeckenden Lernens und des produktiven Übens. In E. C. Wittmann & G. Müller (Hrsg.), *Handbuch produktiver Rechen übungen* (S. 152–166). Stuttgart: Klett.

Wittmann, E. C. & Müller, N. G. (1988). Wann ist ein Beweis ein Beweis? In P. Bender (Hrsg.), *Mathematikdidaktik – Theorie und Praxis. Festschrift für Heinrich Winter* (S. 237–258). Berlin: Cornelsen.

Wittmann, G. (2018). Beweisen und Argumentieren. In H.-G. Weigand, A. Filler, R. Hölzl, S. Kuntze, M. Ludwig, J. Roth, ... G. Wittmann (Hrsg.), *Didaktik der Geometrie für die Sekundarstufe I* (S. 21–42). Berlin, Heidelberg: Springer.

Witzke, I. (2012). Mathematik – eine (naive) Naturwissenschaft im Schulunterricht? In M. Ludwig & M. Kleine (Hrsg.), *Beiträge zum Mathematikunterricht 2012* (S. 949–952). Münster: WTM-Verlag.

Witzke, I. (2014). Zur Problematik der empirisch-gegenständlichen Analysis des Mathematikunterrichtes. *Der Mathematikunterricht*, *60*(2), 19–32.

Wlassak, F. (2019). Aufgabenprofile mathematischer Übungsaufgaben im Fach Analysis I. In A. Frank, S. Krauss & K. Binder (Hrsg.), *Beiträge zum Mathematikunterricht 2019* (S. 917–920). Münster: WTM-Verlag.

Wlassak, F. (2020). Abstraktionsgrad von Übungsaufgaben der Analysis I. In H.-S. Siller, W. Weigel & J. F. Wörler (Hrsg.), *Beiträge zum Mathematikunterricht 2020* (S. 1045–1048). Münster: WTM-Verlag.

Wlassak, F. (2022). Welche Themen werden in Übungsaufgaben der Analysis I behandelt? In IDMI-Primar Goethe-Universität Frankfurt (Hrsg.), *Beiträge zum Mathematikunterricht 2022* (S. 1393–1396). Münster: WTM-Verlag.

Wlassak, F. & Schöneburg-Lehnert, S. (2022). Was macht Übungsaufgaben eigentlich schwer? – Kognitive Gestaltungsmerkmale von Übungsaufgaben der Analysis I. *Mathematische Semesterberichte*, *69*(2), 159–185. https://doi.org/10.1007/s00591-022-00321-2

Wolf, P. (2017). *Anwendungsorientierte Aufgaben für Mathematikveranstaltungen der Ingenieurstudiengänge: Konzeptgeleitete Entwicklung und Erprobung am Beispiel des Maschinenbaustudiengangs im ersten Studienjahr.* Wiesbaden: Springer Spektrum.

Wolf, P. (2021). Konzeptgeleitete Entwicklung und Erprobung anwendungsorientierter Mathematikaufgaben für Ingenieurstudienanfänger im ersten Studienjahr. In R. Biehler, A. Eichler, R. Hochmuth, S. Rach & N. Schaper (Hrsg.), *Lehrinnovationen in der Hochschulmathematik : praxisrelevant – didaktisch fundiert – forschungsbasiert* (S. 151–178). Berlin, Heidelberg: Springer.

Wood, L. N., Joyce, S., Petocz, P. & Rodd, M. (2007). Learning in lectures: multiple representations. *International Journal of Mathematical Education in Science and Technology*, *38*(7), 907–915. https://doi.org/10.1080/00207390701561496

Woolfolk, A. & Schönpflug, U. (2012). *Pädagogische Psychologie* (10. Aufl., Nachdr.). München: Pearson Studium.

Yackel, E. & Cobb, P. (1996). Sociomathematical norms, argumentation, and autonomy in mathematics. *Journal for research in mathematics education*, *27*(4), 458–477.

Yeo, J. B. W. (2015). Development of a Framework to Characterise the Openness of Mathematical Tasks. *International Journal of Science and Mathematics Education*, *15*(1), 175–191. https://doi.org/10.1007/s10763-015-9675-9

Zech, F. (2002). *Grundkurs Mathematikdidaktik: Theoretische und praktische Anleitungen für das Lehren und Lernen von Mathematik* (10. Auflage). Weinheim: Beltz Verlag.

Ziegenbalg, J. (2015). Algorithmik. In R. Bruder, L. Hefendehl-Hebeker, B. Schmidt-Thieme & H.-G. Weigand (Hrsg.), *Handbuch der Mathematikdidaktik* (S. 303–330). Berlin, Heidelberg: Springer.

Ziegler, G. M. (2016). Traumjob Mathematik. In E. Behrends, P. Gritzmann & G. M. Ziegler (Hrsg.), *Pi und Co. Kaleidoskop der Mathematik* (S. 396–397). Berlin, Heidelberg: Springer.

Zimmermann, K., Heusgen, K., Möller, C. & Zupanic, M. (2007). Studiengangsbezogene Dropoutanalysen: Konzeption, Ergebnisse und Empfehlungen für die Technische Universität Dortmund. Verfügbar 19. September 2024 unter https://ams-forschungsnetzwerk.at/downloadpub/hdz_Dropout_Bericht_dortmund.pdf

Zimmermann, M. (2012). Der offene Matheraum als Baustein für aktives Mathematiklernen. In M. Zimmermann, C. Bescherer & C. Spannagel (Hrsg.), *Mathematik lehren in der Hochschule* (S. 57–66). SAiL-M. Hildesheim: Franzbecker.

Zimmermann, M. (2016). Grundmodelle mathematischen Lernens an der Hochschule. In A. Hoppenbrock, R. Biehler, R. Hochmuth & H.-G. Rück (Hrsg.), *Lehren und Lernen von Mathematik in der Studieneingangsphase* (S. 465–480). Wiesbaden: Springer.

Zimmermann, M., Bescherer, C. & Spannagel, C. (Hrsg.). (2012a). Mathematik lehren in der Hochschule: Symposium Verbesserung der Hochschullehre in Mathematik und Informatik, Hildesheim: Franzbecker.

Zimmermann, M., Bescherer, C. & Spannagel, C. (2012b). Vorwort. In M. Zimmermann, C. Bescherer & C. Spannagel (Hrsg.), *Mathematik lehren in der Hochschule* (S. 5–10). SAiL-M. Hildesheim: Franzbecker.